Der GmbH-Geschäftsführer

Rocco Jula

Der GmbH-Geschäftsführer

Rechte und Pflichten, Anstellung, Vergütung und Versorgung, Haftung, Strafbarkeit und Versicherungsschutz

5. Auflage

Springer

Rocco Jula
Rechtsanwälte Dr. Jula & Partner mbB
Berlin, Deutschland

ISBN 978-3-662-59723-1 ISBN 978-3-662-59724-8 (eBook)
https://doi.org/10.1007/978-3-662-59724-8

Die Deutsche Nationalbibliothek verzeichnet diese Publikation in der Deutschen Nationalbibliografie; detaillierte bibliografische Daten sind im Internet über http://dnb.d-nb.de abrufbar.

Springer

Springer ist ein Imprint der eingetragenen Gesellschaft Springer-Verlag GmbH, DE und ist ein Teil von Springer Nature.
Die Anschrift der Gesellschaft ist: Heidelberger Platz 3, 14197 Berlin, Germany

Vorwort

Jeder Geschäftsführer wird mit einer Vielzahl von Pflichten konfrontiert. Als leitendem Manager stehen ihm aber auch zahlreiche Gestaltungsinstrumente zur Verfügung. Um seine Aufgaben ordnungsgemäß erfüllen und seine Handlungsspielräume effektiv nutzen zu können, ist für den Geschäftsführer die Kenntnis der rechtlichen Rahmenbedingungen unerlässlich. Die Risiken der zivilrechtlichen Haftung und der persönlichen Strafbarkeit können den Geschäftsführer existenzbedrohend treffen. Die Entwicklung tendiert zu einer Verschärfung der Haftung und Strafbarkeit. Deshalb ist der Geschäftsführer daran interessiert, seine haftungsrechtlichen Risiken zu erkennen und zu minimieren.

Der vorliegende Band stellt in seinem ersten Teil die wichtigsten Aufgaben des Geschäftsführers dar. Ausführlich informiert wird er über die rechtlichen Grundlagen und den Inhalt seiner einzelnen Rechte und Pflichten.

Der zweite Teil dieses Ratgebers betrifft den persönlichen Status des Geschäftsführers. Den Schwerpunkt bildet hierbei der Anstellungsvertrag. Die beim Abschluss und bei der Beendigung des Anstellungsvertrags auftretenden Rechtsfragen werden umfassend erörtert. Hierbei wird auch eine Beratungshilfe für die inhaltliche Gestaltung des Anstellungsvertrags gegeben. Der zweite Teil enthält zudem einen detaillierten Abschnitt zur Versorgung des Geschäftsführers mit entsprechendem Mustervertrag.

Im dritten Teil werden die haftungs- und strafrechtlichen Folgen für den GmbH-Geschäftsführer erörtert. Hierbei wird das Augenmerk insbesondere auch darauf gerichtet, inwieweit die haftungsrechtliche Verantwortung, z. B. durch Versicherungslösungen oder vertragliche Gestaltungen minimiert werden kann.

Dieses Handbuch wendet sich an GmbH-Geschäftsführer, Gesellschafter und ihre Berater.

Bitte bedenken Sie, dass sich Rechtsfragen nicht stets vorhersehbar lösen lassen; jeder Einzelfall muss gesondert gewürdigt werden, selbst gefestigte Rechtsprechung kann sich jederzeit ändern.

Seit der vierten Auflage sind sieben Jahre vergangen. Die fünfte Auflage berücksichtigt die neueste Rechtsprechung sowie die aktuelle Gesetzgebung. Sie wurde um zahlreiche Fallbeispiele erweitert.

Ihre kritischen Anregungen sind willkommen und werden dankbar aufgegriffen. Sie können diese über den Verlag oder auch direkt an meine Kanzlei richten (jula@jula-partner.de, Pestalozzistr. 66, 10627 Berlin).

Berlin, Deutschland
Juni 2019

Rocco Jula

Verzeichnis der abgekürzt verwendeten Literatur

Baumbach/Hueck	GmbHG, Kommentar, 17. Aufl. 2000
Hachenburg	GmbHG, Großkommentar 8. Aufl. 1992 ff.
Jula	Der GmbH-Gesellschafter. 2. Aufl. 2003
Jula	Der GmbH-Geschäftsführer im Arbeits- und Sozialversicherungsrecht, 2003
Lutter/Hommelhoff	GmbHG, Kommentar, 16. Aufl. 2004
Meyke	Die Haftung des GmbH-Geschäftsführes, 4. Auflage 2004
Rowedder/Schmidt-Leithoff	GmbH-Gesetz, Kommentar, 4. Aufl. 2002
Roth/Altmeppen	GmbHG, Kommentar, 4. Aufl. 2003
Scholz	GmbH-Gesetz, Kommentar, 9. Aufl. 2000 (Bd. 1)/2002 (Bd. 2)

Inhaltsverzeichnis

1 Teil Der organschaftliche Status des GmbH-Geschäftsführers 1
A. Einleitung 1
B. Persönliche Voraussetzungen 2
I. Voraussetzungen des § 6 II GmbHG 3
1. Geschäftsfähigkeit des Geschäftsführers 4
2. Geisteskranke und Betreute 4
3. Verurteilung wegen bestimmter Straftaten 6
4. Verbot der Berufs- und Gewerbeausübung 7
II. Rechtsfolgen 9
III. Der ausländische Geschäftsführer 11
C. Bestellung des Geschäftsführers 12
I. Überblick 12
II. Anordnungen im Gesellschaftsvertrag 14
III. „Ordentliche" Bestellung des Geschäftsführers 15
1. Einführung 15
2. Zuständigkeit 16
a. Überblick 16
b. Normalfall: Zuständigkeit der Gesellschafterversammlung 17
aa. Ordnungsgemäße Bestellung 17
bb. Fehlerhafte Bestellung 18
cc. Eintragung des Geschäftsführers 19
IV. Bestellung eines Notgeschäftsführers 20
D. Kernaufgabe: Leitung des Unternehmens 23
I. Überblick 23
II. Die Geschäftsführung 25
1. Begriff 25
2. Übergeordnete Geschäftsführungskompetenz der Gesellschafter . . 27
a. Grundsatz 27
b. Satzungsbestimmungen 29
c. Gesellschafterbeschlüsse, insbesondere Weisungen 29
d. Kompetenzen nach § 46 GmbHG 31
e. Außergewöhnliche Geschäfte und Grundlagenentscheidungen . . 32
f. Zustimmungskatalog im Anstellungsvertrag 34
3. Gesamt- oder Einzelgeschäftsführungsbefugnis 34

III. Die Vertretung der Gesellschaft . . . 36
1. Überblick . . . 36
2. Unbeschränkbarkeit und Unübertragbarkeit der Vertretungsmacht . 37
3. Grundsatz der Gesamtvertretung . . . 40
a. Bedeutung . . . 40
b. Wegfall eines Geschäftsführers . . . 42
4. Beteiligung von Prokuristen . . . 43
5. Grenzen der Vertretungsmacht . . . 43
a. Überblick . . . 43
b. Sonderproblem: Missbrauch der Vertretungsmacht . . . 45
c. Sonderproblem: Verbot des § 181 BGB . . . 49
aa. Überblick . . . 49
bb. Anwendungsbereich des § 181 BGB . . . 51
cc. Rechtsfolgen . . . 52
dd. Gestattung/Befreiung vom Verbot des Selbstkontrahierens . 53
ee. Besonderheiten bei der Einpersonen-GmbH . . . 54
aaa. Voraussetzungen . . . 54
bbb. Befreiung und Genehmigung . . . 55
ccc. Speziell: Abschluss des Anstellungsvertrags . . . 56
ff. Steuerrechtliche Auswirkungen . . . 57
IV. Zurechnung . . . 58
1. Überblick . . . 58
2. Verhaltenszurechnung . . . 60
a. Voraussetzungen und Rechtsfolgen . . . 60
b. Einzelfragen . . . 61
aa. Gesamtvertretung . . . 61
bb. Organisationsverschulden . . . 63
cc. Verletzung vertraglicher Pflichten . . . 64
dd. Verletzung steuerrechtlicher Pflichten . . . 64
3. Wissenszurechnung . . . 66
a. Überblick . . . 66
b. Der Geschäftsführer als Wissensträger . . . 67
c. Verarbeitung von eingehenden Informationen . . . 68
d. Relevantes Wissen und aktives Auftreten der GmbH . . . 70
4. Irrtumszurechnung . . . 72
E. Gesellschaftsrechtliche Aufgaben und Pflichten . . . 73
I. Der Geschäftsführer als „Hüter des Kapitals" . . . 73
1. System der Kapitalsicherung . . . 73
2. Grundsatz der Kapitalerhaltung . . . 75
3. Erwerb eigener Geschäftsanteile . . . 81
a. Einführung . . . 81
b. Verbot bei nicht voll eingezahlten Geschäftsanteilen . . . 82
c. Erwerb voll eingezahlter Anteile . . . 82
d. Rechtsfolgen eines wirksamen Erwerbs eigener Anteile . . . 83

e. Haftung des Geschäftsführers . . . 84
II. Organisatorische Aufgaben des Geschäftsführers . . . 84
1. Einberufung der Gesellschafterversammlung . . . 84
a. Anlass der Einberufung . . . 85
b. Zuständigkeit des Geschäftsführers . . . 86
c. Formalien der Einberufung . . . 87
aa. Inhalt der Einberufung . . . 87
bb. Einberufungsfrist . . . 89
cc. Folgen von Einberufungs- und Ladungsmängeln . . . 91
d. Durchführung der Gesellschafterversammlung . . . 92
e. Beschlussfassung im schriftlichen Verfahren . . . 92
2. Informations- und Einsichtsrechte der Gesellschafter . . . 93
a. Allgemeines . . . 93
b. Voraussetzungen . . . 94
c. Verweigerung der Auskunft bzw. Einsicht . . . 95
3. Pflichten gegenüber dem Handelsregister . . . 97
4. Aufgaben beim Wechsel von Gesellschaftern . . . 101
a. Genehmigung der Anteilsübertragung . . . 101
b. Vollzug von Einziehungs- und Teilungsbeschlüssen . . . 103
c. „Registrierung“ der Gesellschafter . . . 104
5. Vertretung der Gesellschaft bei Streitigkeiten mit den Gesellschaftern . . . 105
III. Treuepflicht, insbesondere das Wettbewerbsverbot . . . 105
1. Allgemeines . . . 105
2. Wettbewerbsverbot . . . 107
a. Reichweite/Umfang . . . 107
b. Rechtsfolgen des Wettbewerbsverbots . . . 108
c. Verjährung . . . 108
3. Geschäftschancenlehre . . . 109
4. Befreiung vom Wettbewerbsverbot . . . 111
a. Zivilrechtliche Voraussetzungen . . . 111
b. Steuerrechtliche Konsequenzen . . . 112
5. Nachvertragliches Wettbewerbsverbot . . . 117
a. Voraussetzungen . . . 117
b. Verzicht bzw. Lossagungsrecht . . . 122
F. Beendigung der Geschäftsführerstellung . . . 124
I. Abberufung des Geschäftsführers . . . 124
1. Überblick . . . 124
2. Zuständigkeit für die Abberufung . . . 126
a. Überblick . . . 126
b. Abberufung durch die Gesellschafterversammlung . . . 126
3. Speziell: Abberufung aus wichtigem Grund . . . 128
a. Grundsätzliches . . . 128
b. Wichtiger Grund . . . 129

c. Frist . . . 131
d. Probleme bei der Beschlussfassung . . . 132
aa. Fremdgeschäftsführer . . . 133
bb. Minderheitsgesellschafter-Geschäftsführer . . . 134
cc. Mindestens hälftig beteiligter Geschäftsführer . . . 135
dd. Gesellschafter-Geschäftsführer mit Sonderrecht zur Geschäftsführung . . . 136
ee. Einstweiliger Rechtsschutz bei Abberufung . . . 136
II. Amtsniederlegung . . . 138
III. Sonstige Beendigungsgründe . . . 143
G. Buchführung, Rechnungslegung und Steuern . . . 144
I. Pflichten aus dem Rechnungswesen . . . 144
II. Pflichten aus dem Steuerrecht . . . 149
H. Pflichten aus dem Arbeits- und Sozialversicherungsrecht . . . 150
I. Aufgaben bei der Gründung . . . 153
I. Überblick . . . 153
II. Anmeldung beim Handelsregister . . . 155
1. Voraussetzungen . . . 155
2. Verfahren . . . 156
a. Einzureichende Unterlagen . . . 156
b. Versicherungen des Geschäftsführers . . . 157
aa. Versicherung nach § 8 II GmbHG . . . 158
bb. Versicherung nach § 8 III GmbHG . . . 159
J. Aufgaben in der Krise . . . 161
I. Erkennen und Bewältigen der Krise . . . 161
II. Einberufung der Gesellschafterversammlung . . . 163
III. Pflicht zur Stellung des Insolvenzantrags . . . 163
1. Überblick über das Insolvenzverfahren . . . 164
2. Insolvenzgründe . . . 165
a. Drohende Zahlungsunfähigkeit . . . 165
b. Zahlungsunfähigkeit . . . 166
c. Überschuldung . . . 168

2. Teil Der persönliche Status des GmbH-Geschäftsführers . . . 173
A. Einführung . . . 173
B. Sonderfall: Drittanstellung . . . 177
C. Anwendung des Arbeitsrechts . . . 178
I. Ausdrückliche Regelungen und Rechtsprechung . . . 178
II. Ausgestaltung der Position des Geschäftsführers . . . 182
1. Der beherrschende Gesellschafter-Geschäftsführer . . . 182
2. Der abhängig beschäftigte Geschäftsführer . . . 183
a. Begriffsbestimmung . . . 183
b. Analoge Anwendung des Arbeitsrechts . . . 184
III. Betriebliche Übung . . . 184
IV. Der arbeitsrechtliche Gleichbehandlungsgrundsatz . . . 185

V. Drittanstellung und das ruhende Arbeitsverhältnis 187
1. Drittanstellung 187
2. Ruhendes Arbeitsverhältnis 188
D. Sozialversicherungspflicht 192
I. Übersicht 192
II. Fremdgeschäftsführer 192
III. Gesellschafter-Geschäftsführer 193
1. Vorliegen eines abhängigen Beschäftigungsverhältnisses 193
2. Antrag auf Feststellung der Sozialversicherungspflicht 194
IV. Einzelne Versicherungszweige 195
1. Kranken- und Pflegeversicherung 195
2. Rentenversicherung 196
3. Arbeitslosenversicherung 197
4. Unfallversicherung 197
V. Erstattung von Beiträgen 198
E. Abschluss und Änderung des Anstellungsvertrags 198
I. Parteien des Anstellungsvertrags 198
1. Normalfall: GmbH und Geschäftsführer 198
2. Drittanstellung des Geschäftsführers 199
a. Praktische Bedeutung 199
aa. Gesellschaftsrechtliche und konzernrechtliche Sachverhalte . 199
bb. Die Vermittlung eines Geschäftsführers durch eine Managementgesellschaft 199
b. Zulässigkeit in der nichtmitbestimmten GmbH 201
c. Zulässigkeit in der mitbestimmten GmbH 201
II. Zuständigkeit für den Abschluss des Anstellungsvertrags 202
1. Abschluss und Änderungen des Anstellungsvertrags 202
2. Änderung des Anstellungsvertrags 204
III. Befristung und Koppelung des Anstellungsvertrags 204
1. Befristung aus Sicht der Gesellschafterversammlung 205
2. Befristung aus Sicht des Geschäftsführers 207
IV. Form des Anstellungsvertrags 207
V. Fehlerhafter Anstellungsvertrag 207
F. Rechte und Pflichten aus dem Anstellungsvertrag 209
I. Motivation des Geschäftsführers 209
II. Recht auf Vergütung 210
1. Jahresgrundgehalt und Tantieme 210
2. Sonderleistungen 212
a. Dienstwagen 212
b. Unfallversicherung 213
c. D & O – Police 213
d. Sonstige Zusatzleistungen 214
e. Erfindungen und weitere Leistungen des Geschäftsführers 214
3. Steuerrechtliche Behandlung von Einkünften des Geschäftsführers 216

a. Grundsätzliches 216
b. Besonderheiten beim Gesellschafter-Geschäftsführer 216
aa. Überblick 216
bb. Speziell: Gewinn- und Umsatztantieme 219
cc. Besonderheiten beim beherrschenden Gesellschafter-Geschäftsführer 223
4. Pfändungsschutz für das Einkommen des Geschäftsführers 224
5. Vergütung in der Krise und Insolvenz 225
a. Verpflichtung zur Anpassung? 225
b. Vergütung und Kapitalerhaltung 225
III. Urlaub 226
IV. Krankheit 227
G. Versorgung und soziale Absicherung 228
I. Überblick 228
II. Gesetzliche Rentenversicherung 228
III. Private Vorsorge 230
IV. Betriebliche Altersversorgung 231
1. Einführung 231
2. Pensionszusage 233
a. Überblick 233
b. Zivilrechtliche Voraussetzungen 233
c. Vertragliche Ausgestaltung 234
aa. Typischer Inhalt 234
bb. Absicherung durch eine Rückdeckungsversicherung 237
aaa. Zweck und Ausgestaltung 237
bbb. Insolvenzschutz durch Verpfändung 239
ccc. Steuerrechtliche Behandlung 244
d. Anwendbarkeit des Betriebsrentengesetzes (BetrAVG) 244
aa. Überblick 244
bb. Unverfallbarkeit der Versorgungszusagen 247
aaa. In der Insolvenz der Gesellschaft 247
bbb. Beim vorzeitigen Ausscheiden 248
cc. Widerruf der Versorgungszusage 248
e. Steuerrechtliche und bilanzrechtliche Auswirkungen 249
aa. Bildung von Pensionsrückstellungen 249
bb. Gefahr verdeckter Gewinnausschüttungen 250
aaa. Grundsätze für alle Gesellschafter-Geschäftsführer 251
bbb. Besonderheiten beim beherrschenden Gesellschafter-Geschäftsführer 255
ccc. Steuern und Abgaben beim Geschäftsführer 256
3. Direktversicherung 256
H. Kündigung des Anstellungsvertrags 259
I. Ordentliche Kündigung 259
1. Kündigung durch die Gesellschaft 259

a. Voraussetzungen . . . 259
b. Rechtsfolgen der Kündigung . . . 264
2. Kündigung durch den Geschäftsführer . . . 266
II. Außerordentliche Kündigung . . . 266
1. Außerordentliche Kündigung durch die Gesellschaft . . . 266
a. Zuständigkeit . . . 266
b. Voraussetzungen . . . 267
c. Wichtiger Grund . . . 268
d. Kündigungsfrist . . . 272
2. Außerordentliche Kündigung durch den Geschäftsführer . . . 275
III. Befristung, Aufhebung und sonstige Beendigung . . . 277
1. Überblick . . . 277
2. Aufhebungsvertrag . . . 278

3. Teil Haftung und Strafbarkeit . . . 281
A. Einführung . . . 281
B. Grundlagen der Haftung und strafrechtlichen Verantwortung . . . 282
I. Systematischer Überblick . . . 282
II. Grundsatz der Gesamtverantwortung . . . 284
III. Der faktische GmbH-Geschäftsführer . . . 287
C. Außenhaftung . . . 291
I. Überblick . . . 291
II. Haftung aus unerlaubter Handlung (deliktische Haftung) . . . 291
1. § 823 I BGB . . . 295
a. Grundlagen . . . 295
b. Unterlassen und Garantenstellung des Geschäftsführers . . . 296
2. § 823 II BGB i.V.m. einem Schutzgesetz . . . 303
a. § 823 II BGB i.V.m. § 246 StGB (Unterschlagung) . . . 304
b. § 823 II BGB i.V.m. § 263 StGB (Betrug) . . . 304
c. § 823 II BGB i.V.m. § 266 StGB (Untreue) . . . 304
aa. Überblick . . . 304
bb. Untreue zu Lasten der GmbH . . . 306
cc. Untreue zu Lasten Dritter . . . 309
d. § 823 II BGB i.V.m. § 264 StGB (Subventionsbetrug) . . . 310
e. § 823 II BGB i.V.m. § 1 I des Gesetzes zur Sicherung von Bauforderungen (BauFordSiG) . . . 311
f. Sonstige Schutzgesetze . . . 315
3. § 826 BGB (vorsätzliche sittenwidrige Schädigung) . . . 316
4. Verjährung . . . 318
III. Haftung für Eingriffe in fremde Immaterialgüterrechte bzw. für Wettbewerbsverstöße . . . 319
IV. Haftung „aus Vertrauen" . . . 321
1. Rechtsscheinhaftung bei Weglassen des GmbH-Zusatzes . . . 321
2. Haftung aus Verschulden bei Vertragsverhandlungen (*culpa in contrahendo*) . . . 324

a. Besonderes persönliches Vertrauen 325
b. Eigenes wirtschaftliches Interesse am Vertragsschluss 327
3. Haftung aus den Grundsätzen der Sachwalterhaftung 327
4. Prospekthaftung 328
D. Innenhaftung (§ 43 GmbHG) 329
I. Überblick 329
II. Pflichtverletzung des Geschäftsführers 331
1. Grundsätzliches 331
2. Fallgruppen 332
a. Einzelne gesetzlich geregelte Pflichten 332
aa. Kapitalerhaltung 332
bb. Weitere gesetzliche Pflichten 333
b. Folgepflicht gegenüber der Gesellschafterversammlung 333
c. Missachtung von Zustimmungsvorbehalten der Gesellschafterversammlung 335
d. Grundsätze anerkannter Unternehmensleitung und business-judgement-rule 337
e. Einzelfälle 339
aa. Risikoreiche Geschäfte, insbesondere Spekulationsgeschäfte 339
bb. Außerachtlassung von üblichen Sicherungsmöglichkeiten . . 340
cc. Abschluss nachteiliger Geschäfte 340
dd. Kontrolle des Zahlungsverkehrs 341
ee. Eigengeschäfte des Geschäftsführers 341
III. Kausaler Vermögensschaden 342
IV. Verschulden 344
V. Beweislastverteilung 346
VI. Verjährung 349
VII. Instrumente zum Ausschluss und zur Minimierung der Haftung . . 350
1. Haftungsentlastende Weisung 351
2. Entlastung 351
3. Haftungsausschließende Vereinbarung/Verkürzung der Verjährungsfrist 351
4. Verzicht, Vergleich und Generalbereinigung 353
5. Kapitalerhaltung als Grenze 353
VIII. Gesamtschuldnerische Haftung 354
IX. Fallstudien 354
1. „*Kalkulationsfehler*“ 354
2. „*Unzureichender Versicherungsschutz*“ 355
3. „*Verjährung von Forderungen*“ 355
4. „*Fehlerhafte Bewertung einer Rechtslage*“ 356
5. „*Mündliche Abreden*“ 356
6. „*Ungünstiger Beratungsvertrag*“ 357
7. „*Entgangene Subventionen*“ 357

E. Haftung des Geschäftsführers bei Gründung 358
I. Grundlagen 358
II. Vertretung der GmbH i.G. durch den Geschäftsführer 358
III. Vorbelastungshaftung der Gesellschafter 358
IV. Die Handelndenhaftung gemäß § 11 II GmbHG 359
1. Überblick 359
2. Begriff des Handelnden 360
3. Handeln im Namen der Gesellschaft 360
4. Rechtsfolge: Einstandspflicht für alle rechtsgeschäftlich begründeten Verbindlichkeiten 362
5. Ausschluss der Handelndenhaftung 363
6. Rückgriff gegen die Gesellschafter bzw. die GmbH nach Inanspruchnahme 363
V. Haftung des Geschäftsführers für falsche Angaben (§ 9 a I GmbHG) 364
F. Haftung in der Krise 367
I. Überblick 367
II. Haftung wegen Insolvenzverschleppung 368
1. Grundlagen 368
2. § 823 II BGB i.V.m. § 15a I InsO 370
a. Überblick 370
b. Zahlungsunfähigkeit oder Überschuldung 372
c. Frist 373
d. Verschulden 374
e. Beweislast 375
f. Rechtsfolgen 376
g. Geltendmachung des Anspruchs 379
h. Verjährung 380
III. Haftung wegen Masseschmälerung und Zahlungen an Gesellschafter (§ 64 GmbHG) 380
1. Überblick 380
2. Voraussetzungen der Haftung wegen Masseschmälerung 382
a. Zahlungen nach Insolvenzreife 382
b. Verschulden 386
3. Rechtsfolgen der Haftung wegen Masseschmälerung 386
4. Haftung wegen Zahlungen an Gesellschafter 387
5. Verjährung 391
IV. Die Haftung für Steuerschulden der Gesellschaft 391
1. Überblick 391
2. Grundsatz der Gesamtverantwortung 394
3. Amtsniederlegung und Haftung 395
4. Haftungsvoraussetzungen im Einzelnen 397
a. Pflichtverletzung des Geschäftsführers und Grundsatz der anteiligen Tilgung 397
b. Durch die Pflichtverletzung eingetretener Haftungsschaden 401

c. Verschulden 401
5. Besonderheiten bei der Lohnsteuer 402
6. Haftung wegen Steuerhinterziehung 403
7. Abzugsfähigkeit als Werbungskosten 404
V. Haftung für nicht abgeführte Sozialversicherungsbeiträge des Arbeitnehmers 405
1. Grundlagen 405
2. Grundsatz der Gesamtverantwortung 410
3. Einzelne Voraussetzungen der Haftung aus § 823 II BGB i.V.m. § 266a I StGB 411
a. Vorenthalten von Arbeitnehmerbeiträgen zur Sozialversicherung 411
b. Möglichkeit der Abführung der geschuldeten Beiträge 412
c. Vorsatz des Geschäftsführers 416
d. Durch die Verletzung des Schutzgesetzes entstandener Schaden 417
e. Verjährung 418
f. Abzugsfähigkeit als Werbungskosten 419
G. Verantwortlichkeit des Geschäftsführers nach Straf- und Ordnungswidrigkeitenrecht 419
I. Grundlagen der Verantwortlichkeit 419
1. Überblick 419
2. Grundsatz der Gesamtverantwortung 420
3. Begehung durch ein Tun oder Unterlassen 422
4. Verbotsirrtum 423
II. Verantwortlichkeit bei Verletzung allgemeiner Straftatbestände 424
III. Verletzung der für das Unternehmen geltenden Sonderdelikte 424
1. Überblick 424
2. Strafbarkeit wegen Bankrotts und Gläubigerbegünstigung 425
IV. Sonderdelikte speziell für den Geschäftsführer 431
1. Verletzung der Buchführungspflicht (§ 283b StGB) 431
2. Straftaten nach den §§ 82, 84, 85 GmbHG und 15a IV, V InsO . . 432
a. Falsche Angaben (§ 82 GmbHG) 432
b. Unterlassene Verlustanzeige (§ 84 GmbHG) und Insolvenzverschleppung (§ 15a IV, V InsO) 433
c. Verletzung der Geheimhaltungspflicht (§ 85 GmbHG) 434
V. Besonderheiten im Ordnungswidrigkeitenrecht 437
1. Verantwortlichkeit des Geschäftsführers 437
2. Verantwortlichkeit der Gesellschaft „*Verbandsstrafe*“ 438
H. Versicherungslösungen 441
I. Grundlagen 441
1. Haftpflichtversicherungsschutz im Unternehmensbereich 442
2. Der Geschäftsführer als Mitversicherter in der Betriebshaftpflichtversicherung 443
II. Die Vermögensschadens-Haftpflichtversicherung (D & O – Deckung) 444
1. Überblick 444

2. Vertragliche Gestaltung der Vermögensschadens-Haftpflichtversicherung . . . 445
3. Einzelheiten und Einschränkungen des Versicherungsschutzes . . . 450
a. Umfang der Deckung . . . 450
b. Anspruchserhebungsprinzip und Rückwärtsdeckung . . . 452
c. Ausschlüsse . . . 452
d. Weitere Einzelheiten . . . 458
4. Vor- und Nachteile der Haftpflichtversicherung . . . 461
III. Rechtsschutz für Geschäftsführer . . . 461
IV. Prozessuales . . . 462

Anhang . . . 467

Stichwortverzeichnis . . . 491

Abkürzungsverzeichnis

Abs.	Absatz
AG	Aktiengesellschaft
AGG	Allgemeines Gleichbehandlungsgesetz
AktG	Aktiengesetz
AO	Abgabenordnung
AP	Nachschlagewerk des Bundesarbeitsgerichts (Entscheidungsnummer und Gesetzesstelle)
BAG	Bundesarbeitsgericht
BB	Der Betriebsberater (Jahr, Seite)
BeckRS	Rechtsprechungssammlung bei beck-online.de
BetrAVG	Betriebsrentengesetz (= Gesetz zur Verbesserung der betrieblichen Altersversorgung)
BetrVG	Betriebsverfassungsgesetz
BFH	Bundesfinanzhof
BFH/NV	Bundesfinanzhof, Sammlung nicht amtlich veröffentl. Entsch.
BGB	Bürgerliches Gesetzbuch
BGH	Bundesgerichtshof
BGHSt	Entscheidungen des Bundesgerichtshofs in Strafsachen (Band, Seite)
BGHZ	Entscheidungen des Bundesgerichtshofs in Zivilsachen (Band, Seite)
BSG	Bundessozialgericht
BStBl.	Bundessteuerblatt (Jahr, Teil, Seite)
bzw.	beziehungsweise
cic	culpa in contrahendo
d. h.	das heißt
DB	Der Betrieb (Jahr, Seite)
DStR	Deutscher Steuerrecht (Jahr/Seite)
FG	Finanzgericht
GenG	Genossenschaftsgesetz
ggf.	gegebenenfalls
GmbH	Gesellschaft mit beschränkter Haftung
GmbHG	Gesetz betreffend die Gesellschaften mit beschränkter Haftung
GmbHR	GmbH-Rundschau (Jahr, Seite)
HGB	Handelsgesetzbuch

i.V.m.	in Verbindung mit
InsO	Insolvenzordnung
juris.de	Juristische Datenbank
LAG	Landesarbeitsgericht
LG	Landgericht
MitbestG	Mitbestimmungsgesetz
NJW	Neue Juristische Wochenschrift
NJW-RR	NJW-Rechtsprechungs-Report Zivilrecht
NStZ	Neue Zeitschrift für Strafrecht (Jahr, Seite)
NZA	Neue Zeitschrift für Arbeitsrecht
NZA-RR	Rechtsprechungs-Report Arbeitsrecht
NZG	Neue Zeitschrift für Gesellschaftsrecht
OLG	Oberlandesgericht
OWiG	Gesetz über Ordnungswidrigkeiten
sog.	so genannt
StGB	Strafgesetzbuch
wistra	Zeitschrift für Wirtschaft, Steuern
WM	Wertpapier-Mitteilungen (Jahr, Seite)
z.B.	zum Beispiel
ZIP	Zeitschrift für Wirtschaftsrecht (Jahr, Seite)
zr-report.de	Juristische Datenbank/OLG- und BGH-Entscheidungen

1 Teil Der organschaftliche Status des GmbH-Geschäftsführers

A. Einleitung

► Der Geschäftsführer als Allround-Manager

Jede GmbH benötigt einen Geschäftsführer, um handlungsfähig zu sein. Der Geschäftsführer ist das Leitungsorgan der Gesellschaft. Er muss von den Gesellschaftern sorgfältig ausgesucht und überwacht werden. Zahlreiche Krisen und Insolvenzen sind auf das Missmanagement von Geschäftsführern zurückzuführen. Der Geschäftsführer sollte selbst kritisch prüfen, ob er für die Position sämtliche Qualifikationen aufweist bzw. ob er sich dieselben aneignen oder über Dritte beschaffen kann. Es liegt auf der Hand, dass der Manager die erforderlichen Führungsqualitäten besitzen sollte. Er hat nicht nur die fachlichen Qualifikationen mitzubringen, sondern auch eine Leitungspersönlichkeit zu sein. Hierzu gehören ein entsprechendes Durchsetzungsvermögen sowie die Fähigkeit, die Mitarbeiter zu motivieren. Neben den betriebswirtschaftlichen Voraussetzungen für ein erfolgreiches Geschäftsführeramt stellt auch das Recht Anforderungen an einen Geschäftsführer. Die rechtlichen Vorgaben begrenzen den Gestaltungsspielraum des Geschäftsführers. Ihm werden zahlreiche Pflichten aufgebürdet, aber auch Rechte eingeräumt. Die den Geschäftsführer betreffenden Rechtsfragen sind Gegenstand dieser Abhandlung.

Das GmbH-Gesetz (GmbHG) schreibt zwingend für jede GmbH mindestens einen Geschäftsführer vor. Der Geschäftsführer bzw. die Geschäftsführung ist neben der Gesellschafterversammlung das zweite notwendige Organ der Gesellschaft.[1]

► Herausragende Stellung des Geschäftsführers

[1]Ein Aufsichtsrat als drittes Organ muss bei der GmbH nur dann gebildet werden, wenn dies rechtlich vorgeschrieben ist. Eine solche Verpflichtung kann sich aus dem Arbeitnehmermitbestimmungsrecht oder dem Kommunalrecht ergeben.

R. Jula, *Der GmbH-Geschäftsführer*, https://doi.org/10.1007/978-3-662-59724-8_1

Der Geschäftsführer

- ist das sog. Exekutiv-, d. h. ausführende Organ der Gesellschaft. Erst durch ihn wird die GmbH als juristische Person handlungsfähig.
- vertritt die Gesellschaft *extern*, d. h. nach außen, in allen Angelegenheiten gerichtlich und außergerichtlich. Ferner hat er *intern* die Geschicke der GmbH zu leiten.
- ist weisungsabhängig gegenüber der Gesellschafterversammlung der GmbH. Er hat deren Beschlüsse auszuführen und ihre Einhaltung sicherzustellen.
- kann Gesellschafter-Geschäftsführer oder Fremdgeschäftsführer sein. Der Gesellschafter-Geschäftsführer ist selbst Gesellschafter der GmbH, während der Fremdgeschäftsführer am Stammkapital in keiner Weise beteiligt ist.

▶ Bestellung und Anstellung

Die Gesellschafterversammlung bestellt den Geschäftsführer. Hiervon zu unterscheiden ist die sog. *Anstellung*, die ebenfalls in die Kompetenz der Gesellschafter fällt. Die *Bestellung* ist ein körperschaftlicher Organisationsakt, der die Geschäftsführerstellung begründet. Bei der Anstellung hingegen handelt es sich um den bloßen Abschluss eines Dienstvertrags im Sinne von § 611 BGB.

▶ Der Geschäftsführer ist grundsätzlich nicht Arbeitnehmer

Der *Geschäftsführer* ist grundsätzlich kein Arbeitnehmer im Sinne des Arbeitsrechts. Es werden jedoch, teils auch nur auf den nicht beherrschenden Geschäftsführer einzelne Vorschriften des Arbeitsrechts, wie etwa die Kündigungsfristen des § 622 BGB, entsprechend angewendet.[2]

Unabhängig von der arbeitsrechtlichen Einordnung des Geschäftsführers ist seine steuerrechtliche und sozialversicherungsrechtliche Behandlung zu beurteilen. Der Geschäftsführer kann durchaus, wenn ein sog. abhängiges Beschäftigungsverhältnis vorliegt, sozialversicherungspflichtig beschäftigt sein.

Des Weiteren bezieht der GmbH-Geschäftsführer *steuerrechtlich* Einkünfte aus unselbstständiger Tätigkeit. Dies führt jedoch *arbeitsrechtlich* nicht dazu, dass er den Arbeitnehmerstatus erhält.

B. Persönliche Voraussetzungen

Das Gesetz legt in § 6 II GmbHG bestimmte persönliche Eignungsvoraussetzungen für den Geschäftsführer fest. Weitere gesetzliche Anforderungen für das Amt des Geschäftsführers können sich aus branchen- bzw. berufsspezifischen Sonderbestimmungen ergeben. Bei Gesellschaften beispielsweise, die freiberufliche Dienste

[2] Siehe ausführlich LAG Köln, Urt. vom 18.11.1998, 2 Sa 1063/98, NZA-RR 1999, 300.

erbringen, wie Rechtsanwalts- oder Steuerberatungsdienstleistungen, müssen die Geschäftsführer die entsprechende Zulassung besitzen.

▶ Unvereinbarkeit von Aufsichtsratsmandat und Geschäftsführeramt

Besteht bei der GmbH ein Aufsichtsrat, so gilt der Grundsatz der Unvereinbarkeit einer gleichzeitigen Mitgliedschaft im Aufsichtsrat und in der Geschäftsführung derselben Gesellschaft (§§ 52 I GmbHG, 105 I AktG; sog. Inkompatibilität). Dies hat zur Folge, dass ein Doppelmandat im Aufsichtsrat und in der Geschäftsführung unzulässig ist. Das Aufsichtsratsmitglied darf sich nicht selbst als Geschäftsführer kontrollieren. Kontrolle und Leitung müssen getrennt bleiben.

▶ Vorgaben in der Satzung

Neben den gesetzlichen Voraussetzungen enthält gelegentlich auch die Satzung (= Gesellschaftsvertrag) Vorgaben hinsichtlich der Qualifikation bzw. der sonstigen persönlichen Eigenschaften des Geschäftsführers. So könnte der Gesellschaftsvertrag z. B. vorsehen, dass nur derjenige Geschäftsführer werden kann, der ein abgeschlossenes Hochschulstudium absolviert hat.

I. Voraussetzungen des § 6 II GmbHG

Die maßgebliche Vorschrift lautet wie folgt:

§ 6 II GmbHG [Persönliche Voraussetzungen]
Geschäftsführer kann nur eine natürliche, unbeschränkt geschäftsfähige Person sein. Geschäftsführer kann nicht sein, wer

1. *als Betreuter bei der Besorgung seiner Vermögensangelegenheiten ganz oder teilweise einem Einwilligungsvorbehalt (§ 1903 des Bürgerlichen Gesetzbuches) unterliegt,*
2. *aufgrund eins gerichtlichen Urteils oder einer vollziehbaren Entscheidung einer Verwaltungsbehörde einen Beruf, einen Berufszweig, ein Gewerbe oder Gewerbezweig nicht ausüben darf, sofern der Unternehmensgegenstand ganz oder teilweise mit dem Gegenstand des Verbotes übereinstimmt,*
3. *wegen einer oder mehrerer vorsätzlich begangener Straftaten*
   a) *des Unterlassens der Stellung des Antrags auf Eröffnung des Insolvenzverfahrens (Insolvenzverschleppung),*
   b) *nach den §§ 283 – 283d des StGB (Insolvenzstraftaten),*
   c) *der falschen Angaben nach § 82 dieses Gesetzes oder § 399 des Aktiengesetzes,*
   d) *der unrichtigen Darstellung nach § 400 des Aktiengesetzes, § 331 des Handelsgesetzbuches, § 313 des Umwandlungsgesetzes, § 17 des Publizitätsgesetzes oder*

e) *nach den §§ 263 bis 264a oder den §§ 265b bis § 266a des Strafgesetzbuches zu einer Freiheitsstrafe von mindestens einem Jahr*

verurteilt worden ist; dieser Ausschluss gilt für die Dauer von fünf Jahren seit der Rechtskraft des Urteils, wobei die Zeit nicht eingerechnet wird, in welcher der Täter auf behördliche Anordnung in einer Anstalt verwahrt worden ist. Satz 2 Nr. 3 gilt entsprechend bei einer Verurteilung im Ausland, wegen einer Tat, die mit den in Satz 2 Nr. 3 genannten Taten vergleichbar ist.

1. Geschäftsfähigkeit des Geschäftsführers

Der Geschäftsführer eine natürliche Person und unbeschränkt geschäftsfähig sein. Damit scheiden Minderjährige als Geschäftsführer aus. Selbst wenn die Eltern und das Vormundschaftsgericht damit einverstanden sind, dass ein Minderjähriger Geschäftsführer wird, ist dies nicht zulässig.

2. Geisteskranke und Betreute

▶ Speziell: Betreute

Geschäftsunfähig sind Geisteskranke, ohne dass dies einer „amtlichen Bestätigung" bedarf; man redet hier von der natürlichen Geschäftsunfähigkeit. Betreute hingegen sind grundsätzlich uneingeschränkt geschäftsfähig; etwas anderes gilt nur, soweit ein Einwilligungsvorbehalt in Vermögensangelegenheiten angeordnet ist. Ein Einwilligungsvorbehalt hat zur Folge, dass der Betreute nur mit Zustimmung des Betreuers wirksam Geschäfte tätigen kann. Ist ein solcher Einwilligungsvorbehalt angeordnet, so entfällt damit die Fähigkeit, Geschäftsführer einer GmbH zu sein. Fehlt jedoch ein entsprechender Einwilligungsvorbehalt, so kann der Betreute – wie jeder andere – Geschäftsführer einer GmbH werden.

▶ Konsequenzen für die Praxis

Diese rechtliche Gleichstellung der Betreuten mag menschlich betrachtet verständlich sein, sie ist jedoch für den geschäftlichen bzw. unternehmerischen Bereich sehr belastend. Man stelle sich den alkoholkranken Geschäftsführer vor, der infolge seines jahrelangen Alkoholismus immer weniger in der Lage ist, rationale Entscheidungen zu treffen und die Tragweite seiner Handlungen zu überblicken. Wenn dieser Mensch nun unter Betreuung – ohne Einwilligungsvorbehalt – gestellt wird, so kann er weiterhin Geschäftsführer sein. Erst wenn ein Einwilligungsvorbehalt angeordnet ist, entfällt seine Fähigkeit, das Geschäftsführeramt auszuüben. In Anbetracht der Tatsache, dass oftmals zahlreiche Arbeitsverhältnisse, aber auch sonstige Vertragsverhältnisse, von dem Bestand des Unternehmens abhängig sind, ist die gesetzgeberische Entscheidung, wonach Betreute grundsätzlich – solange kein Einwilligungsvorbehalt des Vormundschaftsgerichts angeordnet ist – Geschäftsführer sein dürfen, äußerst bedenklich. Im Falle zusätzlicher Geisteskrankheit ist der Betreute allerdings schon aus diesen Gründen geschäftsunfähig, so dass dann die Fähigkeit, das Amt des Geschäftsführers zu bekleiden, in dem Moment entfällt, in dem die Geisteskrankheit eintritt.

Achtung!
Die Geisteskrankheit muss für die Vertragspartner, die mit der GmbH in Kontakt stehen, nicht unbedingt erkennbar sein. Oft wird sie erst in einem nachfolgenden Gerichtsprozess durch medizinische Gutachter ermittelt. Das geltende Recht schützt den Geisteskranken vor Geschäftsabschlüssen, unabhängig davon, ob dieser dabei übervorteilt wird oder nicht. Ein Schutz für die redlichen Vertragspartner wird hingegen grundsätzlich nicht gewährt. Geschäfte, die ein Geschäftsunfähiger tätigt, sind grundsätzlich nichtig. Ein Schutz über das Handelsregister, in dem der Geschäftsführer noch als solcher eingetragen ist, kann hier nicht erreicht werden. Die Geschäftsfähigkeit und das Erlöschen derselben sind keine eintragungspflichtigen Tatsachen, sondern lediglich persönliche Voraussetzungen, die als solche nicht in das Handelsregister gehören. Dies hat zur Folge, dass das Geschäft grundsätzlich nichtig ist und auch nicht wegen des Umstandes, dass der Geschäftsführer noch im Handelsregister eingetragen ist, als wirksam behandelt werden kann. Zwar bewirkt die Handelsregistereintragung, dass die GmbH sich nicht auf Erlöschen der Geschäftsführerstellung wegen der Geisteskrankheit berufen kann, doch bleibt die Willenserklärung nichtig, so dass das Geschäft unwirksam ist. Allenfalls dann, wenn die Gesellschafter hätten merken können und müssen, dass der Geschäftsführer geschäftsunfähig ist, kann eine sog. *Rechtsscheinhaftung der GmbH* ausgelöst werden, da die Gesellschafter zurechenbar veranlasst haben, dass ein amtsunfähiger Geschäftsführer für die Gesellschaft auftritt.[3]

Beispiel

„Der durchgedrehte GmbH-Geschäftsführer"

G ist Geschäftsführer einer GmbH. Infolge einer Psychose wird er geschäftsunfähig. Dies ist jedoch auf den ersten Blick nicht erkennbar. Im Zustand der Geschäftsunfähigkeit veräußert er das Betriebsgrundstück der Gesellschaft an einen Interessenten. Der Verkauf und die anschließende Übereignung des Grundstücks sind unwirksam. Das Grundstück muss daher wieder an die GmbH herausgegeben werden. Hätten die Gesellschafter allerdings bemerken können und müssen, dass der Geschäftsführer geschäftsunfähig ist, so kann man sie nach den Grundsätzen der Rechtsscheinhaftung für verpflichtet halten, den Käufer so zu stellen, als sei der Kaufvertrag wirksam zustande gekommen. Denn die Gesellschafter haben zugelassen, dass ihr Geschäftsführer für die Gesellschaft auftritt und handelt, obwohl er geschäftsunfähig ist. Dann aber

[3] BGH, Urt. v. 01.07.1991 – II ZR 292/90, BGHZ 115, 78, 81 ff.

müssen sie auch die Vertragspartner, die auf eine Geschäftsfähigkeit vertraut haben, entschädigen.[4]

3. Verurteilung wegen bestimmter Straftaten

► Vorstrafen

Ist der Geschäftsführer wegen einer in § 6 II GmbHG erwähnten Straftat rechtskräftig verurteilt worden, so darf er für die Dauer von fünf Jahren ab Rechtskraft des Urteils nicht das Amt eines Geschäftsführers bekleiden. Eine Erweiterung des Katalogs ist unzulässig.

K.O.-Straftaten für die Ausübung des Amtes als Geschäftsführer sind u. a. die sog. Insolvenzdelikte des StGB. Die Insolvenzdelikte sind:[5]

- der Bankrott,
- die Schuldnerbegünstigung,
- die Gläubigerbegünstigung sowie
- die Verletzung der Buchführungspflicht.

Die vorsätzliche Insolvenzverschleppung ist trotz ihres Namens kein klassisches Insolvenzdelikt, jedoch ist auch ein Geschäftsführer nach einer Verurteilung wegen vorsätzlicher Insolvenzverschleppung (15a IV InsO) für das Amt des Geschäftsführers auf fünf Jahre gesperrt. Gleiches gilt bei einer Verurteilung wegen falscher Angaben, insbesondere wegen Gründungsschwindels nach § 82 GmbHG bzw. § 399 AktG. Oder bei den Delikten, bei denen es um die unrichtige Darstellung u. a. in Abschlüssen und Lageberichten (geht u. a.§ 331 HGB). Auch eine Vielzahl von Vermögensdelikten, wie Untreue (§ 266 StGB), Betrug (§ 263 StGB), Computerbetrug (§ 263a StGB), Subventionsbetrug (§ 264 StGB), Kapitalanlagebetrug (§ 264a StGB), Kreditbetrug (§ 265b StGB), Sportwettbetrug (265c StGB), Manipulation von sportlichen Wettbewerben (§ 265d StGB), die Untreue (§ 266 StGB) oder das Vorenthalten von Sozialversicherungsbeiträgen (§ 266a StGB) lassen die Amtsfähigkeit entfallen. Bei den vorgenannten Vermögensdelikten muss aber mindestens eine Freiheitsstrafe von einem Jahr verhängt worden sein. Bei den übrigen Straftaten, wie der vorsätzlichen Insolvenzverschleppung reicht jede rechtskräftige Verurteilung aus, um dem Betroffenen die persönliche Voraussetzung für das Amt des Geschäftsführers zu nehmen. Wichtig ist, dass nunmehr auch vergleichbare Vorstrafen im Ausland ausreichen. Ob diese Regelung einer verfassungsrechtlichen Prüfung standhält, bleibt abzuwarten, zu Recht wird gefordert, dass das ausländische

[4]BGH, Urt. v. 01.07.1991 – II ZR 292/90, BGHZ 115, 78, 81 ff.

[5]Die Einzelheiten der Strafbarkeit der Insolvenzdelikte werden im 3. Teil unter G III. 2 und G IV.1 erläutert.

Urteil in einem Strafprozess ergangen sein muss, das rechtsstaatlichen Mindeststandards gerecht werden muss,[6] was im Einzelfall schwer feststellbar sein kann.

▶ Abschließender Katalog

Voraussetzung ist stets eine vorsätzliche Begehung der Straftat, so dass beispielsweise eine fahrlässige Insolvenzverschleppung oder ein leichtfertiger Subventionsbetrug nicht schaden. Ein Geschäftsführer, der nur wegen fahrlässiger Insolvenzverschleppung rechtskräftig verurteilt worden ist, kann also ohne weiteres erneut „sein Unwesen treiben" und wiederum Geschäftsführer einer GmbH werden.

Beispiel

„Fortsetzung folgt"

G war Geschäftsführer einer Reiseveranstaltungs-GmbH. Trotzdem diese schon seit fünf Wochen überschuldet ist, setzt G die Geschäfte fort, da er die Krise nicht erkennt. G kann alle fälligen Zahlungen erbringen, weil die Gesellschaft hierfür aufgrund der Anzahlungen der Kunden, genügend Fremdgeld hat, so dass G die Insolvenzreife gar nicht auffällt. G wird schließlich wegen fahrlässiger Insolvenzverschleppung (§ 84 GmbHG) rechtskräftig zu einer Geldstrafe verurteilt. Sofort nach Stellung des Insolvenzantrags hat er jedoch bereits eine neue GmbH gegründet und sich selbst zum Geschäftsführer bestellt. Mit ihr betreibt er ebenfalls in der Reiseveranstaltungsbranche Geschäfte. Die erneute Bestellung als Geschäftsführer ist gesetzlich zulässig. da eine Verurteilung wegen Vorsatzes nicht erfolgt ist.

4. Verbot der Berufs- und Gewerbeausübung

▶ „Staatliche Verbote"

Die Fähigkeit, Geschäftsführer einer GmbH zu sein, büßt derjenige ein, dem durch Gerichtsurteil oder durch eine vollziehbare Entscheidung einer Verwaltungsbehörde, die Ausübung eines Berufs oder Gewerbes untersagt worden ist (§ 6 II Satz 4 GmbHG). Die Verwaltungsentscheidung muss hierbei nur vollziehbar sein; es ist nicht erforderlich, dass sie endgültig Bestandskraft erlangt hat. Vollziehbar heißt, dass das Verbot durch die Verwaltung, notfalls auch mit hoheitlicher Gewalt durchgesetzt werden kann. Selbst wenn sich später herausstellen sollte, dass die Entscheidung der Behörde rechtswidrig war, muss sie, solange sie vollziehbar ist, beachtet werden. Das Berufs- bzw. Gewerbeverbot kann sich auf eine bestimmte Tätigkeit bzw. Branche beziehen. In diesem Bereich darf derjenige, für den das Verbot ausgesprochen wurde, nicht mehr als Geschäftsführer tätig sein. Hierbei genügt es,

[6] *Roth/Altmeppen*, GmbHG, § 6 Rdnr. 22.

wenn der Unternehmensgegenstand der GmbH sich teilweise mit der Tätigkeit überschneidet, für die das Berufsverbot erteilt worden ist.

Ein Verbot gegen die GmbH, durch das ihr eine bestimmte Tätigkeit untersagt wird, gilt nicht gleichzeitig auch für den GmbH-Geschäftsführer.[7] Adressat ist nur die GmbH, nicht der Geschäftsführer persönlich. Nach § 35 VII a der Gewerbeordnung ist es allerdings möglich, ein Gewerbeverbot sowohl gegen die GmbH als auch gegen den Geschäftsführer auszusprechen. Auch genügt es, wenn das Verbot gegenüber einem Einzelunternehmer erteilt worden ist und dieser dann später Geschäftsführer wird. Dies ist schon vom Wortlaut der Vorschrift des § 6 II Satz 4 GmbHG erfasst.

Beispiel

„Haare schneiden verboten"

G ist Friseurmeister und betreibt als Einzelunternehmer einen Friseursalon. Die einschlägigen Hygienevorschriften missachtet er nachhaltig. Die geschnittenen Haare lässt er allenfalls einmal täglich wegfegen, die Haare der Kunden werden in demselben Waschbecken gewaschen, ohne dass dieses zwischendurch gereinigt wird, auch Kämme werden nur gelegentlich ausgewaschen. Da G günstige Preise anbietet, kommen dennoch Kunden. Trotz mehrmaliger Aufforderung seitens der zuständigen Behörde, die einschlägigen Hygienevorschriften einzuhalten, ändert G seine Geschäftspolitik nicht. Ihm wird nach § 35 der Gewerbeordnung schließlich untersagt, das Friseurhandwerk zu betreiben. Nunmehr gründet G eine Friseur-GmbH und wird Geschäftsführer. Das ihm gegenüber erteilte Verbot nimmt ihm gleichzeitig die Eigenschaft, vertretungsberechtigtes Organ der GmbH zu sein. Dies gilt selbst dann, wenn in dem Verbot nicht ausdrücklich zusätzlich angeordnet ist, dass dieses auch für die Ausübung der Tätigkeit als vertretungsberechtigtes Organ gilt.[8]

▶ Abgabe der Vermögensauskunft ist kein Hindernis

Kein Berufsverbot bzw. keine Untersagung der Gewerbeausübung stellt es dar, wenn der Geschäftsführer die sog. Vermögensauskunft infolge eines erfolglosen Zwangsvollstreckungsversuchs abgegeben hat (früher auch als eidesstaatliche Versicherung bzw. Offenbarungseid bekannt). Dass dies für die Kreditwürdigkeit der Gesellschaft äußerst schädlich ist, steht auf einem anderen Blatt. Geschäftsführer darf jedenfalls auch derjenige werden, der nach den Vorschriften der Zivilprozessordnung die Vermögensauskunft abgegeben hat. Gleiches gilt, wenn er sich weigerte, die Vermögensauskunft abzugeben und deshalb ein Haftbefehl vorliegt. Die Beispiele zeigen schon, dass der Gesetzgeber hinsichtlich der Eignungsvoraussetzungen für den Geschäftsführer trotz der Verschärfung durch die Ausweitung des Vorstrafenkatalogs insgesamt sehr großzügig ist.

[7] BayObLG, Beschl. v. 11.06.1986, BReg 3 Z 78/86, GmbHR 1987, 20, 21.
[8] OLG Frankfurt, Beschl. v. 04.03.1994, 20 W 49/94, GmbHR 1994, 802.

II. Rechtsfolgen

► Automatischer Verlust der Geschäftsführerstellung

Wer das Geschäftsführeramt bekleidet, obwohl die persönlichen Eignungsvoraussetzungen nicht gegeben sind, verliert sein Amt ab dem Zeitpunkt, in dem die Umstände eintreten, die zum Verlust der persönlichen Eignung führen.[9] Hierfür bedarf es keiner Abberufung des Geschäftsführers aus seinem Amt durch die Gesellschafterversammlung. In dem Augenblick, in dem der Geschäftsführer beispielsweise geschäftsunfähig wird, verliert er automatisch die Eigenschaft, GmbH-Geschäftsführer zu sein und ist seines Amtes verlustig. Das Handelsregister löscht von Amts wegen den Geschäftsführer im Handelsregister.[10] In dem Fall der Geschäftsunfähigkeit ist – wie oben ausgeführt – ein Schutz des Rechtsverkehrs nur eingeschränkt möglich. In den sonstigen Fällen, in denen die Eignungsvoraussetzungen wegen eines Berufsverbots bzw. Gewerbeverbots oder wegen Verurteilung nach einem einschlägigen Insolvenzdelikt nicht vorliegen, kann sich der Rechtsverkehr gemäß § 15 I HGB auf die Handelsregistereintragung berufen, so dass dadurch ein gewisser Schutz erreicht wird. Die Rechtsgeschäfte des „Geschäftsführers" werden dann als wirksam behandelt, falls sie zu einem Zeitpunkt getätigt wurden, als der Geschäftsführer noch im Handelsregister eingetragen war.

Beispiel

„Das Handelsregister schützt"

Geraldine Grande (G) ist wegen Bankrotts rechtskräftig zu einer Freiheitsstrafe auf Bewährung verurteilt worden. Mit Rechtskraft des Urteils ist sie nicht mehr Geschäftsführerin der GmbH, da sie die Eignungsvoraussetzungen nicht mehr besitzt. Nunmehr veräußert sie ein Fahrzeug der GmbH. Der Käufer hat zwar keinen wirksamen Kaufvertrag mit der GmbH abgeschlossen, da G nicht mehr vertretungsberechtigt war. Unter Berufung auf § 15 I HGB muss sich die GmbH jedoch so behandeln lassen, als sei G noch Geschäftsführerin. Damit hätte diese auch den Kaufvertrag abschließen können, so dass der Käufer das Fahrzeug wirksam erworben hat und damit behalten darf.

Achtung!

Tritt der Geschäftsführer auf, obwohl er seines Amtes verlustig geworden ist, so kann ihn dies teuer zu stehen kommen. Der Geschäftspartner, der über den

(Fortsetzung)

[9]OLG Karlsruhe, Beschl. v. 23.12.2013, 11 Wx 116/13, juris. Lagen die persönlichen Voraussetzungen bereits bei Bestellung nicht vor, ist diese nichtig, siehe OLG Naumburg, Beschl. v. 10.11.1999, 7 Wx 7/99, GmbHR 2000, 378.

[10]§§ 395 und 398 FamFG (Gesetz über das Verfahren in Familiensachen und in den Angelegenheiten der freiwilligen Gerichtsbarkeit).

vermeintlichen Geschäftsführer mit der GmbH in Kontakt getreten ist, darf sich auch an diesen persönlich halten. Der Geschäftsführer haftet als Vertreter ohne Vertretungsmacht dem Vertragspartner nach dessen Wahl auf Erfüllung oder auf Schadensersatz. Der Vertragspartner kann sich aussuchen, ob er sich auf die unterbliebene Austragung des Geschäftsführers aus dem Handelsregister beruft und seine Ansprüche gegen die GmbH richtet oder ob er sich für eine Inanspruchnahme des Geschäftsführers entscheidet. Ist die Gesellschaft insolvent, wird er sich an den Geschäftsführer halten, der ihm unbeschränkt mit seinem Vermögen haftet. Lediglich der geschäftsunfähige bzw. beschränkt geschäftsfähige Geschäftsführer haftet nicht persönlich (siehe auch § 179 III 2 BGB).

▶ Haftung der Gesellschafter

Bereits mit Wirkung ab 01.11.2008 hat der Gesetzgeber eine Schadensersatzpflicht der Gesellschafter gegenüber der Gesellschaft eingeführt, die vorsätzlich oder grob fahrlässig einem amtsunfähigen Geschäftsführer die Geschäfte überlassen haben (§ 6 V GmbHG). Eine „Überlassung der Geschäfte" ist nicht nur bei Bestellung der betreffenden Person gegeben. Sie liegt auch dann vor, wenn die Gesellschafter den Betreffenden nach Eintritt der Amtsunfähigkeit, wodurch die Bestellung nichtig wird, nicht aus dem Amt entfernt oder ihm sonst faktisch die Führung der Geschäfte der GmbH überlassen haben. Die Gesellschafter müssen danach für Schäden haften, die der GmbH dadurch entstehen, dass der Geschäftsführer seine Obliegenheiten nicht erfüllt. Was dies im Einzelnen bedeutet, ist unklar. Vertreten wird, dass die Gesellschafter nicht für jede Pflichtverletzung des Geschäftsführers, sondern nur für solche haften, in welchen sich die Gründe der Amtsunfähigkeit verwirklichen.[11] Es sind nur Schäden der GmbH und nicht bei Dritten erfasst, die diesen etwa durch die unterlassene Stellung des Insolvenzantrages oder Nichterfüllung von Forderungen entstehen. Die GmbH ist Inhaberin des Anspruchs. Bedeutung wird diese Anspruchsgrundlage wohl erst in der Insolvenz der GmbH erlangen, da vorher die GmbH gegen ihre eigenen Gesellschafter den Anspruch nicht durchsetzen wird. Andererseits könnte der Anspruch von einzelnen Gesellschaftern zu Gunsten der GmbH verfolgt werden, wenn nur ihre Mitgesellschafter, nicht jedoch sie selbst hiergegen verstoßen haben, etwa wenn die Mitgesellschafter trotz Kenntnis von einer Amtsunfähigkeit den Geschäftsführer bestellten. Auch könnten nach einem Gesellschafterwechsel, die eintretenden Gesellschafter gegen die Altgesellschafter derartige Ansprüche verfolgen. Schäden der Gesellschaft, die dieser durch die Verletzung der Obliegenheiten entstehen, könnten Nachteile sein, die durch die sorgfaltswidrige Geschäftsführung des amtsunfähigen Geschäftsführers entstehen.

[11] Baumbach/Hueck/Fastrich, GmbHG § 6 Rn. 23.

Der Geschäftsführer hat die Sorgfalt eines ordentlichen Geschäftsmannes einzuhalten. Diese lässt sich als Obliegenheit im Sinne des § 6 Abs. 5 GmbHG begreifen, so dass der GmbH ein Schadensersatzanspruch gegen die betreffenden Gesellschafter bei einem etwaigen Auswahl- bzw. Unterlassungsverschulden erwächst. Die Einzelheiten des Anspruchs muss die Rechtsprechung klären. Meines Erachtens gelten dieselben Grundsätze wie für den gegen den Geschäftsführer bestehenden Anspruch, etwa hinsichtlich der Verjährungsfrist. Hat beispielsweise der Geschäftsführer Forderungen der GmbH verjähren lassen, haftet er auf Schadensersatz gemäß § 43 GmbHG, wobei eine Verjährungsfrist von fünf Jahren gilt. Hierbei dürfte der Geschäftsführer trotz Nichtigkeit seiner Bestellung als faktischer Geschäftsführer haften, daneben haften die Gesellschafter, die ihm die Geschäfte vorsätzlich oder grob fahrlässig überlassen haben.

III. Der ausländische Geschäftsführer

► Aufenthaltserlaubnis erforderlich?

Geschäftsführer einer GmbH kann auch ein ausländischer Staatsangehöriger sein. Bei EU-Angehörigen gibt es ohnehin keine Schwierigkeiten. Ein Wohnsitz oder ständiger Aufenthalt, eine Arbeits- oder Gewerbeerlaubnis im Inland sind nicht erforderlich.[12] Problematisch sind die Fälle, in denen der Geschäftsführer keine Aufenthaltserlaubnis besitzt und diese auch nicht bekommt. Grundsätzlich stellt dies kein Bestellungs- oder Eintragungshindernis für das Handelsregister dar. Das Registergericht kann den Geschäftsführer trotzdem eintragen. Einige Registergerichte verlangen allerdings die Vorlage einer Aufenthaltserlaubnis bzw. eines Negativattestes der Ausländerbehörde. Die Praxis ist hier uneinheitlich.

► Pflichterfüllung ausschlaggebend

Von entscheidender Bedeutung ist es, ob der Geschäftsführer aufgrund der fehlenden Aufenthaltserlaubnis in der Lage ist, seine Pflichten zu erfüllen. Die strenge Auffassung fordert eine jederzeitige Einreisemöglichkeit ins Inland.[13] Teils wird aber auch vertreten, dass sich der Geschäftsführer aufgrund moderner Kommunikationsmittel (wie E-Mail, Telefon, Fax, Internetkonferenzen) in die Lage versetzen kann, die Geschäfte zu führen und auch die gesetzlichen Pflichten

---

[12] OLG Celle, Beschl. v. 02.05.2007, 9 W 26/07, ZIP 2007, 1157.

[13] OLG Celle, a.a.O, S. 1157; OLG Zweibrücken, Beschl. v. 13.03.2001, 3 W 15/01, NJW-RR 2001, 1689; OLG Köln, Beschl. v. 26.10.1998, 2 Wx 29/98, OLGR 1999, 108; OLG Hamm, Beschl. v. 09.08.1999, 15 W 181/99, ZIP 1999, 1919 unter Hinweis auf die Pflichterfüllung im Hinblick auf die Insolvenzantragspflicht, die Pflicht zur Sicherung des Stammkapitals und der unverzüglichen Gewährung des Auskunfts- und Einsichtsrechts des Gesellschafters, das solle auch dann gelten, wenn mehrere Geschäftsführer existieren.

zu erfüllen.[14] Mit vielen Staaten existieren zudem Abkommen, wonach Geschäftsführer bis zur Dauer von drei Monaten ohne vorherige Beantragung und Erteilung einer Aufenthaltserlaubnis ins Bundesgebiet einreisen und sich hier aufhalten dürfen.

Diese Personen können nach zutreffender Ansicht als Geschäftsführer fungieren.[15] In den Fällen, in denen sich der Geschäftsführer jedoch definitiv nicht in Deutschland aufhalten darf – etwa weil er schon rechtskräftig abgeschoben worden ist und ihm auch in absehbarer Zukunft aufgrund einschlägiger, ausländerrechtlicher Vorschriften keine Aufenthaltsgenehmigung erteilt werden wird –, muss das Registergericht eine Eintragung des Geschäftsführers versagen, weil die GmbH bei einem solchen Geschäftsführer nicht handlungsfähig wäre und nicht sichergestellt ist, dass die gesetzlichen Obliegenheiten erfüllt werden.

Tipp!
Soll ein ausländischer Geschäftsführer bestellt werden, bei dem es mit der Eintragung Probleme geben könnte, ist es empfehlenswert, zunächst die Praxis des zuständigen Handelsregisters zu ermitteln. Lehnt dieses eine Eintragung ab und ist die Person des Geschäftsführers entscheidend, so sollte überlegt werden, ob der Sitz der Gesellschaft in den Zuständigkeitsbereich eines Registergerichts verlegt wird, das bereit ist, eine Eintragung des Geschäftsführers vorzunehmen.

Zur Belehrung des Geschäftsführers im Ausland bei der Abgabe der Versicherung nach § 8 III GmbHG, siehe 1. Teil, I II 2. b. bb.

C. Bestellung des Geschäftsführers

I. Überblick

► Zuständigkeit

Grundsätzlich bestimmen die Anteilseigner, d. h. die Gesellschafter, wer die Geschicke ihres Unternehmens leiten und Geschäftsführer werden soll. Gewöhnlich erfolgt die Bestellung des Geschäftsführers durch einen Beschluss der Gesellschafterver-

[14] OLG Frankfurt/Main, Beschl. v. 14.03.1977, 20 W 113/77, NJW 1977, 1595; OLG Düsseldorf, Beschl. v. 20.07.1977, 3 W 147/77, GmbHR 1978, 110; OLG Dresden Urt. v. 05.11.2002, 2 U 1433/02, GmbHR 2003, 537, 538.

[15] OLG Frankfurt, Beschl. v. 22.02.2001, 20 W 376/2000, OLGR Frankfurt 2001, 209; siehe auch OLG Dresden Urt. v. 05.11.2002, 2 U 1433/02 GmbHR 2003, 537, wonach die jederzeitige Einreisemöglichkeit nicht gefordert werden könne. Das Gericht bejahte die Eignung als Geschäftsführer in einem Fall, in dem der Geschäftsführer längstens für drei Monate im Jahr ein Visum erhielt, sich anschließend OLG Stuttgart Beschl. v. 09.02.2005, 8 W 164/05, NZG 2006, 789.

sammlung. Die Gesellschafter haben aber auch die Möglichkeit, bereits durch eine Anordnung im Gesellschaftsvertrag zu bestimmen, wer Geschäftsführer wird. In dringenden Fällen kann anstelle der Gesellschafterversammlung auch das Amtsgericht einen Notgeschäftsführer berufen.

Bei Gesellschaften, die unter das Mitbestimmungsgesetz von 1976 oder unter die Montanmitbestimmung fallen, wird der Geschäftsführer nicht von der Gesellschafterversammlung, sondern vom Aufsichtsrat bestellt (Abb. 1).

▶ Geschäftsführer ist zwingend zu bestellen

Ein Geschäftsführer muss notwendig im Amt sein, damit die Gesellschaft dauerhaft handlungsfähig bleibt. Für eine Übergangszeit können zwar auch Angestellte, wie z. B. Prokuristen oder Handlungsbevollmächtigte – sofern sie vorhanden sind – für die Gesellschaft auftreten. Deren Befugnisse sind jedoch weniger weitreichend. So dürfen diese Personen keine Handelsregisteranmeldungen vornehmen, keine Gesellschaftsversammlungen einberufen oder auch nicht Jahresabschlüsse verbindlich erstellen.

▶ Bestellung schon bei Gründung

Der Geschäftsführer ist bereits im Gründungsstadium notwendig zu berufen. So ist er für die Entgegennahme der Einlageleistungen und für die Anmeldung der Gesellschaft beim Handelsregister zuständig. Der Geschäftsführer ist es, der versichern muss, dass die Einlagen zur freien Verfügung der Gesellschaft geleistet worden sind. Schon hieraus folgt, dass die Gesellschaft ohne einen Geschäftsführer nicht erfolgreich gegründet werden kann.

Einer Gesellschaft können ein oder mehrere Geschäftsführer vorstehen, eine Begrenzung nach oben existiert nicht. Unterliegt die GmbH der unternehmerischen Mitbestimmung der Arbeitnehmer nach dem Mitbestimmungsgesetz von 1976 oder der Montanmitbestimmung, so ist ein Arbeitsdirektor als gleichberechtigtes Mitglied der Geschäftsführung zu bestellen. Hieraus lässt sich schließen, dass die GmbH dann wenigstens zwei Geschäftsführer haben muss.

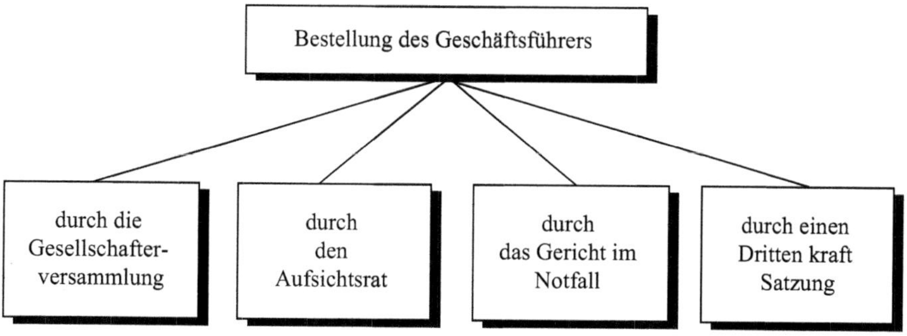

Abb. 1 Bestellung des Geschäftsführers

II. Anordnungen im Gesellschaftsvertrag

► Satzung kann Anordnungen treffen

Die Gesellschafter haben es in der Hand, bereits im Gesellschaftsvertrag anzuordnen, wer Geschäftsführer wird. Hierbei muss unterschieden werden, ob diese Anordnung im Gesellschaftsvertrag als sog. *echter* bzw. *korporativer* Satzungsbestandteil gewollt ist oder ob es sich nur um eine sonstige willkürliche Bestimmung in der Satzung (*unechter* Satzungsbestandteil) handelt. Im ersten Fall, wenn die Bestimmung als echter Satzungsbestandteil qualifiziert wird, stellt das Recht zur Geschäftsführung ein Sonderrecht des in der Satzung Benannten dar. Dieses Sonderrecht ist dem Begünstigten nur durch Satzungsänderung und grundsätzlich nur mit Zustimmung des Begünstigten entziehbar. Ist also beispielsweise ein Gesellschafter in der Satzung als Geschäftsführer vorgesehen und ist diese Bestimmung als Sonderrecht ausgestaltet, so kann ihm dieses Recht nur dadurch entzogen werden, dass mit satzungsändernder Mehrheit der Gesellschaftsvertrag entsprechend geändert wird. Eine Abberufung gegen den Willen des Betroffenen ist nur aus wichtigem Grund möglich.[16]

Es muss unterschieden werden, ob das Sonderrecht auch die Befugnis zur persönlichen Ausübung des Geschäftsführeramts beinhaltet oder ob es auch oder nur darauf gerichtet ist, einen anderen als Geschäftsführer einzusetzen bzw. zu berufen. Die Satzung kann einem Gesellschafter nämlich auch das Sonderrecht einräumen, einen Dritten verbindlich zum Geschäftsführer zu bestellen. Hiervon wiederum zu unterscheiden sind sog. verbindliche Vorschlags- bzw. Präsentationsrechte eines Gesellschafters, die ebenfalls in der Satzung verankert sein können. Aufgrund dieser Rechte hat dann der Gesellschafter die Möglichkeit, einen Geschäftsführer vorzuschlagen, der nur aus wichtigem Grund durch die Gesellschafterversammlung abgelehnt werden kann.

Achtung!
Scharf zu trennen von den satzungsmäßigen Sonderrechten sind die unechten Satzungsbestandteile, die zwar in der Satzungsurkunde, d. h. im Gesellschaftsvertrag enthalten sind, die jedoch materiell nicht wirklich dazu gehören. Ob die Bestimmung tatsächlich echter Bestandteil der Satzung ist, muss notfalls durch objektive Auslegung der Satzung – losgelöst vom individuellen Verständnis der Gesellschafter – ermittelt werden.[17] Wird z. B. der Geschäftsführer beim Abschluss des Gesellschaftsvertrags durch eine entspre-

(Fortsetzung)

[16] Siehe die Ausführungen unten 1. Teil, F I 3.

[17] BGH Urt. v. 28.06.1999, II ZR-72-98, BGHZ 142, 116, 125.

chende Satzungsklausel bestellt, so ist bei der Berufung des Geschäftsführers anlässlich der Gründung anzunehmen, dass diese nur „bei Gelegenheit" des Abschlusses erfolgt, ohne dass damit dem Begünstigten tatsächlich ein dauerndes Sonderrecht auf die Geschäftsführung eingeräumt werden soll. In diesen Fällen ist daher eine Abberufung ohne wichtigen Grund durch einfachen Mehrheitsbeschluss, d. h. ohne Satzungsänderung möglich.[18]

Beispiel

„Der erste Geschäftsführer"

Anselmo Amaro (A) und Gustavo Gnocchi (G) gründen eine GmbH, die sich mit dem Import von italienischen Lebensmitteln befassen soll. Im Gesellschaftsvertrag, den die beiden anlässlich der ersten Gesellschafterversammlung, die vor dem Notar stattfindet, abschließen, wird G zum Geschäftsführer bestellt. A ist Mehrheitsgesellschafter. Er hält 60 % der Anteile und verfügt damit über Stimmrechte in gleicher Höhe. Da G, der mit den restlichen 40 % an der Gesellschaft beteiligt ist, sich nicht besonders „geschickt anstellt" und die Geschäfte nur schleppend anlaufen, möchte A den versierten Paolo Penne (P) anstelle von G zum Geschäftsführer bestellen. Hiergegen wendet sich G, der meint, dafür sei eine Änderung der Satzung erforderlich. Ein satzungsändernder Beschluss bedarf jedoch gemäß § 53 II GmbHG einer Mehrheit von 75 % der abgegebenen Stimmen. Da A diese Mehrheit nicht zusammenbekommt, ist G der Meinung, dass er ohne wichtigen Grund nicht abberufen werden könne.

Hier irrt G, da seine erste Bestellung anlässlich des Abschlusses des Gesellschaftsvertrags nur tatsächlich, nicht aber rechtlich zur Satzung gehört, so dass für eine Änderung nicht die Einhaltung der für eine Satzungsänderung gegebenen Voraussetzungen erforderlich ist. Hier kann vielmehr wie üblich durch einfachen Mehrheitsbeschluss der Gesellschafterversammlung eine Abberufung sowie die Bestellung eines neuen Geschäftsführers erfolgen.

III. „Ordentliche" Bestellung des Geschäftsführers

1. Einführung

► Bestellung und Anstellung

Die Bestellung ist streng von der sog. Anstellung zu trennen. Die Bestellung ist ein körperschaftlicher Akt, durch den dem Betreffenden die Funktion des

[18] BGH Urt. v. 29. 09. 1955, II ZR 225/54, BGHZ 18, 207, 208; OLG Naumburg Urt. v. 17.12.1996 7 U 196/95, GmbHR 1998, 90, 92.

Geschäftsführers mit allen Rechten und Pflichten eingeräumt wird. Bei der Anstellung handelt es sich um den Abschluss des zugrunde liegenden Dienstvertrags. Die Wirksamkeit der Bestellung und der Anstellung ist daher jeweils gesondert zu untersuchen. Jemand kann zum Geschäftsführer bestellt worden sein, ohne dass ein Anstellungsvertrag existiert. Umgekehrt kann schon ein Anstellungsvertrag abgeschlossen worden sein, ohne dass der Vertragspartner bereits zum Geschäftsführer bestellt worden ist.

2. Zuständigkeit

a. Überblick

Grundsätzlich ist gemäß § 46 Nr. 5 GmbHG die Gesellschafterversammlung für die Bestellung des Geschäftsführers zuständig.

► Bestellung durch Aufsichtsrat

In Gesellschaften, die unter die Montanmitbestimmung oder unter das Mitbestimmungsgesetz von 1976 fallen, wird der Geschäftsführer durch den Aufsichtsrat bestellt.[19] Unterliegt die Gesellschaft hingegen nur dem Mitbestimmungsstatut des sog. Drittelbeteiligungsgesetzes, so bleibt die Gesellschafterversammlung für die Bestellung des Geschäftsführers zuständig. Nach dem Drittelbeteiligungsgesetz ist bei Gesellschaften mit beschränkter Haftung, die in der Regel mehr als 500 Arbeitnehmer beschäftigen, ein Aufsichtsrat zu bilden, wobei ein Drittel der Mitglieder des Aufsichtsrats von der Arbeitnehmerseite zu bestimmen ist. Dieser Aufsichtsrat ist für die Kontrolle der Geschäftsführung zuständig, darf die Mitglieder der Geschäftsführung jedoch nicht bestimmen bzw. abberufen.

► Fakultativer Aufsichtsrat

Wird bei Gesellschaften außerhalb des Anwendungsbereichs der Mitbestimmungsgesetze ein fakultativer, d. h. ein Aufsichtsrat auf freiwilliger Basis installiert, was aufgrund der sog. Satzungsautonomie der Gesellschafter ohne weiteres möglich ist (siehe auch § 52 GmbHG), so richten sich seine Befugnisse nach der Anordnung in der Satzung. Einem derartigen fakultativen Aufsichtsrat kann durchaus auch durch Satzungsbestimmung die Kompetenz eingeräumt werden, die Geschäftsführer zu bestellen und abzuberufen. Ohne eine solche Satzungsbestimmung bleibt die Gesellschafterversammlung für die Bestellung der Geschäftsführer zuständig.

► Bestellung durch Dritte

[19] Siehe § 31 Mitbestimmungsgesetz 1976; § 12 Montanmitbestimmungsgesetz; § 13 Mitbestimmungsergänzungsgesetz jeweils i.V.m. § 84 AktG.

Die Satzung kann ferner bestimmen, dass auch Dritte, etwa Kreditgeber oder ein Berater das Recht erhalten, den Geschäftsführer zu berufen. Dies ist zwar nicht ganz unumstritten, aber zutreffend, da die Gesellschafterversammlung jederzeit die Bestellungskompetenz durch Satzungsänderung wieder an sich ziehen könnte, so dass es in der Hand der Gesellschafter liegt, wie lange der Dritte die Befugnis besitzt.[20]

b. Normalfall: Zuständigkeit der Gesellschafterversammlung

aa. Ordnungsgemäße Bestellung

► Bestellung durch Gesellschafterversammlung

Der Geschäftsführer wird gemäß § 46 Nr. 5 GmbHG durch Gesellschafterbeschluss, der mit einfacher Mehrheit zu fassen ist, bestellt. Der Gesellschaftsvertrag (= Satzung) kann eine höhere Stimmenzahl vorschreiben. Ist der Geschäftsführer, der bestellt werden soll, gleichzeitig Gesellschafter, so darf er trotzdem mitstimmen. Das Verbot des Selbstkontrahierens gemäß § 181 BGB gilt hier nicht.

Jeder Gesellschafter hat ein unverbindliches Vorschlagsrecht. Die Satzung kann jedoch ein verbindliches Vorschlagsrecht, d. h. ein Benennungsrecht einzelner Gesellschafter vorsehen. In diesem Fall ist grundsätzlich anzunehmen, dass die Gesellschafterversammlung den Kandidaten bestellen muss, es sei denn, es bestehen wichtige Gründe, wie z. B. eine mangelnde fachliche Eignung, davon abzusehen.

► Vollzug der Bestellung

Ist der Gesellschafterbeschluss gefasst, so bedarf es noch des Vollzugs desselben, dieser muss also ausgeführt werden. Dies geschieht durch eine entsprechende Erklärung gegenüber dem gewählten Manager. Die Erklärung muss nicht durch alle Gesellschafter gemeinsam erfolgen; die Gesellschafterversammlung kann vielmehr einen Gesellschafter oder auch einen Mitgeschäftsführer bevollmächtigen, die Erklärung gegenüber dem „zum Geschäftsführer Auserwählten" abzugeben. Auch ein Dritter, z. B. ein sonstiger Mitarbeiter der Gesellschaft, könnte diese Erklärung vornehmen. Der Kandidat muss die *Annahme* des Geschäftsführeramts erklären. Diese ist zwingend erforderlich, da mit dem Amt des Geschäftsführers weitreichende Pflichten und auch eine einschneidende Haftung verbunden sind.

Der Vollzug kann auch konkludent, d. h. schlüssig geschehen. Ist beispielsweise der Geschäftsführer bei der Gesellschafterversammlung anwesend und nimmt dort zur Kenntnis, dass die Gesellschafterversammlung ihn zum Geschäftsführer bestellt, so ist von einer konkludenten Annahme auszugehen, wenn der Betreffende keinen Widerstand zeigt, sondern freudig (oder auch nicht freudig) nickt oder durch sein

---

[20] Dafür KG Juristische Wochenschrift 1926, 598; *Hueck/Fastrich* in: Baumbach/Hueck, GmbHG, § 6 Rdnr. 31 m.w.N., dagegen *Zöllner* in Baumbach/Hueck, GmbHG, § 46 Rdnr. 34.

sonstiges Verhalten zeigt, dass er sich nicht gegen seine Nominierung zur Wehr setzen möchte. Wird dem Geschäftsführer seine Bestellung gesondert mitgeteilt und anschließend ein Anstellungsvertrag abgeschlossen, so ist spätestens dadurch ebenfalls konkludent die Annahme der Bestellung erklärt.

bb. Fehlerhafte Bestellung

- Unwirksamer Bestellungsbeschluss

Die Bestellung des Geschäftsführers kann fehlerhaft sein, z. B. weil der Beschluss der Gesellschafterversammlung unwirksam ist.[21] Diese Unwirksamkeit kann durch eine Nichtigkeits- oder Anfechtungsklage festgestellt bzw. erreicht werden. Denkbar sind z. B. Mängel bei der Einberufung der Gesellschafterversammlung, etwa weil die Gesellschafter nicht unter Wahrung der Ladungsfrist zur Gesellschafterversammlung eingeladen wurden[22] oder eine Bestellung durch die Gesellschafterversammlung, obwohl im Einzelfall der Aufsichtsrat zuständig wäre oder umgekehrt.

- Schutz Dritter

Nimmt nun ein unwirksam bestellter Geschäftsführer seine Tätigkeit auf, so müssen Dritte, die mit der Gesellschaft in Kontakt treten, geschützt werden. Der Schutz vollzieht sich einerseits nach den Grundsätzen der sog. *Rechtsscheinhaftung*, d. h. die Gesellschaft muss sich an den Verträgen, die der unwirksam bestellte Geschäftsführer abgeschlossen hat, festhalten lassen, wenn sie zurechenbar den Anschein gesetzt hat, dass es sich um ihren Geschäftsführer handelt. Wird dieser beispielsweise auf den Briefbögen aufgenommen und gehen alle davon aus, dass der Betreffende ihr Geschäftsführer ist, so muss sich die Gesellschaft dies entgegenhalten lassen, obwohl die Bestellung tatsächlich unwirksam ist.

- Publizität des Handelsregisters

Ein weiterer Schutz erfolgt durch die Publizität des Handelsregisters, wenn der fehlerhaft bestellte Geschäftsführer ins Handelsregister eingetragen worden ist und dies auch unrichtig bekannt gemacht wurde.[23] Die Bekanntmachungen erfolgen im elektronischen Registerportal (www.handelsregisterbekanntmachungen.de). Wurde dort also veröffentlicht, dass der Betreffende Geschäftsführer ist, so können sich Dritte hierauf berufen und beanspruchen, so gestellt zu werden, als sei die Gesellschaft wirksam vertreten worden. Dies gilt unabhängig davon, ob sie tatsächlich von

---

[21] Von der fehlerhaften *Bestellung* ist die fehlerhafte *Anstellung* zu unterscheiden, siehe zu dieser die Ausführungen im 2. Teil, E V.

[22] Siehe unten 1. Teil, E II 1 c. bb.

[23] § 15 III HGB, so OLG Naumburg, Urt. vom 29.07.2008, 9 U 5/08, juris.de.

der Bekanntmachung Kenntnis genommen haben oder nicht. Entscheidend ist nur, dass sie keine positive Kenntnis von der Unwirksamkeit des Bestellungsbeschlusses hatten.

▶ Faktischer Geschäftsführer

Ferner besteht ein Schutz über die Grundsätze des sog. *faktischen Geschäftsführers.*[24] Diese besagen, dass derjenige, der das ihm angetragene Amt tatsächlich angetreten und konkrete Geschäftsführerhandlungen vorgenommen hat, sich auch als solcher behandeln lassen muss. Die bloße Annahme des Amtes als Geschäftsführer genügt allerdings nicht, er muss die Bestellung tatsächlich umsetzen und Handlungen vornehmen. Die Bestellung muss in Vollzug gesetzt werden. Dies kann ein Handeln nach außen wie nach innen bedeuten, z. B. den Abschluss eines Geschäfts, die Einberufung einer Gesellschafterversammlung oder die Aufstellung des Jahresabschlusses durch den fehlerhaft bestellten Geschäftsführer. Das Handeln des fehlerhaft bestellten Geschäftsführers löst damit also zum Schutze des Rechtsverkehrs dieselben Wirkungen aus wie die Erklärungen eines ordnungsgemäß bestellten Geschäftsführers. Dies gilt nach richtiger Auffassung unabhängig davon, ob der Geschäftsführer Kenntnis davon hat, dass er lediglich auf fehlerhafter Grundlage Geschäftsführer ist.[25] Mit diesen Grundsätzen wird den Rückabwicklungsschwierigkeiten Rechnung getragen, die bestünden, wenn man eine Unwirksamkeit von Anfang an annähme. Die Grundsätze der fehlerhaften Bestellung gelten nicht, wenn höherrangige Interessen der Allgemeinheit oder besonders schutzbedürftiger Personen, wie z. B. der Minderjährigenschutz diesen entgegenstehen. Das fehlerhafte Bestellungsverhältnis kann jederzeit vom zuständigen Organ mit sofortiger Wirkung beendet werden.

cc. Eintragung des Geschäftsführers

▶ Eintragung im Handelsregister

Der zum Geschäftsführer Bestellte ist schließlich im Handelsregister einzutragen. Dies ist in allen Fällen erforderlich. Die Handelsregistereintragung wirkt allerdings nur deklaratorisch, d. h. verkündend. Wirksam ist die Bestellung bereits mit dem Vollzug derselben. Jeder Geschäftsführer, auch der soeben bestellte, ist verpflichtet, die Handelsregisteranmeldung vorzunehmen (§ 39 GmbHG). Meldet sich der Bestellte selbst an, so ist spätestens in dieser Anmeldung auch konkludent die Annahme der Bestellung zu sehen, da damit der Geschäftsführer signalisiert, dass er mit der Bestellung einverstanden ist.

---

[24] BGH Beschl. v. 27.09.2011, II ZR 225/08, NZG 2011, 1383; *Bayer/Lieder* NZG 2012, 1.

[25] Siehe zu den Einzelheiten der Definition des faktischen Geschäftsführers und zu strafrechtlichen und zivilrechtlichen Konsequenzen für den faktischen Geschäftsführer unten 3. Teil, B III.

Nach § 39 III GmbHG hat der neue Geschäftsführer in der Anmeldung zu versichern, dass keine Umstände vorliegen, die seiner Bestellung nach § 6 II Satz 3 und 4 GmbHG entgegenstehen.[26] Hierbei ist er zur unbeschränkten Auskunft verpflichtet, auch wenn sich eine etwaige Verurteilung wegen einer im Katalog des § 6 II GmbHG enthaltenen Straftat nicht (mehr) aus dem Bundeszentralregister ergibt und daher nicht auf seinem Führungszeugnis eingetragen werden würde. Vorausgesetzt wird allerdings, dass der Notar den Geschäftsführer über diese Pflicht entsprechend belehrt hat.[27] Macht der Geschäftsführer bei der Versicherung vorsätzlich falsche Angaben, so hat er gemäß § 82 I Nr. 5 GmbHG eine Straftat begangen.

IV. Bestellung eines Notgeschäftsführers

► Gericht hilft bei Notlage

In dringenden Fällen kann das Amtsgericht einen Notgeschäftsführer bestellen.[28] Als Rechtsgrundlage wird § 29 BGB entsprechend herangezogen. Zuständig ist das Amtsgericht am Sitz der Gesellschaft, d. h. das zuständige Registergericht.

Voraussetzungen für die Bestellung eines Notgeschäftsführers sind:

1. a) Ein Geschäftsführer ist nicht vorhanden, z. B. weil dieser sein Amt niedergelegt hat, verstorben ist oder weil eine unwirksame Bestellung vorliegt oder
   b) der Geschäftsführer ist dauerhaft verhindert, z. B. weil er schwer erkrankt ist, verschollen ist, sich ins Ausland abgesetzt hat oder weil das betreffende Rechtsgeschäft gegen das Verbot des Selbstkontrahierens verstoßen würde.

   und

2. Es muss ein dringender Fall vorliegen. Ein solcher Eilfall ist nur dann anzunehmen, wenn die Gesellschafter nicht in der Lage sind, rechtzeitig selbst einen Geschäftsführer ordnungsgemäß zu bestellen. Zerstrittene Gesellschafter müssen sich grundsätzlich einigen. Nur dann, wenn ohne die Notbestellung der Gesellschaft oder sonstigen Beteiligten ein Schaden droht, weil eine erforderliche Maßnahme nicht vorgenommen werden kann, liegt ein dringender Fall vor.[29]

Das Verfahren vollzieht sich wie folgt:

---

[26] Siehe unten 1. Teil, I II 2 b.bb.

[27] Siehe unten 1. Teil, I II 2 b.bb.

[28] Siehe grundlegend: *Gustavus*, Probleme mit der GmbH ohne Geschäftsführer, GmbHR 1992, 15.

[29] BayObLG, Beschl. v. 28.09.1995, 3Z BR 225/95, DB 1995, 2364; OLG München, Beschl. v. 11.09.2007, 31 Wx 49/07, DStR 2007, 1925.

Verfahren

Erforderlich ist zunächst der Antrag eines Betroffenen. Antragsberechtigt sind die Gesellschafter, die Aufsichtsratsmitglieder sowie die Gläubiger, die ein einzelnes Recht gegen die Gesellschaft nicht durchsetzen können, ferner Behörden, wie die IHK oder das Finanzamt. Die Voraussetzungen, d. h. der Eintritt eines Eilfalls und der Umstand, dass ein Geschäftsführer nicht vorhanden bzw. verhindert ist, sind glaubhaft zu machen. Beantragen Gläubiger oder sonstige berechtigte Personen beim Gericht die Bestellung eines Notgeschäftsführers, so genügt für den dringenden Fall auch, dass die Gesellschafter zerstritten sind und sich nicht einigen können. Entscheidend ist, dass im Interesse des Gläubigers die Erfüllung der Verbindlichkeiten, die Einhaltung der Buchführungs- bzw. Kapitalerhaltungspflichten oder auch der Pflicht zur Stellung des Insolvenzantrags nicht gewährleistet sind. Der Gläubiger muss allerdings geltend machen, dass er ein Recht hat, das er nicht durchsetzen kann.

Der Gläubiger kann ferner einen unverbindlichen Personalvorschlag vorbringen.

Das Gericht wird in jedem Fall die Gesellschafter anhören. Diese haben ein verfassungsmäßig abgesichertes Recht auf rechtliches Gehör (Artikel 103 I Grundgesetz).

Gericht hat Auswahlermessen

Bei der Auswahl des Geschäftsführers ist das Gericht frei. Dies liegt in seinem ordnungsgemäßen Ermessen. Fehlt ein Vorschlag eines Gläubigers, ist es Sache des Gerichts, sich „auf die Suche“ zu machen. Gegebenenfalls bittet es die zuständige IHK bzw. die Handwerkskammer, Vorschläge zu unterbreiten. Satzungsregelungen, die bestimmte Qualifikationen an den Geschäftsführer vorsehen, sind zu beachten.

Der vom Gericht eingesetzte Notgeschäftsführer hat nach außen dieselben Befugnisse wie ein ordnungsgemäß bestellter Geschäftsführer. Nach innen kann das Gericht allerdings den Wirkungskreis des Geschäftsführers einschränken, z. B. auf die Vornahme eines bestimmten Rechtsgeschäfts.[30] Denkbar ist etwa auch, dass der Geschäftsführer nur zur Entgegennahme von Zustellungen berechtigt sein soll.

Notgeschäftsführer hat Anspruch auf Vergütung

Der Beschluss des Amtsgerichts, mit dem ein Notgeschäftsführer bestellt wird, ist dem Antragsteller, den Gesellschaftern sowie dem Bestellten bekannt zu geben. Der Bestellte ist berechtigt, die Annahme der Bestellung zu verweigern. Dies wird er vor allem dann tun, wenn seine Vergütung nicht gesichert ist.[31] Nach bestrittener Auffassung darf das Amtsgericht selbst keine Vergütung festsetzen.[32]

[30] Sehr weitgehend OLG München, Beschl. v. 11.09.2007, 31 Wx 49/07, DStR 2007, 1925, wonach der Notgeschäftsführer in der Regel für konkret bestimmte Aufgaben zu bestellen ist.

[31] OLG Hamm, Beschl. v. 04.12.2995, 15 W 399/95, DB 1996, 369, 370.

[32] BayObLG, Beschl. v. 28.07.1988, 3 Z 49/88, DB 1988, 1945 f.

Der Notgeschäftsführer hat lediglich von der Gesellschaft – nicht von dem Gericht oder den Gesellschaftern – ein angemessenes Entgelt zu beanspruchen. Mit dem Amtsantritt des Geschäftsführers kommt konkludent ein Anstellungsvertrag mit der Gesellschaft zustande, mit der dann auch das Gehalt ausgehandelt werden muss.[33] Gelingt keine Einigung, so ist ein übliches Entgelt gemäß § 612 II BGB zu zahlen.

► Sicherstellung des Vergütungsanspruchs

Viele Interessenten, die grundsätzlich Notgeschäftsführer werden würden, lassen sich jedoch auf diesen unsicheren Weg nicht ein, sondern verlangen, dass im Vorfeld ihre Vergütung gesichert ist. Oft ist es völlig zweifelhaft und unsicher, ob aus dem Gesellschaftsvermögen überhaupt noch die Vergütung bestritten werden kann. Deshalb wird das Gericht in solchen Fällen verlangen, dass vor der Bestellung des Notgeschäftsführers vom Antragsteller ein Kostenvorschuss zur Sicherstellung des Vergütungsanspruchs eingezahlt wird. Ferner kann das Gericht anordnen, dass der ins Auge gefasste Geschäftsführer bereits eine Einverständniserklärung sowie die gemäß § 39 III GmbHG erforderliche Versicherung in notariell beglaubigter Form abgibt, wonach keine gesetzlichen Hinderungsgründe gegen die Bestellung bestehen.

► Gesellschafter als Notgeschäftsführer

Strittig ist, ob ein *Gesellschafter* selbst gegen seinen Willen zum Notgeschäftsführer bestellt werden kann. Schon weil es sehr zweifelhaft ist, ob dieser überhaupt ordnungsgemäß das Amt ausführen wird, ist diese Ansicht abzulehnen.[34] Das Gericht wird sich entscheidend vom Know-how des zukünftigen Geschäftsführers leiten lassen; ein Gesellschafter, der die Handlungsunfähigkeit der Gesellschaft zumindest mit herbeigeführt hat, dürfte grundsätzlich ein ungeeigneter Kandidat sein. Auch sind Interessenkollisionen zu befürchten, so dass eine ordnungsgemäße Geschäftsführung nicht gesichert ist. Gegen seinen Willen kann daher auch ein Gesellschafter nicht zum Notgeschäftsführer bestellt werden.

► Abberufung des Notgeschäftsführers

Der Notgeschäftsführer wird wie ein „normaler" Geschäftsführer in das Handelsregister eingetragen. Eine Abberufung ist grundsätzlich nur durch das Gericht möglich, nicht jedoch durch die Gesellschafter selbst. Diese können lediglich beim Gericht die Abberufung des Geschäftsführers beantragen, sofern ein wichtiger Grund vorliegt.[35] Auch das Amtsgericht kann von Amts wegen aus wichtigem

[33] OLG Hamm, Beschl. v. 04.12.2995, 15 W 399/95, DB 1996, 369, 370.

[34] So auch BGH Urt. v. 22.10.1984, II ZR 31/84, GmbHR 1985, 149 f.; siehe auch KG, Beschl. v. 04.04.2000, 1 W 3052/99, GmbHR 2000, 660, 662 m.w.N.

[35] OLG München, Urt. v. 30.06.1993, 7 U 6945/92, GmbHR 1994, 259.

Grund den Geschäftsführer abberufen. Ferner endet das Amt des Notgeschäftsführers dadurch, dass die Gesellschafterversammlung ordentlich einen neuen Geschäftsführer bestellt. Es besteht dann kein Bedürfnis mehr, dass der Notgeschäftsführer seine Tätigkeit fortsetzt.

D. Kernaufgabe: Leitung des Unternehmens

I. Überblick

► Leitungsaufgabe des Geschäftsführers

Dem Geschäftsführer obliegt die Leitung des Unternehmens. Zweck der Gesellschaft ist grundsätzlich die Gewinnerzielung. Der Gewinn soll durch die optimale Verwirklichung des Unternehmensgegenstands erwirtschaftet werden. Der Geschäftsführer muss eine umfassende Tätigkeit sowohl im kaufmännischen, technischen als auch im personellen bzw. sozialen Bereich entfalten, um die Gesellschaft möglichst günstig am Markt zu positionieren. Er hat ständig darauf zu achten, dass sich die Gesellschaft bzw. deren Tätigkeit auf die Erfordernisse des Wettbewerbs einstellt. Auch wenn sich in der Realität viele Betriebe „durchwursteln", sollte eine solche Gesellschaft nicht das Leitbild des Geschäftsführers sein. Er muss vielmehr eine langfristige Planung verfolgen und diese ständig den Gegebenheiten anpassen. Der Geschäftsführer hat dafür Sorge zu tragen, dass das Unternehmen genügend Aufträge erhält und sich der Absatz möglichst günstig entwickelt. Die Rahmenbedingungen, etwa im personellen oder im technischen Bereich, sind zu optimieren. Notfalls muss der Geschäftsführer Personal einstellen oder aber – wenn es die Lage erfordert – entlassen. Gleiches gilt für die Ausstattung des Unternehmens. Sind Investitionen nötig, so muss er diese tätigen bzw. die Gesellschafterversammlung anregen, ihn entsprechend anzuweisen. Benötigt die Gesellschaft Kapital, so muss der Geschäftsführer dieses Anliegen der Gesellschafterversammlung vortragen, falls er nicht selbst die Kompetenzen haben sollte, Kredite aufzunehmen.

► Organisation ist wichtig!

Neben der Akquisition neuer Aufträge muss der Geschäftsführer das Bestehende absichern. Hierzu gehört, dass unternehmerische Risiken erkannt werden und gegen ihre Realisierung Vorsorge getroffen wird. Der Postein- und -ausgang sowie der Zahlungsverkehr müssen kontrolliert werden. Gleichfalls hat der Geschäftsführer den Auftragseingang und die ordnungsgemäße Abwicklung der vertraglich übernommenen Verpflichtungen im Auge zu behalten. Die offenen Forderungen sind ordnungsgemäß in Rechnung zu stellen und einzuziehen. Das Mahnverfahren muss professionell ausgestaltet sein.

► Liquidität muss sichergestellt werden

Die Liquiditätsentwicklung muss vorausschauend beobachtet werden, so dass stets sichergestellt ist, dass die Gesellschaft ihre fälligen Verbindlichkeiten erfüllen kann.

Ergibt sich kurzfristiger Liquiditätsbedarf, ist dieser – ggf. nach Rücksprache mit der Gesellschafterversammlung – abzudecken.

Beispiel

„Brand im Turm"

Gina Greco (G) ist Geschäftsführerin einer Handwerks-GmbH, die Sanierungsarbeiten in einem historischen Turm durchführt. Im Rahmen dieser Sanierungsarbeiten entsteht durch das Verschulden eines Mitarbeiters ein Brand, der zu einer völligen Zerstörung des Turms führt. Der entstandene Schaden beträgt eine Million Euro. G hat zwar eine Betriebshaftpflichtversicherung abgeschlossen, diese deckt jedoch nur Sachschäden bis zu 500.000 € ab. Hier entsteht also eine Liquiditätslücke in Höhe von 500.000 €. In der Bilanz muss G für diesen Zweck „präventiv" eine Rückstellung bilden. Sie sollte sich darüber Gedanken machen, ob und inwieweit die GmbH in der Lage sein wird, die Forderung zu erfüllen. Hat G festgestellt, dass die GmbH tatsächlich Schadensersatz schuldet, so eröffnen sich ihr vier Möglichkeiten:

1. G vereinbart mit dem Geschädigten eine Ratenzahlung, die es der GmbH ermöglicht, aus den laufenden Erträgen die Verbindlichkeit abzutragen. Möglicherweise kann sie die Forderung im Vergleichswege auch der Höhe nach reduzieren.
2. G nimmt nach Rücksprache mit den Gesellschaftern einen Kredit auf. Dieser wird nur gegen Stellung von Sicherheiten ggf. aus dem Kreis der Gesellschafter gewährt werden.
3. G fordert die Gesellschafter zu einer Kapitalerhöhung auf, damit diese die Mittel zur Verfügung stellen. Alternativ kann auch über Gesellschafterdarlehen nachgedacht werden.
4. Gelingt es G nicht, die Mittel aufzubringen, dann muss sie wegen der Überschuldung bzw. Zahlungsunfähigkeit Insolvenzantrag stellen.

Auf keinen Fall darf der Geschäftsführer untätig bleiben und den Dingen ihren Lauf lassen. Er ist der Leiter des Unternehmens, der ständig alle Fäden in den Händen halten muss. Dass die Gesellschafter ihn weitgehend „an die Kandare nehmen können", steht auf einem anderen Blatt. Im vorgenannten Beispiel ist es zudem denkbar, dass die Gesellschafter der Geschäftsführerin vorwerfen, sie habe die Risken unzureichend abgesichert (zu geringe Deckungssumme), weshalb sie Schadensersatz schulde. Für diesen Fall bleibt zu hoffen, dass eine sog. D & O Versicherung besteht und eintritt (siehe dazu unten im 3. Teil H II.).

▶ Einhaltung der rechtlichen Rahmenbedingungen

Der Geschäftsführer ist es, der die gesetzlichen Pflichten des Steuer- und Sozialversicherungsrechts einhalten muss. Überhaupt liegt es in seinem Verantwortungsbereich, dass die GmbH die gesetzlichen Vorschriften erfüllt. Hierzu gehören insbesondere die Kapitalerhaltung sowie die rechtzeitige Anmeldung des Insolvenzverfahrens im Falle der Insolvenzreife (bei Zahlungsunfähigkeit oder Überschuldung).

Darüber hinaus muss der Geschäftsführer die Einhaltung der zahlreichen anderen Vorschriften gewährleisten, wie z. B. die vorschriftsmäßige Gestaltung der Briefbögen einschließlich der E-Mails entsprechend den Voraussetzungen des § 35a GmbHG, also mit Angabe des Sitzes der Gesellschaft, des zuständigen Amtsgerichts, der Handelsregisternummer sowie dem Namen des Geschäftsführers. Hierzu kann er gemäß § 79 GmbHG mit Zwangsgeld durch das Handelsregister angehalten werden.

II. Die Geschäftsführung

1. Begriff

► Geschäftsführung und Vertretung

Der Geschäftsführer hat die Geschäfte der Gesellschaft zu führen. Der Begriff der Geschäftsführung beinhaltet Leitungsbefugnisse des Geschäftsführers im Verhältnis zur Gesellschaft, d. h. im sog. Innenverhältnis. Die *Geschäftsführungsbefugnis* legt fest, in welchem Umfang bzw. in welcher Art und Weise der Geschäftsführer im Verhältnis zur Gesellschaft die Erlaubnis hat, die Geschäfte zu führen. Damit ist sowohl das Auftreten des Geschäftsführers intern, z. B. im Bereich der Organisation, als auch das Auftreten nach außen am Markt gemeint. Tritt der Geschäftsführer nach außen auf und nimmt rechtsgeschäftliche Handlungen vor, so benötigt er hierfür *Vertretungsmacht.* Diese hat der Geschäftsführer kraft seiner Organstellung automatisch gemäß § 35 GmbHG. Danach wird die Gesellschaft durch den Geschäftsführer gerichtlich und außergerichtlich vertreten. Der Geschäftsführer *kann* daher die Gesellschaft grundsätzlich vertreten. Ob und in welchen Angelegenheiten er dies *darf,* bestimmt sich nach seiner Geschäftsführungsbefugnis. Die Geschäftsführungsbefugnis legt aber nicht nur fest, wann der Geschäftsführer für die GmbH auftreten darf, sondern regelt darüber hinaus alle sonstigen Aufgaben und Funktionen, zu deren Wahrnehmung der Geschäftsführer befugt ist (Abb. 2).

► Der Geschäftsführer kann vieles, er darf aber nicht alles!

Die *Vertretungsmacht* regelt das „Können" im Außenverhältnis, die *Geschäftsführung* betrifft hingegen das „Dürfen" im Innenverhältnis. Beide Kompetenzen werden unter dem Oberbegriff der Leitung zusammengefasst. Der Geschäftsführer kann mehr im Außenverhältnis bewirken, als die Gesellschaft ihm erlauben muss. Die Gesellschaft, vertreten durch die Gesellschafterversammlung, ist

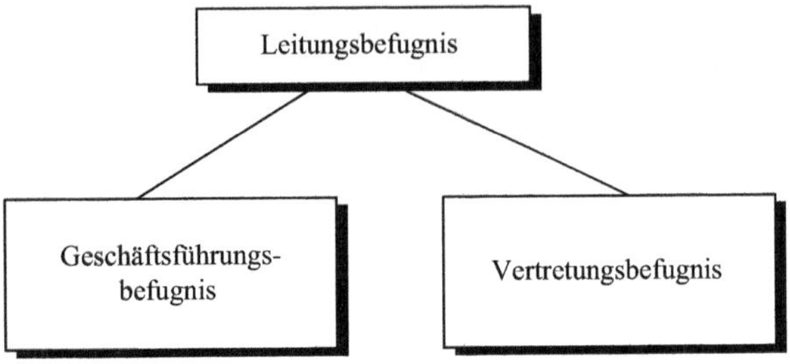

Abb. 2 Befugnisse des Geschäftsführers

befugt, den Geschäftsführer weitgehend „an der kurzen Leine" zu führen. Die Gesellschafter bestimmen, was geschehen soll und nach welchen Richtlinien der Geschäftsführer zu handeln hat. Hiervon zu trennen ist die Befugnis des Geschäftsführers, aufgrund der unbeschränkbaren Vertretungsmacht für die Gesellschaft im Außenverhältnis aufzutreten. Der Geschäftsführer kann vieles im Außenverhältnis, er darf möglicherweise im Einzelfall jedoch nur wenig davon realisieren. Tut er dies trotzdem, so macht er sich schadensersatzpflichtig, wenn dadurch der Gesellschaft ein Schaden entsteht. Ferner kann ihm deswegen sein Anstellungsvertrag gekündigt werden.

Beispiel

„Medizintechnik für alle"

Guido Groß (G) ist Geschäftsführer einer GmbH, die Produkte im Bereich der Medizintechnik vertreibt. Kunden sind Ärzte und Kliniken. Bisher ist der Vertrieb über selbstständige Handelsvertreter organisiert. G möchte die Vertriebsstruktur ändern und die hohen Vertriebskosten aufgrund der Provisionen und der Ausstattung der Handelsvertreter einsparen. Er verspricht sich hierdurch eine bessere Rendite, da jeder Handelsvertreter allein ein monatliches Fixum von 5000 € erhält, das dann entfallen würde. Ohne Rücksprache mit der Gesellschafterversammlung kündigt er daher die Verträge der Handelsvertreter, die nunmehr im Anschluss an die Kündigung Ausgleichsansprüche nach § 89b des Handelsgesetzbuchs geltend machen. Nach dieser Vorschrift können nämlich Handelsvertreter unter bestimmten Voraussetzungen Ausgleich verlangen, wenn der Unternehmer aus den vom Vertreter aufgebauten Kundenbeziehungen auch noch in der Zukunft Vorteile ziehen kann. An diese Ausgleichsansprüche, die nach dem Gesetz die Höhe von einer durchschnittlichen Jahresvergütung erreichen können, hatte der Geschäftsführer nicht gedacht. Die GmbH sieht sich mit einer Forderung in Höhe von einer halben Million Euro konfrontiert.

Im Außenverhältnis ist die Kündigung der Handelsvertreterverträge wirksam, d. h. die GmbH hat jetzt keine Möglichkeit mehr, die Handelsvertreter ohne Zustimmung derselben wiedereinzustellen. Im Innenverhältnis ist G gegenüber der Gesellschaft zum Schadensersatz verpflichtet, wenn er mit dieser „Aktion" seine Geschäftsführungsbefugnis überschritten hat. Eine solche Überschreitung läge vor, wenn G derartige Geschäfte nur nach Rücksprache mit der Gesellschafterversammlung durchführen dürfte. Dies ist einerseits dann der Fall, wenn es in der Satzung oder im Anstellungsvertrag oder aufgrund von Gesellschafterbeschlüssen bereits Vorgaben gibt, wonach der Geschäftsführer sich zuvor die Zustimmung der Gesellschafterversammlung etwa bei Änderungen der Vertriebsstruktur einholen muss. Andererseits wird aber auch angenommen, dass bei außergewöhnlichen Geschäften dann eine Vorlagepflicht des Geschäftsführers gegenüber der Gesellschafterversammlung besteht, wenn dieser mit einem Widerspruch der Gesellschafterversammlung rechnen musste.

Es lässt sich daher gut vertreten, dass G diesen weit reichenden Schritt, d. h. die Veränderung der Vertriebsstruktur als außergewöhnliche Geschäftsmaßnahme, nicht ohne Rücksprache mit der Gesellschafterversammlung tätigen durfte. Dann also hätte er seine Geschäftsführungsbefugnis überschritten und sich gemäß § 43 GmbHG schadensersatzpflichtig gemacht. Ferner gäbe er möglicherweise durch dieses Verhalten einen wichtigen Grund zur Kündigung seines Anstellungsvertrags.

► Gesellschafterversammlung bestimmt den Handlungsspielraum

Das Beispiel zeigt deutlich, dass sich der Geschäftsführer immer vergegenwärtigen muss, dass seine unbeschränkte Kompetenz, die Gesellschaft nach außen zu vertreten, im Innenverhältnis Schranken unterliegt. Der Geschäftsführer ist oft gerade nicht der „omnipotente Manager“, der alles darf. Er kann zwar im Außenverhältnis vieles „aus- und anrichten“, von dem er jedoch meistens im Innenverhältnis nicht alles realisieren darf. Gerade in Gesellschaften, in denen die Gesellschafter den Geschäftsführer wie eine „Vertretungsmarionette“ halten, wird der Spielraum des Geschäftsführers eng begrenzt sein. In der Praxis handelt es sich teils um Geschäftsführer, die jahrelang als Arbeitnehmer dem Unternehmen „gedient“ haben und die schließlich zu Geschäftsführern ernannt wurden, ohne dass sich jedoch ihre Abhängigkeit zu den Gesellschaftern dadurch verringert hätte.

Diese übergeordnete Geschäftsführungskompetenz der Gesellschafter muss sich der Geschäftsführer immer vor Augen halten. Sie soll nun im Folgenden konkretisiert werden.

2. Übergeordnete Geschäftsführungskompetenz der Gesellschafter

a. Grundsatz

► Gesellschafterversammlung hat das „Sagen“

Die Gesellschafterversammlung kann dem Geschäftsführer in Fragen der Geschäftsführung detaillierte Vorgaben hinsichtlich seiner Tätigkeit erteilen. Grenzen hierfür bestehen lediglich bei den gesetzlichen Pflichten zur Kapitalerhaltung bzw. zum Stellen des Insolvenzantrags, den Handelsregisterpflichten, den Pflichten zur Buchführung sowie zur Aufstellung eines Jahresabschlusses. Ferner muss der Geschäftsführer sich grundsätzlich rechtmäßig verhalten. Ob darüber hinaus ein „eingriffsfester“ Bereich besteht, in dem die Gesellschafterversammlung ihm keine

Vorgaben machen darf, ist strittig.[36] Ein solcher Bereich dürfte wohl abzulehnen sein, da die Gesellschafterversammlung als oberstes Organ die Organisation der GmbH so gestalten kann, wie sie es für richtig hält, solange die zwingenden Vorschriften zum Schutze der Gläubiger und der Interessen der Allgemeinheit eingehalten werden.[37] Der Geschäftsführer selbst ist jedenfalls nicht vor den Gesellschaftern zu schützen.

► Vertretung bleibt Sache des Geschäftsführers

Die Dominanz der Gesellschafterversammlung geht allerdings nicht so weit, dass sie auch die Vertretung der Gesellschaft nach außen an sich ziehen darf. Die Gesellschaft wird durch den oder die Geschäftsführer vertreten. Diese Aufgabe verbleibt den Geschäftsführern, auch wenn sie diese im Innenverhältnis nur nach Anweisung ausführen.

► Instrumente der Gesellschafterversammlung

Der Gesellschafterversammlung stehen mehrere Instrumentarien zur Verfügung, mit denen sie ihre übergeordnete Geschäftsführungskompetenz durchsetzen kann. Die Gesellschafter müssen sich überlegen, ob und in welchem Umfang sie von diesen Möglichkeiten Gebrauch machen. Dies hängt von ihrem eigenen Know-how und der Person des Geschäftsführers ab. Sicherlich gibt es Geschäftsführer, die erst dann „zur vollen Blüte" gelangen, wenn man ihnen Spielräume für ein eigenverantwortliches Tätigsein lässt. Ist ein solcher Geschäftsführer zudem noch kompetenter als die Gesellschafterversammlung, wäre jeder Eingriff schädlich. Die Entscheidungen des Geschäftsführers würden durch die Vorgaben der Gesellschafterversammlung allenfalls „verschlimmbessert".

Entscheidet sich die Gesellschafterversammlung – aus welchen Gründen auch immer – hingegen dafür, dem Geschäftsführer Vorgaben zu erteilen, so bieten sich folgende Maßnahmen an:

1. Bereits im Gesellschaftsvertrag, d. h. in der Satzung, können Vorgaben gemacht werden, die der Geschäftsführer einzuhalten hat.
2. Durch Gesellschafterbeschlüsse, insbesondere Weisungsbeschlüsse, kann der Geschäftsführer angewiesen werden, wie er sich zu verhalten hat.
3. Die Gesellschafter haben ferner einige Geschäftsführungskompetenzen nach § 46 GmbHG, wie die Mitwirkung bei der Bestellung von Prokuristen und Generalhandlungsbevollmächtigten.

---

[36] *Mennicke*, Zum Weisungsrecht der Gesellschafter und der Folgepflicht des GF in der mitbestimmungsfreien GmbH, NZG 2000, 622, 623.

[37] OLG Düsseldorf, Urt. v. 15.11.1984, 8 U 22/84, ZIP 1984, 1476, 1478; OLG Nürnberg, Urt. v. 09.06.1999, 12 U 4408/98, NZG 2000, 154, 155: Die oberste Leitungsfunktion kann im Gesellschaftsvertrag bzw. durch Gesellschafterbeschluss bis auf die unentziehbaren Mindestbefugnisse abge-schwächt werden.

4. Bei außergewöhnlichen Geschäften ist die Gesellschafterversammlung einzuschalten. Auf dieses Recht können die Gesellschafter bestehen oder auch den Geschäftsführer gewähren lassen.
5. Im Anstellungsvertrag können Zustimmungsvorbehalte für einzelne Geschäfte verankert werden.

Achtung!
Als Geschäftsführer müssen Sie die Satzung im Einzelnen kennen; in ihr enthaltene Vorgaben müssen Sie beachten. Gleiches gilt für Gesellschafterbeschlüsse und Zustimmungsvorbehalte, die im Anstellungsvertrag vereinbart sind. Tritt ein Geschäftsführer sein Amt an, sollte er sich die Satzung und alle noch geltenden Gesellschafterbeschlüsse beschaffen.

Zu den einzelnen Instrumentarien, mit denen auf die Geschäftsführungsbefugnis eingewirkt werden kann, wird im Folgenden eingegangen.

b. Satzungsbestimmungen

▶ Zustimmungskatalog in Satzung

Der Gesellschaftsvertrag kann vorsehen, dass der Geschäftsführer wichtige Angelegenheiten der Gesellschafterversammlung vorlegen muss. Hier kann ein Katalog von Geschäften in der Satzung aufgeführt werden, die vorlagepflichtig sind. Der Geschäftsführer darf dann nur mit Zustimmung der Gesellschafterversammlung dieses Geschäft vornehmen. Der Katalog kann z. B. wichtige Geschäfte wie die Errichtung von Filialen, den Erwerb von Beteiligungen bzw. die Gründung von Tochtergesellschaften, Grundstücksgeschäfte, bauliche Maßnahmen im wesentlichen Umfang, den Abschluss, die Änderung bzw. Kündigung langfristiger Verträge, die Eingehung von Krediten sowie die Einstellung und Entlassung von Arbeitnehmern umfassen (zur Haftung des Geschäftsführers bei Missachtung von Zustimmungsvorbehalten, siehe unten 3. Teil, D. II. 2c).

c. Gesellschafterbeschlüsse, insbesondere Weisungen

▶ Weisungsrecht der Gesellschafterversammlung

Vorgaben in der Satzung sind starr, eine Umgestaltung dieser Vorgaben bedarf einer Satzungsänderung. Damit die Gesellschafterversammlung flexibel reagieren kann, hat sie die Möglichkeit, durch Gesellschafterbeschlüsse Weisungen zu erteilen. Diese Weisungsbeschlüsse setzen dem Geschäftsführer für sein Handeln Schranken. Es besteht eine Folgepflicht des Geschäftsführers. Als Belohnung für diese Folgepflicht tritt allerdings auch eine haftungsentlastende Wirkung für den Geschäftsführer ein, d. h. der Geschäftsführer kann, sofern die gesetzlichen Rahmenbedingungen gewahrt bleiben, gemäß § 43 GmbHG grundsätzlich nicht für sein Handeln auf Weisung von der Gesellschaft zur Verantwortung gezogen werden.[38]

Der Gesellschafterversammlung steht es zu, konkrete Weisungen oder auch allgemeine Weisungen zu erteilen. Eine konkrete Weisung liegt etwa vor, wenn die Gesellschafterversammlung anordnet, dass ein bestimmtes, bereits ins Auge gefasstes Dienstfahrzeug nicht angeschafft wird. Eine allgemeine Weisung wäre es, wenn die Gesellschafterversammlung beschließt, dass Anschaffungen im Bereich des Fuhrparks generell nur nach Rücksprache und Genehmigung durch die Gesellschafterversammlung zulässig sind.

Die Weisungsbefugnis der Gesellschafterversammlung endet dort, wo das zwingende Recht Vorgaben macht, die auch die Gesellschafterversammlungen nicht aushebeln können. Dies betrifft insbesondere den Bereich der Kapitalerhaltung.[39]

Ferner sind die Geschäftsführer nicht verpflichtet, nichtige Gesellschafterbeschlüsse auszuführen. Bei einem anfechtbaren Beschluss, der unanfechtbar wird, weil niemand Anfechtungsklage erhebt, besteht hingegen eine Folgepflicht. Ist der Beschluss noch anfechtbar bzw. wurde er bereits angefochten und fehlt es nur noch an einem rechtskräftigen Urteil, so hat der Geschäftsführer grundsätzlich einen Ermessensspielraum, ob er den Beschluss bereits ausführt oder den Ausgang des Prozesses abwartet.

▶ Existenzgefährdende Weisungen

Einen noch nicht hinreichend geklärten Problemkreis stellt die Frage dar, ob der Geschäftsführer die Ausführung von Weisungen, die für die GmbH *existenzgefährdend* sind, verweigern darf.

Dazu folgendes Beispiel, das an den vom *OLG Frankfurt* vom 7. Februar 1997 entschiedenen Fall angelehnt ist:[40]

Beispiel

„Third-World-Products via Belgium"

Das Unternehmen Agro Products AG (AG) importiert Lebensmittel aus der Dritten Welt. In Deutschland hat die AG mit der Lagerhaltung die Light Logistics GmbH (GmbH) beauftragt. Hierfür wurde ein Bewirtschaftungsvertrag abgeschlossen, aufgrund dessen die GmbH monatlich 40.000 € für die Lagerung der Produkte und die Verteilung im Inland erhält. Geschäftsführer der GmbH ist G. Die GmbH ist eine hundertprozentige Tochtergesellschaft der AG. Die AG möchte nunmehr ihr Vertriebskonzept ändern und zentral in Belgien ein Lager für ganz Europa errichten. Daneben wird es nur noch kleinere Warenlager geben. Der Bewirtschaftungsvertrag soll daher modifiziert werden. Der Geschäftsführer G

[38] BGH, Urt. v. 10.05.1999, II ZR 74/92, BGHZ 122, 333, 336; BGH, Urt. v. 14.12.1959, II ZR 187/57, BGHZ 31, 258, 278; BGH, Urt. v. 21.06.1999, II ZR 47/9, NZG 1999, 1001, 1002; siehe dazu im Einzelnen unten 3. Teil, D II 2 b.

[39] Siehe unten 1. Teil, E I 1.

[40] OLG Frankfurt, Urt. v. 07.02.1997, 24 U 88/95, ZIP 1997, 450.

wird von der Gesellschafterversammlung, die aus der Alleingesellschafterin, d. h. der AG besteht, angewiesen, einer Änderung des Bewirtschaftungsvertrags zuzustimmen. Danach sollen lediglich 20.000 € monatlich bei entsprechend reduzierter Leistung an die GmbH gezahlt werden. G ist mit dieser Änderung nicht einverstanden, da er die Gefahr einer Insolvenz befürchtet. Diese Ansicht teilt die AG nicht, da sie meint, dass G durch Personalabbau und durch die Untervermietung des freigewordenen Lagerplatzes das Unternehmen durchaus retten kann. G verweigert nachhaltig trotz mehrmaliger Aufforderung mit Fristsetzung die Unterzeichnung und wird sodann wegen dieser Pflichtverletzung fristlos gekündigt und mit sofortiger Wirkung abberufen.

Die Weisung war grundsätzlich rechtmäßig, weil das wirtschaftliche Wohl der GmbH als solches nicht unter dem Schutz der Rechtsordnung steht. Auch für die Gesellschaft offensichtlich nachteilige Weisungen sind unbedenklich, der Geschäftsführer ist verpflichtet, sie umzusetzen.[41] Anders läge der Fall nur dann, wenn die Weisung derart sittenwidrig wäre, dass die GmbH sehenden Auges in die Insolvenz getrieben werden würde. Eine geradezu greifbare Wahrscheinlichkeit der Insolvenz lag hier jedoch nach Ansicht des Gerichts nicht vor, so dass von einer existenzgefährdenden Weisung, deren Ausführung verweigert werden dürfte, nicht auszugehen ist. Nur in Ausnahmefällen liegen daher sittenwidrige, weil existenzgefährdende oder gar existenzvernichtende Weisungen vor, deren Ausführung der Geschäftsführer verweigern darf. Eine andere Frage ist, ob die Muttergesellschaft haftet, siehe dazu die Ausführungen bei *Jula*, Der GmbH-Gesellschafter, 4. Teil C und D.

d. Kompetenzen nach § 46 GmbHG

- Bestellung von Prokuristen und Generalhandlungsbevollmächtigten

In § 46 GmbHG sind einige Kompetenzen zur Geschäftsführung der Gesellschafterversammlung und nicht dem Geschäftsführer zugewiesen. So ist es gemäß § 46 Nr. 7 GmbHG Aufgabe der Gesellschafterversammlung, über die Bestellung von Prokuristen und Generalhandlungsbevollmächtigten zu entscheiden. Prokuristen haben eine sehr weitgehende rechtsgeschäftliche Vollmacht. Sie sind nach den Vorschriften des HGB zu allen gerichtlichen und außergerichtlichen Handlungen ermächtigt, die der Betrieb eines Handelsgewerbes mit sich bringt. Weniger weitgehend ist die Vollmacht der Generalhandlungsbevollmächtigten; diese dürfen lediglich Handlungen vornehmen, die der betreffende Handelsbetrieb gerade erfordert. Zur Prozessführung sind sie grundsätzlich nicht bevollmächtigt, so dass sich ihre Tätigkeit nur auf die außergerichtliche Interessenwahrnehmung erstreckt.

Die Gesellschafterversammlung entscheidet also über die Bestellung dieser, dem Geschäftsführer nachgeordneten Manager.

---

[41] OLG Frankfurt, Urt. v. 07.02.1997, 24 U 88/95, ZIP 1997, 450, 451.

► Umsetzung durch Geschäftsführer

Allerdings gilt dies nur im Innenverhältnis, so dass die Umsetzung der Entscheidung der Gesellschafterversammlung wieder vom Geschäftsführer selbst vorgenommen werden muss. Aufgabe des Geschäftsführers ist es dann, den Prokuristen rechtsgeschäftlich zu bevollmächtigen, d. h. ihm die Prokura zu erteilen bzw. dem Generalhandlungsbevollmächtigten die Generalhandlungsvollmacht einzuräumen.[42] Aufgrund der im Außenverhältnis weit reichenden Vertretungsmacht wäre eine eigenmächtige Bestellung von Prokuristen und Generalhandlungsbevollmächtigten durch den Geschäftsführer zwar wirksam, jedoch pflichtwidrig.

Strittig ist, ob der Gesellschafter, der Prokurist oder Generalhandlungsbevollmächtigter werden soll, selbst auf der Gesellschafterversammlung mitstimmen darf.[43] Da der Gesellschafter-Geschäftsführer auch bei seiner eigenen Bestellung berechtigt ist, mit abzustimmen, bestehen erst recht keine Bedenken, dass er für seine eigene Einsetzung als Prokurist, der ja weniger weit reichende Befugnisse als ein Geschäftsführer hat, votieren darf.[44]

► Widerruf durch Geschäftsführer

Der Widerruf der Prokura bzw. die Abberufung des Generalhandlungsbevollmächtigten liegt im Kompetenzbereich des Geschäftsführers. Gleiches gilt für den Abschluss und die Beendigung des Anstellungsvertrags mit dem nachgeordneten Manager. Selbstverständlich hat der Geschäftsführer die Interessen der Gesellschafterversammlung zu wahren und muss sich insoweit loyal verhalten. Auch ist es jederzeit möglich, dass die Gesellschafterversammlung dem Geschäftsführer in diesen Fragen Einzelweisungen erteilt.

e. Außergewöhnliche Geschäfte und Grundlagenentscheidungen

► Grundlagenentscheidungen sind Aufgabe der Gesellschafter

Grundlagenentscheidungen gehören nicht zur Geschäftsführung. Unter diesem Begriff werden wesentliche Entscheidungen, die den einzelnen Gesellschafter betreffende Mitgliedschaft berühren, wie z. B. die Veränderung der Gewinnverteilung und der Stimmrechte sowie Strukturentscheidungen, zusammengefasst. Satzungsänderungen sind immer Grundlagengeschäfte. Zu Strukturentscheidungen zählen beispielsweise die Auflösung der Gesellschaft, wesentliche Änderungen der Unternehmensorganisation sowie der Abschluss von Beherrschungs- und Gewinnabführungsverträgen. Diese Grundlagenentscheidungen sind stets Aufgabe der Gesellschafter, die in ihrer Gesamtheit hierüber zu befinden haben.

[42] BGH, Beschl. v. 14.02.1974, II ZB 6/73, BGHZ 62, 166, 168 f.

[43] *Baumbach/Hueck*, GmbHG, § 46 Rdnr. 52.

[44] a.A. *Baumbach/Hueck*, GmbHG, § 46 Rdnr. 52.

▶ Außergewöhnliche Maßnahmen gehören zur Geschäftsführung

Ungewöhnliche bzw. außergewöhnliche Maßnahmen hingegen gehören zur Geschäftsführung. Was ungewöhnliche Maßnahmen im Einzelnen sind, lässt sich nicht eindeutig festlegen. Auf jeden Fall gehören dazu solche Maßnahmen, die über das Tagesgeschäft hinausgehen und von besonderer Bedeutung sind. Die Bedeutung muss immer in Relation zu dem Gesellschaftszweck und der Größe gesehen werden. Sie kann sich aus dem Risiko, dem Umfang und dem Ausnahmecharakter des Geschäfts ergeben. So ist etwa die Einführung eines neuen Vertriebssystems wie im oben genannten Beispiel („*Medizintechnik für alle*") ein ungewöhnliches Geschäft. Auch Maßnahmen, die sich außerhalb des Unternehmensgegenstands bewegen, sind ungewöhnlich.

▶ Zustimmungsvorbehalt der Gesellschafterversammlung

Ungewöhnliche Maßnahmen darf die Gesellschafterversammlung an sich ziehen, indem sie etwa einen Zustimmungskatalog vorschreibt, der entweder in der Satzung, in Gesellschafterbeschlüssen oder auch im Anstellungsvertrag verankert wird.[45] Die Gesellschafterversammlung hat aufgrund ihrer überragenden Finanz-, Personal- und Überwachungskompetenz das Recht, dem Geschäftsführer hier Schranken aufzuerlegen. Oft heißt es im Zustimmungskatalog ganz allgemein, dass außergewöhnliche Maßnahmen der Gesellschafterversammlung vorzulegen sind, so dass der Geschäftsführer beurteilen muss, ob es sich um eine solche Maßnahme handelt. Im Zweifel sollte der Geschäftsführer die Maßnahme vorsorglich vorlegen.

▶ Vorlagepflicht des Geschäftsführers

Aber auch wenn ein solcher Zustimmungsvorbehalt fehlt, ist anerkannt, dass aus § 49 II GmbHG eine Pflicht des Geschäftsführers resultieren kann, der Gesellschafterversammlung vor der Vornahme des außergewöhnlichen Geschäfts selbiges zur Genehmigung vorzulegen. Nach § 49 II GmbHG ist die Gesellschafterversammlung dann einzuberufen, wenn es im Interesse der Gesellschaft erforderlich erscheint. Steht ein außergewöhnliches Geschäft an, kann eine Einberufungspflicht bestehen. Jedenfalls dann, wenn der Geschäftsführer damit rechnen muss, dass seine Entscheidung auf den Widerspruch der Gesellschafterversammlung stößt, muss er diese zuvor einberufen. Dies ist etwa der Fall, wenn der Geschäftsführer die Unternehmenspolitik ändern will, da die Bestimmung der Unternehmenspolitik grundsätzlich Aufgabe der Gesellschafterversammlung ist.

---

[45] Mißachtet der Geschäftsführer einen Zustimmungsvorbehalt, liegt eine Kompetenzüberschreitung vor, für die sich der Geschäftsführer ggf. haftungsrechtlich zu verantworten hat. Dieses Verhalten ist in jedem Fall pflichtwidrig, siehe OLG Koblenz, Urt. 24.09.2007, 12 U 1437/04, Rdnr. 101, juris.de.

Beispiel

„Vom Buchhandel zum Multimedia-Markt"

Die GmbH betrieb bisher einen Bucheinzelhandel mit drei Ladengeschäften. Die Geschäftsführerin möchte nunmehr diesen verstaubten Bereich etwas „aufpeppen" und nun endlich aus den Buchläden Multimedia-Märkte machen. In den Märkten sollen dann auch moderne Medien und Computerspiele angeboten werden. Selbst wenn diese Maßnahme noch vom satzungsmäßig festgelegten Unternehmensgegenstand gedeckt sein würde, bestünde hier eine Vorlagepflicht, da die Geschäftsführerin vermuten muss, dass die Gesellschafter mit einer derart einschneidenden Änderung der Unternehmenspolitik nicht so ohne weiteres einverstanden sein werden. Besteht also Anlass anzunehmen, dass die Gesellschafterversammlung Widerspruch erhebt bzw. Änderungen vorschlagen oder vorschreiben könnte, so ist ihr ein solches Vorhaben vorzulegen.[46]

Tipp für den Geschäftsführer!

Haben Sie Zweifel, ob Sie ein ungewöhnliches Geschäft vornehmen, für das Sie die Zustimmung der Gesellschafterversammlung benötigen, so legen Sie dies im eigenen Interesse vorsorglich der Gesellschafterversammlung vor. Eigeninitiative ist zwar wünschenswert, zahlt sich aber dann nicht aus, wenn sich Risiken des geplanten Geschäfts realisieren, für die man dann Sie zur Verantwortung ziehen könnte.

f. Zustimmungskatalog im Anstellungsvertrag

► Vorgaben im Anstellungsvertrag

Ein Katalog von Geschäften, zu deren Ausführung der Geschäftsführer der Zustimmung der Gesellschafterversammlung bedarf, kann nicht nur in der Satzung, sondern auch im Anstellungsvertrag verankert werden.[47]

Da die Gesellschafterversammlung für den Abschluss des Anstellungsvertrags zuständig ist, bestehen gegen eine Aufnahme solcher Zustimmungsvorbehalte keine Bedenken. Der Geschäftsführer hat diese Vorgaben einzuhalten.

3. Gesamt- oder Einzelgeschäftsführungsbefugnis

► Mehrere Geschäftsführer

Hat die GmbH mehrere Geschäftsführer, so gilt der Grundsatz der Gesamtgeschäftsführungsbefugnis. Das bedeutet, dass alle Geschäftsführer Entscheidungen

---

[46] Siehe auch BGH, Urt. v. 05.12.1983, II ZR 56/82, NJW 1984, 1461.

[47] Siehe § 4 des im Anhang 1 abgedruckten Mustervertrags.

gemeinsam treffen müssen. Dieses Prinzip wird aus § 35 II Satz 2 GmbHG gefolgert. Dort ist der Grundsatz der Gesamtvertretung verankert, der besagt, dass im Außenverhältnis – sofern nichts anderes geregelt ist – nur *alle* Geschäftsführer *gemeinsam* handeln können. Entsprechendes gilt auch für das Innenverhältnis, also für die Geschäftsführung.

Die Geschäftsführer müssten also über jede Maßnahme zunächst einen Beschluss fassen. Nach überwiegender Ansicht muss dieser Beschluss einstimmig verabschiedet werden, so dass alle Geschäftsführer ihre Zustimmung zu erteilen hätten. Die Satzung bzw. die Gesellschafter können per Beschluss aber auch das Mehrheitsprinzip einführen.

Der Grundsatz der Gesamtgeschäftsführung schränkt die Gesellschaft in ihrer Flexibilität sehr ein. Er kann daher gelockert oder auch durch Einzelgeschäftsführungsbefugnis ersetzt werden. Die Gesellschafter können hier völlig frei darüber befinden, wie sie die Kompetenzverteilung der Geschäftsführung untereinander regeln. Sie haben die Wahl, es grundsätzlich bei der Gesamtgeschäftsführung zu belassen und nur für Entscheidungen von geringerer Bedeutung Einzelgeschäftsführungsbefugnis anzuordnen. Bestimmten Geschäftsführern kann Einzelgeschäftsführungsbefugnis erteilt werden, während den übrigen Geschäftsführern nur eine Gesamtgeschäftsführungsbefugnis zugebilligt wird.

▶ Geschäftsverteilung ist üblich

In der Praxis ist die Einführung von Einzelgeschäftsführungsbefugnissen im Wege der Geschäftsverteilung üblich. Hierfür werden verschiedene Ressorts eingerichtet und einzelnen Geschäftsführern zur eigenverantwortlichen Erfüllung übertragen. Welche Ressorts gebildet werden, hängt von den Bedürfnissen der konkreten Gesellschaft ab. Denkbar sind beispielsweise die Ressorts Einkauf, Vertrieb/Absatz, Personalwesen, Organisation, Finanzen und Rechnungswesen, technische Leitung sowie Außenbeziehungen.

Die Gesellschafter können durch Weisungen oder auch in der Satzung eine Geschäftsordnung beschließen, durch die die Ressorts aufgeteilt werden. Diese Weisungen bzw. Vorgaben der Gesellschafterversammlung sind dann für die Geschäftsführer bindend.

Treffen die Gesellschafter selbst keine Entscheidungen, legen sie jedoch generell fest, dass Einzelgeschäftsführungsbefugnis besteht, so können die Geschäftsführer untereinander selbst Ressorts aufteilen.

▶ Ressort- und Gesamtverantwortung

Die Einführung von Einzelgeschäftsführungsbefugnis führt zwar dazu, dass der betreffende Geschäftsführer in seinem Ressort einen eigenen Verantwortungsbereich hat, in welchem er auch grundsätzlich allein entscheiden kann. Essentielle Entscheidungen von überragender Bedeutung bleiben aber der Geschäftsführung als Kollegialorgan vorbehalten. Hier gilt der Grundsatz der Gesamtverantwortung.[48] Der Grundsatz der Gesamtverantwortung, der von einer Allzuständigkeit der Geschäftsführer in wichtigen Fragen ausgeht, führt dazu, dass auch Geschäftsführer, deren Ressort nicht betroffen ist, eine Pflichtverletzung begehen können, wenn sie sich an der Entscheidung nicht beteiligen bzw. gegen die Entscheidung ihres Ressortkollegen nicht einschreiten.

Aus dem Grundsatz der Gesamtverantwortung folgt auch, dass trotz einer Ressortaufteilung bei Entscheidungen von besonderem Gewicht jeder Mitgeschäftsführer vorab zu informieren ist und ein Widerspruchsrecht hat. Die Maßnahme muss dann von allen Geschäftsführern gemeinsam beraten und beschlossen werden. Gleichzeitig muss geprüft werden, ob möglicherweise eine ungewöhnliche Maßnahme vorliegt, die bereits eine Einberufung der Gesellschafterversammlung erfordert. Die Gesellschafterversammlung hat es nicht in der Hand durch eine Ressortaufteilung die Gesamtverantwortung und Überwachungspflicht auszuschließen. Instruktiv ist hierzu eine Entscheidung des *OLG Koblenz*, bei der ein Fall zugrunde lag, in dem einem Geschäftsführer, der lediglich repräsentative Aufgaben wahrnehmen sollte, Informationen vorenthalten wurden.[49]

III. Die Vertretung der Gesellschaft

1. Überblick

► Geschäftsführer als „oberster" Vertreter

Der Geschäftsführer ist *organschaftlicher* Vertreter der Gesellschaft. Dies bedeutet, dass der Geschäftsführer bereits kraft seiner Stellung die Gesellschaft vertreten kann. Er hat „automatisch" Vertretungsberechtigung. Ein Organ zeichnet sich gerade

[48] Siehe 3. Teil, B II.

[49] OLG Koblenz, Urt. v. 22.11.2007, 6 U 1170/07, GmbHR 2008, 37, Leitsätze:

1. *Hat eine GmbH mehrere Geschäftsführer und besteht zwischen diesen eine Ressortverteilung, so steht grundsätzlich jedem der Geschäftsführer das Recht auf Information über alle Angelegenheiten der Gesellschaft zu, und zwar auch über diejenigen, die allein das Ressort eines Mitgeschäftsführers betreffen.*
2. *Das Informationsrecht eines Geschäftsführers wird in unzulässiger Weise eingeschränkt, wenn die Gesellschaft ihm vorschreibt, Auskünfte und Unterlagen, die zum Ressort eines anderen Geschäftsführers gehören, sich ausschließlich von diesem Mitgeschäftsführer, nicht aber von anderen Mitarbeitern der Gesellschaft geben zu lassen.*
3. *Stört einer der Geschäftsführer durch die Art und Weise, wie er Mitarbeiter der Gesellschaft um Informationen über das Ressort eines Mitgeschäftsführers ersucht, auf Dauer den Betriebsfrieden, so ist die Gesellschaft nicht berechtigt, ihm jegliche Kommunikation mit den Mitarbeitern zu untersagen. Vielmehr steht ihr in diesem Fall als Mittel zur Wiederherstellung des Betriebsfriedens grundsätzlich nur die Möglichkeit offen, den Geschäftsführer von seinem Amt abzuberufen.*

dadurch aus, dass es exklusive Zuständigkeiten hat, die nur dieses Organ wahrnehmen kann. Weitere Organe der GmbH sind die Gesellschafterversammlung sowie ggf. ein vorhandener Aufsichtsrat oder Beirat.

Aufgrund der Vertretungsbefugnis darf der Geschäftsführer im Namen der Gesellschaft wirksam Willenserklärungen abgeben. Die Vertretung gehört zur Geschäftsführung im weitesten Sinne (= Leitung). Die Geschäftsführung im weitesten Sinne umfasst sowohl die Geschäftsführungsbefugnis im Innenverhältnis als auch die Vertretungsberechtigung im Außenverhältnis. Sämtliche Verträge, die die Gesellschaft im Außenverhältnis abschließt, z. B. Arbeitsverträge, Kaufverträge oder Mietverträge, kommen durch zwei korrespondierende Willenserklärungen zustande. Die GmbH als juristische Person ist nur durch die Mitwirkung natürlicher Personen, d. h. durch Menschen, handlungsfähig. Dies können der Geschäftsführer oder auch ihm nachgeordnete Angestellte sein, wie z. B. weitere Manager, die im Rahmen einer Prokura oder Handlungsvollmacht auftreten. Oberster Vertreter bleibt jedoch der Geschäftsführer, dessen organschaftliche Vertretung weitreichender ist als die rechtsgeschäftliche Vertretung der Prokuristen oder Handlungsbevollmächtigten.

Der Geschäftsführer vertritt die GmbH außerdem in allen Gerichtsprozessen. Er nimmt sämtliche Prozesshandlungen vor, wobei die GmbH an einen etwaigen Anwaltszwang z. B. vor den Landgerichten gebunden ist.

2. Unbeschränkbarkeit und Unübertragbarkeit der Vertretungsmacht

► Vertretungsmacht ist „unantastbar"

Die Vertretungsmacht des Geschäftsführers ist grundsätzlich unentziehbar und mit Wirkung für das Außenverhältnis unbeschränkbar. Der Geschäftsführer hat die gesetzlich in § 35 GmbHG vorgesehene Vertretungsmacht, ohne dass die Gesellschafter oder Dritte hieran etwas ändern können. In § 35 GmbHG heißt es:

§ 35 GmbHG [Vertretung durch Geschäftsführer]

(1) *Die Gesellschaft wird durch die Geschäftsführer gerichtlich und außergerichtlich vertreten. Hat eine Gesellschaft keinen Geschäftsführer (Führungslosigkeit), wird die Gesellschaft für den Fall, dass ihr gegenüber Willenserklärungen abgegeben oder Schriftstücke zugestellt werden, durch die Gesellschafter vertreten.*

(2) *Sind mehrere Geschäftsführer bestellt, sind sie alle nur gemeinschaftlich zur Vertretung der Gesellschaft befugt, es sei denn, dass der Gesellschaftsvertrag etwas anderes bestimmt. Ist der Gesellschaft gegenüber eine Willenserklärung abzugeben, genügt die Abgabe gegenüber einem Vertreter der Gesellschaft nach Absatz 1. An die Vertreter der Gesellschaft nach Absatz 1 können unter der im Handelsregister eingetragenen Geschäftsanschrift Willenserklärungen abgegeben und Schriftstücke für die Gesellschaft zugestellt werden. Unabhängig hiervon können die Abgabe und die Zustellung auch unter der*

eingetragenen Anschrift der empfangsberechtigten Person nach § 10 Abs. 2 Satz 2 erfolgen.

(3) *Befinden sich alle Geschäftsanteile der Gesellschaft in der Hand eines Gesellschafters oder daneben in der Hand der Gesellschaft und ist er zugleich deren alleiniger Geschäftsführer, so ist auf seine Rechtsgeschäfte mit der Gesellschaft § 181 des Bürgerlichen Gesetzbuchs anzuwenden. Rechtsgeschäfte zwischen ihm und der von ihm vertretenen Gesellschaft sind, auch wenn er nicht alleiniger Geschäftsführer ist, unverzüglich nach ihrer Vornahme in eine Niederschrift aufzunehmen.*

▶ Unbeschränkbarkeit der Vertretungsmacht

Dass sich der Geschäftsführer im Innenverhältnis strikt an die Weisungen der Gesellschafterversammlung halten muss, ändert nichts daran, dass er im Außenverhältnis unbeschränkte Vertretungsmacht hat. Diese wird durch § 37 II GmbHG geschützt. Diese Bestimmung lautet:

§ 37 II GmbHG [Unbeschränkbarkeit der Vertretungsbefugnis im Außenverhältnis]
Gegen dritte Personen hat eine Beschränkung der Befugnis der Geschäftsführer, die Gesellschaft zu vertreten, keine rechtliche Wirkung. Dies gilt insbesondere für den Fall, dass die Vertretung sich nur auf gewisse Geschäfte oder Arten von Geschäften erstrecken oder nur unter gewissen Umständen oder nur für eine gewisse Zeit oder an einzelnen Orten stattfinden soll, oder dass die Zustimmung der Gesellschafter oder eines Organs der Gesellschaft für einzelne Geschäfte erfordert ist.

§ 37 II GmbHG ist, so der *BGH,*[50] Ausdruck des Prinzips, dass der Handelsverkehr auf dem Gebiet der organschaftlichen Vertretungsbefugnis klare Verhältnisse erfordert. Für den Dritten, der mit dem Geschäftsführer ein Rechtsgeschäft abschließt bzw. diesem gegenüber (für die Gesellschaft) Erklärungen abgibt, ist es unzumutbar, sich in jedem Einzelfall über den Umfang der Vertretungsmacht zu informieren. Daher hat sich der Gesetzgeber dafür entschieden, dem Geschäftsführer eine fest umrissene, nicht einschränkbare Vertretungsmacht einzuräumen.

Der Geschäftsführer kann somit im Rahmen seiner Vertretungsmacht im Außenverhältnis im beliebigen Umfang auftreten, auch wenn er dies im Innenverhältnis gegenüber der Gesellschafterversammlung nicht darf.

Achtung!
Missachten Sie als Geschäftsführer interne Bindungen, indem Sie im Außenverhältnis ein von der Gesellschafterversammlung nicht erwünschtes

(Fortsetzung)

[50] BGH, Urt. v. 23.06.1997, II ZR 353/95, ZIP 1997, 1419.

Geschäft abschließen, so machen Sie sich schadensersatzpflichtig. Je nach den Umständen des Einzelfalls kann eine solche Pflichtverletzung die Gesellschafterversammlung auch zu einer Abberufung aus wichtigem Grund bzw. zur fristlosen Kündigung des Anstellungsvertrags berechtigen.

Generalvollmacht neben Vertretungsmacht des Geschäftsführers

Die Vertretungsmacht des Geschäftsführers ist *unübertragbar*. Der Geschäftsführer kann zwar einzelne Befugnisse delegieren, nicht jedoch seine Position und seine organschaftliche Vertretungsmacht als Ganzes.[51] Auch die Gesellschafter können die Vertretung der GmbH im Rechtsverkehr nicht an sich ziehen.[52] Nicht in allen Einzelheiten geklärt ist die Frage, inwieweit eine Generalvollmacht eines Dritten, die GmbH im beliebigen Umfang zu vertreten, rechtlich zulässig ist. Einigkeit besteht darüber, dass der Generalbevollmächtigte nicht alle Funktionen anstelle des Geschäftsführers ausüben darf. Eine solche verdrängende Generalvollmacht wäre in jedem Fall unwirksam.[53] Es ist ferner strittig, inwieweit neben der organschaftlichen Vertretungsmacht des Geschäftsführers eine Generalvollmacht ergänzend oder teilweise verdrängend möglich ist.[54] Vorzugswürdig ist die Ansicht, die annimmt, dass eine solche Generalvollmacht solange zulässig ist, wie dem Geschäftsführer ein eigenverantwortlicher Bereich verbleibt.[55] In keinem Fall dürfen dem Geschäftsführer die gesetzlichen Pflichten (Handelsregisteranmeldungen, Kapitalerhaltung, Insolvenzantragstellung) entzogen werden. Meines Erachtens ist auch eine teilweise verdrängende Generalvollmacht in keinem Fall zulässig. Sie kann nur ergänzend neben der organschaftlichen Vertretungsmacht bestehen.[56] Die Gesellschaft muss zwingend in jedem Bereich auch durch den Geschäftsführer vertreten werden können und die Geschäftsführer müssen m. E. den Bevollmächtigten stoppen bzw. überstimmen und ihm wohl auch dessen Vollmacht widerrufen können. Ist eine Generalvollmacht im Einzelfall unzulässig, so bietet sich eine Umdeutung in eine Generalhandlungsvollmacht an, die trotz ihres irreführenden Wortlautes weniger

[51]BGH, Urt. v. 23.06.1988, III ZR 84/87, WM 1988, 1418, 1421, siehe auch BGH, Urt. v. 18.02.2002, III ZR 124/01, GmbHR 2002, 972, wonach die Befugnis des Geschäftsführers einer GmbH zur organschaftlichen Willensbildung und -erklärung und die damit verbundene Verantwortung unübertragbar ist.

[52]BGH, Urt. v. 28.11.1990, XII ZR 130/89, BGHZ 113, 62, 67.

[53]BGH, Urt. v. 18.10.1976, II ZR 9/75, WM 1976, 1246; BGH, Urt. vom 18.07.2002, III ZR 124/01, NJW-RR 2002, 1325.

[54]Dagegen OLG Düsseldorf, Urt. v. 17.03.1999, 15 U 22/98, juris.de.

[55]OLG Naumburg, Urt. v. 16.12.1993, 2 U 15/93, GmbHR 1994, 556.

[56]So auch Baumbach/Hueck, GmbHG, § 35 Rdnr. 76; siehe auch KG, Beschl. v. 11.06.1991, 1 W 1581/91, GmbHR 1991, 579, das wohl nur die Organbefugnisse übertragende Generalvollmacht für unzulässig hält.

weitgehend ist als die Generalvollmacht. Eine Generalhandlungsvollmacht räumt sogar weniger Kompetenzen als eine Prokura ein.[57]

3. Grundsatz der Gesamtvertretung

a. Bedeutung

► Gesamtvertretung bei mehreren Geschäftsführern

Hat die Gesellschaft mehrere Geschäftsführer, so müssen grundsätzlich alle Geschäftsführer an den rechtsgeschäftlichen Erklärungen mitwirken. Dies folgt aus § 35 II Satz 1 GmbHG, wonach – sofern nichts anderes bestimmt ist – eine Vertretung gemeinschaftlich durch sämtliche Geschäftsführer erfolgen muss. Diese sog. Gesamtvertretung kann sich auf verschiedene Weise realisieren. Entweder geben alle Geschäftsführer gemeinschaftlich eine gleichlautende Willenserklärung ab; denkbar ist aber auch, dass die Abgabe der Willenserklärung getrennt erfolgt. Entscheidend ist nur, dass eine inhaltliche Übereinstimmung vorliegt.

► Ermächtigung

Da die Gesamtvertretung recht umständlich ist, lässt die Praxis gegenseitige Ermächtigungen zu. Jeder Geschäftsführer kann daher andere Mitgeschäftsführer ermächtigen, für ihn aufzutreten. Dies bietet sich insbesondere dann an, wenn Ressorts gebildet worden sind. Mit der Ermächtigung erklärt sich der Geschäftsführer damit einverstanden, dass der andere allein auftritt.[58] Der Umfang der Ermächtigung kann variabel ausgestaltet werden. Tritt ein Geschäftsführer alleine und ohne Ermächtigung des Mitgeschäftsführers auf, so kann der übergangene Geschäftsführer auch nachträglich seine Zustimmung erteilen, so dass das Geschäft dann wirksam wird. Fehlt es jedoch an einer Ermächtigung oder nachträglichen Zustimmung, so tritt der Handelnde als Vertreter ohne Vertretungsmacht auf und muss damit rechnen, dass er selbst in die Haftung genommen wird. Die Gesellschaft ist jedenfalls nicht verpflichtet worden. Etwas anderes gilt nur, wenn der Vertragspartner aufgrund der Vorverhandlungen darauf vertrauen konnte, dass der Geschäftsführer allein auftreten darf. Dann kann ausnahmsweise die Gesellschaft nach den sog. Grundsätzen der Rechtsscheinhaftung verpflichtet werden, obwohl der Geschäftsführer eigentlich gar nicht allein hätte handeln dürfen.

► Widerruf der Ermächtigung

[57] Zur Umdeutung siehe BGH, Urt. v. 23.06.1988, III ZR 84/87, WM 1988, 1418, 1421; BGH, Urt. v. 18.02.2002, III ZR 124/01, GmbHR 2002, 972.

[58] Siehe BGH, Urt. v. 06.03.1975, II ZR 80/73, BGHZ 64, 72, 75, wonach die Ermächtigung einen organschaftlichen Akt besonderer Art bedeutet, durch den organschaftliche Gesamtvertretungsmacht zur Alleinvertretungsmacht „erstarkt“, siehe *Baumbach/Hueck*, GmbHG, § 35 Rdnr. 120.

Der Geschäftsführer, der seinen Mitgeschäftsführer ermächtigt, allein aufzutreten, kann diese Ermächtigung jederzeit ohne Zustimmung des Mitgeschäftsführers widerrufen. Gültig ist auch der Widerruf eines anderen Geschäftsführers.

- ▶ Umfang der Ermächtigung

Die Gesamtvertretung schützt die Gesellschaft und damit die Gesellschafterversammlung. Daher darf die Ermächtigung nicht so weit gehen, dass dadurch die Geschäftsführer eigenmächtig die Gesamtvertretung in eine Einzelvertretung umwandeln.[59]

Beispiel

„Die Heimat ruft"

G und H sind Geschäftsführer einer GmbH. Es besteht Gesamtvertretung. H muss auf seinem elterlichen Hof aushelfen, weil sein Vater einen schweren Unfall erlitt. H steht damit als Mitgeschäftsführer nicht mehr vor Ort zur Verfügung. Damit die Geschäfte ordnungsgemäß weiterlaufen, erteilt er dem Mitgeschäftsführer G umfassende Vollmacht, ihn in allen Fragen der Geschäftsführung zu vertreten. Eine solche umfassende Vollmacht würde die Gesamtvertretung in eine Einzelvertretung umwandeln und wäre daher zumindest im Innenverhältnis unzulässig. Hier müsste entweder die Gesellschafterversammlung dem G Einzelgeschäftsführungsbefugnis erteilen oder aber H abberufen und an seiner Stelle einen neuen Geschäftsführer bestellen. Im Außenverhältnis ist jedoch eine Generalermächtigung grundsätzlich wirksam, sofern die Berufung hierauf nicht missbräuchlich ist.[60]

- ▶ Passivvertretung durch jeden Geschäftsführer möglich

Eine Ausnahme vom Grundsatz der Gesamtvertretung besteht bei der sog. Passivvertretung. Diese betrifft die Entgegennahme von Willenserklärungen, die an die Gesellschaft gerichtet werden. Kündigt beispielsweise ein Mitarbeiter seinen Arbeitsvertrag, so genügt es, wenn diese Kündigungserklärung einem der Geschäftsführer zugeht. Sie muss nicht sämtlichen Geschäftsführern zugehen, bloß weil Gesamtvertretung besteht. Der Grundsatz, wonach bei der Passivvertretung der Zugang bei einem Geschäftsführer genügt, ist in § 35 II Satz 2 GmbHG verankert. Die Passivvertretung gilt nicht nur für echte Willenserklärungen, sondern auch für geschäftsähnliche Handlungen, wie Mängelanzeigen bei der Lieferung mangelhafter Ware oder Zahlungsaufforderungen an die GmbH.

---

[59] BGH, Urt. v. 08.05.1978, II ZR 209/76, WM 1978, 1047, 1048.

[60] *Baumbach/Hueck*, GmbHG, § 35 Rdnr. 121.

b. Wegfall eines Geschäftsführers

Ein Geschäftsführer kann gänzlich oder auch nur vorübergehend verhindert sein, das Amt des Geschäftsführers auszuüben.

▶ Vorübergehende Verhinderung lässt Gesamtvertretung unberührt

Ist ein Geschäftsführer nur *vorübergehend* verhindert, das Amt des Geschäftsführers auszuüben, z. B. weil er längere Zeit im Ausland weilt, so tritt nicht automatisch eine Einzelgeschäftsführungsbefugnis des verbleibenden Geschäftsführers ein. Auch ist, wie soeben dargestellt, keine umfassende Ermächtigung des Abwesenden möglich.[61]

Letztlich muss eine Auslegung der Satzung ergeben, was für den Fall einer längerfristigen Abwesenheit eines Geschäftsführers gelten soll.

Tipp für die Gesellschafter!

Belassen Sie es bei der Gesamtvertretung, so sollten Sie in der Satzung eine Regelung aufnehmen, die anordnet, was für den Fall gelten soll, wenn ein Geschäftsführer dauerhaft oder vorübergehend wegfällt. Sie könnten in der Satzung ausdrücklich regeln, dass für diese Situation Einzelgeschäftsführungsbefugnis, zumindest kommissarisch, besteht. Oder aber Sie ordnen an, dass in einem solchen Fall der verbleibende Geschäftsführer unverzüglich die Gesellschafterversammlung einzuberufen hat, die dann einen zweiten Geschäftsführer bestellt.

▶ Dauerhafter Wegfall eines Geschäftsführers

Fällt ein Geschäftsführer *dauerhaft* weg, z. B. weil er verstirbt oder auf unabsehbare Zeit geisteskrank geworden ist, darf der verbleibende Geschäftsführer die Gesellschaft grundsätzlich allein vertreten. Dies gilt jedenfalls dann, wenn es in der Satzung heißt, dass die Gesellschaft einen oder mehrere Geschäftsführer hat und bei dem Vorhandensein mehrerer Geschäftsführer Gesamtvertretung besteht. Daraus ist zu schließen, dass in dem Fall, in dem es nur einen Geschäftsführer gibt, dieser die Gesellschaft auch allein vertreten darf. Sieht die Satzung allerdings zwingend vor, dass die Gesellschaft mindestens zwei Geschäftsführer hat, die die Gesellschaft gemeinsam vertreten, so kann der verbleibende Geschäftsführer organschaftlich die Gesellschaft nicht allein vertreten. Hier muss die Gesellschafterversammlung entsprechend der Satzung zügig einen zweiten Geschäftsführer bestellen. Sofern die Voraussetzungen vorliegen, kann das Gericht auch einen Notgeschäftsführer bestellen.

---

[61] Siehe auch BGH, Urt. v. 12.12.1960, II ZR 255/59, BGHZ 34, 27, 30.

4. Beteiligung von Prokuristen

Prokuristen dürfen grundsätzlich allein auftreten (sog. Einzelprokura). Das HGB sieht aber auch die Möglichkeit einer Gesamtprokura vor. Diese besagt, dass die Prokuristen nur gemeinsam auftreten dürfen. Die Gesamtprokura ist damit der Gesamtvertretung vergleichbar. Zulässig ist jedoch auch die Bindung von Prokuristen an den allein- oder den gesamtvertretungsberechtigten Geschäftsführer.[62]

Hier sind alle Varianten möglich, solange die Geschäftsführer auch allein – ohne Mitwirkung der Prokuristen – auftreten können. Keinesfalls zulässig ist eine ausschließlich zwingende Bindung der Geschäftsführer an Prokuristen. Die organschaftlichen Vertreter müssen immer auch die Gesellschaft ohne Mitwirkung Dritter vertreten können.

► Gemischte Gesamtvertretung

Hingegen kann der Prokurist im beliebigen Umfang an den oder die Geschäftsführer gebunden werden. Denkbar ist etwa die *gemischte Gesamtvertretung*, bei der die Gesellschaft entweder durch die Geschäftsführer in ihrer Gesamtheit, durch zwei Geschäftsführer oder einen Geschäftsführer und einen Prokuristen vertreten wird. Sofern bei Gesamtvertretung eine Vertretung durch einen Geschäftsführer auch unter Mitwirkung eines Prokuristen möglich ist, spricht man auch von unechter Gesamtvertretung. Bei der gemischten bzw. unechten Gesamtvertretung ist also eine Vertretung der Gesellschaft nur durch die Geschäftsführer möglich. Der Prokurist kann hingegen niemals allein die Gesellschaft vertreten, er bedarf immer der Mitwirkung eines Geschäftsführers. Denkbar ist auch die *halbseitige* Gesamtvertretung, wonach jeder Geschäftsführer die Gesellschaft allein vertreten darf, der Prokurist jedoch nur im Zusammenspiel mit einem Geschäftsführer.

5. Grenzen der Vertretungsmacht

a. Überblick

Der Grundsatz der unbeschränkten Vertretungsmacht stößt allerdings auf Grenzen. Es gibt Fälle, bei denen eine Geltung dieses Prinzips nicht angezeigt ist (Abb. 3).

► „Binnengeschäfte" zwischen Gesellschaft und Gesellschaftern

Dies betrifft zunächst die Rechtsgeschäfte zwischen den Gesellschaftern und ihrer Gesellschaft. Für den Rechtsverkehr zwischen der GmbH und einzelnen Gesellschaftern soll nach übereinstimmender Auffassung des *BAG*[63] und des *BGH*[64] der Grundsatz der unbeschränkten Vertretungsmacht nicht gelten. Die

[62] BGH, Beschl. v. 06.11.1986, V ZB 8/86, BGHZ 99, 76, 78.

[63] BAG, Urt. v. 28.04.1990, 2 AZR 730/93, ZIP 1994, 1290, 1292 f.

[64] BGH, Urt. v. 20.09.1962, II ZR 209/61, BGHZ 38, 26, 33; BGH, Urt. v. 23.06.1997, II ZR 353/95, ZIP 1997, 1419.

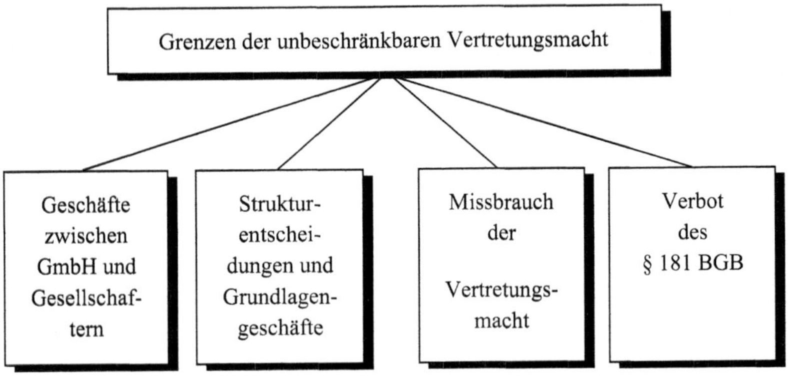

Abb. 3 Grenzen der Vertretungsmacht des Geschäftsführers

gesetzliche Anordnung der für das Außenverhältnis grundsätzlich unbeschränkbaren Vertretungsmacht dient den Bedürfnissen des Handelsverkehrs, der klare Rechtsverhältnisse erfordert. Es ist nicht möglich, dass ein Dritter, der Rechtsgeschäfte mit einem organschaftlichen Vertreter abschließt, in jedem Einzelfall über dessen Vertretungsbefugnis Erkundigungen einzuziehen hat. Im Verhältnis zwischen der Gesellschaft und den Gesellschaftern ist ein solcher Schutz hingegen nicht erforderlich. In dem vom *BAG* entschiedenen Fall[65] ging es um die Kündigung eines Arbeitnehmers, der gleichzeitig Gesellschafter der GmbH gewesen ist. Im Arbeitsvertrag war geregelt, dass die fristgerechte Kündigung eines mitarbeitenden Gesellschafters nur mit vorheriger Zustimmung der Gesellschafterversammlung möglich ist. Eine solche Zustimmung würde im Prinzip dem Grundsatz der unbeschränkbaren Vertretungsmacht widersprechen. Das *BAG* hat jedoch den Grundsatz im Innenverhältnis zwischen der Gesellschaft und den Gesellschaftern nicht für anwendbar gehalten, so dass die Kündigung allein durch den Geschäftsführer mangels Zustimmung der Gesellschafterversammlung unwirksam war.[66]

► Zustimmungsvorbehalt kann vereinbart werden

Keine Anwendung findet § 37 II GmbHG, wenn der Geschäftsführer ausdrücklich beim Abschluss des Vertrags darauf hinweist, dass zur Wirksamkeit desselben die Zustimmung der Gesellschafterversammlung nötig ist und er deshalb auch im Außenverhältnis nur dann eine vertragliche Bindung herbeiführen möchte, wenn diese Zustimmung erteilt wird.[67]

[65] BAG, Urt. v. 28.04.1994, 2 AZR 730/93, ZIP 1994, 1290.

[66] BAG, Urt. v. 28.04.1994, 2 AZR 730/93, NJW 1994, 3117, 3119. Fehlende Zustimmung der Gesellschafterversammlung ist ein sonstiger Unwirksamkeitsgrund iSv § 13 III KSchG, so *Baumbach/Hueck*, GmbHG § 37 Rdnr. 41.

[67] BGH, Urt. v. 23.06.1997, II ZR 353/95, ZIP 1997, 1419.

Beispiel

„Investitionen nur nach Rücksprache"

G darf Investitionen über 20.000 € nur mit Zustimmung der Gesellschafterversammlung tätigen. Er kauft für die GmbH eine Baumaschine für 50.000 €, betont jedoch bei Vertragsabschluss, dass das Geschäft nur unter dem Vorbehalt geschlossen werden könne, dass die Gesellschaft zustimmt. Eine solche Vereinbarung ist zulässig und wirksam. Verweigert die Gesellschafterversammlung ihre Zustimmung, ist der Vertrag hinfällig.

Sofern der Vertragspartner Kenntnis von dem Zustimmungsvorbehalt hat bzw. sich ihm ein solcher aufdrängen muss, kann unter dem Gesichtspunkt des Missbrauchs der Vertretungsmacht das Geschäft schwebend unwirksam sein[68] – es wird dann erst mit Genehmigung durch die Gesellschafterversammlung wirksam (siehe zum Missbrauch der Vertretungsmacht, die Ausführungen sogleich unter b.)

- Für Anstellungsvertrag keine Vertretungsmacht

Keine Vertretungsmacht haben die Geschäftsführer ferner für den Abschluss und die Änderung ihres Anstellungsvertrags. Hierfür ist die Gesellschafterversammlung zuständig.[69]

- Grenze sind Strukturentscheidungen

Eine weitere Grenze für die Vertretungsmacht des Geschäftsführers bilden außerdem bestimmte Strukturentscheidungen. So ist der Abschluss eines Beherrschungsvertrags nur mit Zustimmung der Gesellschafterversammlung sowohl des Tochterunternehmens als auch des beherrschenden Mutterunternehmens zulässig. Wird ein Beherrschungsvertrag ohne Zustimmung der Gesellschafterversammlungen abgeschlossen, so ist er schwebend unwirksam.

Weitere Zustimmungsvorbehalte enthalten § 32 Mitbestimmungsgesetz sowie § 15 Montanmitbestimmungsergänzungsgesetz. Diese beiden Vorschriften sind recht kompliziert formuliert. Es geht im Kern darum, dass die Anteilseignervertreter im Aufsichtsrat der Muttergesellschaft bei bestimmten Entscheidungen in Tochtergesellschaften bzw. abhängigen Gesellschaften mitwirken müssen. Eine Vertiefung dieses Problemkreises würde jedoch den Rahmen dieses Werks sprengen.

b. Sonderproblem: Missbrauch der Vertretungsmacht

Die im Außenverhältnis unbeschränkbare Vertretungsmacht bringt erhebliche Gefahren für die Gesellschaft mit sich. Der Geschäftsführer kann die GmbH nahezu unbegrenzt verpflichten und dadurch großen Schaden anrichten.

[68] BGH, Urt. v. 08.01.2019, II ZR 364/18, GmbHR 2019, 528, Rdnr. 42.

[69] Siehe ausführlich unten 2. Teil D; zum Problem des § 181 BGB, siehe unten D III 5 c.

Beispiel

„Der Kutscher ohne Droschken“

Antonia Amaro (A) ist Alleingesellschafterin der Subito-Kraftdroschken-GmbH S-GmbH). Die GmbH betreibt das Taxigeschäft mit 65 Droschken. Geschäftsführer ist Gustave Girod (G). Zwischen G und A gab es in letzter Zeit einige Spannungen. Die Tage des G sind daher gezählt. G möchte A vor seinem Abgang noch einen Denkzettel verpassen und veräußert daher den gesamten Fuhrpark, d. h. sämtliche 65 Taxen, an eine auswärtige Taxiunternehmerin, die aufgrund eines Chiffre-Inserats von dem Verkauf erfuhr. Die Fahrzeuge werden übereignet, die Kfz-Briefe übergeben. Das Geschäft ist wirksam, da G im Rahmen seiner im Außenverhältnis unbeschränkbaren Vertretungsmacht handelte. Die Käuferin hatte keinerlei Erkundigungspflichten, ob dieses weitreichende Geschäft von der Gesellschafterversammlung abgesegnet wurde bzw. im Interesse der Gesellschafter lag.

► Keine Nachforschungspflicht des Vertragspartners

Auch der *BGH* lehnt es grundsätzlich eine besondere Verpflichtung des Vertragspartners ab, zu überprüfen, ob und inwieweit der Vertreter im Innenverhältnis gebunden ist, von einer nach außen unbeschränkbaren Vertretungsmacht nur begrenzt Gebrauch zu machen. Das Risiko, dass der Vertreter seine Vertretungsmacht missbräuchlich ausübe, trage grundsätzlich der Vertretene, hier also die GmbH.[70] Der Geschäftsführer hätte im letzten Beispiel sicherlich bei einem Geschäft von dieser Tragweite, bei dem es sich um eine außergewöhnliche Maßnahme handelte, die Gesellschafterversammlung einberufen müssen, damit diese über das Geschäft entscheidet.

Selbst der Umstand, dass der Geschäftsführer bewusst zum Nachteil der GmbH handelte, genügt allein nicht, um dem Geschäft im Außenverhältnis seine Wirksamkeit zu nehmen.

► Missbrauch ist Grenze

Es besteht allerdings Einigkeit darüber, dass dem Geschäftsführer bei einer missbräuchlichen Ausübung seiner Vertretungsmacht Schranken gesetzt werden müssen. Erforderlich ist eine Abwägung zwischen den Interessen der Gesellschaft, die davor geschützt werden „möchte“, dass der Geschäftsführer missbräuchlich seine Vertretungsmacht ausübt, und den Interessen des Vertragspartners, der seinerseits ein schutzbedürftiges Interesse daran hat, dass der Geschäftsführer die gesetzlich vorgesehene Vertretungsmacht auch tatsächlich besitzt und dem zudem eine Erkundigungspflicht nicht aufgebürdet werden soll. Schließlich hat sich die GmbH ihren Geschäftsführer selbst ausgesucht und daher grundsätzlich das Risiko der

[70] Siehe BGH, Urt. v. 19.04.1994, XI ZR 18/93, WM 1994, 1204, 1206.

missbräuchlichen Ausübung der Vertretungsmacht zu tragen. Mit dem Ziel, diese widerstreitenden Interessen auszugleichen, entwickelte die Rechtsprechung daher die Grundsätze des *Missbrauchs der Vertretungsmacht*, bei denen ausnahmsweise das Geschäft nicht der GmbH entgegengehalten werden kann.

Die Grundsätze des Missbrauchs der Vertretungsmacht knüpfen an zwei Voraussetzungen an:

1. Pflichtwidriger Gebrauch der Vertretungsmacht
2. Schutzwürdigkeit des Dritten

► Pflichtwidriger Gebrauch

Zunächst setzen die Grundsätze des Vollmachtsmissbrauchs voraus, dass der Geschäftsführer von seiner Vertretungsmacht im Innenverhältnis pflichtwidrig Gebrauch macht. Ein solcher Gebrauch liegt vor, wenn der Geschäftsführer seine im Innenverhältnis bestehenden Schranken bewusst überschritt, etwa weil er sich gegen Weisungen hinwegsetzte oder außergewöhnliche Geschäfte ohne Rücksprache mit der Gesellschafterversammlung vornahm. So lagen die Verhältnisse im vorgenannten Beispiel. Aber selbst wenn im Innenverhältnis keine Schranken, z. B. ein Zustimmungsvorbehalt bestehen, kann ein pflichtwidriger Gebrauch vorliegen. Dies ist dann der Fall, wenn das konkrete Geschäft bewusst zum Nachteil der Gesellschaft vorgenommen wurde oder aber wenn der mutmaßliche Wille der Gesellschafterversammlung gegen dieses Geschäft gerichtet ist.

Der Vertreter überschreitet pflichtwidrig seine Kompetenzen bzw. Pflichten im Innenverhältnis, wenn er seine formal nach außen wirksame Vollmacht ausnutzt. Schädigungsabsicht ist nicht erforderlich. Strittig ist, ob Vorsatz zu fordern ist oder ob Fahrlässigkeit des Vertreters ausreicht. Für die handelsrechtlich unbeschränkbare organschaftliche Vertretungsmacht des GmbH-Geschäftsführers (§ 37 II GmbHG) muss nach dem *BGH* nur eine bewusste, also vorsätzliche Ausnutzung der Vollmacht zum Nachteil der Handelsgesellschaft vorliegen.[71]

► Schutzwürdigkeit des Dritten

Zweite Voraussetzung ist die Schutzwürdigkeit des Vertragspartners. Dieser ist grundsätzlich schutzwürdig und darf darauf vertrauen, dass der Geschäftsführer die gesetzlich eingeräumte Vertretungsmacht auch tatsächlich ausüben darf. Der Dritte ist jedoch nicht mehr schutzwürdig, wenn er weiß oder wenn es sich ihm „geradezu aufdrängen" muss, dass der Vertreter seine Vertretungsmacht missbraucht.[72] Der

[71] BGH, Urt. v. 03.10.1989, XI ZR 154/88, NJW 1990, 384, 385; außerhalb der handelsrechtlichen Vollmachten lässt auch der *BGH* einfache Fahrlässigkeit genügen: BGH, Urt. v. 25.03.1964, VIII ZR 280/62, MDR 1964, 592; BGH, Urt. v. 24.03.1988, IX ZR 114/87, NJW 1988, 3013; eine eindeutige Linie des BGH besteht aber nicht.

[72] BGH, Urt. v. 05.12.1983, II ZR 56/82, NJW 1984, 1461, 1462; BGH, Urt. v. 31.01.1991, VII ZR 291/88, BGHZ 113, 315, 320.

BGH spricht von einer sog. *objektiven Evidenz* des Missbrauchs.[73] Ausschlaggebend ist nicht, ob der betroffene Vertragspartner den Missbrauch tatsächlich erkannt hat.[74] Entscheidend ist vielmehr, ob der Missbrauch für den Vertragspartner erkennbar gewesen war.[75] Es kommt also bei objektiver Betrachtungsweise darauf an, ob das Verhalten des Vertreters so verdächtig war, dass sich beim Vertragspartner Zweifel förmlich aufdrängen mussten. Maßgeblich ist, ob der Missbrauch für den Vertragspartner offensichtlich, d. h. evident ist. Diese Lösung bürdet dem Vertragspartner keine unzumutbaren Nachforschungspflichten auf und ist daher praktikabel. Bei Anhaltspunkten besteht also durchaus eine Erkundigungsobliegenheit.[76]

Beispiel

„Verkauf an Verbandskollegen"

Fortführung des obigen Taxi-Beispiels: G verkauft den Fuhrpark der S-GmbH diesmal nicht an eine auswärtige Taxiunternehmerin, sondern an einen ortsansässigen Gewerbetreibenden, der die Alleingesellschafterin der S-GmbH aus dem Taxi-Verband sehr gut kennt und weiß, dass diese mit Leib und Seele Taxiunternehmerin ist. Auch hat der Interessent bereits gehört, dass es Spannungen zwischen dem Geschäftsführer und der Alleingesellschafterin gibt. Er reflektiert diese Kenntnis jedoch nicht weiter, sondern freut sich, dass er die 65 Taxen günstig erwerben kann.

Hier könnte das Geschäft nach den Grundsätzen des Missbrauchs der Vertretungsmacht unwirksam sein. Wie oben ausgeführt, hat der Geschäftsführer G im Innenverhältnis seine Pflichten verletzt, da er dieses außergewöhnliche Geschäft nicht der Gesellschafterversammlung – bestehend aus A – vorgelegt hat. Ferner

[73] BGH, Urt. v. 19.04.1994, XI ZR 18/93, WM 1994, 1204, 1206.

[74] Positive Kenntnis des Vertragspartners von dem pflichtwidrigen Handeln schadet in jedem Fall. Strittig ist, ob bereits einfache oder erst grob fahrlässige Unkenntnis schadet, grobe Fahrlässigkeit fordernd, siehe *Schramm* in Münchener Komm. zum BGB, § 164 Rdnr. 114 f. und BGH, Urt. v. 05.11.2003, VIII ZR 218/01 NJW-RR 2004, 247, 248.

[75] Ausdrücklich BGH, Beschl. v. 10.04.2006, II ZR 337/05, NJW 2006, 2776, Leitsatz: *Eine durch Gesellschafterbeschluss begründete Beschränkung der Befugnis des GmbH-Geschäftsführers, die Gesellschaft zu vertreten, führt – bei Erkennbarkeit für den Vertragspartner – zu einer Beschränkung der Vertretungsmacht, ohne dass es darauf ankommt, ob der Geschäftsführer zum Nachteil der Gesellschaft handelt.*

[76] BGH, Urt. v. 08.01.2019, II ZR 364/18, GmbHR 2019, 528, Rdnr. 42, Hier hatte der Gesellschafter-Geschäftsführer ein Betriebsgrundstück der GmbH, die sich bereits in Liquidation befand, anstatt an den Mitgesellschafter an einen Dritten verkauft, aus den Gründen: *Besteht ein Zustimmungsvorbehalt zugunsten der Gesellschafterversammlung, ist es zwar zusätzlich erforderlich, dass der Vertragspartner von der fehlenden Zustimmung Kenntnis hat oder sich ihm das Fehlen eines Zustimmungsbeschlusses aufdrängt, um seinem Vertrauen auf den Bestand des Geschäfts den Schutz zu versagen. In diesem Zusammenhang kann es aber nach den Umständen des Einzelfalls nicht stets ausreichen, wenn sich dieser damit verteidigt, er habe von der fehlenden Zustimmung nichts gewusst wird etwa das Unternehmen als Ganzes veräußert, kann den Vertragspartner der Gesellscahft eine Erkundigungsobliegenheit treffen. Bei der Veräußerung eines Einzelgegenstandes kann sich der Mißbrauch aufdrängen, wenn der Vertragspartner erfährt, dass ein maßgeber Gesellschafter mit dem Geschäft nicht einverstanden ist.*

handelt G bewusst zum Nachteil der Gesellschaft, was der *BGH* noch nicht einmal fordert.[77] Auch entspricht das Geschäft nicht dem mutmaßlichen Willen der Gesellschafterin. Für den pflichtwidrigen Gebrauch der Vertretungsmacht würde es schon genügen, wenn eines der Kriterien vorliegt.

Der Geschäftspartner, d. h. der Käufer, ist nicht schutzwürdig, da sich ihm der Vollmachtsmissbrauch – unter Berücksichtigung seiner Kenntnisse – hätte aufdrängen müssen. Aus Sicht des Käufers war das Verhalten des Geschäftsführers so verdächtig, dass er an der Zulässigkeit des Geschäfts hätte zweifeln müssen. Der Treueverstoß des G war hier offensichtlich. Aufgrund dieser Evidenz ist der Geschäftspartner nicht mehr schutzwürdig.

Eine weitere, eindeutige Fallgruppe des Vollmachtmissbrauchs ist das kollusive Zusammenwirken zwischen dem Vertragspartner und dem Geschäftsführer.

Beispiel

„Der neue Job"

Fortführung des obigen Beispiels: G wirkt mit dem Käufer, dem ortsansässigen Taxiunternehmer, einvernehmlich zusammen. Dieser weiß von der Pflichtwidrigkeit des Verkaufs, möchte jedoch die Taxen günstig erwerben. Als Gegenleistung für das lukrative Geschäft bietet er G einen neuen Job in seinem Betrieb an. Hier wirken der Käufer und der Geschäftsführer kollusiv zusammen, das ganze Geschäft ist schon aus diesen Gründen sittenwidrig und damit nichtig.

Die Grundsätze des Vollmachtmissbrauchs bieten damit in Extremfällen eine Begrenzung der Vertretungsmacht und schützen die GmbH in derartigen Ausnahmefällen vor ihrem treuwidrigen Geschäftsführer.

c. Sonderproblem: Verbot des § 181 BGB

aa. Überblick

§ 181 BGB umfasst die Fälle des Selbstkontrahierens sowie der Mehrfachvertretung:

§ 181 BGB [Verbot des Selbstkontrahierens und der Mehrfachvertretung]

Ein Vertreter kann, soweit ihm nicht ein anderes gestattet ist, im Namen des Vertretenen mit sich im eigenen Namen oder als Vertreter eines Dritten ein Rechtsgeschäft nicht vornehmen, es sei denn, dass das Rechtsgeschäft ausschließlich in der Erfüllung einer Verbindlichkeit besteht.

► Zweck des § 181 BGB

[77] Siehe vorherige Fußnote.

Diese Vorschrift soll Interessenkollisionen verhindern, die dadurch entstehen könnten, dass der Geschäftsführer Interessen der Gesellschaft mit eigenen vermischt bzw. sowohl die Belange der Gesellschaft als auch gleichzeitig jene eines Dritten wahrnimmt. Damit dient § 181 BGB dem Schutz des Vertretenen, aber auch dem Schutz der Gläubiger der Gesellschaft, die sich darauf verlassen können, dass Rechtsgeschäfte, die von derartigen Interessenskonflikten geprägt sind und die der Gesellschaft schaden könnten, nicht ohne weiteres vorgenommen werden können[78] (Abb. 4).

▶ Verbot des Selbstkontrahierens

Die erste Fallgruppe des § 181 BGB, das Verbot des Selbstkontrahierens, ist einschlägig, wenn der Geschäftsführer als Vertreter der Gesellschaft mit sich selbst Geschäfte tätigt.

Beispiel

„Oldtimer-Träume"

Gernot Giebel (G) ist Geschäftsführer einer GmbH, die zu Werbezwecken einen Oldtimer im Fuhrpark hält. G meint, dass die Werbewirkung des Oldtimers im Laufe der Zeit etwas nachgelassen hat, so dass man sich neue Akquisitionsmöglichkeiten überlegen sollte. G persönlich könnte den Oldtimer allerdings gut gebrauchen. Er schließt daher über den Erwerb des Oldtimers mit der GmbH einen Kaufvertrag ab, wobei als Kaufpreis der Marktwert des Fahrzeugs vereinbart wird.

Mit der Vornahme dieses Geschäfts verstößt G grundsätzlich gegen das Verbot des Selbstkontrahierens gemäß § 181 BGB. Daran ändert auch der Umstand nichts, dass als Gegenleistung ein marktüblicher Preis vereinbart wurde. Ein solches Geschäft wäre grundsätzlich schwebend unwirksam gemäß § 177 BGB. Zu Möglichkeiten, wie der Verstoß geheilt werden kann, siehe die folgenden Ausführungen.

Abb. 4 Verbot von Insichgeschäften und der Drittvertretung

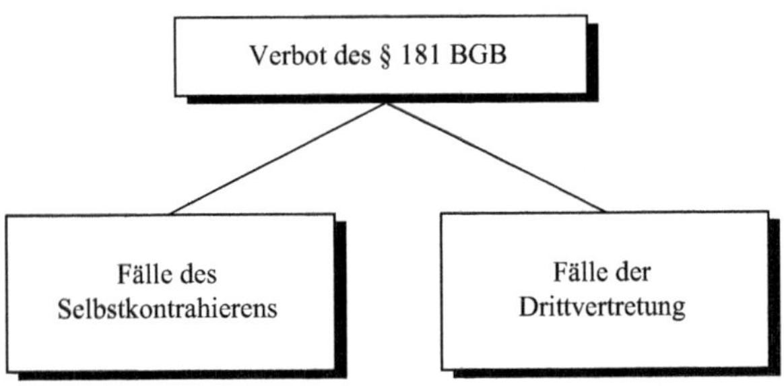

[78]BGH, Beschl. v. 28.02.1983, II ZB 8/82, BGHZ 87, 59, 62.

Das Verbot des Selbstkontrahierens ist nicht einschlägig, wenn ein anderer vertretungsberechtigter Geschäftsführer oder ein ggf. zuständiger Aufsichtsrat im Verhältnis zum Geschäftsführer die Gesellschaft vertritt. Hätte G also im vorigen Beispiel das Fahrzeug von der Gesellschaft, vertreten durch den Aufsichtsrat, gekauft, so stünde der Wirksamkeit des Rechtsgeschäfts das Verbot des § 181 BGB nicht entgegen.

▶ Verbot der Mehrfachvertretung

Von einer Mehrfachvertretung spricht man, wenn der Geschäftsführer sowohl die GmbH als auch einen Dritten beim Abschluss eines Rechtsgeschäfts vertritt. Der Dritte kann hier auch eine konzernverbundene Gesellschaft sein. Das Verbot der Mehrfachvertretung ist ebenfalls von § 181 BGB erfasst.

Beispiel

„Der Oldtimer für den Freund"

G möchte wie im vorigen Beispiel den Oldtimer veräußern. Ein guter Freund von ihm ist Sammler derartiger Fahrzeuge und hat Interesse am Erwerb des Oldtimers. G schließt nun namens der GmbH mit dem Freund einen Kaufvertrag ab, wobei der Freund selbst nicht auftritt, sondern sich seinerseits ebenfalls von dem Geschäftsführer vertreten lässt. Der schriftliche Kaufvertrag wird also namens der GmbH vom Geschäftsführer G, aber auch namens des Freundes vom Geschäftsführer G unterzeichnet. Dies verstößt gegen das in § 181 BGB verankerte Verbot der Mehrfachvertretung.

bb. Anwendungsbereich des § 181 BGB

▶ Einzelfälle

§ 181 BGB gilt nicht, wenn ein anderer einzelvertretungsberechtigter oder mehrere gesamtvertretungsberechtigte Geschäftsführer gegenüber dem betreffenden Geschäftsführer auftreten. Im vorletzten Beispiel des Selbstkontrahierens könnte der Oldtimer also an G verkauft werden, wenn für die Gesellschaft ein zweiter Geschäftsführer handelt, der Einzelvertretungsbefugnis hat.

Ebenfalls nicht vom Anwendungsbereich des § 181 BGB erfasst, sind Rechtsgeschäfte, bei denen die Gesellschaft gegenüber dem Geschäftsführer durch einen Prokuristen oder Handlungsbevollmächtigten vertreten wird. Diese Fallgruppe ist allerdings strittig, der *BGH* lehnt eine Anwendung des § 181 BGB auf Prokuristen ab.[79] Die Prokuristen einer GmbH sind, so der *BGH*, nicht als Unterbevollmächtigte des Geschäftsführers anzusehen, sondern erfüllen ihre Vertretungsaufgabe in eigener Verantwortung gegenüber der Gesellschaft. Schaltet der Geschäftsführer hingegen

[79] BGH, Urt. v. 13.06.1984, VIII ZR 125/83, BGHZ 91, 334, 335 ff.

Unterbevollmächtigte ein, ohne ihnen Prokura zu erteilen, so gilt das Verbot des § 181 BGB.[80] Der *BGH* begründet seine Ansicht unter anderem damit, dass ein Unterbevollmächtigter typischerweise von den Weisungen seines (Unter-) Vollmachtgebers abhängig ist; seine Vertretungsmacht kann entsprechend beschränkt werden.[81] Eine Beschränkung der Prokura mit Wirkung für das Außenverhältnis ist dagegen nicht möglich. Bei der Einschaltung des Unterbevollmächtigten ist es unerheblich, ob dieser für die GmbH oder für den Geschäftsführer selbst, der mit der GmbH Geschäfte machen will, eingeschaltet wird.

Besteht in der Gesellschaft Gesamtvertretung, so soll § 181 BGB nach der Ansicht des *BGH* nicht gelten, wenn der eine Gesamtvertreter, d. h. der Geschäftsführer, den anderen zur Alleinvertretung für dieses konkrete Geschäft ermächtigt.[82] Derjenige, der den anderen Gesamtgeschäftsführer ermächtigt hat, kann dann selbst Vertragspartner des Geschäfts werden bzw. einen Dritten vertreten.

§ 181 BGB gilt schon nach seinem Wortlaut nicht, wenn das Rechtsgeschäft ausschließlich in der Erfüllung einer Verbindlichkeit besteht. Zahlt sich der Geschäftsführer also beispielsweise sein Gehalt aus, indem er Bargeld aus der Kasse entnimmt und dies auch ordnungsgemäß deklariert, so gilt für dieses Rechtsgeschäft, d. h. für die Übereignung des Bargelds, nicht das Verbot des § 181 BGB.

Ferner soll nach der Rechtsprechung des *BGH* § 181 BGB keine Anwendung finden, wenn das Geschäft für den Vertretenen, hier also die Gesellschaft, lediglich rechtlich vorteilhaft ist.[83] Schenkt also der Geschäftsführer der Gesellschaft seinen PC, so ist diese Schenkung durch ihren Vollzug wirksam, auch wenn der Geschäftsführer dadurch mit sich selbst ein Rechtsgeschäft vorgenommen hätte. Von dem Rechtsgeschäft gingen keinerlei Gefahren für die Gesellschaft oder die Gläubiger aus, so dass § 181 BGB für diesen Fall nicht gelten muss.

cc. Rechtsfolgen

► Schwebende Unwirksamkeit – Genehmigung möglich

Nach herrschender Ansicht ist ein Geschäft, das gegen § 181 BGB verstößt, schwebend unwirksam.[84] Der Geschäftsführer wird als Vertreter ohne Vertretungsmacht behandelt. Es gelten die §§ 177 ff. BGB. Das Geschäft müsste also nachträglich „abgesegnet", d. h. genehmigt werden. Für die Erteilung der Genehmigung ist die Gesellschafterversammlung zuständig. Auch eine Genehmigung der übrigen Geschäftsführer, die selbst die erforderliche Vertretungsmacht haben, wird für ausreichend erachtet.[85] Die Genehmigung führt zur Wirksamkeit des Geschäfts.

---

[80] Siehe BGH, Urt.v. 06.03.1975, II ZR 80/73, BGHZ 64, 72, 76.

[81] BGH, Urt.v. 06.03.1975, II ZR 80/73, BGHZ 64, 72, 77.

[82] Siehe BGH, Urt.v. 06.03.1975, II ZR 80/73, BGHZ 64, 72, 75 für die Kommanditgesellschaft.

[83] Siehe BGH Urt. v. 27.09.1972, IV ZR 225/69, BGHZ 59, 236, 239 ff.

[84] BFH Urt. v. 11.02.1997, I R 58/96, GmbHR 1997, 907.

[85] *Lutter/Hommelhoff*, GmbHG, § 35 Rdnr. 19.

Besonderheiten bestehen jedoch bei der Einpersonen-GmbH, bei der der Alleingesellschafter zudem Geschäftsführer ist. Auf die Besonderheiten der Einpersonen-GmbH wird sogleich eingegangen. Bei einer mehrgliedrigen GmbH, bei der es mehrere Gesellschafter gibt, bzw. bei einer Einpersonen-GmbH, bei der der Geschäftsführer nicht mit dem Gesellschafter identisch ist, ist eine Genehmigung des Rechtsgeschäfts, das gegen § 181 BGB verstößt, grundsätzlich durch Beschluss der Gesellschafterversammlung möglich.

Anstelle einer nachträglichen Genehmigung kommen auch eine vorherige Gestattung bzw. Befreiung in Betracht.

dd. Gestattung/Befreiung vom Verbot des Selbstkontrahierens

§ 181 BGB gilt nicht, wenn dem Geschäftsführer derartige Rechtsgeschäfte vorher gestattet worden sind. Eine Gestattung kann entweder als Generalbefreiung oder als Ad-hoc-Befreiung für den Einzelfall erfolgen. Denkbar ist auch eine Befreiung für eine bestimmte Art von Geschäften.

- Generalbefreiung

Eine Generalbefreiung bei der mehrgliedrigen Gesellschaft ist in jedem Fall durch eine entsprechende Regelung in der Satzung, d. h. im Gesellschaftsvertrag, möglich. Strittig ist, ob eine Generalbefreiung auch ohne Verankerung in der Satzung durch bloßen Beschluss der Gesellschafterversammlung zulässig ist.[86] Die herrschende Ansicht meint, dass in der Satzung zumindest eine prinzipielle Ermächtigung, also eine sog. Öffnungsklausel enthalten sein muss, nach der die Gesellschafterversammlung den Geschäftsführer vom Verbot des § 181 BGB befreien darf.[87] In jedem Fall muss eine einem Geschäftsführer erteilte generelle Befreiung nach Ansicht des BGH in das Handelsregister als Vertretungsregelung gemäß § 10 I 2 GmbHG eingetragen werden.[88] Die bloße Ermächtigung der Gesellschafterversammlung, dem Geschäftsführer eine Befreiung erteilen zu können, ist nach richtiger Ansicht weder eintragungspflichtig noch eintragungsfähig, weil es letztlich nur darauf ankommen

---

[86] Siehe OLG Celle, Beschl. v. 16.08.2000, 9 W 82/00, GmbHR 2000, 1098; aus den Gründen: *Denn jedenfalls für den Fall, dass eine generelle Befreiung des Geschäftsführers von dem Verbot des Selbstkontrahierens erteilt werden soll, entspricht es der st.Rspr. des BGH (vgl. BGH v. 28.03.1982, II ZB 8/82, DB 1983, 1192 (1193) = GmbHR 1983, 269; v. 18.11.1999, IX ZR 402/97, GmbHR 2000, 136 ff.), die formell ordnungsgemäße Änderung der Satzung zumindest dann zu verlangen, wenn – wie hier der Gesellschaftsvertrag v. 25.11.1996 – die bisherige Satzungsregelung auf Dauer geändert werden soll. Die nachträgliche generelle Erweiterung der Vertretungsbefugnis des Geschäftsführers einer mehrgliedrigen GmbH, durch die er allgemein von dem Verbot des Selbstkontrahierens befreit wird, ist nämlich eine Satzungsänderung und bedarf daher der Form des § 53 GmbHG, wenn der Gesellschaftsvertrag (...) hierzu keine Regelung enthält.*

[87] Siehe BayObLG, Beschl. v. 07.05.1984, BReg 3 Z 163/83, DB 84, 1517 f.; OLG Köln Beschl. v. 02.10.1992, 2 Wx 33/92, GmbHR 1993, 37; OLG Hamm, Beschl. v. 27.04.1998, 15 W 79/98, GmbHR 1998, 682; KG, Beschl. V. 21.03.2006, 1 W 252/05, NZG 2006, 718.

[88] BGH, Beschl.v. 28.02.1983, II ZB 8/82 BGHZ, 87, 59, 61 f.

kann, ob von dieser Befreiung Gebrauch gemacht wurde. Wird hiervon Gebrauch gemacht, so ist dies anschließend beim Handelsregister anzumelden und die Befreiung einzutragen.

► Befreiung im Einzelfall

Eine Befreiung für ein einzelnes Geschäft (Ad-hoc-Befreiung) ist bei der mehrgliedrigen GmbH jederzeit ohne satzungsmäßige Grundlage möglich.[89] Es wird sogar vertreten, dass ein förmlicher Gesellschafterbeschluss für die Befreiung nicht erforderlich ist, wenn die Gesellschafter durch schlüssiges Verhalten deutlich gemacht haben, dass sie mit dem Geschäft einverstanden sind.[90]

Praxistipp für den Geschäftsführer!
Sie sollten als Geschäftsführer im eigenen Interesse darauf achten, dass eine Befreiung vom § 181 BGB zuverlässig vorgenommen worden ist. Bei der generellen Befreiung müssen Sie selbst darauf achten, dass dies beim Handelsregister angemeldet und eingetragen wird. Für eine Befreiung bedarf es in jedem Fall eines Gesellschafterbeschlusses. Sie sollten darauf hinwirken, dass Grundlage für den Gesellschafterbeschluss eine entsprechende Ermächtigung über eine generelle Befreiung in der Satzung ist.

Bei einer Ad-hoc-Befreiung sollten Sie auf einen förmlichen Gesellschafterbeschluss drängen. Nur mit diesem können Sie zuverlässig unter Beweis stellen, dass die Gesellschafterversammlung mit Ihrem Handeln einverstanden war.

ee. Besonderheiten bei der Einpersonen-GmbH

aaa. Voraussetzungen

► § 181 BGB gilt!

Hat die GmbH nur einen Gesellschafter und ist dieser gleichzeitig auch einziger Geschäftsführer, so könnte man annehmen, dass § 181 BGB nicht gilt, da die Gefahr der Interessenkollision weitaus geringer ist. Zumindest besteht keine Gefahr, dass zu Lasten anderer Gesellschafter Rechtsgeschäfte vorgenommen werden. Risiken

---

[89] KG, Urt. v. 23.08.2001, 8 U 8644/99, GmbHR 2002, 327: Aus den Gründen: *Ausreichend ist auch ein formloser Beschluß außerhalb der Gesellschaftsversammlung, selbst schlüssiges Verhalten der Gesellschafter reicht aus, aus dem sich die Gestattung ergibt (vgl. Schneider in Scholz, GmbHG, 9. Aufl., § 35 Rz. 99; BGH, Urt. v. 17.05.1971, III ZR 53/68, WM 1971, 1082; Konow, GmbHR, 1972, 262). Sog. Befreiungen „ad hoc" sind hiernach ohne satzungsmäßige Grundlage möglich.*

[90] Siehe KG in der vorhergehenden Fußnote.

entstehen jedoch, wenn der Geschäftsführer zu Lasten der GmbH in die eigene Tasche wirtschaftet und Rechtsgeschäfte mit sich selbst möglichst zu seinen Gunsten abschließt. Der Gesetzgeber hat diese Gefahr erkannt und daher mit Wirkung zum 01.01.1981 den § 35 IV GmbHG geschaffen, der ausdrücklich für den Fall der Einpersonen-GmbH, bei der der Gesellschafter gleichzeitig alleiniger Geschäftsführer ist, die Geltung des § 181 BGB anordnet. Auch bei der Einpersonen-GmbH gilt daher das Verbot des § 181 BGB. Ferner bestimmt diese Vorschrift, dass sämtliche Rechtsgeschäfte zwischen dem Gesellschafter-Geschäftsführer und der GmbH unverzüglich nach ihrer Vornahme in eine Niederschrift aufzunehmen sind.

§ 35 IV 4 GmbHG hat zwei Voraussetzungen:

1. Alle Anteile müssen sich in der Hand eines Gesellschafters bzw. in der Hand der Gesellschaft befinden,
2. der Gesellschafter muss alleiniger Geschäftsführer sein.

Die Vorschrift wird allerdings auch dann entsprechend angewandt, wenn die Gesellschaft mehrere Geschäftsführer hat, aber der Alleingesellschafter-Geschäftsführer die Gesellschaft bei dem konkreten Rechtsgeschäft vertritt.

bbb. Befreiung und Genehmigung

► Enge Voraussetzungen

Bei Geltung des § 35 IV GmbHG erfordert die generelle Befreiung vom Verbot des § 181 BGB ebenfalls eine Verankerung im Gesellschaftsvertrag. Diese wird im Handelsregister eingetragen und bekannt gemacht.

Auch bei der Einpersonen-GmbH ist es möglich, dass die generelle Befreiung aufgrund einer Ermächtigung im Gesellschaftsvertrag durch anschließenden Gesellschafterbeschluss erfolgt.[91] Wird sodann von dieser Ermächtigung Gebrauch gemacht, muss dies im Handelsregister eingetragen werden. Das ist wichtig, da die Gläubiger sich über die Vertretungsverhältnisse zuverlässig informieren können müssen.[92] Der *BGH* hält auch eine konkludente Befreiung für möglich.[93]

► Befreiung allein durch Gesellschafterbeschluss genügt nicht

Die Möglichkeit einer Ad-hoc-Befreiung wie bei der mehrgliedrigen GmbH ohne satzungsmäßige Ermächtigung besteht bei der Einpersonen-GmbH nicht.[94]

---

[91] BayObLG, Beschl. v. 07.05.1984, 3 Z 163/83, DB 1984, 1517 f.; OLG Hamm Beschl. v. 27.04.1998, 15 W 79/98, GmbHR 1998, 682, 683.

[92] BayObLG, Beschl. v. 28.01.1982, BReg 1 Z 126/81, WM 1982, 1033.

[93] BGH, Urt. v. 08.03.2004, II ZR 316/01, GmbHR 2004, 949: *Soweit eine eine Befreiung vom Verbot des Selbstkontrahierens erforderlich ist, spricht bei der üblichen notariellen Satzungsgestaltung eine tatsächliche Vermutung für deren Vorliegen.*

[94] KG, Urt. v. 23.08.2001, 8 U 8644/99, GmbHR 2002, 327.

Liegt also keine wirksame Befreiung vor und hat der Alleingesellschafter-Geschäftsführer gegen § 35 IV GmbHG i. V. m. § 181 BGB verstoßen, so bleiben ihm lediglich folgende Möglichkeiten, das Geschäft zu heilen:

▶ Heilung durch Satzungsänderung

Er nimmt eine nachträgliche Satzungsänderung vor, durch die er sich von dem Verbot des § 181 BGB befreit. Damit werden auch die Rechtsgeschäfte, die zuvor vorgenommen wurden und die gegen das Verbot des § 181 BGB verstießen, wirksam. Etwas anderes würde nur gelten, wenn man von einer Nichtigkeit ausgeht, was jedoch nicht der herrschenden Ansicht entspricht. Diese nimmt eine schwebende Unwirksamkeit an, so dass eine spätere Heilung noch möglich ist.[95]

▶ Heilung durch Mitgeschäftsführer

Statt einer nachträglichen Satzungsänderung käme aber auch die Bestellung eines zweiten, alleinvertretungsberechtigten Geschäftsführers in Betracht, der dann das schwebend unwirksame Rechtsgeschäft genehmigt. Hier muss allerdings damit gerechnet werden, dass diese Maßnahme als eine unzulässige Umgehung des Verbots des § 181 BGB gewertet werden könnte.

Die Genehmigung durch einen Prokuristen soll nach richtiger Ansicht nicht genügen, da der Prokurist vollständig vom alleinigen Gesellschafter abhängig ist.[96] Dies ist allerdings insofern nicht ganz nachvollziehbar, als dass ja auch ein zweiter Geschäftsführer als Fremdgeschäftsführer vom Willen des Alleingesellschafters „beliebig“ geleitet werden könnte.

ccc. Speziell: Abschluss des Anstellungsvertrags

▶ Anstellungsvertrag für den Alleingesellschafter-Geschäftsführer

Umstritten ist, ob § 181 BGB auch für den Abschluss des Anstellungsvertrags zwischen der GmbH und dem Alleingesellschafter-Geschäftsführer gilt.[97] Der Anstellungsvertrag ist ein freier Dienstvertrag und regelt den persönlichen Status des Geschäftsführers, wie z. B. seine Vergütung. Ein Alleingesellschafter, der gleichzeitig Geschäftsführer ist, benötigt ebenso einen Anstellungsvertrag wie jeder andere Geschäftsführer auch. Da er sich zudem selbst zum Geschäftsführer bestellen kann und für diesen Akt § 181 BGB anerkanntermaßen nicht gilt, lässt sich vertreten, dass für den Abschluss des Anstellungsvertrags als Annex dieses Verbot ebenfalls nicht einschlägig ist. Der *BGH* hatte bisher keine Gelegenheit, diese Frage zu

[95] BFH, Urt. v. 15.10.1997, I R 19/97, GmbHR 1998, 546, 548.

[96] *Siehe Scholz/Schneider*, GmbHG, Rdnr. 113; **a.A.** *Baumbach/Hueck*, GmbHG, § 35 Rdnr. 138.

[97] Siehe *Baumbach/Hueck*, GmbHG, § 35 Rdnr. 167, § 181 BGB gilt nicht, ist aber strittig.

entscheiden.[98] Der *Bundesfinanzhof* hat offengelassen, ob er eine Geltung des § 181 BGB für den Abschluss des Anstellungsvertrags annimmt.[99] Dieser Aspekt wird allerdings gerade für die Frage, ob steuerrechtlich verdeckte Gewinnausschüttungen vorliegen, relevant.

Tipp für die Gesellschafterversammlung!
Ist bei einer Einpersonen-GmbH der Alleingesellschafter gleichzeitig einziger Geschäftsführer, kann nur dringend geraten werden, diesen von dem Verbot des § 181 BGB zu befreien. Ansonsten gibt es schon Probleme beim Abschluss des Anstellungsvertrags. Man stelle sich nur vor, was geschähe, wenn sämtliche Vergütungen an den Geschäftsführer steuerrechtlich als verdeckte Gewinnausschüttungen deklariert würden. Die Rechtslage ist hier leider noch ungeklärt.

ff. Steuerrechtliche Auswirkungen

► Verdeckte Gewinnausschüttung bei Verstoß gegen § 181 BGB

Verstößt ein Rechtsgeschäft gegen das Verbot des § 181 BGB und kommt es aufgrund dieses Rechtsgeschäfts zu Zuwendungen an den Geschäftsführer, so stellen diese verdeckte Gewinnausschüttungen dar.[100] Dies gilt sowohl für die mehrgliedrige als auch für die Einpersonen-GmbH.

Die Finanzrechtsprechung fordert rechtswirksame Verträge zwischen der Kapitalgesellschaft und ihrem beherrschenden Gesellschafter. Dies soll dazu dienen, Gewinnausschüttungen und Leistungen aufgrund schuldrechtlicher Verpflichtungen klar voneinander unterscheiden zu können, um auf diese Weise steuerrechtliche Manipulation des beherrschenden Gesellschafters zu vermeiden.[101]

Die Finanzverwaltung erkennt daher nur solche Geschäfte an, die auch zivilrechtlich wirksam sind. Die Einhaltung des § 181 BGB bzw. die korrekte Befreiung von seinen Voraussetzungen ist daher auch aus steuerrechtlicher Sicht wichtig.

Relevant wird dies in der Praxis beim Abschluss des Anstellungsvertrags zwischen der GmbH und dem Alleingesellschafter-Geschäftsführer. Werden hier

[98] Beim Anstellungsvertrag, der bei der GmbH & Co. KG zwischen der KG und dem Geschäftsführer der Komplementär-GmbH geschlossen wurde, hielt der BGH § 181 BGB für anwendbar, siehe BGH, Urt. v. 19.01.1984, III ZR 93/82, NJW 1985, 1158, 1159.

[99] BFH, Urt. v. 23.10.1996, I R 71/95, GmbHR 1997, 34, 35.

[100] BFH, Urt. v. 11.02.1997, I R 58/96, GmbHR 1997, 907.

[101] BFH, Urt. v. 23.10.1996, I R 71/95, GmbHR 1997, 34, 35; BFH, Urt. v. 11.02.1997, I R 58/96, GmbHR 1997, 907.

die zu leistenden Geschäftsführervergütungen (z. B. monatliches Festgehalt, Weihnachtsgeld, Tantieme, Pkw-Nutzung, Sozialversicherungsbeiträge, Versorgungszusagen) als verdeckte Gewinnausschüttungen gewertet, so hat dies erhebliche Auswirkungen, da der steuerpflichtige Gewinn der GmbH um diese Ausschüttungen entsprechend erhöht werden müsste.

Wie ausgeführt, hat der *Bundesfinanzhof*[102] offengelassen, ob er sich der Ansicht anschließt, dass § 181 BGB für den Abschluss des Anstellungsvertrags nicht gilt. Jedenfalls lässt das höchste deutsche Finanzgericht entsprechend der zivilrechtlichen Regelung eine spätere Genehmigung zu. Dadurch entfällt der Verstoß gegen § 181 BGB und damit auch das Vorliegen einer verdeckten Gewinnausschüttung.[103] Zum Zeitpunkt der Verpflichtung zur Zahlung der Vergütungen aus dem Anstellungsvertrag müssen aber immer klare und eindeutige Vertragsvereinbarungen vorgelegen haben, die dann auch so durchgeführt wurden.[104] Hier handelt es sich um weitere Voraussetzungen der Finanzrechtsprechung zur steuerrechtlichen Anerkennung von Anstellungsverträgen, die vom Verbot des § 181 BGB zu trennen sind. Man kann also nachträglich eine Befreiung vom Verbot des § 181 BGB erteilen, nicht jedoch im Nachhinein einen Anstellungsvertrag konzipieren und diesen mit Wirkung für die Vergangenheit anwenden wollen (sog. Nachzahlungsverbot).

IV. Zurechnung

1. Überblick

► Bindung der GmbH durch Geschäftsführer

Im letzten Abschnitt wurde ausführlich dargestellt, dass der Geschäftsführer die Gesellschaft umfassend vertritt. Die Willenserklärungen, die er im Namen der Gesellschaft abgibt, binden diese unmittelbar rechtsgeschäftlich. Er kann für die GmbH etwa Verträge abschließen oder diese kündigen. Anstelle des Geschäftsführers können auch nachgeordnete Manager, wie Prokuristen oder Handlungsbevollmächtigte, auftreten. Sämtliche Erklärungen werden grundsätzlich der GmbH zugerechnet. Die Zurechnung von Willenserklärungen ist daher gesetzlich eindeutig und klar geregelt. Das Problem der Zurechnung stellt sich jedoch nicht nur bei Willenserklärungen, sondern auch bei sonstigen Verhaltensweisen des Geschäftsführers, z. B. bei zum Schadensersatz verpflichtenden Handlungen. Hier muss geprüft und geklärt werden, inwieweit schuldhaftes Verhalten des Geschäftsführers der GmbH zurechenbar ist.

---

[102] BFH, Urt. v. 23.10.1996, I R 71/95, GmbHR 1997, 34, 35.

[103] BFH, Urt. v. 15.10.1997, I R 19/97, GmbHR 1998, 546, 548.

[104] BFH, Urt. v. 11.02.1997, I R 58/96, GmbHR 1997, 907; BFH, Urt. v. 15.10.1997, I R 19/97, GmbHR 1998, 546, 548.

Ein weiteres Feld der Zurechnungsproblematik ist die Zurechnung von Wissen und Irrtümern. Häufig kommt es auf die Kenntnis oder das Kennen müssen gewisser Umstände an. Das Gesetz sieht z. B. Möglichkeiten vor, sich vom Vertrag zu lösen, wenn man sich bei der Abgabe von Willenserklärungen geirrt hat. In diesen Fällen ist eine Anfechtung des Vertrags unter bestimmten Umständen möglich. Es muss daher entschieden werden, ob ein Irrtum des Geschäftsführers zur Anfechtung berechtigt (Abb. 5).

Wer einen anderen arglistig täuscht, z. B. indem er vorgibt, dass die verkaufte Münze aus Gold ist, während sie in Wirklichkeit nur aus minderwertigem Metall besteht, muss damit rechnen, dass die Gegenseite den Vertrag wegen arglistiger Täuschung anficht. Wurde die Täuschung von einem Geschäftsführer verübt, so muss entschieden werden, ob sich die GmbH dies zurechnen lassen muss. Ferner stellt das Gesetz (z. B. §§ 932 II, 892 BGB) beim Erwerb vom Nichtberechtigten auf die Gutgläubigkeit des Erwerbers hinsichtlich der Eigentümerstellung des Veräußerers ab. Wer diesbezüglich bösgläubig ist, kann nicht von einem unberechtigten Veräußerer Eigentum erwerben. Ist hier die Bösgläubigkeit des handelnden Geschäftsführers entscheidend? Hat die GmbH beispielsweise Ansprüche gegen einen Dritten, so beginnt die Verjährungsfrist in dem Augenblick, in dem die Kenntnis oder ein Kennen müssen von den Tatsachen vorliegt, die den Anspruch begründen. Genügt hier die Kenntnis eines Geschäftsführers oder vielleicht sogar eines nachgeordneten Mitarbeiters? Die fristlose Kündigung eines Arbeitsverhältnisses aus wichtigem Grund muss innerhalb von zwei Wochen erfolgen, nachdem Kenntnis von den Tatsachen, die den wichtigen Grund begründen, erlangt wurde. Auch hier muss geprüft werden, auf wessen Kenntnis es ankommt.

Die Fragen lassen bereits vermuten, dass der Bereich der Wissens- und Irrtumszurechnung recht kompliziert ist. Dies spiegelt sich auch in vielen konträren Ansichten wider, die zu der ganzen Problematik vertreten werden. Weniger umstritten sind hingegen die Grundsätze der Verhaltenszurechnung, auf die zunächst eingegangen werden soll.

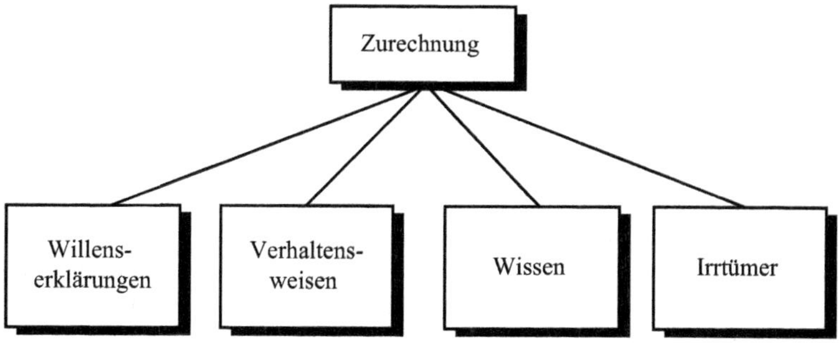

Abb. 5 Zurechnung bei GmbH wegen des Geschäftsführers

2. Verhaltenszurechnung

a. Voraussetzungen und Rechtsfolgen

► Verhalten des Geschäftsführers

Bei der Verhaltenszurechnung geht es um das Problem, inwieweit der Gesellschaft das Verhalten ihres Geschäftsführers zuzurechnen ist. Grundlage einer Zurechnung von Handlungen des Geschäftsführers ist § 31 BGB.

Diese Vorschrift lautet:

§ 31 BGB Haftung des Vereins für Organe
Der Verein ist für den Schaden verantwortlich, den der Vorstand, ein Mitglied des Vorstandes oder ein anderer verfassungsmäßig berufener Vertreter durch eine in Ausführung der ihm zustehenden Verrichtungen begangene, zum Schadensersatze verpflichtende Handlung einem Dritten zufügt.

Diese Bestimmung aus dem Vereinsrecht wird für alle körperschaftlich strukturierten Verbände, daher auch für die GmbH angewandt. Sie ordnet an, dass sich die Gesellschaft sämtliche zum Schadensersatz verpflichtende Handlungen ihres Geschäftsführers zurechnen lassen muss, die dieser – vereinfacht ausgedrückt – „im Dienst" vornimmt. Für den Geschäftsführer gilt dagegen nicht die Vorschrift des § 278 BGB, die sog. Zurechnung des Verhaltens von Erfüllungsgehilfen, dazu gehören Arbeitnehmer, nicht jedoch der Geschäftsführer als Organ. Für ihn gilt § 31 BGB. Besonderheiten der Verhaltenszurechnung gelten im Versicherungsrecht, hierauf wird unten bei c) eingegangen.

Beispiel

„Der Chef im Dienst"

G ist Geschäftsführer einer Steuerberatungs-GmbH. Er fährt mit dem Dienstrad der GmbH zu einem Klienten, um Buchhaltungsunterlagen vorbeizubringen. Als er schon fast am Ziel ist, fährt er unachtsam eine Passantin „über den Haufen". Er entschuldigt sich vielmals bei ihr und erklärt ihr, dass er Steuerberater und Geschäftsführer einer Steuerberatungsgesellschaft sei und es sehr eilig gehabt habe, da er dringend zu einem Klienten müsse. Er drückt der Passantin, die sich wieder aufgerappelt hat, seine Visitenkarte in die Hand und macht sich von dannen. Die Passantin verklagt nun die GmbH auf Zahlung eines angemessenen Schmerzensgeldes. Die Klage ist erfolgreich, da sich die GmbH die unerlaubte Handlung ihres Geschäftsführers zurechnen lassen muss. Die Passantin kann sich also aussuchen, ob sie sich an die GmbH oder an den Geschäftsführer oder an beide wendet, da auch G persönlich für die von ihm begangene unerlaubte Handlung haftet.

► Tatbestandsvoraussetzungen

Nach § 31 BGB wird das schuldhafte Verhalten des Geschäftsführers der GmbH zugerechnet, ohne dass die Gesellschaft eine Entlastungsmöglichkeit hat. Voraussetzung ist aber, dass der Geschäftsführer „in Ausführung der ihm zustehenden Verrichtungen", also im Rahmen seiner dienstlichen Tätigkeit gehandelt hat. Hätte also im vorhergehenden Beispiel der Geschäftsführer G die Passantin auf einem privaten Sonntagsausflug verletzt, so wäre dies nicht mehr „in Ausführung der ihm zustehenden Verrichtungen" geschehen, so dass die GmbH hierfür auch nicht einstehen müsste. Eine Zurechnung würde in diesem Fall scheitern.

► „Bei Gelegenheit" genügt nicht

Der GmbH werden auch solche Handlungen nicht zugerechnet, die der Geschäftsführer zwar während seines Dienstes vornimmt, die aber nur „bei Gelegenheit" desselben geschehen.

Beispiel

„Der Geschäftsführer im Keller"

Fortsetzung des vorhergehenden Beispiels: Der Geschäftsführer G hat dem Klienten die Buchhaltungsunterlagen schließlich zurückgebracht. Dieser bittet G, die Unterlagen doch in den Keller zu tragen und händigt ihm hierfür den Kellerschlüssel aus. Als G im Keller die Unterlagen verstaut, fällt sein Blick auf eine Bronze-Skulptur des Berliner Künstlers Reichmann. Von der Skulptur ist er sofort so fasziniert, dass er nicht anders kann, als diese zu entwenden. Selbstverständlich hat sich der Geschäftsführer schadensersatzpflichtig und darüber hinaus auch strafbar gemacht. Eine Zurechnung dieses Verhaltens gegenüber der GmbH scheidet hier aus, da der Diebstahl nicht in Ausführung der Verrichtung, sondern nur *bei Gelegenheit* derselben erfolgt. Die Abgrenzung, wann eine Handlung „in Ausführung" oder nur „bei Gelegenheit" erfolgte, ist vielfach schwierig. Der Fall der gestohlenen Bronze-Skulptur lässt sich – meines Erachtens allerdings wenig überzeugend – auch gegenteilig entscheiden, wenn man argumentiert, dass der Geschäftsführer G ja gerade beim Verstauen der Geschäftsunterlagen den Diebstahl beging. Dies ist deshalb zweifelhaft, weil die Statue nichts mit den Unterlagen zu tun hat.

b. Einzelfragen

aa. Gesamtvertretung

► Zurechnung bei mehreren Geschäftsführern

Hat die GmbH mehrere Geschäftsführer, die nur *gemeinsam* zur Vertretung berechtigt sind (Gesamtvertretung), so genügt es nach Ansicht des *BGH* für eine

Verhaltenszurechnung, wenn einer der Geschäftsführer die deliktische Schädigung vornimmt.[105]

Beispiel

„Die Bürgschaft für einen guten Klienten"

Fortführung des vorhergehenden Beispiels:[106] Die GmbH wird durch G und den Geschäftsführer H vertreten. Beide sind nur gemeinsam vertretungsberechtigt. Diese Gesamtvertretung ist im Handelsregister eingetragen und bekannt gemacht. Geschäftsführer G der Steuerberatungs-GmbH will seine Tätigkeit für diese wegen zahlreicher Spannungen – die auch wegen des Diebstahls der Skulptur entstanden sind – in absehbarer Zeit beenden. Er träumt von einem ruhigen Leben auf Mallorca. Sein Busenfreund F möchte dort ein Haus kaufen und kümmert sich daher um die Finanzierung bei einer Bank. Die Bank ist jedoch nur gegen Stellung weiterer Sicherheiten, etwa in Form einer Bürgschaft, zur Gewährung eines Kredits bereit. G verspricht daher F, dass die GmbH eine solche Bürgschaft ohne Kenntnis des Mitgeschäftsführers und der Gesellschafter stellen könne.

G gibt schließlich namens der GmbH – ohne Rücksprache mit dem Mitgeschäftsführer H – eine Bürgschaftserklärung in Höhe von 200.000 € ab, indem er die Bürgschaftsurkunde unterzeichnet. Daraufhin wird F der Kredit gewährt.

Es kommt, wie es kommen musste: F kann den Kredit Jahre später nicht zurückzahlen, weshalb die Bank aufgrund der Bürgschaft von der Steuerberatungs-GmbH Zahlung verlangt. G ist zwischenzeitlich als Geschäftsführer ausgeschieden und lebt bei F auf Mallorca. Geschäftsführer H teilt der Bank mit, dass G seinerzeit wegen der Gesamtvertretung die Bürgschaftserklärung gar nicht hätte allein abgeben dürfen. Deshalb bestünde auch keine Verpflichtung seitens der Steuerberatungs-GmbH.

Es ist richtig, dass ein Bürgschaftsvertrag zwischen der Bank und der Steuerberatungs-GmbH hier nicht zustande gekommen ist, da die Gesamtvertretung grundsätzlich verlangt, dass alle vertretungsberechtigten Geschäftsführer das Rechtsgeschäft vornehmen. Der Bürgschaftsvertrag ist daher mangels Vertretungsmacht schwebend unwirksam und wird durch die nunmehrige Verweigerung der Genehmigung durch die Gesellschaft, vertreten durch H, endgültig unwirksam.

Dennoch könnte aber ein Anspruch der Bank aus unerlaubter Handlung gegen die GmbH bestehen, da ihr Geschäftsführer G die Bank beim Abschluss des Bürgschaftsvertrags getäuscht und damit im Ergebnis einen Betrug im Sinne von § 263 StGB begangen hat. Wegen dieses Betrugs wäre der Geschäftsführer G gemäß § 823 II BGB i. V. m. § 263 StGB persönlich schadensersatzpflichtig. Diese unerlaubte Handlung könnte über § 31 BGB der GmbH zugerechnet werden. Trotz der angeordneten Gesamtvertretung schuldet daher die GmbH grundsätzlich Schadensersatz, sofern – und hierauf wird es entscheidend ankommen – G „in Ausführung der ihm zustehenden Verrichtungen" handelte.

[105] BGH, Urt. v. 08.07.1986, VI ZR 47/85, NJW 1986, 2941, 2942 f.

[106] In Anlehnung an BGH, Urt. v. 08.07.1986, VI ZR 47/85, BGHZ 98, 148 = NJW 1986, 2941.

Die Abgabe der Bürgschaftserklärung müsste in den ihm zugewiesenen Wirkungskreis fallen. Eine Steuerberatungs-GmbH gibt grundsätzlich keine Bürgschaften ab, so dass G zur Abgabe einer solchen auch nicht bestellt bzw. eingesetzt war. Hier wird man daher wohl sagen müssen, dass die Abgabe der Bürgschaftserklärung nur „bei Gelegenheit", nicht aber „in Ausführung" der dem G zustehenden Verrichtungen erfolgte. Deshalb dürfte im Ergebnis eine Inanspruchnahme der GmbH scheitern.

In dem vom *BGH* entschiedenen Fall wurde die Bürgschaftserklärung von einem Vorstandsmitglied einer Genossenschaftsbank abgegeben, das ohnehin für die Abgabe von Bürgschaftserklärungen zuständig war. Das Vorstandsmitglied hatte, wie in unserem Beispiel, betrügerisch gehandelt und zu Lasten der Bank eine hohe Bürgschaftsverpflichtung begründet. Hier hat der *BGH* angenommen, dass diese nicht „bei Gelegenheit", sondern durchaus „in Ausführung der Verrichtungen" erfolgt ist.[107] Die Lösung des *BGH* ist angreifbar, weil damit trotz fehlender Vertretungsmacht eine Haftung des Vertretenen, d. h. im vorliegenden Beispiel der Genossenschaftsbank, begründet wird.[108]

bb. Organisationsverschulden

► Unzureichende Organisation des Geschäftsbetriebs

Ein weiterer Anwendungsbereich des § 31 BGB ist das sog. Organisationsverschulden. Die Gesellschaft, die einen Geschäftsbetrieb unterhält, muss dafür Sorge tragen, dass sämtliche Verkehrssicherungspflichten eingehalten werden. Jeder Geschäftsbereich muss so organisiert werden, dass Schäden Dritter verhindert werden. Die hieraus erwachsenen sog. Organisationspflichten muss der Geschäftsführer umsetzen. Versäumt er dies, so liegt ein schuldhaftes Fehlverhalten vor, das sich die GmbH über § 31 BGB zurechnen lassen muss.

Beispiel

„Die gefährliche Treppe"

Die Steuerberatungs-GmbH betreibt ihren Geschäftsbetrieb in einer ihr gehörenden Villa. Die Stufen der Treppe zum Hochparterre sind allerdings völlig heruntergekommen, das Geländer ist schadhaft. Stürzt die Treppe unter einem Besucher ein und wird dieser dadurch geschädigt, so kommt eine Verantwortlichkeit der GmbH wegen Verletzung dieser Verkehrssicherungspflicht in Betracht. Der Geschäftsführer hätte dafür sorgen müssen, dass die Treppe in einem verkehrssicheren Zustand gehalten wird. Dieses Fehlverhalten ist der GmbH über § 31 BGB zuzurechnen.

---

[107] BGH, Urt. v. 08.07.1986, VI ZR 47/85, NJW 1986, 2941, 2942; siehe auch BGH, Urt. v. 08.07.1986, VI ZR 18/85, NJW 1986, 2939.

[108] Zum Streitstand siehe *Leuschner* in: Münchener Kommentar zum BGB, § 31 Rdnr. 26.

Achtung!
Selbst wenn die GmbH haftet und dem Geschädigten zum Schadensersatz verpflichtet ist, heißt dies nicht, dass der Geschäftsführer von seiner eigenen Haftung als Schädiger endgültig befreit wäre. Die Gesellschaft kann diesen vielmehr im Innenverhältnis in Regress nehmen. Als Grundlage für den Rückgriff kommen sowohl § 43 GmbHG als auch der übergegangene Anspruch des Geschädigten aus § 823 BGB in Betracht, den nun die GmbH geltend machen darf (§ 823 BGB i. V. m. § 426 II BGB).

cc. Verletzung vertraglicher Pflichten

► § 31 BGB gilt auch für Verträge

Über § 31 BGB werden der GmbH nicht nur deliktische Handlungen des Geschäftsführers aus den §§ 823 ff. BGB, sondern auch vertragliche Pflichtverletzungen zugerechnet. Verletzt daher der Geschäftsführer schuldhaft Vertragspflichten der Gesellschaft, so muss sich die GmbH dies entgegenhalten lassen.

Beispiel

„Die Steuer wird teuer"

Geschäftsführer G der Steuerberatungs-GmbH berät einen Klienten fehlerhaft, so dass dieser infolge der Falschberatung zusätzliche Steuern in Höhe von 100.000 € zahlen muss. Die Falschberatung durch G beruhte auf einem fahrlässigen Übersehen relevanter Rechtsvorschriften. Die GmbH muss sich diese Falschberatung gemäß § 31 BGB zurechnen lassen und den Schaden des Mandanten ersetzen. Diese kann sie ggf. verkraften, weil sie hiergegen haftpflichtversichert sein muss.

dd. Verletzung steuerrechtlicher Pflichten

► § 31 BGB im Steuerrecht

Die Zurechnung aus § 31 BGB geht sogar so weit, dass selbst fehlerhafte Handlungen im Steuerrecht der GmbH zugerechnet werden können.

Beispiel

„Die Rechnung ohne Lieferung"

Gabi Gut (G) ist Geschäftsführerin eines Möbelhauses, das in der Rechtsform der GmbH betrieben wird. Geschäftsführerin ist neben G noch H; beide sind nur gemeinsam zur Vertretung berechtigt. G stellt einem Freund eine

Gefälligkeitsrechnung über die Lieferung von Büromöbeln über 200.000 € zuzüglich 19 % Mehrwertsteuer (Umsatzsteuer) aus. Der Freund macht die 19 % Umsatzsteuer, also einen Betrag in Höhe von 38.000 €, beim Finanzamt als Vorsteuer geltend. Die Möbel wurden nie geliefert, der Kaufpreis niemals entrichtet. Der Vorgang fliegt schließlich aufgrund einer anonymen Anzeige auf. Nunmehr soll die GmbH die in Rechnung gestellte Umsatzsteuer in Höhe von 38.000 € an das Finanzamt abführen. Umsatzsteuer fällt im Prinzip nur dann an, wenn auch tatsächlich eine Lieferung oder Leistung ausgeführt wurde. Dies war hier nicht der Fall. Jedoch wurde eine Rechnung über eine Lieferung ausgestellt, was das Umsatzsteuergesetz in § 14c II 2[109] (früher § 14 III UStG) genügen lässt, um eine Umsatzsteuerschuld zu begründen. Wer eine Rechnung ausstellt, muss auch die ausgewiesene Umsatzsteuer abführen, unabhängig davon, ob tatsächlich eine Lieferung erfolgte oder nicht. Hierauf hat sich das Finanzamt gestützt. Die Ausstellung der Rechnung durch die Geschäftsführerin G muss sich die GmbH gemäß § 31 BGB zurechnen lassen. Die GmbH haftet daher für die Abführung der Umsatzsteuerschuld, da sie zurechenbar eine Rechnung ausgestellt hat, in der Umsatzsteuer ausgewiesen wurde. Der *Bundesfinanzhof*, der einen vergleichbaren Fall entschieden hatte,[110] ließ eine Verantwortlichkeit der GmbH auch nicht daran scheitern, dass hier eine Gesamtvertretung angeordnet war und eine der Geschäftsführerinnen eigenmächtig handelte. Überzeugend führte der *Bundesfinanzhof* vielmehr aus, dass es hier nicht um den Schutz der GmbH vor einer rechtsgeschäftlichen Bindung ging, sondern um eine schadensstiftende Handlung, die über § 31 BGB der Gesellschaft zugerechnet wird.

Vorausgesetzt wird aber stets, dass die Geschäftsführerin im Rahmen seines Wirkungskreises gehandelt hat. Da die Geschäftsführerin G jedoch auch ansonsten Rechnungen ausstellte, war dies hier kein Problem.

Achtung!
Das vorige Beispiel zeigt recht deutlich, wie wichtig ein innerbetriebliches Controlling ist. Ein Geschäftsführer kann der Gesellschaft nicht nur dadurch schaden, dass er nachteilige Verträge abschließt. Begeht er vielmehr vorsätzlich Schaden stiftende Handlungen, indem er beispielsweise Rechnungen ausstellt, ohne dass tatsächlich Leistungen ausgeführt wurden, so kann er der Gesellschaft durch die dann abzuführende Umsatzsteuer einen enormen Schaden zufügen, ohne dass diese auch nur irgendeinen Nutzen davon hat.

[109]Siehe dort auch die Sätze 3 und 4 von 14 c II UStG zu den Voraussetzungen der Berichtigung des Steuerabzugs, der u.a. dann möglich ist, wenn der Empfänger den Vorsteuerbetrag an die Finanzbehörde zurückgezahlt hat.

[110]BFH, Urt. v. 28.01.1993, V R 75/88, BB 1993, 1645.

Besonderheit: Repräsentantenhaftung im Versicherungsrecht

► Geschäftsführer als Repräsentant

Eine Besonderheit der Verhaltenszurechnung ist die sog. Repräsentantenhaftung im Versicherungsrecht. Es geht um die Problematik, wann der Versicherer sich auf eine teilweise oder vollständige Leistungsfreiheit gegenüber der Versicherungsnehmerin berufen kann, also welches Verhalten schadet. Kippt beispielsweise ein Arbeitnehmer der GmbH den Inhalt eines Aschenbechers in den Papierkorb und brennt deswegen der Betrieb ab, muss der Feuerversicherer des Betriebes, bei dem z. B. das Inventar, die Ausstattung und die Waren versichert sind, gleichwohl zahlen, weil der versicherten GmbH das Fehlverhalten des Arbeitnehmers nicht zurechenbar ist, dieser ist nicht Repräsentant der GmbH.[111]

Anders wäre dies, wenn der Geschäftsführer selbst den Brand verursacht hätte. Dessen Fehlverhalten schadet der GmbH, da der Geschäftsführer sog. Repräsentant der GmbH ist. Der GmbH kann es auch schaden, wenn der Geschäftsführer brandverhütende Maßnahmen unterlassen hat und deswegen durch ein weiteres Fehlverhalten des Arbeitnehmers ein Brand entsteht z. B., wenn bei feuergefährlichen Arbeiten, die Arbeitnehmer nicht angewiesen werden Brandschutzvorkehrungen einzuhalten.

3. Wissenszurechnung

a. Überblick

► „Wissen der GmbH"

Die GmbH hat als juristische Person selbst kein Gehirn und kann deshalb kein Wissen erwerben oder speichern. Ihr muss vielmehr das Wissen von Menschen zugerechnet werden. Unter welchen Voraussetzungen sich die GmbH das Wissen und die Kenntnisse ihrer Geschäftsführer sowie ggf. der nachgeordneten Manager zurechnen lassen muss, ist noch nicht abschließend geklärt.

Es soll zwischen drei Fallgruppen differenziert werden:

1. Der Geschäftsführer, der das konkrete Geschäft tätigt, ist selbst Träger des Wissens bzw. kennt die Umstände bzw. müsste sie kennen.

[111] Der Begriff des Repräsentanten ist vom Bundesgerichtshof in ständiger Rechtsprechung definiert woden, siehe z.B. BGH Beschl. v. 24.07.2013 – IV ZR 110/12, BeckRS 2013, 15529: *Repräsentant ist, wer in dem Geschäftsbereich, zu dem das versicherte Risiko gehört, aufgrund eines Vertretungs- oder ähnlichen Verhältnisses an die Stelle des Versicherungsnehmers getreten ist. Repräsentant kann zum einen sein, wer befugt ist, selbstständig in einem gewissen, nicht ganz unbedeutenden Umfang für den Versicherungsnehmer zu handeln (Risikoverwaltung). Übt jemand aufgrund eines Vertretungsoder ähnlichen Verhältnisses die Verwaltung des Versicherungsvertrages eigenverantwortlich aus, kann dies zum anderen unabhängig von einer Risikoverwaltung für seine Repräsentantenstellung (Vertragsverwaltung) sprechen (vgl. Senatsurteil vom 21. April 1993 – IV ZR 34/92, BGHZ 122, 250 unter 3 a und ständig).*

2. Der GmbH gehen von außen Informationen zu, die rechtserhebliche Bedeutung haben.
3. Die Gesellschaft tritt aktiv nach außen durch einen bzw. mehrere Geschäftsführer auf, ohne das Wissen, das ihr zugerechnet wird, dem Gesetz entsprechend zu verwerten.

Zunächst zur ersten Fallgruppe:

b. Der Geschäftsführer als Wissensträger

► „Wissen des Geschäftsführers"

Relativ unkompliziert liegen die Verhältnisse, wenn der Geschäftsführer, der für die GmbH handelt, selbst über das relevante Wissen bzw. die Kenntnisse verfügt. Dieses wird der GmbH in jedem Fall wie eigenes Wissen oder Kenntnis zugerechnet.

Beispiel

„Ist es klamm, kommt der Schwamm"

Geschäftsführer Gisbert Gast (G) leitet die Geschäfte einer GmbH, die ein Bauunternehmen betreibt. Die Geschäftsräume befinden sich in einer Eigentumswohnung, die der GmbH selbst gehört. Da die Eigentumswohnung Schwamm aufweist, soll sie veräußert werden. Bei der notariellen Beurkundung des Kaufvertrags tritt der Geschäftsführer G persönlich auf. Ihm ist der Schwammbefall nur allzu gut bekannt. Dennoch verschweigt er das Vorhandensein dieses Mangels. Nachdem der Käufer von dem Schwammbefall Kenntnis erlangt, ficht er den Kaufvertrag mit der GmbH wegen arglistiger Täuschung an.

Hier wurde die arglistige Täuschung von dem Geschäftsführer G selbst verübt. Er hätte den Mangel offenbaren müssen, da er Kenntnis davon hatte. Diese Kenntnis ist der GmbH wie eigene Kenntnis zuzurechnen. Eine Entlastungsmöglichkeit seitens der GmbH besteht nicht.

Beispiel

„Das gemietete Mobiliar"

Geschäftsführer G, der im vorigen Beispiel die Geschäftsräume veräußerte, hat für die GmbH neue Räume angemietet. Diese neuen Räume sollen mit hochwertigen Büromöbeln ausgestattet werden. Sein Freund F, der in finanziellen Schwierigkeiten steckt, bietet G daher an, dass die GmbH von ihm gemietetes, äußerst luxuriöse Mobiliar kaufen könne. G weiß, dass F nicht Eigentümer des Mobiliars ist, sondern dies nur gemietet hat. Dennoch kauft er für die GmbH das Mobiliar, da F es ausgesprochen günstig anbietet.

Der Vermieter des Mobiliars erfährt von den Vorfällen und verlangt von der GmbH Herausgabe der Möbel. Zu Recht, denn ein sog. gutgläubiger Eigentumserwerb des Mobiliars vom Nichtberechtigten scheidet aus, da G von den Hintergründen wusste. Da die Kenntnis des Geschäftsführers der GmbH zugerechnet wird, konnte sie nicht von dem nichtberechtigten F das Eigentum an den Möbeln erwerben. Ein gutgläubiger Erwerb würde übrigens auch schon dann scheitern, wenn der Geschäftsführer G die Eigentumsverhältnisse grob fahrlässig verkannt hätte. Selbst wenn er sich also hätte denken können, dass F nicht Eigentümer ist, wäre ein gutgläubiger Erwerb vom Nichtberechtigten ausgeschlossen gewesen.

▶ Umgehung durch Einschaltung von Mitarbeitern ist ausgeschlossen

Im letzten Beispiel hätte es übrigens weder G noch der GmbH etwas genützt, wenn sie einen Mitarbeiter dazwischengeschaltet hätten, der seinerseits gutgläubig gewesen wäre. Handelt der Vertreter auf Weisung, so kommt es neben der Kenntnis des Vertreters auch auf die Kenntnis des Anweisenden an (siehe § 166 II BGB). Der Begriff der Weisung wird weit ausgelegt. Es genügt, wenn der Geschäftsführer den Mitarbeiter zu dem Geschäft – auf welche Weise auch immer – veranlasst hat. Dadurch soll verhindert werden, dass durch das Vorschieben eines gutgläubigen Vertreters durch einen bösgläubigen „Hintermann" ein Geschäft verwirklicht wird, das nicht unserer Werteordnung entspricht und insgesamt als anstößig empfunden wird.

c. Verarbeitung von eingehenden Informationen

▶ Zugang von Informationen bei der GmbH

Einem Unternehmen gehen täglich zahlreiche Informationen zu. Diese können teilweise rechtserhebliche Bedeutung haben. So wird beispielsweise der Lauf einer Verjährungsfrist dann in Gang gesetzt, wenn der Anspruchsberechtigte Kenntnis von den Tatsachen, die den Anspruch begründen und der Person des Schädigers hat oder ohne grobe Fahrlässigkeit Kenntnis erlangen müsste (§ 199 I Nr. 2 BGB). Erlangt daher der Geschäftsführer die maßgebliche Kenntnis, so beginnt der Lauf der Verjährungsfrist. Dies gilt unabhängig davon, ob der Geschäftsführer, dem die Tatsachen bekannt werden, intern für die Aufgabe zuständig ist. Auch ist irrelevant, ob ihm die Informationen privat oder im Dienst zugehen.

Beispiel

„Der demolierte Baukran"

Gunter Gramm (G) ist Geschäftsführer einer GmbH, die ein Bauunternehmen betreibt. Zu ihrem Maschinenpark gehört ein Baukran. Das Führerhäuschen wurde nachts demoliert. Der entstandene Schaden betrug 5000 €. Der Täter war flüchtig und unbekannt. Ein Jahr später erfährt der Geschäftsführer G in seiner Stammkneipe, dass der ehemalige Arbeitnehmer A den Schaden aus Rache wegen der ihm gegenüber erfolgten Kündigung verursacht hatte. G unternimmt jedoch nichts. Nach weiteren drei Jahren bekommt die GmbH Post von der Staatsanwaltschaft, in der ihr mitgeteilt wird, dass man nunmehr durch eine anonyme Anzeige A als Täter ermittelt habe. Erst jetzt macht sich G daran, von

A Schadensersatz zu verlangen. Hierbei äußert G gegenüber A, dass er ja schon in der Stammkneipe von seiner Tat gehört habe, es jedoch nicht glauben konnte, dass ein ehemaliger Mitarbeiter so etwas tut.

A kann hier erfolgreich die Einrede der Verjährung einwenden. Die Verjährungsfrist beträgt drei Jahre (§ 195 BGB). Sie beginnt mit dem Schluss des Kalenderjahres in dem Kenntnis vom Schaden und der Person Schädigers erlangt wurde bzw. die Kenntnis ohne grobe Fahrlässigkeit hätte erlangt werden müssen. Kenntnis vom Schaden war sofort vorhanden, Kenntnis vom Schädiger erlangte der Geschäftsführer G vor drei Jahren in der Stammkneipe. Nach Ablauf des Dreijahreszeitraums sind daher die Ansprüche gegen A verjährt. Die offizielle Mitteilung der Staatsanwaltschaft ändert daran nichts. Nur am Rande sei erwähnt, dass sich G gegenüber der GmbH schadensersatzpflichtig gemacht haben könnte (§ 43 GmbHG), wobei allerdings fraglich ist, ob die GmbH ihren Anspruch seinerzeit tatsächlich unter Beweis hätte stellen können.

Beispiel

„Der gewalttätige Arbeitnehmer"

Arbeitnehmer Arnold Artig (A) hat auf der Arbeitsstelle einen Kollegen zusammengeschlagen, weil dieser ihn „nervte". Die GmbH hat zwei Geschäftsführer/innen (Gabriele Grosch [G] und Hans Helbig [H)), wobei G für das Personal zuständig ist, während H die sonstigen Aufgaben erledigt. Da G im Urlaub ist, wird der Vorfall H zur Kenntnis gebracht. H unternimmt nichts. Als G nach vier Wochen aus dem Urlaub zurückkehrt, erfährt sie von der Schlägerei und möchte nun dem A sofort fristlos aus wichtigem Grund kündigen. Die Kündigung dürfte schon deshalb unwirksam sein, da sie nicht binnen zwei Wochen, nachdem der Kündigungsberechtigte von den für die Kündigung maßgebenden Tatsachen Kenntnis erlangt hat, ausgesprochen wurde. Die GmbH als Arbeitgeberin und Kündigungsberechtigte hatte durch den Geschäftsführer H bereits seit mehr als zwei Wochen Kenntnis. Zwar war H nicht für Personalfragen zuständig, jedoch ist auch er Organ der Gesellschaft, so dass sich die GmbH seine Kenntnis unmittelbar zurechnen lassen muss.

Fraglich ist, ob man danach differenzieren sollte, ob der zuständige Geschäftsführer bei einer ordnungsgemäß geführten Organisation Kenntnis hätte haben müssen. Dies kann für den vorliegenden Fall offenbleiben, da der Geschäftsführer H in jedem Fall dafür hätte sorgen müssen, dass seine im Urlaub befindliche Kollegin unverzüglich informiert wird. In Zeiten moderner Telekommunikation wäre eine Nachricht am Urlaubsort zumutbar und notwendig gewesen.

Meines Erachtens kommt es jedoch bei der Entgegennahme von Willenserklärungen (= Passivvertretung) nicht auf die ordnungsgemäße Verarbeitung der eingehenden Information an, wenn diese einem Geschäftsführer zugeht. Der Geschäftsführer ist immer verpflichtet, das erlangte Wissen zu reflektieren und ordnungsgemäß zu verarbeiten bzw. weiterzuleiten.

Nach der hier vertretenen Auffassung ist daher in der Fallgruppe, in der es lediglich auf den Informationszufluss ankommt, die Kenntnis *eines* Geschäftsführers ausreichend, um die rechtlichen Folgen der Zurechnung für die GmbH auszulösen. Eine andere Frage ist es, inwieweit sich die GmbH das Wissen bzw. die Tatsachen zurechnen lassen muss, die sonstige Mitarbeiter unterhalb der Geschäftsführungsebene erlangen.

► Wissensvertreter

Hier hat sich in der Rechtsprechung der Begriff des *Wissensvertreters* durchgesetzt. Wissensvertreter ist gemäß der Definition des *BGH* jeder, der nach der Arbeitsorganisation des Geschäftsherrn, d. h. der GmbH, dazu berufen ist, im Rechtsverkehr als dessen Repräsentant bestimmte Aufgaben in eigener Verantwortung zu erledigen und die angefallenen Informationen zur Kenntnis zu nehmen sowie ggf. weiterzuleiten.[112] Ist also beispielsweise ein Mitarbeiter unterhalb der Geschäftsführerebene mit den Personalangelegenheiten betraut und darf in gewissen Grenzen diese eigenverantwortlich wahrnehmen, so ist seine Kenntnis, z. B. von einem wichtigen Grund, der zur Kündigung berechtigen würde, ausschlaggebend und wird der GmbH zugerechnet.

d. Relevantes Wissen und aktives Auftreten der GmbH

► Speicherung und Aktivierung von Wissen

Wesentlich problematischer ist die Fallgruppe, bei der die GmbH aktiv nach außen auftritt, wobei sie relevantes Wissen verwerten müsste.

Beispiel

„Vergrabene Rückstände aus dem Jahre 1965"

In Anlehnung an BGH NJW 1996, 1339: Die GmbH verkaufte ein Grundstück, auf dem sich vormals ein „Säge- und Imprägnierwerk" befunden hat. Dies war dem Käufer insoweit bekannt. Der Käufer wusste jedoch nicht, dass das Erdreich erheblich kontaminiert war. Insbesondere befanden sich in dem Boden auch gezielt vergrabene Rückstände von Steinkohleteer und anderen Chemikalien aus den Kesseln der Holzimprägnierung, die bereits in den 60er-Jahren zur Endlagerung in das Erdreich gebracht worden waren.

Der Geschäftsführer der GmbH, der das Grundstück verkaufte, hatte von diesen gezielt vergrabenen Rückständen keine Kenntnis. Er selbst war Jahrgang 1982 und erst seit zwölf Monaten für die GmbH tätig.

Der Käufer macht trotzdem Schadensersatz wegen arglistigen Verschweigens eines Fehlers der Kaufsache (Grundstück) geltend (§ 463 Satz 2 BGB).

[112] BGH, Urt. v. 24.01.1992, V ZR 262/90, BGHZ 117, 104, 106 f.

Schadensersatz kann dann begehrt werden, wenn der GmbH ein arglistiges Verschweigen des Fehlers vorzuwerfen wäre.

Hier war völlig unklar, ob überhaupt irgendein Organmitglied, d. h. ein damaliger Geschäftsführer, vom Vergraben der Rückstände Kenntnis hatte. Wäre dies der Fall, so ist fraglich, ob dies nun der GmbH nach über 40 Jahren noch zuzurechnen wäre.

Nach älterer Rechtsprechung wäre dies aufgrund folgender stereotyper Formel zu bejahen:[113]

„Eine juristische Person muss sich das Wissen aller ihrer vertretungsberechtigten Organwalter zurechnen lassen. Das Wissen schon eines in der Angelegenheit vertretungsberechtigten Organmitglieds ist als Wissen des Organs anzusehen und damit auch der juristischen Person zuzurechnen. Dies gilt auch dann, wenn das Organmitglied an dem betreffenden Rechtsgeschäft nicht selbst mitgewirkt hat. Die Wissenszurechnung kommt selbst dann in Betracht, wenn der Organvertreter von dem zu beurteilenden Rechtsgeschäft nichts gewusst hat. Auch das Ausscheiden des Organvertreters aus dem Amt steht dem Fortdauern der Wissenszurechnung nicht entgegen."

Von dieser recht pauschalen Formel, wonach eine juristische Person sich selbst noch nach Jahrzehnten das Wissen eines (ehemaligen) Organmitglieds entgegenhalten lassen müsste, hat sich der *BGH* Mitte der 90er-Jahre distanziert.

Der *BGH* stellt jedenfalls seitdem auf das Wissen ab, das typischerweise aktenmäßig festgehalten wird. Zu prüfen ist also, ob es sich bei den fraglichen Tatsachen, d. h. bei den vergrabenen Chemikalien um „typischerweise aktenmäßig festgehaltenes Wissen" handelt.

Hier differenziert der *BGH*:

Die GmbH habe, insoweit folgt der *BGH* Stimmen im Schrifttum, eine *Organisationspflicht* ähnlich einer Verkehrssicherungspflicht, woraus folge, dass die GmbH so organisiert sein müsse, dass Informationen, deren Relevanz für andere Personen innerhalb dieser Organisation für den konkret Wissenden erkennbar ist, tatsächlich an jene Personen weitergegeben werden.[114] Ferner müsse ein Unternehmen dafür sorgen, dass, wenn es nach außen auftritt, zuvor intern nachgefragt wird, ob Informationen vorhanden sind. Ein Unternehmen müsse also relevante Informationen so verarbeiten, dass diese aktenmäßig erfasst werden und für einen eventuell späteren Vorgang zur Verfügung stehen.

Entscheidende Vorfrage ist jedoch, ob die Information über den betreffenden Umstand überhaupt gespeichert werden musste. Dies hängt, so der *BGH*, davon ab, mit welcher Wahrscheinlichkeit die Information später rechtserheblich werden könnte. Beurteilungszeitpunkt ist jener, zu dem die Information wahrgenommen wurde und zwar unter Zugrundelegung des seinerzeitigen Wissensstandes. Solange also beispielsweise bestimmte Chemikalien als harmlos galten, konnte man keine Speicherung von Informationen verlangen. Der *BGH* meint in dem

[113] BGH, Urt. v. 08.12.1989, V ZR 246/87, BGHZ 109, 327, 339 f.

[114] BGH, Urt. v. 02.02.1996, V ZR 239/94, NJW 1996, 1339, 1341.

Beispiel der vergrabenen Chemikalien, dass dies für die Zeit vor 1955 durchaus so gewesen sein könnte. Je erkennbar wichtiger ein Umstand ist, umso länger muss er gespeichert werden. Wird die Speicherung zu früh aufgehoben, so beendet dies die Wissenszurechnung nicht.[115]

Ist das Wissen schließlich gespeichert worden, kommt es zweitens noch darauf an, ob in der konkreten Situation ein Anlass bestand, sich darüber zu vergewissern, ob es entsprechende, aktenmäßig gespeicherte Informationen gab. Dies richtet sich nach der Zumutbarkeit: Maßgeblich sind vor allem die Bedeutung des Anlasses und die Schwierigkeit der Suche.[116] Zu fragen ist also, ob bei dem Verkauf des Grundstücks innerhalb des Unternehmens geforscht werden musste, ob Kontaminationen bekannt waren. Dies dürfte für den Verkauf eines ehemaligen Fabrikgrundstücks zu bejahen sein. Hier muss vor dem Verkauf intern abgefragt werden, welche Informationen über das Grundstück vorliegen.

Mit dieser Rechtsprechung entfernt sich der *BGH* damit von der pauschalen Zurechnung sämtlicher Kenntnisse bzw. Tatsachen, die einem Geschäftsführer irgendwann einmal zugegangen sind. Vielmehr tendiert er für eine im Einzelfall interessengerechte Lösung. Diese ist meines Erachtens vorzugswürdig.

4. Irrtumszurechnung

► Irrtümer des Geschäftsführers

Willenserklärungen, die im Rechtsverkehr abgegeben werden, können auf Irrtümern oder auf sonstigen Willensmängeln beruhen. Irrt sich der Geschäftsführer selbst bei der Abgabe einer Willenserklärung, so wird dieser Willensmangel nach § 166 I BGB der GmbH zugerechnet. Eine Anfechtung der GmbH zugunsten der GmbH ist problemlos möglich.

Beispiel

„Im Dutzend billiger"

Geschäftsführer G bestellt namens und in Vollmacht der GmbH beim Möbelhaus Margot Möbius (M) telefonisch ein Dutzend Bürostühle. G nahm irrtümlich an, ein Dutzend meine eine Mengenangabe von sechs Stück. Als er darüber aufgeklärt wird, dass „ein Dutzend" für die Zahl zwölf steht, ficht er für die GmbH die Bestellung an. Hierzu ist er berechtigt, da er sich über die inhaltliche Bedeutung seiner Erklärung geirrt hat (Anfechtung wegen Inhaltsirrtums gemäß § 119 I 1. Alt. BGB). Der Kaufvertrag wäre nichtig, die GmbH nicht an ihre Erklärung gebunden. Ein etwaiger, dem M entstehender Vertrauensschaden, z. B. die Kosten der vergeblichen Anlieferung, wäre dem Möbelhaus allerdings zu ersetzen.

[115] BGH, Urt. v. 02.02.1996, V ZR 239/94, NJW 1996, 1339, 1341.

[116] BGH, Urt. v. 02.02.1996, V ZR 239/94, NJW 1996, 1339, 1341.

► Irrtümer nachgeordneter Mitarbeiter

Irrt sich ein sonstiger Vertreter der GmbH (Prokurist oder Handlungsbevollmächtigter), so gilt gemäß § 166 I BGB dessen Irrtum oder Willensmangel bei der Abgabe der Willenserklärung ebenfalls als Irrtum der GmbH. Entscheidend ist grundsätzlich der Irrtum des Mitarbeiters, der die Willenserklärung abgibt. Handelt dieser allerdings auf Weisung und hat sich der Anweisende geirrt, so genügt es – wie bereits bei der Wissenszurechnung erläutert –, wenn der Anweisende einem Willensmangel unterliegt (§ 166 II BGB analog).

Handeln mehrere Geschäftsführer in Gesamtvertretung, genügt es nach herrschender Auffassung, wenn einer der beteiligten Geschäftsführer einem Irrtum oder einem Willensmangel unterlag. Das Geschäft ist dann insgesamt anfechtbar.

Beispiel

„Die kinderlieben Mittelmeerbewohner"

G und H sind Geschäftsführer einer GmbH und nur gemeinsam zur Vertretung berechtigt. Zum Betriebsvermögen gehört ein Grundstück. G und H sind sich uneins, ob das Grundstück an Marco Minaccia (M) veräußert werden soll. G ist dafür, H dagegen. M erfährt hiervon und bedroht daraufhin H, indem er ihm mitteilt, dass er kinderliebe Mittelmeerbewohner kenne, die sich um das Wohl seines kleinen Sohnes kümmern würden, falls er Probleme mit dem Verkauf des Grundstücks an ihn, M, habe. H stimmt angesichts der von ihm als massiv empfundenen Bedrohung einem Verkauf an M zu. Anschließend bereut er, dass er sich hat einschüchtern lassen und ficht den Vertrag wegen Drohung gemäß § 123 BGB an. Zu Recht, da es genügt, wenn in der Person eines der beiden Geschäftsführer ein Anfechtungsgrund vorliegt. Dieser berechtigt die GmbH daher zur Anfechtung.

E. Gesellschaftsrechtliche Aufgaben und Pflichten

I. Der Geschäftsführer als „Hüter des Kapitals"

1. System der Kapitalsicherung

► GmbH ist beliebteste Rechtsform

Nach Schätzungen hat die Zahl der in Deutschland gegründeten Gesellschaften mit beschränkter Haftung die Marke von einer Million überschritten. Die GmbH erfreut sich daher nach wie vor steigender Beliebtheit. Keine andere Rechtsform ist so verbreitet wie die GmbH. Die Gründe liegen unter anderem in der Flexibilität der Satzungsgestaltung und vor allem in der Beschränkung der Haftung auf das Gesellschaftsvermögen. Die Gesellschafter selbst haften grundsätzlich nicht für die

Verbindlichkeiten der GmbH. Als Ausgleich für diese fehlende Haftung der Gesellschafter besteht jedoch ein System der Kapitalsicherung, das der Gesetzgeber und ergänzend die Rechtsprechung geschaffen haben.

▶ Zweck der Kapitalsicherung

Dieses System der Kapitalsicherung soll zum einen gewährleisten, dass das vereinbarte Stammkapital tatsächlich effektiv aufgebracht wird und zum anderen, dass dieses den Gläubigern als Haftungsfonds erhalten bleibt. Der Geschäftsführer ist dazu berufen, peinlich genau darüber zu wachen, dass die Vorschriften der Kapitalsicherung eingehalten werden.

▶ Kapitalaufbringung

Zum Grundsatz der Kapitalaufbringung bei der Errichtung der GmbH wird gesondert im Kapitel zu den Pflichten des Geschäftsführers in der Gründung Stellung genommen.[117] In diesem Zusammenhang geht es vor allem darum, dass die Stammeinlagen auch tatsächlich effektiv in das Gesellschaftsvermögen eingezahlt werden.

▶ Mindeststammkapital und Einforderung

Für die GmbH ist ein Stammkapital in Höhe von mindestens 25.000 € vorgeschrieben. Bei der Gründung müssen die Stammeinlagen, die als Geldeinlage übernommen wurden, nur zu einem Viertel eingezahlt sein, wobei allerdings als Minimum ein Betrag in Höhe von 12.500 € geleistet werden muss. Sacheinlagen sind in voller Höhe zu leisten. Die spätere Einforderung der Stammeinlagen erfolgt gemäß § 46 Nr. 2 GmbHG auf der Grundlage eines Gesellschafterbeschlusses, der vom Geschäftsführer umgesetzt wird. Der Geschäftsführer hat also entsprechend dem Gesellschafterbeschluss die Einlageforderungen ggf. auch gerichtlich und anschließend im Wege der Zwangsvollstreckung durchzusetzen.

▶ UG bzw. Mini-GmbH

Der Gesetzgeber hat allerdings mit Wirkung ab 01.11.2008 die sog. haftungsbeschränkte Unternehmergesellschaft (UG) eingeführt. Diese wird auch als Mini-GmbH bezeichnet. Rechtsgrundlage ist § 5a GmbHG. Diese spezielle Form der GmbH kann mit einem Euro Stammkapital gegründet werden, weshalb ein Schutz über eine Kapitalaufbringung und Kapitalerhaltung leerläuft. Die Mini-GmbH kann bereits bei Gründung überschuldet oder zahlungsunfähig sein mit erheblichen haftungsrechtlichen Konsequenzen vor allem für die Geschäftsführer.

---

[117] Siehe 1. Teil, I II 2 bbb.

Ein Gläubigerschutz muss bei der Mini-GmbH daher über das Insolvenzrecht erreicht werden (siehe zu den Anspruchsgrundlagen, den Abschnitt zur Haftung des Geschäftsführers in der Krise im 3. Teil F).

▶ Grundsatz

Die Eigenkapitalschutzvorschriften sowie die in Ergänzung hierzu ergangene Rechtsprechung sind in ihren Voraussetzungen und Rechtsfolgen im Einzelnen sehr kompliziert. Hier kann lediglich ein Überblick erfolgen, der dem Geschäftsführer das notwendige Grundlagenwissen vermittelt. Ausführlich wird dieser Komplex in meinem Band „Der GmbH-Gesellschafter" behandelt. Dort ist der Problemkreis systematisch angesiedelt, da sich die Vorschriften in erster Linie an die Gesellschafter wenden, die das Stammkapital nicht antasten dürfen.

2. Grundsatz der Kapitalerhaltung

▶ Erhaltung des Kapitals hat absolute Priorität

Das nominelle Stammkapital wird durch das Auszahlungsverbot in § 30 GmbHG geschützt. Dort heißt es:

§ 30 GmbHG [Erhaltung des Stammkapitals]

(1) *Das zur Erhaltung des Stammkapitals erforderliche Vermögen der Gesellschaft darf an die Gesellschafter nicht ausbezahlt werden. Satz 1 gilt nicht bei Leistungen, die bei Bestehen eines Beherrschungs- oder Gewinnabführungsvertrags (§ 291 des Aktiengesetzes) erfolgen, oder durch einen vollwertigen Gegenleistungs- oder Rückgewähranspruch gegen den Gesellschafter gedeckt sind. Satz 1 ist zudem nicht anzuwenden auf die Rückgewähr eines Gesellschafterdarlehens und Leistungen auf Forderungen aus Rechtshandlungen, die einem Gesellschafterdarlehen wirtschaftlich entsprechen.*

(2) *Eingezahlte Nachschüsse können, soweit sie nicht zur Deckung eines Verlustes am Stammkapital erforderlich sind, an die Gesellschafter zurückgezahlt werden. Die Zurückzahlung darf nicht vor Ablauf von drei Monaten erfolgen, nachdem der Rückzahlungsbeschluss nach § 12 bekannt gemacht ist. Im Fall des § 28 Abs. 2 ist die Zurückzahlung von Nachschüssen vor der Volleinzahlung des Stammkapitals unzulässig. Zurückgezahlte Nachschüsse gelten als nicht eingezogen.*

▶ Rückzahlungsanspruch gegen Gesellschafter bei Verstoß

Wird hiergegen verstoßen, so ordnet § 31 GmbHG an, dass diese Zahlungen der Gesellschaft erstattet werden müssen. Dieser Anspruch verjährt gemäß § 31 V GmbHG in zehn Jahren ab dem Zeitpunkt der Auszahlung. In § 31 GmbHG ist im Einzelnen geregelt:

§ 31 GmbHG [Erstattung verbotener Zahlungen]

(1) *Zahlungen, welche den Vorschriften des § 30 zuwider geleistet sind, müssen der Gesellschaft erstattet werden.*

(2) *War der Empfänger in gutem Glauben, so kann die Erstattung nur insoweit verlangt werden, als sie zur Befriedigung der Gesellschaftsgläubiger erforderlich ist.*

(3) *Ist die Erstattung von dem Empfänger nicht zu erlangen, so haften für den zu erstattenden Betrag, soweit er zur Befriedigung der Gesellschaftsgläubiger erforderlich ist, die übrigen Gesellschafter nach Verhältnis ihrer Geschäftsanteile. Beiträge, welche von einzelnen Gesellschaftern nicht zu erlangen sind, werden nach dem bezeichneten Verhältnis auf die übrigen verteilt.*

(4) *Zahlungen, welche aufgrund der vorstehenden Bestimmungen zu leisten sind, können den Verpflichteten nicht erlassen werden.*

(5) *Die Ansprüche der Gesellschaft verjähren in den Fällen des Absatzes 1 in zehn Jahren sowie in den Fällen des Absatzes 3 in fünf Jahren. Die Verjährung beginnt mit dem Ablauf des Tages, an welchem die Zahlung, deren Erstattung beansprucht wird, geleistet ist. In den Fällen des Absatzes 1 findet § 19 Abs. 6 Satz 2 entsprechende Anwendung.*

(6) *Für die in Fällen des Absatzes 3 geleistete Erstattung einer Zahlung sind den Gesellschaftern die Geschäftsführer, welchen in betreff der geleisteten Zahlung ein Verschulden zur Last fällt, solidarisch zum Ersatz verpflichtet. Die Bestimmungen in § 43 Abs. 1 und 4 finden entsprechende Anwendung.*

▶ Geschäftsführer ist für die Einhaltung der Kapitalsicherungsvorschriften verantwortlich

Der Geschäftsführer ist verpflichtet, die Kapitalsicherungsvorschriften zu respektieren. Er hat dafür Sorge zu tragen, dass sich die Gesellschafter nicht aus dem Vermögen der Gesellschaft zu Lasten des Stammkapitals „bedienen". Lässt der Geschäftsführer dies zu, so ordnet § 43 III GmbHG an, dass er für derartige Ausschüttungen persönlich gegenüber der Gesellschaft haftet. In dieser Vorschrift heißt es, dass der Geschäftsführer zum Ersatze verpflichtet ist, wenn den Bestimmungen des § 30 GmbHG zuwider Zahlungen aus dem zur Erhaltung des Stammkapitals erforderlichen Vermögen der Gesellschaft getätigt werden.

Beispiel

„Der Griff in die Kasse"

Gerlinde Gernegroß (G) ist Geschäftsführerin einer GmbH, der es in letzter Zeit finanziell „etwas schlechter" geht. Einziger Gesellschafter ist Lutz Lebemann (L). Die GmbH hat ein Stammkapital von 50.000 €, das Reinvermögen beläuft sich allerdings derzeit auf lediglich 30.000 €. Dieses errechnet sich, indem von sämtlichen Vermögensgegenständen die Schulden in Abzug gebracht werden. Das bedeutet, dass das Stammkapital bereits teilweise aufgezehrt wurde, so dass eine sog. Unterbilanz in Höhe der Differenz zwischen dem Reinvermögen und der Stammkapitalziffer, also in Höhe von 20.000 €, entstanden ist. Alleingesellschafter L möchte mal wieder in den Urlaub fahren und bittet daher die Geschäftsführerin G, ihm 15.000 € aus dem Tresor der Gesellschaft zu überreichen. G zahlt ihm daraufhin den Betrag als Entnahme aus.

Später gerät die Gesellschaft in die Insolvenz und der vom Insolvenzgericht eingesetzte Verwalter verlangt von G Erstattung der an L geflossenen 15.000 €. Zu Recht, da G die 15.000 € ausgezahlt hat, als bereits eine Unterbilanz entstanden war und durch die Auszahlung die Unterbilanz sogar noch vergrößert wurde. Die Auszahlung verstieß daher gegen § 30 I GmbHG und war somit unzulässig. Dies bedeutet, dass der Gesellschafter diese Zahlung nach § 31 I GmbHG zurückzugewähren hat. Daneben haftet jedoch auch die Geschäftsführerin gesamtschuldnerisch (§ 43 III GmbHG). Dass die Geschäftsführerin auf Bitten des Alleingesellschafters handelte, entlastet sie nicht – und zwar selbst dann nicht, wenn ein förmlicher Gesellschafterbeschluss diesbezüglich ergangen wäre. Die Geschäftsführerin haftet trotzdem, da die Grundsätze der Kapitalerhaltung zum Schutze der Gläubiger nicht überbrückt oder umgangen werden dürfen (Abb. 6).

Tipp für den Geschäftsführer!
In Fragen der Kapitalerhaltung müssen Sie standhaft bleiben. Sobald einer der Gesellschafter außerhalb der Gewinnverteilung von Ihnen Zahlungen oder sonstige Leistungen aus dem Gesellschaftsvermögen begehrt, müssen Sie immer erst zunächst überprüfen, ob nicht die Kapitalerhaltungsvorschriften eine Auszahlungssperre bewirken. Ist dies der Fall, so sollten Sie sich gegen den Wunsch des Gesellschafters stellen und die Auszahlung verweigern. Eine Weisung der Gesellschafterversammlung entlastet Sie nicht von Ihrer Verantwortlichkeit (§ 43 III GmbHG).

▶ Kredite an Geschäftsführer

Kredite an Geschäftsführer, Prokuristen oder an zum gesamten Geschäftsbetrieb ermächtigte Handlungsbevollmächtigte aus dem für das Stammkapital erforderli-

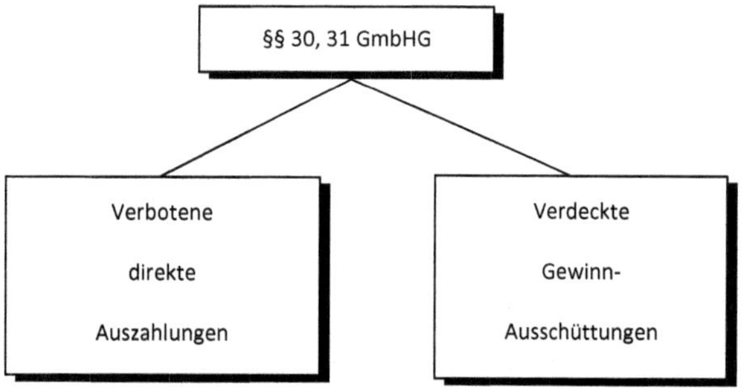

Abb. 6 Verbotene Auszahlungen bzw. Ausschüttungen

chen Vermögen der Gesellschaft sind gemäß § 43a GmbHG ausdrücklich verboten. Wird hiergegen verstoßen, schuldet der Empfänger Rückzahlung des Betrages. Der Geschäftsführer, der die Kreditgewährung vorgenommen hat, haftet gegenüber der GmbH nach § 43 III GmbHG.[118] Die Haftung wird nur durch die Ausreichung des Darlehens trotz Unterbilanz ausgelöst. Tritt die Unterbilanz später ein, führt dies nicht zu einer nachträglichen Haftung des Geschäftsführers.[119]

▶ Auch sonstige Vermögensverschiebungen werden erfasst

§ 30 I GmbHG ist jedoch nicht nur dann einschlägig, wenn effektive Zahlungen aus dem Gesellschaftsvermögen erfolgen. Das Verbot gilt auch bei allen sonstigen Vermögensverschiebungen aus der Sphäre der Gesellschaft in jene des Gesellschafters zu Lasten des Stammkapitals.[120] Diese Geschäfte werden unter der Überschrift „Verdeckte Gewinnausschüttungen" zusammengefasst. Es handelt sich vor allem um Austauschverträge zu nicht marktgerechten Bedingungen. Praktische Bedeutung haben Verträge zwischen der Gesellschaft und den Gesellschaftern, die zu nicht marktüblichen Konditionen abgeschlossen werden. Insoweit diese Geschäfte für die Gesellschaft nachteilig sind, liegt eine verbotene Ausschüttung vor.

Beispiel

„Das Schätzchen vom Chef"

Geschäftsführer G fährt seit Jahren eine Dienstlimousine des Modells „Southern Star". Es handelt sich um eine wertvolle „Luxus-Karosse", die derzeit einen Verkehrswert von 60.000 € hat. G, der mit sich selbst Geschäfte abschließen darf und der gleichzeitig auch Gesellschafter der Gesellschaft ist, veräußert diese Limousine für 40.000 € an sich selbst. In Höhe der Differenz von 20.000 € zwischen dem Verkehrswert und dem Veräußerungspreis erfolgt eine verdeckte Ausschüttung an den Gesellschafter-Geschäftsführer G.

Diese verdeckte Gewinnausschüttung hat auch steuerrechtliche Konsequenzen, da die Ausschüttung dem körperschaftssteuerpflichtigen Gewinn hinzugerechnet wird. Gesellschaftsrechtlich ist die Ausschüttung dann unzulässig, wenn durch sie eine Unterbilanz verursacht oder eine bereits bestehende Unterbilanz vergrößert wird. Eine Rückgewähr der verdeckten Ausschüttung muss nur in der Höhe erfolgen, die benötigt wird, um die entstandene Unterbilanz auszugleichen, maximal in der Höhe der tatsächlich erhaltenen verdeckten Ausschüttung. Würde also in diesem Beispiel eine Unterbilanz in Höhe von 10.000 € bestehen, so ist diese Summe in das Gesellschaftsvermögen zum Ausgleich der Unterbilanz

[118] *Lutter/Hommelhoff*, GmbHG, § 43a Rdnr. 3.

[119] BGH, Urt. v. 23.04.2012, II ZR 252/12, BGHZ 193,96 3.Leitsatz: *Von § 43a GmbHG wird nur die Ausreichung eines Darlehens erfasst. Gerät die Gesellschaft später in eine Unterbilanz, ist § 43a GmbHG nicht anwendbar.*

[120] Auch hier werden die Einzelheiten in meinem Band „Der GmbH-Gesellschafter" behandelt.

zu zahlen. Besteht eine Unterbilanz, die größer als 20.000 € ist, so muss G nur 20.000 € einzahlen, da er ja nur in dieser Höhe eine verdeckte Ausschüttung erhalten hat.

► GmbH-Reform Darlehen an Gesellschafter

Durch die GmbH-Reform vom November 2008 wurde der von der Rechtsprechung gezogene sehr weite Anwendungsbereich des Verbotes gemäß § 30 I GmbHG eingeschränkt. Verstöße gegen § 30 GmbHG sollen nur dann vorliegen, wenn bilanziell tatsächlich eine Unterbilanz entsteht oder vergrößert wird. Die vor der Reform ergangene Rechtsprechung hat bereits in der Gewährung eines Darlehens an einen Gesellschafter einen Verstoß gegen § 30 GmbHG gesehen, selbst sofern der Anspruch auf Rückzahlung des Darlehens vollwertig war.[121] Bei einem vollwertigen Rückzahlungsanspruch entsteht jedoch gerade keine Unterbilanz. Seit 01.11.2008 ist in § 30 GmbHG klarstellend geregelt, dass Leistungen an Gesellschafter, die durch einen vollwertigen Anspruch auf Rückgewähr erfolgen, nicht vom Auszahlungsverbot erfasst sind. Die GmbH kann also an einen Gesellschafter ein Darlehen gewähren, wenn dieser entsprechend kreditwürdig ist bzw., das Darlehen so besichert ist, dass der Rückzahlungsanspruch aus diesem Grunde vollwertig ist. Nimmt jedoch ein kreditunwürdiger Gesellschafter bei der GmbH einen Kredit bei bestehender Unterbilanz auf und fällt der Gesellschafter mit der Rückzahlung der Forderung aus, haftet der Geschäftsführer gegenüber GmbH für den Ausfall.

► Unterbilanz und Überschuldung

Betont sei hier, dass Rückzahlungsansprüche wegen Verstoßes gegen § 30 GmbHG nicht nur bei Unterbilanz, sondern erst recht auch bei Auszahlungen im Stadium der Überschuldung entstehen.

Von einer Überschuldung spricht man, wenn die Schulden das Vermögen übersteigen.[122] Bei der Unterbilanz ist hingegen immerhin noch ein Reinvermögen vorhanden, das jedoch geringer ist als die Stammkapitalziffer.

► Aufgabe Eigenkapitalersatzrecht

Eine weitere wichtige Erweiterung der Kapitalsicherung zugunsten der Gläubiger hatte der *BGH* vorgenommen, indem er die §§ 30, 31 GmbHG auf sog. *eigenkapitalersetzende Gesellschafterleistungen* analog bzw. direkt anwendete. Hierunter fielen insbesondere Gesellschafterdarlehen. Gewährte ein Gesellschafter der GmbH in der Krise ein Darlehen bzw. ließ er ein solches Darlehen in der Krise stehen, so wurde dies „in Eigenkapital umqualifiziert", was zur Folge hat, dass es ebenfalls gemäß §§ 30, 31 GmbHG nicht an den Gesellschafter zurückgezahlt werden durfte.

---

[121] BGH, Urt. v. 24.11.2003, II ZR 171/01, BGHZ 157, 72.

[122] Siehe unten 1. Teil, J III 2 c.

Durch die GmbH-Reform im Jahre 2008 hat der Gesetzgeber dieser Rechtsprechung einer Absage erteilt. In § 30 I 3 GmbHG wurde mit Wirkung ab 01.11.2008 geregelt, dass das Auszahlungsverbot nicht für Gesellschafterdarlehen oder wirtschaftlich entsprechende Leistungen gilt.

Beispiel

„Die Finanzspritze vom Alten"

Eine kleine Reiseveranstaltungs-GmbH ist in der Krise. Sie kann die Rückflüge für 2000 Urlauber nicht vollständig bezahlen. Alleingesellschafter Horst Holiday (H) gewährt seiner GmbH ein Darlehen in Höhe von 40.000 €. Das Stammkapital der Gesellschaft von 50.000 € ist zu diesem Zeitpunkt bereits völlig aufgezehrt. Es besteht sogar schon eine Überschuldung in Höhe von 5000 €. Nach zwei Wochen lässt sich H das Darlehen vom Geschäftsführer Gerald Grande (G) wieder zurückzahlen, was durch zwischenzeitlich eingegangene Vorauszahlungen von Urlaubern, die bereits für die nächste Saison gebucht haben, möglich ist.

Drei Monate später stellt der Geschäftsführer G Insolvenzantrag. Der Insolvenzverwalter will wegen der Rückzahlung des Darlehens Ansprüche gegen den Geschäftsführer oder den Geschäftsführer geltend machen. Der Kredit wurde der GmbH in der Krise zum Zeitpunkt der Überschuldung gewährt und war damit von Anfang an eigenkapitalersetzend. Das Auszahlungsverbot der §§ 30, 31 GmbHG kommt jedoch ab dem 01.11.2008 nicht mehr zum Tragen, weshalb eine Rückzahlung nicht per se unzulässig gewesen ist. Der Verwalter kann jedoch gegenüber dem Gesellschafter nach § 135 I InsO die Rückzahlung eines Gesellschafterdarlehens anfechten und damit Erstattung der Rückzahlung zur Insolvenzmasse verlangen, sofern das Darlehen binnen eines Jahres vor Stellung des Insolvenzantrages oder danach zurückgewährt wurde. Damit verbunden ist indes keine Haftung des Geschäftsführers. Der Anfechtungsanspruch richtet sich nur gegen den Gesellschafter. Der Geschäftsführer haftet jedoch ggf. insolvenzrechtlich gemäß § 64 Satz 1 GmbHG auf Erstattung einer Auszahlung aus dem Gesellschaftsvermögen nach Eintritt der Insolvenzreife. Schließlich war die GmbH zum Zeitpunkt der Rückzahlung überschuldet und damit insolvenzreif.

Der Gesetzgeber hat also das Recht der eigenkapitalersetzenden Gesellschafterleistungen komplett abgeschafft. Dies betrifft auch die Streichung der §§ 32a und b GmbHG. Danach ist es nicht mehr per se verboten, Gesellschafterdarlehen in der Krise zurück zu zahlen. Unabhängig vom so genannten eigenkapitalersetzenden Charakter der Darlehen besteht aber anschließend die Möglichkeit der Insolvenzanfechtung durch den Insolvenzverwalter gemäß § 135 InsO bzw. der Anfechtung im Rahmen der Einzelzwangsvollstreckung. Dies kann ebenfalls weitreichende Folgen haben. Lässt sich beispielsweise ein Gesellschafter anlässlich des Verkaufs der Geschäftsanteile ein Darlehen von der Gesellschaft zurückzahlen und gerät die GmbH wenig später durch Missmanagement der neuen Anteilseigner in die Insolvenz, könnte der Insolvenzverwalter von Altgesellschafter verlangen, dass das

Darlehen in die Insolvenzmasse zurückgezahlt wird. Es sind alle Rückzahlungen von Gesellschafterdarlehen anfechtbar, die ein Jahr vor dem Antrag auf Eröffnung eines Insolvenzverfahrens oder nach Antragstellung an den Gesellschafter erfolgt sind.

Beispiel

„Alles in sterilen Tüchern"

Gregor Getty (G) ist Geschäftsführer einer GmbH, die eine kleine Privatklinik betreibt. Die Gesellschaft steckt in der Krise. Das Stammkapital von 500.000 € ist bereits bis auf 30.000 € aufgezehrt. Der Anteilsinhaber und das Management sind auf der Suche nach einem neuen Betreiber, der den kompletten Geschäftsbetrieb übernehmen soll. Gesellschafter Lutz Luftikus (L) hat einen Interessenten gefunden. Dieser lässt die Klinik bewerten und will sich in einigen Wochen entscheiden. Die derzeitige Liquidität reicht jedoch nicht mehr aus, um den Klinikbetrieb einstweilen fortzusetzen. Da ein Unterbrechen des Klinikbetriebs jedoch den Kaufpreis erheblich reduzieren könnte, weil einerseits die Mitarbeiter, aber andererseits auch die Patienten und damit die Umsätze nicht zu halten wären und es zudem generell schwierig ist, ein brachliegendes Geschäft „wieder zu beleben", beschließt L durch ein Privatdarlehen seinerseits der Gesellschaft Liquidität in Höhe von 200.000 € zuzuführen, damit der Geschäftsbetrieb zunächst fortgesetzt werden kann.
Der Erwerber verliert schließlich das Interesse an dem Klinikbetrieb, so dass eine Veräußerung nicht zustande kommt.

Nunmehr entschließt sich L, das Insolvenzverfahren für die GmbH durchführen zu lassen und weist den Geschäftsführer G an, den Insolvenzantrag zu stellen. Zuvor lässt er sich jedoch seinen Gesellschafterkredit in Höhe von 200.000 € zurückzahlen.

Diese Rückzahlung des Kredits kann durch den Insolvenzverwalter nach § 135 der Insolvenzordnung angefochten werden, sofern die Rückzahlung im letzten Jahr *vor der Stellung des Antrags auf Eröffnung des Insolvenzverfahrens* bzw. danach vorgenommen wurde. Der Anfechtungsanspruch verjährt innerhalb der regelmäßigen Verjährungsfrist von drei Jahren. Folge der Anfechtung ist, dass der an L zurückgeführte Kredit in die Masse zurückgeleistet werden muss.

3. Erwerb eigener Geschäftsanteile

a. Einführung

▶ Überblick

Die GmbH darf nur unter engen Voraussetzungen eigene GmbH-Anteile erwerben. Dies leuchtet ein, da bei einem vollständigen Erwerb aller GmbH-Anteile letztlich das System der Kapitalerhaltung nur eingeschränkt funktionieren kann und eine

Kontrolle durch die Gesellschafter nicht stattfindet, da der Geschäftsführer selbst als Organ der GmbH die Anteile verwaltet und etwaige Rechte ausüben könnte.

b. Verbot bei nicht voll eingezahlten Geschäftsanteilen

► Nicht voll eingezahlte Anteile

Das Gesetz sieht daher in § 33 Abs. 1 GmbHG grundsätzlich vor, dass die Gesellschaft eigene Geschäftsanteile, auf welche die Einlage noch nicht vollständig geleistet ist, nicht erwerben oder als Pfand nehmen kann. Sofern also die Stammeinlagen nicht vollständig einbezahlt sind, besteht ein absolutes Verbot des Erwerbs eigener Anteile. Ein Verstoß gegen dieses Verbot macht das Rechtsgeschäft sowohl schuldrechtlich als auch dinglich nichtig.[123] Durch dieses strikte Verbot wird verhindert, dass die GmbH ihre Einlageforderung dadurch verliert, dass sie die Geschäftsanteile selbst erwirbt.

c. Erwerb voll eingezahlter Anteile

► Voll eingezahlte Anteile

Ist die Stammeinlage für einen Geschäftsanteil voll einbezahlt, kommt ein Erwerb unter den engen Voraussetzungen von § 33 Abs. 2 GmbHG in Betracht. Danach darf eine GmbH eigene Anteile nur erwerben, sofern der Erwerb aus dem über den Betrag des Stammkapitals hinausgehenden vorhandenen Vermögens geschehen kann und die GmbH eine nach § 272 Abs. 4 HGB vorgeschriebene Rücklage für eigene Anteile bilden kann, ohne das Stammkapital oder eine nach dem Gesellschaftsvertrag zu bildende Rücklage, die nicht für Zahlungen an die Gesellschafter verwandt werden darf, zu mindern. Im Ergebnis ist also nur aus ungebundenem Vermögen der Erwerb eigener Anteile möglich. Eine GmbH mit einem Stammkapital von 25.000 € darf also eigene Anteile nur erwerben soweit Reinvermögen über 25.000 € vorhanden ist. Bei Erwerb muss sodann eine Rücklage für eigene Anteile gebildet werden, ohne dass das Stammkapital oder nach Gesellschaftsvertrag zu bildende Rücklagen verwandt werden. Wird hiergegen verstoßen, ist allerdings nur das schuldrechtliche Geschäft unwirksam, d. h. es folgt grundsätzlich eine Rückabwicklung nach dem Recht der ungerechtfertigten Bereicherung. Das dingliche Geschäft, d. h. die Anteilsabtretung bleibt aber zunächst wirksam, weshalb die Rückübertragung des Anteils erfolgen muss.

Beispiel

„Ärger bei der James Physio GmbH"

Paul Peter (P) ist Gesellschafter mit einem Geschäftsanteil von 1000 € der James Physio GmbH. James selbst ist Geschäftsführer und hält das restliche

[123] *Rowedder/Schmidt-Leithoff* § 33 GmbHG Rdnr. 2.

Stammkapital mit 24.000 €. P ist bei der GmbH als Physiotherapeut angestellt. Es entsteht Streit mit der Gesellschaft über die an Paul auszuzahlenden Honorare, der vor Gericht endet. Im richterlichen Protokoll verpflichtet sich die GmbH 10.000 € auf die offenen Honorare zu zahlen. Im Gegenzug verpflichtet sich P ebenfalls im gerichtlichen Protokoll, da man die geschäftliche Zusammenarbeit endgültig beenden möchte, seinen Geschäftsanteil über 1000 € gegen Zahlung von 1000 € auf die GmbH zu übertragen. Die GmbH hat zu diesem Zeitpunkt nur noch ein Reinvermögen von 5000 €, so dass der Erwerb nur aus sog. gebundenem Kapital möglich ist. Dieser Vergleich ist nichtig und rückabzuwickeln. Dies kann sich möglicherweise auch auf die Honoraransprüche auswirken, wenn die Parteien den Abfindungsvergleich nicht ohne die Anteilsübertragung vereinbart hätten. Sofern allerdings der Geschäftsanteil zwischenzeitlich von der GmbH an einen Dritten übertragen worden sind, verbleibt es bei der Übertragung auf den Erwerber. P kann von diesem Dritten nicht die Abtretung des Anteils auf sich verlangen. Die GmbH schuldet allerdings Wertersatz für den Anteil gemäß §§ 812, 818 BGB[124] – wohl bezogen auf den Tag des Erwerbs.

Der Erwerb eigener Anteile ist ferner zulässig, wenn Abfindungen von Gesellschaftern im Rahmen von bestimmten Umwandlungsvorgängen zu zahlen sind (§ 33 III GmbHG).

d. Rechtsfolgen eines wirksamen Erwerbs eigener Anteile

► Rechte aus eigenen Anteilen

Sofern die Gesellschaft wirksam eigene Anteile erworben hat, ruhen die Rechte aus den Geschäftsanteilen. Der Geschäftsanteil selbst bleibt jedoch erhalten. Die GmbH kann also nicht Gewinn an sich selbst aus eigenen Anteilen ausschütten oder aus eigenen Anteilen Stimmrechte auf der Gesellschafterversammlung ausüben. Bei der Beschlussfassung der Gesellschafterversammlung werden die Stimmen, die für die eigenen Geschäftsanteile bestehen, nicht mitgezählt. Die übrigen Gesellschafter halten vielmehr 100 % aller möglichen Stimmen, wonach sich dann auch die entsprechenden Mehrheiten berechnen. Die Reichweite dieses Ruhens ist allerdings nicht vollständig geklärt. Die Teilnahme der GmbH an Kapitalerhöhungen aus Gesellschaftsmitteln ist zulässig, § 57 l Abs. 1 GmbHG. Bei einer Kapitalerhöhung durch Zuführung neuer Mittel nimmt die GmbH jedoch hieran nicht teil, da dies dem Grundsatz der effektiven Kapitalaufbringung widerspräche. Denn die neuen Einlagen würden nicht effektiv dem Gesellschaftsvermögen zugeführt werden, da sie aus demselben stammen.[125]

[124] *Rowedder/Schmidt-Leithoff* § 33 GmbHG Rdnr. 27.

[125] Siehe *Rowedder/Schmidt-Leithoff*, § 33 GmbHG Rdnr. 48.

e. Haftung des Geschäftsführers

▶ Risiken für den Geschäftsführer

Der Geschäftsführer haftet gemäß § 43 Abs. III S. 1 Alt. 2 GmbHG, wenn entgegen den Bestimmungen des § 33 GmbHG von der GmbH eigene Geschäftsanteile erworben worden sind. Ist der Erwerb wegen Verstoßes gegen § 33 I oder II GmbHG schuldrechtlich unwirksam, müsste der Geschäftsführer einen etwaigen Kaufpreis, der aus dem Gesellschaftsvermögen für den Erwerb der Geschäftsanteile gezahlt wurde, aus ungerechtfertigter Bereicherung zurückfordern. Hat die GmbH, wie im Fall des § 33 II GmbHG den Anteil erworben, wäre dieser an den Veräußerer zurück zu übertragen. Sofern der Kaufpreis z. B. wegen Zahlungsunfähigkeit des Veräußerers nicht erlangt werden kann, haftet der Geschäftsführer gegenüber der GmbH. Die Haftung des Geschäftsführers setzt allerdings voraus, dass dem Geschäftsführer ein Verschulden vorzuwerfen ist und er selbst gehandelt hat. Hierbei genügt leichte Fahrlässigkeit. Der Geschäftsführer muss in jedem Fall prüfen, ob ungebundenes Vermögen für den Erwerb des Anteils zur Verfügung steht. Da die Gesellschaft durch ihn vertreten wird, wird er auch regelmäßig derjenige sein, der handelt. Etwas anderes gilt allerdings bei mehrgliedrigen Geschäftsführungsorganen, wenn der Erwerb des Anteils ohne Kenntnis des Mitgeschäftsführers geschieht. Dann haftet letzterer nicht.

II. Organisatorische Aufgaben des Geschäftsführers

1. Einberufung der Gesellschafterversammlung

▶ Überblick

Der Geschäftsführer hat innerorganisatorisch eine Reihe von Aufgaben zu erfüllen. So ist er grundsätzlich für die Einberufung der Gesellschafterversammlung verantwortlich.

Dies ergibt sich aus § 49 GmbHG:

§ 49 GmbHG [Einberufung der Gesellschafterversammlung]

(1) *Die Versammlung der Gesellschafter wird durch die Geschäftsführer berufen.*

(2) *Sie ist außer den ausdrücklich bestimmten Fällen zu berufen, wenn es im Interesse der Gesellschaft erforderlich erscheint.*

(3) *Insbesondere muss die Versammlung unverzüglich berufen werden, wenn aus der Jahresbilanz oder aus einer im Laufe des Geschäftsjahres aufgestellten Bilanz sich ergibt, dass die Hälfte des Stammkapitals verloren ist.*

Die Gesellschafterversammlung ist das oberste Organ der GmbH. Der Geschäftsführer leistet im Wesentlichen Servicefunktionen für die Vorbereitung und Einberufung der Gesellschafterversammlung.

a. Anlass der Einberufung

- Ordentliche Gesellschafterversammlung

Einmal jährlich findet eine ordentliche Gesellschafterversammlung statt, auf der der Jahresabschluss festgestellt und über die Gewinn- bzw. Ergebnisverwendung beschlossen wird. Der Geschäftsführer sowie ggf. der Aufsichtsrat sollen entlastet und – falls erforderlich – ein Abschlussprüfer bestellt werden.

- Einberufung, falls Interesse der Gesellschaft dies erfordert

Neben dieser ordentlichen Gesellschafterversammlung schreibt § 49 II GmbHG vor, dass eine Gesellschafterversammlung zusätzlich dann einzuberufen ist, wenn es im Interesse der Gesellschaft erforderlich erscheint. Dieses Recht hat auch der Aufsichtsrat gemäß § 52 I GmbHG in Verbindung mit § 111 III 1 AktG. Der Geschäftsführer muss die Gesellschafterversammlung einberufen, wenn es um Entscheidungen geht, die in die Zuständigkeit der Gesellschafterversammlung fallen. Ist beispielsweise in der Satzung für einen Grundstückskauf die Zustimmung der Gesellschafterversammlung vorgesehen, so muss der Geschäftsführer dieses Rechtsgeschäft der Gesellschafterversammlung vorlegen, indem er sie zu diesem Zweck einberuft. Wie bereits ausgeführt, bedarf der Geschäftsführer ferner bei der Vornahme außergewöhnlicher Geschäfte ggf. der Zustimmung der Gesellschafterversammlung.[126]

- Einberufung bei „qualifizierter" Unterbilanz

Darüber hinaus ist der Geschäftsführer verpflichtet, eine Gesellschafterversammlung unverzüglich einzuberufen, wenn sich ergibt, dass die Hälfte des Stammkapitals aufgezehrt ist.[127]

- Einberufung durch Gesellschafter

Schließlich sieht § 50 GmbHG das Recht einer Gesellschafterminderheit vor, die Einberufung einer Gesellschafterversammlung unter Angabe des Zwecks und der Gründe durch den Geschäftsführer zu verlangen. Erforderlich ist, dass die Gesellschafter, die auf eine Durchführung der Gesellschafterversammlung pochen, mindestens 10 % des Stammkapitals halten. Ferner ist es rechtlich zulässig, allen oder einzelnen Gesellschaftern in der Satzung das Recht einzuräumen, eine Gesellschafterversammlung einzuberufen.[128]

---

[126] Siehe oben 1. Teil, J II 2 e).

[127] Siehe unten 1. Teil K II.

[128] Dieses Recht kann allerdings nur neben der Einberufungskompetenz der Geschäftsführer stehen, diese müssen weiterhin zur Einberufung berechtigt sein, siehe *Lutter/Hommelhoff*, GmbHG, § 49 Rdnr. 6.

▶ Selbsthilferecht

Weigert sich der Geschäftsführer, dem Begehren der Minderheit innerhalb einer angemessenen Frist nachzukommen, so haben die betroffenen Gesellschafter ein Selbsthilferecht und dürfen selbst eine Gesellschafterversammlung vorbereiten und einberufen. Wichtig ist, dass dem Geschäftsführer für die Einberufung eine *angemessene* Frist eingeräumt wurde, wobei die Angemessenheit im Einzelfall zu beurteilen ist. Der *BGH* hat eine Frist von drei Wochen für angemessen erachtet[129] und hierbei ausgeführt, dass im Regelfall eine Frist von einem Monat hinreichend sein wird. Beraumen die Gesellschafter voreilig eine Gesellschafterversammlung an, ohne dem Geschäftsführer – unter Angabe des Zwecks und der Gründe – für die Einberufung eine angemessene Frist zuzubilligen, so ist ein auf dieser Versammlung gefasster Beschluss nichtig.[130]

b. Zuständigkeit des Geschäftsführers

▶ Jeder Geschäftsführer ist einberufungsbefugt

Grundsätzlich ist der Geschäftsführer für die Einberufung der Gesellschafterversammlung gemäß § 49 I GmbHG zuständig. Gibt es mehrere Geschäftsführer, so darf jeder allein, ohne Rücksprache mit den Mitgeschäftsführern, eine Gesellschafterversammlung einberufen.[131] Dies gilt unabhängig davon, ob Gesamtvertretung oder Einzelvertretung besteht. Auch ein Notgeschäftsführer darf eine Gesellschafterversammlung einberufen; dies selbst dann, wenn neben ihm noch ein weiterer Geschäftsführer einberufen ist.

▶ Aufsichtsrat darf einberufen, wenn Wohl der Gesellschaft dies erfordert

Ferner ist der Aufsichtsrat berechtigt, eine Gesellschafterversammlung einzuberufen, wenn dies das Wohl der Gesellschaft erfordert. Daneben gibt es das bereits erwähnte Recht einer Gesellschafterminderheit, im Wege einer Selbstvornahme eine Gesellschafterversammlung anzusetzen. Das Recht, die Durchführung einer Gesellschafterversammlung abzusagen, hat derjenige, der sie einberufen hat.[132]

---

[129] BGH, Urt. v. 15.06.1998, II ZR 318/96, ZIP 1998, 1269, 1271.

[130] BGH, Urt. v. 07.02.1983, II ZR 14/82, NJW 1983, 1677; BGH, Urt. v. 15.06.1998, II ZR 318/96, ZIP 1998, 1269, 1271.

[131] BayObLG, Beschl. v. 02.07.1999 – 3Z BR 298/99, NZG 1999, 1063.

[132] OLG München, Urt. v. 03.11.1993, 7 U 2905/93, DB 1994, 320 f.

Tipp für den Geschäftsführer!
Der Geschäftsführer sollte unbedingt auf die Einhaltung der Formalien achten, denn unwirksame Gesellschafterbeschlüsse können der GmbH viel Zeit und Geld kosten. Man stelle sich beispielsweise vor, was es bedeutet, wenn eine Kapitalerhöhung deswegen scheitert, weil der Geschäftsführer versehentlich einen Gesellschafter nicht eingeladen hat, weshalb dieser zu Recht gegen den Erhöhungsbeschluss Nichtigkeitsklage erhebt. Für die der GmbH durch die fehlerhafte Einberufung entstandenen Schäden kommt eine Haftung des Geschäftsführers nach § 43 GmbHG in Betracht.

c. Formalien der Einberufung

Die wichtigsten Formalien ergeben sich aus § 51 GmbHG. Diese sollte der Geschäftsführer unbedingt beachten. Dort heißt es:

§ 51 GmbHG [Form und Inhalt der Einberufung]

(1) *Die Berufung der Versammlung erfolgt durch Einladung der Gesellschafter mittels eingeschriebener Briefe. Sie ist mit einer Frist von mindestens einer Woche zu bewirken.*

(2) *Der Zweck der Versammlung soll jederzeit bei der Berufung angekündigt werden.*

(3) *Ist die Versammlung nicht ordnungsmäßig berufen, so können Beschlüsse nur gefasst werden, wenn sämtliche Gesellschafter anwesend sind.*

(4) *Das gleiche gilt in Bezug auf Beschlüsse über Gegenstände, welche nicht wenigstens drei Tage vor der Versammlung in der für die Berufung vorgeschriebenen Weise angekündigt worden sind.*

aa. Inhalt der Einberufung

- Ladung per Einschreiben

Die Einladung erfolgt grundsätzlich schriftlich durch eingeschriebenen Brief.[133] Das Einschreiben muss nach heute herrschender Auffassung nicht von der Deutschen

[133] Hierbei ist strittig, ob auch ein Einwurf-Einschreiben genügt oder ob ein Übergabe-Einschreiben zu fordern ist, wobei das Übergabe-Einschreiben nicht „eigenhändig" sein muss. Ein Einwurf-Einschreiben dürfte ausreichend sein: LG Mannheim, Urt. v. 08.03.2007, 23 O 10/06, NZG 2008, 111, so auch für das Aufforderungsschreiben nach § 21 I 2 GmbHG: BGH, Urt. v. 27.09.2016, II ZR 299/15, NZG 2016, 1417. Ein Einschreiben mit Rückschein ist dagegen nicht erforderlich. Der Einlieferungsschein erbringt den Beweis der Versendung, allerdings nicht der richtigen Anschrift, da diese nicht von der Post auf den Einlieferungsbeleg vermerkt wird, hier ist ggf. Zeugenbeweis über die auf den Umschlag vorhandene Anschrift anzutreten oder das Ergebnis eines Nachforschungsauftrages, in dem die Empfängeradresse bestätigt wird, vorzulegen. Eine Zustellung durch Gerichtsvollzieher ist ebenfalls formgerecht.

Post stammen, ein „Einschreiben" eines sonstigen privaten Kurierdienstes, der gleichwertig versendet, ist ausreichend.[134] Die Einladung kann nach zutreffender Ansicht auch persönlich durch den Einberufenden gegen Empfangsquittung übergeben werden.[135] Die Einladung muss an die Gesellschafter persönlich gerichtet werden und zwar an die Adresse, die der Gesellschaft vom Gesellschafter mitgeteilt worden ist. Ist der Aufenthalt des Gesellschafters unbekannt, so ist umstritten, wie zu verfahren ist. Eine Auffassung lässt es genügen, wenn die Einladung an die zuletzt bekannte Adresse gesandt wird,[136] andere fordern eine öffentliche Zustellung der Einladung nach § 132 BGB – was allerdings sehr aufwendig und zeitraubend ist. Als weitere Möglichkeit kommt die Bestellung eines Abwesenheitspflegers durch das Amtsgericht des letzten bekannten Wohnorts in Betracht (§ 1911 BGB), der dann die Funktionen des Gesellschafters übernimmt. Ort und Zeit der durchzuführenden Gesellschafterversammlung sind in der Einladung präzise anzugeben. Ferner muss die Einladung erkennen lassen, dass sie vom Geschäftsführer als zuständigem Organ stammt.[137]

Die Einladung ist nach bestrittener Auffassung zu unterschreiben.[138] Die Satzung kann die Formalien abschwächen, auch eine Einladung per E-Mail, Fax oder einfachen Brief wäre danach zulässig.

▶ Zumutbarkeit der Teilnahme

Die Teilnahme an der Gesellschafterversammlung muss den jeweiligen Gesellschaftern hinsichtlich des Ortes und der Zeit zumutbar sein. Grundsätzlich ist die Gesellschafterversammlung am Sitz der Gesellschaft, ggf. in näherer Umgebung in geeigneten Räumlichkeiten durchzuführen. Am Wochenende können durchaus – nach zutreffender, wenn auch bestrittener Ansicht – Gesellschafterversammlungen abgehalten werden, da dies ohne weiteres zumutbar ist. Im Gegenteil wird es den Gesellschaftern, die berufstätig sind, am Wochenende eher möglich sein, an der Gesellschafterversammlung teilzunehmen. Wird ein Gesellschafter – aus welchen Gründen auch immer – nicht eingeladen, so sind die in einer gleichwohl abgehaltenen Gesellschafterversammlung gefassten Beschlüsse grundsätzlich nichtig,[139] die Ladung zu einem unzumutbaren Ort, z. B. in die Wohnung des verfeindeten Gesellschafters machen die Beschlüsse in der Regel nicht per se nichtig, sondern hinsichtlich der festgestellten Beschlussergebnisse nur anfechtbar.[140]

---

[134] *Roth/Altmeppen,* GmbHG, § 51 Rdnr. 2, dies muss m.E. nicht zwingend als Einschreiben bezeichnet werden, die Form der Versendung ist maßgeblich.

[135] *Roth/Altmeppen,* GmbHG, § 51 Rdnr. 2, nicht ausreichend dürfte die Übergabe durch einen Dritten sein, es sei denn die Satzung lässt die Übergabe durch einen Boten zu.

[136] *Baumbach/Hueck,* GmbHG § 51 Rdnr. 4.

[137] *Roth/Altmeppen,* GmbHG, § 51 Rdnr. 2, danach muss der einberufene Geschäftsführer namentlich benannt sein.

[138] So BGH, Beschl. v. 24.03.2016 – IX ZB 32/15, NZG 2016, 552, Rdnr. 21.

[139] BayObLG, Beschl. v. 28.08.1997, 3Z BR 1/97, GmbHR 1997, 1002.

[140] BGH, Beschl. v. 24.03.2016, IX ZB 32/15, NZG 2016, 552.

► Tagesordnung

Mit der Einladung wird in der Regel die Tagesordnung versandt, vorgeschrieben ist dies jedoch nicht. Das Gesetz erlaubt vielmehr, dass die Tagesordnung spätestens drei Tage vor der Gesellschafterversammlung unter Einhaltung der gleichen Formalien, die für die Einladung gelten, angekündigt werden muss. Auch dies fällt in die Zuständigkeit des Geschäftsführers.

► Bestimmtheitserfordernis

Die Tagesordnung hat dem Bestimmtheitserfordernis zu genügen. Die Gesellschafter müssen vor Überraschungen bewahrt werden. Sie sollen sich adäquat auf die Versammlung vorbereiten können. Es ist allerdings nicht – wie bei der Hauptversammlung einer AG – erforderlich, bereits Beschlussvorlagen bzw. -anträge beizufügen.

Ist die Abberufung eines Geschäftsführers *aus wichtigem Grund* in der Tagesordnung angekündigt, so soll es nicht mehr zulässig sein, dass dieser dann *ohne wichtigen Grund* abberufen wird.[141] In solchen Fällen ist es empfehlenswert anzukündigen, dass die Abberufung *aus wichtigem Grund, hilfsweise ohne wichtigen Grund* erfolgen soll. Dann ist jedem Gesellschafter klar, dass er auch mit einer Abstimmung über eine Abberufung ohne wichtigen Grund rechnen muss.

Ist die Tagesordnung zu spät angekündigt bzw. genügt sie nicht dem Bestimmtheitsgrundsatz, so bildet dies einen Anfechtungsgrund für getroffene Beschlüsse über die nicht ordnungsgemäß angekündigten Tagesordnungspunkte. Jeder Gesellschafter hat die Möglichkeit, eine Anfechtungsklage zu erheben.

bb. Einberufungsfrist

► Ladungsfrist von einer Woche

Das GmbH-Gesetz sieht in § 51 eine Ladungsfrist von einer Woche durch eingeschriebenen Brief vor. Nicht geregelt ist jedoch, wann diese Frist beginnt. Nach derzeitiger Ansicht wird die Wochenfrist von dem Tag an gerechnet, an dem mit dem Zugang beim Empfänger nach der üblichen Postlaufzeit zu rechnen ist. Dies sind heute im Inland höchstens zwei Tage. Die Frist zur Ladung zur Gesellschafterversammlung beginnt also mit der Aufgabe des eingeschriebenen Briefs zur Post zuzüglich der üblicherweise zu erwartenden Postlaufzeit.[142] Auf den eigentlichen Zugang des Briefs kommt es nicht an.[143] Der Zugang muss daher auch nicht von der Gesellschaft bzw. dem Geschäftsführer bewiesen werden. Durch das Einschreiben

[141] BGH, Urt. v. 28.01.1985, II ZR 79/84, WM 1985, 567, 570.
[142] BGH, Urt. v. 30.03.1987, II ZR 180/86, BGHZ 100, 264, 267 ff.
[143] OLG Naumburg, Urt. v. 17.12.1996, 7 U 196/95, GmbHR 1998, 90, 91.

ist mit überwiegender Wahrscheinlichkeit sichergestellt, dass der Brief zugeht. Geht er ausnahmsweise nicht zu, so liegt dies in der Risikosphäre des Gesellschafters. Die Gesellschaft muss nur beweisen, dass sie den Brief bei der Post aufgegeben hat. Dies kann sie regelmäßig durch Vorlage des Einlieferungsscheins. Für die Fristberechnung gelten dann die §§ 187 I, 188 II BGB. Das bedeutet, dass der Tag des Fristbeginns nicht mitzurechnen ist und die Frist am gleichen Wochentag in der Folgewoche abläuft. Die Gesellschafterversammlung darf dann frühestens am darauffolgenden Tag abgehalten werden.

Beispiel

„Fristenlösung"

Geschäftsführerin Gisela Groh (G) lädt die Gesellschafter mit Schreiben vom Montag, dem 1. März. Die Einladungsschreiben liefert sie am selben Tag bei der Post ein. Nach der ortsüblichen Postlaufzeit im Inland wird von einem Zugang bei den Gesellschaftern am Mittwoch, dem 3. März ausgegangen. Die Wochenfrist beginnt damit am Donnerstag, dem 4. März um 0:00 Uhr. Die Frist endet am Mittwoch der Folgewoche, d. h. dem 10. März um 24:00 Uhr. Dies entspricht einem Zeitraum von einer Woche. Die Gesellschafterversammlung darf daher frühestens am Donnerstag, dem 11. März abgehalten werden. Endet die Frist auf einem Samstag, Sonntag oder Feiertag, so ist strittig, ob die Frist dann erst am nächsten „Arbeitstag" abläuft. Das ist zu befürworten, da dies § 193 BGB entspricht und kein Grund besteht, hiervon abzuweichen.[144]

► Versendung der Tagesordnung unterliegt ebenfalls Formalien

Die Tagesordnung muss ebenfalls mit eingeschriebenem Brief und unter den gleichen Formalien wie die Einladung versandt werden. Auch die Dreitagesfrist ist wie die Ladungsfrist zu berechnen. Wird die Dreitagesfrist nicht eingehalten, so ist der Beschluss ebenfalls analog § 243 AktG anfechtbar.

► Abweichende Satzungsbestimmungen sind möglich

In der Praxis werden die vorbezeichneten Fristen meist durch eine entsprechende Satzungsbestimmung verlängert und für den Fristbeginn der Tag der Einlieferung der Briefe vereinbart. Üblich ist die Vereinbarung einer Ladungsfrist von 14 Tagen ab Einlieferung für die Einberufung der Gesellschafterversammlung, wobei häufig vorgesehen wird, dass die Tagesordnung bereits beigefügt sein muss. Eine Verlängerung der Ladungsfrist ist bis zur Grenze der unangemessenen Erschwerung der Einberufung zulässig.[145]

---

[144] So im Ergebnis auch OLG Naumburg, Urt. v. 17.12.1996, 7 U 196/95, GmbHR 1998, 90, 92.

[145] OLG Naumburg, Urt. v. 17.12.1996, 7 U 196/95, GmbHR 1998, 90, 91.

cc. Folgen von Einberufungs- und Ladungsmängeln

► Folgen der Fristversäumnis

Wird die Frist nicht eingehalten, so bleibt dies folgenlos, wenn dennoch die Gesellschafter vollzählig auf der Gesellschafterversammlung erscheinen und auf die Einhaltung „aller Formen und Fristen" verzichten. Andernfalls ist eine Beschlussfassung grundsätzlich ausgeschlossen. Falls trotzdem ein Beschluss gefasst wird, so ist zu unterscheiden:

► Anfechtungs- oder Nichtigkeitsklage

Waren wegen des Einberufungsmangels nicht sämtliche Gesellschafter bei der Gesellschafterversammlung anwesend, so ist der Beschluss *nichtig.*[146] Wichtige Einberufungsmängel sind beispielsweise die unterbliebene Einladung eines Gesellschafters oder die Übersendung der Einladung mit fehlerhafter Angabe des Versammlungsortes oder der Versammlungszeit.[147] Nehmen zwar sämtliche Gesellschafter an der Versammlung teil, besteht jedoch kein Einverständnis zwischen allen Anwesenden, dass auf die Einhaltung der „Formen und Fristen" verzichtet werden kann und wird dennoch ein Gesellschafterbeschluss gefasst, so ist dieser analog § 243 I AktG *anfechtbar.*[148]

► Verzicht auf Formalien möglich

Nur wenn zwischen sämtlichen Gesellschaftern, die vollzählig auf der Gesellschafterversammlung erschienen sind, ein Einvernehmen besteht, dass die Gesellschafterversammlung zum Zwecke der Beschlussfassung abgehalten werden soll, ist der Einberufungs- bzw. Ladungsmangel geheilt.[149] Wird ein Beschluss trotz eines Einberufungs- bzw. Ladungsmangels gefasst und erhebt der benachteiligte Gesellschafter hiergegen Nichtigkeits- bzw. Anfechtungsklage, so dürfte diese regelmäßig

---

[146]BGH, Urt. v. 14.12.1961, II ZR 97/59, BGHZ 36, 207, 211; BayObLG, Beschl. v. 28.08.1997, 3Z BR 1/97, GmbHR 1997, 1002.

[147]Siehe auch BayOblG, Beschl. v. 02.07.1999, 3Z BR 298/98, NZG 1999, 1063, wonach die Einberufung durch einen Nichtberechtigten zur Nichtigkeit der gefassten Beschlüsse führt, Instruktiv BGH, Urt. v. 13.02.2006, II ZR 200/04, NZG 2006, 349, Leitsatz: *Weist die Ladung zu einer Gesellschafterversammlung derart schwerwiegende Form- und Fristmängel auf, dass dem Gesellschafter eine Teilnahme faktisch unmöglich gemacht wird (hier: Ladung per E-Mail in den Abendstunden des Vortags auf den frühen Vormittag des nächsten Tages), steht dies einer Nichtladung des Gesellschafters gleich und führt zur Nichtigkeit der auf der Gesellschafterversammlung gefassten Beschlüsse.*

[148]BGH, Urt. v. 30.03.1987, II ZR 180/86, BGHZ 100, 264, 265; OLG Naumburg, Urt. v. 17.12.1996, 7 U 196/95, GmbHR 1998, 90, 92.

[149]BGH, Urt. v. 30.03.1987, II ZR 180/86, BGHZ 100, 264, 269; OLG München, Urt. v. 17.03.1993, 7 U 5418/92, NJW-RR 1994, 939, 940; OLG Stuttgart, Urt. v. 23.07.1993, 2 U 79/93, GmbHR 1994, 257, 258.

erfolgreich sein. Nur dann, wenn klar zutage tritt, dass der Beschluss auch bei Ordnungsgemäßheit der Einladung in gleicher Weise zustande gekommen wäre, bei vernünftiger Beurteilung also unter keinen Umständen in Betracht kommt, dass der von dem Mangel betroffene Gesellschafter das Ergebnis hätte beeinflussen können, kann ein Einberufungsmangel unbeachtlich sein.[150]

d. Durchführung der Gesellschafterversammlung

► Kein Teilnahmerecht des Geschäftsführers

Die Durchführung der Gesellschafterversammlung ist nicht Aufgabe des Geschäftsführers, er hat noch nicht einmal ein Teilnahmerecht. Er ist aber verpflichtet, auf Weisung der Gesellschafterversammlung vor dieser zu erscheinen. Die Gesellschafterversammlung wird von einem Versammlungsleiter koordiniert. Dies kann der Geschäftsführer sein, es gehört jedoch originär nicht zu seinen Aufgaben. Er dürfte daher – sofern sich nicht aus dem Anstellungsvertrag etwas anderes ergibt – auch nicht verpflichtet sein, das Amt des Versammlungsleiters wahrzunehmen. Häufig wird ein Mehrheitsgesellschafter mit der Versammlungsleitung betraut. In der Satzung finden sich häufig Regelungen, wer die Versammlungsleitung übernimmt bzw. wie diese zu bestimmen ist.

e. Beschlussfassung im schriftlichen Verfahren

► Schriftliches Verfahren

Gesellschafterbeschlüsse können unter den Voraussetzungen des § 48 II GmbHG auch im schriftlichen „Umlaufverfahren" gefasst werden. Nach dieser Vorschrift ist Voraussetzung, dass entweder sämtliche Gesellschafter mit dem schriftlichen Verfahren einverstanden sind oder aber sämtliche Gesellschafter schriftlich dem konkret zu fassendem Beschluss zugestimmt haben. Im ersten Fall kann also auch eine Mehrheitsentscheidung getroffen werden, wobei sich die Gesellschafter lediglich darauf verständigt haben, dass grundsätzlich im schriftlichen Verfahren beschlossen werden kann. Im zweiten Fall hingegen stimmen die Gesellschafter ausschließlich im Einzelfall dem zu fassenden Beschluss schriftlich zu, ohne dass generell ein schriftliches Verfahren geregelt sein muss.

Der Geschäftsführer ist ebenfalls zuständig, das schriftliche Verfahren einzuleiten. Neben ihm soll jedoch auch jeder Gesellschafter das Recht haben, dieses Verfahren zu betreiben.

In der Satzung werden häufig vereinfachte Beschlussverfahren geregelt.

---

[150] BGH Urt. v. 17.11.1997, II ZR 77/97, ZIP 1998, 22, 23.

Tipp für den Geschäftsführer!
Sie müssen mit den gesetzlichen Regeln vertraut sein, damit Sie gewährleisten können, dass die Gesellschafterversammlungen ordnungsgemäß einberufen werden. Unterlaufen Ihnen Fehler, so schaffen Sie Nichtigkeits- und Anfechtungsgründe, die Sie in die Kritik geraten lassen sowie eine Schadensersatzpflicht Ihrerseits begründen. Bitte beachten Sie, dass Satzungsbestimmungen gegenüber der gesetzlichen Regelung vorrangig sind. Vergewissern Sie sich also immer zunächst, ob im Gesellschaftsvertrag Vorschriften über die Einberufung verankert sind. Nur wenn dies nicht der Fall ist, können Sie uneingeschränkt auf die gesetzlichen Regelungen zurückgreifen.

2. Informations- und Einsichtsrechte der Gesellschafter

a. Allgemeines

▶ Wichtigstes Individualrecht der Gesellschafter

Die Gesellschafter haben umfassende Auskunfts- und Einsichtsrechte gegenüber ihrer GmbH. Der Geschäftsführer ist dazu berufen, diese Rechte zu erfüllen. Es handelt sich um Individualrechte, die jedem einzelnen Gesellschafter zustehen und die Ausdruck eines Minderheitenschutzes sind.

Die maßgebliche gesetzliche Regelung lautet:

§ 51a GmbHG [Auskunfts- und Einsichtsrecht]

(1) *Die Geschäftsführer haben jedem Gesellschafter auf Verlangen unverzüglich Auskunft über die Angelegenheiten der Gesellschaft zu geben und die Einsicht der Bücher und Schriften zu gestatten.*

(2) *Die Geschäftsführer dürfen die Auskunft und Einsicht verweigern, wenn zu besorgen ist, dass der Gesellschafter sie zu gesellschaftsfremden Zwecken verwenden und dadurch der Gesellschaft oder einem verbundenen Unternehmen einen nicht unerheblichen Nachteil zufügen wird. Die Verweigerung bedarf eines Beschlusses der Gesellschafter.*

(3) *Von diesen Vorschriften kann im Gesellschaftsvertrag nicht abgewichen werden.*

§ 51 b GmbHG [Gerichtliche Entscheidung über das Auskunftsrecht]

Für die gerichtliche Entscheidung über das Auskunfts- und Einsichtsrecht findet § 132 I, III–V AktG entsprechende Anwendung. Antragsberechtigt ist jeder Gesellschafter, dem die verlangte Auskunft nicht gegeben oder die verlangte Einsicht nicht gestattet worden ist.

b. Voraussetzungen

▶ Unentziehbares und umfassendes Recht

Das Auskunfts- und Einsichtsrecht steht jedem Gesellschafter unentziehbar zu. Der Gesellschafter darf nicht nur auf der Gesellschafterversammlung Auskünfte und die Vorlage von Unterlagen begehren, sondern auch außerhalb derselben. Das Informationsrecht bezieht sich auf sämtliche Angelegenheiten der Gesellschaft. Dies betrifft sowohl abgeschlossene als auch zukünftig geplante Vorgänge, wie z. B. in Verhandlung befindliche Verträge. Ein spezielles Informationsbedürfnis des Gesellschafters wird nicht vorausgesetzt. Der Gesellschafter hat grundsätzlich ein Interesse daran, sich über sämtliche Geschäfte seiner Gesellschaft zu informieren. Das Einsichtsrecht muss sich aber immer auf bestimmte Unterlagen beziehen, es gibt kein globales Einsichtsrecht, etwa dergestalt, dass dem Gesellschafter ein Onlinezugriff auf die EDV eingeräumt werden muss und sich dieser umfassend informieren kann.[151]

Wie der Geschäftsführer die Auskunft erteilt, liegt prinzipiell in seinem Ermessen. Er kann dies mündlich oder auch schriftlich tun. Das Einsichtsrecht bezieht sich auf alle Unterlagen der Gesellschaft einschließlich der EDV. Der Gesellschafter darf die Originale einsehen. Der Geschäftsführer kann jedoch von sich aus Kopien übersenden, da dem Informationsbedürfnis dadurch ausreichend Rechnung getragen wird. Wenn es auf das Original dann nicht mehr ankommt, muss dieses auch nicht zur Verfügung gestellt werden. Es besteht allerdings keine Verpflichtung des Geschäftsführers, Kopien für den Gesellschafter zu erstellen. Der Gesellschafter hat jedoch das Recht, sich auf eigene Kosten Kopien anzufertigen sowie sich beliebige Notizen zu machen.[152] Auskunft und Einsicht stehen nach zutreffender Ansicht selbstständig nebeneinander, der Gesellschafter kann sie kumulativ geltend machen.[153] Es kann indes sinnvoll sein, zunächst Auskunft zu verlangen, nach Erteilung derselben, sodann die Einsicht in die Unterlagen zu fordern. Allerdings wir unter dem Gesichtspunkt der rechtsmissbräuchlichen Ausübung auch vertreten, dass der Gesellschafter zunächst die Auskunft als das schonendere Mittel gelten zu machen hat, das Einsichtsrecht ist danach im Verhältnis zur Auskunft subsidiär.[154]

▶ Hinzuziehung von Sachverstand ist zulässig

---

[151]Baumbach/Hueck, GmbHG § 51a Rn. 23: *Insbes. bei IT-Speicherung erscheint es ausgeschlossen, dass dem einsichtbegehrenden Gfter der unmittelbare Zugang zum elektronischen System eröffnet werden kann.*

[152]OLG Köln, Beschl. v. 26.04.1985, 24 W 54/84, ZIP 1985, 800, 802.

[153]OLG Frankfurt, Beschl. v. 10.03.2003, 20 W 96/99, juris.de.

[154]OLG Jena, Beschl. v. 14.09.2004, 6 W 417/04, NZG 2004, 1156, siehe Leitsätze: *1. Bei der Ausübung des Auskunfts- und Einsichtsrechts gem. § 51a GmbHG muss der Gesellschafter das schonendste Mittel zur Erfüllung seines Informationsbedürfnisses wählen. 2. Ein Gesellschafter, welcher an der Gesellschafterversammlung nicht teilnimmt und nachträglich der Geschäftsführung ständig neue Fragen stellt, verhält sich rechtsmissbräuchlich.*

Der Gesellschafter ist ferner berechtigt, sich bei der Einsichtnahme durch einen zur Berufsverschwiegenheit verpflichteten Dritten, z. B. einen Steuerberater vertreten zu lassen. Dies ist dann sinnvoll, wenn der Gesellschafter keine ausreichenden Fachkenntnisse hat, um z. B. die Unterlagen des Rechnungswesens sachgerecht beurteilen zu können.

Anspruchsgegner des Anspruchs auf Auskunftserteilung und Einsicht ist stets die GmbH. Der Geschäftsführer ist lediglich für die Erfüllung des Anspruchs zuständig.

c. Verweigerung der Auskunft bzw. Einsicht

- Verweigerung ist nur in Ausnahmefällen durch Entscheidung der Gesellschafterversammlung möglich

Der Geschäftsführer darf bzw. muss die Auskunft bzw. die Einsichtnahme unter bestimmten Umständen verweigern. Dies einerseits dann, wenn schon die allgemeinen Voraussetzungen des Anspruchs fehlen, z. B. weil ein entsprechendes Begehren rechtsmissbräuchlich wäre, etwa weil es dem Gesellschafter nur darum geht mit seinen Verlangen den Geschäftsbetrieb lahmzulegen. Einen speziellen Verweigerungsgrund bietet darüber hinaus § 51a II GmbHG. Danach dürfen die Geschäftsführer die Auskunft und die Einsicht verweigern, wenn zu befürchten ist, dass der Gesellschafter sie zu gesellschaftsfremden Zwecken verwenden und dadurch der Gesellschaft oder einem verbundenen Unternehmen einen nicht unerheblichen Nachteil zufügen wird. Der Geschäftsführer darf allerdings nicht abschließend selbst die Auskunft oder die Einsichtnahme verweigern, sondern muss einen Gesellschafterbeschluss hierüber herbeiführen. Es ist dann Aufgabe der Gesellschafterversammlung, darüber zu befinden, ob dem Gesellschafter die begehrte Auskunft bzw. Einsichtnahme gestattet werden soll.

- Nachteilszufügung bei GmbH

Entscheidend ist, ob der Gesellschaft durch die Auskunft bzw. Einsichtnahme objektiv ein wirtschaftlich nicht nur geringfügiger Nachteil entsteht. Subjektiv muss dann die potenzielle Gefahr der Verwendung der Informationen durch den Gesellschafter zu gesellschaftsexternen Zwecken zu befürchten sein. Hierfür ist eine hinreichend begründete Wahrscheinlichkeit zu fordern, wobei die GmbH die Beweislast hat. Indizien können bereits vorhergehende Verletzungen der Verschwiegenheit bilden.

Ist beispielsweise bekannt, dass ein Gesellschafter auch an einem Konkurrenzunternehmen beteiligt ist, so ist zu befürchten, dass er sich durch sein Einsichtsrecht Informationen verschafft, um anschließend dem Konkurrenten möglichst viele Interna preiszugeben.

- Speziell eingerichtetes gerichtliches Verfahren nach § 51b GmbHG vorgesehen

Ist der Gesellschafter mit der Verweigerung nicht einverstanden, so kann er das gerichtliche Verfahren nach § 51b GmbHG betreiben. Dieses Verfahren setzt nicht voraus, dass die Gesellschafterversammlung über die begehrte Auskunft bzw. Einsicht einen Beschluss gefasst oder überhaupt reagiert hat.[155] Für die Einleitung ist ein Antrag beim Landgericht erforderlich. Die Kammer für Handelssachen kann ohne mündliche Verhandlung und ohne Einzahlung eines Kostenvorschusses entscheiden. Dadurch kann das Verfahren sehr schnell von Statten gehen, wobei gegen die Entscheidung die sofortige Beschwerde nur stattfindet, wenn sie zugelassen wird. Das heißt es gibt recht schnell eine rechtskräftige Entscheidung.[156] Der Anspruch auf Einsichtnahme kann gemäß § 883 ZPO vollstreckt werden, das heißt der Gerichtsvollzieher kann beauftragt werden, die Herausgabe der Unterlagen durchzusetzen. Wird die Auskunft verweigert kann ein Zwangsgeld gegen die GmbH verhängt werden (§ 888 ZPO).[157]

Achtung!
Werden Beschlüsse gefasst, obwohl die Gesellschafter nicht ausreichend informiert sind und wird ihnen weitere Auskunft bzw. Einsichtnahme verweigert, so können die auf dieser Grundlage gefassten Beschlüsse anfechtbar sein.

Der Geschäftsführer muss sich vergegenwärtigen, dass er sich gemäß § 43 GmbHG schadensersatzpflichtig macht, wenn er einem Gesellschafter unberechtigt Auskünfte erteilt bzw. die Einsichtnahme in die Geschäftsunterlagen gestattet. In Zweifelsfällen sollte er daher besser die Gesellschafterversammlung einberufen. Umstritten ist, ob der Geschäftsführer im Falle der unberechtigten Verweigerung der Auskünfte dem Gesellschafter persönlich gemäß § 823 II BGB i. V. m. § 51a GmbHG Schadensersatz schuldet. Höchstrichterliche Entscheidungen liegen hierzu – soweit ersichtlich – noch nicht vor.[158] Die rechtswidrige Verweigerung der Auskunft kann jedoch einen wichtigen Grund zur Abberufung des Geschäftsführers darstellen sowie zur fristlosen Kündigung des Anstellungsvertrags führen.[159] Dies dürfte jedoch dann nicht gelten, wenn die Verweigerung auf einen Gesellschafterbeschluss beruht, da der Geschäftsführer an diesen Beschluss gebunden ist.

---

[155] BGH, Beschl. v. 06.03.1997, II ZB 4/96, NJW 1997, 1985 f.

[156] Der Regelstreitwert beträgt gemäß § 132 V 6 AktG 5000 €. Die Kostenverteilung erfolgt nach billigem Ermessen, so dass nicht notwendigerweise der Unterlegende alle Kosten tragen muss. Außergerichtliche Kosten, wozu auch Anwaltskosten gehören, werden nur auf Antrag erstattet. Nach OLG München, Beschl. v. 07.12.1995, 11 W 2379/95, OLGR 1996, 48 gehört das Verfahren gemäß § 51b GmbHG zu den sog. echten Streitverfahren der freiwilligen Gerichtsbarkeit, in welchen in entsprechender Anwendung des § 91 II 1 ZPO die Gebühren des Rechtsanwalts ohne Prüfung der Notwendigkeit zu erstatten sind.

[157] OLG Frankfurt, Beschl. v. 10.03.2003, 20 W 96/99, juris.de; OLG Frankfurt, Beschl. v. 17.07.1991, 20 W 43/91, NJW-RR 1992, 171.

[158] *Baumbach/Hueck*, § 51a GmbHG Rdnr. 52.

[159] OLG Frankfurt, Urt. v. 24.11.1992, 5 U 67/90, NJW-RR 1994, 498 f.

3. Pflichten gegenüber dem Handelsregister

► Geschäftsführer ist für Handelsregisteranmeldungen verantwortlich

Die Geschäftsführer sind nach Maßgabe des § 78 GmbHG dafür verantwortlich, die notwendigen Anmeldungen zum Handelsregister vorzunehmen.

> **§ 78 GmbHG [Anmeldung zum Handelsregister]**
> *Die in diesem Gesetz vorgesehenen Anmeldungen zum Handelsregister sind durch die Geschäftsführer oder die Liquidatoren, die in den §§ 7 I, 57 I, 57 i I, 58 I Nr. 3 vorgesehenen Anmeldungen sind durch sämtliche Geschäftsführer zu bewirken.*

Die Anmeldungen werden durch die Geschäftsführer in vertretungsberechtigter Zahl vorgenommen. Ist also Einzelvertretungsbefugnis angeordnet, so genügt es, wenn einer der Geschäftsführer die Anmeldungen vornimmt. Das Gesetz ordnet allerdings an, dass für die Fälle der Anmeldung im Rahmen der Gründung der GmbH (§ 7 I GmbHG) sowie für die Fälle der Kapitalerhöhung (§ 57 I GmbHG) und Kapitalherabsetzung (§§ 57 i I, 58 I Nr. 3 GmbHG) die Anmeldungen durch sämtliche Geschäftsführer zu bewirken sind. Gleiches gilt für einige Umwandlungsvorgänge nach dem Umwandlungsgesetz. Diese Maßnahmen hält der Gesetzgeber für so einschneidend, dass er eine Anmeldung durch alle vorhandenen Geschäftsführer, einschließlich der Stellvertreter, vorsieht.

► Bevollmächtigung eines Geschäftsführers

Problematisch ist, ob eine Bevollmächtigung eines einzelnen Geschäftsführers durch die Mitgeschäftsführer bei der Anmeldung möglich ist. Für den Fall, dass nicht sämtliche Geschäftsführer die Anmeldung bewirken müssen, wird eine Bevollmächtigung nach ganz überwiegender Auffassung befürwortet.[160] Bei den Maßnahmen, bei denen sämtliche Geschäftsführer die Anmeldung zu bewirken haben, ist heftig umstritten, ob eine Bevollmächtigung zulässig ist oder ob diese als höchstpersönliche Verfahrenshandlungen einzustufen sind.[161]

► Grenzen der Stellvertretung

Einhellig wird angenommen, dass bei den strafbewehrten Erklärungen keinesfalls eine Stellvertretung möglich ist. Dies betrifft beispielsweise die bei der Anmeldung der GmbH abzugebende Erklärung, dass die Einlagen zur freien Verfügung der

[160] BGH, Beschl. v. 02.12.1991, II ZB 13/91, BB 1992, 303 ff.

[161] Für eine Bevollmächtigung auch in diesen Fällen: OLG Köln, Beschl. v. 01.10.1986, 2 Wx 53/86, NJW 1987, 135; offengelassen: BGH, Beschl. v. 02.12.1991, II ZB 13/91, BB 1992, 303, 304.

Gesellschaft geleistet worden sind oder die Versicherung der Geschäftsführer, dass Hindernisse, die ihrer Bestellung in das Amt des Geschäftsführers entgegenstehen, wie z. B. die Verurteilung wegen einer Insolvenzstraftat, nicht existieren.

Tipp für den Geschäftsführer!
Bestehen Zweifel, ob eine Bevollmächtigung im Einzelfall zulässig ist, sollte vorher ggf. über den Notar beim Handelsregister mit dem zuständigen Rechtspfleger bzw. dem Richter gesprochen werden, damit es anschließend bei der Anmeldung keine Verzögerungen gibt.

- Öffentlich-beglaubigte Form

Die Anmeldungen zum Handelsregister sind in öffentlich beglaubigter Form vorzunehmen. Dies bedeutet, dass der Geschäftsführer die Anmeldung im Beisein eines Notars unterschreiben muss, der die Unterschrift beglaubigt.

- Deklaratorische und konstitutive Tatsachen

Hinsichtlich der Pflicht des Geschäftsführers, Handelsregisteranmeldungen vorzunehmen, muss zwischen der öffentlich-rechtlichen Anmeldepflicht gegenüber dem Handelsregister und der Allgemeinheit und der gesellschaftsrechtlichen Pflicht im Verhältnis zur Gesellschaft unterschieden werden. Die öffentlich-rechtliche Pflicht besteht zum Schutze der Allgemeinheit, insbesondere der Gläubiger und kann mit Zwangsgeld durchgesetzt werden. Der öffentlichen Anmeldepflicht unterliegen alle sog. *deklaratorischen* Tatsachen. Hierbei handelt es sich um Tatsachen, die eine bereits bestehende Rechtslage bzw. ein schon existentes Rechtsverhältnis wiedergeben. Die Eintragung im Handelsregister führt gerade keine Änderung herbei, sondern verkündet lediglich eine Tatsache, die bereits vorliegt. Ist die Handelsregistereintragung hingegen rechtsbegründend, so spricht man von einer *konstitutiven* Eintragung. Konstitutiv ist etwa die Eintragung einer Satzungsänderung, z. B. im Rahmen einer Kapitalerhöhung, der Abschluss von Unternehmungsverträgen, wie etwa eines Beherrschungsvertrags, oder auch die Eintragung der GmbH anlässlich ihrer Gründung. Im letzteren Fall entsteht erst mit der Eintragung im Handelsregister die GmbH. Die Eintragung ist daher konstitutiv, weil sie rechtsnotwendige Voraussetzung für das Entstehen der GmbH ist (Abb. 7).

- Kein Zwangsgeld bei konstitutiven Tatsachen

Die Eintragung konstitutiver Tatsachen muss der Gesetzgeber nicht mit Zwangsgeld durchsetzen, da es Sache der Gesellschafter ist, ob sie die Rechtsänderung herbeiführen wollen oder nicht. Niemand wird gezwungen, eine GmbH zu gründen oder eine Kapitalerhöhung vorzunehmen. Anders sieht dies bei den deklaratorischen

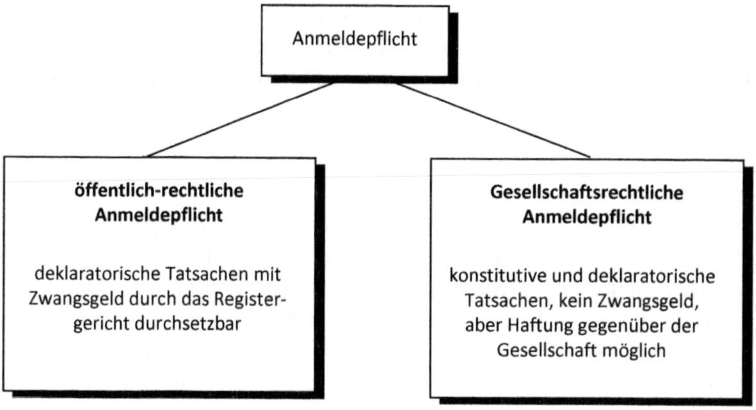

Abb. 7 Anmeldepflicht beim Handelsregister

Tatsachen aus, die nur das wiedergeben, was der tatsächlichen Rechtslage entspricht. Hier muss der Rechtsverkehr informiert werden, wie sich die Rechtslage verhält. Daher sind die Geschäftsführer ggf. mit Zwangsgeld dazu anzuhalten, die der Wahrheit entsprechende Rechtslage zur Eintragung in das Handelsregister anzumelden.

▶ Deklaratorische Tatsachen

Deklaratorische Tatsachen sind beispielsweise:

- Die Erteilung und der Widerruf der Prokura (§ 53 HGB). Der Prokurist wird bereits in dem Moment ein solcher, in dem ihm ausdrücklich die Vollmacht eingeräumt wird. Die Handelsregistereintragung ist lediglich deklaratorisch. Gleiches gilt für den Widerruf der Prokura.
- Die Errichtung und die Aufhebung von Zweigniederlassungen.
- Eine Änderung in der Person des Geschäftsführers oder in seiner Vertretungsbefugnis (§ 39 GmbHG), wie die Bestellung oder Abberufung des Geschäftsführers oder der Entzug der Einzelvertretungsbefugnis.
- Die Auflösung der Gesellschaft (§ 65 I 1 GmbHG); dies gilt nicht für die Fälle der Auflösung durch Eröffnung eines Insolvenzverfahrens bzw. wegen Ablehnung der Eröffnung eines Insolvenzverfahrens mangels Masse oder für die Löschung einer GmbH im Handelsregister wegen Vermögenslosigkeit.
- Die Bestellung von Liquidatoren bzw. die Änderung der Liquidatoren.

▶ Deklaratorische Tatsachen dürfen mit Zwangsgeld durchgesetzt werden

Die Eintragung der deklaratorischen Tatsachen wird notfalls mit Zwang durchgesetzt. Das einzelne Zwangsgeld wird nach zutreffender Ansicht gegen den Geschäftsführer verhängt und darf den Betrag von 5000 € nicht übersteigen (§ 14 Satz 2

HGB).[162] Es kann allerdings mehrmals verhängt werden, wenn der Geschäftsführer nicht entsprechend reagiert. Vor seiner Festsetzung wird das Zwangsgeld jedoch zunächst mit Fristsetzung angedroht. Der Geschäftsführer erhält also in jedem Fall erst einmal die Gelegenheit, die von ihm geforderte Anmeldung vorzunehmen.

Achtung!
Wird gegen Sie als Geschäftsführer ein Zwangsgeld verhängt, so müssen Sie dies aus eigener Tasche bezahlen. Sie haben keinen Erstattungsanspruch gegen die Gesellschaft, da Sie verpflichtet sind, die rechtlich vorgeschriebenen Anmeldungen vorzunehmen. Hier sind Sie auch nicht von den Weisungen der Gesellschafter abhängig, sondern müssen sich notfalls über diese hinwegsetzen. Sie sollten daher diese Anmeldepflichten sehr ernst nehmen, da Sie dies sonst finanziell teuer zu stehen kommen könnte.

Kein Zwangsgeld wird – wie erwähnt – bei den konstitutiven Handelsregistereintragungen verhängt. Dies ist verständlich, da sich die Rechtslage erst durch die Eintragung ändert, so dass nichts Falsches oder Unvollständiges im Handelsregister vermerkt sein kann. Ein Zwangsgeld wäre in solchen Fällen verfehlt.

Achtung!
Dennoch müssen Sie als Geschäftsführer Veränderungen zum Handelsregister anmelden, die erst konstitutiv durch die Handelsregistereintragung herbeigeführt werden. Hierzu sind Sie im Verhältnis zur Gesellschaft verpflichtet. Hat beispielsweise die Gesellschafterversammlung im Wege der Satzungsänderung eine Kapitalerhöhung beschlossen, so wird diese erst wirksam, wenn sie im Handelsregister eingetragen ist. Hier sind Sie als Geschäftsführer gegenüber der Gesellschaft verpflichtet, die Handelsregisteranmeldung alsbald vorzunehmen. Sie können zwar nicht mit Zwangsgeld dazu angehalten werden, da es sich nicht um eine öffentlich-rechtliche Anmeldepflicht handelt. Die Verpflichtung ergibt sich jedoch aus dem Gesellschaftsrecht gegenüber der Gesellschaft. Verletzen Sie diese Verpflichtung, so machen Sie sich gemäß § 43 GmbHG gegenüber der Gesellschaft schadensersatzpflichtig. Sie müssen also auch die Anmeldungen, die auf konstitutive Eintragungen gerichtet sind, ernst nehmen.

[162]Hierbei ist strittg ob die GmbH, der Geschäftsführer oder beide Adressat des Zwangsgeldes und der vorgehergehende Androhung sind, Die herrschenden Auffassung meint, dass eine gebotene Anmeldung eine persönliche und – wegen des regelmäßig möglichen Registerzwangs (vgl. z. B. § 14 HGB, § 160 GenG, § 78 BGB) – öffentlichrechtliche Pflicht der gesetzlich zur Anmeldung bestimmten Personen ist, so BayObLG, Beschl. vom 03.07.1986, BReg. 3 Z 72/86, NJW-RR 1986, 1480.

4. Aufgaben beim Wechsel von Gesellschaftern

a. Genehmigung der Anteilsübertragung

► Grundsatz der freien Übertragbarkeit

Die mitgliedschaftlichen Rechte eines GmbH-Gesellschafters sind untrennbar mit seinem Geschäftsanteil verbunden. Dieser Geschäftsanteil kann grundsätzlich frei veräußert und vererbt werden.

► Praxis der Vinkulierung der Geschäftsanteile ist üblich

Der in § 15 I GmbHG verankerte Grundsatz der freien Übertragbarkeit der Geschäftsanteile wird in der Praxis jedoch durchweg mit Hilfe einer entsprechenden Bestimmung in der Satzung ausgeschlossen. § 15 V GmbHG lässt eine solche Satzungsklausel ausdrücklich zu. Die Gesellschafter sollen und müssen gemeinsam entscheiden, wer in ihre Mitte aufgenommen wird. Sie möchten sich ungern einen ihnen nicht genehmen Gesellschafter – ohne Aussprache auf einer Gesellschafterversammlung – vorsetzen lassen. Daher wird die Anteilsübertragung grundsätzlich an die Genehmigung der Gesellschaft geknüpft. Eine derartige Satzungsbestimmung wird Vinkulierungsklausel genannt. Dies leitet sich vom lateinischen Wort *vinculum* ab, was „Fessel“ bedeutet. Der Anteil ist sozusagen solange blockiert, bis die Gesellschaft ihre Zustimmung zu der Anteilsübertragung erteilt.

► Geschäftsführer erteilt die Genehmigung

Zuständig für die Zustimmungserklärung ist im Außenverhältnis der Geschäftsführer. Gibt es ein mehrköpfiges Geschäftsführungsgremium, so gelten die Vorschriften für die Vertretung. Die Genehmigung wird daher von den Geschäftsführern in vertretungsberechtigter Anzahl erteilt. Die Satzung kann vorschreiben, dass die Zustimmungserklärung von einem anderen Organ, etwa der Gesellschafterversammlung oder dem Aufsichtsrat, erteilt wird. Die Genehmigung kann gegenüber dem Veräußerer oder gegenüber dem Erwerber erteilt werden.

Erst mit der Genehmigung wird die Abtretung des Anteils wirksam. Vorher ist sie schwebend unwirksam. Die Genehmigung wirkt zurück auf den Zeitpunkt der Abtretung.

► Gesellschafterbeschluss ist notwendig

Der Geschäftsführer darf nicht selbst entscheiden, ob er eine Anteilsübertragung genehmigt. Er ist vielmehr im Innenverhältnis auf einen ihn ermächtigenden Gesellschafterbeschluss angewiesen.[163] Nach zutreffender Ansicht kann der Geschäftsführer

[163] OLG Hamburg, Beschl. v. 05.06.1992, 11 W 30/92, GmbHR 1992, 609, 610.

jedoch im Außenverhältnis durchaus wirksam eine Anteilsübertragung genehmigen, obwohl ein ihn ermächtigender Gesellschafterbeschluss fehlt.[164] Es gelten hier allerdings ebenfalls die Grundsätze des Missbrauchs der Vertretungsmacht.[165] Weiß also der Erwerber, dass die bisherigen Gesellschafter der Anteilsübertragung an ihn nicht zustimmen werden, so ist die Berufung auf die unbeschränkte Vertretungsmacht des Geschäftsführers missbräuchlich und die Genehmigung daher schwebend unwirksam.

▶ Weisungen sind zu befolgen

Weisungen der Gesellschafterversammlung an den Geschäftsführer hinsichtlich der Genehmigungserteilung sind auch in diesem Bereich zulässig und von diesem zu beachten.

▶ Anspruch auf Genehmigung

Ein Anspruch des übertragungswilligen Gesellschafters auf Erteilung der Genehmigung besteht grundsätzlich nicht. Er kann sich ergeben, wenn die Satzungsklausel selbst Gründe festlegt, bei denen die Genehmigung zu erteilen ist, diese aber dennoch ausbleibt. Auch kann sich ein Anspruch auf Zustimmung aus der gesellschaftsrechtlichen Treuepflicht ergeben, wobei eine umfassende Interessenabwägung vorzunehmen ist.[166]

Tipp für den Geschäftsführer!
Werden Sie von dem Veräußerer bzw. Erwerber eines Geschäftsanteils aufgefordert, die Übertragung zu genehmigen, so müssen Sie sich unbedingt vergewissern, ob ein Sie ermächtigender Gesellschafterbeschluss vorliegt. Fehlt dieser, so sind Sie verpflichtet, zunächst eine Gesellschafterversammlung zu diesem Zweck einzuberufen. Erst wenn diese die Anteilsübertragung „abgesegnet" hat, dürfen Sie die Genehmigungserklärung Ihrerseits abgeben.

(Fortsetzung)

---

[164] BGH, Urt. v. 09.06.1954, II ZR 70/53, BGHZ 14, 25, 31; OLG Hamburg, Beschl. v. 05.06.1992, 11 W 30/92, GmbHR 1992, 609, 610; offenlassend allerdings BGH, Urt. v. 14.03.1988, II ZR 211/87, NJW 1988, 2241, 2242 f.

[165] Siehe oben 1. Teil, D III 5 b.

[166] KG, Urt. v. 02.01.2001, 14 U 2955/99, NZG 2001, 805; OLG Hamm, Urt. v. 06.04.2000, 27 U 78/99, NJW-RR 2001, 109, Leitsätze 2 und 3: *Die Versagung der Genehmigung der Übertragung eines Geschäftsanteils auf einen Angehörigen (hier: vom Vater auf seine Tochter) kann gegen die gesellschafterliche Treuepflicht verstoßen, wenn der übertragende Gesellschafter zur Erfüllung seiner Übertragungspflicht auf die Genehmigung angewiesen ist und die Versagung der Genehmigung unverhältnismäßig wäre. 3. Die Gesellschaft kann bei Ausübung fehlerfreien Ermessens verpflichtet sein, der Abtretung eines Geschäftsanteils an den im Wege der vorweggenommenen Erbfolge bedachten Abkömmling (Tochter) zuzustimmen, wenn die Satzung den Anfall desselben Geschäftsanteils im Erbfall nicht hindern könnte.*

Lassen Sie dies außer Acht, so können Sie sich schadensersatzpflichtig machen. Hier dürfte es allerdings schwierig sein, den Schaden zu beziffern. Haben Sie aber beispielsweise zugelassen, dass ein Konkurrent einen Anteil erwirbt, so kann der Schaden enorm sein. Außerdem ist grundsätzlich zu befürchten, dass sich Spannungen zwischen den Gesellschaftern nachteilig auf das Wohl der GmbH auswirken. Im Übrigen schaffen Sie mit einem solchen Verhalten auch einen Abberufungsgrund gegen sich selbst.

► Gesellschafterliste

Bei jedem Wechsel im Gesellschafterbestand ist eine aktualisierte Gesellschafterliste beim Handelsregister einzureichen. Zwar ist dies grundsätzlich Aufgabe des Geschäftsführers. Bei einer Anteilsübertragung muss jedoch ein Notar mitwirken, da diese der notariellen Form bedarf. Dies hat zur Folge, dass der Notar anstelle des Geschäftsführers eine aktualisierte Gesellschafterliste beim Handelsregister einzureichen hat (§ 40 II GmbHG). Sofern allerdings kein Notar an der Veränderung im Gesellschafterbestand mitgewirkt hat, bleibt der Geschäftsführer für die Einreichung einer aktualisierten Gesellschafterliste beim Handelsregister zuständig, dies kann z. B. der Fall sein, wenn ein Geschäftsanteil durch Beschluss der Gesellschafterversammlung eingezogen wurde (siehe dazu auch die nachfolgenden Ausführungen unter b). Siehe zur Gesellschafterliste im Übrigen, die Ausführungen 1. Teil I II 2a.

b. Vollzug von Einziehungs- und Teilungsbeschlüssen

► Einziehung und Teilung

Die Satzung kann vorsehen, dass Geschäftsanteile unter bestimmten Voraussetzungen eingezogen werden. Die Einziehung erfolgt dann durch einen Beschluss der Gesellschafterversammlung. Sie muss anschließend vollzogen werden, was durch eine einseitige, empfangsbedürftige Willenserklärung gegenüber dem auszuschließenden Gesellschafter geschieht. Diese Erklärung kann der Geschäftsführer abgeben, es handelt sich allerdings nicht um eine ihm originär übertragene Aufgabe. Möglich ist daher auch, dass die Gesellschafterversammlung selbst den Ausschluss durch Mitteilung an den auszuschließenden Gesellschafter vollzieht. Die Gesellschafterversammlung kann jedoch den Geschäftsführer hiermit beauftragen.

Ein Geschäftsanteil kann in zwei oder mehrere neue und völlig selbstständige Teile zerlegt werden. Die Rechte und Pflichten aus dem ursprünglichen Anteil werden dann im Verhältnis der neuen Nennbeträge aufgeteilt. Bis zum 30.11.2008 hat § 17 GmbHG angeordnet, dass die Teilung von Geschäftsanteilen der Genehmigung der Gesellschaft bedarf. Diese Regelung wurde gestrichen. Die Satzung kann jedoch weiterhin die Zustimmung der Gesellschafterversammlung anordnen. Die Zustimmung zu dieser Teilung wird im Außenverhältnis wiederum – wie bei der Anteilsübertragung – vom Geschäftsführer ausgesprochen. Im Innenverhältnis bedarf der Geschäftsführer auch hier eines Beschlusses der Gesellschafterversammlung.

c. „Registrierung" der Gesellschafter

► Aufnahme in Gesellschafterliste

Im Verhältnis zur Gesellschaft gilt nur derjenige als Anteilsinhaber, der in der beim Handelsregister hinterlegten Gesellschafterliste aufgenommen ist (§ 16 I GmbHG). Die Gesellschafterliste aktualisiert der Geschäftsführer oder an seiner Stelle der Notar, sofern er an dem Gesellschafterwechsel mitgewirkt hat (siehe oben unter a.).

► Geschäftsführer erfasst Gesellschafterbestand

Der Geschäftsführer organisiert die inneren Angelegenheiten der Gesellschaft. Er muss daher stets erfassen, wer Gesellschafter ist, welche Personalien dieser im Einzelnen hat und wie dessen ladungsfähige Anschrift lautet. Diese Daten sind für die ordnungsgemäße Durchführung von Gesellschafterversammlungen relevant, aber auch um Rechte der Gesellschaft gegenüber ihren Gesellschaftern, z. B. wegen rückständiger Einlagen, durchsetzen zu können.

Achtung!
Als Geschäftsführer müssen Sie unbedingt darauf bestehen, dass Ihnen der Anteilsübergang z. B. durch einen Erbschein bei Tod eines Gesellschafters belegt wird. Ansonsten kann Ihnen der Vorwurf gemacht werden, dass die Gesellschafterliste falsch ist. Dann kann ein gutgläubiger Erwerb stattfinden (§ 16 III GmbHG). Verliert dadurch der tatsächlich Berechtigte, etwa der „richtige" Erbe seinen Geschäftsanteil, kommt eine Haftung des Geschäftsführers in Betracht (§ 40 III GmbHG). Bei Anteilsübertragungen unter Lebenden wirkt grundsätzlich ein Notar mit, der dann anstelle des Geschäftsführers die Pflicht hat, die Liste zu aktualisieren. Sieht die Abtretungsurkunde vor, dass der Anteil erst aufschiebend bedingt mit Kaufpreiszahlung übergeht, muss der Notar sich vergewissern, ob der Kaufpreis bezahlt wurde.

Tipp für den Geschäftsführer!
Erlangen Sie Kenntnis davon, dass der Anteil übertragen wurde oder dass der Gesellschafter auch nur seine Anschrift geändert hat, so sollten Sie im Zweifel die betreffenden Gesellschafter auffordern, die Änderung formgerecht

(Fortsetzung)

nachzuweisen. Der Umstand, dass kein Notar die Gesellschafterliste berichtigt hat, muss nicht bedeuten, dass nicht doch eine Abtretung stattgefunden hat, beispielsweise im Ausland. Eine Beurkundung im Ausland wird unter gewissen Voraussetzungen anerkannt, vor allem wenn die beurkundende Person einem deutschen Notar gleichwertig ist. Ist eine Gesellschafterversammlung einzuberufen, so sollten Sie einen Gesellschafter, dessen Anschrift sich geändert haben soll, sowohl formgerecht unter der alten als auch unter der neuen Anschrift laden. Gleichzeitig sollten Sie darauf hinweisen, dass der Gesellschafter die Veränderungen mitzuteilen hat. Hören Sie von einer Anteilsübertragung, so bleibt Ihnen nichts anderes übrig, als lediglich den alten Gesellschafter nach wie vor als solchen anzusehen und ihn zur Gesellschafterversammlung zu laden. Zusätzlich sollten Sie ihn jedoch auffordern, sich über die Anteilsübertragung zu äußern und die Verhältnisse zu bereinigen.

5. Vertretung der Gesellschaft bei Streitigkeiten mit den Gesellschaftern

► Geschäftsführer vertritt auch bei internen Streitigkeiten die GmbH

Der Geschäftsführer vertritt bei Streitigkeiten mit den Gesellschaftern die GmbH. Macht die GmbH beispielsweise Schadensersatzansprüche gegen einen Gesellschafter geltend, sollen rückständige Einlagen bzw. Nachschüsse von ihm eingefordert werden oder erhebt die GmbH gegen einen Gesellschafter die Ausschlussklage, so ist für diese Maßnahmen grundsätzlich ein Gesellschafterbeschluss erforderlich. Die Durchsetzung dieses Beschlusses, d. h. die Erhebung der Klage, erfolgt jedoch dann durch den Geschäftsführer im Namen der Gesellschaft sofern nicht ein besonderer Prozessvertreter bestellt wird, z. B. weil der Geschäftsführer selbst betroffen ist. Auch bei Klagen der Gesellschafter gegen die GmbH wird diese vom Geschäftsführer vertreten. Dies betrifft sowohl Nichtigkeits- als auch Anfechtungsklagen, die Gesellschafter erheben und die gegen die GmbH, vertreten durch den Geschäftsführer, zu richten sind.

III. Treuepflicht, insbesondere das Wettbewerbsverbot

1. Allgemeines

► Weitreichende Treuepflicht des Geschäftsführers

Der Geschäftsführer unterliegt einer weitreichenden Treuepflicht gegenüber der Gesellschaft. Die Treuepflicht folgt aus der Organstellung des Geschäftsführers. Danach hat der Geschäftsführer nur das Wohl der Gesellschaft und nicht den eigenen

Nutzen im Auge zu behalten. Er muss seine ganze Arbeitskraft der Gesellschaft widmen, soweit ihm eine Nebentätigkeit nicht gestattet ist. Die Treuepflicht, aus der sich dies ableitet, bindet sowohl den Fremd- als auch den Gesellschafter-Geschäftsführer. Der Anstellungsvertrag kann die Treuepflicht konkretisieren und modifizieren (Abb. 8).

Diese Verpflichtung steht im Zusammenhang mit den umfassenden Befugnissen des Geschäftsführers. Ihm ist das Gesellschaftsvermögen anvertraut, er hat die wirtschaftlichen Interessen der GmbH wahrzunehmen. Hieraus entsteht – wegen der weitreichenden Befugnisse des Geschäftsführers – für die Gesellschaft ein erhebliches Gefährdungspotenzial. Daher trifft den Geschäftsführer eine gesteigerte Rücksichtnahmepflicht. Aus diesem Gebot der Rücksichtnahme auf das Gesellschaftsinteresse folgt unter anderem auch eine weitreichende Geheimhaltungspflicht, bei deren Verletzung sich der Geschäftsführer strafbar macht.[167] Eine besondere Ausprägung der Treuepflicht ist die Geschäftschancenlehre, wonach der Geschäftsführer Chancen, die sich der Gesellschaft bieten, für diese und nicht auf eigene Rechnung oder zugunsten eines Dritten wahrzunehmen hat.

► Definition der Treuepflicht

Aus der Treuepflicht ergeben sich einerseits aktive Förderungspflichten des Geschäftsführers, wonach er den Unternehmensgegenstand möglichst effektiv und mit den ihm zur Verfügung stehenden Mitteln zu verwirklichen hat sowie andererseits Unterlassungspflichten in Form von Schutz- und Rücksichtnahmepflichten.

Des Weiteren leitet sich aus der Treuepflicht ein Wettbewerbsverbot für den Geschäftsführer ab, das nun gesondert untersucht werden soll.

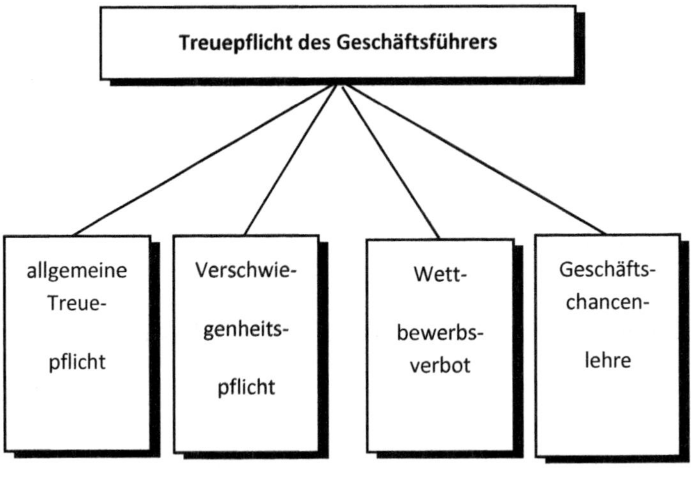

Abb. 8 Treuepflicht des Geschäftsführers

[167]Siehe unten 3. Teil G IV 2.

2. Wettbewerbsverbot

a. Reichweite/Umfang

▶ Wettbewerbsverbot ist wichtigste Ausprägung der Treuepflicht

Das Wettbewerbsverbot besteht als besondere Ausprägung der Treuepflicht auch ohne ausdrückliche Regelung in der Satzung oder im Anstellungsvertrag. Es bedarf außerdem keines Gesellschafterbeschlusses, der ein solches Wettbewerbsverbot festlegt. Vielmehr unterliegt der Geschäftsführer kraft seiner Organstellung einem weitreichenden Wettbewerbsverbot, solange er sich im Amt befindet. Auch wenn eine gesetzliche Regelung im GmbHG fehlt, wird ein gesetzliches Wettbewerbsverbot des GmbH-Geschäftsführers entsprechend den Wertungen des Rechts der Aktiengesellschaft (§ 88 AktG) bzw. der Personenhandelsgesellschaften angenommen (§ 112 HGB).[168]

▶ Umfang

Aufgrund dieses Wettbewerbsverbots sind dem Geschäftsführer Konkurrenzgeschäfte untersagt. Erfasst werden davon zunächst die Tätigkeiten, die dem tatsächlich ausgeübten Unternehmensgegenstand der GmbH entsprechen. Aber auch Geschäfte, die aufgrund der zukünftigen Entwicklung der Gesellschaft von dieser ausgeübt werden könnten, fallen unter das Wettbewerbsverbot. Strittig ist, ob das Wettbewerbsverbot sich auch auf Bereiche erstreckt, die zwar in der Satzung enthalten sind, jedoch tatsächlich nicht wahrgenommen werden.[169]

Das Wettbewerbsverbot besteht sowohl für Geschäfte, die auf eigene, aber auch für jene, die auf fremde Rechnung getätigt werden. Es ist zudem unerheblich, ob die Geschäfte mittelbar, z. B. über eine beherrschende unternehmerische Beteiligung an einem Konkurrenzunternehmen oder durch „eigenhändige“ Tätigkeit, d. h. unmittelbar, ausgeübt werden. Auch eine Tätigkeit als Geschäftsführer bzw. Vorstandsmitglied oder eine sonst vergleichbare Managertätigkeit bei Konkurrenzunternehmen fallen unter das Wettbewerbsverbot.

Eine Ausnahme gilt lediglich für Alleingesellschafter-Geschäftsführer, die nach der Rechtsprechung des *BGH* grundsätzlich keinem Wettbewerbsverbot unterliegen.[170] Grundsätzlich nicht unter das Wettbewerbsverbot fallen Vorbereitungshandlungen für eine spätere nach Beendigung der Geschäftsführerposition beabsichtigte Tätigkeit, wie die Gründung einer inaktiven GmbH,[171] die Beschaffung von Finanzierungen, ggf. auch das Ansprechen oder Informieren von Kunden, Lieferanten oder Mitarbeitern, allerdings nicht das Abwerben derselben.

---

[168] *Weitnauer/Grob*, Gesellschaftsrechtliche Wettbewerbsverbote, GWR 2014, 185.

[169] Der *BGH* tendiert dahin, dass nur der tatsächlich ausgeübte Unternehmensgegenstand entscheidend ist: BGH, Urt. v. 05.12.1983, II ZR 242/82, BGHZ 89, 162, 170.

[170] Siehe BGH, Urt. v. 28.09.1992, II ZR 299/91, BGHZ 119, 257, 262.

[171] LG Nürnberg/Fürth, Urt. v. 21.01.2008, 2 O 7244/07, BB 2008, 451.

b. Rechtsfolgen des Wettbewerbsverbots

▶ Zahlreiche Ansprüche der Gesellschaft gegen den Geschäftsführer

Verstößt der Geschäftsführer gegen das Wettbewerbsverbot, so hat die Gesellschaft zunächst einen Anspruch auf Unterlassung der Konkurrenztätigkeit, der auch im Wege einer einstweiligen Verfügung geltend gemacht werden kann. Entsteht der Gesellschaft ein Schaden, kann sie diesen gemäß § 43 GmbHG oder auch nach deliktsrechtlichen Vorschriften (z. B. je nach Einzelfall § 823 II BGB i. V. m. § 266 StGB [Untreue]) ersetzt verlangen. Die GmbH kann statt des Schadensersatzanspruchs ein internes Eintrittsrecht geltend machen, dass sie in die Lage versetzt, in den wirtschaftlichen Genuss des abgeschlossenen Geschäfts zu kommen. Hier wird § 113 HGB analog angewandt, der das Wettbewerbsverbot des OHG-Gesellschafters regelt. Der Geschäftsführer muss sich aufgrund dieses Eintrittsrechts so behandeln lassen, als habe er die Geschäfte auf Rechnung der GmbH abgeschlossen. Dieses Recht hat allerdings keine Außenwirkung, d. h. die GmbH tritt nicht in die Rechtsbeziehungen zwischen dem GmbH-Geschäftsführer und seinen Vertragspartnern ein.[172] Schließt der Geschäftsführer die Geschäfte auf Rechnung eines Dritten ab, so umfasst das Eintrittsrecht auch die Befugnis, die Vergütung herauszuverlangen, die der Geschäftsführer von dem Dritten bezogen hat. Die Gesellschaft ist nicht verpflichtet, Verluste aus einzelnen Geschäften zu übernehmen. Tritt sie allerdings in konkrete Geschäfte intern ein, so muss sie dem Geschäftsführer dessen Aufwendungen ersetzen. Ferner steht der GmbH ein Anspruch auf Abschöpfung des Gewinns, d. h. auf Vorteilsherausgabe zu. Anspruchsgrundlage für die Herausgabe der erlangten Vorteile sind auch die §§ 687 II, 681 Satz 2, 667 BGB.

▶ Fristlose Kündigung des Anstellungsvertrags

Des Weiteren ist die Gesellschaft berechtigt, den Geschäftsführer im Einzelfall – je nach Schwere des Verstoßes gegen das Wettbewerbsverbot – aus wichtigem Grund abzuberufen und den Anstellungsvertrag fristlos zu kündigen.

Ist der Geschäftsführer gleichzeitig Gesellschafter, so kommt unter Umständen ein Ausschluss aus der Gesellschaft bzw die Einziehung seiner Geschäftsanteile in Betracht.

c. Verjährung

▶ Verjährungsfrist

Es ist strittig, in welchem Zeitraum die Ansprüche wegen Verletzung des Wettbewerbsverbots verjähren. Die Ansprüche aus § 43 GmbHG verjähren entsprechend

[172] BGH, Urt. v. 05.12.1983, II ZR 242/82, BGHZ 89, 162, 171.

dem Absatz 4 zwar in fünf Jahren. In § 88 III AktG ist jedoch für Ansprüche gegen Vorstandsmitglieder einer Aktiengesellschaft eine Verjährungsfrist von drei Monaten, beginnend mit dem Zeitpunkt, in dem die übrigen Vorstandsmitglieder und die Aufsichtsratsmitglieder von der zum Schadensersatz verpflichtenden Handlung Kenntnis erlangen, geregelt. Nur wenn eine solche Kenntnis nicht vorliegt, gilt für die Aktiengesellschaft ebenfalls die Fünfjahresfrist. Es ist umstritten, ob die Dreimonatsfrist aus dem Aktienrecht entsprechend auf die Haftung des GmbH-Geschäftsführers anzuwenden ist und für welche Ansprüche (Schadensersatz, Eintrittsrecht, Vorteilsherausgabe) sie gilt. Der *BGH* will diese Dreimonatsfrist für *alle* Ansprüche analog anwenden.[173]

Werden Ansprüche aus unerlaubter Handlung (§§ 823 ff. BGB) geltend gemacht, so verjähren diese gemäß §§ 195 BGB frühestens in drei Jahren. Die Frist beginnt gemäß § 199 I BGB mit dem Schluss des Jahres, in dem der Anspruch entstanden ist und der Gläubiger von den anspruchsbegründenden Umständen und der Person des Schuldners Kenntnis erlangt oder ohne grobe Fahrlässigkeit erlangen müsste. Fehlt es an der Entstehung des Anspruchs bzw. an der Kenntnis bzw. Kennen müssen der anspruchsbegründenden Tatsachen gelten längere Verjährungsfristen (§ 199 II, III BGB). Eine entsprechende Anwendung der kurzen Dreimonatsfrist auf Ansprüche aus §§ 823 ff. BGB wäre nicht sachgerecht, da bei unerlaubten Handlungen eine Ahndung über einen längeren Zeitraum möglich sein muss.[174]

Entscheidend dürfte bei sämtlichen Ansprüchen nur die Kenntnis der Gesellschafterversammlung als Kollektivorgan bzw. des Aufsichtsrats sein, falls ein solcher eingerichtet ist.

3. Geschäftschancenlehre

► Corporate Opportunity Doctrine

Unternehmerische Chancen, die sich der Gesellschaft bieten, hat der Geschäftsführer für diese wahrzunehmen. Unterlässt es der Geschäftsführer, eine Geschäftschance für die GmbH zu verwerten und schiebt diese Geschäftschance stattdessen sich selbst oder einem Dritten zu, so begeht er eine Pflichtverletzung. Es ist strittig, ob diese Pflichtverletzung eine besondere Ausprägung des Wettbewerbsverbots darstellt oder ob es sich um eine eigenständige Fallgruppe handelt. Einmütigkeit besteht jedenfalls darüber, dass die Geschäftschancenlehre sich ebenfalls aus der Treuepflicht herleitet. Ihren Ursprung hat sie im angloamerikanischen Recht und in der dort praktizierten *Corporate Opportunity Doctrine.*[175]

---

[173]BGH, Urt. v. 26.10.1964, II ZR 127/62, WM 1964, 1320, 1321; siehe zur AG auch OLG Köln, Urt. v. 08.06.1999, 22 U 269/98, OLGR Köln 1999, 297, so auch *Baumbach/Hueck*, GmbHG, § 35 Rdnr. 32.

[174]So im Ergebnis auch für § 61 II HGB, *Ebenroth/Boujong/Joost*, HGB, § 61 Rdnr. 30.

[175]Zu den haftungsrechtlichen Aspekten siehe unten 3. Teil, D II. 2 d) ee).

▶ Geschäftsführer muss auch privat erlangte Geschäftschance sichern

Das sich eröffnende Geschäft muss in den üblichen Tätigkeitsbereich der Gesellschaft fallen und auf ein nicht unerhebliches Interesse der GmbH stoßen.[176] Nicht entscheidend ist, ob der Geschäftsführer von der Chance im Dienst oder privat erfährt. Der *BGH* lässt eine private Kenntnisnahme genügen.[177]

Auch ist es dem Geschäftsführer verwehrt, eine Geschäftschance zu nutzen, um mit ihr den Wechsel in die Selbstständigkeit zu wagen. Daran ändert auch der Umstand nichts, dass der Geschäftsführer gleichzeitig aus den Diensten der Gesellschaft ausscheidet. Der Geschäftsführer darf die berufliche Veränderung in die Selbstständigkeit nicht unter Mitnahme einer Geschäftschance vollziehen, zu deren Nutzung für die Gesellschaft er als Geschäftsführer gerade verpflichtet war.[178]

Beispiel

„Die neue Reha-Klinik auf Rügen"

G ist Geschäftsführer einer privaten Krankenhaus-Betreibergesellschaft, die bundesweit zwölf Reha-Kliniken betreibt. Von einem persönlichen Freund erfährt er, dass eine Reha-Klinik auf Rügen zum Verkauf steht, die derzeit einem Betreiber gehört, der lediglich diese Klinik unterhält und sich zur Ruhe setzen möchte. Obwohl das Unternehmen, für das G derzeit arbeitet, auf Expansion ausgerichtet ist und er sehr genau weiß, dass die Klinik auf Rügen auch für die GmbH interessant wäre, führt er in eigenem Namen mit dem bisherigen Betreiber der Reha-Klinik Verhandlungen und wird sich mit diesem handelseinig. Anschließend kündigt er seinen Anstellungsvertrag zum nächstmöglichen Zeitpunkt und legt zeitgleich das Amt des Geschäftsführers nieder. Sodann geht er als Inhaber und Geschäftsführer der Reha-Klinik nach Rügen.

Die GmbH erfährt hiervon und von den näheren Umständen und verlangt vom Geschäftsführer, dass dieser die Klinik „herausgebe". Das *OLG Frankfurt*[179] hat in einem ähnlich gelagerten Sachverhalt tatsächlich einen Anspruch der GmbH auf Herausgabe der Klinik in Erwägung gezogen. Dies ist zu bejahen, da dadurch nicht in den Unternehmenskaufvertrag mit dem ehemaligen Betreiber eingegriffen wird. Der Geschäftsführer hat hier eine Geschäftschance der Gesellschaft an sich gezogen und muss daher im Rahmen des Rechts der Gesellschaft auf Vorteilsherausgabe akzeptieren, dass die GmbH Herausgabe der Klinik begehren darf. Der Geschäftsführer hätte der GmbH die Übernahme der Klinik anbieten müssen, so dass es nur konsequent ist, wenn er diese jetzt stattdessen herauszugeben hat. Das *OLG Frankfurt* hatte zunächst nur über Auskunftsanträge zu

---

[176] OLG Frankfurt, Urt. vom 13.05.1997, 11 U (Kart) 68/96, GmbHR 1998, 376, 378.

[177] BGH, Urt. v. 23.09.1986, II ZR 246/84, NJW 1986, 585, 586.

[178] BGH, Urt. v. 23.09.1986, II ZR 246/84, NJW 1986, 585, 586; OLG Frankfurt, a.a.O, S 378.

[179] OLG Frankfurt, a.a.O. S. 378.

entscheiden, so dass der Geschäftsführer dort nicht zur Herausgabe der Klinik verurteilt werden konnte. Das Gericht ließ jedoch erkennen, dass es dieses Urteil zu fällen bereit gewesen wäre.

4. Befreiung vom Wettbewerbsverbot

a. Zivilrechtliche Voraussetzungen

- Aufnahme in Satzung

Die zivilrechtlichen Voraussetzungen, unter denen ein Geschäftsführer wirksam vom Wettbewerbsverbot befreit werden kann, sind umstritten. Wer sichergehen will, sollte eine *allgemeine* Befreiung in die Satzung aufnehmen. Zugelassen wird auch eine sog. *Öffnungsklausel*, wonach die Gesellschafterversammlung ermächtigt wird, nach Bedarf über die Befreiung vom Wettbewerbsverbot zu beschließen. Welche Mehrheit für den Gesellschafterbeschluss zu fordern ist, ist strittig. Der *BGH* lässt eine einfache Mehrheit für den befreienden Beschluss der Gesellschafterversammlung genügen.[180]

Tipp für die Gesellschafterversammlung!
In der Satzung sollte vorsorglich eine Öffnungsklausel vereinbart werden, damit später flexibel eine erforderlich werdende Befreiung – ohne aufwendige Satzungsänderung mit notarieller Beurkundung und Handelsregisteranmeldung – erteilt werden kann. Zum Schutz der Minderheitsgesellschafter könnte geregelt werden, dass der Gesellschafterbeschluss einer satzungsändernden Mehrheit oder sogar der Einstimmigkeit bedarf.

- Ad-hoc-Befreiung durch Gesellschafterbeschluss

Fehlt eine Regelung in der Satzung, so darf die Gesellschafterversammlung *im Einzelfall* für ein konkretes Geschäft eine Befreiung durch Gesellschafterbeschluss erteilen. Ein betroffener Geschäftsführer, der gleichzeitig Gesellschafter ist, darf nach § 47 IV GmbHG nicht mitstimmen.[181] Beim Mehrheits-Gesellschafter-Geschäftsführer genügt eine Befreiung allein im Anstellungsvertrag ohne Satzungsregelung zumindest in Form einer Öffnungsklausel nicht. Strittig ist, ob beim nichtbeherrschenden Gesellschafter-Geschäftsführer oder beim Fremdgeschäftsführer eine Befreiung vom Wettbewerbsverbot im Anstellungsvertrag in

[180] BGH, Urt. v. 16.02.1981, II ZR 168/79, BGHZ 80, 69.
[181] OLG Bamberg, Urt. v. 11.12.2009, 6 U 12/09, NZG 2010, 385.

Verbindung mit einem Gesellschafterbeschluss, jedoch ohne Regelung in der Satzung in Form einer Öffnungsklausel, ausreichend ist.

Wird in der Satzung eine Befreiung vom Wettbewerbsverbot verankert, so kann das für die anderen Gesellschafter, die keine Konkurrenzgeschäfte betreiben, eine sehr einschneidende Maßnahme sein. Der *BGH* fordert daher, dass eine Befreiung durch sachliche Gründe im Interesse der Gesellschaft gerechtfertigt sein muss.[182]

- Gegenleistung für Befreiung

Eine Befreiung kann entgeltlich erfolgen, d. h. der Gesellschafter-Geschäftsführer muss hierfür eine Gegenleistung erbringen. Ein Verzicht der GmbH auf ein Entgelt ist zwar möglich; er löst aber ggf. steuerrechtliche Konsequenzen aus.[183]

- Widerruf jederzeit möglich

Ein *Widerruf* von der Befreiung soll jederzeit durch Gesellschafterbeschluss zulässig sein. Hat der Geschäftsführer allerdings aufgrund seines Anstellungsvertrags ein Recht auf die Ausübung der Konkurrenztätigkeit, so kann ihm wegen des Widerrufs ein Schadensersatzanspruch zustehen.

b. Steuerrechtliche Konsequenzen

- Gefahr der verdeckten Gewinnausschüttung

Jeder Gesellschafter muss ständig darauf achten, dass keine verdeckten Gewinnausschüttungen an ihn erfolgen. Derartige verdeckte Gewinnausschüttungen, die neben der ordentlichen Gewinnverteilung stattfinden, werden dem Gewinn der Gesellschaft hinzugerechnet, so dass sich dies auf die Körperschaftssteuer auswirkt.

- Definition

Nach der ständigen Rechtsprechung des *Bundesfinanzhofs* liegt eine verdeckte Gewinnausschüttung vor, wenn bei einer Kapitalgesellschaft eine Vermögensminderung oder verhinderte Vermögensmehrung erfolgt, die durch die Gesellschafterstellung veranlasst ist und sich auf die Höhe des Einkommens der Gesellschaft auswirken kann, sofern diese in keinem Zusammenhang mit einer offenen Ausschüttung steht.[184]

[182] BGH, Urt. v. 16.02.1981, II ZR 168/79, BGHZ 80, 69, 74.

[183] Siehe hierzu sogleich die folgenden Ausführungen unter b.

[184] BFH, Urt. v. 26.05.2004, I R 92/03, GmbHR 2004, 1539, 1540.

▶ Spezielle Tatbestandsmerkmale beim beherrschenden Gesellschafter-Geschäftsführer

Bei einem beherrschenden Gesellschafter ist eine Veranlassung der Ausschüttung durch das Gesellschaftsverhältnis auch dann anzunehmen, wenn es an einer *klaren* und von *vornherein* abgeschlossenen Vereinbarung darüber fehlt, ob und in welcher Höhe von ihm eine Gegenleistung an die Gesellschaft gezahlt werden soll. In diesem Fall besteht wegen des fehlenden Interessengegensatzes zwischen der Gesellschaft und dem beherrschenden Gesellschafter die Möglichkeit, den Gewinn der Gesellschaft mehr oder weniger beliebig festzusetzen und ihn so zu beeinflussen, wie es bei der steuerlichen Gesamtbetrachtung der Einkommen der Gesellschaft und des Gesellschafters jeweils am günstigsten ist.[185]

▶ Beispiel

Verdeckte Gewinnausschüttungen liegen also etwa vor, wenn die Gesellschaft Leistungen oder Lieferungen zugunsten des Gesellschafters unter Wert erbringt oder wenn umgekehrt der Gesellschafter zu überhöhten Konditionen seinerseits Leistungen zugunsten der GmbH vornimmt.

Auch im Zusammenhang mit dem Wettbewerbsverbot des Gesellschafter-Geschäftsführers können verdeckte Gewinnausschüttungen auftreten.

▶ Verzicht auf Schadensersatzanspruch wegen Verstoßes gegen das Wettbewerbsverbot kann verdeckte Gewinnausschüttung begründen

Verstößt der Geschäftsführer gegen das Wettbewerbsverbot, so entsteht ein Schadensersatzanspruch der GmbH, den ein ordentlicher Kaufmann auch durchsetzen würde. Eine verdeckte Gewinnausschüttung wird daher angenommen, wenn die GmbH auf die Geltendmachung dieses Schadensersatzanspruchs verzichtet.[186] Hierbei nimmt der *Bundesfinanzhof* an, dass bereits in der ursprünglichen Schadenszufügung eine verdeckte Gewinnausschüttung liegt.[187]

▶ Befreiung ohne Gegenleistung stellt ebenfalls eine verdeckte Gewinnausschüttung dar

Die zweite Fallgruppe der verdeckten Gewinnausschüttung im Zusammenhang mit dem Wettbewerbsverbot stellt die Befreiung von diesem ohne angemessene Gegenleistung dar. Ein ordentlicher Kaufmann, der einen anderen von einer Pflicht befreit, würde sich hierfür eine Gegenleistung zahlen lassen. Verzichtet die GmbH daher auf eine angemessene Gegenleistung, obwohl sie ihren

---

[185] BFH, Urt. v. 26.04.1989, I R 172/87, BStBl. 1989, II, 673, 674.

[186] BFH, Urt. v. 11.02.1987, I R 177/83, BStBl. 1987, II, 461, 462.

[187] BFH, Urt. v. 13.11.1996, I R 149/94, NJW 1997, 1806.

Gesellschafter-Geschäftsführer von dem Wettbewerbsverbot befreit, dann nimmt sie in Form dieses Verzichts ebenfalls eine verdeckte Gewinnausschüttung vor.[188] Zusammenfassend kann also sowohl bei einer Befreiung ohne angemessene Gegenleistung als auch bei einem Verstoß gegen ein bestehendes Wettbewerbsverbot mit anschließender Unterlassung der Durchsetzung der Schadensersatzansprüche der Tatbestand der verdeckten Gewinnausschüttung erfüllt sein.

▶ Standpunkt der Finanzverwaltung und der Rechtsprechung

Hintergrund für diese Fälle verdeckter Gewinnausschüttungen ist die Gefahr der willkürlichen Zuweisung von Geschäften je nach Gutdünken des Gesellschafter-Geschäftsführers. Er könnte verlustreiche Geschäfte der Gesellschaft zuschanzen und ertragsreiche Geschäfte auf eigene Rechnung „schlüsseln". Der Bundesminister der Finanzen (BMF) hat in mehreren Schreiben ausgeführt, wann er von einer wirksamen Befreiung vom Wettbewerbsverbot für den Gesellschafter-Geschäftsführer ausgeht, so dass in diesen Fällen nach seiner Ansicht keine verdeckte Gewinnausschüttung vorliegt. Es handelt sich um die Schreiben vom 4. und 15. Februar 1992[189] sowie um das Schreiben vom 29.06.1993.[190] Im Anschluss an diese Erlasse sind jedoch einige Urteile des *Bundesfinanzhofs* ergangen, die den Standpunkt des Bundesfinanzministers modifizieren.

Im Folgenden wird daher von den Schreiben des Finanzministers ausgegangen, jedoch sogleich die aktuelle Rechtsprechung, soweit sie den Standpunkt der Finanzverwaltung ergänzt bzw. ändert, erläutert.

▶ Klare und eindeutige Aufgabenbegrenzung

Die Finanzverwaltung fordert zunächst eine klare und eindeutige Aufgabenabgrenzung zwischen den Geschäften des Gesellschafter-Geschäftsführers und denen der Gesellschaft.

Danach müssten die Gesellschaft und der Geschäftsführer ihre Geschäftsbereiche, Kunden und Orte der Tätigkeit voneinander abgrenzen. Dieses äußerst fragwürdige Kriterium lässt der *Bundesfinanzhof* nicht uneingeschränkt gelten, wobei allerdings unklar ist, ob das Kriterium wirklich ganz aufgegeben wird. Zunächst hat der *Bundesfinanzhof* ausgeführt, dass dieses Merkmal allein nicht ausreicht, um automatisch eine verdeckte Gewinnausschüttung anzunehmen. Es handele sich vielmehr um ein rein steuerrechtliches Kriterium.[191] Kurze Zeit später hat das höchste Finanzgericht entschieden, dass diesem Merkmal auch deshalb keine Bedeutung zukommen könne, weil es sich um eine wettbewerbsbeschränkende Vereinbarung handele. Es sei

---

[188] BFH, Urt. v. 11.02.1987, I R 177/83, BStBl. 1987, II, 461, 462; BFH, Urt. v. 26.04.1989, I R 172/87, BStBl. 1989, II, 673, 674.

[189] BMF NJW 1993, 247, 248.

[190] BMF NJW 1993, 2288.

[191] BFH, Urt. v. 30.08.1995, I R 155/94, NJW 1996, 950, 951.

Sache der Gesellschafter, in dem Unternehmensgegenstand den Aufgabenkreis einer Kapitalgesellschaft zu bestimmen. Das Steuerrecht habe diese Aufgabenzuweisung durch die Gesellschafter im Grundsatz zu akzeptieren. Eine fehlende Abgrenzung der wechselseitigen Geschäftsbereiche soll daher keine nachhaltigen Auswirkungen haben. Es genügt, wenn die Kapitalgesellschaft und die Gesellschafter von vornherein klarstellen, ob sie den Leistungsaustausch untereinander auf schuldrechtlicher oder gesellschaftsrechtlicher Ebene beabsichtigen.[192]

Es ist allerdings zweifelhaft, ob der *Bundesfinanzhof* lediglich den zugrunde liegenden Einzelfall entscheiden wollte oder ob er generell von dem Kriterium der von vornherein festgelegten Abgrenzung der wechselseitigen Geschäftsbereiche abrücken will. In dem vom *Bundesfinanzhof* entschiedenen Fall war einem Gesellschafter-Geschäftsführer gestattet, noch neben dem Geschäftsführeramt Versicherungen zu vermitteln. Hierbei sollte der Geschäftsführer allerdings die Versicherungen namens der GmbH vermitteln und eine gesonderte Provision erhalten. Die Provisionsvereinbarung wurde schuldrechtlich geschlossen, die Provisionszahlungen bezog der Geschäftsführer neben seinem regulären Gehalt. Eine Abgrenzung der Geschäftsbereiche zwischen der GmbH und dem Geschäftsführer erfolgte nicht und wurde vom *Bundesfinanzhof* auch nicht für notwendig erachtet.

► Rückwirkungsverbot

Das zweite Kriterium des *Bundesministers für Finanzen* ist eine zivilrechtlich *wirksam im Voraus* abgeschlossene Befreiung vom Wettbewerbsverbot. Beim beherrschenden Gesellschafter-Geschäftsführer soll der Dispens – entsprechend den zivilrechtlichen Vorgaben – per Satzung oder aufgrund einer Öffnungsklausel im Gesellschaftsvertrag erfolgen.[193] Der *Bundesfinanzhof* knüpft damit weitgehend an die zivilrechtliche Wirksamkeit der Befreiung an.

► Vereinbarung einer angemessenen Gegenleistung

Drittes Kriterium der Finanzverwaltung ist schließlich die Vereinbarung einer angemessenen Gegenleistung für die Befreiung. Auch hier hat der *Bundesfinanzhof* einige Ausnahmen festgelegt: Geschäftschancen sind häufig nicht verwertbar.[194] So fehlt es an einer Verwertbarkeit einer Geschäftschance, wenn auf dem Markt niemand bereit gewesen wäre, für die Vermittlung der Chance ein Entgelt zu zahlen. Schustert sich nun ein Geschäftsführer eine solche Geschäftschance zu, so kann eine angemessene Gegenleistung von der GmbH nicht verlangt werden, wenn ein Dritter für sie ebenfalls nichts bezahlt hätte. Bei Neugründung einer GmbH kann den

---

[192]BFH, Urt. v. 18.12.1996, I R 26/95, NJW 1997, 1804, 1805, zustimmend FG München, Urt. v. 10.02.1998, 16 K 3583/95, GmbHR 1998, 748, 749.

[193]BMF NJW 1993, 2288.

[194]So der BFH, Urt. v. 30.08.1995, I R 155/94, NJW 1996, 950, 951 f.

Gesellschaftern Befreiung ohne Gegenleistung erteilt werden, da die GmbH noch keinen Kundenstamm hat. Ferner muss bei Geschäftschancen untersucht werden, ob die Gesellschaft persönlich, sachlich und finanziell überhaupt in der Lage gewesen wäre, die Chance wahrzunehmen. Auch kann es eine Rolle spielen, ob die Beauftragung eines Dritten mit der Nutzung der Chance gewinnmäßig günstiger gewesen wäre.[195] Ferner muss die angemessene Gegenleistung vertraglich durchsetzbar gewesen sein. Hat etwa die Gesellschaft ein Interesse, den Geschäftsführer zu halten oder ihn in das Amt zu berufen, so ist ggf. eine Gegenleistung für eine Befreiung vom Wettbewerbsverbot gar nicht durchsetzbar, weil der Geschäftsführer ohnehin nur zu gewinnen ist, wenn er weiterhin Konkurrenzgeschäfte betreiben darf.[196]

Beispiel

„Die coolen Brillen"

Die GmbH hat Designerbrillen entwickelt, die sie nun möglichst weltweit vertreiben möchte. G soll daher Mitgeschäftsführer werden, da er bereits Alleingesellschafter eines anderen Unternehmens ist, das Brillen entwickelt, produziert und weltweit auf den Markt bringt. Selbstverständlich wird G weiterhin mit seiner eigenen Gesellschaft Geschäfte machen und daher auch in Zukunft Konkurrenzprodukte auf den Weltmarkt bringen – zusätzlich jedoch auch die Brillen der GmbH. Da G ein enormes Know-how in diesem Geschäftsbereich hat, ist es für die GmbH sehr wichtig, ihn als Mitgeschäftsführer zu gewinnen. Sie wird ihn vom Wettbewerbsverbot befreien müssen, ohne dass G hierfür etwas bezahlt. In einer solchen Konstellation kann auch nicht von einer verdeckten Gewinnausschüttung gesprochen werden.

Die Kriterien der Finanzverwaltung sind also teilweise durch die Rechtsprechung modifiziert worden.

Achtung!

Zu beachten ist immer, dass der *Bundesfinanzhof* oft Einzelfallentscheidungen trifft, so dass nicht prognostizierbar ist, wie zukünftige Fälle ausgehen werden.

[195] BFH, Urt. v. 18.12.1996, I R 26/95, NJW 1997, 1806, 1807.

[196] Siehe BFH, Urt. v. 18.12.1996, I R 26/95, NJW 1997, 1804, 1805; siehe ferner BFH, Urt. v. 16.12.1998, I R 96/95, GmbHR 1999, 667, 669, 2. Leitsatz: *„Übte ein (späterer) Gesellschafter-Geschäftsführer im Zeitpunkt der Gründung der GmbH bereits eine konkurrierende Tätigkeit aus und ist dies allen Gründungsgesellschaftern von vornherein bekannt, so ist von deren stillschweigender Einwilligung in die Fortführung auszugehen, wenn Gesell-schafts- und Anstellungsvertrag weder ein ausdrückliches (allgemeines) Wettbewerbsverbot vorsehen noch eine spezielle Regelung zu der bisherigen wirtschaftlichen Betätigung treffen."*

Tipp!
In Zweifelsfällen sollte bei einer Befreiung vom Wettbewerbsverbot der Vorgang besser der Finanzverwaltung vorgelegt werden, damit diese ihr Plazet gibt. Eindeutige allgemeine Regeln zur Grenze der verdeckten Gewinnausschüttung existieren nicht. Eine verbindliche Auskunft des Finanzamtes ist allerdings gebührenpflichtig (§ 89 Abgabenordnung).

5. Nachvertragliches Wettbewerbsverbot

a. Voraussetzungen

► Wettbewerbsverbot endet mit Ausscheiden

Der Geschäftsführer unterliegt nach seinem Ausscheiden aus dem Amt grundsätzlich keinem Wettbewerbsverbot, selbst dann nicht, wenn ihm fristlos aus wichtigem Grund, etwa gerade wegen Verstoßes gegen das Wettbewerbsverbot, gekündigt wurde.[197]

► Vereinbarung möglich

Ein nachvertragliches Wettbewerbsverbot kann allerdings besonders vereinbart werden. Eine solche Vereinbarung ist jedoch nur unter engen Beschränkungen zulässig.

Es wird oft im Interesse der Gesellschaft liegen, ein nachvertragliches Wettbewerbsverbot zu vereinbaren, da der Geschäftsführer häufig in der Branche sehr erfahren ist, nicht selten nach innergesellschaftlichen Spannungen ausscheidet und aufgrund seines überragenden Know-hows und seiner engen Kontakte zu den Kunden in der Lage sein wird, die geknüpften Beziehungen für sich zu nutzen.

Der Geschäftsführer seinerseits hat ein Interesse daran, weiterhin in der Branche, in der er einschlägige Erfahrungen gesammelt hat, zu arbeiten und seine Kenntnisse gewinnbringend einzusetzen.

► Rechtsfolgen streitig

Wird ein nachvertragliches Wettbewerbsverbot vereinbart, so ist im Einzelnen streitig, welche Rechtsfolgen dieses nach sich zieht.

[197] OLG Frankfurt, Urt. v. 13.05.1997, 11 U (Kart) 68/96, GmbHR 1998, 376, 378.

Tipp!
Wegen der unklaren Rechtslage sollte möglichst detailliert vereinbart werden, welche Auswirkungen das nachvertragliche Wettbewerbsverbot im Einzelnen hat.[198]

Es ist umstritten, ob die Vorschriften des Handelsgesetzbuchs über das Wettbewerbsverbot von Handlungsgehilfen nach den §§ 74 ff. HGB analog auf den GmbH-Geschäftsführer anwendbar sind. Nach Ansicht der höchstrichterlichen Rechtsprechung berücksichtigen die Vorschriften des Handelsgesetzbuchs nicht die besonderen Interessen der GmbH, sondern stellen primär ein Schutzrecht zugunsten des Arbeitnehmers dar, so dass eine analoge Anwendung ausscheidet.[199]. Die Geltung der §§ 74 ff. HGB kann jedoch von den Beteiligten vereinbart werden.

► Grenzen des nachvertraglichen Wettbewerbsverbots

Fehlt eine solche Vereinbarung, so ist ein Rückgriff auf die §§ 74 ff. HGB nach Ansicht des *BGH* nicht zulässig, weil weder der Status des Geschäftsführers noch dessen Wettbewerbsverbot mit der Situation des Arbeitnehmers vergleichbar sind. Dies folgt aus der größeren Gefährdung der Gesellschaft, da der Geschäftsführer über wesentlich mehr interne Kenntnisse als ein gewöhnlicher Arbeitnehmer verfügt. Die nachvertragliche Beschränkung des Geschäftsführers kann daher weiter gehen als jene eines Arbeitnehmers. Jedenfalls verbietet sich eine schematische Grenzziehung. Erforderlich ist vielmehr eine Abwägung der Interessen des Geschäftsführers mit jenen der Gesellschaft. Eine Beschränkung nachvertraglicher Wettbewerbsverbote kann daher aus § 138 BGB (Sittenwidrigkeit) in Verbindung mit der verfassungsrechtlich verankerten Berufsfreiheit (Art. 12 GG) hergeleitet werden.[200]

Als Zwischenergebnis lässt sich festhalten, dass auch ein nachvertragliches Wettbewerbsverbot, das mit GmbH-Geschäftsführern vereinbart wird, nicht schrankenlos möglich ist. Es darf nur so weit gefasst werden, wie dies den berechtigten Interessen des Unternehmens dient.

► Beschränkung auf das notwendige Maß

Das nachvertragliche Wettbewerbsverbot darf ferner nach Ort, Zeit und Gegenstand den Geschäftsführer nur insoweit einschränken, als es unbedingt erforderlich ist.

---

[198]Siehe exemplarisch den Formulierungsvorschlag, in dem im Anhang 1 abgedruckten Muster-Anstellungsvertrag. Bitte beachten Sie, dass jeder Vertrag an den speziellen Bedürfnissen der Vertragsparteien ausgerichtet sein muss, so dass der Mustervertrag nur Anregungen enthält.

[199]BGH, Urt. v. 26.03.1984, II ZR 229/83, BGHZ 91, 1, 3 f.; OLG Düsseldorf, Urt. v. 23.10.1996, 15 U 162/95, GmbHR 1998, 180, 181.

[200]BGH, Urt. v. 26.03.1984, II ZR 229/83, BGHZ 91, 1, 4.

Ist die Gesellschaft beispielsweise nur in Brandenburg tätig, so wäre ein Wettbewerbsverbot, das den Geschäftsführer bundesweit einschränkt, unzulässig. Überdies muss sich das Wettbewerbsverbot gerade auf den Unternehmensgegenstand, d. h. das Arbeitsgebiet der Gesellschaft, beziehen. Ein absolutes Wettbewerbsverbot, das dem Geschäftsführer jegliche Konkurrenztätigkeit untersagt, ohne dass die Gesellschaft tatsächlich daraus Nachteile erwachsen können, ist unzulässig.[201] So wäre kaum denkbar, dass einem Geschäftsführer eines Restaurants in Berlin nachvertraglich wirksam verboten werden kann, außerhalb der Region bei einem anderen Restaurant zu arbeiten. Auch muss sich das Wettbewerbsverbot im Wesentlichen auf die bisherigen Tätigkeiten bzw. die Aufgabenbereiche beziehen. Entscheidet sich der Geschäftsführer eine internationale Spedition mit einem Fuhrpark von über tausend Zugmaschinen künftig als „einfacher" Lkw-Fahrer bei der Konkurrenz zu arbeiten, wird ihm dies zu gestatten, ebenso z. B. auch eine Tätigkeit als Hausmeister.[202] Hierbei wird auch zugelassen, dass der ausscheidende Geschäftsführer im Wege einer einstweiligen Verfügung die Gestattung durchsetzen kann, diese andere nicht konkurrierende Tätigkeit vorerst bis zur endgültigen Entscheidung auszuüben.[203]

► Geltung beträgt maximal 2 Jahre

Das Wettbewerbsverbot darf in der Regel auf einen Zeitraum von höchstens zwei Jahren nach dem Ausscheiden erstreckt werden. Dies ist allerdings keine starre Regelung, die Dauer kann im Einzelfall durchaus überschritten werden, sofern besondere Umstände vorliegen. Die Zweijahresgrenze ist aber als Richtschnur in der Rechtsprechung anerkannt.[204] Sofern der Geschäftsführer zunächst freigestellt wird und sein Dienstverhältnis erst danach endet, beginnt die Zweijahresfrist gleichwohl erst mit Beendigung.[205]

Wird in unzulässiger Weise ein Wettbewerbsverbot von über zwei Jahren vereinbart, so soll dieses übrigens nicht als Ganzes unwirksam sein, sondern auf die gerade zulässige Dauer von in der Regel zwei Jahren reduziert werden können.[206] Das *OLG Hamm* tritt aber in demselben Urteil dafür ein, dass bei einer Überdehnung der *räumlichen* oder *gegenständlichen* Schranken eine Reduzierung auf das rechtlich noch zulässige Maß nicht in Betracht kommt.[207] Hier müsste der Richter sonst

[201] BGH, Urt. 04.03.2002, II ZR 77/00, NJW 2002, 1875.

[202] Siehe zum Beispiel des Hausmeisters OLG München, Beschl. v. 02.08.2018, 7 U 2107/18, GmbHR 2018, 1310.

[203] Siehe vorhergehende Fußnote.

[204] BGH, Urt. v. 16.10.1989, II ZR 2/89, NJW-RR 1990, 226, 227; OLG Hamm, Urt. v. 15.02.1993, 8 U 154/92, NJW-RR 1993, 1314, 1315.

[205] OLG München, Beschl. v. 02.08.2018, 7 U 2107/18, juris, Rdnr. 6.

[206] OLG Hamm, Urt. v. 15.02.1993, 8 U 154/92, NJW-RR 1993, 1314, 1315.

[207] Eine geltungserhaltende Reduktion bei einem übeschießenden örtlichen Wettbewerbesverbot aber erwägend: OLG München, Beschl. v. 02.08.2018, 7 U 2107/18, GmbHR 2018, 1310.

inhaltlich das Wettbewerbs-verbot ändern. Es ist dem Richter kaum möglich festzulegen, dass der Geschäftsführer nur in einem bestimmten Gebiet keine Konkurrenzgeschäfte ausüben darf oder nur in bestimmten Branchen vom Wettbewerb ausgeschlossen ist. Ein solches überdehntes Wettbewerbsverbot dürfte daher grundsätzlich unwirksam sein.

▶ Karenzentschädigung

Nicht abschließend geklärt ist, ob ein Wettbewerbsverbot nur dann wirksam ist, wenn dem Geschäftsführer als Gegenleistung für sein Unterlassen des Wettbewerbs eine angemessene Entschädigung versprochen wird. Diese sog. Karenzentschädigung ist bei Arbeitnehmern gemäß § 74 II HGB vorgesehen. Da diese Vorschriften jedoch nicht direkt anwendbar sind, ist strittig, ob beim GmbH-Geschäftsführer dennoch eine Entschädigung zu leisten ist. Beim Fremdgeschäftsführer wird dies vertreten.[208] Auch für den Gesellschafter-Geschäftsführer, der keine beherrschende Stellung hat, soll ein Wettbewerbsverbot nur gegen Zahlung einer Karenzentschädigung wirksam sein.[209] Der *BGH* ist allerdings der Ansicht, dass ein Wettbewerbsverbot auch ohne Vereinbarung einer Karenzentschädigung rechtlich zulässig sein kann.[210]

▶ Rechtsfolgen

---

[208]Siehe LG Köln, Urt. v. 01.10.1975, AP 1976 Nr. 2 zu § 37 GmbHG.

[209]OLG Düsseldorf, Urt. v. 23.10.1996, 15 U 162/95, GmbHR 1998, 180, 181, wo der Geschäftsführer mit 20 % an der Gesellschaft beteiligt gewesen ist und sich gegen ein in der Satzung verankertes, für Gesellschafter geltendes, nachvertragliches Wettbewerbsverbot zur Wehr setzte.

[210]BGH, Urt v. 04.03.2002, II ZR 77/00, GmbHR 2002, 431, 432; aus den Gründen: *Zwar steht bei einem Wettbewerbsverbot das Interesse der Gesellschaft im Vordergrund, sich davor zu bewahren, dass der Geschäftsführer die in dem Unternehmen erlangten Kenntnisse und Verbindungen zu ihrem Schaden ausnutzt (BGH, Urt. v. 17.02.1992 – II ZR 140/91, ZIP 1992, 543). Soweit es zum Schutz eines derartigen berechtigten Interesses der Gesellschaft erforderlich ist und die Berufsausübung oder sonstige wirtschaftliche Betätigung des Geschäftsführers zeitlich, örtlich und gegenständlich nicht unbillig erschwert werden, also ein Verstoß gegen § 138 BGB nicht vorliegt (vgl. dazu z.B. BGH, Urt. v. 14.07.1997 – II ZR 283/96, NJW 1997, 3089), kann ein nachvertragliches Wettbewerbsverbot mit einem Geschäftsführer auch ohne Karenzentschädigung vereinbart werden, weil ihm gegenüber die gesetzliche Regelung für Handlungsgehilfen des § 74 Abs. 2 HGB nicht gilt (BGH, Urt. v. 26.03.1984 – II ZR 229/83, BGHZ 91, 1 [5] = GmbHR 1984, 234; Urt. v. 17.02.1992 – II ZR 140/91, ZIP 1992, 543). Daraus lässt sich aber nicht schließen, dass auch bei einer vereinbarten Karenzentschädigung und bei der Auslegung dieser Vereinbarung allein die Interessen der Gesellschaft zu berücksichtigen wären. Vielmehr kommt hier auch der Dispositionsschutz des Geschäftsführers zum Tragen. Wollte die Bekl., dass die bezahlte Karenz im Fall einer Freistellung des Kl. von seinen Dienstpflichten verkürzt oder hinfällig wird, so wäre es ihre Sache gewesen, dies in dem Vertrag klarzustellen.* Von der Möglichkeit eines Wettbewerbsverbotes ohne Karenzentschädigung geht der *BGH* wohl in seinem Beschl. v. 07.07.2008, II ZR 81/07, juris.de, aus, wobei dieses aber als unzulässige Erschwerung durchaus im Einzelfall unwirksam sein kann. Siehe auch OLG München, Beschl. v. 02.08.2018, 7 U 2107/18, juris, Rdnr. 8 (keine Karenzentschädigung für Wirksamkeit erforderlich).

Das nachvertragliche Wettbewerbsverbot kann wie das Wettbewerbsverbot während der bestehenden Organstellung im Wege einer einstweiligen Verfügung durchgesetzt werden. Auch die übrigen Rechtsfolgen gelten entsprechend (siehe bereits oben 2 b).

Fehlen einer Karenzentschädigung

Fehlt eine Vereinbarung über eine Karenzentschädigung, obwohl sie entgegen der soeben dargestellten Rechtsprechung für erforderlich gehalten wird, so besteht kein Wettbewerbsverbot. Der Geschäftsführer soll nicht wie ein Arbeitnehmer das Wahlrecht haben, das Wettbewerbsverbot zu akzeptieren und eine Karenzentschädigung zu verlangen. Dies ginge schon deshalb nicht, weil es mangels vertraglicher Vereinbarung gar kein Anspruch auf Karenzentschädigung gebe.[211] Ist die Entschädigung zu gering bemessen, ist fraglich, ob das Wettbewerbsverbot nur unverbindlich ist, d. h. ob der Geschäftsführer sich entscheiden kann, ob er die geringe Karenzentschädigung vereinnahmt und Konkurrenzgeschäfte unterlässt oder ob er sich auf die Unverbindlichkeit des Wettbewerbsverbots beruft und in Konkurrenz zu der Gesellschaft tritt. Da hier eine Karenzentschädigung vereinbart wurde, muss es der Geschäftsführer in der Hand haben, die GmbH an dieser Regelung festzuhalten. Schließlich soll die Unwirksamkeit von Wettbewerbsverboten den Geschäftsführer und nicht die GmbH schützen.

Anrechnung anderweitiger Einkünfte

Problematisch ist, inwieweit anderweitige Einkünfte auf die Karenzentschädigung angerechnet werden. Das HGB enthält hier in § 74c eine Vorschrift für den Handlungsgehilfen, wonach dieser für den Fall, dass die Karenzentschädigung zuzüglich des hinzuverdienten Gehalts 110 % des ursprünglichen Gehalts übersteigt, eine Anrechnung des übersteigenden Betrags auf die Karenzentschädigung dulden muss. Ist der ausgeschiedene Mitarbeiter gezwungen, wegen des Wettbewerbsverbots seinen Wohnsitz zu verlegen, so soll eine Anrechnung erst dann erfolgen, wenn der ehemalige Arbeitnehmer nunmehr mehr als 125 % des ursprünglichen Geschäftsführergehalts bezieht. Der *BGH* hat bereits Anfang der 90er-Jahre in einem Urteil, in dem es um die Anrechnung des Arbeitslosengelds auf die Karenzentschädigung ging[212] ausdrücklich festgestellt, dass § 74c HGB nicht analog für den GmbH-Geschäftsführer gilt. Am 28.04.2008 hat der *BGH* bestätigt, dass dies auch für anderweitige Arbeitseinkünfte gilt und § 74c HGB nicht analog für den Geschäftsführer gilt.[213] Es ist daher dringend zu raten, die Anrechnung – auch

[211] BGH, Beschl. vom 07.07.2008, II ZR 81/07, juris.de.

[212] BGH, Urt. v. 15.04. 1991, II ZR 214/89, GmbHR 1991, 310.

[213] BGH, Urt. v. 28.04.2008, II ZR 11/07, GmbHR 2008, 930.

von Arbeitslosengeld – vertraglich regeln zu lassen.[214] Eine Verpflichtung zur Anrechnung kann sich auch aus einer ergänzenden Auslegung der Vereinbarung ergeben.

b. Verzicht bzw. Lossagungsrecht

► Lossagung durch die GmbH

Hat die GmbH mit dem Geschäftsführer ein nachvertragliches Wettbewerbsverbot vereinbart, so kann dieses die Gesellschaft wirtschaftlich im Falle einer zu zahlenden Karenzentschädigung sehr belasten. Die GmbH hat daher ggf. ein Interesse daran, sich vom Wettbewerbsverbot loszusagen bzw. auf dieses zu verzichten, auch weil sie damit rechnet, dass der Geschäftsführer ohnehin keinen nennenswerten Konkurrenzwettbewerb betreiben wird oder kann. Selbst wenn er dies tut, so könne es für die GmbH wirtschaftlich günstiger sein, dies zuzulassen, um stattdessen die Karenzentschädigung einzusparen. Der *BGH* hat in diesem Fall die entsprechende Vorschrift des Handelsgesetzbuchs, nämlich den § 75a HGB, „ausnahmsweise" analog auf den Geschäftsführer angewendet. Dies deshalb, weil diese Vorschrift auf die besonderen Interessen des Unternehmens zugeschnitten ist.[215] Nach § 75a HGB kann der Arbeitgeber vor Beendigung des Dienstverhältnisses durch schriftliche Erklärung auf das Wettbewerbsverbot mit der Wirkung verzichten, dass er nach Ablauf eines Jahres seit seiner Lossagungserklärung von der Verpflichtung zur Zahlung der Entschädigung frei wird. Der *BGH* verweigert der GmbH allerdings das Recht, sich von einem Wettbewerbsverbot loszusagen, wenn sich der Geschäftsführer nach dem Ausscheiden auf das Wettbewerbsverbot eingerichtet hat.[216] Die Freistellung des Geschäftsführers nach Kündigung bedeutet nicht, dass die Gesellschaft damit auf ein nachvertragliches Wettbewerbsverbot verzichten möchte.[217]

► Fristen für Lossagung

Der Verzicht auf das Wettbewerbsverbot müsste also durch schriftliche Erklärung der GmbH erfolgen, wobei strittig ist, ob die Geschäftsführung für den Verzicht einen Beschluss der Gesellschafterversammlung benötigt.[218] Der Geschäftsführer

[214] Siehe den im Anhang beigefügten Musterentwurf zum Anstellungsvertrag.

[215] BGH, Urt. v. 17.02.1992, II ZR 140/91, WM 1992, 653.

[216] BGH, Urt v. 04.03.2002, II ZR 77/00, GmbHR 2002, 431, 432.

[217] BGH, Urt v. 04.03.2002, II ZR 77/00, GmbHR 2002, 431.

[218] Siehe OLG München, Urt. v. 14.11.2011, 7 U 2881/11, juris, danach ist kein Beschluss der Gesellschafterversammlung erforderlich, weil keine zwingende Zuständigkeit derselben wie dies z.B. bei einer Änderung des Dienstvertrags gegeben wäre.

würde sofort ab Zugang der schriftlichen Erklärung vom Wettbewerbsverbot befreit. Nach dem Wortlaut des § 75a HGB müsste jedoch die GmbH noch ein Jahr die vereinbarte Entschädigung fortzahlen. Es ist strittig, ob die Jahresfrist auch für das nachvertragliche Wettbewerbsverbot des Geschäftsführers gilt. Der *BGH* hat dies ausdrücklich offengelassen.[219] Im Übrigen werden hierzu die unterschiedlichsten Ansichten vertreten; einige treten für den sofortigen Verlust des Anspruchs ein, andere halten die Jahresfrist für anwendbar. Der Musterentwurf im Anhang 1 geht von einer Frist von sechs Monaten aus. Es ist jedoch nicht auszuschließen, dass das Gericht, welches konkret über die Wirksamkeit des Verzichts auf das Wettbewerbsverbot zu entscheiden hat, die Jahresfrist des § 75a HGB für analog anwendbar hält.

▶ Verzicht auch nach Beendigung?

Ein weiterer Streitpunkt betrifft die Frage, ob – wie bei § 75a HGB vorgesehen – die Verzichtserklärung der GmbH spätestens bis zur Kündigung des Anstellungsvertrags bzw. spätestens gemeinsam mit dieser dem Geschäftsführer zugehen muss. Nach dem Wortlaut des § 75a HGB ist der Verzicht vor der Beendigung des Dienstverhältnisses auszusprechen. Daher wird vertreten, dass dies auch für den GmbH-Geschäftsführer der Fall sein müsse.[220] Das *OLG Düsseldorf* hat allerdings die Ansicht vertreten, dass auch nach Beendigung des Anstellungsverhältnisses noch ein Verzicht der GmbH durch schriftliche Erklärung möglich ist.[221] Im diesem vom *OLG Düsseldorf* entschiedenen Fall existierte jedoch eine Vereinbarung im Anstellungsvertrag, dass die Gesellschaft jederzeit mit einer Ankündigung von drei Monaten auf das Wettbewerbsverbot verzichten kann. Dem *OLG Düsseldorf* ist zuzustimmen, dass die Parteien die Voraussetzungen eines Verzichts grundsätzlich ohne Rücksicht auf § 75a HGB vereinbaren können. Haben sie allerdings nichts vereinbart, so ist durchaus die Ansicht vorzugswürdig, die davon ausgeht, dass ein Verzicht nur bis zur Beendigung des Dienstverhältnisses erklärt werden kann.

Tipp!
Es sollte eine klare Vereinbarung darüber getroffen werden, unter welchen Voraussetzungen die GmbH auf das Wettbewerbsverbot verzichten kann und welche Auswirkungen dies auf die Karenzentschädigung hat.

---

[219] BGH, Urt. v. 17.02.1992, II ZR 140/91, WM 1992, 653, 654.

[220] So LG Frankfurt/Main, Urt. v. 20.04.1994, 3/8 O 150/93, GmbHR 1994, 803, 804.

[221] OLG Düsseldorf, Urt. v. 22.08.1996, 6 U 150/95, GmbHR 1996, 931, 934.

F. Beendigung der Geschäftsführerstellung

I. Abberufung des Geschäftsführers

1. Überblick

▶ Abberufung und Kündigung

Den Geschäftsführer verbindet mit der Gesellschaft die organschaftliche Stellung sowie im Regelfall das schuldrechtliche Anstellungsverhältnis. Beide, streng voneinander zu trennende, Rechtsverhältnisse können unabhängig voneinander beendet werden. Hierbei muss in jedem Einzelfall geprüft werden, ob es um die Beendigung des organschaftlichen Verhältnisses oder des Anstellungsvertrags geht. Beides kann und wird oft zusammenfallen, dies muss jedoch nicht der Fall sein. Die Beendigung des Anstellungsverhältnisses erfolgt in der Regel durch die Kündigung. Diese kann von der Gesellschaft oder vom Geschäftsführer erklärt werden (siehe dazu die Ausführungen im 2. Teil unter H).

▶ Widerruf/Abberufung und Niederlegung

Soll das organschaftliche Verhältnis beendet werden, so kann ebenfalls die Initiative von der Gesellschaft oder vom Geschäftsführer ausgehen. Die Gesellschaft hat die Möglichkeit, die Bestellung zum Geschäftsführer gemäß § 38 GmbHG zu widerrufen (= Abberufung). Der Geschäftsführer kann – dies ist allerdings nicht im Gesetz verankert – sein Amt auch von sich aus niederlegen.

Abberufung und Niederlegung sind grundsätzlich jederzeit möglich. Für den Widerruf ist dies in § 38 GmbHG geregelt:

§ 38 GmbHG [Abberufung von Geschäftsführern]
(1) *Die Bestellung der Geschäftsführer ist zu jeder Zeit widerruflich, unbeschadet der Entschädigungsansprüche aus bestehenden Verträgen.*
(2) *Im Gesellschaftsvertrag kann die Zulässigkeit des Widerrufs auf den Fall beschränkt werden, dass wichtige Gründe denselben notwendig machen. Als solche Gründe sind insbesondere grobe Pflichtverletzungen oder Unfähigkeit zur ordnungsgemäßen Geschäftsführung anzusehen.*

Die in Absatz 1 statuierte jederzeitige Widerruflichkeit steht in Korrelation zu den weitreichenden Befugnissen und der Vertrauensstellung, die der Geschäftsführer innehat. Da diese Position für die GmbH ein enormes Gefährdungspotenzial beinhaltet, muss es der Gesellschaft möglich sein, „jederzeit die Notbremse zu ziehen". Nach herrschender Ansicht ist weder eine Anhörung des Geschäftsführers noch eine Begründung des Widerrufs erforderlich.

▶ Einschränkungen aus der Treuepflicht

Strittig ist allerdings, ob bei einem Geschäftsführer, der gleichzeitig Gesellschafter ist, aus den Treuebindungen der Mitgesellschafter untereinander eine Verpflichtung des Inhalts resultiert, dass die Gesellschafterversammlung den Gesellschafter-Geschäftsführer nur mit einer *sachlichen Rechtfertigung* abberufen darf oder ob zumindest eine Abberufung aus Willkür oder sachfremden Motiven unzulässig ist. Damit soll verhindert werden, dass ein Gesellschafter-Geschäftsführer, für den das Geschäftsführeramt möglicherweise seine wirtschaftliche Existenzgrundlage darstellt, willkürlich abberufen wird.[222]

► Widerruf mit sofortiger Wirkung oder Fristsetzung

Der Widerruf kann mit sofortiger Wirkung oder auch mit einer Fristsetzung erklärt werden. Wird gleichzeitig der Anstellungsvertrag ordentlich gekündigt, so bietet sich eine Abberufung zum Kündigungszeitpunkt an. Dies wird dann geboten sein, wenn der Geschäftsführer keinen Anlass gegeben hat, der seine sofortige Abberufung rechtfertigen würde. Aus dem Anstellungsvertrag kann der Geschäftsführer die Zahlung der vertraglich vereinbarten Vergütung bis zur Beendigung des Anstellungsverhältnisses verlangen.

Eine Auslegung der Abberufungserklärung kann ergeben, dass die Abberufung gleichzeitig die Kündigung des Anstellungsvertrags beinhaltet und umgekehrt. Daher kann auch in der Kündigung des Anstellungsvertrags *uno actu* der Widerruf der Geschäftsführerstellung liegen. Dies wird sich im Wege der Auslegung bei einer Abberufung aus wichtigem Grund sicher eher ergeben als bei einer ordentlichen Abberufung. Die Gesellschafterversammlung sollte immer den sicheren Weg gehen und gleichzeitig die Kündigung des Anstellungsvertrages beschließen. Auch sind in der Praxis Kopplungsklauseln verbreitet, die anordnen, dass bei Beendigung der Organstellung das Anstellungsverhältnis ebenfalls endet bzw. die Abberufung gleichzeitig als Kündigung des Geschäftsführer-Dienstvertrages gilt.[223]

---

[222] BGH, Beschl. v. 29.11.1993, II ZR 61/93, DStR 1994, 214; dort sollte ein mit 49 % beteiligter Geschäftsführer um seine Lebensgrundlage gebracht werden; siehe auch OLG Zweibrücken, Urt. v. 30.10.1997, 4 U 11/97, GmbHR 1998, 373, 374 und Urt. v. 05.06.2003, 4 U 117/02, NZG 2003, 931, Leitsätze: *1. Soll der Geschäftsführer einer Gesellschaft mit beschränkter Haftung abberufen werden, der zugleich Gesellschafter ist, so können sich auch dann, wenn die Satzung dies nicht ausdrücklich vorsieht, unter dem Gesichtspunkt bestehender Treuebindungen Einschränkungen der freien Abberufbarkeit ergeben. Dabei dürfen die Anforderungen aber nicht auf das Vorliegen eines wichtigen Grundes gesteigert werden. Es genügt, wenn nach den Gesamtumständen ein sachlicher Grund vorliegt, der einen verständigen Entscheidungsträger zur Abberufung veranlassen würde (Fortführung von Senat, NZG 1998, 385 = GmbHR 1998, 373). 2. Ein solcher sachlicher Grund kann darin liegen, dass der Gesellschafter-Geschäftsführer infolge einer dauerhaften Erkrankung nicht mehr im Stande ist, seine Funktion als Geschäftsführer wahrzunehmen, siehe dies offenlassend OLG Naumburg, NZG 2000, 608*; siehe auch OLG Karlsruhe, Urt. v. 10.08.2006, 9 U 171/05, OLGR Karlsruhe 2008, 414, wonach bei einer zweigliedrigen GmbH, bei der beide Gesellschafter mit 50 % beteiligt sind und bereits bei Gründung als mitarbeitende Geschäftsführer bestellt wurden, eine Sonderstellung vorläge, die es rechtfertige, dass eine Abberufung nur aus wichtigem Grund statthaft sei. Diese Ansicht ist sogar noch weitergehender als die Forderung nach einem sachlichen Grund.

[223] Siehe unten 2. Teil E III.

2. Zuständigkeit für die Abberufung

a. Überblick

Für die Abberufung ist gemäß § 46 Nr. 5 GmbHG grundsätzlich die Gesellschafterversammlung zuständig. Besteht ein Aufsichtsrat auf freiwilliger Basis, so bleibt es bei dieser Zuständigkeit, falls nicht die Satzung dem Aufsichtsrat diese Kompetenz zuweist. Dies gilt auch, wenn ein Aufsichtsrat nach dem Drittelbeteiligungsgesetz mit Arbeitnehmervertretern zu besetzen ist.

► Zuständigkeit des Aufsichtsrats

Anders ist jedoch die Situation im Geltungsbereich der Montanmitbestimmung sowie des Mitbestimmungsgesetzes von 1976. Diese Mitbestimmungsgesetze verweisen auf § 84 III AktG, wonach der Aufsichtsrat für die Abberufung der Leitungsorgane (sowie für ihre Bestellung) zuständig ist (siehe § 31 Mitbestimmungsgesetz 1976; § 12 Montanmitbestimmungsgesetz; § 13 Montanmitbestimmungsergänzungsgesetz). Die Bestellung ist in diesen Fällen auf höchstens fünf Jahre befristet. Ist der Aufsichtsrat für die Abberufung zuständig, so darf dies entsprechend der aktienrechtlichen Vorschrift nur aus wichtigem Grund geschehen. Ferner ist der Widerruf einer Bestellung zum Geschäftsführer bis zur gegenteiligen rechtskräftigen Entscheidung wirksam (§ 84 III 4 AktG).

b. Abberufung durch die Gesellschafterversammlung

► Einfache Mehrheit für Abberufung ausreichend

Ist die Gesellschafterversammlung für die Abberufung zuständig, so beschließt sie hierüber mit einfacher Mehrheit. Die Satzung kann eine qualifizierte Mehrheit vorsehen. Bei einer Abberufung aus *wichtigem* Grund, die sogleich gesondert erörtert wird, muss aber immer eine Abberufung mit einfacher Mehrheit möglich sein.[224]

Bei der ordentlichen Abberufung ohne wichtigen Grund darf der abzuberufende Gesellschafter-Geschäftsführer selbst mitstimmen.[225] § 47 IV GmbHG gilt in dieser Konstellation nicht.

► Umsetzung des Abberufungsbeschlusses

Ist der Gesellschafterbeschluss gefasst, so muss er umgesetzt werden, indem dem abzuberufenden Geschäftsführer der Widerruf erklärt wird. Mit Zugang des Widerrufs ist die Abberufung wirksam. Zuständig für die Widerrufserklärung sind die Gesellschafter, wobei einer von ihnen, ggf. auch ein Dritter, bevollmächtigt werden kann, den Widerruf gegenüber dem Geschäftsführer zu erklären. Die

[224]BGH, Urt. v. 20.12.1982, II ZR 110/82, BGHZ 86, 177, 179.

[225]BGH, Urt. v. 04.04.2017, II ZR 77/16, NZG 2017, 700.

Bevollmächtigung kann m. E. auch konkludent erfolgen, z. B. indem der Mehrheitsgesellschafter, der stets alle Beschlüsse umsetzt, auch hier diesbezüglich tätig wird.[226]

▶ Handelsregistereintragung ist deklaratorisch

Anschließend wird die Abberufung im Handelsregister eingetragen, was jedoch lediglich deklaratorische Wirkung hat, da die Abberufung bereits mit dem Zugang und nicht erst mit der Handelsregistereintragung ihre Wirksamkeit entfaltet.

Der Abberufene soll sich nach einer strengen Auffassung nicht mehr selbst beim Handelsregister „abmelden" dürfen. Vermittelnd wird vertreten, dass der ehemalige Geschäftsführer im engen zeitlichen Zusammenhang die Abberufung noch selbst zur Eintragung beim Handelsregister anmelden darf.[227] Erfolgt der Widerruf mit einer Frist, kann der Geschäftsführer aufgrund seiner noch bis zum Ende der Frist bestehenden Vertretungsmacht den Wegfall der Organstellung selbst zur Eintragung beim Handelsregister anmelden.

▶ Auswirkungen auf die Vertretungsverhältnisse

Mit dem Zugang der Abberufungserklärung verliert der Geschäftsführer die Organstellung und damit die Vertretungsmacht und Geschäftsführungsbefugnis. Es muss grundsätzlich ein neuer Geschäftsführer bestellt werden. Gibt es noch einen Mitgeschäftsführer und besteht Gesamtvertretungsbefugnis, so ist nunmehr der verbleibende Geschäftsführer allein vertretungsberechtigt. Dies gilt jedenfalls dann, wenn die Satzung lediglich vorsieht, dass die Gesellschaft mehrere Geschäftsführer haben *kann* und für diesen Fall Gesamtvertretung besteht. Die Satzung lässt es in dieser Konstellation offen, ob es einen oder mehrere Geschäftsführer gibt. Ordnet die Satzung allerdings definitiv an, dass es mindestens zwei Geschäftsführer mit Gesamtvertretung geben *muss*, so ist die Gesellschaft durch die Abberufung des einen gesamtvertretungsberechtigten Geschäftsführers nicht mehr organschaftlich vertretbar. Die Gesellschafterversammlung sollte daher unverzüglich einen neuen Geschäftsführer berufen. Sofern die Voraussetzungen hierfür vorliegen, kann auch das Gericht einen Notgeschäftsführer bestellen.[228]

Tipp für die Gesellschafterversammlung!
Bei der Abberufung eines Geschäftsführers sollte möglichst in derselben Gesellschafterversammlung ein Nachfolger gewählt werden, damit eine Führungslosigkeit der Gesellschaft vermieden wird. Der neu bestellte

(Fortsetzung)

[226] Siehe auch OLG Frankfurt, Beschl. v. 28.04.1981, 20 W 795/80, NJW 1982, 2388.

[227] LG Köln, Beschl. v. 14.08.1997, 87 T 25/97, GmbHR 1998, 183; LG Berlin, Beschl. v. 22.07.1992, 98 T 25/92, GmbHR 1993, 291, 292.

[228] Siehe oben 1. Teil C IV.

Geschäftsführer darf sowohl seine Bestellung als auch die Abberufung seines Vorgängers zur Eintragung in das Handelsregister anmelden.

3. Speziell: Abberufung aus wichtigem Grund

a. Grundsätzliches

► Beschränkung auf wichtigen Grund

Der Grundsatz der *freien Widerruflichkeit* kann eingeschränkt werden. Dies ergibt sich schon aus § 38 II GmbHG, wonach im Gesellschaftsvertrag die Zulässigkeit des Widerrufs auf den Fall beschränkt werden kann, dass *ein wichtiger Grund* hierfür vorliegt. Die Beschränkung des Widerrufs auf den wichtigen Grund muss in der Satzung verankert werden. Diese Vorschrift ist zwingend und somit ist eine Abweichung hiervon nicht zulässig.[229] Andererseits darf aber auch eine Abberufung aus wichtigem Grund niemals ausgeschlossen oder erschwert werden. Ebenfalls ist anerkannt, dass eine Abberufung aus wichtigem Grund immer mit einfacher Mehrheit möglich sein muss.[230]

Achtung!
Unabhängig davon, woher der Geschäftsführer sein Recht zur Geschäftsführung herleitet, sei es durch ein Sonderrecht in der Satzung oder nur auf der Basis eines Mehrheitsbeschlusses, aufgrund dessen er in das Amt bestellt wurde, so ist er dennoch auf jeden Fall aus wichtigem Grund durch einfache Mehrheit abberufbar. Ist er selbst Gesellschafter, so darf er bei der Abberufung nicht mitstimmen (§ 47 IV GmbHG). Seine Stimmen werden nicht mitgezählt.

► Abberufung aus wichtigem Grund muss jederzeit möglich sein

Der Grundsatz, wonach der Geschäftsführer jederzeit aus wichtigem Grund mit einfacher Mehrheit abrufbar sein muss, beruht auf dem Gedanken, dass die Gesellschaft nicht auf Dauer an einen Geschäftsführer gebunden bleiben kann, der sich grobe Pflichtverletzungen zu Schulden kommen lässt oder bei dem sich die Unfähigkeit zu einer ordnungsgemäßen Geschäftsführung herausstellt.[231] Sonst könnten

[229] BGH, Urt. v. 20.12.1982, II ZR 110/82, BGHZ 86, 177, 179.
[230] BGH, Urt. v. 20.12.1982, II ZR 110/82, BGHZ 86, 177, 179.
[231] BGH, Urt. v. 21.04.1969, II ZR 200/67, NJW 1969, 1483.

die Beteiligungsverhältnisse es der Gesellschaft unmöglich machen, sich von einem Geschäftsführer zu lösen, der sich als völlig untragbar erwiesen hat.

b. Wichtiger Grund

► Unzumutbarkeit

In der Praxis ist oft strittig, ob ein wichtiger Grund vorliegt. Während der Geschäftsführer naturgemäß bestreitet, dass ein wichtiger Grund vorliegt, sieht die Gesellschafterversammlung dieses Kriterium oft als erfüllt an. Die weitere Ausübung des Amts des Geschäftsführers muss für die Gesellschaft *unzumutbar* sein. Hier ist eine Abwägung der betroffenen Interessen vorzunehmen. Ein Verschulden des Geschäftsführers ist nicht erforderlich, auch muss es nicht um Umstände gehen, die in seiner Person liegen, vielmehr können äußere Gegebenheiten einen wichtigen Grund darstellen.

► Einzelfälle

Die wichtigste Fallgruppe ist sicherlich die der groben Pflichtverletzung des Geschäftsführers. Hierunter fallen z. B.:

- Missbrauch der Vertretungsmacht,[232]
- Verstoß gegen das Wettbewerbsverbot,[233]
- strafbare Handlungen gegen die GmbH, die Gesellschafter oder Mitarbeiter,
- weisungswidriges Verhalten gegenüber der Gesellschafterversammlung,
- nachhaltige Verletzung von Mitgliedschafts- bzw. Individualrechten der Gesellschafter, z. B. des Auskunftsrechts,
- nachhaltige Versäumnisse bei der Erfüllung der Geschäftsführungspflichten, z. B. Verstöße gegen die Buchführungspflicht oder Missachtung steuerlicher Pflichten.[234]

Beispiel

„Der Grobian"[235]

Gerd Grob (G) ist zu 50 % an einer GmbH beteiligt, die pharmazeutische Produkte herstellt. Die anderen 50 % werden von Arnold Angst (A) und seinem Sohn Torben (T) gehalten. T ist Mitgeschäftsführer, was G äußerst lästig ist, da er diesen jungen Wichtigtuer nicht mag, der seiner Meinung nach „eine ganz schöne Welle schiebt". G hat eine private Anwaltsrechnung aus dem

[232] Siehe oben 1. Teil, III 5 b.

[233] Siehe oben 1. Teil, E III.

[234] Siehe BGH, Urt. v. 28.01.1985, II ZR 79/84, GmbHR 1985, 256; BGH, Beschl. v. 12.01.2009, II ZR 27/08, GmbHR 2009, 434.

[235] In Anlehnung an OLG Stuttgart, Beschl. v. 13.04.1994, 2 U 303/93, GmbHR 1995, 229.

Gesellschaftsvermögen bezahlt, was der junge T bei der Kontrolle der Buchhaltung herausbekommt. Als T den G zur Rede stellt, packt dieser T am Kragen und schüttelt ihn. Etwas später muss T erfahren, dass ein Teil der neu angeschafften Büromöbel in das Büro der Tochter des G, die eine völlig unabhängige Unternehmensberatung betreibt, „verschoben" wurden. Als T, der keinesfalls den Mut verloren hat, dies G vorhält, greift dieser ihn am Revers und dreht dieses so fest zu, dass T kaum noch Luft bekommt und sich erst nach geraumer Zeit und nur mit Mühe wieder befreien kann. Dieses Ereignis wird von Betriebsangehörigen beobachtet, da es in der belebten Lagerhalle stattfindet.

In einer eigens zum Zwecke der Abberufung einberufenen Gesellschafterversammlung, die T unverzüglich anberaumt, wird beantragt, G mit sofortiger Wirkung aus wichtigem Grund abzuberufen. G stimmt mit seinem Anteil zwar dagegen, seine Stimmen dürfen jedoch nicht gezählt werden, weil er gemäß § 47 IV GmbHG wegen des Verbots des Richters in eigener Sache von dem Stimmrecht ausgeschlossen ist. Dass die von ihm vorgenommenen Tätlichkeiten für das Vorliegen eines wichtigen Grundes ausreichen, steht außer Zweifel.[236]

Der Abberufungsbeschluss ist damit wirksam. Bestreitet G dies jedoch, so darf er nach der Rechtsprechung zunächst weiter auftreten, bis die Rechtslage gerichtlich geklärt wird (siehe dazu unten 1. Teil, F I 3 d. cc). Bis zur Rechtskraft eines Urteils kann der Zustand vorläufig durch einstweilige Verfügungen geregelt werden.[237]

Zu beachten ist, dass nach Ansicht des *BGH* es allein für das Stimmverbot des betroffenen Gesellschafter-Geschäftsführers darauf ankommt, ob tatsächlich ein wichtiger Grund vorliegt, dies wird im Streitfall erst vor Gericht geklärt.[238] Allein aufgrund der Behauptung der Mitgesellschafter, dass ein wichtiger Grund vorläge, kann dem betroffenen Gesellschafter-Geschäftsführer nicht verboten werden seine

[236] OLG Stuttgart, Beschl. v. 13.04.1994, 2 U 303/93, GmbHR 1995, 229.

[237] Siehe dazu sogleich die Ausführungen unter dd).

[238] BGH, Urt. v. 04.04.2017, II ZR 77/16, NZG 2017, 700, aus den Gründen: *Bei der gerichtlichen Überprüfung der Wirksamkeit von Gesellschafterbeschlüssen, die die Abberufung oder die Kündigung des Anstellungsvertrags eines Gesellschafter-Geschäftsführers einer GmbH aus wichtigem Grund betreffen, ist darauf abzustellen, ob tatsächlich ein wichtiger Grund im Zeitpunkt der Beschlussfassung vorlag oder nicht… Wenn ein abstimmungserhebliches Stimmverbot in Frage steht, kommt es im Rechtsstreit allein auf das tatsächliche Vorliegen des wichtigen Grunds an. Das Gericht darf nicht schon aufgrund der schlüssigen Behauptung von einem Abberufungsgrund ausgehen, über dessen Vorliegen die Parteien gerade streiten. Eine Anfechtungsklage des Mehrheitsgesellschafters gegen seine Abberufung als Geschäftsführer kann in Folge dessen nicht schon abgewiesen werden, weil die Stimme des Betroffenen vermeintlich zu Recht nicht gezählt wurde. Denn dann würde das Vorliegen eines wichtigen Grundes gerade nicht geklärt und dem Betroffenen der Rechtsschutz verweigert. Das tatsächliche Vorliegen eines wichtigen Grundes ist auch für die positive Beschlussfeststellungsklage gegen einen die Abberufung mit den Stimmen des Betroffenen ablehnenden Beschluss von Bedeutung, weil das Gericht das Zustandekommen eines wirksamen Beschlusses nur feststellen kann, wenn ein wichtiger Grund für die Abberufung tatsächlich vorliegt. Für die Kündigung des Anstellungsvertrags aus wichtigem Grund gilt nichts anderes.*

Stimmen abzugeben. Selbst wenn dieser als Versammlungsleiter förmlich feststellt, dass seine Abberufung abgelehnt wurde, steht dieses Beschlussergebnis erst einmal im Raum und muss von dem für die Abberufung stimmenden Gesellschafter angefochten werden.

Auch ein *tief greifendes Zerwürfnis*, also eine völlige Entfremdung zwischen Gesellschafter-Geschäftsführern kann einen wichtigen Grund für die Abberufung des Geschäftsführers darstellen, der zu dem Zerwürfnis nicht notwendigerweise schuldhaft beigetragen hat, dies können auch beide Geschäftsführer sein.[239]

Wird prozessual über das Vorliegen eines wichtigen Grundes gestritten, so ist ein Nachschieben von Gründen in Grenzen möglich.[240] Dies gilt jedenfalls für die Gründe, die bei der Abberufung bereits vorlagen, aber erst später zur Kenntnis der Gesellschafterversammlung gelangen.[241]

c. Frist

▶ Keine starre Frist

Soll ein Geschäftsführer aus wichtigem Grund abberufen werden, so gibt es keine starre Frist. Er muss jedoch in angemessener Zeit, nachdem die Gesellschafterversammlung von dem wichtigen Grund Kenntnis genommen hat, aus dem Amt abberufen werden. Die Zwei-Wochen-Frist des § 626 II BGB wird nicht analog angewandt. Eine Verwirkung kann eintreten, wenn die Gesellschafterversammlung nicht alsbald reagiert. Feste Grenzen gibt es hier jedoch nicht.[242]

Tipp für die Gesellschafterversammlung!
Im Anstellungsvertrag sollte dringend die Klausel aufgenommen werden, dass das Anstellungsverhältnis mit der Organstellung endet, jedenfalls dann, wenn der Geschäftsführer aus wichtigem Grund abberufen wird. Ansonsten könnte

(Fortsetzung)

[239]BGH, Beschl. v. 12.01.2009, II ZR 27/08, GmbHR 2009, 434; siehe OLG Karlsruhe Urt. v. 10.08.2006, 9 U 171/05, OLGR Karlsruhe 2008, 414, aus den Gründen: *In der Rechtsprechung ist anerkannt, dass dann, wenn zwei oder mehrere Geschäftsführer untereinander so zerstritten sind, dass eine Zusammenarbeit zwischen ihnen nicht mehr möglich ist, jeder von ihnen abberufen werden kann, wenn er durch sein nicht notwendigerweise schuldhaftes Verhalten zu dem Zerwürfnis beigetragen hat.* Im konkreten Fall hatte ein Geschäftsführer eine Mitarbeiterin durch einen Brief sexuell belästigt und ein intimes Verhältnis mit dem Mitgeschäftsführer unterstellt. Siehe auch OLG Köln, Urt. v. 01.06.2010, 18 U 72/09, NZG 2011, 307, wonach auch ein Zerwürfnis zwischen dem Geschäftsführer und der Gesellschaftermehrheit ausreicht.

[240]BGH, Urt. v. 14.10.1991, II ZR 239/90, GmbHR 1992, 38; OLG Naumburg, Urt. v. 25.01.1996, 2 U 31/95, GmbHR 1996, 934.

[241]LG Mainz, Urt. v. 12.08.2016, 2 O 329/13, juris.

[242]*Baumbach/Hueck*, GmbHG, § 38 Rdnr. 17.

die Situation eintreten, dass eine Kündigung des Anstellungsvertrags bereits unzulässig wäre, da die Zwei-Wochen-Frist gemäß § 626 II BGB versäumt wurde, während eine Abberufung aus wichtigem Grund gemäß § 38 II GmbHG noch zulässig ist, da dort keine starre Frist zugrunde gelegt wird. Dies sollte durch Aufnahme der besagten sog. *Koppelungsklausel* vermieden werden.[243]

d. Probleme bei der Beschlussfassung

Wird ein Geschäftsführer aus wichtigem Grund abberufen, so ergeben sich häufig Probleme, wenn er gleichzeitig Gesellschafter ist. Der betroffene Gesellschafter-Geschäftsführer sowie die Gesellschafter, die sich an der Pflichtverletzung beteiligt haben, die Grund für die Abberufung ist, sind zwar gemäß § 47 IV GmbHG vom Stimmrecht ausgeschlossen,[244] halten sich jedoch nicht immer daran (siehe bereits oben unter b). Häufig stimmt der Geschäftsführer selbst gegen seine Abberufung, weil er das Vorliegen eines wichtigen Grundes bestreitet und somit für sich in Anspruch nimmt, dass das Stimmverbot des § 47 IV GmbHG nicht gilt, oder aber Mitgesellschafter machen sich für ihn stark, weil sie gleichgerichtete Interessen verfolgen oder einfach nur persönliche Gründe vorliegen.

Stimmen Mitgesellschafter gegen die Abberufung, so können auch ihre Stimmen wegen Verstoßes gegen die Treuepflicht unwirksam sein. Die Treuepflicht gebietet nämlich allen Gesellschaftern, der Abberufung eines Geschäftsführers zuzustimmen, wenn in dessen Person wichtige Gründe vorliegen, die sein Verbleiben in der Organstellung für die Gesellschaft unzumutbar machen.[245] Stimmen, die in einer Gesellschafterversammlung trotz Vorliegens wichtiger Gründe gleichwohl für ein Verbleiben des Geschäftsführers im Amt abgegeben wurden, können rechtsmissbräuchlich und daher nichtig sein. Bei Feststellung des Beschlussergebnisses sind sie nicht mitzuzählen.[246]

Das gleiche gilt, wenn sich der abzuberufende Gesellschafter-Geschäftsführer entgegen dem Stimmverbot an der Abstimmung beteiligt. Auch seine Stimmen werden nicht mitgerechnet.

► Streitigkeiten über Wirksamkeit von Beschlüssen

[243] Siehe zu dieser auch unten, 2. Teil, E III.

[244] OLG Karlsruhe, Urt. v. 28.11.2006, 8 U 314/05, ZIP 2007, 1319.

[245] OLG Köln, Urt. v. 01.06.2010, 18 U 72/09, NZG 2011, 307; der Geschäftsführer hatte vor einer Darlehenskündigung nicht die erforderliche Zustimmung der Gesellschafterversammlung eingeholt.

[246] BGH, Urt. v. 19.11.1990, II ZR 88/89, NJW 1991, 846.

Äußerst problematisch ist aber, wie Streitigkeiten über die Wirksamkeit von Beschlüssen zu handhaben sind. Häufig wird es sehr zweifelhaft sein, ob der wichtige Grund wirklich vorliegt.

Einigkeit besteht darüber, dass die §§ 117, 127 HGB nicht gelten, wonach ein Entzug der Geschäftsführungs- und Vertretungsbefugnis erst durch das Urteil des Gerichts wirksam wird. Vielmehr ist durch den bloßen Abberufungsbeschluss ein Entzug der Geschäftsführerstellung möglich. Dies gilt allerdings nicht in allen Fällen. Hier muss differenziert werden, ob es sich um einen Fremdgeschäftsführer, einen Minderheitsgesellschafter-Geschäftsführer, einen hälftig oder mehrheitlich beteiligten Geschäftsführer oder um einen Gesellschafter-Geschäftsführer mit einem Sonderrecht handelt (Abb. 9).

aa. Fremdgeschäftsführer

Unproblematisch liegt der Fall, in dem der Beschluss über die Abberufung eines Fremdgeschäftsführers förmlich festgestellt ist. Diese Abberufung wirkt sofort mit der Bekanntgabe des Beschlusses gegenüber dem betroffenen Geschäftsführer und ist vorläufig maßgeblich, bis ggf. durch ein Urteil, das aufgrund einer Anfechtungsklage ergeht, der Abberufungsbeschluss für nichtig erklärt wird. Eine förmliche Feststellung von Gesellschafterbeschlüssen ist im GmbH-Recht, anders als im Aktienrecht, nicht vorgesehen; sie darf aber erfolgen. Eine förmliche Feststellung geschieht durch den Versammlungsleiter. Der Versammlungsleiter, der kraft Satzung oder auch kraft einstimmiger Ermächtigung hierzu berufen wurde, stellt das Beschlussergebnis förmlich fest, indem er das Ergebnis verkündet und damit zum Ausdruck bringt, dass er den Beschluss für wirksam hält.

► Fremdgeschäftsführer kann Abberufungsbeschluss nicht gerichtlich angreifen

Besteht also ein solcher förmlich festgestellter Beschluss, so ist der Fremdgeschäftsführer hieran gebunden, er kann sich selbst nicht im Wege der Anfech-

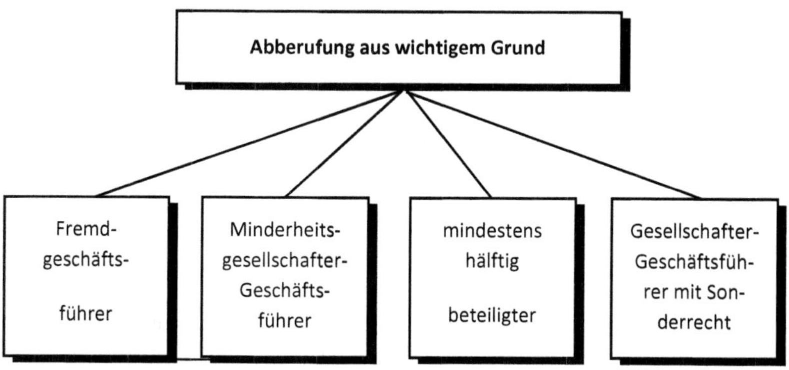

Abb. 9 Abberufung des Geschäftsführers aus wichtigem Grund

tungsklage gegen diesen Beschluss wenden, da er nicht Gesellschafter ist (strittig). Daher kann der Fremdgeschäftsführer auch nicht im Wege der einstweiligen Verfügung erreichen, dass er einstweilen im Amt bleibt.[247] Ihm bleiben lediglich seine Rechte und Pflichten aus dem Anstellungsvertrag.

Dies gilt nach zutreffender Ansicht auch, wenn der Abberufungsbeschluss nicht förmlich festgestellt ist, aber die Gesellschafter sich einig sind, dass die Abberufung wirksam beschlossen wurde. Dann bedarf es keiner förmlichen Feststellung durch einen Versammlungsleiter. Besteht allerdings Streit über die Wirksamkeit des Abberufungsbeschlusses und ist dieser nicht förmlich festgestellt worden, so dass Unklarheiten über den Inhalt des Beschlossenen bestehen, dann kann es dem Fremdgeschäftsführer nicht verwehrt werden, von einem unwirksamen Beschluss auszugehen und sich entsprechend der dann vorliegenden materiellen Rechtslage weiterhin als Geschäftsführer zu bezeichnen (ebenfalls strittig). In einer solchen Situation muss es dem Geschäftsführer auch möglich sein, eine Feststellungsklage mit dem Ziel zu erheben, dass die Unwirksamkeit des Abberufungsbeschlusses festgestellt wird.

Liegt ein Abberufungsbeschluss vor, ist dieser jedoch unwirksam, so könnte auch die anschließende Abberufungserklärung, die dem Geschäftsführer gegenüber abgegeben wurde, unwirksam sein. Hieran anknüpfend wird vertreten, dass der Fremdgeschäftsführer sich auf eine unwirksame Abberufungserklärung berufen kann.

Im Übrigen darf jeder überstimmte Gesellschafter gegen den Abberufungsbeschluss Anfechtungsklage erheben oder auch im Wege des einstweiligen Rechtsschutzes beantragen, dass der abberufene Geschäftsführer einstweilen im Amt bleiben darf.

bb. Minderheitsgesellschafter-Geschäftsführer

Auch für den Minderheitsgesellschafter-Geschäftsführer gelten im Wesentlichen die zuvor für den Fremdgeschäftsführer aufgezeigten Grundsätze. Der Abberufungsbeschluss, der mit der Mehrheit der Stimmen erging, ist zunächst wirksam und muss von dem Minderheitsgesellschafter-Geschäftsführer respektiert werden. Dies gilt sowohl, wenn er förmlich festgestellt wurde, als auch dann, wenn einfach nur rechnerisch ein Mehrheitsbeschluss ergangen ist und die Gegenstimmen des Minderheitsgesellschafters nicht relevant waren, da er ohnehin überstimmt wurde.

► Anfechtungsklage des überstimmten Gesellschafters möglich

Der abberufene Minderheitsgesellschafter-Geschäftsführer hat jedoch die Möglichkeit einer Anfechtungsklage, so dass er den Abberufungsbeschluss ggf. für nichtig erklären kann, falls seiner Ansicht nach kein wichtiger Grund vorlag. Ferner räumt ihm die herrschende Meinung die Möglichkeit ein, im Wege des einstweiligen

---

[247] OLG Hamm, Urt. v. 17.09.2001, 8 U 126/01, GmbHR 2002, 327, Leitsatz: *In der GmbH kann sich ein Fremdgeschäftsführer grundsätzlich nicht mit der einstweiligen Verfügung gegen eine gemäß § 38 GmbHG jederzeit mögliche Abberufung zur Wehr setzen. Insoweit gilt der Rechtsgedanke des § 84 Abs. 3 S. 4 AktG entsprechend.*

Rechtsschutzes vorzugehen und eine einstweilige Verfügung mit dem Ziel zu beantragen, vorläufig im Amt zu bleiben. Ob diese dann ergeht, muss das Gericht im Rahmen einer summarischen Gesamtabwägung entscheiden.

cc. Mindestens hälftig beteiligter Geschäftsführer

- Missbräuchliche Ausschaltung des beherrschenden Gesellschafter-Geschäftsführers

Ist der Geschäftsführer mit 50 % oder mehr an der Gesellschaft beteiligt, so kann über seinen Kopf hinweg grundsätzlich keine Entscheidung getroffen werden. Eine Ausnahme gilt jedoch für die Abberufung aus wichtigem Grund: Da seine Gegenstimmen nicht zählen, könnte ihn in diesem Fall selbst ein Minderheitsgesellschafter aus dem Amt des Geschäftsführers abberufen. Wäre es auch hier so, dass der Abberufungsbeschluss zunächst wirksam ist und nur im Wege der Anfechtungsklage für nichtig erklärt werden könnte, so wäre der Geschäftsführer erst einmal „kaltgestellt“, was ihn erheblich schädigen kann.

Ein Minderheitsgesellschafter – oder einer der beiden Anteilseigner im Falle einer GmbH mit jeweils hälftig beteiligten Gesellschaftern – könnte den anderen Gesellschafter-Geschäftsführer durch die bloße Behauptung, es handele sich um eine Abberufung aus wichtigem Grund, ausschalten. Dies kann wechselseitig, ggf. auch wiederholt geschehen.[248] Hat also ein abberufener Geschäftsführer gerade rechtskräftig feststellen lassen, dass die Abberufung unwirksam ist, so hindert dies seinen Kontrahenten nicht daran, ihn auf der nächsten Gesellschafterversammlung wiederum aus wichtigem Grund abzuberufen.[249]

- Materielle Rechtslage ist entscheidend

Daher kommt es bei der Abberufung eines Mehrheitsgesellschafters bzw. eines hälftig beteiligten Gesellschafters auf die *materielle Rechtslage* an.[250] Die Abberufung steht unter dem Vorbehalt des notfalls gerichtlich zu beurteilenden wichtigen Grundes. Selbst wenn das Beschlussergebnis förmlich festgestellt worden ist, entscheidet nur der Umstand, ob tatsächlich ein wichtiger Grund vorliegt. Die Vertretungsmacht und die Geschäftsführungsbefugnis bleiben vorläufig erhalten.[251]

- Aussetzung des Eintragungsverfahrens möglich

---

[248] BGH, Urt. v. 20.12.1982, II ZR 110/82, BGHZ 86, 177, 181.

[249] BGH, Urt. v. 20.12.1982, II ZR 110/82, BGHZ 86, 177, 181.

[250] BGH, Urt. v. 20.12.1982, II ZR 110/82, BGHZ 86, 177.

[251] OLG Stuttgart, Beschl. v. 13.04.1994, 2 U 303/93, NJW-RR 1994, 811 f.; OLG Hamm, Urt. v. 17.09.2001, 8 U 126/01, GmbHR 2002, 327.

Das Registergericht, bei dem der Mitgeschäftsführer die Abberufung seines Kontrahenten zur Eintragung anmeldet, kann das Eintragungsverfahren aussetzen und eine Frist zur Klageerhebung zwecks Klärung der Wirksamkeit der Abberufung setzen. Da die Wirksamkeit der Abberufung von der materiellen Rechtslage abhängt, wird das Registergericht die Wirksamkeit der Abberufung nicht klären können, so dass die Aussetzung zulässig ist.[252]

Zu der Möglichkeit bei Gericht einstweiligen Rechtsschutz zu suchen, z. B. eine einstweilige Verfügung zu erwirken, wonach dem abberufenen Geschäftsführer die Ausübung der Geschäftsführertätigkeit untersagt wird, siehe die Ausführungen unten bei ee.

dd. Gesellschafter-Geschäftsführer mit Sonderrecht zur Geschäftsführung

► Sonderrecht eines Gesellschafters nur gerichtlich „ausschaltbar"

Hat der Gesellschafter-Geschäftsführer gemäß § 35 BGB ein Sonderrecht auf die Geschäftsführung, das in der Satzung verankert ist, so kann ihm dieses im Prinzip nur mit seiner Zustimmung entzogen werden. Dennoch ist anerkannt, dass im Falle eines wichtigen Grundes auch ein Entzug des Sonderrechts durch einen satzungsändernden Abberufungsbeschluss möglich sein muss.[253] Jedoch endet die Geschäftsführerstellung aufgrund des Sonderrechts erst mit der rechtskräftigen, gerichtlichen Feststellung, dass der Abberufungsbeschluss wirksam ist. Vorher wäre eine einstweilige Verfügung möglich, wenn ein Eilfall vorliegt, der es den Mitgesellschaftern unzumutbar erscheinen lässt, den Ausgang des Prozesses abzuwarten.

ee. Einstweiliger Rechtsschutz bei Abberufung

► Vorläufige Regelungen durch das Gericht

Besteht also Streit über die Wirksamkeit einer Abberufung des Geschäftsführers und ist dieser nicht bereit auf die Ausübung des Amts einstweilen zu verzichten, kann versucht werden, über einstweilige Verfügungen vorläufige Regelungen zu treffen. Eine solche einstweilige Verfügung kann beim zuständigen Landgericht am Sitz der GmbH beantragt werden. Parteien dieses einstweiligen Verfügungsverfahrens sind die GmbH und der (vermeintlich) abberufende Geschäftsführer.[254] So haben die Gesellschafter, die für die Abberufung gestimmt haben, über die GmbH und einen

---

[252] OLG Köln, Beschl. v. 26.08.1994, 2 Wx 24/94, GmbHR 1995, 299.

[253] Der Entziehungsbeschluss bedarf als satzungsändernder Beschluss der no-tariellen Beurkundung, siehe OLG Nürnberg, Urt. v. 10.11.1999, 12 U 813/99, GmbHR 2000, 563, 564.

[254] KG, Urt. v. 11.08.2011, 23 U 114/11, ZIP 2011, 2304, Leitsatz 2: *Parteien des Verfügungsverfahrens sind grundsätzlich der Abberufene und die Gesellschaft, vertreten durch die gemäß § 46 Nr. 8 GmbHG bestimmten Vertreter. Ob – insbesondere bei Handlungsunfähigkeit der Gesellschaft – auch der abberufende Gesellschafter einen Verfügungsantrag stellen kann, bleibt offen.*

besonderen Vertreter – dies kann dann auch ein weiterer Geschäftsführer sein –, die Möglichkeit, eine einstweilige Verfügung zu beantragen, wonach der aus ihrer Sicht abberufene Geschäftsführer es zu unterlassen habe, das Amt des Geschäftsführers einstweilen auszuüben.[255] Auch der Antrag, ihm ein Hausverbot oder ein Einsichtsverbot aufzuerlegen wäre denkbar.

In einer zweigliedrigen Gesellschaft kann der Mitgesellschafter, der die weitere Amtstätigkeit des aus seiner Sicht abberufenen Gesellschafter-Geschäftsführers verhindern möchte, direkt im Wege der sog. *actio pro socio* den Erlass einer einstweiligen Verfügung beantragen. Er muss auch nicht zuvor versuchen, einen Beschluss der Gesellschafterversammlung für den Antrag einer einstweiligen Verfügung herbeizuführen.[256] Der Antrag kann auch darauf gerichtet sein, dass die Abberufung bereits einstweilen in das Handelsregister eingetragen wird, da der abberufene Geschäftsführer sonst weiterhin mit Wirkung zu Lasten der GmbH Geschäfte tätigen könnte (§ 15 HGB).

Der Geschäftsführer, gegen den sich der Abberufungsbeschluss richtet, kann seinerseits eine einstweilige Verfügung mit dem Ziel beantragen, dass er weiterhin die Geschäfte der Gesellschaft führen, die Einrichtungen nutzen und die Räumlichkeiten betreten darf. Auch gegen die bloße Unterlassung der Behauptung, er sei abberufen, kann er vorgehen.

Beispiel

„Der Oberguru"

Gilbert Gros (G) wird vorgeworfen, dass er Führer einer radikalen Sekte sei, was er bisher den Gesellschaftern verschwiegen habe. Es gibt bereits erste negative Presseberichte über G, die auch erwähnen, dass er das Amt des Geschäftsführers von der GmbH bekleidet. Die Folge sind starke Umsatzeinbrüche, da die Kunden verunsichert sind.

G bestreitet, Sektenführer zu sein; er sei noch nicht einmal Mitglied der genannten Sekte und kenne sie überhaupt nicht. Der Minderheitsgesellschafter H, der mit 40 % an der Gesellschaft beteiligt ist, möchte G dennoch ablösen lassen.

G, der 60 % am Stammkapital hält, wird daher in einer eilig zusammengerufenen Gesellschafterversammlung abberufen. Über das Ergebnis der Abstimmung führt das Protokoll aus: „Für die Annahme des Antrags stimmte der Gesellschafter H. Gesellschafter G stimmte gegen die Annahme. Gesellschafter H rügte das Stimmverhalten des Gesellschafters G wegen Befangenheit."

Der Mitgesellschafter H teilte den Geschäftspartnern – insbesondere auch der Hausbank – mit, dass G als Geschäftsführer abberufen sei, dass die GmbH derzeit

[255] OLG Jena, Urt. v. 09.09.2015, 2 U 219/15, juris, *1. Ein Mitgesellschafter einer GmbH kann mit Erfolg den Erlass einer einstweiligen Verfügung beantragen, mit dem es dem Geschäftsführer/Mitgesellschafter untersagt werden soll, bis zu bestimmten, hilfsweise gestaffelten Zeitpunkten als Geschäftsführer der GmbH aufzutreten und zu handeln, bis die Wirksamkeit eines Abberufungsbeschlusses festgestellt ist.*

[256] OLG Jena, Urt. v. 09.09.2015, 2 U 219/15, 5. Orientierungssatz nach juris.

keinen Geschäftsführer mehr habe und dass G nicht mehr berechtigt sei, für die Gesellschaft zu handeln. Hiergegen wendet sich G mit dem Antrag auf Erlass einer einstweiligen Verfügung, die darauf gerichtet ist, dass es der Mitgesellschafter zu unterlassen habe zu behaupten, dass G abberufen worden sei, dass die Gesellschaft keinen Geschäftsführer mehr habe und dass G nicht mehr berechtigt sei, für die GmbH zu handeln.

Ob die einstweilige Verfügung ergeht, ist nicht prognostizierbar. G muss eidesstattlich versichern, dass die Abberufungsgründe nicht vorliegen. Gibt er eine falsche eidesstattliche Versicherung ab, so macht er sich strafbar.

Meines Erachtens wird man in dem vorliegenden Fall darauf abstellen müssen, dass das Verbleiben des G im Amt des Geschäftsführers großen Schaden für die GmbH anrichtet, so dass es nicht darauf ankommt, ob G tatsächlich Sektenführer ist oder war. Seine Abberufung liegt im Unternehmensinteresse und ist geboten.[257]

II. Amtsniederlegung

- Jederzeit möglich

Der Geschäftsführer hat jederzeit die Möglichkeit, sein Amt niederzulegen.[258] Ein wichtiger Grund muss nicht vorliegen, auch braucht die Niederlegung nicht begründet zu werden.

- Niederlegung zur Unzeit

Allerdings wurde und wird teilweise gerade von den Registergerichten vertreten, dass in Extremfällen eine Niederlegung unwirksam sein kann. Dies soll dann gelten, wenn die Niederlegung zur Unzeit erfolge, z. B. wenn der Geschäftsführer eigentlich Insolvenzantrag stellen müsste. Eine weitere Fallgruppe ist die Niederlegung durch den einzigen Geschäftsführer, der gleichzeitig Alleingesellschafter ist, ohne dass zugleich ein neuer Geschäftsführer bestellt wird.[259] Diese Niederlegung könne

[257]Siehe auch die Entscheidung des OLG Stuttgart, Beschl. v. 13.04.1994, 2 U 303/93, NJW-RR 1994, 811, bei der es ebenfalls um eine einstweilige Verfügung des abberufenen Geschäftsführers allerdings aus anderen Gründen ging.

[258]BGH, Urt. v. 08.02.1993, II ZR 58/92, BGHZ 121, 257, 260.

[259]OLG Düsseldorf, Beschl. v. 06.12.2000, 3 Wx 393/00, GmbHR 2001, 144; KG, Beschl. v. 01.11.2000, 23 W 3250/00, GmbHR 2001, 147; BayObLG, Beschl. v. 15.06.1999, 3Z BR 35/99, GmbHR 1999, 980: *Die vom einzigen Geschäftsführer und alleinigen Gesellschafter einer GmbH erklärte Amtsniederlegung ist regelmäßig als rechtsmißbräuchlich unwirksam, wenn dieser nicht gleichzeitig einen neuen Geschäftsführer bestellt.*, so auch OLG Köln, Beschl. v. 01.02.2008, 2 Wx 3/08, ZIP 2008, 646, OLG München, Beschl. v. 16.03.2011, 31 Wx 64/11, NZG 2011, 432 (gilt auch für Abberufung).

rechtsmissbräuchlich sein, weil sie auf eine Handlungsunfähigkeit der Gesellschaft abziele. Dem ist nicht zu folgen.[260] Festzuhalten ist der vom *BGH* aufgestellte Grundsatz, dass im Außenverhältnis aus Gründen der Rechtssicherheit die Niederlegung grundsätzlich sofort wirksam ist.[261] Der Geschäftsführer macht sich allenfalls gegenüber der GmbH schadensersatzpflichtig.[262] Sofern mit wirksamer Beendigung des Dienstverhältnisses eine Niederlegung erfolgt, kann nicht von einer Niederlegung zur Unzeit ausgegangen werden.[263] Durch Bestellung eines Notgeschäftsführers muss die Handlungsfähigkeit wiederhergestellt werden. Es ist besser einen externen Notgeschäftsführer einzusetzen, der ggf. Schaden begrenzt als den bisherigen Geschäftsführer zwingen, weiterzumachen.[264]

► Formalien

Die Niederlegung ist eine einseitige, empfangsbedürftige Willenserklärung. Zuständig für die Entgegennahme ist die Gesellschafterversammlung, was unstreitig ist, da es sich bei ihr um das Bestellungs- und Abberufungsorgan handelt. Ausreichend ist aber auch, dass der Geschäftsführer allen Gesellschaftern die Niederlegung zur Kenntnis bringt, ohne eine Gesellschafterversammlung einzuberufen.[265] Selbst eine Erklärung gegenüber *einem* Gesellschafter soll nach dem *BGH* genügen,[266] was

---

[260] *Roth/Altmeppen*, GmbHG, § 38 Rdnr. 82.

[261] Siehe auch BGH, Urt. v. 14.07.1980, II ZR 161/79, BGHZ 78, 82, Leitsatz: *Die aus wichtigen Gründen erklärte Amtsniederlegung eines Geschäftsführers ist, auch wenn über die objektive Berechtigung dieser Gründe gestritten wird, sofort wirksam, unbeschadet einer etwaigen Haftung wegen Verletzung des Anstellungsvertrages.* Im Anschluss daran: BGH, Urt. v. 08.02.1993, II ZR 58/92, GmbHR 1993, 216: *Die Amtsniederlegung eines Geschäftsführers ist grundsätzlich auch dann sofort wirksam, wenn sie nicht auf einen angeblich wichtigen Grund gestützt ist (Fortführung von BGH, Urt. v. 14.07.1980, II ZR 161/79, BGHZ 78, 82 = GmbHR 1980, 270).* Allerdings setzt sich der BGH nicht mit der Frage auseinander, ob beim Alleingesellschafter-Geschäftsführer nicht doch eine Ausnahme zu machen ist sowie wann eine Niederlegung wegen Rechtsmißbrauchs unwirksam ist.

[262] OLG Koblenz, Urt. v. 26.05.1994, 6 U 455/91, GmbHR 1995, 730, 731; *Roth/Altmeppen*, GmbHG, § 38 Rdnr. 83.

[263] LG Frankenthal, Urt. v. 23.04.1996, 1 HKT 1/96, GmbHR 1996, 939.

[264] Zuzugeben ist, dass es schwierig werden wird, externe Notgeschäftsführer zu finden, wenn es ungewiss ist, ob ihre Vergütung aus dem Gesellschaftsvermögen bestritten werden kann. Ggf. sollten die Industrie- und Handelskammern überlegen, ob sie nicht einen Stamm von Personen vorhalten, die auf ihre Kosten solche Aufgaben übernehmen.

[265] BGH, Urt. v. 08.02.1993, II ZR 58/92, BGHZ 121, 257, 260. Ist der Brief an die GmbH adressiert und ist der zweite Geschäftsführer einziger (Mit)gesellschafter, ist dies ausreichend, siehe OLG Hamm, Urt. 11.08.2010, I-15 W 309/10 BeckRS 2010, 21010.

[266] BGH, Urt. v. 17.09.2001, II ZR 178/99, BGHZ 149, 28 = GmbHR 2002, 26, Leitsatz*: Der Grundsatz, dass eine Willenserklärung mit Wirksamkeit gegenüber einem Gesamtvertreter abgegeben werden kann, findet auch auf die Rechtsverhältnisse Anwendung, in denen die GmbH nach § 46 Nr. 5 GmbHG gemeinsam durch ihre Gesellschafter vertreten wird.* Aus den Gründen: *In diesem Urteil hat der Senat klargestellt, dass die Wirksamkeit der Niederlegung des Geschäftsführeramtes, für deren Entgegennahme ebenso wie für den Akt der Bestellung zum Geschäftsführer, den Widerruf*

zweifelhaft ist, da nicht sichergestellt ist, dass auch die anderen Gesellschafter hiervon erfahren. Schließlich muss zügig ein neuer Geschäftsführer bestellt werden können.[267] Es sollte daher immer vorsorglich die Niederlegung gegenüber sämtlichen Gesellschaftern erklärt werden. Die Erklärung der Niederlegung gegenüber einem Mitgeschäftsführer genügt nicht.[268] Die Registergerichte verlangen zudem im Anschluss an entsprechende OLG-Rechtsprechung verstärkt den Nachweis des Zugangs der Niederlegungserklärung,[269] weshalb eine Niederlegung per Fax oder E-Mail in der Regel voraussetzt, dass der Empfänger den Empfang bestätigt.[270] Der sicherste Weg ist die Zustellung der Niederlegungserklärung über den Gerichtsvollzieher an alle Gesellschafter.

▶ Anmeldung beim Handelsregister

Die Niederlegung wird mit Zugang der Niederlegungserklärung wirksam. Dennoch steht der Geschäftsführer noch im Handelsregister, weshalb Gläubiger der GmbH, die von seiner Niederlegung nichts wissen, ihn damit konfrontieren werden. Daher muss zügig durch Anmeldung der Niederlegung zur Eintragung beim Handelsregister eine Löschung des Geschäftsführers im Register erfolgen.

---

der Bestellung sowie Abschluss, Aufhebung und Kündigung des Anstellungsvertrags und deren Entgegennahme die Gesamtheit der Gesellschafter zuständig ist, nicht davon abhängt, dass sie gegenüber allen Gesellschaftern ausgesprochen wird. Er hat es vielmehr als ausreichend angesehen, wenn die Niederlegung gegenüber einem Gesellschafter erklärt und den übrigen lediglich nachrichtlich übersandt wird. Offengelassen hat er, ob die Abgabe der Erklärung gegenüber einem Gesellschafter auch dann genügt, wenn eine Benachrichtigung der übrigen Gesellschafter unterbleibt. Diese im Schrifttum umstrittene Frage ... ist zu bejahen. Es ist ein allgemein anerkannter Rechtsgrundsatz, dass im Rahmen der Gesamtvertretung eine Willenserklärung mit Wirksamkeit gegenüber einem Gesamtvertreter abgegeben werden kann (BGH Urt. v. 14.02.1974 – II ZB 6/73, BGHZ 62, 166 [173] = GmbHR 1974, 182; RG v. 31.12.1902 – I 320/02, RGZ 53, 227 [230 f.]). Dieser Grundsatz hat sich in verschiedenen gesetzlichen Bestimmungen – u.a. auch für die Organvertretung – niedergeschlagen (vgl. § 171 Abs. 3 ZPO; § 28 Abs. 2 BGB; § 35 Abs. 2 S. 3 GmbHG; § 78 Abs. 2 S. 2 AktG; § 25 Abs. 1 S. 3 GenG; vgl. auch § 125 Abs. 2 S. 3 HGB). Der Grundsatz ist auch auf die Rechtsverhältnisse anwendbar, in denen die GmbH nach § 46 Nr. 5 GmbHG gemeinsam durch ihre Gesellschafter vertreten wird.

[267] Offengelassen BGH, Urt. v. 08.02.1993, II ZR 58/92, BGHZ 121, 257, 260.

[268] OLG Düsseldorf, Beschl. v. 03.06.2005, I-3 Wx 118/05, GmbHR 2005, 932. Hingegen hält die h.M. eine Kündigung des Anstellungsvertrags durch Erklärung gegenüber dem Mitgeschäftsführer unter Berufung auf § 35 II 3 GmbHG für statthaft siehe unten 2. Teil, H II.

[269] OLG Düsseldorf, Beschl. v. 10.08.2004, I-3 Wx 177/04, GmbHR 2004, 1532; OLG Naumburg, Beschl. v. 28.02.2001, 7 Wx 05/00, GmbHR 2001, 569: Leitsätze 3 und 4: *Die Erklärung der Amtsniederlegung ist eine empfangs-bedürftige Willenserklärung, die für ihre Wirksamkeit dem für die Bestellung des Geschäftsführers zuständigen Organ (üblicherweise die Gesellschafterversammlung) zugehen muss. Dem Handelsregister ist neben der Willenserklärung des Geschäftsführers die Amtsniederlegung betreffend auch der Zugang der Willenserklärung bei dem für die Geschäftsführerbestellung zuständigen Organ in der Form des § 39 Abs. 2 GmbHG einzureichen.*

[270] Siehe auch BGH, Beschl. v. 21.06.2011, II ZB 15/10, juris Rdnr. 22 (Fax genügt, wenn der Empfänger den Empfang bestätigt).

Mit der notariellen Anmeldung der Niederlegung beim Handelsregister, die von den Geschäftsführern in vertretungsberechtigter Zahl gemäß § 39 GmbHG vorzunehmen ist, sind die Niederlegungserklärung sowie die Zustellungsnachweise (in Urschrift oder beglaubigter Urschrift),[271] also bei der Versendung mit Einschreiben gegen Rückschein die Rückscheine bzw. bei der Zustellung per Gerichtsvollzieher die Zustellungsurkunde einzureichen.

► Amtsniederlegung mit Fristsetzung ist empfehlenswert

Die Amtsniederlegung kann mit sofortiger Wirkung oder auch mit Fristsetzung zu einem bestimmten Termin erklärt werden. Bei einer Niederlegung mit Fristsetzung kann der Geschäftsführer – sofern er alleinvertretungsberechtigt ist – noch selbst die Anmeldung beim Handelsregister vornehmen. Besteht kein Anlass, den Anstellungsvertrag mit sofortiger Wirkung fristlos zu kündigen, so würde sich der Geschäftsführer schadensersatzpflichtig machen, wenn er sein Amt ohne Fristsetzung mit sofortiger Wirkung niederlegt. Auch kann die GmbH ihrerseits berechtigt sein, das Anstellungsverhältnis des Geschäftsführers fristlos zu kündigen.[272]

Tipp für den Geschäftsführer!
Sofern es irgend möglich ist, sollte die Niederlegung des Geschäftsführeramts und die Kündigung des Anstellungsvertrags synchron stattfinden. Sind Sie als Geschäftsführer zur fristlosen Kündigung des Anstellungsvertrags berechtigt, sollten Sie gleichzeitig auch das Amt niederlegen.

Beispiel

„Finger weg von der Buchhaltung"

Geschäftsführerin Galina Ganz (G) hat ihr Amt gerade erst angetreten. Mit dem schon vorhandenen anderen Geschäftsführer Hans Horst (H) gibt es

[271] Die Niederlegungserklärung ist daher entweder in einer Originalfassung – es werden ohnehin mehrere Originale entsprechend der Zahl der Gesellschafter benötigt – oder in beglaubigter Abschrift einzureichen, eine Kopie genügt nicht.

[272] Siehe auch OLG Celle, Urt. v. 04.02.2004, 9 U 203/03, GmbHR 2004, 425, Leitsatz 1: *Ein wichtiger Grund im Sinne des § 626 Abs. 1 BGB für die Kündigung eines Geschäftsführer-Dienstvertrags liegt vor, wenn sich der Geschäftsführer durch eine zwar wirksame, aber als unberechtigt zu qualifizierende Amtsniederlegung der Möglichkeit begibt, die Geschäftsführeraufgaben gerade im Außenverhältnis für die Gesellschaft wahrzunehmen und damit deren rechtsgeschäftlichen Handlungsbereich in für diese unzumutbarer Weise verengt. Eine solche Amtsniederlegung ist auch dann als unberechtigt zu qualifizieren, wenn der Geschäftsführer infolge der Umsetzung an ihn gerichteter Weisungen der Gesellschafterversammlung eine für die Gesellschaft negative Entwicklung befürchtet und sogar mit einem drohenden Zusammenbruch des Unternehmens rechnet; auch in solchen Fällen bleibt der Geschäftsführer seiner Aufgabe verpflichtet, mit der Sorgfalt eines ordentlichen Kaufmanns alles zu tun, was die Interessen der Gesellschaft erfordern, und die zugleich an sein Amt geknüpften öffentlich-rechtlichen Pflichten zu erfüllen.*

von Anfang an Spannungen. Dieser möchte G keinen Einblick in die Bücher nehmen lassen. G unternimmt mehrere Anläufe, da sie sich vergewissern möchte, ob für eine ordnungsgemäße Buchhaltung der Gesellschaft gesorgt ist. Jedoch vergeblich. Schließlich kündigt G aus wichtigem Grund den Anstellungsvertrag und legt gleichzeitig das Amt nieder.

Zu Recht, da es zu den Kernaufgaben des Geschäftsführers gehört, für eine ordnungsgemäße Buchführung der Gesellschaft zu sorgen (§ 41 GmbHG). Jeder Geschäftsführer muss sich, gerade auch im Hinblick auf seine Pflicht, ggf. einen Insolvenzantrag zu stellen, über die Buchführung informieren. Auch sind diejenigen Geschäftsführer, die nicht primär für die Buchhaltung im Wege der Ressortverteilung verantwortlich sind, gleichfalls verpflichtet, das Rechnungswesen zu kontrollieren. Wird einer Mitgeschäftsführerin daher systematisch der Zugang zur Buchhaltung vorenthalten, so ist ein gedeihliches, gesetzestreues Arbeiten unmöglich, was einen wichtigen Grund zur Kündigung und zur Amtsniederlegung darstellt.[273]

Tipp für den Geschäftsführer!

Sie sollten nach Möglichkeit die Niederlegung mit einer Frist erklären, damit Sie dies noch selbst im Handelsregister anmelden können. Zwar gibt es durchaus Handelsregister, die meines Erachtens der zutreffenden Ansicht sind, dass der Geschäftsführer, der das Amt niedergelegt hat, dies auch noch im engen zeitlichen Zusammenhang selbst anmelden darf.[274] Das ist jedoch nicht der Standpunkt der herrschenden Ansicht.[275] Diese nimmt vielmehr an, dass der Geschäftsführer mit der Amtsniederlegung nicht mehr berechtigt ist, Handelsregisteranmeldungen vorzunehmen, da er keine Vertretungsberechtigung mehr hat. Erklären Sie jedoch die Niederlegung mit einer Frist, so können Sie innerhalb der Frist selbst noch die Handelsregisteranmeldung vornehmen. Beachten Sie jedoch, dass Sie die Niederlegung zuvor wirksam gegenüber der Gesellschafterversammlung oder gegenüber sämtlichen Gesellschaftern erklärt haben und Ihnen die Zugangsnachweise (Zustellungsurkunde/Rückschein/Empfangsbestätigung) vorliegen.

Anschließend müssen Sie einen Notar aufsuchen, um die Anmeldung über die Niederlegung beglaubigen zu lassen. Dieser oder Sie persönlich reicht

(Fortsetzung)

[273]BGH, Urt. v. 26.06.1995, II ZR 109/94, DStR 1995, 1639, 1640.

[274]LG Berlin, Beschl. v. 22.07.1992, 98 T 25/92, GmbHR 1993, 291; LG Köln, Beschl. v. 14.08.1994, 87 T 25/97, GmbHR 1998,183.

[275]BayObLG, Beschl. v. 10.07.1981, BReg 1 Z 44/81, GmbHR 1982, 214; OLG Zweibrücken, Beschl. v. 30.06.1998, 3 W 130/98, GmbHR 1999, 479; siehe *Bärwaldt*, Die Anmeldung des eigenen Ausscheidens beim Handelsregister, GmbHR 2001, 290.

dann die Anmeldung mit ihrer Niederlegungserklärung und den Zustellungsnachweisen beim Handelsregister ein. Zum Zeitpunkt der Anmeldung müssten Sie noch Geschäftsführer gewesen sein. Hier sollten Sie eine ausreichende Frist auch für den Fall einplanen, dass der erste Versuch des Zugangs Ihrer Niederlegungserklärung bei einzelnen Gesellschaftern scheitert.

III. Sonstige Beendigungsgründe

▶ Befristung

Ein weiterer wichtiger Beendigungsgrund ist die Befristung der Geschäftsführertätigkeit. Nach dem Mitbestimmungsgesetz von 1976 und der Montanmitbestimmung ist sie wegen der Geltung des § 84 AktG für fünf Jahre vorgesehen. Ansonsten ist auch durch die Satzung oder durch den Bestellungsbeschluss eine Befristung möglich.

▶ Auflösende Bedingung

Nach Ansicht des *BGH* ist es auch statthaft, die Bestellung des Geschäftsführers unter eine auflösende Bedingung zu stellen.[276] So hielt es der *BGH* für wirksam, wenn ein Geschäftsführer seine Organstellung auflösend bedingt dann verliert, wenn er der Gesellschaft nicht mehr seine volle Arbeitskraft zur Verfügung stellt.

▶ Sonstige Gründe

Ferner endet die Organstellung mit dem Tod des Geschäftsführers und einer Amtsunfähigkeit gemäß § 6 II GmbHG. Wird der Geschäftsführer also beispielsweise wegen einer Insolvenzstraftat rechtskräftig verurteilt, so verliert er automatisch die Fähigkeit, das Amt des Geschäftsführers zu bekleiden.

Gerät die Gesellschaft in die Insolvenz und wird das Insolvenzverfahren eröffnet, so bleibt der Geschäftsführer grundsätzlich im Amt, gibt aber einen Großteil seiner Befugnisse an den Insolvenzverwalter ab. Für die gesellschaftsrechtlichen Befugnisse ist er jedoch weiterhin zuständig. Der Geschäftsführer darf daher nach wie vor Gesellschafterversammlungen einberufen und Handelsregisteranmeldungen vornehmen.

In der Liquidation wird der Geschäftsführer gemäß § 66 I GmbHG grundsätzlich Liquidator (sog. geborener Liquidator), falls nicht die Satzung andere Liquidatoren vorsieht oder die Gesellschafterversammlung solche anstelle des Geschäftsführers bestellt.

[276]BGH, Urt. v. 24.10.2005, II ZR 55/04, NZG 2006, 62.

G. Buchführung, Rechnungslegung und Steuern

I. Pflichten aus dem Rechnungswesen

▶ Für die GmbH gilt Handelsbilanzrecht

Für die GmbH als Handelsgesellschaft gilt das Recht des Kaufmanns, das im Wesentlichen im HGB geregelt ist. Jeder Kaufmann, damit auch die GmbH, ist verpflichtet, Bücher zu führen (§ 238 I HGB) und Jahresabschlüsse zu erstellen (§ 242 HGB).

Die rechtlichen Einzelheiten des Rechnungswesens sind so umfangreich, dass sie eine gesonderte Darstellung verlangen, die im Rahmen dieses Buchs nicht geleistet werden kann. An dieser Stelle soll daher nur kursorisch ein Überblick über die für den Geschäftsführer relevanten Pflichten gegeben werden.

▶ Geschäftsführer ist für die Buchführung zuständig

Die in § 41 GmbHG verankerte Buchführungspflicht bedeutet, dass der Geschäftsführer nach Maßgabe der Vorschriften über die Handelsbücher (§§ 238 ff. HGB) verpflichtet ist, die Buchhaltung zu organisieren. Der Geschäftsführer muss für eine Organisation sorgen, die ihm jederzeit eine Übersicht über die wirtschaftliche und finanzielle Situation der GmbH ermöglicht.[277] Dies bedeutet zwar nicht, dass er die Buchhaltung selbst bearbeiten muss, er darf diese durchaus delegieren und das Rechnungswesen auch extern, etwa durch Einschaltung selbstständiger Buchhaltungs- bzw. EDV-Unternehmen oder auch Steuerberatungsgesellschaften, erledigen lassen. Allerdings muss er die Erfüllung der Buchhaltungspflichten ständig überwachen und kontrollieren.

▶ Ressortaufteilung und Überwachungspflicht

Bei mehreren Geschäftsführern ist es im Wege der Ressortaufteilung möglich, die Buchhaltung *einem* Geschäftsführer zur eigenverantwortlichen Bearbeitung zuzuweisen. Dann haben die übrigen Geschäftsführer für eine sachgerechte Auswahl des zuständigen Geschäftsführers zu sorgen und ihn vor allem kontinuierlich und angemessen zu überwachen.[278] Insbesondere im Hinblick auf die Verpflichtung, beim Verlust der Hälfte des Stammkapitals gemäß § 49 III GmbHG die Gesellschafterversammlung einzuberufen sowie im Falle der Überschuldung Insolvenzantrag zu stellen,[279] muss jeder Geschäftsführer die finanzielle Entwicklung der Gesellschaft und damit auch die Buchhaltung im Auge behalten.

▶ Jahresabschluss und Lagebericht

---

[277] BGH, Urt. v. 20.02.1995, II ZR 9/94, GmbHR 1995, 299.

[278] BGH, Urt. v. 26.06.1995, II ZR 109/94, DStR 1995, 1639.

[279] Siehe dazu unten 1. Teil J III.

Aus der Buchhaltung wird anschließend der Jahresabschluss entwickelt, der sich aus der Bilanz und der Gewinn- und Verlustrechnung zusammensetzt (§ 242 III HGB). Der Jahresabschluss wird um einen sog. Anhang erweitert sowie – bei mittelgroßen und großen Gesellschaften – um einen Lagebericht ergänzt. Das Handelsgesetzbuch teilt in § 267 die Kapitalgesellschaften in drei Größenklassen ein. Ferner regelt § 267a HGB noch die sog. Kleinstkapitalgesellschaften, für die weitere Erleichterungen gelten. Anknüpfungskriterien sind die Höhe der Bilanzsumme, die Umsatzerlöse sowie die Anzahl der Arbeitnehmer. Der Geschäftsführer hat sich zu vergewissern, in welche Klasse seine Gesellschaft fällt. Dies ist unter anderem für die Frage relevant, ob ein Abschlussprüfer eingesetzt werden muss und welche Offenlegungs-, d. h. Publizitätsvorschriften, gelten.

▶ Pflicht des Geschäftsführers

Der Geschäftsführer ist gemäß § 42a GmbHG gegenüber der Gesellschaft für die Aufstellung des Jahresabschlusses und des Lageberichts verantwortlich. Der Lagebericht ist ein eigenständiger Teil der Rechnungslegung und enthält Informationen über den Geschäftsverlauf sowie über die Situation der Gesellschaft.

▶ Verfahren

Nachdem der Geschäftsführer den Jahresabschluss und den Lagebericht aufgestellt hat, sind diese Unterlagen unverzüglich den Gesellschaftern vorzulegen. Die GmbH selbst ist gemäß § 264 I Satz 3 HGB verpflichtet, den Jahresabschluss binnen drei Monaten nach dem letzten Bilanzstichtag aufzustellen. Diese Pflicht wird intern vom Geschäftsführer wahrgenommen, der dann seinerseits gegenüber der Gesellschaft für die ordnungsgemäße Erfüllung dieser Aufgabe zuständig ist. Damit hat also der Geschäftsführer die Dreimonatsfrist einzuhalten. Bei kleinen Gesellschaften kann sich die Pflicht auf maximal sechs Monate verlängern, sofern dies noch einem „ordnungsgemäßen Geschäftsgang" entspricht, wobei zweifelhaft ist, was hierunter zu verstehen ist. In der Krise ist der Jahresabschluss beschleunigt aufzustellen, so dass eine Verlängerung der Dreimonatsfrist ausgeschlossen sein dürfte.

Achtung!
Stellt der Geschäftsführer nicht binnen der gesetzlich vorgegebenen Frist den Jahresabschluss und Lagebericht auf, so macht er sich gemäß § 43 II GmbHG schadensersatzpflichtig. Ein Schaden kann z. B. dann entstehen, wenn eine Bank die Kreditgewährung oder die Finanzierung eines größeren Vorhabens von der Vorlage der Jahresabschlüsse abhängig macht und der GmbH aufgrund der verzögerten Vorlage ein Zinsschaden, etwa in Form von Bereitstellungszinsen, entsteht. Möglich ist auch, dass die Bank wegen der verzögerten Vorlage ganz von der Finanzierung Abstand nimmt. Der Geschäftsführer sollte daher die Pflichten aus dem Rechnungswesen sehr ernst nehmen. Gerät die Gesellschaft in die Insolvenz, macht sich der Geschäftsführer sogar strafbar, wenn er die Bilanzen nicht bzw. verspätet aufstellt (Abb. 10).

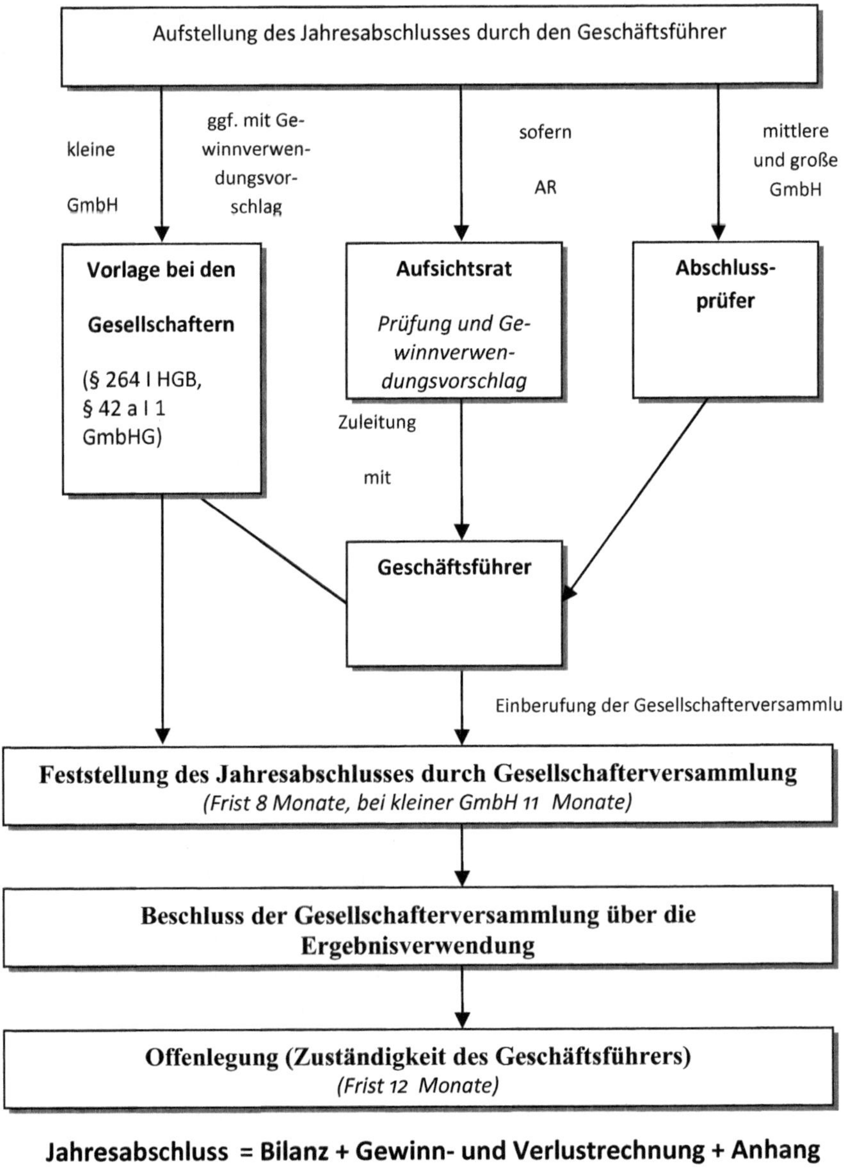

Abb. 10 Aufgaben des Geschäftsführers bei der Rechnungslegung

Auch bei der Aufstellung des Jahresabschlusses ist eine Ressortaufteilung zwischen mehreren Geschäftsführern möglich und üblich. Hier gilt ebenso: Die übrigen Geschäftsführer sind für die sachgemäße Auswahl und Überwachung des Kollegen zuständig, der die Aufstellung des Jahresabschlusses übernehmen soll.

▶ Delegation auf Dritte

Eine Delegation auf Dritte ist ebenfalls möglich und auch sinnvoll, da Außenstehende, wie z. B. Steuerberater, in der Regel über den größeren Sachverstand in derartigen Fragen verfügen. Dennoch bleibt die abschließende Entscheidung Sache der Geschäftsführung. Es handelt sich um eine Geschäftsführungsmaßnahme, die einstimmig von sämtlichen Geschäftsführern zu beschließen ist.

▶ Abschlussprüfung

Für große und mittelgroße Gesellschaften sieht § 316 HGB eine Pflichtprüfung durch einen Abschlussprüfer vor. Der Abschlussprüfer wird vorher von der Gesellschafterversammlung gemäß § 318 II HGB gewählt. Der Geschäftsführer ist verpflichtet, dem Abschlussprüfer den Jahresabschluss sofort nach Aufstellung vorzulegen. Der Abschlussprüfer prüft entsprechend den gesetzlichen Vorschriften den Jahresabschluss und erteilt einen Prüfungsbericht sowie – wenn alles in Ordnung ist – einen uneingeschränkten Bestätigungsvermerk.

▶ Funktion des Aufsichtsrats

Hat die Gesellschaft einen Aufsichtsrat, so ist der Geschäftsführer verpflichtet, dem Aufsichtsrat den Jahresabschluss und den Lagebericht unverzüglich nach der Aufstellung vorzulegen. Zusätzlich zur Prüfung durch den Abschlussprüfer muss der Aufsichtsrat den Jahresabschluss, den Lagebericht und den Ergebnisverwendungsbeschluss kontrollieren (§ 171 AktG). Der Aufsichtsrat erstellt dann über sein Prüfungsergebnis einen gesonderten schriftlichen Bericht an die Gesellschafterversammlung. Der Abschlussprüfer, so legt es § 171 I 2 AktG fest, nimmt an den Verhandlungen des Aufsichtsrats oder des Prüfungsausschusses teil und berichtet über die wesentlichen Ergebnisse seiner Prüfung, insbesondere wesentliche Schwächen des internen Kontroll- und des Risikomanagementsystems bezogen auf den Rechnungslegungsprozess. Der Aufsichtsrat wird also bei seiner Prüfung durch den Abschlussprüfer unterstützt.

▶ Vorlage bei Gesellschafterversammlung

Der Geschäftsführer hat der Gesellschafterversammlung den festgestellten Jahresabschluss, den Lagebericht sowie den Prüfungsbericht des Abschlussprüfers unverzüglich vorzulegen, sobald ihm letzterer vorliegt. Ob er auf den Prüfungsbericht des Aufsichtsrats warten muss, ist umstritten. Da den Gesellschaftern möglichst viel Zeit zur Überprüfung eingeräumt werden soll, ist es sinnvoll, dass der Geschäftsführer sofort nach Eingang des Berichts des Abschlussprüfers zur Vorlage verpflichtet ist. Der Bericht des Aufsichtsrats ist unverzüglich nachzureichen, wenn dieser vorliegt.

▶ Gewinnverwendungsvorschlag

Strittig ist, ob der Geschäftsführer den Gesellschaftern einen Gewinnverwendungsvorschlag unterbreiten muss. Beim fakultativen Aufsichtsrat besteht diese Verpflichtung seitens des Aufsichtsrats, da § 170 II AktG angewandt wird.

Tipp für den Geschäftsführer!
Es ist in jedem Fall empfehlenswert, wenn Sie als Geschäftsführer der Gesellschafterversammlung einen Gewinnverwendungsvorschlag unterbreiten. Sie wissen am ehesten, welche Liquidität die Gesellschaft gerade auch im Hinblick auf zukünftige Investitionen benötigt. Sie sollten daher einen Gewinnverwendungsvorschlag erstellen und diesen begründen, indem Sie insbesondere auf den Finanzbedarf in dem laufenden Geschäftsjahr hinweisen.

- Feststellung durch Gesellschafterversammlung

Die Gesellschafterversammlung stellt sodann den Jahresabschluss fest und beschließt über die Ergebnisverwendung. Anschließend ist der Jahresabschluss durch alle Geschäftsführer – einschließlich der Stellvertreter – mit Datumsangabe zu unterzeichnen. Diese Verpflichtung ergibt sich aus § 245 HGB.

- Publizität

Nach der Feststellung durch die Gesellschafterversammlung muss der Geschäftsführer die nötigen Schritte gemäß den Offenlegungsvorschriften einhalten. Der Jahresabschluss, der Lagebericht sowie der Ergebnisverwendungsbeschluss unterliegen der Publizitätspflicht und sind beim Betreiber des elektronischen Bundesanzeigers einzureichen (§ 325 HGB).[280] Dort können sie von jedermann eingesehen werden (www.bundesanzeiger.de bzw. www.unternehmensregister.de). Kleine Kapitalgesellschaften müssen keine Gewinn- und Verlustrechnung beim Handelsregister einreichen (§ 326 Satz 1 HGB), die Bilanz muss nur verkürzt offengelegt werden (§ 327 HGB).[281]

- Offenlegungsfrist

Die Offenlegung ist binnen zwölf Monaten nach dem letzten Bilanzstichtag zu bewirken (§ 325 I a HGB).

- Verstöße gegen Publizitätspflicht

---

[280] Für bis zum 31.12.2006 endende Geschäftsjahre ist noch das Handelsregister für die Aufbewahrung der Abschlüsse zuständig.

[281] Die Gesellschafterversammlung entscheidet nach § 46 Nr. 1 a GmbHG über die Offenlegung eines Einzelabschlusses nach internationalen Rechnungslegungsstandards (§ 325 Abs. 2a des Handelsgesetzbuchs).

Achtung!
Wird der Jahresabschluss nicht fristgerecht offengelegt, schreitet das Bundesamt für Justiz ein. Der Geschäftsführer – bzw. fakultativ die GmbH – ist unter Androhung von Ordnungsgeld[282] zur Erfüllung der Offenlegungspflicht binnen sechs Wochen nach Zugang der Aufforderung anzuhalten (§ 335 HGB). Bereits durch diese Androhung entstehen Kosten in Höhe von derzeit 103,50 €, die unabhängig davon, ob innerhalb der gesetzten Frist der Abschluss offengelegt wird, zu zahlen sind. Daher kann jeder Konkurrent die Offenlegung der Jahresabschlüsse erzwingen, indem er das Ordnungsgeldverfahren „anregt". Diese ist indes nicht erforderlich, da das Bundesamt derzeit recht gründlich prüft und konsequent Ordnungsgeldverfahren bei Missachtung der Offenlegungspflicht einleitet.

II. Pflichten aus dem Steuerrecht

▶ Der Geschäftsführer ist für die Erfüllung steuerrechtlicher Pflichten verantwortlich

Die steuerrechtlichen Pflichten sind derart umfangreich, dass sie sich dem nicht fachlich vorgebildeten Geschäftsführer keinesfalls vollumfänglich erschließen können. Fast jeder Geschäftsführer ist daher auf fachmännischen Rat angewiesen. Dies umso mehr, als dass der Geschäftsführer sowohl in die Gefahr der strafbaren Steuerhinterziehung als auch in das Risiko der persönlichen Haftung geraten kann, wenn er die steuerrechtlichen Pflichten nicht erfüllt.[283] Nach § 34 I AO sind die gesetzlichen Vertreter von juristischen Personen, mithin also auch die Geschäftsführer, für die Erfüllung der steuerrechtlichen Pflichten verantwortlich. Erfüllt der Geschäftsführer diese Pflichten nicht oder nicht rechtzeitig und entstehen der GmbH dadurch Schäden, z. B. durch Schätzbescheide oder zusätzliche Zinsen ist der Geschäftsführer zum Ausgleich der Schäden gegenüber der GmbH verpflichtet.

▶ Körperschaftsteuer

Der Gewinn der GmbH unterliegt der Körperschaftsteuer. Hier ist der Geschäftsführer verpflichtet, den Gewinn zu ermitteln sowie sämtliche relevanten Erklärungen gegenüber dem Finanzamt abzugeben. Bevor er Gewinne an die

---

[282] *Das Ordnungsgeld beträgt mindestens 2.500 € und maximal 25.000 €.*

[283] Siehe unten 3. Teil, F IV.

Gesellschafter ausschüttet, hat er dafür Sorge zu tragen, dass die Kapitalertragssteuer bzw. ab 01.01.2009 die Abgeltungssteuer als eine besondere Form der Quellensteuer einbehalten und an das Finanzamt abgeführt wird.

▶ Gewerbe-, Umsatz- und Lohnsteuer

Des Weiteren unterliegt die GmbH der Gewerbesteuer. Auch hier muss der Geschäftsführer die einschlägigen Vorschriften beachten. Führt die GmbH umsatzsteuerpflichtige Umsätze aus, so ist sie Unternehmerin im Sinne des Unternehmenssteuergesetzes, was wiederum für den Geschäftsführer bedeutet, dass er die relevanten Bestimmungen des Umsatzsteuerrechts zu kennen hat. Hier muss er sich eine sichere Kenntnis verschaffen, da er mit der Umsatzsteuer täglich konfrontiert wird. Beschäftigt die GmbH Arbeitnehmer, so sind die lohnsteuerrechtlichen Vorschriften einzuhalten.

Der Geschäftsführer muss sich darüber im Klaren sein, dass er immer die Funktionen des Arbeitgebers und des Unternehmers ausübt. Reichen seine Kenntnisse nicht aus, so muss er kurzfristig fachmännischen Rat einholen.

H. Pflichten aus dem Arbeits- und Sozialversicherungsrecht

Auch hier würde eine ausführliche Darstellung den Rahmen sprengen. Daher sollen an dieser Stelle einige Ausführungen genügen, um den Geschäftsführer für diesen Aufgabenkreis zu „sensibilisieren".

▶ Arbeitgeberfunktion des Geschäftsführers

Die GmbH ist Arbeitgeberin; die Arbeitgeberfunktionen nimmt jedoch der Geschäftsführer wahr. Der Geschäftsführer hat daher Sorge zu tragen, dass sämtliche Vorschriften des Arbeits- und Sozialrechts eingehalten werden. Dies betrifft im Arbeitsrecht die Bestimmungen des Arbeitsschutzes, aber auch des kollektiven Arbeitsrechts. Der Geschäftsführer muss darauf achten, dass etwa die Vorschriften des Bundesurlaubsgesetzes, des Arbeitszeitgesetzes oder des Schwerbehindertenrechts beachtet werden. Er ist Ansprechpartner des Betriebsrats und muss die Vorschriften des Betriebsverfassungsgesetzes einhalten.

Der Geschäftsführer schließt für die Gesellschaft mit den Arbeitnehmern unter Beachtung der einschlägigen Vorschriften die Arbeitsverträge ab. Kündigt er Arbeitsverhältnisse, so muss er ebenfalls die Schutzvorschriften, wie z. B. das Allgemeine Gleichbehandlungsgesetz, das Mutterschutzgesetz oder das Kündigungsschutzgesetz, einhalten.

▶ Sozialversicherungssystem

Ebenso wichtig wie die Vorschriften des Arbeitsrechts sind jene des Sozialversicherungsrechts. Zunächst ein kurzer Überblick über die rechtlichen Grundlagen der gesetzlichen Sozialversicherung:

Heute sind alle Sozialversicherungszweige im Sozialgesetzbuch verankert. Das SGB III regelt die *Arbeitslosenversicherung*, das SGB IV enthält *gemeinsame Vorschriften* für die Kranken-, Unfall- und Renten- sowie für die Pflegeversicherung. Die *Krankenversicherung* ist im SGB V, die *Rentenversicherung* im SGB VI zusammengefasst. Das SGB VII beinhaltet Vorschriften über die gesetzliche *Unfallversicherung*. Die *Pflegeversicherung* schließlich ist im SGB XI kodifiziert.

► Arbeitslosenversicherung

Aus der Arbeitslosenversicherung werden Leistungen wie das Arbeitslosengeld, das Kurzarbeiter- sowie das Insolvenzgeld gezahlt.

► Krankenversicherung

Die Krankenversicherung erstattet vor allem Behandlungskosten wegen Krankheit und zahlt bei lang andauernder Arbeitsunfähigkeit Krankengeld.

► Rentenversicherung

Von den Trägern der Rentenversicherung werden Renten wegen Alters, wegen verminderter Erwerbsfähigkeit oder Hinterbliebenenrenten bezogen.

► Unfallversicherung

Die für die Unfallversicherung zuständigen Berufsgenossenschaften sorgen bei Arbeitsunfällen für die Finanzierung der medizinischen Versorgung und zahlen im Falle einer Minderung der Erwerbsfähigkeit unter bestimmten Voraussetzungen Verletztenrenten.

► Pflegeversicherung

Die Pflegeversicherung schließlich übernimmt für den Fall der Pflegebedürftigkeit Dienst-, Sach- und Geldleistungen.

Die Finanzierung der Leistungen der Sozialversicherung erfolgt durch Beiträge, wobei in der Unfallversicherung der Arbeitgeber allein die Beiträge übernimmt, während in den sonstigen Zweigen im Grundsatz jeweils die Hälfte der Beiträge von den Arbeitnehmern, die andere Hälfte von den Arbeitgebern getragen wird. Durchbrechungen dieses Prinzips erfolgten durch Reformen, durch die z. B. kinderlose Versicherungspflichtige einen erhöhten Beitrag zur Pflegeversicherung entrichten müssen. Eine weitere Ausnahme bilden in der Gleitzone erzielte Arbeitsentgelte (zwischen 450,01 € und 850,00 € im Monat), bei denen die Arbeitnehmerbeträge reduziert sind. In der Krankenversicherung werden ab 01.01.2019 die Zusatzbeträge jetzt hälftig zwischen Arbeitgeber und Arbeitnehmer geteilt. Auch das Krankengeld wird wieder paritätisch finanziert.

Die Aufgaben der GmbH als Arbeitgeberin, die der Geschäftsführer wahrzunehmen hat, sind mannigfaltig:

- Meldungen bei Krankenkassen

Jeder Arbeitnehmer ist bei der entsprechenden Krankenkasse anzumelden und nach seinem Ausscheiden wieder abzumelden. Der Arbeitnehmer hat das Recht, sich eine Krankenkasse seiner Wahl auszusuchen; der Arbeitgeber muss diese akzeptieren. Ferner sind vom Geschäftsführer die gesetzlich vorgeschriebenen sonstigen Meldungen (z. B. Unterbrechungs-, Veränderungs- und Jahresmeldungen) vorzunehmen. Auch geringfügig beschäftigte Arbeitnehmer müssen bei der Minijobzentrale an- und abgemeldet werden.

- Prüfung der Sozialversicherungspflicht

Der Geschäftsführer muss in jedem Einzelfall prüfen, ob überhaupt eine Sozialversicherungspflicht besteht. Als „freie Mitarbeiter" angestellte Beschäftigte sind häufig tatsächlich Arbeitnehmer (sog. Scheinselbständige), da sie abhängig beschäftigt werden und daher der Sozialversicherungspflicht unterliegen. In Zweifelsfällen sollte dies vorab mit den Sozialversicherungsträgern abgeklärt werden. Durch die Beschäftigung von sog. Scheinselbständigen und die damit verbundene Vorenthaltung von Sozialversicherungsbeiträgen setzt sich der Geschäftsführer dem Risiko der Strafverfolgung und der persönlichen Haftung aus (siehe dazu 3. Teil, F V).

Tipp für den Geschäftsführer!
Mit den Pflichten aus dem Sozialversicherungsrecht, deren Einzelheiten sich übrigens ständig ändern, werden Sie oft über Gebühr belastet sein. Verfolgen Sie hier unbedingt die einschlägigen Veröffentlichungen der Krankenkassen, aus denen sich der aktuelle Stand ergibt. Viele Krankenkassen führen zudem Seminare durch, um über die aktuelle Rechtslage zu informieren. Nutzen Sie derartige Angebote. Sorgen Sie stets für einen guten Kontakt zu den Sozialversicherungsträgern. Erfahrungsgemäß stehen Ihnen diese gern mit Rat und Tat zur Seite.

- Abführen der Sozialversicherungsbeiträge

Besondere Sorgfalt muss der Geschäftsführer darauf verwenden, dass die Sozialversicherungsbeiträge rechtzeitig entrichtet werden. Die Sozialversicherungsbeiträge sind monatlich abzuführen, wobei dies bis zum drittletzten Bankarbeitstag des laufenden Monats zu geschehen hat.

► Umlageverfahren

Zu beachten ist außerdem, dass es Betriebe gibt, die am Umlageverfahren der Krankenkassen teilnehmen müssen (Aufwendungsausgleichsgesetz = AAG). Kleine Betriebe, die regelmäßig nicht mehr als 30 Arbeitnehmer beschäftigen, sind hierzu gesetzlich verpflichtet. Die Umlage dient zur Finanzierung von Mutterschutzaufwendungen und der Entgeltfortzahlung im Krankheitsfall, was für kleinere Unternehmer schwer kalkulierbare Risiken darstellt. Bemessungsgrundlage für die Umlage ist die monatliche Lohnsumme sämtlicher Mitarbeiter. Mutterschutzaufwendungen werden voll, Entgeltfortzahlungen im Krankheitsfall bis zu 80 % abgedeckt.

Tipp für den Geschäftsführer!
Informieren Sie sich unbedingt bei den Krankenkassen, ob Ihr Betrieb umlagepflichtig ist. Unterlassen Sie dies und stellt sich bei einer Prüfung heraus, dass Sie die Umlage hätten entrichten müssen, kann eine große Nachzahlung auf die Gesellschaft zukommen. Außerdem könnte es durchaus sein, dass die Gesellschaft in der Zwischenzeit erhebliche Aufwendungen für Mutterschutz und Entgeltfortzahlung tätigen musste, so dass es unter dem Strich sogar hätte günstiger sein können, wenn die Umlage entrichtet worden wäre. Auch dafür hätten Sie sich dann zu verantworten.

I. Aufgaben bei der Gründung

I. Überblick

► Verfahren

Die Entscheidung, ob eine GmbH gegründet wird, obliegt den (künftigen) Gesellschaftern. Diese handeln untereinander den Gesellschaftsvertrag aus und sorgen für die Finanzierung des Vorhabens. Der GmbH-Gesellschaftsvertrag (= Satzung) wird notariell beurkundet. Sodann muss die Gesellschaft zur Eintragung in das Handelsregister beim zuständigen Registergericht am Sitz der GmbH angemeldet werden. Hierbei ist der Geschäftsführer für die Anmeldung der Gesellschaft beim Handelsregister zuständig. Es ist daher bereits in der Gründungsphase erforderlich, einen Geschäftsführer zu bestellen. Dies geschieht entweder im Gesellschaftsvertrag oder aber durch einen gesonderten Gesellschafterbeschluss, der ebenfalls bei der ersten Gesellschafterversammlung, bei der die Satzung beschlossen wird, gefasst werden kann. Die erste Gesellschafterversammlung wird in der Regel vor dem Notar abgehalten. Innerhalb dieser wird der Gesellschaftsvertrag notariell beurkundet und der Geschäftsführer bestellt.

Die Einzelheiten der Gründung werden in meinem Band „Der GmbH-Gesellschafter" umfassend dargestellt. Hier erfolgt nur eine Erläuterung der wichtigsten Vorschriften, die für den GmbH-Geschäftsführer von wesentlicher Bedeutung sind.

► Reform von 2008

Die deutsche GmbH war bis zum 31.10.2008 im Vergleich zur ausländischen Kapitalgesellschaft unattraktiv, weil ein Mindeststammkapital von 25.000 € erforderlich war. Die englische Limited beispielsweise kann ohne ein Mindestkapital gegründet und anschließend auch im Inland verwendet werden.

► Mini-GmbH

Der Gesetzgeber hat daher mit Wirkung ab 01.11.2008 durch das Gesetz zur Modernisierung des GmbH-Rechts und zur Bekämpfung von Missbräuchen (MoMiG) die sog. haftungsbeschränkte Unternehmergesellschaft eingeführt (UG haftungsbeschränkt), bei der kein Mindeststammkapital mehr erforderlich (§ 5a GmbHG). Diese Gesellschaft kann mit einem Euro gegründet werden. Es handelt sich um eine GmbH, die allerdings nicht mit dem Rechtsformzusatz GmbH, sondern lediglich unter der Bezeichnung Unternehmergesellschaft (haftungsbeschränkt) bzw. UG haftungsbeschränkt auftreten darf. Bei der Unternehmergesellschaft sind Bareinlagen in voller Höhe bei Gründung zu leisten, Sacheinlagen sind ausgeschlossen. Spätere Gewinne müssen in Höhe eines Viertels stehengelassen werden und dürfen nur zur Schaffung von Stammkapital oder zur Abdeckung späterer Verluste verwendet werden.

► Musterprotokoll

Mit der Reform wurden Musterprotokolle als Anlage zum GmbH-Gesetz eingeführt (§ 2 Abs. 1a GmbHG). Und zwar einmal für die Gründung einer Einpersonen-GmbH und zum anderen für die Errichtung einer GmbH mit maximal drei Gesellschaftern. Die Musterprotokolle dürfen nur verwendet werden, wenn es nicht mehr als einen Geschäftsführer gibt. Die Musterprotokolle sind notariell zu beurkunden, die Protokolle enthalten zusammengefasst das Gründungsprotokoll, die Satzung und die Gesellschafterliste. Statt drei Dokumenten gibt es also nur eines, daneben ist nur noch die Handelsregisteranmeldung in einer weiteren Urkunde vorzunehmen. Die Musterprotokolle sind allein wenig flexibel und lassen keinerlei Spielraum für individuelle Regelungen zu. Ein Nutzen für die Praxis ist daher kaum ersichtlich, allenfalls bei der Ein-Person-Gesellschaft, bei der der GmbH-Gesellschafter weitgehend schalten und walten kann, wie er möchte, bietet sich die Verwendung des Musterprotokolls an.

II. Anmeldung beim Handelsregister

1. Voraussetzungen

▶ Anmeldung durch Geschäftsführer

Der Geschäftsführer ist für die Anmeldung der Gesellschaft beim Handelsregister zuständig und verantwortlich. Erst mit der Eintragung der Gesellschaft im Handelsregister entsteht diese als juristische Person. Vorher besteht eine sog. Vor-GmbH (= GmbH in Gründung). Sämtliche Anmeldungen, die in Deutschland gegenüber öffentlichen Registern vorgenommen werden, bedürfen der notariellen Beglaubigung. Daher ist auch die Anmeldung der GmbH durch den Geschäftsführer notariell zu beglaubigen, was bedeutet, dass die Unterschrift des Geschäftsführers unter die Anmeldung im Beisein des Notars vollzogen werden muss. In der Praxis kümmert sich ohnehin der Notar um die Formalien der Anmeldung, wobei in Deutschland ab 01.01.2007 das Handelsregister elektronisch geführt wird und die „Schriftstücke" elektronisch „aufgeliefert" werden müssen.

▶ Mindestanforderungen

Eine Anmeldung darf erst erfolgen, wenn die gesetzlichen Mindestanforderungen erfüllt sind. Diese sind in § 7 II und III GmbHG geregelt. Hierbei ist danach zu unterscheiden, ob eine Bargründung oder eine Sachgründung vorliegt.

Bei einer Bargründung darf die Anmeldung erst dann erfolgen, wenn auf jede Stammeinlage mindestens ein Viertel einbezahlt worden ist. Insgesamt muss allerdings mindestens ein Betrag von 12.500 € eingezahlt werden.

▶ Bareinlagen

Bei einer GmbH mit einem Stammkapital von 25.000 € sind daher 12.500 € einzuzahlen, damit der Gesellschaft der Mindestbetrag der einzuzahlenden Stammeinlagen zur freien Verfügung steht. Bei einer GmbH mit einem Stammkapital von 50.000 € sind ebenfalls mindestens 12.500 € in das Gesellschaftsvermögen zu leisten, da dies einem Viertel der Stammeinlagen entspricht und dadurch auch der Mindestbetrag von 12.500 € erreicht wird.

▶ Sacheinlagen

Sacheinlagen sind grundsätzlich vollständig in das Gesellschaftsvermögen zu leisten. Hier ist eine Aufteilung unzweckmäßig. Bei einer gemischten Gründung, d. h. einer Kombination von Bar- und Sachgründung, muss ebenfalls mindestens ein Betrag von 12.500 € in das Gesellschaftsvermögen eingebracht werden. Hier werden der Wert der Sacheinlage und jener der Bareinlagen zusammengerechnet.

2. Verfahren

a. Einzureichende Unterlagen

► Formalien

Erst wenn die soeben beschriebenen Mindestvoraussetzungen für eine Anmeldung vorliegen, darf diese erfolgen. Wie bereits erläutert, wird hierbei die Unterstützung eines Notars in Anspruch genommen, da dieser berechtigt ist, Dokumente elektronisch an das Handelsregister zu übermitteln. Dieser achtet insbesondere auf die Vollständigkeit der einzureichenden Unterlagen.

► Dokumente/Angaben

Nach Maßgabe des § 8 GmbHG müssen der Anmeldung folgende Unterlagen beigefügt sein:

- Der Gesellschaftsvertrag sowie, falls die Gesellschafter nicht persönlich den Vertrag abgeschlossen haben, die Vollmachten der sie vertretenden Personen im Original oder in Form einer beglaubigten Abschrift.
- Die Legitimation der Geschäftsführer, falls diese nicht bereits im Gesellschaftsvertrag bestellt sind. Damit ist der Gesellschafterbeschluss gemeint, durch den die Geschäftsführer in ihre Ämter berufen worden sind.
- Eine Gesellschafterliste mit folgenden Angaben: Namen, Vornamen, Geburtsdatum und Wohnort der Gesellschafter. Zu vermerken sind ferner die Nennbeträge und die laufenden Nummern der jeweiligen Geschäftsanteile, wobei die prozentuale Beteiligung bezogen auf die einzelnen Anteile und zusätzlich bezogen auf die Gesamtbeteiligung anzugeben sind (siehe § 40 GmbHG). Ist ein Gesellschafter selbst eine Gesellschaft, so sind bei eingetragenen Gesellschaften, wie z. B. der GmbH oder AG in die Liste deren Firma (Name), Satzungssitz, zuständiges Register und Registernummer aufzunehmen, bei nicht eingetragenen Gesellschaften, wie der Gesellschaft bürgerlichen Rechts deren jeweilige Gesellschafter unter einer zusammenfassenden Bezeichnung mit Name, Vorname, Geburtsdatum und Wohnort.
- Bei der Sachgründung sind ferner die Verträge einzureichen, die sich auf die Gegenstände beziehen, die als Sacheinlage eingebracht werden, sowie der Sachgründungsbericht. Auch sind Unterlagen beizufügen, aus denen die Berechnung des Werts der Sacheinlage hervorgeht.
- Darüber hinaus sind der Anmeldung die Versicherungen des Geschäftsführers beizulegen, die dieser gegenüber dem Handelsregister abzugeben hat.[284]

[284] Siehe dazu sogleich die folgenden Ausführungen unter b.

- Anzugeben ist zudem der Umfang der Vertretungsbefugnis der Geschäftsführer, also der Hinweis, ob Alleinvertretungs- oder Gesamtvertretungsbefugnis besteht, sowie ob die Geschäftsführer vom Verbot des § 181 BGB befreit worden sind.
- Anzugeben ist schließlich eine inländische Geschäftsanschrift.

► Unterschrift/staatliche Genehmigung

Die Unterschrift des Geschäftsführers wird nicht mehr beim Handelsregister hinterlegt, ebenso wenig sind mit der Anmeldung zwingend staatliche Genehmigungen einzureichen. In dem Fall, in dem der Gegenstand des Unternehmens der staatlichen Genehmigung bedarf, ist die Genehmigungsurkunde aber nachzureichen. Die GmbH wird vorerst eingetragen, aber wieder von Amts wegen gelöscht, wenn die Genehmigung nicht belegt wird. Eine solche Genehmigung kann beispielsweise die Eintragung in eine Handwerksrolle sein. Weitere Beispiele sind die Konzessionen gemäß §§ 30 ff. der Gewerbeordnung (z. B. für den Betrieb eines Krankenhauses, eines Bauträgerunternehmens oder einer Versicherungsvermittlung), für den Betrieb einer Gaststätte[285] oder etwa für den Betrieb eines Taxiunternehmens nach den Vorschriften des Personenbeförderungsgesetzes. Für die Eröffnung einer Bank ist eine Erlaubnis nach dem Kreditwesengesetz, für das Betreiben eines Versicherungsunternehmens eine solche nach dem Versicherungsaufsichtsgesetz vonnöten. Bei Freiberuflern, wie z. B. bei einer Ärzte- oder Rechtsanwalts-GmbH, bestehen ebenfalls Genehmigungserfordernisse.

► Gesellschafterliste

Achtung!
Die Gesellschafterliste, die bei Gründung der GmbH beim Handelsregister einzureichen ist, muss bei einer Änderung im Gesellschafterbestand aktualisiert werden. Unterlässt dies der hierfür zuständige Geschäftsführer, so haftet er gemäß § 40 II GmbHG den Gläubigern der Gesellschaft für den daraus entstehenden Schaden.

b. Versicherungen des Geschäftsführers

Der GmbH-Geschäftsführer hat gegenüber dem Handelsregister zwei Versicherungen abzugeben:

Er muss einerseits gemäß § 8 II GmbHG versichern, dass die Mindesteinzahlungen in das Gesellschaftsvermögen bewirkt sind und sich endgültig zur

[285] Diese ist nicht in jedem Fall erforderlich, dies richtet sich nach den jeweiligen landesrechtlichen Vorschriften bzw. § 2 Gaststättengesetz.

freien Verfügung der Geschäftsführer in diesem befinden. Existieren mehrere Geschäftsführer, so ist die Versicherung von sämtlichen, auch den stellvertretenden, Geschäftsführern einzeln abzugeben.

Der Geschäftsführer muss andererseits die Versicherung nach § 8 III GmbHG abgeben, wonach keiner der dort beschriebenen Hinderungsgründe seiner Bestellung entgegensteht.

aa. Versicherung nach § 8 II GmbHG

► Kapitalaufbringung

Sinn des § 8 II GmbHG ist es, eine Gründungsprüfung zu vermeiden. Die falsche Versicherung ist strafbewehrt, um zu gewährleisten, dass der Geschäftsführer die Erklärung korrekt abgibt (zur Strafbarkeit siehe § 82 I Nr. 1 GmbHG).

► Umfang der Versicherung

Der Geschäftsführer muss im Einzelnen versichern, welcher Gesellschafter welche Einlage in welcher Höhe geleistet hat und wie hoch der Gesamtbetrag der geleisteten Einlagen ist.

Strittig ist, ob von dem Geschäftsführer auch angegeben werden muss, inwieweit das Anfangskapital bereits durch Verbindlichkeiten belastet ist. Die Rechtsprechung nimmt an, dass der Geschäftsführer im Rahmen der Versicherung nach § 8 II GmbHG auch verpflichtet ist zu versichern, dass keine Anfangsverbindlichkeiten bestehen.[286] Dadurch soll verhindert werden, dass eine bereits finanziell angeschlagene GmbH in das Handelsregister eingetragen wird.

► Nachweise können angefordert werden

Bestehen Zweifel an der Richtigkeit der Versicherung, so kann das Handelsregister Bankbelege anfordern. Vorausgesetzt wird aber, dass ein sachlich berechtigter Anlass für diese Anforderung besteht.[287] Das Gesetz spricht mit Wirkung ab 01.11.2008 von erheblichen Zweifeln an der Richtigkeit der Versicherung (§ 8 II 2 GmbHG).

---

[286] BayObLG, Beschl. v. 01.10.1991, BReg 3 Z 110/91, DStR 1992, 76; OLG Frankfurt, Beschl. v. 27.05.1992, 20 W 134/92, DB 1992, 1282.

[287] BayObLG, Beschl. v. 14.10.1993, 3Z BR 191/93, DStR 1993, 1921; OLG Frankfurt, Beschl. v. 27.05.1992, 20 W 134/92, DB 1992, 1282; OLG Düsseldorf, Beschl. v. 31.07.1996, 3 Wx 293/96, ZIP 1996, 1705.

Beispiel

„Der Offenbarungseid"

Das Registergericht hat erfahren, dass der Gründergesellschafter Arne Arnold (A) vor einem Jahr die sog. Vermögensauskunft (früher Offenbarungseid genannt) abgab und dass er in weiteren Gesellschaften als Geschäftsführer fungiert, über deren Vermögen bereits das Insolvenzverfahren eröffnet ist. Daher fordert das Registergericht A zum Nachweis der Einzahlung der Stammeinlage auf. Dies ist nach § 8 II 2 GmbHG ohne weiteres zulässig.[288]

bb. Versicherung nach § 8 III GmbHG

- Persönliche Voraussetzungen

Der Geschäftsführer hat nach § 8 III GmbHG zu versichern, dass keine Umstände vorliegen, die seiner Bestellung nach § 6 II Satz 3 und 4 GmbHG entgegenstehen, und dass er über seine unbeschränkte Auskunftspflicht gegenüber dem Gericht belehrt worden ist.

Dies bedeutet im Einzelnen:

Der Geschäftsführer muss versichern, dass er nicht rechtskräftig wegen einer in § 6 II 2 Nr. 3 GmbHG genannten Straftat innerhalb der letzten fünf Jahre rechtskräftig verurteilt wurde und dass ihm weder durch gerichtliches Urteil noch durch vollziehbare Entscheidung einer Verwaltungsbehörde die Ausübung eines Berufs, Berufszweigs, Gewerbes oder Gewerbezweigs untersagt worden ist, der teilweise oder vollständig mit dem Unternehmensgegenstand der GmbH übereinstimmt (siehe dazu bereits die Ausführungen oben im 1. Teil, B I 3 und 4).

- Strafbarkeit

Die falsche Abgabe dieser Versicherung ist ebenfalls strafbewehrt (§ 82 I Nr. 5 GmbHG). Die Versicherung muss konkret abgefasst werden, der pauschale Verweis auf § 6 II Satz 2 Nr. 2 und 3 GmbHG genügt nicht. Vielmehr sind die Hinderungsgründe im Einzelnen aufzuzählen.

- Beispiel

Eine ordnungsgemäße Versicherung kann etwa wie folgt formuliert werden:

Ich versichere hiermit, dass keine Umstände vorliegen, die meiner Bestellung zum Geschäftsführer nach § 6 II Satz 2 Nr. 2 und 3 GmbHG entgegenstehen. Im Einzelnen versichere ich, dass ich innerhalb der letzten fünf Jahre – wobei ich die

[288] Siehe auch OLG Düsseldorf, Beschl. v. 31.07.1996, 3 Wx 293/96, ZIP 1996, 1705.

Frist gemäß § 6 II Satz Nr. 3 GmbHG berechnet habe – nicht rechtskräftig wegen einer oder mehrerer vorsätzlich begangener im Folgenden genannten Straftaten verurteilt worden bin:

- *nach den §§ 263 bis 264a StGB (Betrug, Computerbetrug, Subventionsbetrug, Kapitalanlagebetrug) oder nach den §§ 265b, 266 oder 266a des Strafgesetzbuchs (Kreditbetrug, Untreue, Vorenthalten und Veruntreuen von Arbeitsentgelt) zu einer Freiheitsstrafe von mindestens einem Jahr*
- *nach den §§ 283-283d StGB (Bankrott, Verletzung der Buchführungspflicht, Gläubigerbegünstigung, Schuldnerbegünstigung)*
- *wegen Insolvenzverschleppung,*
- *wegen falscher Angaben nach § 82 GmbHG oder 399 AktG,*
- *wegen der unrichtigen Darstellung nach § 400 AktG, § 331 HGB, § 313 UmwG oder § 17 PublG*
- *wegen unrichtiger Darstellung nach § 400 AktG, § 331 HGB, § 313 UmwG oder § 17 PublG oder*
- *nach § 263 StGB (Betrug), § 263a (Computerbetrug), § 264 StGB (Subventionsbetrug), § 264a (Kapitalanlagebetrug), § 265b StGB (Kreditbetrug), § 265c StGB (Sportwettbetrug) und § 265d StGB (Manipulation von berufssportlichen Wettbewerben), § 266 StGB (Untreue) oder § 266a StGB (Vorenthalten oder Veruntreuen von Arbeitsentgelt).*

Ich versichere, dass ich auch im Ausland nicht wegen einer mit den genannten Taten vergleichbaren Straftat rechtskräftig verurteilt worden bin. Ich wurde nicht aufgrund einer behördlichen Anordnung in einer Anstalt verwahrt. Weiter erkläre ich, dass ich keinem Einwilligungsvorbehalt nach § 1903 BGB unterliege.

Ich versichere ferner, dass mir die Ausübung eines Berufs, Berufszweigs, Gewerbes oder Gewerbezweigs weder durch gerichtliches Urteil noch durch vollziehbare Entscheidung einer Verwaltungsbehörde untersagt worden ist.

Ich versichere ferner, dass ich über meine unbeschränkte Auskunftspflicht gegenüber dem Gericht sowie darüber, dass falsche Versicherungen strafbar sind, durch den amtierenden Notar belehrt wurde.

► Belehrung des Geschäftsführers

Wichtig ist, dass der Notar oder auch das Gericht den Geschäftsführer über seine unbeschränkte Auskunftspflicht belehrt haben. Dies bedeutet folgendes: Nach den Vorschriften des Bundeszentralregistergesetzes darf man sich dann als nicht vorbestraft bezeichnen, wenn entweder keine Vorstrafe besteht oder eine strafrechtliche Verurteilung zwar erfolgte, diese aber nicht in das Führungszeugnis eingetragen werden darf. Dies ist der Fall, wenn das Strafmaß zu gering war (nicht mehr als 90 Tagessätze Geldstrafe) oder die Verurteilung solange zurückliegt, dass die Eintragung bereits wieder gelöscht worden ist oder hätte gelöscht werden müssen. Eine Berufung darauf, dass man sich trotz strafrechtlicher Verurteilung als „nicht vorbestraft" bezeichnen darf, ist jedoch dann nicht zulässig, wenn eine unbeschränkte Auskunftspflicht vorgeschrieben ist. Diese besteht gegenüber dem Handelsregister für die hier vorzunehmende Versicherung nach § 8 III GmbHG. Diese Belehrung durch den Notar kann mündlich oder schriftlich erfolgen. Ein Führungszeugnis selbst muss nicht vorgelegt werden.

▶ Rechtsfolgen bei unterbliebener Belehrung

Der Geschäftsführer muss also der unbeschränkten Auskunftspflicht nur dann Folge leisten, wenn er zuvor über sie belehrt wurde. Ohne eine solche Belehrung ist die Versicherung nicht ordnungsgemäß erfolgt, so dass eine falsche Versicherung nicht zur Strafbarkeit nach § 82 I Nr. 5 GmbHG führt. Die GmbH-Reform, die am 01.11.2008 in Kraft trat, lässt nunmehr auch eine Belehrung auch durch einen *ausländischen* Notar, einen Vertreter eines vergleichbaren rechtsberatenden Berufs oder einen Konsularbeamten zu (8 III 2 GmbHG) zu.

J. Aufgaben in der Krise

I. Erkennen und Bewältigen der Krise

▶ Die Krise als Herausforderung an den Geschäftsführer

In der Krise werden an den Geschäftsführer erhebliche Anforderungen gestellt. Eine GmbH befindet sich in der Krise, wenn ihre Überlebensfähigkeit bzw. Existenz in Frage gestellt ist. Eine solche Gesellschaft ist regelmäßig kreditunwürdig. Dass die Gesellschaft in der Krise ist, bedeutet aber noch nicht, dass sie auch das Schicksal des „Untergangs" ereilen muss. Vielmehr liegen in der Krise auch Chancen zu einem Neuanfang durch eine erfolgreiche Sanierung.

Aufgabe des Geschäftsführers ist es, möglichst zu verhindern, dass die Gesellschaft überhaupt in eine finanzielle Schieflage gerät. Ist sie bereits in der Krise, so wird der Handlungsspielraum häufig recht eng sein. Hier muss der Geschäftsführer peinlich genau darauf achten, ob er nicht bereits zur Stellung eines Insolvenzantrags verpflichtet ist.

▶ Früherkennung der Krise

Sein besonderes Augenmerk hat der Geschäftsführer daher auf die Früherkennung der Krise zu richten. Ein wichtiges Instrument bildet hierbei das Rechnungswesen, das ihm wichtige Kennzahlen liefern wird. Schwinden die Rücklagen, geht der Umsatz zurück oder steigen die Kosten, so muss der Geschäftsführer sich vergegenwärtigen, dass eine Fortsetzung dieser Entwicklungen regelmäßig zu einer Krise führen wird. Er muss analysieren, ob es sich um temporäre Erscheinungen handelt und ob es Möglichkeiten gibt, dem Abwärtsprozess entgegenzuwirken. Er hat insbesondere ständig den Auftragsbestand, die Umsatzentwicklung sowie die Kostensituation im Auge zu behalten. Eine vorausschauende Liquiditätsplanung ist erforderlich.

▶ Finanzierungsverantwortung der Gesellschafter

Tritt die Situation ein, dass strukturelle Maßnahmen zur Sanierung ergriffen werden müssen, so ist der Geschäftsführer in der Regel auf die Mithilfe der Gesellschafter angewiesen. Diese müssen nämlich entscheiden, ob und welche Maßnahmen zur Sanierung getroffen werden sollen. Oft sind diese Maßnahmen mit Personalabbau oder auch der Zuführung neuer Mittel verbunden. Der Geschäftsführer hat die Situation zu erfassen und den Gesellschaftern zur Kenntnis bringen. Ob dann tatsächlich einschneidende Maßnahmen zur Bewältigung der Krise vorgenommen werden, wird – da es sich um außergewöhnliche Geschäftsführungsmaßnahmen handelt – grundsätzlich nur mit Zustimmung der Gesellschafter zu entscheiden sein. Hinzu kommt, dass die Zuführung neuer finanzieller Mittel ohnehin, sofern das Kreditvolumen der GmbH ausgeschöpft ist, nur durch eine entsprechende Entscheidung der Gesellschafter zu verwirklichen ist. Die Gesellschafter müssen also überlegen, ob sie Eigenkapital in Form einer Kapitalerhöhung, ggf. nach vorheriger Kapitalherabsetzung, zuführen oder ob sie Fremdkapital beschaffen, etwa durch Aufnahme von Gesellschafterdarlehen oder auch Bankkrediten, die ggf. durch Bürgschaften oder sonstige Sicherheiten der Gesellschafter gesichert werden.

▶ Zusammenfassung

Kernaufgabe des Geschäftsführers ist es also, die Krise zu erkennen und den Gesellschaftern zügig zur Kenntnis zu bringen. Er muss nicht nur die eigene Gesellschaft beobachten, sondern auch den Markt, auf dem die Gesellschaft auftritt. Wie verhalten sich die Konkurrenten? Gibt es Standortprobleme? Drohen möglicherweise staatliche Eingriffe in Form von Gesetzesänderungen, die die Situation verändern?

Tipp für den Geschäftsführer!
Sind die Gesellschafter nicht willens, Sanierungsbeiträge zu leisten, so müssen Sie entscheiden, ob die GmbH aus eigenen Mitteln in der Lage sein wird, die Situation zu bewältigen. Fehlt es an der nötigen „Selbstreinigungskraft", haben Sie entweder die Möglichkeit, wegen drohender Zahlungsunfähigkeit Insolvenzantrag zu stellen[289] oder Ihr Amt niederzulegen. Scheuen Sie sich

(Fortsetzung)

[289] Siehe dazu sogleich die Ausführungen unten.

nicht, Ihr Amt niederzulegen. Sie laufen Gefahr, für die infolge der Liquiditätsengpässe auftretenden Zahlungsrückstände in Haftung genommen zu werden. So haften Sie beispielsweise für Arbeitnehmerbeiträge zur Sozialversicherung, für rückständige Steuerschulden sowie in den Fällen der Insolvenzverschleppung und Masseschmälerung.[290]

II. Einberufung der Gesellschafterversammlung

▶ Einberufungspflicht des Geschäftsführers

Nach § 49 III GmbHG ist die Gesellschafterversammlung unverzüglich einzuberufen, wenn die Hälfte des Stammkapitals aufgezehrt ist. Entgegen der Formulierung des Gesetzes ist es nicht erforderlich, dass sich der Verlust erst aus einer Jahres- oder Zwischenbilanz ergibt. Der Geschäftsführer hat vielmehr die wirtschaftliche Lage der GmbH laufend zu beobachten und sich bei Anzeichen einer kritischen Entwicklung einen Überblick über den Vermögensstand zu verschaffen.[291]

III. Pflicht zur Stellung des Insolvenzantrags

▶ Geschäftsführer stellt Insolvenzantrag

Der Geschäftsführer ist im Falle der Insolvenzreife gemäß § 15a I 1 InsO GmbHG verpflichtet, unverzüglich die Eröffnung des Insolvenzverfahrens zu beantragen.[292] § 15a I 1 InsO lautet:

§ 15a InsO [Antragspflicht]

(1) *Wird eine juristische Person zahlungsunfähig oder überschuldet, so haben die Mitglieder des Vertretungsorgans oder die Abwickler ohne schuldhaftes Zögern, spätestens aber drei Wochen nach Eintritt der Zahlungsunfähigkeit oder Überschuldung, einen Insolvenzantrag zu stellen . . . .*

[290] Siehe ausführlich unten 3. Teil, F.

[291] BGH, Urt. v. 20.02.1995, II ZR 9/94, ZIP 1995, 560, 561; zur Strafbarkeit siehe unten 3. Teil, G IV 2.

[292] § 15 a InsO wurde per 01.11.2008 eingeführt, zuvor war für die GmbH die Insolvenzantragspflicht in § 64 I GmbHG geregelt.

1. Überblick über das Insolvenzverfahren

▶ Verfahren nach der Insolvenzordnung

Der Geschäftsführer leitet mit seinem Insolvenzantrag das Insolvenzverfahren ein. Statt eines sog. Eigenantrags durch die GmbH selbst, vertreten durch ihren Geschäftsführer, ist auch ein Fremdantrag durch einen Gläubiger denkbar. In der Praxis stellen häufig das Finanzamt oder ein Sozialversicherungsträger einen Insolvenzantrag. Der Antrag ist beim zuständigen Amtsgericht am Sitz der Gesellschaft einzureichen. Nach § 15 InsO ist jedes Mitglied des Vertretungsorgans der Gesellschaft zur Antragstellung berechtigt. Wird der Antrag allerdings nicht von allen Geschäftsführern gemeinsam gestellt, so ist der Eröffnungsgrund, d. h. die Zahlungsunfähigkeit oder Überschuldung, zusätzlich glaubhaft zu machen, z. B. indem das Vorliegen der Überschuldung oder Zahlungsunfähigkeit an Eides Statt versichert wird. Die übrigen Geschäftsführungsmitglieder werden dann vom Insolvenzgericht angehört.

▶ Vorläufiger Insolvenzverwalter

Bereits jetzt – vor der abschließenden Entscheidung über den Insolvenzantrag – in dem sog. Eröffnungsverfahren kann das Insolvenzgericht einen vorläufigen Insolvenzverwalter einsetzen, der Sicherungsmaßnahmen durchführen darf und auch einstweilen berechtigt ist, das Unternehmen vorläufig fortzuführen. Der Insolvenzverwalter darf sich Zutritt zu den Geschäftsräumen der Gesellschaft verschaffen und von Amts wegen Nachforschungen anstellen, indem er z. B. Einsicht in die Bücher und Geschäftspapiere nimmt.

▶ Auskunfts- und Mitwirkungspflichten des Geschäftsführers

Der Geschäftsführer ist verpflichtet, den vorläufigen bzw. künftigen Insolvenzverwalter schon in dem Eröffnungsverfahren zu unterstützen. Das Gericht kann den Geschäftsführer verpflichten, Auskünfte an Eides Statt zu versichern. Es kann ihn sogar zwangsweise vorführen und nach Anhörung in Haft nehmen lassen, wenn er eine Auskunft oder eidesstattliche Versicherung oder seine Mitwirkung verweigert bzw. Anzeichen dafür bestehen, dass er sich diesen Auskunfts- und Mitwirkungspflichten z. B. durch eine Flucht ins Ausland entziehen will.

Eine Amtsniederlegung oder Abberufung in der Krise führt nicht dazu, dass die Auskunfts- und Mitwirkungspflichten entfallen, da nach § 101 I Satz 2 InsO die in § 97 geregelten Auskunfts- und Mitwirkungspflichten auch für jene Geschäftsführer gelten, die innerhalb der letzten zwei Jahre vor dem Antrag auf Eröffnung des Insolvenzverfahrens ausgeschieden sind.

▶ Möglichkeiten der Gläubigerbefriedigung

Die Insolvenzordnung sieht im Wesentlichen drei Möglichkeiten der Verwertung der Insolvenzmasse vor:

- die Zerschlagung des Vermögens und Verteilung an die Gläubiger,
- die Sanierung des Unternehmens und die Befriedigung der Gläubiger aus den laufenden Erlösen,
- die übertragende Sanierung, d. h. die Verwertung des Unternehmens des Geschäftsbetriebs durch Übertragung an einen Dritten gegen Entgelt.

► Insolvenzplan

Soll eine Sanierung versucht werden, so ist hierfür ein Insolvenzplan vorzulegen. Diesen kann auch der Geschäftsführer selbst – ggf. unter Mitwirkung der Gesellschafter – ausarbeiten bzw. ihn ausarbeiten lassen oder ihn zumindest vorbereiten. Über die Frage, ob ein Insolvenzplan verabschiedet wird, entscheidet die Gläubigerversammlung (§ 157 InsO). Diese ist auch für die Zustimmung zur Veräußerung des Unternehmens oder Betriebs zuständig (§ 162 InsO).

► Verbleibende Kompetenzen des Geschäftsführers

Der Geschäftsführer ist auch nach Eröffnung des Insolvenzverfahrens weiterhin für die internen gesellschaftsrechtlichen Verhältnisse zuständig. So hat er nach wie vor das Recht, die Gesellschafterversammlung einzuberufen. Außerdem muss er das Informationsrecht der Gesellschafter erfüllen, soweit er hierzu noch in der Lage ist.

2. Insolvenzgründe

Der Geschäftsführer muss sich unbedingt mit den Insolvenzgründen vertraut machen. Wie unten im 3. Teil ausführlich erörtert, gerät der Geschäftsführer in die Gefahr der persönlichen Haftung und Strafbarkeit, wenn er der Insolvenzantragspflicht nicht oder nicht rechtzeitig nachkommt.[293] Hier sollen daher nicht die haftungsrechtlichen Konsequenzen erläutert, sondern lediglich die Insolvenzgründe dargestellt werden. Ein Insolvenzgrund besteht zum einen bei Zahlungsunfähigkeit, wobei die InsO für einen Insolvenzantrag drohende Zahlungsunfähigkeit ausreichen lässt, und zum anderen bei Überschuldung. Zusammengefasst lässt sich sagen, dass die Insolvenzgründe in der Praxis in einem relativ frühen Stadium eintreten und der Geschäftsführer häufig in die Gefahr der Insolvenzverschleppung gerät.

a. Drohende Zahlungsunfähigkeit

► Drohende Zahlungsunfähigkeit ist Insolvenzgrund

[293] Siehe hierzu im einzelnen 3 Teil, F II und G IV 2.

Bei drohender Zahlungsunfähigkeit besteht das Recht der Schuldnerin (= GmbH), nicht jedoch die Pflicht, einen Insolvenzantrag zu stellen. Dritte haben wegen drohender Zahlungsunfähigkeit kein Antragsrecht. Der Geschäftsführer hat die Möglichkeit, bereits bei drohender Zahlungsunfähigkeit durch die Einleitung des Insolvenzverfahrens zu einer zügigen Genehmigung eines Insolvenzplans zu gelangen, so dass möglicherweise eine Sanierung der Gesellschaft erreicht wird. Zu dieser Maßnahme wird er dann greifen, wenn eine interne Sanierung durch eine Einbeziehung der Gesellschafter keinen Erfolg verspricht. Dann muss er sich überlegen, ob er seinerseits in der Lage ist, einen Insolvenzplan zu erarbeiten,[294] der Aussicht darauf hat, von der Gläubigerversammlung angenommen zu werden. Die Möglichkeit, bei drohender Zahlungsunfähigkeit die Eröffnung des Insolvenzverfahrens zu beantragen, ergibt sich aus § 18 InsO. Dort heißt es in Absatz 2, dass der Schuldner dann droht, zahlungsunfähig zu werden, wenn er voraussichtlich nicht in der Lage sein wird, die bestehenden Zahlungspflichten im Zeitpunkt der Fälligkeit zu erfüllen. Dies muss der Geschäftsführer im Rahmen seiner Liquiditätsplanung überblicken und beurteilen können.

Tipp für den Geschäftsführer!
Sobald Sie analysiert haben, dass die Gesellschaft in Liquiditätsschwierigkeiten gerät, müssen Sie unverzüglich an die Gesellschafter herantreten und diese zu einer internen Sanierung bewegen, wobei Sie Ihrerseits konstruktive Vorschläge machen sollten. Lassen Sie den Gesellschaftern nicht zu viel Zeit. Merken Sie, dass von deren Seite nichts kommt, so bleibt Ihnen nichts anderes übrig als -falls der Liquiditätsengpass weiterhin droht – entweder Ihr Amt niederzulegen und die Gesellschafter mit ihrem Problem allein zu lassen oder aber Ihrerseits einen Insolvenzplan aufzustellen und sodann wegen drohender Zahlungsunfähigkeit die Eröffnung des Insolvenzverfahrens zu beantragen.

b. Zahlungsunfähigkeit

▶ Definition mit Schwierigkeiten

Nach § 17 II InsO ist der Schuldner zahlungsunfähig, wenn er nicht in der Lage ist, die fälligen Zahlungsverpflichtungen zu erfüllen. Das Vorliegen einer Zahlungsunfähigkeit ist, so heißt es in dieser Bestimmung weiter, in der Regel dann anzunehmen, wenn der Schuldner seine Zahlungen eingestellt hat. Damit hat nunmehr der Gesetzgeber die Zahlungsunfähigkeit definiert und auf diese Weise die Begriffsbestimmung aufgegriffen, die sich bereits zuvor in Rechtsprechung und Literatur durchgesetzt hatte. Allerdings gibt die Definition auch Anlass zu Zweifeln,

[294]Es gibt Beratungsfirmen, die entgeltlich Insolvenzpläne erarbeiten.

weil sie offenlässt, ob die Zahlungsunfähigkeit auf Dauer vorliegen muss und wie die Lage zu beurteilen ist, in der lediglich geringfügige Liquiditätslücken bestehen, also den Zahlungsverpflichtungen im Wesentlichen nachgekommen werden kann. Der Gesetzgeber war allerdings in seiner Gesetzesbegründung der Ansicht, es verstünde sich von selbst, dass eine vorübergehende Zahlungsstockung keine Zahlungsunfähigkeit begründe. Es sei vielmehr eine Zeitraumbetrachtung vorzunehmen. So blieb auch nach der am 1. Januar 1999 in Kraft getretenen InsO die alte Rechtsfrage ungeklärt, wann denn aus einer vorübergehenden Zahlungsstockung eine dauernde Zahlungsunfähigkeit wird. Die Vorschläge variierten zwischen Zeiträumen von einer Woche bis zu drei Monaten.[295] Letztlich ist eine Einzelfallbetrachtung vonnöten. Der *BGH* hat in einer Grundsatzentscheidung am 24. Mai 2005, IX ZR 123/04, BGHZ 163, 134, den Zeitraum von drei Wochen zugrunde gelegt (Leitsätze):[296]

a) *Eine bloße Zahlungsstockung ist anzunehmen, wenn der Zeitraum nicht überschritten wird, den eine kreditwürdige Person benötigt, um sich die benötigten Mittel zu leihen. Dafür erscheinen drei Wochen erforderlich, aber auch ausreichend.*
b) *Beträgt eine innerhalb von drei Wochen nicht zu beseitigende Liquiditätslücke des Schuldners weniger als 10 % seiner fälligen Gesamtverbindlichkeiten, ist regelmäßig von Zahlungsfähigkeit auszugehen, es sei denn, es ist bereits absehbar, dass die Lücke demnächst mehr als 10 % erreichen wird.*
c) *Beträgt die Liquiditätslücke des Schuldners 10 % oder mehr, ist regelmäßig von Zahlungsunfähigkeit auszugehen, sofern nicht ausnahmsweise mit an Sicherheit grenzender Wahrscheinlichkeit zu erwarten ist, dass die Liquiditätslücke demnächst vollständig oder fast vollständig beseitigt werden wird und den Gläubigern ein Zuwarten nach den besonderen Umständen des Einzelfalls zuzumuten ist.*

▶ Grad der Unterdeckung

Es ist im Allgemeinen anerkannt, dass lediglich geringfügige Liquiditätslücken keine Zahlungsunfähigkeit begründen. Entscheidend ist, ob den Zahlungsverpflich-

---

[295]Siehe *Lutter/Hommelhoff*, § 64 GmbHG Rdnr. 8 (drei Wochen); BGH, Urt. v. 25.10.2001, IX ZR 17/01, NJW 2002, 512, 513 (noch zur Konkursordnung: etwa einen Monat).

[296]Diese Auffassung hat der BGH in ständiger Rechtsprechung bestätigt und konkretisiert, siehe z.B. BGH, Urt. v. 09.10.2012, II ZR 298/11, BGHZ 195, 42, Rdnr. 8 nach juris: *Von Zahlungsunfähigkeit nach § 17 Abs. 2 Satz 1 InsO ist regelmäßig auszugehen, wenn eine innerhalb von drei Wochen nicht zu beseitigende Liquiditätslücke von 10 % oder mehr besteht und nicht ausnahmsweise mit an Sicherheit grenzender Wahrscheinlichkeit zu erwarten ist, dass die Liquiditätslücke demnächst vollständig oder fast vollständig geschlossen wird und den Gläubigern ein Zuwarten nach den besonderen Umständen des Einzelfalls zuzumuten ist (BGH, Urteil vom 27. März 2012 – II ZR 171/10, ZIP 2012, 1174 Rn. 10; Beschluss vom 19. Juli 2007 – IX ZB 36/07, BGHZ 173, 286 Rn. 31; Urteil vom 21. Juni 2007 – IX ZR 231/04, ZIP 2007, 1469 Rn. 37; Urteil vom 12. Oktober 2006 – IX ZR 228/03, ZIP 2006, 2222 Rn. 27; Urteil vom 24. Mai 2005 – IX ZR 123/04, BGHZ 163, 134, 139 ff.*

tungen im Wesentlichen bei Fälligkeit nachgekommen wird. Die prozentuale Quote der Verbindlichkeiten, die mindestens erfüllt werden muss, beträgt nach der vorgenannten BGH-Entscheidung 90 %. Damit lässt er nur eine Unterdeckung in Höhe bis zu 10 % zu.

Der Geschäftsführer ist dem Risiko ausgesetzt, dass nachträglich ein Zustand der Zahlungsunfähigkeit „diagnostiziert" wird. Der unbestimmte Rechtsbegriff der Zahlungsunfähigkeit birgt die Gefahr, dass der Geschäftsführer in Grenzfällen nicht absehen kann, ob das Tatbestandsmerkmal vorliegt oder nicht.

Sofern der Gesellschaft ein Kredit zur Verfügung steht, der abgerufen werden könnte, z. B. seitens eines solventen Gesellschafters, läge keine Zahlungsunfähigkeit vor, denn im Liquiditätsstatus wären die abrufbaren Beträge einzustellen. Im Haftungsfall stellt der Insolvenzverwalter den Liquiditätsstatus auf, hierbei berücksichtigt er auch die weiteren Verbindlichkeiten, die im Drei-Wochen-Zeitraum neu hinzukommen (sog. Passiva II).[297] Im Gegenzug sind aber auch die Tilgung wegfallenden Verbindlichkeiten in Abzug zu bringen bzw. die neu hinzukommenden flüssigen Aktiva zu berücksichtigen (sog. Aktiva II). Der Geschäftsführer muss diesen Liquiditätsstatus dann substanziiert bestreiten, indem er im Einzelnen darlegt, welche Forderung nicht fällig und eingefordert gewesen ist.[298]

c. Überschuldung

► Definition

Bei der GmbH ist neben der Zahlungsunfähigkeit auch die Überschuldung ein Grund für die Eröffnung des Insolvenzverfahrens. Dies ist in § 19 InsO geregelt. Danach liegt eine Überschuldung vor, wenn das Vermögen des Schuldners die bestehenden Verbindlichkeiten nicht mehr deckt.

► Überschuldungsstatus

Für die Feststellung, ob die Gesellschaft mehr Schulden als Vermögen hat, muss eine spezielle Überschuldungsbilanz bzw. ein Überschuldungsstatus aufgestellt werden. Der Geschäftsführer ist verpflichtet, ständig die finanzielle Entwicklung der

---

[297]Siehe BGH, Urt. v. 19.12.2017, II ZR 88/16, NZI 2018, 204: *1. Einen vom Insolvenzverwalter zur Darlegung der Zahlungsunfähigkeit des Schuldners gem. § 17 II 1 InsO aufgestellten Liquiditätsstatus, der auf den Angaben aus der Buchhaltung des Schuldners beruht, kann der Geschäftsführer nicht mit der pauschalen Behauptung bestreiten, die Buchhaltung sei nicht ordnungsgemäß geführt worden. Er hat vielmehr im Einzelnen vorzutragen und gegebenenfalls zu beweisen, welche der in den Liquiditätsstatus eingestellten Verbindlichkeiten trotz entsprechender Verbuchung zu den angegebenen Zeitpunkten nicht fällig und eingefordert gewesen sein sollen. 2. Bei der Feststellung der Zahlungsunfähigkeit gem. § 17 II 1 InsO anhand einer Liquiditätsbilanz sind auch die innerhalb von drei Wochen nach dem Stichtag fällig werdenden und eingeforderten Verbindlichkeiten (so genannte Passiva II) einzubeziehen.*

[298]Siehe vorhergehende Fußnote.

Gesellschaft im Auge zu behalten. Seine Insolvenzantragspflicht hängt nicht davon ab, ob er einen solchen Überschuldungsstatus aufstellt, aus dem sich eine Überschuldung ergibt, sondern resultiert bereits aus dem objektiven Eintreten einer Überschuldung. Der Geschäftsführer kann sich seiner Verantwortlichkeit also keinesfalls entziehen.

Tipp für den Geschäftsführer!
Stehen Sie vor der Situation, eine Überschuldungsbilanz aufzustellen, so sollten Sie unbedingt sachverständigen Rat hinzuziehen. Eine Überschuldungsbilanz ist nicht gleichbedeutend mit einer Jahresbilanz; es bestehen vielmehr Besonderheiten.

Für die Überschuldungsbilanz gilt Folgendes: Zunächst ist die Handelsbilanz als Ausgangspunkt zu betrachten. Ergibt diese eine bilanzielle Überschuldung, so wird vertreten, dass dies die rechnerische Überschuldung im Sinne der InsO indiziert, jedenfalls solange keine Anhaltspunkte für nicht erfasste Vermögenswerte bzw. in den Aktiva enthaltene stille Reserven bestehen.[299]

► Aktivseite

Auf der *Aktivseite* der Überschuldungsbilanz sind alle verwertbaren Vermögensgegenstände anzusetzen, die zugunsten der Gläubiger eingesetzt werden können. In dieser Überschuldungsbilanz sind die Aktiva zu Liquidationswerten, d. h. mit den Werten anzusetzen, die im Falle einer Auflösung der Gesellschaft für sie erzielt werden könnte. Dies führt dazu, dass die in den Vermögensgegenständen enthaltenen sog. stillen Reserven aufgelöst werden.[300] Grundsätzlich sind sämtliche Werte zu Marktpreisen anzusetzen. Kosten für Gründung und Ingangsetzung der Gesellschaft haben daher in der Überschuldungsbilanz nichts zu suchen. Strittig ist, ob der Firmenwert angesetzt werden darf. Dies ist zu bejahen, wenn er selbstständig verwertbar ist, wobei bei der Bewertung allerdings vorsichtig zu verfahren ist. Bei den Forderungen kommt es darauf an, inwieweit diese durchsetzbar, also verwertbar sind. Auch Ansprüche gegen den Geschäftsführer oder gegen Gesellschafter können angesetzt werden, wenn sie realisierbar und vollwertig sind.

► Passivseite

Auf der *Passivseite* der Überschuldungsbilanz bestehen bei den Gesellschafterdarlehen bzw. diesen wirtschaftlich entsprechenden Leistungen Besonderheiten.[301]

---

[299] OLG Celle, Urt. v. 07.05.2008, 9 U 191/07, OLGR Celle 2008, 653.
[300] BGH, Urt. v. 07.03.2005, II ZR 138/03, GmbHR 2005, 617.
[301] Siehe zu diesen bereits die Ausführungen oben, Teil 1 E I 3.

Diese sind, dies ordnet § 19 II 2 InsO an, nicht als Verbindlichkeiten zu passivieren, wenn der Gesellschafter gegenüber den sonstigen Gläubigern einen sog. qualifizierten *Rangrücktritt* erklärt hat.[302] Ein solcher Rangrücktritt muss den Inhalt haben, dass der Gesellschafter erklärt, erst nach *allen* Gläubigern, die Forderungen gemäß § 39 I Nr. 1 bis 5 InsO angemeldet haben, befriedigt werden zu wollen. Damit stehen diese Verbindlichkeiten im Range nach den sonstigen Gesellschafterdarlehen, für die Gesellschafter keinen Rangrücktritt erklärt haben. Der Gesellschafter muss deutlich machen, dass er die Stellung eines Drittgläubigers aufgibt. Seine Ansprüche müssen auf solchen auf Rückzahlung von Einlagen gleichgestellt sein bzw. dürfen allenfalls noch solchen vorgehen.[303] Statt eines Rangrücktritts bestünde meines Erachtens auch die Möglichkeit, dass die Gesellschafter erklären, der Gesellschaft die Darlehensforderung für den Fall der Eröffnung des Insolvenzverfahrens oder auch sofort vollständig zu erlassen (Forderungsverzicht). In dieser Konstellation sind die Gesellschafterdarlehen im Insolvenzverfahren ebenfalls nicht mehr zu berücksichtigen, so dass eine Passivierung als Verbindlichkeit in der Überschuldungsbilanz ausscheidet. Dadurch lässt sich möglicherweise eine rechnerische Überschuldung vermeiden. Die Voraussetzungen, unter denen der Rangrücktritt bei Besserung der finanziellen Situation wieder entfällt, sind sorgfältig zu vereinbaren, damit beide Parteien Klarheit haben. Gleiches gilt für den Forderungsverzicht, der mit einem Besserungsversprechen verbunden ist. In diesem Fall lebt die Forderung des Gesellschafters unter bestimmten Bedingungen wieder auf. Diese Bedingungen (z. B. Jahresüberschüsse bzw. Bilanzgewinne in bestimmter Höhe) sind präzise zu bestimmen.

▶ Fortführungs- oder Zerschlagungswerte

[302]Grundlegend schon vor Einführung des § 19 II 4 InsO: BGH Urt. v. 08.01.2001, II ZR 88/99, BGHZ 146, 264, *Leitsatz a: Forderungen eines Gesellschafters aus der Gewährung eigenkapitalersetzender Leistungen sind, soweit für sie keine Rangrücktrittserklärung abgegeben worden ist, in der Überschuldungsbilanz der Gesellschaft zu passivieren.*

[303]Die steuerrechtlichen Auswirkungen eines Rangrücktritts sind eingehend zu prüfen. Es besteht die Gefahr, dass gemäß § 5 II a EStG eine gewinn-erhöhende Auflösung der Verbindlichkeit in der Steuerbilanz erfolgt. Danach sind für Verpflichtungen, die nur zu erfüllen sind, soweit künftig Einnahmen oder Gewinne anfallen, Verbindlichkeiten oder Rückstellungen erst anzusetzen, wenn die Einnahmen oder Gewinne angefallen sind. Hier wird eine Diskussion über die Voraussetzungen, die eingehalten werden müssen, damit keine Ausbuchung des Darlehens erfolgen muss, geführt; siehe BFH, Urt. v. 30.11.2011, I R 100/10, NZG 2012, 357 (Ausbuchung) und BFH, Urt. v. 15.04.2015, I R 44/14 (ggf. Neutralisierung über verdeckte Einlage soweit die Gesellschafterforderung werthaltig war), siehe dazu die Leitsätze: *1. Eine Verbindlichkeit, die nach einer im Zeitpunkt der Überschuldung getroffenen Rangrücktrittsvereinbarung nur aus einem zukünftigen Bilanzgewinn und aus einem etwaigen Liquidationsüberschuss zu tilgen ist, unterliegt dem Passivierungsverbot des § 5 Abs. 2a EStG 2002 (insoweit Bestätigung des Senatsurteils vom 30. November 2011 I R 100/10, BFHE 235, 476, BStBl II 2012, 332). 2. Beruht der hierdurch ausgelöste Wegfallgewinn auf dem Gesellschaftsverhältnis, ist er durch den Ansatz einer Einlage in Höhe des werthaltigen Teils der betroffenen Forderungen zu neutralisieren (insoweit Abkehr vom Senatsurteil in BFHE 235, 476, BStBl II 2012, 332).*

Ist eine Fortführung des Unternehmens überwiegend wahrscheinlich, so ist dies bei der Bewertung zu berücksichtigen (19 II Satz 2 InsO).[304] Die Fortführungswerte können höher als die Zerschlagungswerte sein, so dass sich dadurch möglicherweise eine rechnerische Überschuldung vermeiden lässt. Besteht trotz des Ansatzes der Fortführungswerte noch eine rechnerische Überschuldung, so lässt sich die Überschuldung durch eine positive Fortbestehensprognose ausräumen. Bei trotz bestehender rechnerischer Überschuldung kann somit der Insolvenzgrund der Überschuldung entfallen, wenn der Geschäftsführer eine positive Fortbestehensprognose stellen kann.

Beispiel

„Best Order für Best Bit"

Die Best Bit GmbH ist eine Gesellschaft, die insbesondere EDV-Dienstleistungen anbietet. Sie ist überschuldet. Nunmehr erhält die Gesellschaft einen Auftrag für ein großes Universitätsklinikum mit einem Umsatzvolumen in Höhe von 1 Mio. €. Solange die GmbH hier noch keinerlei Vorleistungen erbringt bzw. noch keine Anzahlungen erhält, wirkt sich dieser Auftrag finanziell bzw. bilanziell in keiner Weise aus. In der Überschuldungsbilanz können zwar jetzt Fortführungswerte angesetzt werden. Ein gedachter Erwerber ist nämlich grundsätzlich bereit für die Aktiva in ihrer Gesamtheit mehr zu bezahlen, wenn er das Unternehmen als Ertragsquelle fortsetzen kann. Daher können sich beim Anlagevermögen, ggf. aber auch beim Umlaufvermögen, den offenen Forderungen höhere Werte ergeben. Lässt sich dadurch die rechnerische Überschuldung jedoch noch immer nicht ausräumen, muss dennoch kein Insolvenzantrag gestellt werden, wenn aufgrund des Auftrags die Fortführung des Unternehmens überwiegend wahrscheinlich ist. Die Fortführungsprognose sollte durch einen Ertrags- und Finanzplan belegt werden.

Beispiel

„Der Brand im Zentrallager"

Das Zentrallager der GmbH ist völlig ausgebrannt. Die weitere Geschäftstätigkeit kann nur noch eingeschränkt fortgesetzt werden. Dadurch gerät die Gesellschaft in die Krise. Es besteht jedoch Versicherungsschutz, der sowohl die verbrannten Waren und Vorräte als auch den Betriebsunterbrechungsschaden abdeckt. Die Versicherungsgesellschaft weigert sich jedoch zunächst, die Versicherungsleistung zu erbringen, weil gegen den Geschäftsführer der GmbH wegen Brandstiftung ermittelt wird. Der Geschäftsführer hat jedoch den Brand nicht gelegt bzw. legen lassen. Dass im Falle eines Brandes

[304] Die Beweislast für das Vorhandensein einer positiven Fortbestehensprognose hat der Geschäftsführer, der sich auf diese beruft. Er muss außerdem zum Zeitpunkt der Fortführung den Fortführungswillen der GmbH darlegen und ein aussagekräftiges Unternehmenskonzept (sog. Ertrags- und Finanzplan) aufgestellt haben; siehe BGH, Beschl. v. 09.10.2006, II ZR 303/05, zr-report.de.

gegen den Geschäftsführer wegen Brandstiftung ermittelt wird, ist nichts Ungewöhnliches. Hat der Geschäftsführer ein reines Gewissen, so kann er ggf. den Anspruch gegen die Versicherungsgesellschaft in der Überschuldungsbilanz aktivieren. Es sollte jedoch geprüft werden, ob den Ansprüchen aus dem Versicherungsvertrag nicht noch weitere Einwendungen entgegenstehen können. Durch eine Aktivierung der versicherungsvertraglichen Ansprüche entfällt möglicherweise schon die Überschuldung. Zugleich führt dieser erwartete Zahlungseingang dazu, dass die Fortführung wahrscheinlich wird, so dass in der Überschuldungsbilanz Fortführungswerte angesetzt werden können und der Insolvenzgrund der Überschuldung entfällt. Allerdings wird es dem Geschäftsführer nur schwer gelingen, eine parallel bestehende Zahlungsunfähigkeit zu beseitigen, so dass er wegen dieser einen Insolvenzantrag stellen müsste.

2. Teil Der persönliche Status des GmbH-Geschäftsführers

A. Einführung

► Anstellungsverhältnis

Der persönliche Status des Geschäftsführers ist von seiner gesellschaftsrechtlichen Stellung als leitendes Organ der GmbH abzugrenzen. Wie bereits dargelegt, ist der Geschäftsführer kraft seiner Bestellung durch die Gesellschafterversammlung Organ der GmbH. Die organschaftlichen Rechte und Pflichten bestimmen sich nach dem Gesellschaftsrecht, insbesondere nach dem GmbH-Gesetz, der Satzung sowie den ergänzenden Gesellschafterbeschlüssen. Hiervon scharf zu trennen ist das Anstellungsverhältnis, das neben dieser *organschaftlichen* Beziehung besteht. Das Anstellungsverhältnis regelt den *persönlichen* Status des Geschäftsführers.

Der Anstellungsvertrag legt die dienstvertraglichen Rechte und Pflichten des Geschäftsführers fest. Aus ihm ergeben sich z. B. der Umfang der Arbeitszeit, die Frage der Vergütungsfortzahlung im Krankheitsfall, der Urlaubsanspruch sowie weitere Ansprüche und Pflichten der Vertragsparteien. Ein Anstellungsvertrag ist allerdings nicht zwingend erforderlich. Der Geschäftsführer kann seine Position auch wirksam ausüben, obwohl er überhaupt keinen Anstellungsvertrag mit der Gesellschaft oder einem Dritten abgeschlossen hat.

Beispiel

„Kostenlose Dienste“

Gabi Giro (G) ist als Steuerberaterin freiberuflich tätig. Sie gründet eine Unternehmensberatungs-GmbH, um ihre Mandanten künftig auch in diesem Geschäftsfeld betreuen zu können. Zum Geschäftsführer dieser GmbH bestellt sich die Alleingesellschafterin G persönlich. Ein Anstellungsvertrag wird nicht geschlossen, da die Unternehmensberatungs-GmbH noch keine Umsätze tätigt und daher auch keine nennenswerten Dienstleistungen durch eine Geschäftsführerin erbracht werden müssen. Nach sechs Monaten schließlich gelingt

R. Jula, *Der GmbH-Geschäftsführer*, https://doi.org/10.1007/978-3-662-59724-8_2

es G, den ersten Kunden für die Unternehmensberatungs-GmbH zu gewinnen. Da G nunmehr mit festen Umsätzen rechnen kann, schließt sie jetzt für die GmbH mit sich selbst einen Anstellungsvertrag ab. Bis zu diesem Zeitpunkt regelt sich das Verhältnis nach den Vorschriften des Auftragsrechts des Bürgerlichen Gesetzbuchs (§§ 664 bis 670 BGB). Nunmehr bestimmt sich das Rechtsverhältnis nach dem Anstellungsvertrag, der grundsätzlich als Dienstvertrag gemäß §§ 611 ff. BGB einzuordnen ist.

► Anstellungsvertrag als Dienstverhältnis

So kann bei ehrenamtlicher Ausübung des Geschäftsführeramts, wie dies z. B. bei karitativen oder gemeinnützigen Gesellschaften vorkommt, ein Anstellungsvertrag fehlen. In der Regel wird jedoch ein entsprechender Vertrag zwischen der Gesellschaft und dem Geschäftsführer geschlossen und zwar auch bei unentgeltlicher bzw. ehrenamtlicher Mitarbeit. Ein Anstellungsvertrag ist ein Dienstverhältnis im Sinne des § 611 BGB. Das Bürgerliche Gesetzbuch unterscheidet bei den Dienstverträgen zwischen den sog. freien Dienstverträgen und den Arbeitsverträgen. Beim freien Dienstvertrag, der z. B. mit einem freien Mitarbeiter, einem Rechtsanwalt oder einem Arzt besteht, darf derjenige, der die Dienste erbringt, die Einzelheiten, insbesondere die Zeit, den Ort und die Art der Ausübung im Wesentlichen frei bestimmen.

Das Arbeitsverhältnis wird hingegen durch das Direktionsrecht des Arbeitgebers charakterisiert. Aufgrund dieses Direktionsrechts unterliegt der Arbeitnehmer hinsichtlich der konkreten Ausübung seiner Tätigkeit in allen Einzelheiten den Weisungen des Arbeitgebers. Dieser bestimmt Zeit, Dauer, Ort und Art der von dem Arbeitnehmer zu erbringenden Dienstleistung. Das Direktionsrecht muss sich freilich im Rahmen des Arbeitsvertrags halten. Seit dem 01.04.2017 findet sich in § 611a BGB eine gesetzliche Definition des Arbeitsverhältnisses.

§ 611 a BGB Arbeitsvertrag
Wird eine juristische Person zahlungsunfähig oder überschuldet, so haben die Mitglieder des Vertretungsorgans oder die Abwickler ohne schuldhaftes Zögern, spätestens aber drei Wochen nach Eintritt der Zahlungsunfähigkeit oder Überschuldung, einen Insolvenzantrag zu stellen. Durch den Arbeitsvertrag wird der Arbeitnehmer im Dienste eines anderen zur Leistung weisungsgebundener, fremdbestimmter Arbeit in persönlicher Abhängigkeit verpflichtet. Das Weisungsrecht kann Inhalt, Durchführung, Zeit und Ort der Tätigkeit betreffen. Weisungsgebunden ist, wer nicht im Wesentlichen frei seine Tätigkeit gestalten und seine Arbeitszeit bestimmen kann. Der Grad der persönlichen Abhängigkeit hängt dabei auch von der Eigenart der jeweiligen Tätigkeit ab. Für die Feststellung, ob ein Arbeitsvertrag vorliegt, ist eine Gesamtbetrachtung aller Umstände vorzunehmen. Zeigt die tatsächliche Durchführung des Vertragsverhältnisses, dass es sich um ein Arbeitsverhältnis handelt, kommt es auf die Bezeichnung im Vertrag nicht an.

Die gesetzliche Definition entspricht der Rechtlage wie sie bereits vor Einführung des § 611a BGB bestand. Im Ergebnis ist im Einzelfall festzustellen, ob eine persönliche Abhängigkeit in einem Grad besteht, der es rechtfertigt, das Vertragsverhältnis als Arbeitsverhältnis zu qualifizieren.

► Geschäftsführer ist kein Arbeitnehmer

Der mit dem Geschäftsführer abgeschlossene Vertrag wird von der herrschenden Ansicht nicht als Arbeitsvertrag, sondern als freies Dienstverhältnis eingeordnet.[1] Der *BGH* ist traditionell der Auffassung, dass sich die Organstellung als Leitungsorgan und eine gleichzeitige Arbeitnehmerstellung ausschließen.[2] Das *BAG* hingegen bejaht im Einzelfall einen Arbeitnehmerstatus des Geschäftsführers, wenn eine entsprechende persönliche Abhängigkeit vorliegt. Die Beurteilung erfolgt nach den allgemeinen Kriterien zur Abgrenzung vom freien Dienstverhältnis.[3] So könne es nach Ansicht des *BAG* durchaus sein, dass ein Geschäftsführer ein Arbeitnehmer ist, weil er die vertraglich geschuldete Leistung im Rahmen einer von der GmbH bestimmten Arbeitsorganisation erbringt. Die Eingliederung in eine fremde Arbeitsorganisation zeige sich insbesondere darin, dass der Beschäftigte einem umfassenden Weisungsrecht seines Vertragspartners (Arbeitgebers) unterliege. Diese kann Inhalt, Durchführung, Zeit, Dauer, Ort und sonstige Modalitäten der Tätigkeit betreffen. So könne ein Geschäftsführer z. B. durch eine entsprechende Weisungsabhängigkeit zu einem zweiten Geschäftsführer als Arbeitnehmer einzustufen sein. Die Weisungsabhängigkeit von der Gesellschafterversammlung reicht danach nicht, jedenfalls nicht, wenn diese hiervon nicht arbeitsbegleitend Gebrauch macht.[4]

---

[1] Siehe ausführlich *Boemke*, Aktuelles zum GmbH-Geschäftsführer aus arbeitsrechtlicher Sicht, RdA 2018, 1.

[2] BGH, Urt. v. 16.12.1953, II ZR 41/53, BGHZ 12, 1, 8; BGH, Urt. v. 29.01.1981, II ZR 92/80, BGHZ 79, 291; BGH, Urt. v. 09.02.1978, II ZR 189/76, AP Nr. 1 zu § 38 GmbHG.

[3] BAG, Urt. v. 26.05.1999, 5 AZR 664/98, GmbHR 1999, 925, Leitsätze: *1. Das Anstellungsverhältnis einer (stellvertretenden) GmbH-Geschäftsführerin kann im Einzelfall ein Arbeitsverhältnis sein (nicht entscheidungserhebliche Abweichung von BGH v. 09.02.1978 – II ZR 189/76, AP Nr. 1 zu § 38 GmbHG = GmbHR 1978, 85). 2. Ob das Anstellungsverhältnis ein Arbeitsverhältnis ist, hängt nicht vom Umfang der Vertretungsbefugnis der (stellvertretenden) Geschäftsführerin im Innenverhältnis nach § 37 Abs. 1 GmbHG ab, sondern richtet sich nach den allgemeinen Kriterien zur Abgrenzung vom freien Dienstverhältnis.*

[4] Siehe zum Verhältnis der gesellschaftsrechtlichen Befugnisse zu einem etwaigen arbeitsrechtlichen Status die überzeugenden Ausführungen des ArbG Stuttgart: ArbG Stuttgart, Urt. v. 21.12.2016, 26 Ca 735/16, juris, Rdnr. 141: *Der Anstellungsvertrag des Geschäftsführers einer GmbH ist idR ein auf die Geschäftsbesorgung durch Ausübung des Geschäftsführeramtes gerichteter freier Dienstvertrag, der nachrangig zum gesellschaftsrechtlichen Organverhältnis diejenigen Rechtsbeziehungen zwischen dem Geschäftsführer und der Gesellschaft regelt, welche nicht bereits durch die organschaftliche Stellung des Geschäftsführers vorgegeben sind (vgl. BGH 10. Mai 2010 – II ZR 70/09 – Rn. 7, NZA 2010, 889; 10. Januar 2000 – II ZR 251/98 – zu II 1 der Gründe, NZA 2000, 376; BAG 24. November 2005 – 2 AZR 614/04 – Rn. 18, BAGE 116, 254; ErfK/Preis 17. Aufl. § 611 BGB Rn. 137; Stück GmbHR 2006, 1009, 1012; zum Meinungsstand im Schrifttum vgl. auch Preis/Sagan*

Meines Erachtens sollte es bei dem Ausschlussverhältnis von Organstellung und Arbeitsverhältnis bleiben. Eine Weisungsabhängigkeit zur Gesellschafterversammlung oder einem beherrschenden Gesellschafter-Geschäftsführer lässt sich nicht mit dem Direktionsrecht des Arbeitgebers vergleichen, da sie lediglich Ausdruck der gesellschaftsrechtlichen Kompetenzverteilung ist. Entscheidendes Argument gegen die Arbeitnehmerstellung des Geschäftsführers und damit gegen die Einordnung des Dienstvertrags als Arbeitsverhältnis ist, dass gerade der Geschäftsführer die Arbeitgeberfunktionen für die GmbH ausübt, so dass es widersinnig wäre, ihn gleichzeitig auch als Arbeitnehmer einzuordnen.

Vorzugswürdig ist daher die Auffassung, die den Anstellungsvertrag grundsätzlich als freies Dienstverhältnis mit Geschäftsbesorgungscharakter klassifiziert. Um im Einzelfall dann aber doch dem Geschäftsführer die „Wohltaten des Arbeits-

---

ZGR 2013, 26, 27 ff.). Dies gilt unabhängig davon, ob der (Fremd-)Geschäftsführer einen starken Anteilseigner, Mitgeschäftsführer etc. neben sich hat, der die konkrete Geschäftstätigkeit bestimmend mitgestaltet. Es kommt insoweit nicht entscheidend darauf an, welchen Gebrauch der GmbH-Geschäftsführer im Innenverhältnis nach § 37 Abs. 1 GmbHG von seiner im Außenverhältnis wegen § 44, § 35, § 37 Abs. 2 GmbHG unbeschränkten Vertretungsbefugnis machen darf. § 37 Abs. 1 GmbHG ist eine Norm zur Abgrenzung der Kompetenzen der Gesellschaftsorgane untereinander. Ein unternehmerisches Weisungsrecht hat die Gesellschaft auch gegenüber einem Geschäftsführer als freiem Dienstnehmer (vgl. BAG 24. November 2005 – 2 AZR 614/04 – aaO). Aus § 37 Abs. 1 GmbHG folgt ein umfassendes Weisungsrecht der Gesellschafterversammlung als oberstem Organ der GmbH (vgl. Henssler/Strohn/Oetker GesR 3. Aufl. § 37 GmbHG Rn. 11). Die Tätigkeit eines Geschäftsführers ist nach dem gesetzgeberischen Willen nach § 37 GmbHG weisungsgebunden (vgl. Roth/Altmeppen/Altmeppen GmbHG 8. Aufl. § 37 Rn. 3). Das Weisungsrecht entspringt der allumfassenden Regelungszuständigkeit der Gesellschafter in allen Angelegenheiten der Gesellschaft. Sie sind das zentrale Willensbildungsorgan der GmbH und in dieser gesellschafts-verfassungsrechtlich dominierenden Stellung dem Geschäftsführer übergeordnet (vgl. OLG Frankfurt 7. Februar 1997 – 24 U 88/95 – ZIP 1997, 450). Dieses Weisungsrecht ist gesellschaftsrechtlicher, nicht arbeitsrechtlicher Natur und vermag nicht allein die für die Arbeitnehmereigenschaft notwendige persönliche Abhängigkeit zu begründen (vgl. Henssler/Strohn/Oetker GesR 3. Aufl. § 35 GmbHG Rn. 94). Berücksichtigt man, dass der Gesellschaft jedenfalls ein unternehmerisches Weisungsrecht zusteht, so kann eine Weisungsgebundenheit des GmbH-Geschäftsführers, die so stark ist, dass sie darüber hinaus auf einen Status des betroffenen GmbH-Geschäftsführers als Arbeitnehmer schließen lässt, allenfalls in extremen Ausnahmefällen in Betracht kommen (vgl. BAG 24. November 2005 – 2 AZR 614/04 – Rn. 18, aaO; Henssler/Strohn/Oetker GesR aaO: „allenfalls in atypischen Konstellationen“; Reinfelder RdA 2016, 87, 92: „Der ‚klassische‘ Anstellungsvertrag eines GmbH-Geschäftsführers … dürfte hingegen kaum als Arbeitsverhältnis zu qualifizieren sein“). Eine Überschreitung des Weisungsrechts nach § 37 Abs. 1 GmbHG führt im Übrigen nicht ohne Weiteres dazu, dass sich diese zur arbeitsrechtlichen Weisung würde, sondern berechtigt den Geschäftsführer allenfalls zur Kündigung (vgl. OLG Karlsruhe 23. März 2011 – 7 U 81/11 – Rn. 20 ff., NZA-RR 2011, 411; Henssler/Strohn/Oetker GesR § 35 GmbHG Rn. 153). Nur dann, wenn der Gesellschaft eine über ihr gesellschaftsrechtliches Weisungsrecht hinausgehende Weisungsbefugnis auch bezüglich der Umstände zukommt, unter denen der Geschäftsführer seine Leistung zu erbringen hat, kann im Einzelfall ein Arbeitsverhältnis vorliegen. Die Gesellschaft muss dazu auch arbeitsbegleitende und verfahrensorientierte Weisungen erteilen und auf diese Weise die konkreten Modalitäten der Leistungserbringung bestimmen können (vgl. BAG 26. Mai 1999 – 5 AZR 664/98 – zu III 2 b der Gründe, AP GmbHG § 35 Nr. 10 = EzA BGB § 611 Arbeitnehmerbegriff Nr. 76; vgl. auch BAG 31. Juli 2014 – 2 AZR 422/13 – Rn. 25, BAGE 149, 18; vgl. auch: BFH 20. Oktober 2010 – VIII R 34/08 – Rn. 20 ff., GmbHR 2011, 313).

rechts“ zuteilwerden zu lassen, wird bei Bedarf auf arbeitsrechtliche Vorschriften analog zurückgegriffen. Es ist also zu klären, inwieweit Schutzvorvorschriften aus dem Arbeitsrecht auch für den Geschäftsführer gelten, wenn es an Regelungen im Gesetz fehlt, die bereits von sich aus entweder eine Geltung auch auf Geschäftsführer anordnen oder umgekehrt gerade ausschließen. So nimmt z. B. das Kündigungsschutzgesetz in § 14 Abs. 1 Nr. 1 die gesetzlichen Vertreter ausdrücklich von seinem Anwendungsbereich aus, während § 630 BGB bei jedem dauernden Dienstverhältnis einen Zeugnisanspruch zuspricht, so dass dieses auch der GmbH-Geschäftsführer beanspruchen kann. Auch aus dem Recht der EU kann es geboten sein, im Einzelfall auf den GmbH-Geschäftsführer Vorschriften in sog. europarechtskonformer Auslegung entsprechend anzuwenden.[5] Die Anwendung des Arbeitsrechts auf den Geschäftsführer wird im Einzelnen unten unter C. behandelt.

Von der Arbeitnehmereigenschaft zu trennen ist die die Frage, ob der Geschäftsführer Verbraucher[6] ist, so dass z. B. eine Prüfung einzelner Klauseln des Anstellungsvertrags am Maßstab des Rechts der Allgemeinen Geschäftsbedingungen möglich ist, was bejaht wird, das heißt einzelne Klauseln, z. B. solche, die ein unangemessenes Wettbewerbsverbot enthalten sind auch an den §§ 305 ff. BGB zu prüfen und können im Einzelfall nicht einbezogen oder unwirksam sein.

B. Sonderfall: Drittanstellung

- Drittanstellung ist möglich

Der Anstellungsvertrag kann dann als Arbeitsvertrag einzustufen sein, wenn ein Fall der sog. Drittanstellung vorliegt. Wie noch auszuführen sein wird, muss der Anstellungsvertrag nicht unbedingt mit der GmbH abgeschlossen werden, Vertragspartner kann vielmehr auch ein Dritter sein. In der Praxis sind dies u. a. die Fälle der GmbH & Co. KG sowie die Konzernsachverhalte.[7] Bei einer GmbH & Co. KG ist der Geschäftsführer der Komplementär-GmbH nicht selten bei der KG angestellt. Die Anstellung dort kann als Arbeitsverhältnis ausgestaltet sein. Dann bestimmen sich die Rechtsfolgen ebenfalls nach dem Arbeitsrecht. In Konzernen ist es häufig üblich, dass die Konzernmutter ihre leitenden Angestellten in Geschäftsführerämter bei den Tochtergesellschaften beruft. Die Stellung als Arbeitnehmer der Konzernmuttergesellschaft bleibt hierdurch unberührt.[8] Der Arbeitsvertrag bei der Muttergesellschaft ist damit gleichzeitig ein Anstellungsvertrag des Geschäftsführers für

[5] Siehe dazu ausführlich *Boemke*, Aktuelles zum GmbH-Geschäftsführer aus arbeitsrechtlicher Sicht, RdA 2018, 1.

[6] Siehe OLG München, Beschl. v. 02.08.2018, 7 U 2107/18, GmbHR 2018, 1310.

[7] Siehe OLG Celle, Urt. v. 21.09.1979, 3 U 197/79, GmbHR 1980, 32, 33.

[8] OLG Schleswig, Urt. v. 21.08.2003, 5 U 44/02, GmbHR 2003, 1130, so dass beispielsweise das KSchG auf das Arbeitsverhältnis Anwendung findet.

die Tätigkeit bei der Tochtergesellschaft. Werden die Bedingungen ansonsten nicht geändert, so ist im Zweifel davon auszugehen, dass der Arbeitsvertrag unverändert als solcher fortbesteht.[9] Wird daher um Ansprüche aus dem Anstellungsvertrag gestritten, so kommt das Arbeitsrecht grundsätzlich zur Anwendung.

C. Anwendung des Arbeitsrechts

I. Ausdrückliche Regelungen und Rechtsprechung

► Allgemeiner Kündigungsschutz gilt nicht

Der Gesetzgeber hat das Problem gesehen, dass die Praxis der Versuchung erliegen könnte, arbeitsrechtliche Vorschriften entsprechend auch auf den Geschäftsführer anzuwenden. Er hat daher angeordnet, dass bestimmte Arbeitnehmerschutzgesetze gerade *nicht* für den Geschäftsführer gelten. In solchen Fällen verbietet sich wegen dieser ausdrücklichen gesetzlichen Festlegung eine analoge Anwendung. So gilt das Arbeitszeitgesetz ausdrücklich nicht für den GmbH-Geschäftsführer (§ 18 Arbeitszeitgesetz i. V. m. § 5 III Betriebsverfassungsgesetz). Arbeitet dieser also beispielsweise am Sonntag, so ist dies nicht unzulässig. Auch darf er die höchstzulässige Arbeitszeit nach dem Arbeitszeitgesetz überschreiten. Ebenso gilt für den Geschäftsführer gemäß §§ 14 I Satz 1, 17 IV Satz 1 des Kündigungsschutzgesetzes nicht der in diesem Gesetz geregelte besondere Kündigungsschutz für Arbeitnehmer.[10] Der Geschäftsführer kann also nicht für sich in Anspruch nehmen, dass die Kündigung sozial ungerechtfertigt und daher nach dem Kündigungsschutzgesetz unwirksam sei.

Beispiel

„Geschäftsführerin ohne Schutz"

Gesine Gunst (G) ist als Designerin in einer Agentur für Kommunikation und Marketing tätig. Dort arbeiten insgesamt 30 Arbeitnehmer. Die Agentur in der Rechtsform der GmbH hat nur einen einzigen Gesellschafter, der auch ihr einziger Geschäftsführer ist. G hat drei Kolleginnen, die wie sie Leistungen im Bereich Design erbringen, sie vertreten sich gegenseitig und haben die Kunden und Branchen unter sich aufgeteilt.

G wird nunmehr zur zweiten Geschäftsführerin bestellt. Sie erhält einen Anstellungsvertrag mit einer höheren Vergütung, der bisherigen Arbeitsvertrag wird ausdrücklich schriftlich aufgehoben, allerdings werden G keine zusätzlichen Befugnisse eingeräumt. So hat sie wie bisher weiterhin keine Personalverantwortung.

---

[9] BAG, Beschl. v. 20.10.1995, 5 AZB 5/95, ZIP 1996, 514, 515.

[10] BAG, Urt. v. 21.09.2017, 2 AZR 865/16, NZA 2018, 358, siehe 4. Leitsatz: *Der Ausschluss der Organvertreter vom allgemeinen Kündigungsschutz gemäß § 14 Absatz 1 Nummer 1 KSchG ohne Rücksicht auf eine etwaige Arbeitnehmerstellung verstößt nicht gegen Artikel 12 Absatz 1 GG.*

Sie verrichtet dieselbe Arbeit wie vorher. Eine große Brauerei, für die G Leistungen erbringt, wird insolvent, dadurch fällt die Hälfte ihres Geschäfts weg. Insgesamt ist ohnehin das Geschäft der GmbH rückläufig. Die GmbH muss daher einer Designerin kündigen. Da G als Geschäftsführerin keinen Kündigungsschutz genießt, wird ihr Anstellungsvertrag fristgemäß gekündigt und sie vom Amt der Geschäftsführerin abberufen.

G fragt, ob sie sich dagegen wehren kann. Wäre sie noch Arbeitnehmerin, hätte es eher einer ihre Kolleginnen getroffen, die kürzer in dem Unternehmen tätig sind, zumal sie die einzige Designerin sei, die noch zwei unterhaltspflichtige Kinder habe. G genießt jedoch als Geschäftsführerin gemäß § 14 Abs. 1 Nr. 1 KSchG ausdrücklich keinen allgemeinen Kündigungsschutz. Das Kündigungsschutzgesetz würde sie als Arbeitnehmerin schützen, da bei Betrieben mit mehr als zehn Arbeitnehmern eine betriebsbedingte Kündigung in der Regel sozial gerechtfertigt sein muss. Liegen wie hier betriebliche Erfordernisse vor, ist unter den vergleichbaren Arbeitnehmern eine Sozialauswahl durchzuführen. Das alles gilt hier jedoch nicht, weil G als Geschäftsführerin nicht in die Sozialauswahl einzubeziehen ist.

Auch gibt es keine Anhaltspunkte dafür, dass das KSchG bewusst umgangen werden sollte, indem G in die Geschäftsführerposition hochgelobt wurde, um sich ihrer dann ohne Kündigungsschutz zu entledigen.[11] Aufgrund der gesetzlichen Anordnung in § 14 Abs. 1 Nr. 1 KSchG käme es auch nicht darauf an, ob das Dienstverhältnis von G nach einer Gesamtwürdigung aller Umstände gemäß § 611a BGB als Arbeitsverhältnis einzuordnen ist. Das wäre der Fall, wenn G wie bisher persönlich abhängig beschäftigt ist und sie bezüglich des Inhalts, der Durchführung, der Zeit und des Orts ihrer Tätigkeit weisungsgebunden ist und sie im Wesentlichen ihre Tätigkeit nicht frei gestalten und ihre Arbeitszeit nicht frei bestimmen kann. Dann läge nach der Rechtsprechung des BAG ein Arbeitsverhältnis vor. Der *BGH* würde hingegen gleichwohl von einem freien Dienstverhältnis ausgehen.

G hätte sich bei der Bestellung zur Geschäftsführerin schützen können, z. B. indem sie eine Anwendbarkeit des KSchG vereinbart oder eine Befristung aushandelt, z. B. dass ihr Anstellungsvertrag mindestens für drei Jahre läuft. Sie hätte auch vereinbaren können, dass ihr bisheriges Arbeitsverhältnis ruhend fortbesteht und im Falle der Beendigung des Anstellungsvertrags wieder auflebt (siehe dazu unten V.).

Die Geltung des Kündigungsschutzgesetzes kann also im Anstellungsvertrag vereinbart werden, dann findet dies auch Anwendung, wobei dann allerdings grundsätzlich die Regelungen für den leitenden Angestellten gelten, so dass eine

---

[11]BAG, Urt. v. 21.09.2017, 2 AZR 865/16, NZA 2018, 358, im Einzelfall kann es nach der vorgenannten Entscheidung rechtsmissbräuchlich sein, einem Geschäftsführer die Geltung des allgemeinen Kündigungsschutzgesetzes zu verweigern, wenn ein Arbeitnehmer gezielt zum Geschäftsführer bestellt wurde, um ihn alsbald ohne Kündigungsschutz zu entlassen, den er vorher innehatte.

Kündigung gegen Abfindung in Betracht kommt (§§ 9 f. KSchG).[12] Nicht zu folgen ist hierbei der Auffassung, wonach die Abberufung aus der Organstellung einen personenbedingten Kündigungsgrund rechtfertige,[13] denn dies würde aufgrund der jederzeitigen Widerruflichkeit der Geschäftsführertätigkeit die vertragliche Einbeziehung des KSchG aushöhlen.

▶ Besonderer Kündigungsschutz kann gelten

Die besonderen Kündigungsschutzvorschriften für Schwerbehinderte, werdende und sich in Elternzeit befindliche Mütter bzw. Väter nehmen Geschäftsführer nicht ausdrücklich von ihrem Anwendungsbereich aus.[14] Allerdings wird ein Arbeitsverhältnis vorausgesetzt (siehe z. B. § 18 BEEG), so dass nur eine analoge Anwendung in Betracht kommt. Hier lässt sich eine analoge Anwendbarkeit dieser Gesetze dann vertreten, wenn im Ausnahmefall mit dem BAG eine Arbeitnehmerstellung wegen persönlicher Abhängigkeit bejaht wird, z. B. weil eine Unterordnung unter einem zweiten Geschäftsführer besteht, der auch arbeitsbegleitende Weisungen erteilt bzw. Zeit, Dauer und Ort der Tätigkeit bestimmt.[15] Auch in europarechtskonformer Auslegung folgt eine Anwendung z. B. des Mutterschutzgesetzes auf schwangere Geschäftsführerinnen, zumindest soweit diese nicht beherrschend sind, also jederzeit gegen ihren Willen abberufen werden könnten. Auch hier wird auf die Unterordnung bzw. Eingliederung abgestellt.[16] Der für schwer behinderte Arbeitnehmer geltende Kündigungsschutz nach 168 SGB IX, wonach die Kündigung des Arbeitsverhältnisses eines schwerbehinderten Menschen durch den Arbeitgeber der vorherigen Zustimmung des Integrationsamtes bedarf, gilt nicht für den Geschäftsführer. Sofern man der Auffassung folgt, dass das Anstellungsverhältnis im Einzelfall ein Arbeitsverhältnis sein kann und die bejaht wird, lässt sich eine Anwendung vertreten.[17]

---

[12]BGH, Urt. v. 10.05.2010, II ZR 70/09, NJW 2010, 2343, wonach im Einzelfall durch Auslegung des Vertrags festzustellen sei, ob sich die GmbH nur gegen Abfindung gemäß §§ 9 f. KSchG vom Vertrag lösen könne.

[13]OLG Hamm, Urt. v. 20.11.2006, 8 U 217/05, GmbHR 2007, 442.

[14]Bundeselterngeld- und Elternzeitgesetz = BEEG sowie Mutterschutzgesetz.

[15]Siehe zum Mutterschutzgesetz: BAG, Urt. v. 26.05.1999, 5 AZR 664/98, GmbHR 1999, 925.

[16]Siehe EuGH (2. Kammer), Urt. v. 11.11.2010 – C-232/09 (Dita Danosa/LKB Līzings SIA), NJW 2011, 2343. Aus den Leitsätzen *1. Für die Zwecke der Richtlinie 92/85/EWG des Rates vom 19.10.1992 über die Durchführung von Maßnahmen zur Verbesserung der Sicherheit und des Gesundheitsschutzes von schwangeren Arbeitnehmerinnen, Wöchnerinnen und stillenden Arbeitnehmerinnen am Arbeitsplatz (zehnte Einzelrichtlinie i. S. des Art. EWG_RL_89_391 Artikel 16 EWG_RL_89_391 Artikel 16 Absatz 1 der Richtlinie 89/391/EWG) ist die Arbeitnehmereigenschaft eines Mitglieds der Unternehmensleitung einer Kapitalgesellschaft, das dieser gegenüber Leistungen erbringt und in sie eingegliedert ist, zu bejahen, wenn es seine Tätigkeit für eine bestimmte Zeit nach der Weisung oder unter der Aufsicht eines anderen Organs dieser Gesellschaft ausübt und als Gegenleistung für die Tätigkeit ein Entgelt erhält. Es ist Sache des vorlegenden Gerichts, die Tatsachenprüfungen vorzunehmen, deren es zur Beurteilung der Frage bedarf, ob dies in dem bei ihm anhängigen Rechtsstreit der Fall ist.*

[17]Den Kündigungsschutz für Schwerbehinderte noch generell ablehend BAG, Urt. v. 26.05.1999, 5 AZR 664/98, AP Nr. 1 zu § 38 GmbHG siehe OLG Düsseldorf; Urt. v. 18.10.2012, I-6 U 47/12,

▶ Allgemeines Gleichbehandlungsgesetz

Das Allgemeine Gleichbehandlungsgesetz gilt gemäß § 6 III AGG für Organmitglieder und damit für den Geschäftsführer, soweit es die Bedingungen für den Zugang zur Erwerbstätigkeit sowie den beruflichen Aufstieg betrifft. So hat der Bundesgerichtshof einen Verstoß bejaht, als der Dienstvertrag eines älteren Geschäftsführers wegen seines Alters nicht verlängert wurde.[18] Daneben wird vertreten, dass das AGG in europarechtskonformer Auslegung auch für Fremd- und nicht beherrschende Gesellschafter-Geschäftsführer gelten müsse.[19]

▶ Arbeitnehmerüberlassungsgesetz

Die analoge Anwendung des Arbeitnehmerüberlassungsgesetz auf den Geschäftsführer ist nicht abschließend geklärt.[20] Die Anwendung kann erhebliche Auswirkungen haben. Wird z. B. der Geschäftsführer einem anderen Unternehmen überlassen und dort weisungsgebunden tätig, bedürfte es hierfür bei Geltung des AÜG einer Erlaubnis. Sonst wäre der Vertrag über die Entleihung des Geschäftsführers unwirksam (§ 9 Nr. 1 AÜG).

▶ Vermögenswirksame Leistungen

Ferner ist der Geschäftsführer vom Geltungsbereich des 5. Vermögensbildungsgesetzes ausgenommen (§ 1 III Nr. 1 5. Vermögensbildungsgesetz). Der Geschäftsführer bekommt damit also keine Arbeitnehmersparzulage für vermögensbildende Leistungen, die von ihm angespart werden.

▶ Streitigkeiten gehören vor die Zivilgerichte

6 U 47/12, Orientierungssätze nach juris: *1. Ein GmbH-Geschäftsführer kann sich ungeachtet seiner nachgewiesenen Schwerbehinderteneigenschaft nicht auf den besonderen Kündigungsschutz des § 85 SGB IX berufen, wenn nach dem Inhalt des Geschäftsführer-Dienstvertrages und nach den Regelungen in der Geschäftsordnung der Gesellschaft ein freier Dienstvertrag vorliegt und es somit am Bestehen eines Arbeitsverhältnisses im Sinne des § 85 SGB IX fehlt. 2. Der weite Arbeitnehmerbegriff, den der Europäische Gerichtshof entwickelt hat, ist nicht heranzuziehen. Die Voraussetzungen, unter denen eine richtlinienkonforme Auslegung des § 85 SGB IX zu erfolgen hätte, sind nicht erfüllt, da der Anwendungsbereich der Richtlinie 2000/78EG nicht berührt ist (Vergleiche EuGH, 11. November 2010, C-232/09, NJW 2011, 2343.*

[18]Siehe BGH, Urt. v. 23.04.2012, II ZR 163/10, juris, wobei der Verstoß keinen Wiedereinstellungsanspruch bewirkt, sondern eine Schadensersatzverpflichtung in Geld auslöst.

[19]*Boemke*, Aktuelles zum GmbH-Geschäftsführer aus arbeitsrechtlicher Sicht, RdA 2018, 1.

[20]Offenlassend BAG, Urteil vom 09.11.1994 – 7 AZR 217/94, NZA 1995, 72, ablehend für den Alleingesellschafter-Geschäftsführer zumindest, wenn eine Erlaubnis nach § 1 I AÜG besteht, siehe BAG, Urt. v. 17.01.2017, 9 AZR 76/16, ZIP 2017, 836.

Ebenfalls nicht zur Anwendung kommt das Arbeitsgerichtsgesetz, so dass für Streitigkeiten des Geschäftsführers grundsätzlich nicht die Arbeitsgerichte, sondern die allgemeinen Zivilgerichte zuständig sind (siehe § 5 I Satz 3 Arbeitsgerichtsgesetz). Allerdings kann die Zuständigkeit der Arbeitsgerichte vertraglich zwischen GmbH und Geschäftsführer vereinbart werden (§ 2 IV Arbeitsgerichtsgesetz). Außerdem wird angenommen, dass es nach Beendigung der Organstellung für die Zuständigkeit des Rechtswegs durchaus darauf ankommen kann, ob bei einem Streit aus dem Anstellungsvertrag, dieser als Arbeitsvertrag – dann Arbeitsrechtsweg – oder freies Dienstverhältnis – dann Zivilrechtsweg – zu qualifizieren ist (siehe dazu unten die Ausführungen im 3. Teil unter I.

- Kollektives Arbeitsrecht schließt den Geschäftsführer aus

Für den Geschäftsführer gilt nicht das Betriebsverfassungsgesetz (§ 5 II Satz 1 Betriebsverfassungsgesetz). Das bedeutet, dass der Geschäftsführer an den Betriebsratswahlen nicht aktiv mitwirken und sich erst recht nicht zur Wahl als Betriebsratsmitglied zur Verfügung stellen darf. Das gesamte sonstige kollektive Arbeitsrecht, das sich wie das Betriebsverfassungsgesetz damit befasst, wie die Arbeitnehmer in ihrem Zusammenwirken ihre Rechte verbessern können, findet, auch wo eine solche gesetzliche Anordnung fehlt, nach seinem Sinn und Zweck grundsätzlich keine Anwendung auf den GmbH-Geschäftsführer. Dieser soll ja gerade den Arbeitgeber gegenüber den Arbeitnehmern bei Auseinandersetzungen vertreten, so dass sich schon von daher eine Erstreckung des kollektiven Arbeitsrechts auf den Geschäftsführer verbietet. Daraus folgt, dass dem Geschäftsführer auch kein Streikrecht zusteht.

II. Ausgestaltung der Position des Geschäftsführers

Dort, wo das Gesetz keinen ausdrücklichen Riegel vorschiebt, wird in Ausnahmefällen eine entsprechende Anwendung arbeitsrechtlicher Vorschriften erwogen. Abgestellt werden muss jeweils auf den Sinn und Zweck der Vorschrift, deren analoge Anwendung in Rede steht, sowie auf die konkrete Ausgestaltung des betreffenden Anstellungsverhältnisses. Die Anstellungsverhältnisse lassen sich wie folgt typisieren:

1. Der beherrschende Gesellschafter-Geschäftsführer

- Beherrschender Gesellschafter-Geschäftsführer genießt grundsätzlich keinen arbeitsrechtlichen Schutz

Der beherrschende Gesellschafter-Geschäftsführer zeichnet sich dadurch aus, dass er über die Mehrheit der Kapitalanteile verfügt oder auf andere Weise dazu in der Lage ist, die Geschäftspolitik der GmbH zu bestimmen. In der Regel genügt hierfür auch eine hälftige Beteiligung, da dadurch keine Entscheidungen mehr gegen den

Willen des Gesellschafters realisiert werden können. Dieser Geschäftsführer bedarf grundsätzlich nicht des Schutzes arbeitsrechtlicher Vorschriften.[21] Eine analoge Anwendung dieser Bestimmungen wird daher im Regelfall ausscheiden. Sie ist meist deshalb überflüssig, weil der Mehrheitsgesellschafter über seinen Einfluss ohnehin seinen persönlichen Status weitgehend selbst bestimmen kann. Dies gilt wie oben unter I. ausgeführt z. B. für die Anwendbarkeit des Arbeitnehmerüberlassungsgesetzes oder für den besonderen Kündigungsschutz nach dem Mutterschutzgesetz oder auch Bundeserziehungsgeld- und Elternzeitgesetz oder dem Schwerbehindertenrecht, welches für den beherrschenden Gesellschafter-Geschäftsführer nicht zur Anwendung kommt.

► Ausnahmen

Aber auch beim beherrschenden Gesellschafter-Geschäftsführer kann es Konstellationen geben, in denen über eine analoge Anwendung des Arbeitsrechts nachgedacht werden muss. So z. B. beim Pfändungsschutz für die Geschäftsführerbezüge. Wird gegen den GmbH-Geschäftsführer die Zwangsvollstreckung betrieben, so stellt sich die Frage, ob die Pfändungsschutzvorschriften (§§ 850 ff. ZPO) auch zugunsten des beherrschenden Geschäftsführers Anwendung finden. Da die Vorschriften den Schutz des Lebensunterhalts bezwecken und dieser Zweck genauso auch für den beherrschenden Geschäftsführer gilt, ist nicht ersichtlich, warum sie nicht auch für diesen gelten sollen.[22]

2. Der abhängig beschäftigte Geschäftsführer

a. Begriffsbestimmung

► Abhängig beschäftigter Geschäftsführer ist mit Arbeitnehmer vergleichbar

Beim Geschäftsführer, der abhängig beschäftigt ist, stellt sich eher die Frage, ob das Arbeitsrecht auf ihn im Einzelfall entsprechende Anwendung finden kann. Der abhängig beschäftigte Geschäftsführer kann Fremdgeschäftsführer oder Minderheits-Gesellschafter-Geschäftsführer sein. Im ersten Fall ist er überhaupt nicht, im zweiten Fall nur mit einer Minderheitsbeteiligung Anteilsinhaber. In beiden Fällen kann der Geschäftsführer einem Arbeitnehmer vergleichbar in einem

[21]BAG, Urteil vom 09.11.1994 – 7 AZR 217/94, NZA 1995, 72, *Gesellschafter können grundsätzlich in einem Arbeitsverhältnis zu der Gesellschaft stehen, deren Gesellschafter sie sind … Entsprechendes gilt – in Ausnahmefällen – für Geschäftsführer einer GmbH … Ein Arbeitsverhältnis liegt demgegenüber nicht vor, wenn ein Gesellschafter als Kapitaleigner einen so großen Einfluss auf die Führung der Gesellschaft hat, dass er über seine Gesellschafterstellung letztlich auch die Leitungsmacht hat. Ob ein solcher Einfluss besteht, richtet sich in erster Linie nach den Stimmrechtsverhältnissen. Dementsprechend kann regelmäßig ein Gesellschafter, dem mehr als 50 % der Stimmrechte zustehen, nicht zugleich Arbeitnehmer dieser Gesellschaft sein. Auch der Minderheitsgesellschafter ist bei Bestehen einer Sperrminorität im Regelfall kein Arbeitnehmer.*

[22]Siehe unten 2. Teil, F II 4.

Abhängigkeitsverhältnis stehen. Es gibt daher im Prinzip keinen Anlass, danach zu unterscheiden, ob der Geschäftsführer über eine Minderheitsbeteiligung verfügt oder überhaupt nicht am Kapital der Gesellschaft Anteil hat. Zu beachten ist aber, dass der Minderheits-Gesellschafter durch weitere Rechte, die ihm etwa satzungsmäßig eingeräumt sind, eine derart aufgewertete Stellung erhalten kann, so dass er trotz seiner Minderheitsbeteiligung wie ein beherrschender Gesellschafter betrachtet werden muss. Dies gilt insbesondere für den Fall, in dem der Geschäftsführer eine Sperrminorität hat, durch die er verhindern kann, dass gegen seinen Willen Gesellschafterbeschlüsse gefasst werden können.[23] In diesem Fall ist er kein abhängig beschäftigter Geschäftsführer mehr.

b. Analoge Anwendung des Arbeitsrechts

Gegenüber dem abhängig beschäftigten Geschäftsführer bestehen seitens der GmbH erhöhte Fürsorgepflichten, die auch ohne Qualifizierung des Geschäftsführers als Arbeitnehmer eine analoge Anwendung arbeitsvertraglicher Vorschriften im Einzelfall rechtfertigen. So kann der Geschäftsführer im Krankheitsfall grundsätzlich eine Fortzahlung der Bezüge begehren.[24] Er hat ferner nach seinem Ausscheiden einen Anspruch auf Erteilung eines Zeugnisses. Daneben können die Versorgungsanwartschaften von abhängig beschäftigten Geschäftsführern unverfallbar werden und damit unter den Schutz des Betriebsrentengesetzes fallen.[25] Wie unter I. ausgeführt kann der Anstellungsvertrag im Einzelfall wegen der Eingliederung in den Betrieb nach Auffassung des BAG ein Arbeitsvertrag darstellen, sodass arbeitsrechtliche Vorschriften, wie z. B. der Mutterschutz im Fall der Schwangerschaft der Geschäftsführerin gelten. Ob und in welchem Umfang arbeitsrechtliche Vorschriften direkt oder analog angewendet werden, wird bei den entsprechenden Abschnitten jeweils gesondert geprüft. Allgemeingültige Aussagen lassen sich hier nicht treffen. Erforderlich ist vielmehr eine Prüfung im Einzelfall. Für eine Vielzahl von individualvertraglichen Rechten des Arbeitnehmers sind das Institut der *betrieblichen Übung* sowie der *arbeitsrechtliche Gleichbehandlungsgrundsatz* ebenfalls von Bedeutung. Beim abhängig beschäftigten Geschäftsführer wird diskutiert, inwieweit diese Grundsätze auch für ihn gelten können.

III. Betriebliche Übung

Praktiziert der Arbeitgeber regelmäßig ein bestimmtes Verfahren, in dem er seinen Mitarbeitern z. B. jedes Jahr, ohne dass er sich hierzu verpflichtet hat, Weihnachtsgeld zuwendet, so kann hieraus unter dem Gesichtspunkt der betrieblichen Übung eine rechtliche Bindung des Arbeitgebers entstehen. Er kann dann verpflichtet sein, auch in Zukunft diese Zuwendung zu erbringen. In der Regel nimmt man an, dass bei

[23] Siehe hierzu die letzte Fußnote zur Entscheidung des BAG vom 09.11.1994 – 7 AZR 217/94.

[24] Zu den Einzelheiten siehe 2. Teil, F III.

[25] Siehe hierzu die Ausführungen 2. Teil, G IV d.

dreimaliger freiwilliger Leistung eine betriebliche Übung begründet wird. Hiergegen kann sich der Arbeitgeber wehren, indem er ausdrücklich einen Vorbehalt erklärt, dass diese Zahlungen lediglich freiwillig und ohne Rechtspflicht geleistet wurden. Dann entsteht bei den Arbeitnehmern kein Vertrauensschutz dahingehend, dass auch in Zukunft mit dieser Wohltat zu rechnen ist.

▶ Analoge Anwendung auf abhängig beschäftigten Geschäftsführer

Fraglich, ist ob der Grundsatz der betrieblichen Übung auch für den abhängig beschäftigten Geschäftsführer gilt. Hat z. B. die GmbH sämtlichen Beschäftigten, inklusive dem abhängig beschäftigten Geschäftsführer, alljährlich eine Weihnachtszulage gewährt und fällt diese nunmehr aus, so könnte auch der Geschäftsführer unter dem Gesichtspunkt der betrieblichen Übung einen Anspruch auf Gewährung der Weihnachtszulage haben. Zu Recht wird allerdings darauf hingewiesen, dass dem Geschäftsführer die Berufung auf die Grundsätze der betrieblichen Übung dann verwehrt werden kann, wenn er diese betriebliche Übung selbst geschaffen hat. Hat also der Geschäftsführer persönlich dafür gesorgt, dass durch vorbehaltlose Zahlung von Zuwendungen arbeitsvertragliche Ansprüche unter dem Gesichtspunkt der betrieblichen Übung der Arbeitnehmer auch für die Zukunft entstehen, so kann er sich nicht gleichzeitig auch auf diese berufen, wenn nunmehr die Gesellschafterversammlung beschließt, in Zukunft diese Leistungen nicht mehr zu gewähren. Nur wenn die bisherige Zuwendung auf Weisung der Gesellschafterversammlung erfolgte und der Geschäftsführer diese nicht in der Hand hatte, kommt eine Inanspruchnahme der Grundsätze der betrieblichen Übung in Betracht. Dadurch wird sichergestellt, dass der Geschäftsführer sich nicht durch sein eigenes Handeln in den Genuss von Ansprüchen bringt, die durch betriebliche Übung entstehen. Darauf hingewiesen werden muss, dass ein höchstrichterliches Urteil zur Erstreckung der Grundsätze der betrieblichen Übung auf den Geschäftsführer nicht existiert, so dass nicht abzusehen ist, ob die Grundsätze in jedem Fall auch für den Geschäftsführer angewendet werden können. Aus einem Urteil des *BGH* zum arbeitsrechtlichen Gleichbehandlungsgrundsatz lässt sich allerdings schließen, dass dieser das Institut der betrieblichen Übung ebenfalls für den abhängig beschäftigten Geschäftsführer für anwendbar hält.[26]

IV. Der arbeitsrechtliche Gleichbehandlungsgrundsatz

Der arbeitsrechtliche Gleichbehandlungsgrundsatz besagt, dass der Arbeitgeber gehalten ist, seine Arbeitnehmer unter gleichen Voraussetzungen auch gleich zu behandeln. Erbringt der Arbeitgeber freiwillig Leistungen, so darf er einzelne Arbeitnehmer von diesen nicht willkürlich ausnehmen. Für Zuwendungen, die der

[26] BGH, Urt. v. 14.05.1990, II ZR 122/89, AP Nr. 7 zu § 35 GmbHG, ablehnend *Nebendahl*, Ansprüche eines GmbH-Geschäftsführers aus betrieblicher Übung? NZA 1992, 289.

Arbeitgeber aus Rechtsgründen erbringen muss, weil er hierzu vertraglich oder kraft einer betrieblichen Übung verpflichtet ist, wird der arbeitsrechtliche Gleichbehandlungsgrundsatz nicht benötigt. Hier kann der Arbeitnehmer ohnehin seinen vertraglichen Anspruch auf Erfüllung durchsetzen. Der arbeitsrechtliche Gleichbehandlungsgrundsatz kommt vielmehr erst dann in Betracht, wenn es an einer betrieblichen Übung noch fehlt und auch sonst im Arbeits- oder Tarifvertrag kein entsprechender Anspruch auf die Leistung eingeräumt ist. Gewährt der Arbeitgeber einzelnen Arbeitnehmern eine Vergütung, sei es in Form einer Weihnachtszulage oder einer sonstigen Vergünstigung, so hat er unter gleichen Bedingungen die entsprechenden Arbeitnehmer jeweils gleich zu behandeln und darf nicht einzelne Arbeitnehmer dadurch diskriminieren, dass er sie von der Zuwendung ausnimmt. Seit Einführung des Allgemeinen Gleichbehandlungsgesetzes (AGG), das nach § 2 Abs. 1 Nr. 2 z. B. auch Diskriminierungen beim Arbeitsentgelt umfasst, hat der Gleichbehandlungsgrundsatz an Bedeutung eingebüßt. Ob das AGG für den GmbH-Geschäftsführer gilt, ist allerdings strittig (siehe bereits oben bei I.). Der arbeitsrechtliche Gleichbehandlungsgrundsatz kann für den Geschäftsführer daher ggf. Bedeutung erlangen.

▶ Gleichbehandlungsgrundsatz im Einzelfall anwendbar

Für den Geschäftsführer kann der arbeitsrechtliche Gleichbehandlungsgrundsatz dann gelten, wenn seine Stellung mit der eines leitenden Angestellten vergleichbar ist. Dies soll das folgende Beispiel, das an ein Urteil des *BGH* vom 14. Mai 1990 angelehnt ist,[27] verdeutlichen.

Beispiel

„Alle Jahre wieder kommt das Füllhorn"

G war Geschäftsführer einer GmbH, die Kapitalanlagen vertrieb. Er hat sich mit der Gesellschafterversammlung der GmbH wegen unterschiedlicher Vorstellungen über die rechtlich zulässige Vertriebsstruktur zerstritten. Ihm wurde daraufhin von der Gesellschafterversammlung namens der GmbH wirksam gekündigt. Der Geschäftsführer war insgesamt zwei Jahre bei der GmbH beschäftigt. In diesen zwei Jahren wurden die Gehälter der Mitgeschäftsführer bzw. der leitenden Angestellten jeweils jährlich um 5 % erhöht. Der Geschäftsführer G war hiervon ausgenommen. Hiergegen wehrte er sich und machte geltend, dass auch er in den Genuss der 5 %-igen Gehaltserhöhungen kommen müsse.

Der *BGH*[28] führt aus, dass der arbeitsrechtliche Grundsatz im Prinzip auch für Geschäftsführer gilt, die nicht oder nicht nennenswert an der GmbH beteiligt sind und die deshalb insoweit einen arbeitnehmerähnlichen Status haben. Da nach dem arbeitsrechtlichen Grundsatz aber nur Gleiches – nicht aber Ungleiches

[27] BGH, Urt. v. 14.05.1990, II ZR 122/89, AP Nr. 7 zu § 35 GmbHG.

[28] Siehe unter 1 d des Urteils, BGH, Urt. v. 14.05.1990, II ZR 122/89 AP Nr. 7 zu § 35 GmbHG.

– gleich zu behandeln ist und der Geschäftsführer aufgrund seiner herausgehobenen Stellung nicht schlechthin mit „normalen“ Arbeitnehmern verglichen werden kann, liegen insoweit keine vergleichbaren Fälle vor. Der Geschäftsführer kann daher nur mit Mitgeschäftsführern und unter bestimmten zusätzlichen Voraussetzungen mit leitenden Angestellten der Gesellschaft verglichen werden. Es ist also zu untersuchen, wie die Dienstverhältnisse der leitenden Angestellten bzw. der Mitgeschäftsführer ausgestaltet sind. Ist die Stellung der Mitgeschäftsführer oder der leitenden Angestellten vergleichbar, so lässt sich auch eine Anwendung des arbeitsrechtlichen Gleichbehandlungsgrundsatzes erwägen. Der *BGH* stellt allerdings heraus, dass eine Vergleichsgruppe nur mit Mitgeschäftsführern oder leitenden Angestellten derselben Gesellschaft gebildet werden kann. Es kommt nicht darauf an, ob es im Konzern weitere leitende Angestellte oder Mitgeschäftsführer gibt, die in vergleichbarer Position tätig sind. Grundsätzlich gilt der arbeitsrechtliche Gleichbehandlungsgrundsatz ohnehin nur betriebsbezogen. Hier sei festgehalten, dass ein Unternehmen, d. h. die GmbH, mehrere Betriebe unterhalten kann; eine Unternehmensbezogenheit des Gleichbehandlungsgrundsatzes lässt sich befürworten, wenn die Mitarbeiter in den jeweiligen Betrieben vergleichbare Positionen innehaben. Ganz ausdiskutiert ist dieser Problemkreis aber noch nicht.

Für G bedeutet dies, dass er mit seinem Begehren, wonach auch er in den Genuss der Gehaltserhöhung kommen muss, nur dann durchdringen kann, wenn seine Stellung sich mit der der Mitgeschäftsführer bzw. der leitenden Angestellten vergleichen lässt.

V. Drittanstellung und das ruhende Arbeitsverhältnis

In zwei Fallgruppen kann der Geschäftsführer gleichzeitig auch Partner eines Arbeitsvertrags sein. Es handelt sich um die Konstellation der Drittanstellung sowie um das sog. ruhende Arbeitsverhältnis.

1. Drittanstellung

► Dritter als Partner im Anstellungsvertrag

Bei der Drittanstellung besteht der Arbeitsvertrag nicht mit der GmbH selbst, sondern mit einem weiteren Unternehmen. Die Zulässigkeit der Drittanstellung bei der GmbH wird bejaht.[29] Der Dritte kann z. B. ein konzernverbundendes Unternehmen oder bei dem Geschäftsführer einer Komplementär-GmbH die GmbH & Co. KG sein. In Konzernen ist es die Regel, dass der bei der

[29] BGH, Urt. v. 26.10.1964, II ZR 127/62, WM 1964, 1320; BGH, Urt. v. 25.06.1979, II ZR 219/78, BGHZ 75, 209.

Konzernmuttergesellschaft angestellte leitende Angestellte in die Aufsichts- und Geschäftsführungsgremien der Tochtergesellschaften delegiert wird. Nicht selten verfügen die leitenden Angestellten über mehrere Geschäftsführungs- und Aufsichtsratsmandate. Bei solchen Konstellationen besteht kein Zweifel, dass mit der Konzernmuttergesellschaft weiterhin ein Dienstvertrag in Form eines Arbeitsvertrags besteht. Gelegentlich ist sogar schon in dem Dienstvertrag mit der Konzernmutter vorgesehen, dass der Arbeitnehmer als Geschäftsführer in Tochtergesellschaften eingesetzt werden kann.

Es sei daher nochmals betont, dass der Anstellungsvertrag keinesfalls mit der GmbH selbst geschlossen werden muss, sondern – wie diese Konstellation zeigt – auch mit einem dritten Unternehmen, etwa der Konzernmuttergesellschaft, bestehen kann.[30] Die Geschäftsführungstätigkeit in den Tochtergesellschaften ist dann als Erfüllung der arbeitsvertraglichen Pflichten zur Muttergesellschaft zu sehen.

Beispiel

„Diener zweier Töchter“

G ist Angestellter einer Versicherungsgesellschaft. Im Rahmen dieses Arbeitsverhältnisses wird er zum Geschäftsführer zweier Tochtergesellschaften bestellt, die sich mit der Vermittlung von Kapitalanlagen und Versicherungsverträgen beschäftigen. In der Folgezeit entbrannte Streit über die ordnungsgemäße Ausübung der Pflichten als Geschäftsführer, so dass die Bestellung zum Geschäftsführer in beiden Gesellschaften widerrufen wird. Das Versicherungsunternehmen hat zu beachten, dass mit G ein Arbeitsverhältnis besteht, aus dem arbeitsrechtliche Ansprüche des G resultieren. Eine Kündigung ist nur unter Beachtung des arbeitsrechtlichen Kündigungsschutzes, der bei leitenden Angestellten allerdings nur eingeschränkt gilt, möglich.

2. Ruhendes Arbeitsverhältnis

► Arbeitsverhältnis, das vor der Geschäftsführerbestellung bestand

Die Rechtsfigur des *ruhenden Arbeitsverhältnisses* ist ebenfalls vom *BAG* entwickelt worden. Es betrifft u. a. Fälle, in denen ein bisheriger Arbeitnehmer der GmbH zum Geschäftsführer derselben berufen wird. Geht man mit dem *BGH* davon aus, dass der Geschäftsführer nicht gleichzeitig Arbeitnehmer sein kann, kann das bisherige Arbeitsverhältnis nicht „aktiv“ fortbestehen. Vielmehr verbindet den Geschäftsführer mit der GmbH ein Anstellungsvertrag in Form eines freien Dienstvertrags. Es besteht die Gefahr, dass ein Arbeitnehmer, der „abgebaut“ werden soll, in das Geschäftsführeramt „hochgelobt“ wird, um sogleich – ohne dann in den

[30] BAG, Urt. v. 21.02.1994, 2 AZB 28/93, GmbHR 1994, 547, 549; BAG, Beschl. v. 20.10.1995, 5 AZB 5/95, ZIP 1996, 514, 515.

Genuss des arbeitsrechtlichen Kündigungsschutzes zu kommen – oder auch später, wenn er sich nicht bewährt hat, gekündigt zu werden. Eine vergleichbare Gefahrenlage besteht, wenn ein Arbeitnehmer einer Konzernmuttergesellschaft zum Geschäftsführer einer Tochtergesellschaft bestellt wird und mit der Tochtergesellschaft gleichzeitig ein Anstellungsvertrag abgeschlossen wird. Ist dadurch der Arbeitsvertrag zur Muttergesellschaft mit der Konsequenz aufgehoben, dass der arbeitsrechtliche Bestandsschutz entfällt? Dies würde bedeuten, dass im Fall einer Beendigung des Anstellungsverhältnisses bei der Tochtergesellschaft der Geschäftsführer ohne Fortbeschäftigungsanspruch bei der Muttergesellschaft „im Regen" stünde. In der Praxis wird häufig vereinbart, dass das Arbeitsverhältnis zur Konzernmutter oder – bei der Bestellung eines Arbeitnehmers der GmbH selbst – ruht. Auch kann ein Rückkehrrecht zur Konzernmuttergesellschaft vereinbart werden.

Das *BAG* hat zum ruhenden Arbeitsverhältnis zeitweise die Auffassung vertreten, dass ein Arbeitnehmer einer GmbH, der zum Geschäftsführer bestellt wird, jedenfalls dann keine Veranlassung hat, auf den Bestandsschutz des bisherigen Arbeitsverhältnisses zu verzichten, wenn sich im Übrigen an den Vertragsbedingungen nichts Wesentliches ändere.[31] Das Arbeitsverhältnis bestehe daher als ruhendes Rechtsverhältnis neben dem Anstellungsverhältnis fort. Die neuere Rechtsprechung sieht die Rechtslage umgekehrt.[32] Im Zweifel sei – so das BAG[33] – von einer Aufhebung des bisherigen Arbeitsvertrages durch den Abschluss des Geschäftsführer-Vertrags auszugehen. Dafür spreche eine tatsächliche Vermutung.[34] Nach dem Willen der vertragsschließenden Parteien soll regelmäßig neben dem Dienstverhältnis nicht noch ein Arbeitsverhältnis ruhend fortbestehen. Daher lebt nach Beendigung des Geschäftsführerdienstverhältnisses auch kein Arbeitsverhältnis wieder auf, auf das sich der Geschäftsführer z. B. mit der Folge von Kündigungsschutz berufen könnte. Ebenso wenig wandelt sich der Geschäftsführer-Dienstvertrag in ein Arbeitsverhältnis um. Eine andere Auslegung komme, so das *BAG*, nur in Ausnahmefällen in Betracht, für die zumindest deutliche Anhaltspunkte vorliegen müssen.[35]

Die Parteien haben es also in der Hand, den Arbeitsvertrag ausdrücklich oder auch konkludent, d. h. durch schlüssiges Handeln, aufzuheben. Die Fälle der Aufhebung des bisherigen Arbeitsverhältnisses durch schlüssiges Handeln sind schwierig zu beurteilen. Es genügt wohl nicht, dass dem Geschäftsführer ein weiterer schriftlicher Anstellungsvertrag neben dem bestehenden schriftlichen Arbeitsvertrag präsentiert wird. Erforderlich ist vielmehr, dass sich die Konditionen

[31] BAG, Urt. v. 09.05.1985, 2 AZR 330/84, AP Nr. 3 zu § 5 ArbGG 1979.

[32] BAG, Urt. v. 08.06.2000, 2 AZR 207/99, GmbHR 2000, 1092.

[33] BAG, Urt. v. 08.06.2000, 2 AZR 207/99, GmbHR 2000, 1092.

[34] BAG, Urt. v. 06.06.2008, 2 AZR 754/06, juris.de.

[35] BAG, Urt. v. 14.06.2006, 5 AZR 592/05, GmbHR 2006, 1101, z. B. bei kurzer befristeter Übertragung der Geschäftsführeraufgabe bei sonst unveränderten Bedingungen, dagegen sprechen eine höhere Vergütung und die Hoffnung auf ein höheres Sozialprestige.

zugunsten des Geschäftsführers so ändern, dass aufgrund des höheren Verdienstes auf einen Verzicht des Bestandsschutzes geschlossen werden kann. Der höhere Verdienst wird damit als Ausgleich für das einzugehende Risiko gesehen.

▶ Schriftform bei Beendigung

Ab dem 1. Mai 2000 bedarf die Beendigung eines Arbeitsverhältnisses gemäß § 623 BGB der Schriftform. Es ist strittig, ob dieses Schriftformerfordernis auch für die vorliegende Konstellation gilt und dazu führt, dass schon aus diesem Grunde das Arbeitsverhältnis trotz einer Geschäftsführerbestellung fortbesteht.[36] Dafür spricht der Wortlaut des § 623 BGB. Dann wäre eine konkludente oder mündliche Aufhebungsvereinbarung formnichtig, sofern die Berufung hierauf nicht als treuwidrig eingestuft wird.[37] Das *BAG* hat zwischenzeitlich klargestellt, dass das Schriftformerfordernis des § 623 BGB durch den Abschluss eines schriftlichen Geschäftsführer-Dienstvertrages gewahrt wird. Dass darin nur eine konkludente Auflösung des Arbeitsverhältnisses liege, schade nicht.[38]

▶ Bestehen eines ruhenden Arbeitsverhältnisses ist im Einzelfall zu prüfen

Ob das bisherige Arbeitsverhältnis aufgehoben wird oder als ruhendes fortbesteht, ist in jedem einzelnen Fall zu prüfen. Die Anforderungen, die an eine konkludente Aufhebung zu stellen sind, sind von Fall zu Fall strittig.

Wie schwierig die Frage zu beurteilen ist, ob ein bestehendes Arbeitsverhältnis mit der Bestellung zum Geschäftsführer konkludent aufgehoben wurde oder aber als ruhendes Arbeitsverhältnis fortbesteht, zeigt das folgende Beispiel, das an das Urteil des *BAG* vom 07.10.1993[39] angelehnt ist.

---

[36]So *Bauer* GmbHR 2000, 767; noch offenlassend BAG, Urt. v. 14.06.2006, 5 AZR 592/05, GmbHR 2006, 1101.

[37]Siehe auch *Niebler/Schmiedl, NZA-RR 2001, 286, 287: Dies bedeutet jedoch nicht, dass die bisherige Rechtsprechung des BAG zum ruhenden Arbeitsverhältnis bei der Geschäftsführerbestellung nicht fortgeführt werden kann. Die Vereinbarkeit dieser Rechtsprechung mit dem Formerfordernis des § 623 BGB kann am überzeugendsten damit begründet werden, dass dem Geschäftsführer die Berufung auf die Formunwirksamkeit der Kündigung oder des Aufhebungsvertrags versagt wird. Der Geschäftsführer handelt unter Verstoß gegen § 242 BGB treuwidrig im Hinblick auf das Verbot des venire contra factum proprium, wenn er zwar alle Vorteile aus der Geschäftsführertätigkeit in Anspruch nimmt, sich aber dennoch auf Schutzrechte aus dem Arbeitsverhältnis beruft.*

[38]BAG, Urt. v. 19.07.2007, 6 AZR 774/06, NZA 2007, 1095; aus den Gründen: *Insoweit ist zu berücksichtigen, dass mit dem schriftlichen Dienstvertrag eine Vertragsurkunde vorliegt, die dem Arbeitnehmer verdeutlicht, dass nunmehr die vertraglichen Beziehungen zu seinem Arbeitgeber auf eine neue rechtliche Grundlage gestellt werden.* Eine nur formlose Aufhebung genügt indes nicht, also z. B. wenn der Geschäftsführer ohne schriftlichen Anstellungsvertrag tätig wird, siehe BAG, Beschl. v. 23.08.2011, 10 AZB 51/10, juris.

[39]BAG, Urt. v. 07.10.1993, 2 AZR 260/93, BB 1994, 287.

Beispiel

„Nur zur Probe!"

G ist als Arbeitnehmer bei der Röntgen-Service GmbH (Service-GmbH) angestellt. Beim Abschluss des unbefristeten Arbeitsvertrags wird ausdrücklich eine sechsmonatige Probezeit vereinbart. In einer Zusatzvereinbarung heißt es, dass G nach erfolgreicher Probezeit in die Geschäftsführung aufgenommen wird. Nachdem G schließlich dann auch erfolgreich die Probezeit absolviert hat, wird er zum Mitgeschäftsführer der Service-GmbH bestellt. Hierfür schließt die Service-GmbH mit ihm einen Anstellungsvertrag mit einer Laufzeit von fünf Jahren ab. Über das Schicksal des bis dato bestehenden unbefristeten Arbeitsvertrags wird keine ausdrückliche Vereinbarung getroffen. Drei Jahre später stellt die Service-GmbH ihre Geschäftstätigkeit ein. Der Geschäftsbetrieb wird auf eine konzernverbundende Gesellschaft übertragen. Die Arbeitsverhältnisse gehen gemäß § 613a BGB auf diese Gesellschaft über (Betriebsübergang). Lediglich G soll als Geschäftsführer bei der Service-GmbH verbleiben und sich um die Liquidation kümmern. Der Anstellungsvertrag wird in beiderseitigem Einvernehmen aufgelöst.

Nunmehr beruft sich G auf den ursprünglich unbefristet abgeschlossenen Arbeitsvertrag, aufgrund dessen er sechs Monate als Arbeitnehmer bei der Service-GmbH beschäftigt war. Er meint, auch dieses Arbeitsverhältnis sei auf die konzernverbundene GmbH gemäß § 613a BGB übergegangen, so dass diese ihn nun zu den damaligen Bedingungen des Arbeitsvertrags fortbeschäftigen muss. Dieses Arbeitsverhältnis habe als ruhendes Arbeitsverhältnis während der Zeit der Geschäftsführertätigkeit fortbestanden. Das *BAG* lehnte diese Argumentation, übrigens in Übereinstimmung mit den Vorinstanzen, ab.[40] Hier sei von einer konkludenten Aufhebungsvereinbarung des bisherigen Arbeitsvertrags mit Abschluss des Anstellungsvertrags auszugehen. Dadurch, dass der Geschäftsführer einen auf fünf Jahre fest abgeschlossenen Geschäftsführervertrag erhalten habe, wurde ihm im Vergleich zu seiner bisher durch die Probezeit ungesicherten Position ein erheblicher Vorteil eingeräumt.[41] Der Geschäftsführer habe mit Abschluss des Geschäftsführervertrags keinen Bestandsschutz aufgegeben, da ein solcher noch nicht bestanden habe; während der Probezeit ist hier eine jederzeitige Kündigung beiderseits möglich. Folglich kann sich G aufgrund der konkludenten Aufhebung des Arbeitsvertrags auch nicht darauf berufen, dass sein Arbeitsverhältnis aufgrund des Betriebsübergangs auf die konzernverbundene Gesellschaft übergegangen ist.[42]

[40] BAG, Urt. v. 07.10.1993, 2 AZR 260/93, BB 1994, 287, 288.

[41] So auch BAG, Urt. v. 14.06.2006, 5 AZR 592/05, GmbHR 2006, 1101, 1103.

[42] Siehe auch OLG Hamm, Urt. v. 18.06.1990, 8 U 146/89, GmbHR 1991, 466, 467 und BAG, Urt. v. 13.02.2003, 8 AZR 654/01, GmbHR 2003, 765; wonach § 613 a BGB nicht für den Anstellungsvertrag des GmbH-Geschäftsführers gilt.

D. Sozialversicherungspflicht

I. Übersicht

► Abhängiges Beschäftigungsverhältnis muss vorliegen

Der GmbH-Geschäftsführer hat verständlicherweise, wie jeder andere auch, ein Bedürfnis nach sozialer Absicherung. Im Ruhestand sowie bei einer Erwerbs- und Berufsunfähigkeit möchte er in den Genuss einer angemessenen Rente gelangen, aber auch für die Fälle der Krankheit sowie der Arbeitslosigkeit will er sich versorgt wissen. Erleidet der Geschäftsführer einen Arbeitsunfall, so möchte er gegen die eventuellen Folgen zumindest finanziell abgesichert sein. Der Gesetzgeber hätte in Anbetracht dieser Interessenlage den GmbH-Geschäftsführer sozialversicherungsrechtlich wie einen Arbeitnehmer einstufen können. Dies hat er jedoch nicht getan. Er differenziert vielmehr zwischen dem abhängig beschäftigten GmbH-Geschäftsführer, der grundsätzlich sozialversicherungspflichtig ist, und dem nicht abhängig beschäftigt tätigen GmbH-Geschäftsführer, der aus der Sozialversicherungspflicht herausfällt und selbst Vorsorge treffen muss.

II. Fremdgeschäftsführer

► Fremdgeschäftsführer unterliegt der Sozialversicherungspflicht

Der Fremdgeschäftsführer ist grundsätzlich in allen Zweigen der Sozialversicherung versicherungspflichtig, da er in einem abhängigen Beschäftigungsverhältnis steht.[43] Nur dann, wenn er ausnahmsweise *maßgeblichen Einfluss* auf die Geschicke der Gesellschaft ausüben kann, besteht keine Versicherungspflicht. Dies kann etwa der Fall sein, wenn es sich um eine Familien-GmbH handelt, wobei der Geschäftsführer das Familienoberhaupt bildet. Sind beispielsweise zwei minderjährige Kinder GmbH-Gesellschafter, während der Vater der beiden der Geschäftsführer ist, der auch in der Familie und in der Gesellschaft das Sagen hat, so dürfte kein sozialversicherungspflichtiges Beschäftigungsverhältnis vorliegen. Ferner können auch mittelbare Beteiligungen, etwa eine konzernbeherrschende Stellung oder auch eine atypische stille Beteiligung an der GmbH, einen maßgeblichen Einfluss mit der Folge begründen, dass hier kein sozialversicherungsfreies Beschäftigungsverhältnis vorliegt. Das Ehegattenbeschäftigungsverhältnis hingegen, also jene Konstellation bei der ein Ehegatte Alleingesellschafter ist und der andere ohne Beteiligung Geschäftsführer ist, steht einer sozialversicherungspflichtigen Beschäftigung nicht

[43] BSG, Urt. v. 18.12.2001, B 12 KR 10/01 R, NZG 2002, 431; Leitsatz: *Der Geschäftsführer einer GmbH, der am Stammkapital nicht beteiligt ist (Fremdgeschäftsführer), ist grundsätzlich abhängig Beschäftigter der GmbH und versicherungspflichtig.*

entgegen.[44] Auch hier ist eine Gesamtwürdigung aller Umstände vorzunehmen, insbesondere da es sich nicht um ein Scheinarbeitsverhältnis handelt, etwa mit dem Ziel sich einen sozialversicherungsrechtlichen Status zu erlangen.

III. Gesellschafter-Geschäftsführer

1. Vorliegen eines abhängigen Beschäftigungsverhältnisses

► Prüfung im Einzelfall erforderlich

Auch bei einem Gesellschafter-Geschäftsführer kann ein abhängiges Beschäftigungsverhältnis im Sinne des Sozialversicherungsrechts vorliegen, so dass dieser sozialversicherungspflichtig ist. Der Geschäftsführer ist jedoch dann nicht abhängig beschäftigt, wenn er maßgeblichen Einfluss auf die Geschicke der Gesellschaft nehmen kann. Entscheidend ist zunächst die Stellung aufgrund der Stimmrechte. Hält der Geschäftsführer mindestens 50 % am Stammkapital, so hat er sehr weitreichende Einflussmöglichkeiten. In dieser Konstellation kann der Geschäftsführer grundsätzlich jede ihm nicht genehme Weisung in Bezug auf sein Anstellungsverhältnis verhindern. Der Geschäftsführer, der eine Minderheitsbeteiligung hält, kann sozialversicherungspflichtig sein. Dies ist jedenfalls dann der Fall, wenn der Geschäftsführer bei seiner Tätigkeit der Kontrolle durch die Gesellschafter unterliegt und diese ihre Gesellschafterrechte tatsächlich ausüben.[45] Besteht aber für essenzielle Entscheidungen, wie z. B. die Festlegung der Unternehmenspolitik, eine Sperrminorität, über die der Gesellschafter-Geschäftsführer verfügt, kann auch aufgrund dieser ein maßgeblicher Einfluss vorliegen, so dass ein abhängiges Beschäftigungsverhältnis verneint werden muss. Verfügt der Minderheits-Gesellschafter-Geschäftsführer über exklusive Branchenkenntnisse, Erfahrungen oder Kundenverbindungen, die ihn unentbehrlich und relativ weisungsunabhängig gegenüber der Gesellschafterversammlung machen, so können dies Indizien für eine beherrschende Stellung sein. Ist der Geschäftsführer etwa Inhaber eines Patents,

[44] BSG, Urt. v. 10.05.2007, B 7a AL 8/06 R, aus den Gründen: *Der Annahme eines Beschäftigungsverhältnisses steht dabei grundsätzlich nicht entgegen, dass die Abhängigkeit unter Ehegatten im allgemeinen weniger stark ausgeprägt und deshalb das Weisungsrecht möglicherweise mit gewissen Einschränkungen ausgeübt wird ... Die Grenze zwischen einem abhängigen Beschäftigungsverhältnis mit Entgeltzahlung und einer nicht versicherungspflichtigen Mitarbeit auf Grund einer familienhaften Zusammengehörigkeit ist ebenso wie die Beurteilung der abhängigen Beschäftigung eines Geschäftsführers einer GmbH (siehe dazu nur Schlegel in Eicher/ Schlegel, SGB III, § 25 Rz 91 f mwN, Stand Februar 2006) nur unter Berücksichtigung der gesamten Umstände des Einzelfalles zu beurteilen.*

[45] BSG, Urt. v. 06.03.2003, B 11 AL 25/02 R, GmbHR 2004, 494, Leitsatz: *Der Geschäftsführer einer GmbH, der weder über die Mehrheit der Gesellschaftsanteile noch über eine Sperrminorität verfügt, ist in der Regel abhängig Beschäftigter der GmbH, wenn er bei seiner Tätigkeit der Kontrolle durch die Gesellschafter unterliegt und diese ihre Gesellschafterrechte tatsächlich ausüben.*

auf das die Gesellschaft dringend angewiesen ist, so kann wegen dieser „Schlüsselfunktion" des Geschäftsführers eine beherrschende Stellung konstatiert werden. Auch eine Befreiung vom Verbot des § 181 BGB oder die Übernahme von Bürgschaften oder sonst von Unternehmerrisiko können Indizien für eine beherrschende Stellung sein. In jedem Fall ist eine Gesamtwürdigung aller Umstände nötig, um beurteilen zu können, ob tatsächlich ein abhängiges Beschäftigungsverhältnis vorliegt oder nicht.

2. Antrag auf Feststellung der Sozialversicherungspflicht

► Prüfung durch die Sozialversicherungsträger

Für den Gesellschafter-Geschäftsführer mit einer Minderheitsbeteiligung ist es oft nicht möglich, selbst abschließend zu beurteilen, ob er sozialversicherungspflichtig ist oder nicht. Das bloße Abführen von Sozialversicherungsbeiträgen begründet keine Sozialversicherungspflicht; entscheidend ist vielmehr, ob tatsächlich ein abhängiges Beschäftigungsverhältnis vorliegt.

Seit dem 01.01.2005 wird bei der Anmeldung eines geschäftsführenden Gesellschafters durch Vermerk eines Statuskennzeichens der Einzugsstelle, d. h. der zuständigen Krankenkasse, bekannt, dass ein Gesellschafter als Geschäftsführer mitarbeitet. Die Einzugsstelle beantragt daraufhin bei der Deutschen Rentenversicherung Bund die Durchführung des sog. Anfrageverfahrens nach § 7a SGB IV, worauf eine Prüfung der Sozialversicherungspflicht erfolgt. Wird die Sozialversicherungspflicht bejaht, ist hieran leistungsrechtlich auch die Bundesagentur für Arbeit gebunden.[46]

Tipp für den Geschäftsführer!
Gehen Sie bei der Frage der Sozialversicherungspflicht kein Risiko ein! Leiten Sie vielmehr selbst bei der Deutschen Rentenversicherung Bund ein Anfrageverfahren gemäß § 7 a SGB IV ein, um festzustellen, ob ein sozialversicherungspflichtiges Beschäftigungsverhältnis besteht.[47] Das Statusverfahren wird sonst nur durchgeführt, wenn der Geschäftsführer mit entsprechenden Statuskennzeichen bei der Krankenkasse angemeldet wird. Unterbleibt dies, weil die Beteiligten von einer Sozialversicherungsfreiheit ausgehen, können bei späterer Bejahung der Sozialversicherungspflicht, z. B. im Anschluss an eine Betriebsprüfung, die von den Trägern der Rentenversicherung vorgenommen wird, erhebliche Nachforderungen auf die GmbH zukommen, die den Gesamtsozialversicherungsbeitrag schuldet.

[46] Dis gilt seit 01.01.2005 durch die Neufassung des § 336 SGB III.

[47] Siehe zu den Vordrucken zum Herunterladen, www.deutsche-rentenversicherung.de.

Achtung!
Ergibt die Statusprüfung, dass Sie sozialversicherungsfrei beschäftigt sind, so können Sie gleichwohl als arbeitnehmerähnliche Person rentenversicherungspflichtig sein (siehe dazu unten die Ausführungen bei IV. 2). Danach sind Sie zwar selbstständig tätig, wegen Ihrer wirtschaftlichen Abhängigkeit zur GmbH aber ausschließlich in der gesetzlichen Rentenversicherung versicherungspflichtig. Auch sind bestimmte Berufe rentenversicherungspflichtig, auch wenn sie selbstständig ausgeübt werden, wie z. B. Lehrer oder Erzieher (§ 2 Satz 1 Nr. 1 SGB VI). Wird z. B. festgestellt, dass die Alleingesellschafter-Geschäftsführerin einer GmbH, die eine Kindertagesstätte betreibt, sozialversicherungsfrei tätig ist, weil sie nicht persönlich abhängig beschäftigt sind, wird im nächsten Schritt geprüft, ob isoliert eine Rentenversicherungspflicht vorliegt, wobei die Beiträge dann die Geschäftsführerin allein tragen müsste. Eine Rentenversicherungspflicht kann z. B. bestehen, wenn die Geschäftsführerin schwerpunktmäßig als Erzieherin mit den Kindern arbeitet, nicht hingegen, wenn sie sich allein auf die Leitung und Verwaltung der Kita beschränkt.

IV. Einzelne Versicherungszweige

1. Kranken- und Pflegeversicherung

Ist der Geschäftsführer sozialversicherungspflichtig, sind Beiträge zur Kranken- und Pflegeversicherung abzuführen. Übersteigt das Einkommen des Geschäftsführers allerdings die Versicherungspflichtgrenze (= Jahresarbeitsentgeltgrenze [JAEG]), ist der Geschäftsführer von der Versicherungspflicht in der gesetzlichen Kranken- und Pflegeversicherung befreit (§ 6 I Nr. 1 SGB V). Die Versicherungspflichtgrenze beträgt für das Jahr 2019 60.750 €. Der Geschäftsführer muss sich gleichwohl freiwillig gesetzlich oder privat gegen Krankheit und für den Fall der Pflege versichern. In Deutschland besteht seit dem 01.01.2009 Versicherungspflicht. Danach müssen alle Personen, unabhängig von ihrer Sozialversicherungspflicht gegen Krankheit versichert sein, also eine Krankheitskostenversicherung unterhalten (§ 193 Abs. 3 VVG).

Schließt der Geschäftsführer einen privaten Krankenversicherungsvertrag ab, so muss er automatisch auch ein Vertragsverhältnis über eine private Pflegeversicherung begründen. Der sozialversicherungspflichtige Geschäftsführer hat für diesen Fall Anspruch auf Zahlung eines Arbeitgeberzuschusses zur Kranken- und Pflegeversicherung gemäß § 257 SGB V und § 61 SGB XI. Der Zuschuss zur Kranken- und Pflegeversicherung ist bis zu der Höhe zu leisten, in der der Arbeitgeber bei bestehender Krankenversicherungspflicht einen Arbeitgeberanteil hätte entrichten müssen. Maximal wird jedoch die Hälfte des Betrags, den der Arbeitnehmer für seine private Krankenversicherung tatsächlich aufwendet, von der GmbH erstattet.

Gleiches gilt für die Pflegeversicherung. Der Beitragszuschuss ist übrigens gemäß § 3 Nr. 62 Einkommensteuergesetz steuerfrei. Der sozialversicherungsfrei tätige Geschäftsführer kann den Zuschuss zur Kranken- und Pflegeversicherung hingegen nicht steuerfrei erhalten.

2. Rentenversicherung

Der abhängig beschäftigte Geschäftsführer ist rentenversicherungspflichtig, weshalb er für ihn bis zur Beitragsbemessungsgrenze[48] Rentenversicherungsbeiträge zu zahlen sind. Der beherrschende Gesellschafter-Geschäftsführer, der in keinem abhängigen Beschäftigungsverhältnis steht, der aber ein Interesse daran hat, künftig einmal Leistungen aus der gesetzlichen Rentenversicherung zu beziehen, hat die Möglichkeit, sich freiwillig gemäß § 7 SGB VI zu versichern. Die freiwillige Versicherung setzt nicht voraus, dass die allgemeine Wartezeit von fünf Jahren erfüllt ist. Der Beitrag kann flexibel zwischen 83,70 € und 1246,20 € gewählt werden.[49] Der Geschäftsführer sollte sich hier von einem Spezialisten ausführlich darüber beraten lassen, welche Vor- und Nachteile die freiwillige Versicherung in der gesetzlichen Rentenversicherung für ihn hätte und ob eine Rückzahlung von Beiträgen für ihn in Betracht kommt und günstiger wäre.

► Geschäftsführer als arbeitnehmerähnliche Person?

Eine Besonderheit besteht nach § 2 Satz 1 Nr. 9 SGB VI: Danach sind Selbstständige rentenversicherungspflichtig, wenn sie arbeitnehmerähnlich tätig sind. Die Regelung hatte folgende Vorgeschichte: Selbständig sollte nach einer Aufsehen erregenden Entscheidung des BSG vom 24.11.2005[50] auch der Gesellschafter-Geschäftsführer sein, der entweder Mehrheitsgesellschafter ist oder über eine Sperrminorität verfügt. Er sollte mit seinen Einnahmen aus der Geschäftsführertätigkeit nur der Rentenversicherungspflicht, nicht jedoch den übrigen Zweigen der Sozialversicherung unterfallen, wenn er auf Dauer und im Wesentlichen nur für diese eine GmbH tätig ist und im Zusammenhang mit dieser Tätigkeit regelmäßig keinen versicherungspflichtigen Arbeitnehmer beschäftigt.

Der Gesetzgeber hat sodann in § 2 Satz 1 Nr. 9 SGB VI die Rentenversicherungspflicht ausdrücklich geregelt. Für den Gesellschafter-Geschäftsführer werden aber auch – in Abweichung zu der vorgenannten Entscheidung des Bundessozialgerichts – die Arbeitnehmer der Gesellschaft als Arbeitnehmer berücksichtigt. Das heißt, solange die GmbH mindestens einen sozialversicherungspflichtigen Mitarbeiter beschäftigt, besteht keine Rentenversicherungspflicht des

[48]Diese beträgt 2019 80.400 € in den alten und 73.800 € in den neuen Bundesländern. Bei einem Einkommen oberhalb der Beitragsbemessungsgrenze entfällt nicht etwa eine bestehende Rentenversicherungspflicht, vielmehr werden die Beiträge maximal von der Beitragsbemessungsgrenze berechnet.

[49]Stand 2019.

[50]BGH, Urt. v. 24.11.2005, B 12 RA 1/04 R, NZG 2006, 308.

beherrschenden Gesellschafter-Geschäftsführers. Ferner besteht auch alternativ dann keine Rentenversicherungspflicht, wenn die GmbH auf Dauer und im Wesentlichen nicht nur für einen Auftraggeber tätig ist, also mehrere Auftraggeber hat.

Der beherrschende Gesellschafter-Geschäftsführer einer Unternehmensberatungs-GmbH, die z. B. nur für einen Kunden tätig ist, wäre danach rentenversicherungspflichtig. Diese Pflicht entfällt, wenn die GmbH einen sozialversicherungspflichtigen Arbeitnehmer beschäftigt oder mehrere Auftraggeber hat, wobei angenommen wird, dass der zweite Auftraggeber mindestens ca. 1/6 des Umsatzes beisteuern muss. Es würde also genügen, wenn es einen Großkunden gibt, daneben aber noch ein weiterer kleinerer Kunde bedient wird. Daneben besteht noch die Möglichkeit sich für einen Zeitraum von drei Jahren nach erstmaliger Aufnahme einer selbstständigen Tätigkeit oder nach Vollendung des 58. Lebensjahres von der Rentenversicherungspflicht befreien zu lassen (§ 6 Abs. 1a SGB VI).

3. Arbeitslosenversicherung

Soweit der Geschäftsführer sozialversicherungspflichtig beschäftigt wird, ist er auch gegen Arbeitslosigkeit versichert. Danach kann er im Falle der Arbeitslosigkeit die Zahlung von Arbeitslosengeld beanspruchen, was u. a. voraussetzt, dass innerhalb der letzten zwei Jahre mindestens ein Jahr Pflichtbeiträge für ihn entrichtet wurden. Eine freiwillige Versicherung in der Arbeitslosenversicherung scheidet aus, da der beherrschende Gesellschafter-Geschäftsführer es sonst in der Hand hätte, entsprechend der wirtschaftlichen Entwicklung der GmbH zwischendurch in den Status des Arbeitslosen „abzutauchen".

4. Unfallversicherung

In der Unfallversicherung ist der Geschäftsführer grundsätzlich versicherungsfrei. Allerdings gibt es in Satzungen von Berufsgenossenschaften Regelungen, wonach auch der Unternehmer vom Geltungsbereich der Unfallversicherung erfasst ist (§ 3 Abs. 1 Nr. 1 SGB VII). Fehlt eine Versicherungspflicht kraft Satzung, ist der Unternehmer allerdings nicht versicherungspflichtig. Der GmbH-Geschäftsführer ist zwar selbst nicht Unternehmer, sondern nur Organ der Unternehmerin „GmbH". Für ihn gibt es aber die Möglichkeit, auf schriftlichen Antrag in der Unfallversicherung gemäß § 6 I Nr. 2 SGB VII freiwillig versichert zu werden.

Soweit in § 2 Abs 1 Nr. 9 SGB VI u. a. vorgesehen ist, dass auch selbstständige Tätigkeiten im Gesundheitswesen und in der Wohlfahrtspflege unfallversicherungspflichtig sind, hat das Bundessozialgericht der bisherigen Praxis, dass dies auch den beherrschenden Gesellschafter-Geschäftsführer einer GmbH, die in diesen Branchen tätig ist, betrifft, eine Absage erteilt.[51] Danach ist nunmehr z. B. der Geschäftsführer einer Physiotherapie-GmbH oder einer Kita-GmbH nicht mehr in der gesetzlichen Unfallversicherung pflichtversichert. Ihm bleibt die Möglichkeit sich auf Antrag freiwillig zu versichern.

[51] BSG, Urt. v. 20.03.2018, B 2 U 13/16, juris.

V. Erstattung von Beiträgen

► Rechtsfolgen bei irrtümlich angenommener Sozialversicherungspflicht

Wurden Beiträge zur gesetzlichen Sozialversicherung entrichtet, obwohl in Wirklichkeit gar keine Sozialversicherungspflicht bestand, so gewährt § 26 SGB IV einen Anspruch auf Erstattung der zu Unrecht entrichteten Beiträge, jedoch nicht für Zeiträume, in denen der Versicherungsträger Leistungen erbracht hat bzw. zu erbringen hat. Die Arbeitnehmerbeiträge sind an den Geschäftsführer, die Arbeitgeberbeiträge an die GmbH zurückzuerstatten. Aber soweit der Erstattungsanspruch verjährt ist, gelten zu Unrecht entrichtete Beiträge als zu Recht gezahlte Beiträge.[52] Besonderheiten bestehen bei der Rentenversicherung (§ 26 I SGB IV). Hier eröffnet sich unter bestimmten Voraussetzungen die Möglichkeit, trotz Versicherungsfreiheit das ganze Verhältnis als versicherungspflichtig einzustufen, wenn bei einer Betriebsprüfung, die bei der GmbH durchgeführt wurde, das Versicherungsverhältnis nicht beanstandet worden ist. Dadurch soll erreicht werden, dass der Geschäftsführer, der jahrelang von einer intakten Rentenversicherung ausging, nunmehr nicht ohne Versorgung dasteht.

Beachten Sie bitte auch den
im Anhang abgedruckten Vorschlag
für einen Anstellungsvertrag!

E. Abschluss und Änderung des Anstellungsvertrags

I. Parteien des Anstellungsvertrags

1. Normalfall: GmbH und Geschäftsführer

► Vertragsparteien sind GmbH und Geschäftsführer

Der Anstellungsvertrag (=Geschäftsführer-Dienstvertrag) wird zwischen der GmbH und dem Geschäftsführer abgeschlossen. Dies liegt schon deshalb nahe, weil der Geschäftsführer die Geschäfte der Gesellschaft leiten soll und daher von dieser erwartet, dass die GmbH ihrerseits die damit korrespondierenden Pflichten (Vergütung und weitere Leistungen) erbringt. Nicht immer muss allerdings die GmbH Vertragspartnerin des Anstellungsvertrags sein. Eine Drittanstellung des Geschäftsführers ist ebenfalls möglich.

[52]Die Verjährung tritt in vier Jahren nach Ablauf des Kalenderjahres ein, in dem die Beiträge entrichtet worden sind (§ 27 II 1 SGB IV).

2. Drittanstellung des Geschäftsführers

a. Praktische Bedeutung

Der Geschäftsführer kann bei einem Dritten angestellt sein. Dann besteht der Anstellungsvertrag nicht mit der GmbH selbst, sondern mit dem Dritten.

aa. Gesellschaftsrechtliche und konzernrechtliche Sachverhalte

► GmbH & Co. KG und Konzernmuttergesellschaft als Vertragspartner

Der Dritte kann ein Gesellschafter oder auch ein Nichtgesellschafter sein. Denkbar als Partner des Anstellungsvertrags ist etwa ein Mehrheitsgesellschafter oder die beherrschende Konzernmuttergesellschaft. Bei der GmbH & Co. KG wird der Anstellungsvertrag häufig mit der KG abgeschlossen, so dass der Geschäftsführer mit der Komplementär-GmbH selbst keinen Anstellungsvertrag hat.

Die praktische Ausgestaltung der Drittanstellung im Konzern wurde bereits dargelegt.[53] Neben diesen gesellschaftsrechtlichen bzw. konzernrechtlichen Sonderbeziehungen ist aber auch eine Anstellung bei einem außenstehenden Dritten denkbar, der nichts mit der Gesellschaft bzw. dem Konzern zu tun hat.

bb. Die Vermittlung eines Geschäftsführers durch eine Managementgesellschaft

► Managementgesellschaft als Vertragspartnerin

Der Geschäftsführer kann auch bei einem nichtkonzernverbundenen Unternehmen angestellt sein. Es handelt sich hierbei um die Fälle, in denen Managementleistungen von Dritten gewerblich zur Verfügung gestellt werden. Hierbei sind zwei Fallgruppen zu unterscheiden:

- Der Dritte stellt die Managementdienstleistung dadurch zur Verfügung, dass er einen Geschäftsführer in die GmbH entsendet. Die GmbH müsste diesen dann formell zum Geschäftsführer bestellen,
- oder aber das dritte Unternehmen verpflichtet sich insgesamt zur Betriebsführung bei der GmbH. Als sog. Betriebsführungsgesellschaft stellt es das Management zur Verfügung, das dann die Geschäfte der GmbH leitet.

Im ersten Fall verpflichtet sich das dritte Unternehmen lediglich, einen Geschäftsführer auszusuchen, zur Verfügung zu stellen und seine Tätigkeit im Rahmen des Anstellungsvertrags zu vergüten. Im zweiten Fall verpflichtet sich der Dritte selbst zur Erbringung der Managementleistung, so dass es grundsätzlich seine Sache ist,

---

[53] Siehe 2. Teil, C V 1.

mit welchem Personal und mit welchen Sachmitteln diese Aufgabe erledigt wird. Der GmbH muss selbstverständlich ein Geschäftsführer benannt werden, den sie formell mit allen organschaftlichen Rechten und Pflichten zum Geschäftsführer bestellt. Bei jeder Form der Drittanstellung muss also zwischen dem Vertragsverhältnis zwischen der GmbH und dem Dritten und dem Anstellungsverhältnis zwischen dem Dritten und dem Geschäftsführer unterschieden werden. Bei den Konzernsachverhalten ist das Rechtsverhältnis zwischen der GmbH und Dritten durch gesellschaftsrechtliche bzw. konzernrechtliche Grundsätze bestimmt. Bei der gewerblichen Beschaffung von Managementdienstleistungen bei konzernfremden Dritten besteht kein gesellschaftsrechtliches bzw. konzernrechtliches Verhältnis mit diesen, sondern ein ganz gewöhnlicher schuldrechtlicher Vertrag mit Geschäftsbesorgungscharakter.[54]

▶ Vor- und Nachteile

Ob Managementdienstleistungen gewerblich beschafft werden, will gut überlegt sein. Es ist schwer abzuschätzen, ob der gewerbliche Dienstleister die Leistung in vergleichbarer Qualität wie ein eigens von der Gesellschaft für die Position ausgesuchter Geschäftsführer erbringt. Ein Geschäftsführer ist typischerweise eher bereit, die Interessen der Gesellschaft wahrzunehmen, wenn er mit dieser selbst einen Anstellungsvertrag hat und nicht „das Brot eines Dritten frisst". Vorteilhaft kann sich allerdings für die GmbH auswirken, dass der gewerbliche Dienstleister aufgrund seiner Erfahrung in der Regel sicherstellen kann, dass die eingesetzten Personen über die erforderliche Kompetenz zur Erfüllung der Aufgaben verfügen. Für bestimmte Aufgaben, wie z. B. das Krisen- und Sanierungsmanagement, kann der vorübergehende Einsatz von „Profis" sinnvoll sein. Auch wird die GmbH von der Aufgabe entlastet, geeignetes Personal auszusuchen. Setzt der gewerbliche Dienstleister ungeeignete Personen ein, so kann er sich gegenüber der GmbH schadensersatzpflichtig machen, so dass das Risiko finanziell abgefedert wird. In jedem Fall sollte die GmbH darauf achten, dass – falls sie sich für den Abschluss eines solchen Vertrags entscheidet – Kündigungsmöglichkeiten vereinbart werden, mittels derer sie sich auch ohne wichtigen Grund von dem gewerblichen Dienstleister trennen kann. Bei Vorliegen eines wichtigen Grundes ist ohnehin die Kündigung jederzeit möglich.

Ob und mit welchen Grenzen Anstellungsverträge mit Managementgesellschaften zulässig sind, ist von der höchstrichterlichen Rechtsprechung noch nicht geklärt. Jedenfalls für die nichtmitbestimmte GmbH dürften diesbezüglich keinerlei Bedenken bestehen.

[54] Zum Risiko der gewerblichen Arbeitnehmerüberlassung, siehe bereits oben unter C I.

b. Zulässigkeit in der nichtmitbestimmten GmbH

► Drittanstellung ist grundsätzlich zulässig

Eine Drittanstellung ist in der nichtmitbestimmten GmbH grundsätzlich möglich. Das gilt sowohl für die Konzernsachverhalte als auch für die Anstellung bei einem sonstigen Dritten. Dies folgt schon daraus, dass bei der GmbH der Autonomie der Gesellschafter ein großer Spielraum eingeräumt wird. Dadurch unterscheidet sich die GmbH von der Aktiengesellschaft, bei der die Bestimmungen des Aktiengesetzes weitgehend zwingend sind, d. h. von ihnen nicht abgewichen werden darf.

Sofern die GmbH also keiner unternehmerischen Mitbestimmung durch die Arbeitnehmer unterliegt, kann die Kompetenz zum Abschluss eines Anstellungsvertrags grundsätzlich auf Dritte delegiert werden. Umstritten und – soweit bekannt – bisher nicht entschieden, ist die Frage, ob die Satzung oder ein Gesellschafterbeschluss die Delegation der Aufgabe vorsehen muss. Da durch den Abschluss des Anstellungsvertrags die organschaftliche Stellung, d. h. die Rechte und Pflichten des Geschäftsführers als Organ der Gesellschaft, nicht beeinflusst werden, ist eine Regelung in der Satzung, wonach der Anstellungsvertrag auch von Dritten abgeschlossen werden kann, nicht erforderlich. Nötig ist jedoch ein Gesellschafterbeschluss, da die Gesellschafterversammlung ihre Kompetenz auf Dritte delegiert.

c. Zulässigkeit in der mitbestimmten GmbH

► Grenzen der Drittanstellung

Eine Drittanstellung bei der mitbestimmten GmbH ist deshalb problematisch, weil – jedenfalls nach der Montanmitbestimmung und dem Mitbestimmungsgesetz von 1976 (siehe § 12 Montanmitbestimmungsgesetz, § 13 Montanmitbestimmungsergänzungsgesetz und § 31 Mitbestimmungsgesetz 1976) – grundsätzlich der Aufsichtsrat den Geschäftsführer bestellt. Von der ganz herrschenden Ansicht wird vertreten, dass die Aufgabe, den Anstellungsvertrag abzuschließen, als Annex zur Kompetenz, den Geschäftsführer zu bestellen, zwingend auf den Aufsichtsrat übergegangen ist. Dies hat der *BGH* für das Mitbestimmungsgesetz 1976 bereits ausdrücklich entschieden.[55] Sofern also die Montanmitbestimmung oder das Mitbestimmungsgesetz von 1976 gelten, kommt eine Drittanstellung – zumindest ohne Zustimmung des Aufsichtsrats – nicht in Betracht.

Eine Drittanstellung ist hingegen in Unternehmen möglich, die unter das Drittelbeteiligungsgesetz fallen. Hier verbleibt der Gesellschafterversammlung weiterhin die Funktion, den Geschäftsführer zu bestellen. Daher ist es auch konsequent, als Annex den Gesellschaftern die Anstellungskompetenz zu belassen, die diese dann nach ihrer Wahl delegieren kann. Hierzu fehlen allerdings höchstrichterliche Entscheidungen.

---

[55] BGH, Urt. v. 14.11.1983, II ZR 33/83, BGHZ 89, 48, 51 ff.

II. Zuständigkeit für den Abschluss des Anstellungsvertrags

1. Abschluss und Änderungen des Anstellungsvertrags

► Gesellschafterversammlung ist zuständig

Ist, wie beim Normalstatut, die GmbH Vertragspartnerin des Anstellungsvertrags, so schließt die Gesellschafterversammlung für die GmbH den Anstellungsvertrag. Dies wird ganz überwiegend aus § 46 Nr. 5 GmbHG geschlossen. Nach dieser Vorschrift ist es Aufgabe der Gesellschafter, den Geschäftsführer zu bestellen. Als Annexkompetenz umfasst diese Aufgabenzuweisung auch den Abschluss des Anstellungsvertrags.[56] Der Inhalt des abzuschließenden Anstellungsvertrags wird durch Beschluss der Gesellschafterversammlung festgelegt. Der so „abgesegnete" Vertrag muss anschließend mit dem Geschäftsführer vereinbart werden. Hierfür ist es auf Seiten der Gesellschaft nach zutreffender Ansicht nicht erforderlich, dass alle Gesellschafter den Vertrag unterschreiben. Sinnvoll ist es, im Gesellschafterbeschluss festzulegen, welcher Gesellschafter für die Gesellschaft den dann mit dem Geschäftsführer abzuschließenden Anstellungsvertrag abzeichnet. Fehlt eine solche Ermächtigung, muss es auf jeden Fall genügen, wenn der beherrschende Gesellschafter den Anstellungsvertrag abgezeichnet hat. Aber auch wenn ein Minderheitsgesellschafter den Anstellungsvertrag abzeichnet, der auf einem wirksamen Gesellschafterbeschluss beruht, bestehen hiergegen keine Bedenken, wenn den Umständen zu entnehmen ist, dass alle Gesellschafter mit diesem Vorgehen einverstanden sind. Fehlt es an einem förmlichen Gesellschafterbeschluss, unterschreiben aber alle Gesellschafter den Anstellungsvertrag, so kann dies den Beschluss darstellen.[57]

► Gesellschafter-Geschäftsführer darf mitstimmen

Ist der Geschäftsführer gleichzeitig Gesellschafter, so kann er bei dem Gesellschafterbeschluss, bei dem über seinen Anstellungsvertrag befunden wird, selbst mitstimmen. Er ist keinesfalls vom Stimmrecht ausgeschlossen. In diesem Fall bedarf es keines gesonderten Abschlusses eines Anstellungsvertrags, da der Gesellschafterbeschluss, an dem der Geschäftsführer mitgewirkt hat, gleichzeitig auch als Anstellungsvertrag eingeordnet werden kann. Sind alle Beteiligten vollständig zugegen, so kann *uno actu* der Gesellschafterbeschluss und der Anstellungsvertrag mit dem Gesellschafter-Geschäftsführer „unter Dach und Fach" gebracht werden.

► Aushandeln des Vertragsinhalts

---

[56] *BGH, Urt. v. 27.03.1995,* II ZR 140/93, NJW 1995, 1750; NZG 2000, 983, BGH, Urt. vom 03.07.2000, II ZR 282/98, NZG 2000, 983; LAG, Urt. v. 21.06.2000, 13 Sa 1300/99, NJW-RR 2001, 112.

[57] OLG München, 16.04.1996, 25 U 5047/95, OLGR 1996, 233.

Oft wird es allerdings so sein, dass noch nicht alle Details auf der Gesellschafterversammlung feststehen. Die Gesellschafterversammlung hat es daher in der Hand, zunächst über den Abschluss des Anstellungsvertrags mit einer bestimmten Person zu beschließen, um dann die Festlegung der weiteren Details einem Dritten zu überlassen. Dieser Dritte kann ein Gesellschafter, ein Mitgeschäftsführer oder auch ein Externer, wie z. B. ein Unternehmensberater oder ein Anwalt, sein. Diese Fälle haben nichts mit der Drittanstellung, wie sie zuvor ausgeführt wurde, zu tun, denn Partner des Anstellungsvertrags ist und bleibt die GmbH. Es handelt sich dabei um die Vertretung der GmbH beim Vertragsabschluss und um die Ausarbeitung der einzelnen Vertragsbestandteile.

Die Gesellschafterversammlung wird ihrem Verhandlungsführer, der für sie den Anstellungsvertrag abschließt, die notwendigen Rahmenbedingungen vorgeben, in denen er sich bewegen darf. In der Regel müssen die Bedingungen erst einmal mit dem Geschäftsführer ausgehandelt werden. Empfehlenswert ist, dass die Gesellschafterversammlung zunächst einen Gesellschafter oder einen vertrauenswürdigen Dritten als Verhandlungsführer bestimmt und ihm die Rahmenbedingungen an die Hand gibt. Sodann sollte dieser Verhandlungsführer mit dem potenziellen Geschäftsführer einen Anstellungsvertrag im Entwurf aushandeln, der anschließend der Gesellschafterversammlung zur Genehmigung vorgelegt wird. Nach Genehmigung des Anstellungsvertrags durch die Gesellschafterversammlung (ggf. wird es noch Nachverhandlungen geben müssen) wird dann wieder der Verhandlungsführer mit dem konkreten Abschluss des Anstellungsvertrags betraut.

► Zuständigkeit des Aufsichtsrats

Fällt die GmbH unter die unternehmerische Mitbestimmung nach der Montanmitbestimmung bzw. dem Mitbestimmungsgesetz von 1976, so ist es Aufgabe des Aufsichtsrats, einen Anstellungsvertrag mit dem Geschäftsführer abzuschließen. Auch hier können einzelne Aufsichtsratsmitglieder oder ein Aufsichtsratsausschuss (der sog. Personalausschuss) damit betraut werden, im Vorfeld geeignete Bewerber auszusuchen und mit diesen bereits konkrete Vertragsbedingungen auszuhandeln. Es ist dann allerdings Sache des Gesamtaufsichtsrats über den Abschluss des Anstellungsvertrags zu beschließen.

In der nicht mitbestimmten GmbH kann auf freiwilliger Basis, d. h. fakultativ, ein Aufsichtsrat gebildet werden. Dieser wird in der Regel statutarisch, d. h. in der Satzung, verankert. In der Satzung wird auch festgelegt, für welche Aufgaben der Aufsichtsrat zuständig ist. Denkbare Aufgaben sind z. B. die Bestellung und Anstellung von Geschäftsführern. Die Gesellschafter hätten dadurch ihre Aufgabe wirksam durch Satzungsänderung auf einen fakultativen Aufsichtsrat delegiert.

Bei einer GmbH, bei der lediglich nach dem Drittelbeteiligungsgesetz ein Aufsichtsrat zu bilden ist, könnte ebenfalls durch eine Satzungsbestimmung dem Aufsichtsrat die Kompetenz übertragen werden, den Geschäftsführer zu bestellen und mit ihm einen Anstellungsvertrag abzuschließen.

2. Änderung des Anstellungsvertrags

- Änderungen fallen ebenfalls in die Zuständigkeit der Gesellschafterversammlung

Auch alle Änderungen des Anstellungsvertrags, einschließlich der Aufhebung des Anstellungsvertrags, fallen in die Zuständigkeit der Gesellschafterversammlung. Erst wenn nach Beendigung der Organstellung, jedoch weiterer Beschäftigung des ehemaligen Geschäftsführers in den Dienst der GmbH das Dienstverhältnis in ein Arbeitsverhältnis wandelt, ist der aktuelle Geschäftsführer für Änderungen zuständig.[58] Ist der Aufsichtsrat für den Abschluss des Anstellungsvertrags zuständig, so ist er auch zur Änderung desselben berufen. Die ältere Rechtsprechung ging noch davon aus, dass Änderungen des Anstellungsvertrags jeweils durch die Mitgeschäftsführer zulässig sind. Hiervon ist der *BGH* jedoch abgerückt.[59] Dadurch soll vermieden werden, dass die Geschäftsführer sich gegenseitig Gehaltserhöhungen bzw. sonstige Leistungen, wie z. B. Versorgungszusagen, erteilen. Einer Bereicherung auf Kosten der Gesellschaft ohne Mitwirkung der Gesellschafter wird damit entgegengewirkt. Es ist somit grundsätzlich Sache der Gesellschafterversammlung, den Anstellungsvertrag mit dem Geschäftsführer zu ändern.

In die Kompetenz der Gesellschafterversammlung fallen auch Aufgaben, die im Zusammenhang mit dem Anstellungsvertrag stehen, beispielsweise die vorzeitige Beurlaubung bzw. die Erteilung eines Hausverbots nach einer Kündigung des Anstellungsvertrags bis zum Ablauf der Kündigungsfrist.[60]

Die Finanzrechtsprechung geht grundsätzlich davon aus, dass Änderungen von Anstellungsverträgen nur dann steuerrechtlich anerkannt werden,[61] wenn sie auch zivilrechtlich wirksam sind. Gerade deshalb ist es wichtig, dass Änderungen von der zuständigen Gesellschafterversammlung bzw. dem Aufsichtsrat und nicht von den Mitgeschäftsführern selbst beschlossen werden.

III. Befristung und Koppelung des Anstellungsvertrags

In der Praxis finden sich häufig Befristungen von Anstellungsverträgen. Üblich sind Befristungen auf drei oder fünf Jahre. Während der Befristung ist eine Kündigung beiderseits nur aus wichtigem Grund möglich. Eine ordentliche Kündigung ist

---

[58]BGH, Urt. v. 03.07.2018, II ZR 452/17, DStR 2018, 1929, Leitsatz: *Zum Abschluss, zur Änderung und Beendigung des Dienstvertrags eines Geschäftsführers einer GmbH ist bei Fehlen abweichender Satzungsbestimmungen die Gesellschafterversammlung zuständig. Eine Änderung des Dienstvertrags eines abberufenen Geschäftsführers fällt erst dann unter die Geschäftsführungs- und Vertretungsbefugnis des (neuen) Geschäftsführers, wenn sich das ursprüngliche Geschäftsführerdienstverhältnis nach der Abberufung in ein gewöhnliches Anstellungsverhältnis umgewandelt hat.*

[59]BGH, Urt. v. 25.03.1991, II ZR 169/90, NJW 1991, 1680, 1681.

[60]Siehe BGH, Urt. v. 27.10.1986, II ZR 240/85, WM 1987, 71, 73.

[61]BFH, Urt. v. 11.12.1991, I R 49/90, BB 1992, 850.

ausgeschlossen, es sei denn, sie ist ausdrücklich vertraglich vereinbart. Das Einhalten einer Befristung kann für beide Seiten belastend sein, wenn der Wille nicht mehr besteht, das Vertragsverhältnis bis zum Ende fortzusetzen. Eine Befristung muss daher reiflich überlegt werden.

1. Befristung aus Sicht der Gesellschafterversammlung

► Vor- und Nachteile der Befristung

Für die Gesellschafterversammlung ist eine Befristung selten von Vorteil. Es mag sein, dass ein Geschäftsführer sich aufgrund der Befristung verpflichtet fühlt, auch bis zum Ende derselben ordnungsgemäß und hoch motiviert seine Dienste zu erbringen. Oft ist es jedoch so, dass der Geschäftsführer, der „weg will", entsprechend auch in seiner Arbeitsleistung nachlässt oder gar in Versuchung gerät, heimlich, ggf. über Strohmänner, Konkurrenzgeschäfte aufzubauen. Einen solchen Geschäftsführer bis zum Ende der Laufzeit mitzuschleppen, ist wenig sinnvoll. Stattdessen bietet sich an, dem Geschäftsführer ein Angebot zur vorzeitigen Auflösung zu unterbreiten. Ein solches wird dieser jedoch nur gegen Abfindung annehmen. Die Abfindung kann recht üppig sein und die Liquidität der Gesellschaft stark beeinträchtigen. Wurde hingegen keine Befristung vereinbart, ist eine Kündigung im Rahmen der Kündigungsfristen jederzeit möglich, so dass nach der Kündigung auch kein Anspruch auf eine Abfindung besteht. Der Geschäftsführer, der seiner Tätigkeit lustlos nachgeht, wird hier eher von sich aus die Gesellschaft verlassen, da er keine rechtlich geschützte Position hat, die ihm einen Anreiz bietet, in dieser zu verbleiben. Selbstverständlich muss die Gesellschaft dem Geschäftsführer Anreize bieten, damit dieser „gern" bei ihr arbeitet. Dies wird er vor allem dann tun, wenn ihm die Gesellschaft Raum für Selbstverwirklichung und kreatives Arbeiten gewährt. Auch sind Anreize über variable Vergütungsbestandteile möglich. Arbeitet der Geschäftsführer erfolgreich, so sollte sich dies auf sein Gehalt, aber auch auf seine Ausstattung (z. B. eigenes Sekretariat, Dienstwagen, etc.) auswirken. Aus Sicht der Gesellschafterversammlung gibt es wegen dieser anderen Instrumente im Prinzip wenig Anlass, mit einem Geschäftsführer einen langfristigen Vertrag zu schließen. Nur dann, wenn die Gesellschafterversammlung den Eindruck hat, dass der Top-Mann bzw. die Top-Frau in jedem Fall für einen längeren Zeitraum gehalten werden muss, sollte zu einer Befristung gegriffen werden.

► Koppelung der Anstellung an das Geschäftsführeramt

Denkbar ist allerdings auch, dass die Gesellschaft eine Befristung vereinbart, diese aber an die Bedingung knüpft, dass die Organstellung fortbesteht. Eine solche Klausel kann wie folgt lauten:

> *Wird der Geschäftsführer durch Beschluss der Gesellschafterversammlung abberufen, so ist die Gesellschaft berechtigt, das Anstellungsverhältnis unter Einhaltung einer vierwöchigen Kündigungsfrist zum Schluss eines Kalendermonats zu kündigen.*

Konstruktiv lässt sich eine Koppelungsklausel auch so gestalten, dass der Widerruf der Organstellung als wichtiger Kündigungsgrund für die Beendigung des Anstellungsvertrags vereinbart wird. Widerruft die Gesellschafterversammlung die Organstellung, so kann der Anstellungsvertrag aus wichtigem Grund sofort gekündigt werden. Auch kann die Abberufung gleichzeitig als Kündigungserklärung fungieren bzw. gelten.[62]

Solche Verknüpfungen werden bei *beherrschenden* Gesellschafter-Geschäftsführern unproblematisch für zulässig erachtet. In den übrigen Fällen – insbesondere dann, wenn der Geschäftsführer seinen Lebensunterhalt aus der Dienstleistung für die Gesellschaft bezieht – führt eine solche Koppelung grundsätzlich nur dazu, dass das Anstellungsverhältnis im Rahmen der gesetzlichen Mindestkündigungsfristen also mindestens in vier Wochen ausläuft.[63]

▶ Bedenken gegen Koppelungsklausel

Im Einzelfall kann eine solche Koppelung, die den Geschäftsführer stark benachteiligt, indem sie die Beendigung des Anstellungsvertrags letztlich in das Belieben der Gesellschafterversammlung stellt, unwirksam sein.[64] Die Gesellschafterversammlung hat es aufgrund der Koppelungsklausel jederzeit in der Hand, einen unliebsam gewordenen Geschäftsführer „loszuwerden", indem sie ihn abberuft und gleichzeitig den Anstellungsvertrag kündigt. Eine Unwirksamkeit der Koppelungsvereinbarung könnte sich aus einer analogen Anwendung des § 622 VI BGB ergeben, der bestimmt, dass die Kündigungsfrist des Arbeitnehmers nicht länger sein darf als jene des Arbeitgebers. Dem Geschäftsführer wird häufig nicht klar sein, welche Tragweite eine Koppelungsklausel für ihn hat.

Durch diesen Weg sichert sich die Gesellschafterversammlung langfristig die Mitwirkung eines begehrten Geschäftsführers, im Falle des Widerrufs kann sie diesen dann aber doch auf „elegante Weise" aus ihren Diensten entlassen.

---

[62]OLG Düsseldorf, Urt. v. 24.06.1999, 6 U 144/97, GmbHR 2000, 378; Leitsatz: *Ein Beschluss über die Abberufung als Geschäftsführer enthält zugleich eine Beschlußfassung über die (fristlose) Kündigung des Anstellungsvertrags, wenn der Anstellungsvertrag die Klausel enthält, daß der Widerruf zugleich als Kündigung des Anstellungsvertrags zum nächstmöglichen Zeitpunkt gilt.*

[63]OLG München, Urt. v. 08.06.1994, 7 U 4606/93, GmbHR 1995, 232; siehe auch BGH, Urt. v. 09.07.1990, II ZR 194/89, NJW 1990, 2622, 2623; zu den Kündigungsfristen, siehe 2. Teil, H I 1 a.

[64]Siehe auch das Urteil des BGH vom 01.12.1997, II ZR 232/96, GmbHR 1998, 534, das in diese Richtung weist. Siehe instruktiv: OLG Karlsruhe, Urt. v. 25.10.2016, 8 U 122/15, juris, Leitsätze: *1. Eine Koppelungsvereinbarung in einem Geschäftsführeranstellungsvertrag mit einer GmbH, die die sofortige Beendigung des Anstellungsvertrages mit Zugang der Bekanntgabe des Abberufungsbeschlusses vorsieht, ist unwirksam. 2. Handelt es sich bei der Koppelungsvereinbarung um eine von der Gesellschaft gestellte Allgemeine Geschäftsbedingung, kann sie nicht (geltungserhaltend) einschränkend dahin ausgelegt werden, dass die Beendigung des Anstellungsvertrages nicht sofort nach Bekanntgabe des Widerrufs der Geschäftsführerbestellung, sondern erst nach Ablauf der sich aus dem Gesetz ergebenden Mindestkündigungsfrist eintritt.*

Abzuwarten bleibt allerdings, ob sich der Geschäftsführer mit einer solchen Regelung einverstanden erklärt.

2. Befristung aus Sicht des Geschäftsführers

► Befristung ist für den Geschäftsführer meist empfehlenswert

Aus Sicht des Geschäftsführers ist es eine Frage der Abwägung, ob er sich auf eine lange Bindung einlässt. Eine Befristung schafft für ihn Planungssicherheit und steigert seine Bonität, insbesondere seine Kreditwürdigkeit, da er über einen langen Zeitraum mit einem hohen Einkommen rechnen kann. Ferner sichert sich der Geschäftsführer die Möglichkeit, im Falle der vorzeitigen Auflösung eine Abfindung auszuhandeln. Es ist nie auszuschließen, dass der Geschäftsführer etwa durch eine Änderung der Geschäftspolitik „entbehrlich" wird. Denkbar ist z. B. die Verlagerung von Produktionsstandorten, die Änderung der Vertriebsstruktur und ähnliches. Für den Geschäftsführer kann also eine Befristung oft sinnvoll sein. Nachteilig ist aber vor allem, dass der Geschäftsführer sich die Flexibilität nimmt, kurzfristig einen Wechsel vornehmen zu können. Da mit dem Geschäftsführeramt Prestige und ein guter Ruf verbunden sind, „liegt" es nicht jedem Geschäftsführer, sich so eindeutig zu verhalten, dass die Gesellschaft von sich aus ein Auflösungsangebot unterbreiten wird.

IV. Form des Anstellungsvertrags

Für den Anstellungsvertrag ist kein Formerfordernis vorgesehen. Für steuerrechtliche Zwecke ist jedoch – zumindest bei Gesellschafter-Geschäftsführern – in jedem Fall die Schriftform angezeigt.

V. Fehlerhafter Anstellungsvertrag

► Fehlerhafter Anstellungsvertrag

Von einem fehlerhaften Anstellungsvertrag spricht man, wenn dieser mit einem Mangel behaftet ist, der ihn nach bürgerlich-rechtlichen Vorschriften im Prinzip unwirksam machen würde. Die Fehlerhaftigkeit kann z. B. darauf beruhen, dass der Vertrag nicht durch das zuständige Organ – in der Regel die Gesellschafterversammlung – abgeschlossen wurde, sondern z. B. durch den Mitgeschäftsführer. Denkbar ist auch das Vorliegen eines Anfechtungsgrundes, z. B. eine arglistige Täuschung seitens des Geschäftsführers oder der Gesellschaft.

Hat der Geschäftsführer beispielsweise die Gesellschaft über seine Qualifikation getäuscht, so könnte die GmbH den Anstellungsvertrag wegen arglistiger Täuschung anfechten, so dass dieser prinzipiell nach bürgerlich-rechtlichen Vorschriften (§ 142 I BGB) als von Anfang an nichtig anzusehen wäre. Stellt sich aber erst nach einigen

Jahren heraus, dass der Geschäftsführer über seine Qualifikation getäuscht und z. B. gefälschte Arbeitszeugnisse vorgelegt hat, so ist eine Behandlung des Anstellungsvertrags als von Anfang nichtig nicht praktikabel.[65]

▶ Rechtsfolgen

Bei den Rechtsfolgen eines fehlerhaften Anstellungsvertrags wird daher unterschieden: Ist der Anstellungsvertrag abgeschlossen, hat jedoch der Geschäftsführer seinen Dienst noch nicht angetreten, so bleibt es dabei, dass die Nichtigkeit von Anfang an vorliegt. Hat aber der Geschäftsführer bereits seine Tätigkeit aufgenommen, so kommt nur noch eine Nichtigkeit bzw. Unwirksamkeit für die Zukunft in Betracht. Wie diese Unwirksamkeit im Einzelfall gehandhabt wird, hängt von den Umständen des Einzelfalls ab. Keinesfalls bedeutet eine Fehlerhaftigkeit des Anstellungsvertrages, dass der Geschäftsführer von einer Sekunde zur anderen nicht mehr angestellt ist. Vielmehr gebietet die Treuepflicht, die Abwicklung so zu gestalten, dass die Interessen beider Seiten, insbesondere jene der GmbH, gewahrt bleiben. Der Geschäftsführer muss sich daher ggf. mit einer Übergangslösung einverstanden erklären. Der Gesellschaft muss Zeit eingeräumt werden, einen Nachfolger zu finden. Grundsätzlich sind beide Seiten berechtigt, den Vertrag mit Wirkung für die Zukunft zu kündigen. Dies hat zur Folge, dass eine etwaige Befristung hinfällig ist, was insbesondere für den Geschäftsführer nachteilig sein kann. Fehlt also beispielsweise ein Gesellschafterbeschluss, der den Anstellungsvertrag legitimiert, kann die GmbH mit Wirkung für die Zukunft das Dienstverhältnis beenden.

Das Institut des fehlerhaften Anstellungsvertrags führt dazu, dass – trotz Unwirksamkeit des Arbeitsvertrags – sämtliche Rechte und Pflichten so behandelt werden, als bestünden sie tatsächlich. Die Unwirksamkeit bzw. Nichtigkeit tritt erst für die Zukunft ein.[66] Dies gilt selbst für Versorgungszusagen, die ungeachtet der Nichtigkeit des Anstellungsvertrags nach den Vorschriften des Betriebsrentengesetzes unverfallbar werden können.[67] Auch Vergütungsansprüche werden als wirksam behandelt.

Einen Musterentwurf
für einen Anstellungsvertrag
finden Sie im Anhang!

[65]Siehe zur AG: BGH, Urtl. V. 17.04.1967, II ZR 157/64, BGHZ 47, 341 ff., siehe ferner *Bayer/ Lieder* NZG 2012, 1.

[66]BGH, Urt. vom 03.07.2000, II ZR 282/98, NZG 2000, 983, 2. Leitsatz: *Ein unwirksamer GF-Anstellungsvertrag ist unter Heranziehung der Grundsätze zu dem fehlerhaften Arbeitsverhältnis für die Dauer der GF-Tätigkeit als wirksam zu behandeln. Er kann für die Zukunft jederzeit aufgelöst werden.* OLG Karlsruhe, Urt. v. 25.10.2016, 8 U 122/15, juris.

[67]Siehe hierzu die Ausführungen unter G IV 2 d) bb).

F. Rechte und Pflichten aus dem Anstellungsvertrag

I. Motivation des Geschäftsführers

▶ Anreize sind wichtig

Das Wohl der Gesellschaft hängt entscheidend von der Qualifikation, dem Geschick, aber auch der Motivation des Geschäftsführers ab. Unternehmen, denen ein engagierter und motivierter Geschäftsführer vorsteht, haben im Wettbewerb die besseren Chancen. Der Anstellungsvertrag, in dem die Gegenleistung für die Arbeit des Geschäftsführers vereinbart wird, sollte daher Leistungsanreize für den Geschäftsführer enthalten. Es darf aber auch nicht verkannt werden, dass nicht allein der Anstellungsvertrag zur Motivation des Geschäftsführers beiträgt. Empirische Untersuchungen haben vielmehr ergeben, dass für die Vielzahl der Manager ein innovatives und kreatives Arbeiten, eine abwechslungsreiche Tätigkeit sowie die Möglichkeit der Selbstverwirklichung wichtig sind.[68] Die Höhe der Einkünfte aus der Leitungstätigkeit wird von den Managern nicht als allein maßgeblich eingestuft. Die Selbstentfaltungswerte sollten daher von der Gesellschafterversammlung beachtet werden.

▶ Delegation und Kontrolle

Auch muss der Zusammenhang zwischen der Delegation von Leitungsmacht durch die Gesellschafterversammlung und der Verpflichtung des Geschäftsführers, die Geschicke der Gesellschaft im Unternehmensinteresse zu leiten, beachtet werden. Der Geschäftsführer erhält eigenverantwortliche Handlungsspielräume, bei denen immer die Gefahr besteht, dass er sie im eigenen Interesse missbrauchen bzw. ausnutzen könnte. Daher ist aus Sicht der Gesellschafter eine Kontrolle der Manager nötig, andererseits kann aber die Kontrolldichte durch Mechanismen reduziert werden, die eine Motivation des Geschäftsführers fördern. Dem Geschäftsführer müssen Anreize geboten werden, damit er sich möglichst im Unternehmensinteresse verhält.

▶ Potentiale nutzen

Werden dem Geschäftsführer eigenverantwortliche Handlungsspielräume überlassen, so liegen hierin Potenziale, die auch der Gesellschaft nützen. Kontrolle ist wichtig und nötig, darf jedoch nicht dazu führen, dass der Geschäftsführer demotiviert wird. Auch das Arbeitsumfeld und die Arbeitsbedingungen sind bedeutsam. So kann es beispielsweise sinnvoll sein, den Geschäftsführer von allzu viel Routinearbeit zu entlasten, zumal dann, wenn diese Tätigkeiten auch von nachgeordneten Mitarbeitern erledigt werden können. Die Gesellschafter sollten außerdem

---

[68] Siehe schon *Hucke*, AG 1994, 397.

den Geschäftsführer persönlich am Unternehmenserfolg partizipieren lassen, indem sie ihm die entsprechende Anerkennung zollen.

Entscheidendes Augenmerk müssen die Gesellschafter ferner auf die Ausgestaltung der Geschäftsführerverträge richten. Diese müssen so ausgewogen sein, dass eine Motivation des Geschäftsführers sichergestellt ist.

II. Recht auf Vergütung

► Gegenleistung der Gesellschaft

Die Gegenleistung für die Managertätigkeit des Geschäftsführers setzt sich aus mehreren Komponenten zusammen. Zunächst sind die Zuwendungen, die in Form von Geldleistungen fließen, zu nennen. Üblich ist die Vereinbarung eines Jahresgrundgehalts zuzüglich variabler Vergütungsbestandteile. Die variablen Vergütungsbestandteile können in Form von Gewinn- und Umsatztantiemen oder über spezielle Zielvereinbarungen gewährt werden. Die Vergütung in Geld wird ergänzt durch Sonderleistungen, wie z. B. die Stellung eines Dienstwagens, der auch privat genutzt werden darf. Ein weiterer wichtiger Bereich der betrieblichen Zusatzleistungen betrifft die Absicherung für den Ruhestand sowie die Fälle der Krankheit, der Invalidität oder des Todes. Solche Sonderleistungen können etwa gewährt werden in Form des Abschlusses einer Unfallversicherung bzw. der Zusage, auch im Krankheitsfall eine Gehaltsfortzahlung für einen bestimmten Zeitraum zu leisten. Für die Fälle des Alters, des Todes (bei dem sich das Problem der Hinterbliebenenversorgung stellt) sowie der Berufsunfähigkeit werden mit dem Geschäftsführer häufig Vereinbarungen über entsprechende Versorgungsleistungen geschlossen. Die Einzelheiten werden unten gesondert behandelt.

1. Jahresgrundgehalt und Tantieme

► Grundvergütung

Mit dem Geschäftsführer wird zunächst ein Jahresgrundgehalt vereinbart, das sich aus den fest vereinbarten Gehaltszahlungen zusammensetzt. Dies können zwölf, aber auch 13 Monatsgehälter pro Jahr sein. Das 13. Monatsgehalt wird häufig als Weihnachtsgeld bezeichnet. Ein gesetzlicher Anspruch hierauf besteht „selbstverständlich" nicht; beim Geschäftsführer müssen alle Konditionen ausgehandelt werden. Auch Tarifverträge gelten für ihn nicht. Ebenso wenig hat ein Geschäftsführer einen Anspruch auf Zahlung eines *gesonderten* Urlaubsgelds, dies muss ebenfalls separat vereinbart werden. Davon zu unterscheiden ist die Frage, ob der Geschäftsführer Anspruch auf angemessenen Urlaub und eine Vergütungsfortzahlung während dieser Zeit hat.[69]

[69] Siehe hierzu die Ausführungen unten unter III.

▶ Faktoren für die Gehaltsfestsetzung

Die Vergütung des Geschäftsführers bemisst sich nach zahlreichen Faktoren. Einerseits sind seine persönlichen Voraussetzungen, wie seine Qualifikation, sein Lebensalter und seine Berufserfahrung, seine Branchenkenntnisse sowie seine individuelle Leistungsfähigkeit ausschlaggebend. Andererseits ist jedoch auch die Situation des Unternehmens, nämlich seine Größe, Ertragslage, Branche sowie der Standort zu berücksichtigen. Schließlich spielt bei der Höhe der Vergütung die konkrete Position des Geschäftsführers in der Gesellschaft eine Rolle: Wie viele Mitglieder hat die Geschäftsführung, welches Ressort soll er bekleiden, wie ist seine Stellung innerhalb des Organs „Geschäftsführung", ist er Sprecher der Geschäftsführung oder nur in nachgeordneter Position tätig? Ferner wirken sich die konjunkturelle Situation und die Arbeitsmarktlage auf die Vergütung des Geschäftsführers aus. In Zeiten des „Überangebots" von Managern drückt dies zwangsläufig die Höhe der Vergütung. Managerdienstleistungen werden letztlich genauso marktabhängig bewertet wie alle anderen sonstigen Dienstleistungen auch.

Tipp für den Geschäftsführer!
Die Gehaltsfestsetzung ist vielschichtig und kompliziert. Hier sollten Sie Rat bei erfahrenen Personal- und Unternehmensberatern suchen bzw. entsprechende Gehaltsstrukturuntersuchungen z. B. von der Kienbaum Vergütungsberatung auswerten.

▶ Der Geschäftsführer ist immer im Dienst!

Der Geschäftsführer schuldet – soweit nichts anderes vereinbart ist – gegen Zahlung des Jahresgrundgehalts seine volle Arbeitsleistung. Überstunden, Nacht-, Sonntags- und Feiertagsarbeit werden grundsätzlich nicht zusätzlich vergütet. Etwas anderes gilt nur dann, wenn dies gesondert vereinbart worden ist.[70] Werden an einen Gesellschafter-Geschäftsführer Überstundenvergütungen, Zuschläge für Nacht-, Sonn- und Feiertagsarbeit gewährt, so kann hierin eine verdeckte Gewinnausschüttung liegen.[71]

▶ Grundgehalt und Tantiemen

Das Jahresgrundgehalt wird meist ergänzt durch eine Tantieme. In Betracht kommt eine *gewinnabhängige* Tantieme oder eine, die anteilig von dem vom Unternehmen erzielten Umsatz zu leisten ist oder auch eine individuelle Tantieme in Anlehnung an eine Zielvereinbarung. Für den Gesellschafter-Geschäftsführer existieren strenge

---

[70] OLG Dresden, Urt. v. 05.12.1996, 7 U 1338/96, GmbHR 1998, 197 (Leitsatz).

[71] Siehe hierzu sogleich die Ausführungen unten.

Vorgaben der Finanzrechtsprechung, inwieweit und unter welchen Voraussetzungen Gewinn- und Umsatztantiemen zulässig sind. Umsatztantiemen werden hierbei nur in Ausnahmefällen anerkannt.

Zivilrechtlich bereitet die Vereinbarung von Gewinn- bzw. Umsatztantiemen grundsätzlich keine Schwierigkeiten. Wichtig ist, dass die vertragliche Vereinbarung so präzise ist, dass die Gewinntantieme problemlos berechnet werden kann. Außerhalb einer vertraglichen Vereinbarung kann es sog. *Goodwill*-Tantiemen bzw. Tantiemen nach billigem Ermessen der Gesellschafterversammlung geben, auf die der Geschäftsführer jedoch grundsätzlich keinen Anspruch hat.

Tipp für den Geschäftsführer!
Vereinbaren Sie Ihren Tantiemeanspruch schriftlich im Anstellungsvertrag. Achten Sie darauf, dass die Gesellschaftsversammlung oder – falls vorhanden – der Aufsichtsrat zustimmt. Halten Sie zuvor Rücksprache mit dem Steuerberater, ob die Tantiemevereinbarung steuerrechtlich anerkannt werden kann und ob sie überhaupt praktikabel ist. Gängig ist eine Anknüpfung der Tantieme an den körperschaftssteuerpflichtigen Gewinn, wobei häufig betriebsfremde Einflussgrößen eliminiert werden. So etwa Veräußerungserlöse aus dem Verkauf von Grundstücken oder Gebäuden oder auch aus unternehmerischen Beteiligungen. Feste Prozentsätze gibt es nicht. In der Praxis reicht das Spektrum von 0,5 bis 40 %.

2. Sonderleistungen

a. Dienstwagen

► Steuerrechtliche Behandlung

In der Regel verfügen die Geschäftsführer über einen Dienstwagen, den sie auch für private Zwecke nutzen dürfen. Dabei sind die steuerrechtlichen Konsequenzen zu beachten. Die private Nutzung ist als geldwerter Vorteil bei den Einkünften aus nichtselbständiger Arbeit zu versteuern. Das Steuerrecht sieht hier alternativ eine konkrete Berechnung des Privatanteils oder eine Pauschalversteuerung vor. Bei der individuellen Berechnung ist ein Fahrtenbuch zu führen, in dem nicht nur die Dienst- und Privatfahrten, sondern auch die Fahrten zwischen Wohnung und Arbeitsstätte einzutragen sind und aus dem sich aus einer Gegenüberstellung der entsprechenden Kilometer der prozentuale Privatanteil ergeben muss. Von den gesamten Kosten des Fahrzeugs ist dann derjenige prozentuale Anteil dem Geschäftsführer als Einkommen zuzurechnen, der der privaten Nutzung entspricht. Da die Führung eines Fahrtenbuchs aufwendig ist, macht die Praxis häufig von der Möglichkeit der Pauschalversteuerung Gebrauch. Für die Berechnung des geldwerten Vorteils für die Nutzung des Dienstwagens für reine Privatfahrten ist die 1 %-Methode vorgesehen. Danach hat der Geschäftsführer für jeden Monat der Nutzung 1 % des Bruttolistenpreises als Einnahme zu versteuern. Bemessungsgrundlage ist hierbei der Bruttolistenpreis des Fahrzeugs, nicht die tatsächlich aufgewandten Anschaffungskosten. Der Listenpreis wird zum Zeitpunkt der Erstzulassung zuzüglich der Kosten für Extras und Mehrwertsteuer angesetzt – auch wenn das Fahrzeug erst viel später gebraucht angeschafft wurde. Die Einzelheiten der steuerlichen Behandlung sind kompliziert, dies betrifft u. a. die Behandlung der Fahrten zwischen Wohnung und Arbeitsstätte und die umsatzsteuerrechtlichen Konsequenzen.

b. Unfallversicherung

▶ Absicherung des Risikos der Invalidität

Gerade der jüngere Geschäftsführer ist auf eine Absicherung wegen des nie auszuschließenden Falls der Invalidität aufgrund eines Unfalls angewiesen. Sport- oder Verkehrsunfälle sind Risiken, auf die sich jeder, so auch der Geschäftsführer, einstellen muss. Viele Unternehmen bieten daher im Rahmen einer Gruppenversicherung für ihre Mitarbeiter zusätzlich private Unfallversicherungen an. Mit dem Geschäftsführer wird der Abschluss einer Unfallversicherung im Anstellungsvertrag häufig gesondert vereinbart. Die klassische Unfallversicherung zahlt je nach Grad der eingetretenen Invalidität eine fest vereinbarte Leistung. Je höher der Grad der Invalidität ist, desto progressiver steigt in der Regel die Leistung an. Es gibt auch Policen, die ab einem bestimmten Invaliditätsgrad, z. B. ab 50 %, eine Unfallrente gewähren.

▶ Ausschlüsse beachten!

Wie bei jeder Versicherung sind die zahlreichen Ausschlüsse zu beachten, so ist beispielsweise in der Regel nicht der Unfall aufgrund einer Trunkenheitsfahrt versichert, ebenfalls auch nicht eine Invalidität, die nur aufgrund psychischer Reaktionen beruht. Einschränkungen gibt es ferner meist bei Bandscheibenvorfällen.

c. D & O – Police

▶ „Berufshaftpflichtversicherung" für Geschäftsführer

Der Geschäftsführer ist zahlreichen Haftungsrisiken ausgesetzt. Dies betrifft sowohl die Verantwortlichkeit gegenüber der Gesellschaft als auch die Verpflichtung, unter bestimmten Voraussetzungen Dritten Schadensersatz zu gewähren. Die Betriebshaftpflichtversicherung der GmbH deckt Personen- und Sachschäden, nicht jedoch unmittelbare Vermögensschäden ab. Eine finanzielle Absicherung derartiger Risiken kann durch eine Vermögensschadenshaftpflichtversicherung, die seit Mitte der 1980er-Jahre speziell für Geschäftsführer angeboten wird, erreicht werden. D & O steht für *Directors and Officers*, was so viel wie geschäftsführende und aufsichtsführende Organe bedeutet. Aus Sicht des Geschäftsführers ist der Abschluss eines solchen Versicherungsvertrags zu begrüßen, da dadurch die erheblichen finanziellen Risiken abgefedert werden können. Für den Geschäftsführer empfiehlt sich daher die Aufnahme einer entsprechenden Klausel im Anstellungsvertrag, wonach die GmbH verpflichtet ist, den Geschäftsführer zu versichern oder falls der Versicherungsschutz nicht besteht, z. B. weil der Vertrag gekündigt ist – ihn im Innenverhältnis so zu stellen als bestünde Versicherungsschutz. Siehe hierzu die Klausel § 6 a im Muster-Anstellungsvertrag (Anhang 1). Siehe im Einzelnen zur D & O, die Ausführungen im 3. Teil unter H. Ohne vertragliche Regelung hat der Geschäftsführer keinen Anspruch auf Verschaffung von Haftpflichtversicherungsschutz.[72]

d. Sonstige Zusatzleistungen

► „Extras" für den Geschäftsführer

Der Fantasie der GmbH, mit welchen Zusatzleistungen sie dem Geschäftsführer Anreize bietet, sind keine Schranken gesetzt. Dies kann von der Zur-Verfügung-Stellung von Ferienwohnungen bis zur Finanzierung von Kuren oder sonstigen Maßnahmen der Gesundheitsvorsorge reichen. Grundsätzlich ist jede Zuwendung lohnsteuerpflichtig. Auch zinsverbilligte Darlehen, etwa für den Hausbau, gehören hierher.

e. Erfindungen und weitere Leistungen des Geschäftsführers

► Erfindungen und Entwicklungen des Geschäftsführers

Dem Geschäftsführer sollten Anreize gegeben werden, wonach ihm für erbrachte Leistungen, die über seine Verpflichtungen aus dem Anstellungsverhältnis deutlich hinausgehen, z. B. für Erfindungen, in der Freizeit getätigte Entwicklungen oder Programmierungen, Vergütungen zugesagt werden. Das Arbeitnehmererfindungsgesetz gilt nicht analog für den Geschäftsführer.[73] Wird mit ihm keine Regelung getroffen (siehe zu einer solchen, den Vorschlag in § 11 des im Anhang befindlichen

[72]OLG Koblenz, Urt. vom 24.09.2007, 12 U 1437/04, Rdnr. 130, juris.de.

[73]Siehe BGH, Urt. v. 24.10.1989, X ZR 58/88, NJW-RR 1990, 349, aus den Gründen zum Arbeitnehmererfindungsgesetz: *Es findet auf Erfindungen eines Geschäftsführers einer Gesellschaft mit beschränkter Haftung weder unmittelbar noch im Wege einer erweiterten Auslegung Anwendung, weil der Geschäftsführer die Gesellschaft gesetzlich vertritt (§§ 35, 36, 37 II GmbHG) und infolgedessen nicht zu den sozial abhängigen Arbeitnehmern zählt, deren Schutz das Arbeitnehmererfindungsgesetz beabsichtigt (BGH, GRUR 1965, 302 (303) Schellenreibungskupplung; vgl. auch BGHZ 31, 162 = NJW 1960, 93 = LM § 92 GWB Nr. 1 – Malzflocken; BGH, NJW 1955, 789 = GRUR 1955, 286 (289) – Schnellkopiergerät).*

Anstellungsvertrags), soll er aber gleichwohl gemäß § 612 Abs. 2 eine übliche Vergütung beanspruchen können.[74]

► Software des Geschäftsführers

Sofern der Geschäftsführer Computerprogramme im Rahmen seines Dienstverhältnisses entwickelt, regelt § 69b UrhG, dass die Rechte hieraus der GmbH zustehen.

§ 69b UrhG

(1) *Wird ein Computerprogramm von einem Arbeitnehmer in Wahrnehmung seiner Aufgaben oder nach den Anweisungen seines Arbeitgebers geschaffen, so ist ausschließlich der Arbeitgeber zur Ausübung aller vermögensrechtlichen Befugnisse an dem Computerprogramm berechtigt, sofern nichts anderes vereinbart ist.*

(2) *Absatz 1 ist auf Dienstverhältnisse entsprechend anzuwenden.*

§ 69b Abs. 2 UrhG ordnet ausdrücklich an, dass dies auch für Dienstverhältnisse gilt, aber nur soweit der Geschäftsführer die Software in Wahrnehmung seiner Aufgaben aus dem Dienstverhältnis entwickelt hat. Sofern der Geschäftsführer außerhalb seiner Geschäftsführertätigkeit in seiner Freizeit programmiert und er hierzu auch gar nicht im Rahmen seines Dienstvertrags verpflichtet ist, ist problematisch, ob er das Programm, dass der GmbH nützt, ggf. dieser als Geschäftschance zur Verfügung stellen muss. Soweit ersichtlich, ist diese Konstellation noch nicht höchstrichterlich entschieden (zur Geschäftschancenlehre, die auch privat erlangte Chancen umfasst, siehe bereit oben die Ausführungen im 1. Teil III 3). Meines Erachtens muss der Geschäftsführer die entwickelte Software zumindest im Wege der Lizenz überlassen, aber nur gegen eine angemessene Lizenzgebühr. Es kommt aber immer auf den Einzelfall an. Handelt es sich um eine Software, die nicht zum Unternehmensgegenstand der GmbH gehört, die also nicht speziell der GmbH hilft, lässt sich meines Erachtens auch vertreten, dass der Geschäftsführer frei darin ist, diese Software anderweitig zu verwerten oder sich mit ihr selbstständig zu machen. Hat z. B. der Geschäftsführer einer Spedition eine Software entwickelt, mit der man Musik komponieren kann, hat dies nichts mit dem Speditionsgeschäft zu tun, der Geschäftsführer kann diese Software anderweitig verwerten oder auch gar nichts damit tun. Hat der Geschäftsführer hingegen eine Software entwickelt um

---

[74] BGH, Urt. v. 24.10.1989, X ZR 58/88, NJW-RR 1990, 349, siehe aus den Gründen: *Bei der Bemessung der nach § 612 II BGB geschuldeten üblichen Vergütung (ist) auf die konkreten Umstände des Einzelfalles abzustellen. Dabei können in die Billigkeitserwägungen nicht nur Gesichtspunkte einfließen, die für die Bemessung einer angemessenen Lizenzgebühr eines freien Erfinders von Bedeutung sind, sondern in gleicher Weise auch solche, auf die der Gesetzgeber im Rahmen des Arbeitnehmererfindungsgesetzes beim billigen Ausgleich zwischen den Interessen des Arbeitgebers und des Arbeitnehmererfinders abgehoben hat, weil die Erfindung im Rahmen des Betriebes mit Hilfe von betrieblichen Mitteln entstanden ist.*

Speditionsaufträge effektiver als bisher abzuwickeln, hätte also die GmbH bei der Nutzung einen Vorteil, muss er diese seiner GmbH zur Verfügung stellen ggf. sogar im Wege einer ausschließlichen Lizenz. Die Frage ist aber, was gilt bei Beendigung des Dienstvertrags und der Organstellung? Wie weit reicht die nachwirkende Treuepflicht? Zumindest muss m. E. noch die Verpflichtung bestehen, dauerhaft eine einfache Lizenz gegen Lizenzgebühr zu gewähren.

3. Steuerrechtliche Behandlung von Einkünften des Geschäftsführers

a. Grundsätzliches

► Einkünfte aus nichtselbstständiger Tätigkeit

Der GmbH-Geschäftsführer bezieht Einkünfte aus nichtselbstständiger Tätigkeit nach § 19 Einkommensteuergesetz. Dass er kein Arbeitnehmer im Sinne des Arbeitsrechts ist, spielt hierbei keine Rolle. Im Sinne des Lohnsteuerrechts ist er als Arbeitnehmer einzustufen. Dies gilt sowohl für den Fremd- als auch den Gesellschafter-Geschäftsführer. Bei letzterem ist allerdings darauf zu achten, dass bei der Gehaltsfestsetzung sowie bei der Gewährung von Sonderleistungen keine verdeckten Gewinnausschüttungen vorgenommen werden. Hierauf soll nun im Folgenden eingegangen werden.

b. Besonderheiten beim Gesellschafter-Geschäftsführer

aa. Überblick

► Gefahr der verdeckten Gewinn-Ausschüttungen

Auch der Gesellschafter-Geschäftsführer bezieht für seine Geschäftsführertätigkeit Einkünfte aus nichtselbstständiger Arbeit, die der Lohnsteuer unterliegen. Als Gesellschafter, d. h. Anteilseigner, hat er Anspruch auf Gewinn (= Dividende). Es handelt sich um Einkünfte aus Kapitalvermögen, für die ebenfalls – wie für die Einkünfte aus nichtselbstständiger Arbeit – Einkommensteuer zu entrichten ist. Es wird ab 01.01.2009 die Abgeltungssteuer in Höhe von 25 % erhoben. Mit der Abgeltungssteuer wird die Einkommensteuer auf Kapitalerträge pauschal abgegolten. Hinzu kommen der Solidaritätszuschlag und ggf. Kirchensteuer. Der Gesellschafter kann, wenn sein individueller Steuersatz niedriger ist oder er wegen seiner geringen Einkünfte gar keine Steuern zahlt, die Erträge in seiner Einkommensteuererklärung deklarieren. Dadurch erhält er die Abgeltungssteuer ganz bzw. anteilig erstattet. Werden die Anteile im Betriebsvermögen gehalten, gilt seit dem 01.01.2009 das Teileinkünfteverfahren, wonach die Dividenden zu 60 % als steuerpflichtige Einnahmen gelten und 60 % der Werbungskosten geltend gemacht werden können. Für den Geschäftsführer ist es daher eher lukrativ Einkünfte aus Kapitalvermögen als aus nichtselbstständiger Arbeit zu beziehen. Bei der Gesellschaft sind die Gehaltszahlungen an den Geschäftsführer jedoch als Betriebsausgaben grundsätzlich abzugsfähig. Sie verringern daher den körperschaftssteuer- und gewerbesteuerpflichtigen Gewinn. Die an den Geschäftsführer ausgezahlten Dividenden hingegen unterliegen als Gewinn der Körperschafts- und Gewerbesteuer.

Verdeckte Gewinnausschüttungen werden dem körperschaftssteuerpflichtigen Gewinn hinzugerechnet, so dass für sie dann Ge-werbe- und Körperschaftsteuer zu entrichten ist. Die Finanzverwaltung ist deshalb zum Zweck der Erhöhung des Steueraufkommens sehr daran interessiert, verdeckte Gewinnausschüttungen aufzuspüren.

► Auswirkungen beim Geschäftsführer

Das Gehalt wurde vom Geschäftsführer als Einkünfte aus nicht selbständiger Arbeit versteuert. Handelt es sich jedoch nunmehr um eine (verdeckte) Gewinnausschüttung müsste eine Versteuerung als Dividende nach dem Teileinkünfteverfahren bzw. der Abgeltungssteuer erfolgen. Eine solche Versteuerung ist für den Geschäftsführer von Vorteil, da nur ein Teil der zugeflossenen Dividende der persönlichen Einkommensteuer unterworfen werden würde bzw. die Abgeltungssteuer ggf. geringer ist als der persönliche Steuersatz. Sind die Einkommensteuerbescheide aber bereits bestandskräftig, blieb es nach früherer Auffassung bei dieser für den Geschäftsführer nachteiligen Besteuerung.[75] Ab 19.12.2006 gilt jedoch das Korrespondenzprinzip. Es heißt in § 32 a I KStG: Soweit gegenüber einer Körperschaft ein Steuerbescheid hinsichtlich der Berücksichtigung einer verdeckten Gewinnausschüttung erlassen, aufgehoben oder geändert wird, kann ein Steuerbescheid oder ein Feststellungsbescheid gegenüber dem Gesellschafter, dem die verdeckte Gewinnausschüttung zuzurechnen ist, oder einer diesem nahe stehenden Person erlassen, aufgehoben oder geändert werden. Damit werden die Folgen einer verdeckten Gewinnausschüttung erheblich abgemildert.

Wie bereits ausgeführt, liegt eine verdeckte Gewinnausschüttung nach Ansicht des *Bundesfinanzhofs* dann vor, wenn eine Kapitalgesellschaft ihren Gesellschaftern außerhalb der gesellschaftsrechtlichen Gewinnverteilung einen Vermögensvorteil zuwendet, den sie bei Anwendung der Sorgfalt eines ordentlichen und gewissenhaften Geschäftsleiters einem Dritten unter sonst gleichen Umständen nicht gewährt hätte. Gehaltszahlungen an Gesellschafter-Geschäftsführer dürfen nur in *angemessener* Höhe als betriebliche Aufwendungen berücksichtigt werden.[76]

► Angemessene Gesamtausstattung

Die Finanzverwaltung überprüft unter Berücksichtigung der Gesamtausstattung des Geschäftsführers und unter Einbeziehung sämtlicher Bezüge, Pensionszusagen und

[75] Siehe OFD Magdeburg, Vfg. V. 10.09.2004, S 0350 – 8 – St 251, GmbHR 2004, 1604.

[76] BFH, Urt. v. 05.10.1994, I R 50/94, BB 1995, 966, 967; BFH, Beschl. v. 09.02.2011, I B 111/10, GmbHR 2011, 838 (mehrere Geschäftsführer).

Nebenleistungen, inwieweit die Vergütung insgesamt angemessen ist. Dabei wird nicht nur ein *interner* Vergleich insbesondere mit den Fremdgeschäftsführern oder den leitenden Angestellten vorgenommen, die dem Geschäftsführer von der Art ihrer Tätigkeit am nächsten stehen. Sondern es wird auch *extern* verglichen und untersucht, inwieweit das Gehalt in der Branche bzw. in vergleichbaren Unternehmen üblich ist.[77]

Des Weiteren können Sachverständigengutachten herangezogen werden. Eine verbindliche Auskunft im Vorfeld kann der Geschäftsführer allerdings nicht beanspruchen. Anders als im Sozialversicherungsrecht, wo vorab die Sozialversicherungspflicht geklärt werden kann, gibt es hier keine Möglichkeit, von der Finanzverwaltung schon bei Abschluss des Anstellungsvertrags eine eindeutige Aussage hinsichtlich der Angemessenheit zu erhalten. Hierfür wäre das Finanzamt aufgrund „einer Ferndiagnose" auch kaum in der Lage.

▶ Überstundenvergütungen und Zuschläge

Keine steuerrechtliche Anerkennung erfolgt grundsätzlich für Überstundenvergütungen, Zuschläge für Sonn-, Feiertags- und Nachtarbeit. Derartige Zahlungen sind als verdeckte Gewinnausschüttungen zu versteuern. Der Geschäftsführer kommt daher auch nicht in den Genuss der steuerfreien Zuschläge, die das Gesetz für Sonntags-, Feiertags- und Nachtarbeit nach § 3b Einkommensteuergesetz vorsieht.[78]

Beispiel

„Immer im Dienst"

Gabriella Gurt (G) ist Geschäftsführerin einer GmbH, die sich mit dem Vertrieb von Werkzeugen, Sondermaschinen sowie Zubehör befasst. In ihrem Anstellungsvertrag sind ein Grundgehalt von monatlich 5000 € sowie Zuschläge für Sonntags-, Feiertags- und Nachtarbeit, die nach § 3b II Einkommensteuergesetz maximal zulässig sind, vereinbart. Die Regelarbeitszeit ist mit 40 Stunden festgelegt und innerhalb der betriebsüblichen Beschäftigungszeiten zu erbringen. Der Geschäftsführerin werden zudem Überstundenvergütungen gewährt.

---

[77] Siehe auch BFH, Urt. v. 04.06.2003, I R 38/02, BB 2004, 756, 4. Leitsatz: *Die als angemessen anzusehende Gesamtausstattung bezieht sich regelmäßig auf die Gesamtgeschäftsführung. Bei Bestellung mehrerer Gesellschafter-Geschäftsführer müssen deswegen insbesondere bei sog. kleineren GmbH ggf. Vergütungsabschläge vorgenommen werden, die von den Unterschieden in den Aufgabenstellungen, in der zeitlichen Beanspruchung und in der für den Betrieb der GmbH zu tragenden Verantwortung abhängen. In Ausnahmefällen können auch Gehaltszuschläge gerechtfertigt sein. Es kann jedoch auch bei einer kleineren GmbH nicht pauschal von den Vergleichswerten ausgegangen werden, die sich für einen Geschäftsführer und einen leitenden Angestellten ergeben.*

[78] BFH, Urt. v. 19.03.1997, I R 75/96, GmbHR 1997, 711; BFH, Urt. v. 09.04.2003, VIII B 124/02, BFH/NV 2003, 1309.

Das Finanzamt beanstandet im Rahmen einer Betriebsprüfung die vereinbarten steuerfreien Zuschläge sowie die Überstundenvergütungen und behandelt diese als verdeckte Gewinnausschüttungen.

Der *Bundesfinanzhof*, der über einen ähnlichen Fall zu entscheiden hatte, bestätigte die Behandlung dieser Zahlungen als verdeckte Gewinnausschüttungen.[79] Das Gericht stellte heraus, dass vom Geschäftsführer ein besonderer persönlicher Einsatz erwartet wird, für den er durch ein deutlich höheres Gehalt entlohnt wird. Das Einhalten bestimmter Arbeitszeiten durch den Geschäftsführer könne nicht kontrolliert werden, er sei ohnehin immer im Dienst. Der Geschäftsführer habe – wann auch immer – seine Arbeit zu erledigen, selbst wenn dies die Ableistung von Überstunden bedeutet. Eine Überstundenvergütung verträgt sich daher nicht mit dem Aufgabenbild eines Geschäftsführers. Bei der Zahlung von Überstundenvergütungen an GmbH-Geschäftsführer soll es nicht entscheidend sein, ob diese üblich ist oder nicht.[80] Die Unüblichkeit einer Zuwendung ist kein Tatbestandsmerkmal für das Vorliegen einer verdeckten Gewinnausschüttung, sondern lediglich ein Indiz.

Der *Bundesfinanzhof* hat aber auch herausgestellt, dass eine GmbH einem fremden Dritten nicht nur deshalb Zuschläge zuwenden würde, damit dieser die Steuerfreiheit nach § 3b Einkommensteuergesetz in Anspruch nehmen könne.[81] Damit hat das Gericht doch wieder auf die Unüblichkeit als Kriterium zurückgegriffen. Offen war daher, wie die Fälle zu entscheiden sind, in denen auch mit einem Nichtgesellschafter derartige Zuschläge vereinbart werden und der Geschäftsführer dieselbe Arbeit macht, z. B. am Feiertag mit seinen Arbeitnehmern Schichtarbeit leistet. Dann hat auch der *BFH*[82] eine Steuerfreiheit von Zuschlägen an den Geschäftsführern zugelassen, während die Geschäftsführertätigkeit am Sonntag im Büro, in der Laube oder wo auch immer nicht durch steuerfreie Zuschläge honoriert werden kann.

bb. Speziell: Gewinn- und Umsatztantieme

Hinsichtlich der Gewinn- und Umsatztantiemen gibt es Besonderheiten in der Finanzrechtsprechung für Gesellschafter-Geschäftsführer.

▶ Umsatztantieme als verdeckte Gewinnausschüttung

[79] BFH, Urt. v. 19.03.1997, I R 75/96, GmbHR 1997, 711.

[80] BFH, Urt. v. 19.03.1997, I R 75/96, GmbHR 1997, 711, 712.

[81] BFH, Urt. v. 19.03.1997, I R 75/96, GmbHR 1997, 711, 712.

[82] BFH, Urt. v. 14.07.2004, I R 111/03, BB 2004, 2282, dort hatte der Geschäftsführer Schichtarbeit an einer Autobahn-Tankstelle geleistet, wobei seine Tätigkeit neben seiner Person von angestellten Schichtleitern ausgeübt wurde, die ebenfalls steuerfrei Zuschläge erhielten, so dass das Gericht zu dem Schluss kam, dass auch die Zuschläge an den Geschäftsführer betrieblich und nicht durch das Gesellschaftsverhältnis veranlasst waren. Siehe auch FG München, Urt. v. 14.05.2018, 7 K 1099/17, juris.

Eine *Umsatztantieme* wird grundsätzlich steuerrechtlich als verdeckte Gewinnausschüttung behandelt. Eine steuerrechtliche Anerkennung ist nur in engen Grenzen möglich.[83] Eine „Gewinnabsaugung“ muss durch die Umsatztantieme auf Dauer ausgeschlossen werden.[84] Durch eine Tantieme, sei es eine Gewinn- oder Umsatztantieme, muss ferner gewährleistet sein, dass den Gesellschaftern noch eine angemessene Verzinsung ihres Kapitals verbleibt. Insbesondere bei Gesellschaften, die im Vertrieb arbeiten, kann eine Umsatztantieme eine angemessene Gegenleistung darstellen und daher nicht den Tatbestand der verdeckten Gewinnausschüttung erfüllen. Insgesamt darf die Umsatztantieme allerdings nicht zu einer unangemessen hohen Gesamtausstattung führen.

► Gewinntantieme ist grundsätzlich zulässig

Weniger Probleme gibt es mit der steuerrechtlichen Anerkennung einer Gewinntantieme[85]. Die Gewinntantieme muss angemessen sein. Sie sollte daher an dem prognostizierten Durchschnittsgewinn angeknüpft werden. Entscheidend ist die Situation bei Zusageerteilung. Die Gewinnerwartungen sollten dokumentiert werden.[86] Auch hat der *Bundesfinanzhof* in seinem Urteil vom 05.10.1994 konkrete Vorgaben entwickelt, bei deren Einhaltung er die Gewinntantieme für steuerrechtlich unbedenklich hält.[87]

Die Leitsätze lauten:

1. *Eine GmbH muss das Geschäftsführergehalt ihres Gesellschafter-Geschäftsführers auch an den eigenen Gewinnaussichten ausrichten.*
2. *Soweit Tantiemeversprechen einer GmbH gegenüber mehreren Gesellschafter-Geschäftsführern insgesamt den Satz von 50 von Hundert des Jahresüberschusses übersteigen, spricht der Beweis des ersten Anscheins für die Annahme einer verdeckten Gewinnausschüttung.*
3. *Die unübliche Höhe einer Gewinntantieme rechtfertigt es nicht, diese insgesamt als verdeckte Gewinnausschüttung zu behandeln. Nur der unangemessen hohe Tantiemeanteil ist verdeckte Gewinnausschüttung.*

[83] Siehe FG Hessen, Urt. v. 22.10.1992, 4 K 5015/89, GmbHR 1994, 265, bestätigt durch das Urteil des BFH v. 19.05.1993, I R 83/92, das mit den Leitsätzen an gleicher Stelle abgedruckt ist.

[84] Zugelassen hat der *BFH* eine weitere Festvergütung, die bei Erreichens einer bestimmten Umsatzgrenze ausgelöst wird, sofern sie der Höhe nach angemessen ist, siehe Urt. v. 05.06.2002, I R 69/01, juris.de., siehe auch FG Berlin-Brandneburg, Urt. v. 08.04.2014, 6 K 6216/12, bei eine Geweinnabsaugung im kokreten Fall verneint wurde.

[85] Erfolgt eine Vergütung nur über eine Gewinntantieme, ohne dass eine weitere Vergütung gezahlt wird, ist dies unüblich und daher grundsätzlich als verdeckte Gewinnausschüttung einzuordnen, BFH, Beschluss vom 18. März 2002, I B 156/01, juris.

[86] Siehe BFH, 27.02.2003, I R 46/01, BB 2003, 1990 (Prognose über die zukünftigen Gewinnaussichten der Gesellschaft, ggf. Begrenzung bei sprunghaft gestiegender Gewinntantieme geboten).

[87] BFH, Urt. v. 05.10.1994, I R 50/94, BB 1995, 966, zustimmend z. B. FG Hamburg, Urt. v. 29.11.2016, 2 V 285/16, juris.

4. *Bei der Beurteilung der Angemessenheit einer Gewinntantieme ist von der Höhe der angemessenen Jahresgesamtbezüge auszugehen, die die GmbH bei normaler Geschäftslage ihrem Geschäftsführer zu zahlen in der Lage und bereit ist. Die Jahresgesamtbezüge sind in ein Festgehalt (in der Regel mindestens 75 von Hundert) und in einen Tantiemeanteil (in der Regel höchstens 25 von Hundert) aufzuteilen. Der variable Tantiemeteil ist in Relation zu dem erwarteten Durchschnittsgewinn auszudrücken.*

▶ Vorgaben des BFH

Damit gibt der *Bundesfinanzhof* den Vertragsparteien konkrete Leitlinien an die Hand. Sie sind allerdings in der Praxis auf Kritik gestoßen, da sie den Bedürfnissen des Einzelfalls nicht immer standhalten. Insbesondere wird der Tantiemeanteil von höchstens 25 % der Jahresgesamtbezüge kritisiert, da sich höhere Tantiemesätze durchgesetzt haben.

▶ 50 % Grenze

Der *Bundesfinanzhof* geht davon aus, dass der Beweis des ersten Anscheins schon dann für eine verdeckte Gewinnausschüttung spreche, wenn mehr als 50 % des Jahresüberschusses für Gewinntantiemen zugunsten von GmbH-Geschäftsführern verwandt werden. Dies stellt sozusagen die erste Grenze dar, die eingehalten werden muss.

▶ Verhältnis 75 % zu 25 %

Anschließend darf dann das Verhältnis der variablen Bezüge zu den Jahresgesamtbezügen in der Regel höchstens 25 % betragen. Allerdings meint der *BFH* auch, dass die Vertragspartner bei der Aufteilung des Bargehalts in ein Festgehalt und in die variable Komponente einen gewissen Ermessensspielraum haben. Wollen die Vertragsparteien allerdings von dem Verhältnis 75 : 25 % zugunsten einer höheren Gewinntantieme abweichen, müssen sie erläutern, warum sie dies tun.[88]

[88] Allerdings ist fraglich ob BFH, Urt. v. 05.10.1994, I R 50/94, BB 1995, 966, heute so noch Bestand mehr haben kann. Denn variable Gehaltsbestandteile sind in der heutigen Praxis von leitenden Angestellten und Geschäftsführern weithin üblich. Der Anteil der variablen Gehaltsbestandteile gerade in den letzten 20 Jahren ist extrem angestiegen. Hier werden in der Regel Zielvereinbarungen geschlossen. Man kann auch bei Fremdgeschäftsführern heute nicht mehr davon ausgehen, dass dieser lediglich 25 % seiner Gesamtvergütung als variable Gehaltsbestandteile erhält. Im Urteil vom 10.07.2002, I R 37/01, juris.de hat der 1. Senat des BFH die Höhe der Gewinntantiemen überhaupt nicht mehr thematisiert hat, obwohl das Urteil hierzu jeden Anlass gegeben hätte. In diesem Urteil vom 10.07.2002 überschritten die variablen Gehaltsbestandteile die Festgehälter um ein Vielfaches. So betrug bei dem Gesellschafter X die Gesamtvergütung 706.422,00 DM für 1988, während sein Festgehalt zwischen 159.000,00 DM und 184.000,00 DM betrug. Für den Gesellschafter Y war ein Festgehalt von 100.000,00 DM bis 122.000,00 DM vereinbart, seine Gesamtvergütung betrug 466.039,00 DM für 1988 bzw.

Festlegung der prozentualen Gewinntantieme

Ferner ist erforderlich, dass die Gewinntantieme prozentual zum Jahresgewinn ausgedrückt und vereinbart wird. Es muss also beispielsweise geregelt werden, dass der Geschäftsführer 5 % des körperschaftssteuerpflichtigen Gewinns als Tantieme erhält. Die so ermittelte Tantieme darf dann wiederum nicht mehr als 25 % der Jahresgesamtvergütung betragen.

Durch Schwankungen im Gewinn ist jedoch im Einzelfall eine Überschreitung der 25 %-Grenze zulässig. Der *Bundesfinanzhof* fordert allerdings eine Überprüfung der Gewinntantieme anlässlich jeder tatsächlich vorgenommenen Gehaltsanpassung und unabhängig von dieser spätestens nach Ablauf von drei Jahren.

Auch ist die Beschränkung der Tantieme auf einen absoluten Höchstbetrag zulässig, indem beispielsweise vereinbart wird, dass der Geschäftsführer 10 % des körperschaftssteuerpflichtigen Gewinns, maximal jedoch 50.000 €, erhält.

Der *Bundesfinanzhof* bringt selbst ein Beispiel, wie er sein Urteil verstanden wissen will:[89]

Eine GmbH hat zum Zeitpunkt des Abschlusses des Geschäftsführervertrags einen körperschaftssteuerpflichtigen Gewinn in Höhe von 800.000 € erwirtschaftet. Das angemessene Geschäftsführergehalt soll 200.000 € betragen. Es teilt sich in 150.000 € Festgehalt und eine Gewinntantieme in Höhe von 50.000 € auf. Dies entspricht einem Tantiemeprozentsatz von 6,25 % des körperschaftssteuerpflichtigen Gewinns (6,25 % von 800.000 € = 50.000 €).

Erzielt die GmbH nun statt 800.000 € 2.000.000 € Gewinn, so ergäbe sich eine Gewinntantieme von 6,25 % aus 2.000.000 €, d. h. ein Betrag in Höhe von 125.000 €. Der Geschäftsführer bekommt also 150.000 € Festgehalt zuzüglich 125.000 € Gewinntantieme = 275.000 € Gesamtgehalt. Die Tantieme beträgt 45,45 % der gesamten Geschäftsführervergütung. Sie ist, obwohl sie den Satz von 25 % übersteigt, dennoch angemessen, da nicht in jedem Jahr eine Anpassung vorgenommen werden muss. In späteren Entscheidungen hat der *BFH* klargestellt, dass eine schematische Aufteilung der Bezüge im Verhältnis 75 % Festgehalt zu 25 % Tantieme nicht zwingend ist, sondern bei höheren Tantiemen nicht automatisch eine Gewinntantieme vorliegen muss.[90]

Ein vom Gesellschafter-Geschäftsführer verursachter Verlustvortrag ist in die Bemessungsgrundlage der Gewinntantieme einzubeziehen, andernfalls kann eine verdeckte Gewinnausschüttung vorliegen.[91]

590.829,00 DM für 1989. Trotz dieser extremen Abweichung und dem sprunghaften Anstieg, thematisierte das Gericht nicht die Problematik, dass die Tantieme lediglich in einem bestimmten prozentualen Verhältnis zum Festgehalt stehen müsse. Für die Praxis sollten vorsorglich die Vorgaben des *BFH* vom 05.10.1994 eingehalten werden. Die Grundsätze des BFH anwendend, siehe aber z. B. FG Hamburg, Urt. v. 29.11.2016, 2 V 285/16, juris.

[89] BFH, Urt. v. 05.10.1994, I R 50/94, BB 1995, 967, 968.

[90] BFH, Urt. v. 04.06.2003, I R 24/02, BB 2003, 2210.

[91] BFH, Urt. v. 17.12.2003, I R 22/03, BB 2004, 1090; BFH, Urt. v. 18.09.2007, I R 73/06, juris.de.

cc. Besonderheiten beim beherrschenden Gesellschafter-Geschäftsführer

► Strengere Anforderungen

Beim beherrschenden Gesellschafter-Geschäftsführer gibt es gegenüber dem nichtbeherrschenden Gesellschafter-Geschäftsführer hinsichtlich der Vereinbarung des Gehalts noch einige Besonderheiten. Ein Gesellschafter-Geschäftsführer ist beherrschend, wenn er mindestens 50 % der Stimmrechte hält oder wenn er als Minderheitsgesellschafter mit anderen Gesellschaftern gleichgerichtete Interessen verfolgt, so dass eine Zusammenrechnung der Stimmen angezeigt ist.

Hat der Gesellschafter-Geschäftsführer maßgeblichen Einfluss auf die Führung der Geschäfte, so kann er sein eigenes Anstellungsverhältnis derart manipulieren, dass dies steuerrechtlich günstig ist. Beim beherrschenden Gesellschafter-Geschäftsführer ist daher eine verdeckte Gewinnausschüttung schon dann anzunehmen, wenn die Gehaltsvereinbarung nicht klar, nicht eindeutig oder rückwirkend vereinbart wird.

► Klarheitsgebot

Es gilt also zunächst das *Klarheitsgebot*, aus dem sich ergibt, dass die Gehaltsvereinbarung schriftlich und eindeutig formuliert werden muss. Die Vergütung ist so klar zu regeln, dass sie durch bloße Rechenvorgänge ohne irgendwelche Ermessensakte ermittelt werden kann.[92]

► Nachzahlungsverbot

Um steuerrechtliche Manipulationen auszuschließen, gilt ferner das *Rückwirkungs-* bzw. Nachzahlungsverbot. Gehaltsvereinbarungen sind somit im Voraus zu treffen. Der Geschäftsführer darf sich also grundsätzlich nicht für die zurückliegende Zeit nachträglich Gehalt genehmigen. Stellt der Geschäftsführer beispielsweise zum Jahresende fest, dass er dieses Jahr ganz ordentlichen Gewinn erwirtschaftet hat, so darf er sich nicht rückwirkend zum 1.1. des laufenden Jahres eine Gehaltserhöhung zubilligen. Wurde auf Gehaltszahlungen verzichtet, wobei dies auch formlos möglich ist, so kann dies nicht mit Wirkung für die Vergangenheit später wieder rückgängig gemacht werden. Wird das Gehalt dennoch später unter Aufhebung des Verzichts nachgezahlt, so stellen diese Zahlungen verdeckte Gewinnausschüttungen dar.[93]

► Durchführungsgebot

Das *Durchführungsgebot* schließlich besagt, dass das, was vertraglich vereinbart ist, tatsächlich auch so durchgeführt werden muss. Es ist daher nicht möglich, dass

---

[92]BFH, Urt. v. 17.12.1997, I R 70/97, GmbHR 1998, 647, 648.

[93]Siehe FG Niedersachsen, Urt. v. 13.01.1998, VI 430/93, GmbHR 1998, 797.

Gehaltsansprüche seitens der Gesellschaft gestundet werden, indem z. B. aus wirtschaftlichen Gründen das dem Geschäftsführer zugesagte Weihnachtsgeld erst im Frühjahr ausbezahlt wird. Die Auszahlung des Weihnachtsgelds im Frühjahr würde eine verdeckte Gewinnausschüttung bedeuten, da die Gehaltsvereinbarung nicht wie abgeschlossen durchgeführt wurde. Nach der Gehaltsvereinbarung war eine Auszahlung vor dem Weihnachtsfest vorgesehen.

Fehlt es an einer klaren, eindeutigen, wirksamen und im Voraus geschlossenen Vereinbarung, so spricht dies für eine verdeckte Gewinnausschüttung.[94] Es handelt sich um ein Beweisanzeichen, nicht jedoch um eine unwiderlegbare Vermutung.[95] In jedem Einzelfall ist unter Berücksichtigung aller Umstände zu prüfen, ob eine verdeckte Gewinnausschüttung vorliegt.

4. Pfändungsschutz für das Einkommen des Geschäftsführers

Gehälter unterliegen der Pfändung. Dies bedeutet, dass jeder Gläubiger, der gegen den Geschäftsführer persönlich einen Titel erstritten hat, in dessen Gehaltsforderungen vollstrecken kann. Dies geschieht, indem der Gläubiger beim zuständigen Amtsgericht einen Pfändungs- und Überweisungsbeschluss erwirkt, der sowohl der GmbH als auch dem Geschäftsführer zugestellt wird. Die GmbH ist dadurch verpflichtet, das Gehalt an den Gläubiger und nicht mehr an den Geschäftsführer zu zahlen. Die Zivilprozessordnung sieht allerdings für Arbeitseinkommen einen gewissen Pfändungsschutz vor. Der Schuldner soll einen Teil des Einkommens behalten dürfen, damit seine wirtschaftliche Existenz gesichert bleibt. Das unpfändbare Nettoeinkommen beträgt monatlich ab dem 01.07.2019 bei einer Person 1139,99 Euro[96] (§ 850c I Zivilprozessordnung); es erhöht sich durch Unterhaltsverpflichtungen. Auf Antrag können weitere Beträge pfändungsfrei bleiben, z. B. wenn erhöhte Aufwendungen aufgrund einer Krankheit zu tätigen sind. Das übersteigende Nettoeinkommen unterliegt nicht komplett, sondern nur anteilig der Pfändung, erst ab 3613,08 € monatlich ist das Nettogehalt vollständig pfändbar.

► Geschäftsführer genießt Pfändungsschutz

Zwar ist der Geschäftsführer kein Arbeitnehmer, er befindet sich jedoch in einer vergleichbaren Situation. Daher genießt auch er für seine Bezüge Pfändungsschutz.[97]

[94]FG München, Urt. v. 14.05.2018, 7 K 1099/17, Orientierungssatz nach juris: *Im Streitfall durfte das FA schon deswegen vom Vorliegen einer vGA ausgehen, weil den Zahlungen der streitigen Zuschläge keine klaren, im Voraus getroffenen, zivilrechtlich wirksamen und tatsächlich durchgeführten Vereinbarungen zugrunde liegen.*

[95]BFH, Urt. v. 17.12.1997, I R 70/97, GmbHR 1998, 647, 649.

[96]Dieser Wert wird ggf. zum 1. Juli im unterschiedlichen Turnus angepaßt, analog der Veränderung des steuerlichen Grundfreibetrags (§ 850c Abs. 2 a Satz 2 ZPO).

[97]BGH, Urt. v. 08.12.1977, II ZR 219/75, NJW 1978, 756 (Vorstand einer AG); BAG, Urt. v. 23.04.2008, 10 AZR 168/07, NZA 2008, 896; OLG Karlsruhe, Urt. v. 24.11.2011, 9 U 18/11, NZG 2012, 299.

Dies gilt auch für eine wegen eines nachvertraglichen Wettbewerbsverbots gezahlte Karenzentschädigung[98], sowie für Ruhegeldzahlungen aus einer Rentenzusage.[99]

5. Vergütung in der Krise und Insolvenz

a. Verpflichtung zur Anpassung?

► Treuepflicht gebietet Anpassung

Gerät die Gesellschaft in die Krise, so haben sowohl der Fremd- als auch der Gesellschafter-Geschäftsführer unter Umständen die Pflicht, einer angemessenen Herabsetzung ihrer Bezüge zuzustimmen. Dies folgt aus der Treuepflicht des Geschäftsführers.[100]

b. Vergütung und Kapitalerhaltung

► Angemessenheit ist entscheidend

Die Zahlung einer Geschäftsführervergütung an einen Gesellschafter-Geschäftsführer verstößt grundsätzlich nicht gegen § 30 GmbHG, sofern Leistung und Gegenleistung in einem angemessenen Verhältnis stehen. Besteht allerdings eine Verpflichtung zur Anpassung des Gehalts, weil es derzeit unter Berücksichtigung der Krise nicht mehr angemessen ist, so kann insoweit eine verbotene Auszahlung gemäß § 30 I GmbHG vorliegen. Bei der Prüfung, ob das Gehalt angemessen ist, spielen Art und Umfang der Tätigkeit, insbesondere die Art, Größe und Leistungsfähigkeit des Betriebs, das Alter, die Ausbildung und die Berufserfahrung sowie die Fähigkeiten des Geschäftsführers eine Rolle.[101] Das Zivilrecht prüft eigenständig das Vorliegen der Tatbestandsvoraussetzungen, so dass eine von der Finanzverwaltung festgestellte Unangemessenheit für das Zivilrecht nicht bindend ist. Allerdings kommt es auch bei der zivilrechtlich zugrunde gelegten Unangemessenheit auf die Gesamtbezüge an.[102]

---

[98] OLG Rostock, Urt. v. 09.06.1994, 1 U 40/94, NJW-RR 1995, 173, 174.

[99] BGH, Urt. v. 16.11.2016, VII ZB 52/15, juris, *Ansprüche eines GmbH-Geschäftsführers und Mehrheitsgesellschafters auf fortlaufende Ruhegeldzahlungen aus einem mit der GmbH geschlossenen Pensionsvertrag sind nach § 850 Abs. 2 ZPO als Arbeitseinkommen anzusehen und nach Maßgabe der Tabelle als Anlage zu § 850c Abs. 3 ZPO pfändbar.*

[100] BGH, Urt. v. 15.06.1992, II ZR 88/91, WM 1992, 1407, 1409, siehe aber auch OLG Karlsruhe, Urt. v. 24.11.2011, 9 U 18/11, NZG 2012, 299, 301, wonach in der Krise nicht zwangsläufig ein niedriges Gehalt gezahlt werden muss, weil eine entsprechend hohe Verantwortung besteht, dort ging es um die Frage, ob ein verschleiertes Arbeitseinkommen vorlag.

[101] BGH, Urt. v. 15.06.1992, II ZR 88/91, WM 1992, 1407, 1408.

[102] OLG Hamm, Urt. v. 05.07.1993, 8 U 249/92, GmbHR 1994, 399, 400.

III. Urlaub

▶ Urlaubsanspruch besteht

Jeder Geschäftsführer muss einmal Urlaub machen. Er hat darauf allerdings keinen Anspruch aus dem Bundesurlaubsgesetz, das lediglich für Arbeitnehmer und für arbeitnehmerähnliche Personen, nicht jedoch für Organmitglieder gilt.[103] Dennoch folgt aus der Treuepflicht der Gesellschaft gegenüber dem Geschäftsführer, dass ein Anspruch auf die Gewährung eines angemessenen Urlaubs besteht. Ungeklärt ist allerdings, was unter einem angemessenen Urlaub zu verstehen ist. Das Bundesurlaubsgesetz sieht einen Mindesturlaub von jährlich 24 Tagen vor, wobei die Woche mit sechs Tagen gezählt wird. Dies entspricht also einem Urlaub von vier Wochen pro Jahr. Der Geschäftsführer wird wohl mindestens diesen Zeitraum als Urlaub unter Fortzahlung der Bezüge beanspruchen dürfen. Auch wird er darauf bestehen können, zumindest einmal im Jahr einen zusammenhängenden Urlaub zu bekommen, denn nur dadurch ist eine nachhaltige „Regeneration" gewährleistet.

Tipp für den Geschäftsführer!
Wegen der Unsicherheiten, ob und in welcher Höhe Sie einen Urlaubsanspruch haben, sollten Sie eine dahingehende Regelung im Anstellungsvertrag erwirken.[104] Geregelt werden sollte auch die Frage, was gilt, wenn wegen Arbeitsüberlastung oder Ausscheidens aus dem Anstellungsverhältnis eine vollständige Inanspruchnahme des Urlaubs nicht möglich ist. Als Geschäftsführer haben Sie grundsätzlich nicht nur dann Anspruch auf Urlaubsabgeltung, wenn die Gewährung von Freizeit wegen Beendigung des Arbeitsverhältnisses nicht mehr möglich ist, sondern auch dann, wenn der Umfang der geleisteten Arbeit und die Verantwortung für das Unternehmen die Gewährung von Freizeit im Urlaubsjahr ausgeschlossen haben.[105] Eine Abgeltung muss mit der Gesellschafterversammlung am besten durch eine Regelung im Anstellungsvertrag vereinbart werden. Es sollte mindestens eine Urlaubsabgeltung entsprechend den Vorschriften des Bundesurlaubsgesetzes zugrunde gelegt werden.[106] Vereinbart werden sollte aber ausdrücklich, dass

(Fortsetzung)

[103]ArbG Stuttgart, Urt. v. 21.12.2016, 26 Ca 735/16, juris, Rdnr. 146.

[104]Siehe den beigefügten Entwurf im Anhang.

[105]So ausdrücklich BGH, Urt. v. 03.12.1962, II ZR 201/61, NJW 1963, 535, der auch feststellt: Leitsatz: *Im allgemeinen kann der bereits erworbene Abgeltungsanspruch seinem Inhaber nicht mehr durch fristlose Entlassung genommen werden.*

[106]OLG Düsseldorf, Urt. v. 23.12.1999, 6 U 119/99, NZG 2000, 377, Leitsätze: *1. Auch der Urlaubsanspruch eines GmbH-Geschäftsführers ist grundsätzlich nur auf Gewährung von Freizeit unter Fortzahlung des vereinbarten Gehalts gerichtet; eine Abgeltung in Geld kommt nur in Betracht, wenn die Gewährung von Freizeit wegen Beendigung des Geschäftsführeranstellungsvertrags nicht mehr möglich ist oder der Umfang der geleisteten Arbeit und die Verantwortung für das Unterneh-*

nicht genommener Urlaub nicht verfällt, sondern zeitlich ggf. unbegrenzt oder zumindest für eine großzügig Zeitraum vorgetragen werden kann und nicht nur bei Beendigung, sondern auch während des fortlaufenden Dienstverhältnisses nach dem Wunsch des Geschäftsführers abzugelten ist (siehe auch den Formulierungsvorschlag bei § 10 des Musters des Anstellungsvertrags im Anhang mit einer Kompromisslösung).

IV. Krankheit

► Fortzahlung der Bezüge bei Krankheit

Wird der Geschäftsführer krank und steht er deshalb der Gesellschaft nicht zur Verfügung, so stellt sich die Frage, ob er einen Anspruch auf Fortzahlung seiner Bezüge hat. Das Entgeltfortzahlungsgesetz, das Arbeitnehmern für einen Zeitraum bis zu sechs Wochen einen Anspruch auf Fortzahlung der Bezüge gewährt, gilt nicht für Geschäftsführer. Für Geschäftsführer kommt jedoch die allgemeine Regelung des § 616 BGB zur Anwendung. Dort heißt es, dass der zur Dienstleistung Verpflichtete seines Anspruchs auf Vergütung nicht dadurch verlustig wird, dass er für eine „verhältnismäßig nicht erhebliche Zeit“ durch einen in seiner Person liegenden Grund ohne sein Verschulden an der Dienstleistung verhindert ist. Danach hätte der Geschäftsführer bei einer dienstlichen Verhinderung infolge von Krankheit auf jeden Fall einen Anspruch auf Fortzahlung der Bezüge. Es gilt daher zu klären, was unter einer verhältnismäßig nicht erheblichen Zeit zu verstehen ist. Allerdings wird § 616 BGB auch nur auf den Geschäftsführer angewandt, der nicht wesentlich an der Gesellschaft beteiligt ist. Dies ist nahe liegend, da der beherrschende Gesellschafter-Geschäfts-führer ohnehin eine vertragliche Vereinbarung über eine Lohnfortzahlung im Krankheitsfall treffen könnte. Für den abhängigen GmbH-Geschäftsführer kann die Sechs-Wochen-Frist des Entgeltfortzahlungsgesetzes als Anhaltspunkt für eine Auslegung des Tatbestandsmerkmals „verhältnismäßig nicht erhebliche Zeit“ in § 616 I BGB herangezogen werden. Er hat daher im Falle der krankheitsbedingten Verhinderung Anspruch auf Entgeltfortzahlung für den Zeitraum von sechs Wochen (strittig). In sonstigen Verhinderungsfällen, wie z. B. der Pflege eines kranken Kindes, ist der Entgeltfortzahlungszeitraum geringer; hier ist es dem Geschäftsführer grundsätzlich zumutbar, kurzfristig eine Betreuung des Kindes durch Dritte zu organisieren. In solchen Fällen dürfte mangels

men die Gewährung von Freizeit im Urlaubsjahr ausgeschlossen haben. 2. Liegen diese Voraussetzungen nicht vor, kann sich auch der von den Beschränkungen des BGB § 181 befreite alleinvertretungsberechtigte GmbH-Geschäftsführer ohne Zustimmung der Gesellschafterversammlung keine Urlaubsabgeltung in Geld zubilligen, weil die darin liegende Änderung des Geschäftsführeranstellungsvertrags gemäß GmbHG § 46 Nr. 5 in der alleinigen Beschlußzuständigkeit der Gesellschafterversammlung liegt.

anderer Anhaltspunkte ein Anspruch auf Fortzahlung der Bezüge für maximal zwei Wochen bestehen.

Auch hier empfiehlt sich eine vertragliche Vereinbarung. In der Praxis ist die Fortzahlung der Vergütung bei Krankheit oder der sonst unverschuldeten Verhinderung bis zu sechs Monaten nicht unüblich.

G. Versorgung und soziale Absicherung

I. Überblick

Geschäftsführer erhalten für ihre Tätigkeit in der Regel ein angemessenes Gehalt. Diese Vergütung korrespondiert mit ihrer Arbeitsbelastung, ihrer Verantwortlichkeit und ihrem Erfolg. Die Vergütung ermöglicht dem Geschäftsführer einen hohen Lebensstandard. Zieht sich der Geschäftsführer jedoch im Alter aus dem Berufsleben zurück, so steht er vor dem Problem, den gewohnten Lebensstandard weiterhin zu finanzieren. Hieraus erwächst das Bedürfnis des Geschäftsführers, sich für den Ruhestand finanziell abzusichern.

► Ruhestand, Berufsunfähigkeit und Tod

Neben einer finanziellen Absicherung für das Alter muss der Geschäftsführer allerdings auch die Fälle der Invalidität und des vorzeitigen Todes bedenken. Bei einer Invalidität muss, wenn der Geschäftsführer seine berufliche Tätigkeit nicht oder nur noch eingeschränkt ausüben kann, über einen finanziellen Ausgleich, etwa in Form einer Berufsunfähigkeitsrente, nachgedacht werden. Im Falle seines vorzeitigen Todes kann es Familienangehörige geben, die finanziell versorgt werden müssen. Diese drei „sozialen Sicherungsfälle“ (Alter, Invalidität, vorzeitiger Tod) müssen abgesichert sein.

► „Drei Säulen“

Hierbei haben sich die sog. „drei Säulen“ der sozialen Absicherung herausgebildet:

- die gesetzliche Rentenversicherung,
- die private Vorsorge,
- die betriebliche Altersversorgung.

II. Gesetzliche Rentenversicherung

► Gesetzliche Rente ist nicht auf Dauer auf heutigem Niveau finanzierbar

Die erste Säule, die gesetzliche Rentenversicherung, gewährt für den Ruhestand, aber auch für die Fälle der (verminderten) Erwerbsunfähigkeit und des vorzeitigen

Todes, eine soziale Grundabsicherung durch Rentenleistungen. In Zeiten knapper Kassen stellt sich die Frage, ob die gesetzliche Rentenversicherung ihre Funktion noch dauerhaft erfüllen kann. Hier muss bedacht werden, dass die gezahlten Renten der Höhe nach immer hinter dem letzten Nettogehalt zurückbleiben. Aufgrund des Finanzierungsproblems der gesetzlichen Rentenversicherung greift der Gesetzgeber seit Jahren zum Nachteil der künftigen Rentner in das System ein. Hier seien nur Stichworte wie die Heraufsetzung des Rentenalters, die eingeschränkte Berücksichtigung von Ausbildungs- und Studienzeiten oder die Abschaffung der Rente wegen Berufsunfähigkeit für bestimmte Jahrgänge genannt.

▶ „Umlageprinzip" und Generationsvertrag

Die gesetzliche Rente beruht zudem auf dem sog. „Umlageprinzip". Dies bedeutet, dass die Renten aus den laufenden Beiträgen gespeist werden. Die aktuellen Beitragszahler finanzieren die Renten der derzeitigen Ruheständler (sog. Generationsvertrag), indem die heute benötigten Renten auf sie „umgelegt" werden. Die Beiträge werden also nicht – wie bei einem Prinzip, das auf Kapitaldeckung beruht (so z. B. bei der Kapitallebensversicherung) – zu einem Vermögen angesammelt und verzinslich angelegt. Jedoch gerät das Umlageprinzip ins Wanken, wenn es immer mehr Renten zu finanzieren gilt, obwohl das Beitragsaufkommen stagniert oder sogar zurückgeht.

Die Renten aus der gesetzlichen Rentenversicherung sind also schon heute der Höhe nach unzureichend, die Entwicklung der Renten ist ungewiss und nicht alle Geschäftsführer sind gesetzlich versichert. Wie bereits oben ausgeführt, ist grundsätzlich der Fremdgeschäftsführer sozialversicherungspflichtig und damit auch in der gesetzlichen Rentenversicherung zu versichern. Beim Gesellschafter-Geschäftsführer kommt es auf eine Einzelfallprüfung an, ob eine Sozialversicherungspflicht besteht. Hat der Geschäftsführer maßgeblichen Einfluss auf die Geschicke der Gesellschaft, so ist er als beherrschender Gesellschafter sozialversicherungsfrei.[107]

▶ „Versorgungslücke" des Geschäftsführers

Für die eigene finanzielle Absicherung des Geschäftsführers für den Ruhestand ist also wie folgt zu unterscheiden:

1. Der Geschäftsführer, der ohnehin rentenversicherungspflichtig ist, steht vor der Frage, ob er wegen der im Vergleich zum letzten Gehalt geringeren Rente eine zusätzliche Absicherung vornimmt, um diese Versorgungslücke zu schließen.
2. Der Geschäftsführer, der nicht in der gesetzlichen Rentenversicherung versichert ist, muss sich völlig eigenständig um seine soziale Absicherung kümmern.

[107] Siehe bereits oben 2. Teil D III.

Zusammenfassend lässt sich feststellen:
Jeder Geschäftsführer muss sich vergegenwärtigen, dass im Ruhestand und bei Invalidität bzw. Berufsunfähigkeit eine Versorgungslücke besteht. Ferner muss er sich darüber im Klaren sein, dass für den Fall des frühzeitigen Todes seine Hinterbliebenen finanziell abgesichert sein müssen. Die gesetzliche Rentenversicherung gewährt, soweit der Geschäftsführer dort einen Anspruch auf Rente erworben hat bzw. noch erwirbt, eine Grundabsicherung; es bleibt jedoch eine Versorgungslücke, die abgesichert werden sollte. Eine Absicherung kann über die zweite und dritte Säule der sozialen Sicherung erfolgen.

III. Private Vorsorge

▶ Eigene Vorsorge des Geschäftsführers

Im Rahmen der privaten Vorsorge (zweite Säule) sind alle Spielarten der sozialen Absicherung denkbar. Die private Vorsorge kann entweder durch private Versicherungsverträge oder durch sonstige Maßnahmen der privaten Vermögensbildung aufgebaut werden. So kann der Geschäftsführer für sich und seine Angehörigen eine Lebensversicherung abschließen, die entweder nur seinen vorzeitigen Tod absichert (reine Risikolebensversicherung) oder eine Kapitalleistung für den Erlebensfall (Kapitallebensversicherung) vorsieht. Ferner kommt eine Absicherung für den Fall der Invalidität durch Berufsunfähigkeits- oder Unfallversicherungen in Betracht. Da seit Juli 1994 jeder Versicherer seine eigenen Bedingungen auf den Markt bringen kann, gibt es hier zahlreiche unterschiedliche Produkte, die sich mittlerweile nur noch schwer miteinander vergleichen lassen.

Durch das Altersvermögensgesetz (u. a. Riester-Rente)[108] und das Alterseinkünftegesetz (sog. Rürup-Rente oder Basisrente) haben aufgrund der staatlichen Förderung – teils durch Zulagen teils durch steuerliche Abzugsmöglichkeiten – private Rentenversicherungsverträge für die Altersvorsorge an Bedeutung gewonnen. So sind nach dem Alterseinkünftegesetz Beiträge zu Rentenversicherungen bis zu 24.305 € als Sonderausgaben steuerlich abzugsfähig,[109] wobei allerdings beim Geschäftsführer entweder bei bestehender Sozialversicherungspflicht bzw. zugesagter Versorgung seitens der GmbH eine Kürzung des Höchstbetrags in Betracht kommen kann.[110] So

[108]Siehe vor allem das Alterszertifizierungsgesetz.

[109]Siehe § 10 Abs. 1 Nr. 2 b) i.V.m. Abs. 3 EStG, wonach Beiträge bis zu dem Höchstbeitrag zur knappschaftlichen Rentenversicherung abzugsfähig sind, das sind für 2019 bis zu 24.305 €, bei gemeinsamer Veranlagung verdoppelt sich dieser Betrag auf 48.610 €. Für 2019 sind allerdings erst 88 % von 24.305 € bzw. von 48.310 € berücksichtigungsfähig, jährlich erhöht sich der Betrag der abzugsfähigen Altersvorsorgeaufwendungen um 2 %, 2025 kann dann der Höchstbetrag zu 100 % ausgeschöpft werden.

[110]Siehe § 10 Abs. 3 Satz 3 EStG, Beispiel für 2019: Gehalt 100.000 € brutto, reduziert auf Beitragsbemessungsgrenze West 80.400, davon 18,6 % Rentenversicherungsbeitrag ergibt den Abzugsbetrag in Höhe von 14.954,40 €. Dieser ist von den 24.305 € abzuziehen, so dass nur noch Beiträge in Höhe von 9350,60 € auf Basisrenten steuerlich in 2019 und diese zu 88 % abzugsfähig sind.

ist ein Vorwegabzug vorzunehmen, wenn die GmbH ihrerseits eine Altersversorgung zugesagt hat, die ja während der Aufbauphase für den Geschäftsführer steuerfrei ist. Dieser soll dann aber nicht im vollen Umfang die von ihm für die privaten Rentenversicherungsverträge gezahlten Prämien steuerlich geltend machen dürfen, es findet vielmehr ein Vorwegabzug statt. Es sind die von der GmbH für den Geschäftsführer gezahlten Rentenversicherungsbeiträge anzurechnen bzw. ist beim rentenversicherungsfrei beschäftigten Geschäftsführer, dem die GmbH eine Altersversorgung zusagt, eine pauschale Kürzung des Höchstbetrags um den Gesamtbetrag vorzunehmen, der in die gesetzliche Rentenversicherung vom Geschäftsführergehalt zu zahlen wäre, maximal bis zur Beitragsbemessungsgrenze. Die Rentenversicherungsverträge dürfen nicht beleihbar, vererblich, veräußerbar oder kapitalisierbar sein.

Tipp für den Geschäftsführer!
Beauftragen Sie in jedem Fall einen unabhängigen Versicherungsmakler mit der Auswahl von privaten Versicherungsverträgen. Bitten Sie diesen, ein geeignetes Produkt für Sie herauszusuchen. Lassen Sie nur die Fakten sprechen! Die zukünftige Rendite lässt sich grundsätzlich nicht exakt prognostizieren. Renditen, die Ihnen genannt werden, beziehen sich häufig auf jetzt fällig werdende Verträge, die vor Jahrzehnten abgeschlossen wurden. Für die Zukunft kann niemand sagen, wie sich die Kapitalanlagen entwickeln. Legen Sie daher Wert darauf, dass Sie wenigstens eine angemessene Garantieverzinsung bzw. Garantierente haben.

Es würde den Rahmen dieses Buchs sprengen, die private Vorsorge detailliert darzustellen. Es ist letztlich auch kein spezifisches Problem des Geschäftsführers, sondern betrifft praktisch die gesamte Bevölkerung.

Die private Vorsorge außerhalb der Absicherung durch Versicherungsverträge kann durch den Erwerb von Immobilien, den Erwerb von Unternehmensbeteiligungen und Investmentanteilen, festverzinslichen Wertpapieren oder auch durch den Abschluss von Vorsorgesparverträgen mit Kreditinstituten geschehen.

IV. Betriebliche Altersversorgung

1. Einführung

Für den Geschäftsführer von besonderem Interesse ist die dritte Säule der sozialen Absicherung, die betriebliche Altersversorgung. Es handelt sich um eine komplexe Materie, deren Beherrschung erhebliches Know-how erfordert. Zur Vertiefung sei verwiesen auf das Standardwerk von *Langohr-Plato*, Betriebliche Altersversorgung, Handbuch, 7. Aufl. 2016.

Die betriebliche Altersversorgung hat in Deutschland eine lange Tradition. Sie wurde bereits Mitte des 19. Jahrhunderts von einigen größeren Unternehmen eingeführt. Im Zuge der Industrialisierung verlor die Großfamilie und die durch sie gewährleistete soziale Absicherung an Bedeutung, so dass die betriebliche Altersversorgung teils an deren Stelle trat.

Fünf Durchführungswege

Bei der betrieblichen Altersversorgung sind fünf Durchführungswege zu unterscheiden:

1. die unmittelbare Versorgungszusage (Direktzusage),
2. die mittelbare Versorgung durch Unterstützungskassen,
3. die mittelbare Versorgung durch Pensionskassen,
4. die Direktversicherung,
5. die Pensionsfonds.

Alle fünf Möglichkeiten kommen auch für den Geschäftsführer in Betracht.

Pensionszusage

Bei der *Pensionszusage* (= Direktzusage/unmittelbare Versorgungszusage) wird zwischen dem Geschäftsführer und der GmbH ein Vertrag geschlossen, in dem sich die GmbH verpflichtet, dem Geschäftsführer unter bestimmten Voraussetzungen eine Rente zu zahlen. Ebenfalls kann eine Rente wegen Berufsunfähigkeit bzw. eine Rente an Hinterbliebene vereinbart werden.

Unterstützungskasse

Bei der *Unterstützungskasse* handelt es sich um einen eingetragenen Verein, der durch Beiträge der beteiligten Arbeitgeber finanziert wird. Die begünstigten Arbeitnehmer, auch begünstigte Geschäftsführer, haben keinen direkten Anspruch gegen die Unterstützungskasse.

Pensionskasse

Die *Pensionskasse* ist stets ein Versicherungsverein auf Gegenseitigkeit, der der Versicherungsaufsicht durch das *Bundesaufsichtsamt für Finanzdienstleistungen* unterliegt. Hier hat der Begünstigte unter bestimmten Voraussetzungen einen direkten Anspruch gegen diesen Versicherungsverein auf Versorgungsleistungen infolge von Invalidität oder für den Ruhestand. Ferner haben die Angehörigen, sofern die Voraussetzungen vorliegen, Anspruch auf die Hinterbliebenenrente.

Pensionsfonds

Die betriebliche Altersversorgung über *Pensionsfonds* ist seit dem 01.01.2003 möglich. Ein Pensionsfonds ähnelt einer Pensionskasse. Es handelt sich um eine Versorgungseinrichtung in der Rechtsform einer Aktiengesellschaft oder eines

Pensionsfondsvereins auf Gegenseitigkeit, die dem Versorgungsberechtigten einen Rechtsanspruch gewährt. Hinsichtlich der Anlagegrundsätze bestehen im Verhältnis zur Pensionskasse größere Freiheiten, es kann eine wesentlich riskantere Anlagepolitik betrieben werden.

▶ Direktversicherung

Bei der *Direktversicherung* schließt die GmbH als Versicherungsnehmerin mit einem Versicherungsunternehmen einen Lebensversicherungsvertrag, bei dem der Geschäftsführer versichert und bezugsberechtigt ist. Es handelt sich um einen unkomplizierten Weg, dem Begünstigen Leistungen der Altersversorgung zukommen zu lassen. Dieser Durchführungsweg hat in der Praxis eine sehr große Bedeutung.

Da die Unterstützungs- und Pensionskassen sowie die Pensionsfonds keine spezifische Bedeutung für den Geschäftsführer haben, werden diese Durchführungswege hier nicht behandelt. Die Darstellung konzentriert sich vielmehr auf die Pensionszusage und die Direktversicherung.

2. Pensionszusage

a. Überblick

Bei der Pensionszusage (Dircktzusage) verspricht die GmbH dem Geschäftsführer für den Altersruhestand und den Eintritt einer Berufsunfähigkeit bzw. Invalidität die Gewährung von Versorgungsleistungen. Im Falle des Todes wird in der Regel eine Hinterbliebenenversorgung vereinbart.

Eine Versorgungszusage kann in den Einzelfällen unterschiedlich ausgestaltet werden. Das Steuer- und Bilanzrecht setzt allerdings einige Grenzen, innerhalb derer sich die Vertragsparteien bewegen müssen, damit die Zusage steuerrechtlich anerkannt wird.[111]

b. Zivilrechtliche Voraussetzungen

Eine Pensionszusage ist nur dann wirksam, wenn bestimmte zivilrechtliche Voraussetzungen erfüllt sind. Zunächst ist zu betonen, dass das Zivilrecht keinerlei Formvorschriften vorsieht. Eine Pensionszusage kann durchaus auch mündlich erteilt werden. Aus Gründen der Beweisführung und weil die steuerrechtliche Anerkennung einer Pensionszusage die Schriftform voraussetzt, ist von einer mündlichen Pensionszusage in jedem Fall abzuraten.[112]

▶ Gesellschafterversammlung ist zuständig

[111] Siehe hierzu sogleich die Ausführungen unter e.

[112] Eine Versorgungszusage kann auch formlos erteilt werden, siehe BGH, Urt. v. 23.02.1994, VIII ZR 94/93, MDR 1994, 564, das Steuerecht fordert die Schriftform, damit Pensionsrückstellungen anerkannt werden (§ 6a I Nr. 3 EStG).

Zuständig für die Erteilung einer Pensionszusage ist die Gesellschafterversammlung, nicht etwa ein Mitgeschäftsführer oder der Geschäftsführer selbst. Dies auch dann nicht, wenn er vom Selbstkontrahierungsverbot befreit ist. Da die unmittelbare Versorgungszusage Bestandteil des Anstellungsvertrags ist und, wie ausgeführt, die Vereinbarungen der Konditionen unter Abschluss des Anstellungsvertrags in die originäre Zuständigkeit der Gesellschafterversammlung fällt, gilt dies auch für die Erteilung oder Abänderung einer Versorgungszusage.

Es ist möglich, dass die Gesellschafterversammlung einen Mitgeschäftsführer für die Erteilung der Versorgungszusage ermächtigt. Auch wäre es dann zulässig, dass dieser vom Verbot des Selbstkontrahierens befreite Geschäftsführer aufgrund eines ermächtigenden Beschlusses der Gesellschafterversammlung die Versorgungszusage selbst vornimmt.

Bei einer Einpersonen-GmbH wird ebenfalls ein Gesellschafterbeschluss sowie eine Befreiung vom Verbot des § 181 BGB benötigt, wobei der Beschluss wegen der Beweisbarkeit nach außen zu dokumentieren ist. Aufgrund dieses Gesellschafterbeschlusses kann der Geschäftsführer, der gleichzeitig Alleingesellschafter ist, mit sich selbst diese Versorgungszusage vereinbaren.

▶ Abschluss der Versorgungsvereinbarung

Zu beachten ist immer, dass der Gesellschafterbeschluss und die eigentliche Versorgungszusage, d. h. das Rechtsgeschäft zwischen der Gesellschaft und dem Geschäftsführer, voneinander zu trennen sind. Die Gesellschafterversammlung muss zunächst darüber entscheiden, ob und in welchen Einzelheiten eine Versorgungszusage erteilt wird. Diese Entscheidung ist sodann umzusetzen, was die Gesellschafterversammlung selbst tun kann, indem sie mit dem anwesenden Geschäftsführer die Versorgungszusage unmittelbar im Anschluss vereinbart. Denkbar ist auch, dass der Gesellschafterbeschluss eine Doppelfunktion erfüllt, nämlich sowohl die Entscheidung der Gesellschafter dokumentiert, dass eine Versorgungszusage erteilt werden soll, als auch gleichzeitig die Erteilung der Pensionszusage darstellt. Dies wäre allerdings nur dann möglich, wenn der Geschäftsführer gleichzeitig als Gesellschafter an der Abstimmung teilnimmt, was er ohne weiteres darf. Bei einem Fremdgeschäftsführer ließe sich eine Versorgungszusage auf diese Weise nicht realisieren. Hier muss der Gesellschafterbeschluss umgesetzt werden, indem die Gesellschafterversammlung oder ein von ihr Bevollmächtigter namens der GmbH mit dem Geschäftsführer die Pensionsvereinbarung trifft.

c. Vertragliche Ausgestaltung

aa. Typischer Inhalt

Versorgungszusagen enthalten regelmäßig Leistungen für den Fall des Ruhestands, der Berufsunfähigkeit sowie im Todesfall für die Hinterbliebenen.

▶ Pensionsalter

Das Ruhegehalt wird regelmäßig zeitgleich mit dem Renteneintrittsalter des Geschäftsführers zugesagt. Dies war bisher die Vollendung des 65. Lebensjahres bzw. tritt nach sukzessiver Anhebung des Renteneintrittsalters das entsprechend höhere Renteneintrittsalter bis zur Vollendung des 67. Lebensjahres. Die Jahrgänge ab 1964 erreichen das Renteneintrittsalter grundsätzlich erst mit Vollendung des 67. Lebensjahres. Es muss darauf geachtet werden, dass die Dauer des Dienstverhältnisses und der Beginn der Versorgung mit Gewährung des Ruhegehalts miteinander koordiniert werden. Bei Eintritt der Berufsunfähigkeit, die zwar prognostisch betrachtet von Dauer ist, kann diese dennoch in der Zukunft entfallen, daher könnte daran gedacht werden, dass das Dienstverhältnis solange ruht oder aber, dass diese endgültig mit Eintritt der Berufsunfähigkeit endet, weil eine Rückkehr nicht gewünscht ist (siehe dazu das Muster eine Versorgungszusage im Anhang). Zu den besonderen Voraussetzungen beim Gesellschafter-Geschäftsführer, bei dem darauf geachtet werden muss, dass die Pensionszusage nicht eine verdeckte Gewinnausschüttung auslöst, siehe die Ausführungen unten bei 2.e.bb.

▶ Festbetragszusage

Die Versorgungsleistung kann der Höhe nach fest zugesagt werden, wenn z. B. einem Geschäftsführer eine Rente von 3000 € pro Monat ab dem 67. Lebensjahr versprochen wird (*Festbetragszusage*). Denkbar ist auch eine Vereinbarung, wonach die Höhe der Rente entsprechend den zurückgelegten Dienstjahren berechnet wird. Dies kann z. B. dadurch geschehen, dass der Geschäftsführer für jeden Monat seiner Dienstzugehörigkeit einen Rentenanspruch von 15 € pro Monat erdient.

▶ Gehaltsabhängige Zusage

Des Weiteren ist eine Koppelung der Pension an das letzte Gehalt (*gehaltsabhängige Zusage*) möglich. Das pensionsbestimmende Gehalt muss eindeutig formuliert werden.[113] Üblich ist eine Anknüpfung an das Jahresgrundgehalt. Dem Geschäftsführer könnte beispielsweise eine Betriebsrente in Höhe von 60 % seines zuletzt bezogenen Jahresgrundgehalts zugesagt werden. Denkbar ist auch, dass man pro Dienstjahr eine Rente von z. B. 2 % bezogen auf das zuletzt bezogene Jahresgrundgehalt zusagt.

▶ Gesamtversorgung

Die Pensionszusage sollte in die Gesamtversorgung des Geschäftsführers eingebettet werden. Dies kann durch Anrechnung der Sozialversicherungs- und sonstiger Renten

[113]Siehe den Formulierungsvorschlag im Anhang 2.

auf die Betriebsrente geschehen. Die Höhe der Gesamtversorgung (Betriebsrente + gesetzliche Rente + sonstige Renten) wird hierbei der Höhe nach z. B. auf 75 % des zuletzt bezogenen Bruttogehalts limitiert. Bei Gesellschafter-Geschäftsführern muss darauf geachtet werden, dass die Gesamtversorgung insgesamt angemessen ist.[114]

► Hinterbliebenenversorgung

Bei den Hinterbliebenenbezügen wird in der Regel eine Koppelung in prozentualer Höhe an die Versorgungszusage des Geschäftsführers vorgenommen. Denkbar ist beispielsweise, dass die Versorgung des Ehepartners 60 % der Rente des Geschäftsführers beträgt und dass die Waisenrenten jeweils 30 % derselben ausmachen. Insgesamt wird dann meist festgelegt, dass die Hinterbliebenenbezüge maximal die mit dem Geschäftsführer vereinbarte Ruhegeldzusage erreichen dürfen.[115] Für zulässig erachtet wird eine Kürzung oder ein Ausschluss der Hinterbliebenenrente zu Gunsten des Partners bzw. der Partnerin bei einem starken Altersunterschied. Das *BAG* hielt z. B. für zulässig, dass bei einem Altersunterschied von mehr als 15 Jahren ein Ausschluss der Hinterbliebenenleistungen vereinbart wird[116] und bei einem Unterschied von mehr zehn Jahren eine Kürzung erfolgt.[117] So wurde es nicht beanstandet, dass dann, wenn der überlebende Partner mehr als zehn Jahre jünger als der versterbende Geschäftsführer ist, die Hinterbliebenenrente für jedes weitere Jahr um 5 % gekürzt wird (siehe auch den Formulierungsvorschlag im Anhang). Wo die Grenzen in anderen Einzelfällen liegen, ist damit noch nicht entschieden.

► Unverfallbarkeit

In einer Pensionszusage nicht fehlen darf eine Vereinbarung, die festlegt, wann bei einem vorzeitigen Ausscheiden aus der GmbH eine Anwartschaft besteht, die bereits einen Versorgungsanspruch sicherstellt (Unverfallbarkeit). Denkbar ist etwa eine Regelung, wonach nach fünf Jahren die GmbH an ihre Versorgungszusage auch für den Fall des Ausscheidens gebunden ist. Freilich darf der Geschäftsführer in diesem Fall nur anteilig Versorgungsleistungen beanspruchen. Gilt das Betriebsrentengesetz, so enthält dies Sonderregelungen.[118]

► Anpassung

Ebenfalls von Bedeutung ist die Regelung einer Dynamisierung der Versorgungsleistungen. Hier kann vereinbart werden, dass bereits die Anwartschaft dynamisiert

[114]Siehe hierzu sogleich die steuerrechtlichen Ausführungen.

[115]Siehe auch den Formulierungsvorschlag im Anhang 2.

[116]BAG, Urt. v. 20.02.2018, 3 AZR 43/17, juris.

[117]BAG, Urt. v. 11.12.2018, 3 AZR 400/17, juris.

[118]Siehe hierzu die Ausführungen unten.

wird. Denkbar ist beispielsweise die Zusage einer Festbetragsrente, die sich jährlich um 2 % bis zum Eintritt des Ruhestands erhöht. Nach Eintritt des Ruhestands kann dann wiederum eine Anpassung vereinbart werden, z. B. in Höhe von ebenfalls 2 %. Möglich ist auch eine Regelung, wonach die Steigerung der Rente an bestimmte Gehälter, z. B. aus dem Tarifvertrag für den Öffentlichen Dienst gebunden wird. Gilt das sog. Betriebsrentengesetz, so ist eine Pensionsanpassungsprüfung hinsichtlich der laufenden Leistungen im Rhythmus von drei Jahren vorgeschrieben.

Üblich ist ferner die Vereinbarung einer Kapitalabfindung anstelle der Rente. Häufig gibt es überdies einen Vorbehalt der Gesellschaft, wonach Leistungen unter engen Voraussetzungen entzogen bzw. gekürzt werden können. Diese für den Geschäftsführer einschneidende Maßnahme kommt in Betracht, wenn sich die Verhältnisse der Gesellschaft wirtschaftlich entscheidend verschlechtert haben, so dass der Gesellschaft auch unter Berücksichtigung der Belange des versorgungsberechtigten Geschäftsführers eine Fortzahlung der Leistung nicht mehr zugemutet werden kann.

bb. Absicherung durch eine Rückdeckungsversicherung

aaa. Zweck und Ausgestaltung

- Absicherung in beiderseitigem Interesse

Eine Versorgungszusage, die erfüllt werden muss, stellt eine enorme wirtschaftliche Belastung für die GmbH dar. Wird beispielsweise der Geschäftsführer einen Monat nach Erteilung der Versorgungszusage berufsunfähig, so fällt er nicht nur als Geschäftsführer aus, sondern muss darüber hinaus möglicherweise noch Jahrzehnte lang finanziell durch die Rente unterstützt werden. Hierauf ist der Geschäftsführer dringend angewiesen; andererseits kann dies die Insolvenz der Gesellschaft herbeiführen. Zusätzlich muss der Geschäftsführer davor geschützt werden, dass die Gesellschaft aus anderen Gründen zahlungsunfähig wird und die ihm zugesagte Versorgung nicht realisiert werden kann.

- Finanzierbarkeit der Versorgungsleistungen

Also muss auch die Gesellschaft Vorsorge für den Eintritt der vorzeitigen Berufsunfähigkeit ihres Geschäftsführers, seines Todes sowie generell für die Finanzierbarkeit der Pension im Erlebensfall treffen. Die Gesellschaft bildet zwar Rückstellungen für die ungewissen Verbindlichkeiten aus der Pensionszusage. Solche Rückstellungen können sich jedoch als unzureichend erweisen. Außerdem ist die Rückstellung für den Fall der vorzeitigen Berufsunfähigkeit ohnehin der Höhe nach unzureichend. Eine Rückstellung bedeutet zudem nicht, dass das benötigte Geld „irgendwo" auf einem Konto reserviert wird, sondern nur, dass in dieser Höhe steuerfrei Gewinne erwirtschaftet werden können. Ob diese Gewinne erwirtschaftet werden und ob Liquidität für den Fall der Versorgung zur Verfügung steht, ist dadurch in keiner Weise gewährleistet. Die GmbH und vor allem der

Geschäftsführer sind daher darauf angewiesen, dass für den Fall der Berufsunfähigkeit, des Todes oder des Alters die versprochenen Leistungen dann auch wirklich erbracht werden können.

▶ Rückdeckungsversicherung ist die Lösung

Dies kann durch eine Rückdeckungsversicherung erreicht werden. Es handelt sich hierbei um eine Lebensversicherung, die für alle oder einige Versorgungsfälle eintritt und die Leistungen zur Verfügung stellt.

Wird nur eine Risiko-Lebensversicherung zur Rückdeckung abgeschlossen, die lediglich im Fall des Todes zahlt, so kann dadurch die Hinterbliebenenversorgung sichergestellt werden. Bei einer Kapitallebensversicherung wird zusätzlich die Erfüllbarkeit der Altersrente gewährleistet. Durch eine Berufsunfähigkeitsversicherung schließlich, die entweder als Zusatzvertrag zur Kapitallebensversicherung oder als eigenständiger Vertrag abgeschlossen werden kann, wird der Geschäftsführer für den Fall der Berufsunfähigkeit versorgt. Die Rückdeckung der Pensionszusage kann für alle möglichen Versorgungsfälle zu 100 % erfolgen (kongruente Deckung) oder die Risiken nur teilweise abdecken. Bei der Rückdeckung der Altersrente auf Lebenszeit stellt der Versicherer dann bei Rentenbeginn den versicherungsmathematischen Barwert zur Verfügung. Hier besteht allerdings dann eine Finanzierungslücke, wenn der Geschäftsführer ein „biblisches" Alter erreicht, so dass die Versicherungsleistung nicht ausreicht. Eine Lösung wäre, dass die GmbH sich die einmalige Abfindung der Altersrente vorbehalten hätte.

Tipp für die Gesellschafterversammlung!
Durch den Abschluss einer Rückdeckungsversicherung schützen Sie die Gesellschaft vor der erheblichen finanziellen Belastung, die vor allem bei einer Berufsunfähigkeit sowie bei vorzeitigem Tod des Geschäftsführers wegen der Hinterbliebenenversorgung eintritt. Achten Sie unbedingt darauf, dass die Leistungen aus der Versicherung ausreichen. Bei der Rente wegen Berufsunfähigkeit sollte die von Ihnen in der Versorgungszusage vereinbarte Definition der Berufsunfähigkeit mit jener des Versicherungsvertrags übereinstimmen. Es gibt keine einheitliche Definition der Berufsunfähigkeit. Jeder Versicherer darf diese in seinen Bedingungen selbst definieren. Falls die Definition in der Versorgungszusage nicht mit derjenigen im Versicherungsvertrag identisch ist, kann es eine böse Überraschung geben, wenn der Geschäftsführer zwar im Sinne der in der Pensionszusage vereinbarten Klausel berufsunfähig ist, dies aber nach den Versicherungsbedingungen noch nicht der Fall ist.

▶ Sämtliche Rechte aus Rückdeckungsversicherung hat die GmbH

Versicherungsnehmerin dieser Rückdeckungsversicherung ist die GmbH. Der Vertrag ist zwar auf das Leben des Geschäftsführers abgeschlossen, der sog.

Gefahrsperson wird, bezugsberechtigt ist aber die Gesellschaft. So wird der Versicherungsfall zwar durch den Tod, die Berufsunfähigkeit oder den Ruhestand des Geschäftsführers ausgelöst, sämtliche Leistungen fließen jedoch in das Gesellschaftsvermögen. Wird also der Geschäftsführer berufsunfähig, so kann die GmbH die Leistungen in der vereinbarten Höhe vom Lebensversicherer abrufen und an den Geschäftsführer weiterleiten. Das gleiche gilt für den Fall des Alters, auch hier wird durch die Rückdeckungsversicherung gewährleistet, dass der GmbH die liquiden Mittel zufließen, die zur Bedienung der Rente benötigt werden. Es ist steuerrechtlich nicht sinnvoll, dass der Geschäftsführer als Bezugsberechtigter eingesetzt wird, denn dann läge keine Rückdeckungsversicherung, sondern bereits eine Direktversicherung vor und die Prämien wäre als geldwerter Vorteil vom Geschäftsführer zu versteuern. Der Geschäftsführer bzw. ggf. seine Hinterbliebenen oder Erben wären in diesem Fall selbst berechtigt, die Versicherungsleistung abzurufen.

bbb. Insolvenzschutz durch Verpfändung

Problematisch sind jedoch die Fälle, in denen die GmbH insolvent wird und deshalb die Versicherungssumme grundsätzlich in die Insolvenzmasse fiele und sämtlichen Gläubigern, also nicht nur dem Geschäftsführer, zugute käme. Der Insolvenzverwalter könnte, wenn es kein Pfandrecht des Geschäftsführers gäbe, den Lebensversicherungsvertrag kündigen und so den Rückkaufswert zur Masse erlangen.[119] Dann würden der Geschäftsführer bzw. seine Hinterbliebenen hinsichtlich ihrer Versorgungsansprüche leer ausgehen. Daher muss für die Fälle der maßgeblich beteiligten Geschäftsführer, für die kein Insolvenzschutz über den Pensionssicherungsverein besteht, nach einer Lösung gesucht werden, wie der Geschäftsführer dennoch in den Genuss seiner Versorgungszusage, finanziert durch die Rückdeckungsversicherung, kommen kann. Die Einräumung einer Bezugsberechtigung, die nur widerruflich eingeräumt wurde, wäre kein Weg, weil der Insolvenzverwalter diese widerrufen könnte. Die Gewährung einer unwiderruflichen Bezugsberechtigung für den Fall der Insolvenz könnte eine Leistung für den Fall bzw. nach Eintritt der Zahlungsunfähigkeit bedeuten, die ggf. vom Insolvenzverwalter angefochten werden könnte.

- Verpfändung der Ansprüche an Geschäftsführer

In der Praxis hat sich der Weg der *verpfändeten* Rückdeckungsversicherung durchgesetzt.[120] Die GmbH bleibt dabei Versicherungsnehmerin und Bezugsberechtigte, der Geschäftsführer wird jedoch Pfandgläubiger, indem ihm sämtliche Ansprüche aus dieser Lebensversicherung verpfändet werden. Die Verpfändung der Lebensversicherung wird anerkannt, ohne dass die sogleich zu erörternden steuerrechtlichen

---

[119] BGH, Urt. v. 04.03.1993, IX ZR 169/92, ZIP 1993, 600, 602.

[120] Grundlegend siehe *Seppelt*, Die Reichweite des Pfandrechts bei wiederkehrenden Leistungen am Beispiel rückgedeckter unmittelbarer Pensionszusagen, VersR 2003, 292.

Vorteilen geschmälert werden. In der Insolvenz hat der Geschäftsführer eine bevorrechtigte Position.

Achtung!
Die Verpfändungsvereinbarung muss auf Seiten der GmbH wie der Anstellungsvertrag von der Gesellschafterversammlung geschlossen werden.[121] Handelt es sich um einen Alleingesellschafter-Geschäftsführer, muss dieser vom Verbot des § 181 BGB befreit sein. Ist der Aufsichtsrat für den Abschluss des Anstellungsvertrags zuständig, so schließt er auch die Verpfändungsvereinbarung. Eine zivilrechtlich unwirksam geschlossene Verpfändungsvereinbarung ist wertlos!

Vertragspartner der Verpfändungsvereinbarung sind die Gesellschaft und der Geschäftsführer. Ist eine Hinterbliebenenversorgung vereinbart, sollten die begünstigten Angehörigen ebenfalls Partner der Verpfändungsvereinbarung werden. Hierbei ist darauf zu achten, dass minderjährige Hinterbliebene noch nicht oder nur beschränkt geschäftsfähig sind, so dass eine Mitwirkung der gesetzlichen Vertreter, also in der Regel der Eltern, erforderlich ist. Ein Formulierungsvorschlag für eine Verpfändungsvereinbarung befindet sich im Anhang 3. Die Berechtigten sollten berechtigt sein, beim Versicherer Auskünfte einzuholen.

Achtung!
Die Verpfändungsvereinbarung muss dem Versicherer angezeigt werden (§ 1280 BGB). Nach den gängigen Versicherungsbedingungen ist die Anzeige in schriftlicher Form erforderlich, damit sie wirksam ist. Ist diese schriftliche Anzeige nicht erfolgt bzw. erfolgt sie erst in der Insolvenz bzw. innerhalb der Anfechtungsfristen, ist die Verpfändung nicht insolvenzfest. Der Verwalter kann Zahlung des Rückkaufswerts in die Masse verlangen.[122]

► Insolvenzfestigkeit besteht im Grundsatz

Der *BGH* hat grundsätzlich die Insolvenzfestigkeit der wirksam verpfändeten Rückdeckungsversicherung bestätigt.[123] Die Versicherungssumme könnte dann

[121] OLG Hamm, Urt. v. 12.02.2007, 8 U 204/05, juris, zustimmend BGH, Beschl. v. 14.02.2008, IX ZR 228/07, juris.

[122] BGH, Urt. v. 31.10.1990, IV ZR 24/90, VersR 1991, 89; BGH, Urt. v. 07.04.2005, IX ZR 138/04, juris.de; dies gilt auch für die Abtretung, siehe BAG, Urt. v. 17.01.2012, 3 AZR 10/10, juris.

[123] BGH, Urt. v. 10.07.1997, IX ZR 161/96, GmbHR 1997, 936; BGH, Urt. v. 07.04.2005, IX ZR 138/04, juris.de.

vom Geschäftsführer aus der Insolvenzmasse im Wege der abgesonderten Befriedigung im *Versorgungsfall* heraus verlangt werden. Da aber der Versorgungsfall in der Regel noch gar nicht eingetreten sein wird (der Geschäftsführer erfreut sich des Lebens, er hat noch nicht das Alter für den Ruhestand erreicht und ist auch nicht berufsunfähig), stellt sich die Frage, ob er dennoch die Herausgabe des Pfandes durch Abtretung aller Ansprüche aus dem Lebensversicherungsvertrag bzw. Übertragung des Vertrages an sich selbst beanspruchen darf.

► Einzelheiten des Verfahrens

Dieses Recht hat der Geschäftsführer, wenn er unwiderruflich bezugsberechtigt ist, was er jedoch, wie oben dargestellt aus steuerrechtlichen Gründen gerade nicht ist. Anschließend könnte der Geschäftsführer dann entweder die Prämien bis zur Pfandreife (= Eintritt des Versorgungsfalls) fort entrichten oder nach einer Kündigung des Lebensversicherungsvertrags die Auszahlung des sog. Rückkaufswerts verlangen. Der *BGH* verneint jedoch ein solches Recht des Geschäftsführers auf Verwertung der Lebensversicherung bzw. auf Abtretung der Ansprüche aus der Rückdeckungsversicherung, allein aufgrund des Pfandrechts – sofern der Lebensversicherungsvertrag nur mit einem widerruflichen Bezugsrecht oder ohne ein Bezugsrecht zugunsten des Geschäftsführers vereinbart ist. Der Geschäftsführer habe vor Eintritt des Versorgungsfalls nur ein Recht auf Sicherung, der Insolvenzverwalter dürfe die Anwartschaften zurückbehalten und diese stattdessen für den Geschäftsführer hinterlegen. Das Pfand wird also hinterlegt.[124] Das Einzugsrecht steht allein dem Insolvenzverwalter zu, der Geschäftsführer hat nur ein Recht auf Sicherstellung.[125] Dafür spricht, dass es keinesfalls sicher ist, ob der Versorgungsfall tatsächlich eintritt. Verstirbt der Geschäftsführer vorzeitig und hinterlässt er keine Angehörigen, die Anspruch auf die Hinterbliebenenleistung haben, so fällt die Lebensversicherungssumme bzw. der Rückkaufswert in die Insolvenzmasse, wo sie zur nachträglichen Verteilung an die sonstigen Gläubiger zur Verfügung steht.

► Details sind unsicher

Die Lösung des *BGH* hat allerdings für den Geschäftsführer den Nachteil, dass er wohl keinen Anspruch darauf hat, den Lebensversicherungsvertrag selbst fortzusetzen. Da in der Insolvenz in der Regel keine Prämien mehr entrichtet werden, könnte der Versicherungsschutz aus dem Berufsunfähigkeitsversicherungsvertrag nach einer qualifizierten Mahnung des Versicherungsunternehmens entfallen, sofern die Bedingungen nicht eine beitragsfreie Rentenleistung vorsehen. Der Lebensversicherungsvertrag müsste nach § 165 des Versicherungsvertragsgesetzes beitragsfrei

---

[124]BGH, Urt. v. 10.07.1997, IX ZR 161/96, GmbHR 1997, 936, 938.

[125]BGH, Urt. v. 07.04.2005, IX ZR 138/04, juris.de, 2. Leitsatz: *Hat der Pfandrechtsgläubiger mangels Pfandreife gegen den Insolvenzverwalter nur einen Anspruch auf Sicherstellung, steht dem Verwalter das Einzugsrecht gegen den Drittschuldner allein zu.*

gestellt werden, was aber auch nur nach Rücksprache mit der Versicherungsnehmerin, d. h. der GmbH, möglich wäre. Diese wird durch den Insolvenzverwalter repräsentiert, der in seiner Entscheidung grundsätzlich frei ist. Den Lebensversicherungsvertrag beitragsfrei stellen bedeutet, dass die Lebensversicherungssumme im Verhältnis zum bereits vorhandenen Deckungskapital herabgesetzt wird, so dass auf dieser Basis weiterhin ein Anspruch auf die Versicherungsleistung besteht. Die in der Praxis verbreiteten Bedingungen sehen für Berufsunfähigkeitszusatzversicherungen allerdings keine prämienfreie Leistung vor, dieser Versicherungsschutz entfällt hierbei. Der Insolvenzverwalter kann sich jedoch dafür entscheiden, den Vertrag nicht fortzuführen, wodurch der Versicherer zum Rücktritt berechtigt ist. In diesem Fall erlischt der Versicherungsschutz, der Lebensversicherungsvertrag wird abgerechnet und der Rückkaufswert ausbezahlt. Wie der *BGH* zu diesen Problemkreisen im Detail steht, ist unklar. Das Gericht räumt dem Insolvenzverwalter jedenfalls auch das Recht ein, den Versicherungsvertrag zu kündigen und den Rückkaufswert einzuziehen, um aus diesen bei Fälligkeit an den Geschäftsführer Rentenleistungen zu erbringen.[126] Dafür spricht (leider!), dass der Geschäftsführer vor dem Versorgungsfall noch keinerlei Ansprüche aus der nur sicherungshalber vorgenommenen Verpfändung geltend machen kann. Nach Wirksamwerden der Kündigung gibt es keinen Versicherungsschutz mehr; der Geschäftsführer kann sich im Versorgungsfall nur noch aus dem oft unzureichenden Rückkaufswert befriedigen. Soweit dieser aufgrund einer Schätzung des Insolvenzverwalters nicht für den Versorgungsfall benötigt wird, kommt eine Verteilung an die sonstigen Insolvenzgläubiger in Betracht.[127] Es bleibt abzuwarten, ob im Rahmen dieser Rechtsprechung das letzte Wort gesprochen ist. In dem im Anhang 3 abgeduckten Muster werden dem Geschäftsführer vertragliche Rechte eingeräumt, die ihm für den Fall der Insolvenz helfen sollen. Danach kann der Geschäftsführer den Versicherungsvertrag beitragsfrei stellen lassen, ihn kündigen und in Höhe des Rückkaufswerts Zahlung einer Abfindung unter Verzicht aller Versorgungsansprüche verlangen oder die Übertragung des Versicherungsvertrages auf eine andere Sicherungsgeberin begehren, die die Versorgungsansprüche schuldbefreiend übernimmt. Inwieweit diese Vereinbarungen insolvenzfest sind, muss sich zeigen.

Tipp für den Geschäftsführer!
Bestehen Sie in jedem Fall auf einer Verpfändung der Ansprüche aus der Rückdeckungsversicherung! Auch wenn längst nicht alle Einzelheiten geklärt sind, so steht doch fest, dass der Rückkaufswert für Sie hinterlegt werden

(Fortsetzung)

[126]BGH, Urt. v. 11.04.2013, IX ZR 176/11, juris, wobei der Insolvenzverwalter für die Festellung und Einziehung der Forderung die Kosten der Feststellung und Verwertung in Abzug bringen darf, nach § 171 InsO sind dies grundsätzlich 4 % und 5 %, insgesamt also 9 %.

[127]BGH, Urt. v. 10.07.1997, IX ZR 161/96, GmbHR 1997, 936, 938.

muss. Diese Möglichkeit sollten Sie sich sichern. Sie gehen sonst in der Insolvenz leer aus. Unterbleibt eine Verpfändung an Sie, könnte die GmbH die Ansprüche aus dem Lebensversicherungsvertrag als Kreditsicherheit zugunsten eines Dritten verpfänden oder zur Sicherheit abtreten.

Ferner sollten Sie vereinbaren, dass Sie nicht nur für den Versorgungsfall, sondern bereits für den Insolvenzfall berechtigt sind, die Rechte aus der Verpfändung auszuüben.[128] Dann wären Sie in der Insolvenz berechtigt, das Pfand im Wege der Absonderung herauszuverlangen. Ob diese Vereinbarung allerdings von der Rechtsprechung akzeptiert wird, ist ungewiss. Hier besteht die Gefahr, dass die Vereinbarung wegen Umgehung des insolvenzrechtlichen Grundsatzes, wonach die Gläubiger gleichmäßig zu befriedigen sind, unwirksam ist.[129]

Statt einer Verpfändung kommt auch eine *Abtretung* der Ansprüche aus der Rückdeckungsversicherung – und zwar aufschiebend bedingt sowohl für den Fall der Versorgung als auch für den Fall der Insolvenz – in Betracht.[130] Dann könnte der Geschäftsführer in der Insolvenz der GmbH ebenfalls eine abgesonderte Befriedigung verlangen. Er hätte überdies das Recht, den Vertrag in eine beitragsfreie Versicherung umzuwandeln. Aber Vorsicht: Ob der *BGH* „mitspielt", muss sich erst noch erweisen. Das *BAG* hat jedoch die aufschiebend bedingte Abtretung für den Fall der Stellung des Insolvenzantrags missbilligt[131] und ausgeführt, dass eine solche Abtretung in der Regel vom Insolvenzverwalter wegen Gläubigerbenachteiligung angefochten werden könne. In dem vom *BAG* entschiedenen Fall erfolgte die aufschiebend bedingte Abtretung am 17. Juli und die Eröffnung des Insolvenzverfahrens am 6. August desselben Jahres. Das Gericht hat ausdrücklich offengelassen, ob eine solche Forderungsabtretung wegen Gesetzesumgehung nichtig ist, weil der Grundsatz der gleichmäßigen Gläubigerbefriedigung ausgehebelt wird. Bei einer Abtretung zu einem Zeitpunkt, in dem die Krise oder Insolvenz nicht absehbar war, muss dies meines Erachtens verneint werden. Denn schließlich dient dem Gläubiger jede Kreditsicherheit gerade dazu, ihn im Falle einer Insolvenz des Schuldners abzusichern, dies erkennt die Rechtsordnung an. Bei einer Verpfändung einer Lebensversicherung zugunsten des Geschäftsführers zur Sicherung seiner Versorgungsansprüche kann nichts anderes gelten.

[128]Siehe den Formulierungsvorschlag im Anhang 3.

[129]Siehe zur Abtretung BAG, Urt. v. 16.06.1978, 3 AZR 783/76, DB 1978, 1843, 1844.

[130]Die Abtretung muss aufschiebend bedingt sein, wäre sie dies nicht, würde sofort mit der Sicherungsabtretung ein steuerlicher Zufluss in Höhe der Prämien beim Geschäftsführer erfolgen.

[131]BAG, Urt. v. 16.06.1978, 3 AZR 783/76, DB 1978, 1843, 1844.

ccc. Steuerrechtliche Behandlung

► Bis zum Versorgungsfall wird der Vertrag der GmbH zugerechnet

Die Versicherungsprämien sind für die GmbH Betriebsausgaben. Da die GmbH bezugsberechtigt ist, stellt die Lebensversicherung für sie einen Vermögenswert dar, der ihr bilanz- und steuerrechtlich zuzurechnen ist. Das sog. geschäftsplanmäßige Deckungskapital (zuzüglich der Überschussbeteiligung) ist Gewinn erhöhend zu aktivieren. Dadurch werden die Verluste durch die Rückstellungen, die auf der Passivseite wegen der Erteilung der Pensionszusage anzusetzen sind, teilweise neutralisiert. Die durch die Rückstellungen eingetretene bzw. beabsichtigte Steuerersparnis wird somit reduziert, was nachteilig für die GmbH ist. Für den Geschäftsführer haben weder der Abschluss der Rückdeckungsversicherung noch die Verpfändung oder die aufschiebend bedingte Abtretung von Ansprüchen aus dieser an ihn steuerrechtliche Auswirkungen. Erst wenn der Geschäftsführer die Rechte aus dem Vertrag im Sicherungsfall ausüben darf, werden steuerrechtliche Folgen ausgelöst, indem die Rückdeckungsversicherung zur Direktversicherung wird.

d. Anwendbarkeit des Betriebsrentengesetzes (BetrAVG)

aa. Überblick

► Zweck des Betriebsrentengesetzes

Das Betriebsrentengesetz (Gesetz zur Verbesserung der betrieblichen Altersversorgung [BetrAVG]) ist ein Arbeitnehmerschutzgesetz aus dem Jahre 1974. Einerseits müssen Arbeitnehmer, die bereits eine Betriebsrente beziehen, davor geschützt werden, dass der Arbeitgeber insolvent wird. Außerdem sind die Betriebsrentner daran interessiert, dass ihre Renten dynamisiert, d. h. der Kostenentwicklung angepasst werden. Andererseits bedürfen auch die Arbeitnehmer, die noch nicht in den Genuss der Betriebsrente kommen, weil sie noch im Arbeitsleben stehen, die aber mit ihrem Arbeitgeber bereits eine Vereinbarung über entsprechende Versorgungsleistungen getroffen haben, eines Schutzes davor, dass ihr Anspruch auf die Versorgungsleistung infolge der Insolvenz des Arbeitgebers wertlos wird oder durch ihr vorzeitiges Ausscheiden aus dem Arbeitsverhältnis entfällt. Mit Wirkung zum 01.01.2018 ist das Betriebsrentengesetz durch das sog. Betriebsrentenstärkungsgesetz überarbeitet worden. Die zweite Stufe tritt hierbei am 01.01.2019 in Kraft, danach ist ein Arbeitsgeberzuschuss zu bestimmten Durchführungswegen in Höhe der ersparten Sozialversicherungsbeiträge vorgesehen.[132] Die Fristen für den Eintritt der Unverfallbarkeit sind erneut verkürzt worden.

[132] Siehe § 1a Abs. 1a BetrAVG: *Der Arbeitgeber muss 15 Prozent des umgewandelten Entgelts zusätzlich als Arbeitgeberzuschuss an den Pensionsfonds, die Pensionskasse oder die Direktversicherung weiterleiten, soweit er durch die Entgeltumwandlung Sozialversicherungsbeiträge einspart.*

▶ Entgeltumwandlung

Betriebliche Versorgungsleistungen können vom Arbeitgeber oder vom Arbeitnehmer finanziert werden. Das Betriebsrentengesetz selbst gewährt keinen Anspruch auf eine arbeitgeberfinanzierte Versorgung, sondern setzt sie voraus. Der Arbeitnehmer kann jedoch gemäß § 1a I BetrAVG von seinem Arbeitgeber verlangen, dass von seinen künftigen Entgeltansprüchen bis zu 4 % der Beitragsbemessungsgrenze der Rentenversicherung durch Entgeltumwandlung für seine betriebliche Altersversorgung verwendet werden. Noch nicht fällige Gehaltsansprüche werden somit für die Versorgung eingesetzt. Das Betriebsrentengesetz verpflichtet den Arbeitgeber, alle drei Jahre eine Anpassung der laufenden Leistungen der betrieblichen Altersversorgung zu prüfen und ggf. eine solche vorzunehmen (§ 16 BetrAVG). Zugunsten der künftigen Betriebsrentner ist festgelegt, dass Versorgungsanwartschaften unter bestimmten Voraussetzungen unverfallbar werden, so dass ein Schutz sowohl im Falle der Insolvenz des Arbeitgebers als auch im Falle des vorzeitigen Ausscheidens des Arbeitnehmers besteht.

▶ Pensionssicherungsverein

Durch das Betriebsrentengesetz wurde ferner der *Pensionssicherungsverein* ins Leben gerufen. Bei dieser Institution handelt es sich um eine privatrechtlich organisierte Körperschaft in der Rechtsform eines Versicherungsvereins auf Gegenseitigkeit mit Sitz in Köln.[133] Der Pensionssicherungsverein garantiert im Falle der Insolvenz die Erfüllbarkeit versprochener Betriebsrenten, sofern diese im Sinne des Betriebsrentengesetzes *unverfallbar* sind.[134]

▶ Anwendbarkeit auf Geschäftsführer

Auch der Geschäftsführer ist daran interessiert, in den Genuss des Schutzes des BetrAVG zu kommen. Nach § 17 I Satz 2 BetrAVG sind den Arbeitnehmern die Personen gleichgestellt, denen aus Anlass ihrer Tätigkeit für das Unternehmen Versorgungsleistungen zugesagt worden sind. Dies würde vom Wortlaut her für alle Geschäftsführer zutreffen. Nach Sinn und Zweck sollen jedoch nur solche Personen unter das Betriebsrentengesetz fallen, die abhängig beschäftigt sind. Das *BAG* hat dies treffend wie folgt zusammengefasst: *„Das Gesetz [= BetrAVG] schützt Betriebsrenten, nicht Unternehmerrenten vor Verfall und Insolvenz. Diesen Schutz durch die Versichertengemeinschaft kann sich ein Unternehmer nicht dadurch verschaffen, dass er sich selbst eine Versorgungszusage erteilt.“*

▶ Fremdgeschäftsführer

[133] Siehe www.psvag.de.

[134] Siehe Ausführungen unter bb.

Der Fremdgeschäftsführer hat mangels Beteiligung an der GmbH kein Stimmrecht in der Gesellschafterversammlung, er kann sich nicht selbst eine Versorgungszusage erteilen. Er genießt wegen dieser Vergleichbarkeit mit einem Arbeitnehmer uneingeschränkt den Schutz des Betriebsrentengesetzes.

▶ Beherrschender Gesellschafter-Geschäftsführer

Der beherrschende Gesellschafter-Geschäftsführer wird vom Geltungsbereich des Betriebsrentengesetzes dagegen nicht erfasst. Die Feststellung, ob ein Gesellschafter eine beherrschende Stellung hat, ist für die Frage der Anwendbarkeit des Betriebsrentengesetzes eigenständig zu ermitteln. Die Definitionen des Sozialversicherungsrechts oder des Steuerrechts haben keine Bindungswirkung. Der *BGH* stellt allerdings ebenfalls – wie der *Bundesfinanzhof* für das Steuerrecht und das *Bundessozialgericht* für das Sozialversicherungsrecht – auf die Mehrheit der Stimmrechte ab. Der mehrheitlich beteiligte Gesellschafter-Geschäftsführer kann aufgrund seiner vermögensmäßigen Beteiligung und seines maßgeblichen Einflusses das Unternehmen als sein eigenes betrachten.[135] Der *BGH* formuliert prägnant, *„dass Leitungsmacht und maßgebliche Beteiligung zusammenkommen müssen, um einen Gesellschafter-Geschäftsführer als Mitunternehmer qualifizieren zu können, der sein eigenes Unternehmen leitet und deshalb nicht als Lohn- und Versorgungsempfänger auf Grund von Dienstleistungen für ein fremdes Unternehmen im Sinne von § 17 I BetrAVG anzusehen ist“.*[136] Dieser Gesellschafter ist beherrschend, so dass für ihn das Betriebsrentengesetz grundsätzlich nicht gilt.

▶ Stand der Rechtsprechung

Vom Anwendungsbereich des Betriebsrentengesetzes ausgenommen hat der *BGH* aber auch minderheitlich beteiligte Gesellschafter-Geschäftsführer, die zusammen mit weiteren, ebenfalls nicht mehrheitlich beteiligten Gesellschafter-Geschäftsführern die Mehrheit der Stimmen auf der Gesellschafterversammlung bilden und aufgrund ihrer gleichgerichteten Interessen einem Einigungszwang unterliegen.[137] Zweifel darüber, ob die theoretische Möglichkeit der Beherrschung genügt, hat allerdings das *BAG*[138] geäußert. Eine nur unwesentliche Beteiligung genügt aber nach Ansicht des *BGH* keinesfalls, um den Gesellschafter vom Geltungsbereich des Betriebsrentengesetzes auszuschließen, wobei das Vorliegen einer wesentlichen Beteiligung bei 10 % noch bejaht wurde.[139] Der *BGH* hat offengelas-

---

[135]BGH, Urt. v. 28.01.1991, II ZR 29/90, WM 1991, 524, 525.

[136]BGH, Urt. v. 02.06.1997, II ZR 181/96, ZIP 1997, 1351, 1352.

[137]BGH, Urt. v. 02.06.1997, II ZR 181/96, ZIP 1997, 1351, 1352.

[138]BAG, Urt. v. 16.04.1997, 3 AZR 869/95, GmbHR 1998, 84, 86.

[139]BGH, Urt. v. 02.04.1990, II ZR 156/89, NJW-RR 1990, 800.

sen, ob er an der von ihm selbst gezogenen Grenze einer Beteiligung von 10 % festhalten will.[140]

► Verwaltungspraxis des Pensionssicherungsvereins

Auch nach der Verwaltungspraxis des Pensionssicherungsvereins, der im Fall der Insolvenz des Arbeitgebers „einspringt", ist beherrschender Gesellschafter-Geschäftsführer derjenige, der mindestens die Hälfte aller GmbH-Anteile innehat. Damit fällt der zu mindestens 50 % an der GmbH beteiligte Geschäftsführer aus dem Schutzbereich heraus. Die Einzelheiten sind in einem Merkblatt des Pensionssicherungsvereins geregelt.[141] Entscheidend ist, dass der Einfluss aufgrund der Kapitalanteile so ausgestaltet ist, dass keine Entscheidungen gegen den Willen des einzelnen Geschäftsführers getroffen werden können. Dies ist grundsätzlich dann der Fall, wenn er mindestens mit der Hälfte beteiligt ist. Allerdings gibt es Situationen, in denen trotzdem kein Einfluss besteht, etwa weil die Anteile für die Rechnung eines Dritten, sozusagen treuhänderisch gehalten werden. Auch für diese Fälle greift dann der Insolvenzschutz des Pensionssicherungsvereins ein.[142]

bb. Unverfallbarkeit der Versorgungszusagen

aaa. In der Insolvenz der Gesellschaft

Für den Fall der Insolvenz der GmbH kommt also für den Geschäftsführer – in engen Grenzen – neben der Absicherung durch eine verpfändete Rückdeckungsversicherung der weitere Schutz für sog. unverfallbare Betriebsrenten nach dem Betriebsrentengesetz in Betracht (siehe oben den vorherigen Abschnitt unter aa).

► Schutz durch Pensionssicherungsverein

Die Pensionszusagen des Geschäftsführers, die vom persönlichen Schutzbereich des Betriebsrentengesetzes erfasst werden, sind in der Insolvenz durch den Pensionssicherungsverein geschützt, wenn die zusätzlichen Voraussetzungen des § 1b BetrAVG erfüllt sind, also die Versorgungszusage mindestens 3 Jahre bestanden hat und der Geschäftsführer zum Zeitpunkt der Beendigung des Arbeitsverhältnisses mindestens 21 Jahre alt ist. Diese Regelung gilt ab dem 01.01.2018, bei einer Beendigung des Arbeitsverhältnisses bis zum 31.12.2017 muss die Zusage mindestens 5 Jahre bestanden haben und der Geschäftsführer bei Beendigung mindestens 25 Jahre alt gewesen sein.

---

[140] BGH, Urt. v. 02.06.1997, II ZR 181/96, ZIP 1997, 1351, 1352. Ebenfalls für 10 %-Grenze OLG Stuttgart, Urt. v. 14.01.1998, 20 U 93/97, OLGR 1998, 184.

[141] PSVAG 300/M 1 Fassung 1.18, als pdf-Dokument unter www.psvag.de; wobei wegen gleichgerichter Interessen mehrere Geschäftsführer, die jeweils unter 50 % halten, mit ihren Anteilen zusammengerechnet werden. Haben diese zusammen mehr als 50 % besteht kein Insolvenzschutz, es sei denn der einzelne Gesellschafter hat unter 10 %.

[142] So auch BGH, Urt. v. 28.01.1991, II ZR 29/90, WM 1991, 524, 526.

Die Höhe der unverfallbaren Anwartschaft wird wie im Falle des vorzeitigen Ausscheidens nach dem sog. ratierlichen Verfahren berechnet. Dies bedeutet, dass die bis zur Eröffnung des Insolvenzverfahrens tatsächlich zurückgelegte Dienstzeit mit der bis zur vertraglich vereinbarten Altersruhegeldgrenze möglichen Dienstzeit ins Verhältnis gesetzt wird. Der Geschäftsführer bekommt also nicht seinen vollen Versorgungsanspruch, den er hätte, wenn er bis zum Schluss bei der Gesellschaft arbeiten würde, sondern nur seine zeitanteilige Anwartschaft.

bbb. Beim vorzeitigen Ausscheiden

► Erhaltung der Anwartschaften bei vorzeitiger Beendigung des Anstellungsverhältnisses

Scheidet der Geschäftsführer vorzeitig aus den Diensten der Gesellschaft aus, ohne dass ein Versorgungsfall eingetreten ist, so ist er daran interessiert, dass die erworbenen Anwartschaften nicht verloren gehen. Der Geschäftsführer sollte daher unbedingt hinsichtlich seiner Versorgungsansprüche eine Unverfallbarkeit mit der Gesellschaft vereinbaren. Gilt für den Geschäftsführer das Betriebsrentengesetz, so kommen die soeben erörterten Unverfallbarkeitsvoraussetzungen aus § 1b BetrAVG im Verhältnis zur Gesellschaft zur Anwendung. Sind die Voraussetzungen des § 1b BetrAVG eingehalten, so ist die GmbH an ihre Versorgungszusage gebunden. Der *beherrschende* Gesellschafter-Geschäftsführer ist hingegen auf eine vertragliche Vereinbarung angewiesen, um ebenfalls im Verhältnis zur GmbH in den Genuss einer unverfallbaren Anwartschaft zu kommen.

Die Unverfallbarkeit hat also Bedeutung einerseits in der Insolvenz, andererseits beim vorzeitigen Ausscheiden des Geschäftsführers. In beiden Situationen ist der Geschäftsführer daran interessiert, sich die aus der Versorgungszusage erworbenen Rechte zu erhalten.

cc. Widerruf der Versorgungszusage

► Nur in Extremfällen statthaft

Verfügt der Geschäftsführer über eine unverfallbare Anwartschaft, so ist die Versorgungszusage – auch während des bestehenden Dienstverhältnisses – nur noch in engen Grenzen von der GmbH widerruflich. Hier muss dem Geschäftsführer schon eine erhebliche Treuepflichtverletzung vorzuwerfen sein, damit die Berufung auf die Versorgungszusage rechtsmissbräuchlich erscheint. Ein wichtiger Grund, der eine fristlose Kündigung des Anstellungsvertrags ermöglicht, rechtfertigt nicht gleichzeitig den Widerruf einer unverfallbaren Anwartschaft. Die Anforderungen sind strenger. In einem älteren Urteil hat der *BGH* einen Widerruf der Pensionszusage in einem Fall für zulässig erachtet, in dem der Geschäftsführer Ware auf eigene Rechnung eingekauft und mit erheblichem Gewinn an die GmbH weiterveräußert hat.[143] Ein Widerruf ist möglich, wenn schwerste Verfehlungen begangen wurden, die den

[143] BGH, Urt. v. 26.10.1964, II ZR 127/62, WM 1964, 1320, 1321.

Bestand des Unternehmens gefährden.[144] Der Geschäftsführer muss seine Pflichten in so grober Weise verletzt haben, dass sich die in der Vergangenheit bewiesene Betriebstreue nachträglich als wertlos oder zumindest erheblich entwertet herausstellt.[145] Dies lässt sich beispielsweise bejahen, wenn der (ehemalige) Geschäftsführer systematisch Aufträge der GmbH umleitet und die GmbH dadurch in eine existenzgefährdende Krise gerät.[146]

Auch eine schwere wirtschaftliche Notlage der GmbH kann einen Widerruf zumindest bei Geschäftsführern rechtfertigen, die nicht unter den Schutzbereich des Betriebsrentengesetzes fallen.[147] Es muss aber immer geprüft werden, ob nicht ein milderes Mittel als der Widerruf in Betracht kommt. Die Anwartschaft als solche entzieht der Gesellschaft schließlich keine Liquidität. Die Ausräumung einer Überschuldung kann ggf. auch erreicht werden, indem der betreffende Geschäftsführer ggf. vorübergehend einen qualifizierten Rangrücktritt[148] erklärt, ohne dass ein endgültiger Widerruf der Versorgungszusage erfolgen muss.

e. Steuerrechtliche und bilanzrechtliche Auswirkungen

aa. Bildung von Pensionsrückstellungen

► Steuerersparnis durch Pensionsrückstellungen

Die Erteilung von Pensionszusagen ist für die GmbH deshalb vorteilhaft, weil sie in den Grenzen des § 6 a Einkommensteuergesetz Pensionsrückstellungen bilden kann. Diese Pensionsrückstellungen werden auf der Passivseite der Bilanz angesetzt und

[144] BGH, Urt. v. 25.11.1996, II ZR 118/95, NJW-RR 1997, 348; OLG Stuttgart, Urt. v. 08.07.1998, 20 U 112/97, GmbHR 1998, 1034; OLG München, Urt. v. 19.07.2002, 21 U 4450/01, NZG 2002, 978.

[145] BGH, Urt. v. 11.03.2002, II ZR 5/00, juris; LAG Hamburg, Urt. v. 18.08.2004, 5 Sa 21/04, NZA-RR 2005, 150; OLG Düsseldorf, Urt. v. 25.11.1999, 6 U 146/98, GmbHR 2000, 666.

[146] BGH, Urt. v. 11.03.2002, II ZR 5/00, juris, aus den Gründen: *Ob auch ohne eine Existenzgefährdung der versorgungspflichtigen Gesellschaft sich der Versorgungsberechtigte im Einzelfall wegen der besonderen Umstände seines Verhaltens und der extremen Höhe des von ihm angerichteten, wenngleich nicht zur Existenzgefährdung führenden Schadens ausnahmsweise den Rechtsmißbrauchseinwand entgegenhalten lassen muß (vgl. Sen.Urt. v. 17. Dezember 2001 – II ZR 222/99, ZIP 2002, 364, 365), bedarf hier keiner Entscheidung; denn solche außerordentlichen Verhältnisse, die einer Durchsetzung des Versorgungsversprechens ausnahmsweise entgegenstehen können, sind weder festgestellt noch sonst ersichtlich. Die langjährige Betriebstreue des Beklagten kann angesichts seiner sogar während des Zeitraums seiner Verfehlungen erzielten Erfolge für die Klägerin nicht als wertlos oder wesentlich entwertet bezeichnet werden.*

[147] BAG, Urt. v. 16.03.1993, 3 AZR 299/92, DB 1993, 1927. Siehe BAG, Urt. v. 17.06.2003, 3 AZR 396/02, AP BetrAVG § 7 Widerruf Nr. 24, 2. Leitsatz: *Seit der Streichung des Sicherungsfalls der wirtschaftlichen Notlage (§ 7 I Satz 3 Nr. 5 BetrAVG aF) durch Art. 91 EGInsO besteht das von der Rechtsprechung aus den Grundsätzen über den Wegfall der Geschäftsgrundlage entwickelte Recht zum Widerruf insolvenzgeschützter betrieblicher Versorgungsrechte wegen wirtschaftlicher Notlage (seit BAG 10.12.1971, 3 AZR 190/71, BAGE 24, 63, 71 f.) nicht mehr.* Beim Geschäftsführer der unter das Betriebsrentengesetz fällt, dürfte die Unzulässigkeit des Widerrufs infolge wirtschaftlicher Notlage ebenfalls gelten.

[148] Siehe zum Rangrücktritt oben 1. Teil, J III 2 c.

mindern unmittelbar den Gewinn. Viele Unternehmen erteilen gezielt dann Pensionszusagen, wenn sie hohe Gewinne erwarten bzw. im laufenden Geschäftsjahr schon erwirtschaftet haben, um die Steuerlast zu senken. Die Bildung einer Pensionsrückstellung ist auch deshalb reizvoll, weil durch sie dem Unternehmen keinerlei Liquidität entzogen wird. Ganz im Gegenteil, durch die Steuerersparnis, die infolge der Bildung der Pensionsrückstellungen anfällt, wird die Liquidität sogar noch erhöht.

► Strenge Voraussetzungen

Der Ansatz einer Pensionsrückstellung vor Eintritt des Versorgungsfalls kommt nur dann in Betracht, wenn der Versorgungsempfänger, d. h. der Geschäftsführer ein Mindestalter vollendet[149] oder eine nach dem Betriebsrentengesetz unverfallbare Anwartschaft hat. Der Geschäftsführer muss ferner einen Rechtsanspruch auf die Versorgungsleistung haben. § 6a Einkommensteuergesetz legt außerdem fest, dass eine steuerrechtliche Anerkennung nur dann möglich ist, wenn die Pensionszusage lediglich in Ausnahmefällen widerruflich ist. Auch verlangt das Steuergesetz, dass die Pensionszusage schriftlich zugesagt wurde. Schließlich wird in § 6a EStG für die Berücksichtigung von Pensionsrückstellungen gefordert, dass die Pensionszusage eindeutige Angaben zu Art, Form, Voraussetzungen und Höhe der in Aussicht gestellten künftigen Leistungen enthalten muss. Auch darf die Pensionszusage keine Pensionsleistungen in Abhängigkeit von künftigen gewinnabhängigen Bezügen vorsehen.

bb. Gefahr verdeckter Gewinnausschüttungen

► Anerkennung der Pensionsrückstellungen

Wird eine Pensionszusage an einen Gesellschafter-Geschäftsführer erteilt, so muss stets die Gefahr einer verdeckten Gewinnausschüttung im Auge behalten werden. Geht die Finanzverwaltung zu Recht vom Vorliegen einer verdeckten Gewinnausschüttung aus, so war die Bildung der Pensionsrückstellung unzulässig. Dies führt allerdings nicht dazu, dass diese Rückstellung nicht bzw. nicht in voller Höhe anerkannt wird. Die Rückstellung bleibt in der Steuerbilanz, wenn sie zivilrechtlich wirksam ist. Der Gewinn ist vielmehr außerbilanziell zu korrigieren. Der *Bundesfinanzhof*[150] führt aus: *Ist eine Pensionszusage durch das Gesellschaftsverhältnis veranlasst, so rechtfertigt dies nicht die gewinnerhöhende Auflösung der Pensionsrückstellung. Vielmehr sind nur die im jeweiligen Veranlagungszeitraum erfolgten Zuführungen zur Pensionsrückstellung außerbilanziell rückgängig zu machen. Eine nachträgliche Korrektur von Zuführungen, die früheren Veran-*

---

[149]Das Mindestalter richtet sich nach dem Datum der Zusageerteilung, bei Erteilung nach dem 31.12.2017 muss der Berechtigte das 23. Lebensjahr vollendet haben, bei älteren Zusagen gabe es höhrere Mindestalter, siehe § 6a Abs. 2 EStG.

[150]BFH, Urt. v. 04.09.2002, I R 48/01, BFH/NV 2003, 347.

lagungszeiträumen zuzuordnen sind, ist nicht zulässig. Dadurch wird, falls die Gesellschaft per Saldo mit Gewinn arbeitet, die Körperschaftssteuerschuld vergrößert. Der *Bundesfinanzhof* vertritt die Ansicht, dass bei einer überhöhten Pensionszusage eine Korrektur des Gewinns nur in der Höhe erfolgen muss, die die Pensionszusage auf ein angemessenes Niveau kürzt.

Für die Frage, wann eine verdeckte Gewinnausschüttung vorliegt, muss zwischen dem Gesellschafter-Geschäftsführer im Allgemeinen und dem *beherrschenden* Gesellschafter-Geschäftsführer im Besonderen unterschieden werden.

Hierbei ist allerdings gerade im Hinblick auf die neuere Rechtsprechung des *Bundesfinanzhofs* nicht immer klar erkennbar, welche Kriterien für die Entscheidung, ob eine verdeckte Gewinnausschüttung vorliegt, nur für den *beherrschenden* Gesellschafter-Geschäftsführer gelten und welche für *sämtliche,* an der Gesellschaft beteiligte Geschäftsführer zu beachten sind.

aaa. Grundsätze für alle Gesellschafter-Geschäftsführer

- Angemessenheit der Gesamtvergütung und Gesamtversorgung

Die Pensionszusage ist Bestandteil der Gesamtvergütung des Geschäftsführers. Diese muss – wie bereits oben bei der Tätigkeitsvergütung erläutert – insgesamt angemessen sein.[151] Eine sog. Überversorgung wird steuerlich nicht akzeptiert.[152] Eine Prüfung der Angemessenheit kann durch einen internen Vergleich, sofern Vergleichspersonen im Management vorhanden sind, ansonsten durch einen externen Vergleich erfolgen. Die Versorgung für den Fall des Ruhestands ist noch angemessen, wenn sie unter Anrechnung anderer Versorgungsleistungen, wie z. B. Renten aus der gesetzlichen Rentenversicherung, 75 % der Gesamtbezüge beträgt.[153]

Achtung!
Die Überversorgung kann auch nachträglich eintreten, wenn der Geschäftsführer sein Festgehalt reduziert, die Pensionszusage aber unverändert bleibt und dadurch ggf. die Grenze von 75 % der Gesamtbezüge im Versorgungsfall

(Fortsetzung)

[151] Besteht die Vergütung des Geschäftsführers ausschließlich in der Gewährung einer Pensionszusage ist dies unüblich und hält einem Drittvergleich nicht stand, die Nur-Pensionszusage ist daher grundsätzlich eine verdeckte Gewinnausschüttung, siehe BFH, Urt. v. 17.05.1995, I R 147/93, NJW 1996, 477; BFH, Urt. v. 09.11.2005, I R 89/04, GmbHR 2006, 95.

[152] BFH, Urt. v. 20.12.2016, I R 4/15, juris.

[153] BFH, Urt. v. 17.05.1995, I R 16/94, GmbHR 1995, 830, 833; siehe auch BFH, Urt. v. 15.09.2004, I R 62/03, BStBl. II 2005, 176: 2. Leitsatz: *Eine Überversorgung ist regelmäßig anzunehmen, wenn die Versorgungsanwartschaft zusammen mit der Rentenanwartschaft aus der gesetzlichen Rentenversicherung 75 v.H. der am Bilanzstichtag bezogenen Aktivbezüge übersteigt. Siehe ferner mit Berechnungsbeispielen das ausführliche Schreiben des Bundesministers für Finanzen: BMF, 3.11.2004, IV B 2 – S 2176 – 13/04, BStBl I 2004, 1045, Zusagen auf Leistungen der betrieblichen Altersversorgung: Überversorgung.*

überschritten wird.[154] Dies kann z. B., wenn der Geschäftsführer sich entscheidet, die letzten Jahre nur noch in Teilzeit zu arbeiten, die Pensionszusage aber unverändert lässt, so dass dann das Ruhegehalt die Grenze von 75 % der „aktuellen Aktivbezüge" überschreitet. Vorübergehende Absenkungen des Gehalts, etwa zur Bewältigung einer Unternehmenskrise bei Beibehaltung der Pensionszusage, sollen aber nicht schaden.[155]

Neben der Angemessenheit der Pensionszusage stellt die Rechtsprechung jedoch noch weitere Erfordernisse auf.

► Grundsätze des Bundesfinanzhofs

In einem Grundsatz-Urteil hat der *Bundesfinanzhof*[156] einige dieser Kriterien wie folgt in seinen Leitsätzen zusammengefasst:

1. *Sagt eine Kapitalgesellschaft ihrem Gesellschafter-Geschäftsführer eine Pension zu, so hält diese Zusage dem Fremdvergleich im Allgemeinen stand, wenn aus Sicht des Zusagezeitpunkts*
   - *die Pension noch erdient werden kann,*
   - *die Qualifikation des Geschäftsführers, insbesondere aufgrund einer Probezeit feststeht,*
   - *die voraussichtliche Ertragsentwicklung die Zusage erlaubt und*
   - *keine anderen betrieblichen Besonderheiten der Zusage entgegenstehen (z. B. Wahrung des sozialen Friedens).*
2. *Erdient werden kann eine Pension von einem beherrschenden Gesellschafter-Geschäftsführer, wenn zwischen Zusagezeitpunkt und dem vorgesehenen Zeitpunkt des Eintritts in den Ruhestand mindestens zehn Jahre liegen, und von einem nichtbeherrschenden Gesellschafter-Geschäftsführer, wenn im vorgesehenen Zeitpunkt des Eintritts in den Ruhestand der Beginn der Betriebszugehörigkeit mindestens zwölf Jahre zurückliegt und die Zusage für mindestens drei Jahre bestanden hat. ...*

---

[154]BFH, Urt. v. 20.12.2016, I R 4/15, juris.

[155]BFH, Urt. v. 20.12.2016, I R 4/15, juris, bei der deswegen die Pensionsrückstellung korrigiert wurde, aus den Gründen: *Ein solcher Ausnahmefall liegt aber hier nicht vor. Von einer „Unternehmenskrise" kann mit Blick auf die durch die Anteilsübertragungen an die Söhne des vormaligen Alleingesellschafters und die weiteren Geschäftsführerbestellungen in Gang gesetzte Generationennachfolge nicht die Rede sein. Vielmehr ist für C sechs Jahre vor der Fälligkeit des Versorgungsversprechens eine dauerhafte Gehaltskürzung vereinbart worden, die ein Abweichen von den beschriebenen Überversorgungsgrundsätzen – und damit der grundsätzlichen Maßgabe des am Bilanzstichtag aktuell bezogenen Gehalts-- ebenso wenig rechtfertigt wie die Situation einer Neuzusage.*

[156]BFH, Urt. v. 29.10.1997, I R 52/97, GmbHR 1998, 338.

3. *Wird ein Einzelunternehmen in eine Kapitalgesellschaft umgewandelt o. ä. und führt der bisherige, bereits erprobte Geschäftsleiter des Einzelunternehmens als Geschäftsführer der Kapitalgesellschaft das Unternehmen fort, so bedarf es vor Erteilung einer Pensionszusage keiner (erneuten) Probezeit für den Geschäftsführer.*
4. *Aus dem Fehlen einer Rückdeckungsversicherung für eine Pensionszusage allein ergibt sich noch nicht, dass die Zusage eine verdeckte Gewinnausschüttung ist.*

▶ Erdienbarkeit

Der *Bundesfinanzhof* verlangt also entsprechend seiner bisherigen Rechtsprechung, dass die Pension erdienbar sein müsse. Erdienbarkeit meint, dass zwischen der Erteilung der Versorgungszusage und dem vorgesehenen Eintritt des Versorgungsfalls ein bestimmter Zeitraum liegen muss. Hierbei differenziert das höchste Finanzgericht zwischen dem beherrschenden und dem nicht beherrschenden Gesellschafter-Geschäftsführer. Beim nicht beherrschenden Gesellschafter-Geschäftsführer nimmt er eine Erdienbarkeit an, wenn die Unverfallbarkeitsfristen des Betriebsrentengesetzes eingehalten werden. Das Urteil ging noch von den längeren Fristen nach altem Betriebsrentenrecht aus (u. a. zehn Jahre). Heute beträgt die Unverfallbarkeitsfrist nur noch fünf Jahre bzw. ab dem 01.01.2018 sogar nur noch drei Jahre (siehe §§ 1b Abs. 1 BetrAVG). Der *Bundesfinanzhof* lehnt sich für den beherrschenden Gesellschafter-Geschäftsführer nicht an die kurze Fünfjahres-Frist an und auch nicht an die Dreijahresfrist, sondern hält wohl an der Zehnjahres-Frist fest.[157]

▶ Probe- bzw. Wartezeit nach Bestellung

Des Weiteren fordert der *Bundesfinanzhof* eine gewisse Probezeit für den Geschäftsführer, da dies auch mit einem Dritten so vereinbart werden würde. Völlig offen ist jedoch, wie lange diese Probezeit dauern soll. Hier werden Zeiträume von sechs Monaten bis zu fünf Jahren „gehandelt".[158] Einfluss auf die Länge der Probe- bzw. Wartezeit hat die Qualifikation, die der Geschäftsführer mitbringt. Je höher diese ist, desto kürzer kann die Probezeit sein. In dem vom *Bundesfinanzhof*

[157] Im Urteil vom 24.04.2002, I R 43/01, BStBl II 2003, 416, hat der BFH die Zehn-Jahres-Frist bestätigt, obwohl die Änderung der Unverfallbarkeitsfrist durch das Altersvermögensgesetz vom 26.06.2001 auf fünf Jahre bereits in Kraft war, für den Zehn-Jahres-Zeitraum beim beherrschenden Gesellschafter-Geschäftsführer, ausdrücklich BFH, Urt. v. 05.03.2008, I R 12/07, GmbHR 2008, 663, siehe auch BFH, Beschl. v. 06.11.2007, I B 95/07, juris.de.

[158] BFH, Urt. v. 15.10.1997, I R 42/97, GmbHR 1998, 340, 342; siehe BFH, Urt. v. 20.08.2003, I R 99/02, GmbHR 2004, 261: aus dem 2. Leitsatz: *Die Dauer dieser Probezeit hängt von den Besonderheiten des Einzelfalles ab. Die Zeitspanne von 2 1/4 Jahren wird aber jedenfalls bei einer einschlägig berufserfahrenen Person ausreichen.*

entschiedenen Fall war der Geschäftsführer bereits in dem Unternehmen tätig, aus dem die GmbH hervorgegangen ist. Daher konnte auf eine Wartezeit verzichtet werden.

Wartezeit nach Gründung der GmbH

Wird eine GmbH neu gegründet, so stellt es ebenfalls eine verdeckte Gewinnausschüttung dar, wenn die Gesellschaft, ohne dass ihre künftige wirtschaftliche Entwicklung und damit die Leistungsfähigkeit abschätzbar ist, einem Gesellschafter-Geschäftsführer eine Pensionszusage erteilt. Dies selbst dann, wenn eine Rückdeckungsversicherung abgeschlossen wird. So hat der *Bundesfinanzhof* beispielsweise eine Pensionszusage, die 15 Monate nach Gründung erteilt wurde, steuerrechtlich nicht anerkannt.[159]

Ferner verlangt der *Bundesfinanzhof*, dass der Betriebsfrieden nicht durch die Pensionszusage gestört wird. Dies setzt jedoch voraus, dass der Geschäftsführer tatsächlich mit anderen Arbeitnehmern vergleichbar ist. Ist dies nicht der Fall, so ist die Pensionszusage gleichwohl wirksam, wenn sie nur dem Geschäftsführer und nicht ebenfalls auch anderen Arbeitnehmern in vergleichbarer Weise erteilt wird.

Ernsthaftigkeit

Schließlich muss die Pensionszusage ernsthaft sein, was bedeutet, dass ihre Erfüllbarkeit auch tatsächlich gewollt und in gewisser Weise gesichert ist. Dies ist ohne Einschränkung der Fall, wenn eine kongruente Rückdeckungsversicherung abgeschlossen wird. Eine solche ist aber für die steuerrechtliche Anerkennung einer Pensionszusage nicht zwingend erforderlich.[160] Allerdings sieht die Finanzverwaltung das Fehlen einer Rückdeckungsversicherung oft als entscheidendes Indiz für die mangelnde Ernsthaftigkeit und damit für das Vorliegen einer verdeckten Gewinnausschüttung an.

Renteneintrittsalter

Auch das Renteneintrittsalter spielt eine Rolle. Ernsthaft ist eine Zusage nur dann gewollt, bzw. hält sie einem Drittvergleich mit einem Fremdgeschäftsführer nur stand, wenn die GmbH dem Gesellchafter-Geschäftsführer frühestens mit Vollendung des 62. Lebensjahres ein Ruhegehalt verspricht[161] (zu dem beherrschenden Gesellschafter-Geschäftsführern, siehe die Ausführungen sogleich).

---

[159]BFH, Urt. v. 11.02.1998, I R 73/97, GmbHR 1998, 893, 894; BFH, Urt. v. 18.02.1999, I R 51/98, NJW 2000, 535, 536.

[160]BFH, Urt. v. 29.10.1997, I R 52/97, GmbHR 1998, 338, 340.

[161]Dies gilt für Neuzusagen nach dem 09.12.2016, für vorher erteilte Zusagen gilt die beisherige Altergrenze von 60 Jahren, Rdnr. 8 im Schreiben des BMF v. 09.12.2016, IV C 6 – S 2176/07/ 10004:003.

bbb. Besonderheiten beim beherrschenden Gesellschafter-Geschäftsführer

► Zusätzliche Kriterien

Wie eingangs ausgeführt, ist nicht ganz eindeutig festzustellen, ob die soeben dargelegten Kriterien der Finanzrechtsprechung ausnahmslos auch für den nicht beherrschenden Gesellschafter-Geschäftsführer gelten. Auf die Zehnjahres-Frist bei der Erdienbarkeit wurde bereits hingewiesen. Ein weiteres spezielles Erfordernis für den beherrschenden Gesellschafter-Geschäftsführer besteht darin, dass eine klare, eindeutige und von vornherein bestimmte Pensionszusage abgeschlossen wird, die außerdem zivilrechtlich wirksam ist. Damit soll sichergestellt werden, dass der beherrschende Gesellschafter-Geschäftsführer, der auf den Abschluss der Pensionszusage ja maßgeblich Einfluss nehmen kann, nicht nach seinem Gutdünken die Erteilung bzw. die Änderung der Versorgungsvereinbarung unter steuerrechtlichen Gesichtspunkten vornimmt. Es gilt das sog. Nachzahlungsverbot, weshalb die Erteilung nicht rückwirkend ab Diensteintritt erfolgen könne, sondern nur für die Zukunft.[162]

Bei dem *beherrschenden* Gesellschafter-Geschäftsführer nimmt im übrigen die Finanzverwaltung an, dass eine vertraglich vorgesehene Altersgrenze von weniger als 67 Jahren bzw. weniger als das entsprechende gesetzliche Renteneintrittsalter nur dann akzeptiert werden könne, wenn besondere Umstände nachgewiesen werden, die ein niedrigeres Pensionsalter rechtfertigen. Dies kann beispielsweise eine Schwerbehinderung sein, die bereits bei Erteilung der Pensionszusage vorliegt.[163]

Die Erdienbarkeit einer Pension ist nach Ansicht des *Bundesfinanzhofs*[164] nur dann möglich, wenn der beherrschende Gesellschafter-Geschäftsführer bei der Erteilung der Pensionszusage das 60. Lebensjahr noch nicht vollendet hat. Ferner muss die Pension, wie bereits erwähnt, mindestens zehn Jahre erdient werden.[165] Darüber

[162] BFH, Urt. v. 20.08.2003, I R 99/02, GmbHR 2004, 261; BFH, Urt. v. 05.03.2008, I R 12/07, 2008, 663.

[163] Rdnr. 10 im Schreiben des BMF v. 09.12.2016, IV C 6 – S 2176/07/10004:003, 62 Jahre bei Zusageerteilung ab dem 09.12.2016, vorher 60 Jahre; siehe auch für die Bilanzierung der Pensionsrückstellung § 6a EStR 2005 Abs. 8, dort wird das früheste Pensionsalter für anerkannt schwer behinderte Menschen festgelegt, für die Geburtsjahrgänge ab 1962 ist das die Vollendung des 62. Lebensjahres, für die Jahrgänge 1953 bis 1961 das 61. Lebensjahr, dies könnte auch bei einem beherrschenden Gesellschafter-Geschäftsführer vereinbart werden.

[164] BFH, Urt. v. 21.12.1994, I R 98/93, DStR 1995, 600; BFH, Urt. v. 30.11.2005, I R 26/04, BFH/NV 2006, 616.

[165] BFH, Urt. v. 18.02.1999, I R 51/98, NJW 2000, 535. Entscheidend ist aber immer der Einzelfall. So hat der BFH eine Erdienungszeit von acht Jahren und zehn Monaten bei einem 56 Jahre alten Geschäftsführer für unschädlich gehalten, da der Versorgungsempfänger eine Versorgungslücke zu schließen hatte, siehe BFH, Urt. v. 24.04.2002, I R 43/01, BStBl II 2003, 416. Ein Fremdgeschäftsführer hätte bei einer derartigen Versorgungslücke ebenfalls eine Pension ausgehandelt.

hinaus darf als Zeitpunkt für den Beginn der Rentenzahlungen frühestens die Vollendung des 67. Lebensjahres vereinbart werden.[166]

ccc. Steuern und Abgaben beim Geschäftsführer

► Auswirkungen erst im Versorgungsfall

Für den Geschäftsführer selbst wirkt sich die Pensionszusage in keiner Weise während der Anwartschaft steuerrechtlich aus. Die Zusage wird für ihn erst dann steuerrechtlich relevant, wenn er die Versorgungsleistung erhält. Hierbei handelt es sich um Einkünfte aus nichtselbständiger Arbeit gemäß § 19 Einkommensteuergesetz, die der nachgelagerten Besteuerung unterliegen. Nach § 2 II der Lohnsteuer-Durchführungsverordnung gehören derartige Einnahmen ferner zum Arbeitslohn. Dies bedeutet, dass die GmbH verpflichtet ist, die Lohnsteuer zu Lasten des Geschäftsführers von den Versorgungsleistungen abzuziehen und an das Finanzamt abzuführen. Soweit der Geschäftsführer gesetzlich gegen Krankheit und für den Fall der Pflege versichert ist, unterfallen die Versorgungsbezüge also die Betriebsrenten der Abgabenpflicht, es fallen Beiträge zur Kranken- und Pflegeversicherung an. Dies senkt die Attraktivität der Pensionszusage deutlich.[167]

3. Direktversicherung

► GmbH ist Versicherungsnehmerin, Geschäftsführer ist bezugsberechtigt

Bei einer Direktversicherung handelt es sich um eine Lebensversicherung, die – wie die Rückdeckungsversicherung – auf das Leben des Geschäftsführers abgeschlossen wird. Versicherungsnehmerin ist auch hier die GmbH. Die Zuständigkeit für die Erteilung der Direktversicherungszusage liegt bei der Gesellschafterversammlung. Im Unterschied zur Rückdeckungsversicherung sind jedoch der Geschäftsführer bzw. seine Hinterbliebenen bei der Direktversicherung unmittelbar bezugsberechtigt. Ihnen fließt daher die Versicherungsleistung im Versorgungsfall zu.

► Risiken für den Geschäftsführer

Ist das Bezugsrecht dem Geschäftsführer bzw. Hinterbliebenen *unwiderruflich* eingeräumt, kann die GmbH die Leistungen aus dem Lebensversicherungsvertrag nicht mehr für sich beanspruchen. Bei einer nur *widerruflichen* Bezugsberechtigung besteht bei der Direktversicherung die Gefahr, dass die GmbH die Rechte aus

[166]Siehe Rdnr. 9 im Schreiben des BMF v. 09.12.2016, IV C 6 – S 2176/07/10004:003, 67 Jahre bei Zusageerteilung ab dem 09.12.2016, vorher 65 Jahre, im Anschluss an die Entscheidung des Bundesfinazhofs vom 11.09.2013, I R 72/12 BStBl 2016 II S. 1008, das meinte, auch beim beherrschenden Gesellschafter-Geschäftsführer gelte nicht per se ein Mindestpensionsalter.

[167]Siehe § 248 SGB V, die soll auch verfassungsmäß sein, siehe BverfG, Beschl. v. 28.02.2008, 1 BvR 2137/06, juris und Beschl. v. 28.09.2010, 1 BvR 1660/08, juris (zur Direktversicherung).

der Lebensversicherung, die ihr bis zur Realisierung des Versorgungsfalls noch ungeschmälert zustehen, verpfändet bzw. abtritt oder die Lebensversicherung kündigt und Zahlung des Rückkaufswerts verlangt. Der Lebensversicherungsvertrag könnte beispielsweise als Kreditsicherheit verwertet werden.

▶ Unverfallbarkeit

Im Anwendungsbereich des Betriebsrentengesetzes können auch Ansprüche aus der Direktversicherung für den Arbeitnehmer unverfallbar werden. Der Arbeitgeber darf dann die Bezugsberechtigung nicht mehr widerrufen (§ 1b II BetrAVG). Soweit die betriebliche Altersversorgung durch Entgeltumwandlung erfolgt, muss das Bezugsrecht von Anfang an unwiderruflich dem Geschäftsführer bzw. seinen Hinterbliebenen eingeräumt werden. Der Geschäftsführer muss im Falle seines Ausscheidens das Recht zur Fortsetzung des Vertrages mit eigenen Beiträgen haben, das Recht zur Verpfändung, Beleihung oder Abtretung durch die GmbH muss ausgeschlossen sein (§ 1b V BetrAVG).

Scheidet der Geschäftsführer vorzeitig aus den Diensten der GmbH aus, so hat er bei Anwendung des Betriebsrentengesetzes aufgrund der Unverfallbarkeit Ansprüche gegen die GmbH. Nach dem sog. ratierlichen Verfahren, das bereits oben bei der Pensionszusage erörtert wurde, sind dem Geschäftsführer seine Ansprüche als Anwartschaft zu erhalten. Da die GmbH dann ggf. noch Jahrzehnte mit der Abwicklung des Versorgungsanspruchs zu tun hätte, sieht das Betriebsrentengesetz eine sog. versicherungsvertragliche Lösung vor (§ 2 II Satz 2 BetrAVG). Danach kann die GmbH den Geschäftsführer unter bestimmten Voraussetzungen darauf verweisen, sich auf die Ansprüche aus dem Versicherungsvertrag zu beschränken. Der Geschäftsführer hätte dann die Möglichkeit, den Versicherungsvertrag fortzusetzen; eine Kündigung desselben mit der anschließenden Auszahlung des Rückkaufswerts scheidet jedoch aus. Der Geschäftsführer soll vor Eintritt des Versorgungsfalls nicht in den Genuss der Versicherungsleistung kommen.

▶ Steuerrechtliche Auswirkungen

Da bei der Direktversicherung der Geschäftsführer bezugsberechtigt ist, sind die Ansprüche aus dem Vertrag nicht in der Bilanz der Gesellschaft zu aktivieren. Die von der GmbH gezahlten Prämien können als Betriebsausgaben geltend gemacht werden. Verlangt wird aber, dass die Leistungen aus der Direktversicherung nicht vor Vollendung des 62. Lebensjahres – bei Erteilung vor dem 31.12.2011 vor dem 60. Lebensjahr-fällig werden.[168]

---

[168] Siehe Rdnr. 29 zu dem Schreiben des BMF, v. 31.03.2010 – IV C 3 – S 2222/09/10041 BStBl 2010 I S. 270: *Erreicht der Arbeitnehmer im Zeitpunkt der Auszahlung das 60. Lebensjahr, hat aber seine berufliche Tätigkeit noch nicht beendet, so ist dies in der Regel (insbesondere bei Direktversicherung, Pensionskasse und Pensionsfonds) unschädlich; die bilanzielle Behandlung beim Arbeitgeber bleibt davon unberührt. Für Versorgungszusagen, die nach dem 31. Dezember 2011 erteilt werden, tritt an die Stelle des 60. Lebensjahres regelmäßig das 62. Lebensjahr (siehe auch*

Für den Geschäftsführer stellen die von der GmbH gezahlten Versicherungsbeiträge Arbeitslohn dar, der zu versteuern ist. Sofern die Direktversicherung allerdings bestimmte Voraussetzungen erfüllt, u. a. eine Rente (keine Kapitalleistung) als Altersvorsorge vorsieht, keine Vererblichkeit, Verpfändung zulässt, eine Beitragsrückgewähr ausschließt, sind die Beiträge der GmbH für den Geschäftsführer in Grenzen bis max. 8 % der Beitragsbemessungsgrenze in der allgemeinen Rentenversicherung steuerfrei und bis zu 4 % sozialversicherungsfrei (siehe § 3 Nr. 63 EStG und § 82 SGB XII sowie § 1 Abs. 1 Nr. 9 Sozialversicherungsentgeltverordnung-SvEV).[169] Danach sind für 2019 steuerfrei: 6432 EUR jährlich, 536 EUR monatlich. Sozialversicherungsfrei in 2019 sind bis zu 3216 EUR jährlich bzw. 268 EUR monatlich. Dies gilt auch für beherrschende Gesellschafter-Geschäftsführer. Die Rente wird nachgelagert bei Zahlung vom Geschäftsführer versteuert und wenn der Geschäftsführer in der gesetzlichen Krankenversicherung versichert ist auch mit Beiträgen zur Kranken- und Pflegeversicherung belastet (siehe oben unter G IV 2.e. bb.ccc).

► Altverträge

Für Verträge, die bis zum 31.12.2004 abgeschlossen wurde, kommt noch die Möglichkeit der Pauschalversteuerung in Betracht. Hier sieht § 40b des Einkommensteuergesetzes vor, dass 20 % der gezahlten Prämien als pauschale Lohnsteuer von der GmbH – nicht vom Geschäftsführer-abzuführen sind. Im Innenverhältnis kann aber vereinbart werden, dass der Geschäftsführer diese Beträge der GmbH erstatten muss. Die Pauschalversteuerung ist nur zulässig für Versicherungsprämien bis zu einem Betrag von 3408 € jährlich. Bestehen mit mehreren Geschäftsführern bzw. Arbeitnehmern Direktversicherungszusagen, so kann im Einzelfall ein Betrag in Höhe von 4200 € jährlich pauschal versteuert werden, solange pro Person im Durchschnitt der Betrag von 3408 € eingehalten wird. Ferner setzt § 40b Einkommensteuergesetz voraus, dass es sich um ein erstes Dienstverhältnis handelt – der Geschäftsführer im Nebenamt kann daher nicht von der Pauschalversteuerung Gebrauch machen – und dass die Zahlung der Versicherungssumme für den Erlebensfall nicht zu einem früheren Zeitpunkt als der Vollendung des 60. Lebensjahres vereinbart ist. Während die Versicherungsbeiträge für den Geschäftsführer für die bis 31.12.2004 abgeschlossenen Direktversicherungsverträge steuerpflichtigen Arbeitslohn bilden, fließt ihm wenigstens im Gegenzug die Kapitalleistung steuerfrei zu. Sind Rentenleistungen in der Direktversicherung vereinbart, so unterliegt nach bis 31.12.2004 geltendem Recht nur der Ertragsanteil der Einkommensteuer (§ 22 Einkommensteuergesetz).

BT-Drucksache 16/3794 vom 12. Dezember 2006, S. 31 unter „IV. Zusätzliche Altersvorsorge" zum RV-Altersgrenzenanpassungsgesetz vom 20. April 2007, BGBl I 2007 S. 554).

[169] Bis zum 31.12.2017 betrug die Grenze für die Steuer- und Sozialversicherungsfreiheit einheitlich 4 % der Beitragsbemessungsgrenze. Ab 01.01.2018 wurde die Steuerfreiheit auf 8 % erhöht, die Sozialversicherungsfreiheit von 4 % jedoch beibehalten. Die Steuerfreiheit und Abgabenfreiheit gilt entweder für die hiesige arbeitgeberfinanzierte Förderung oder für die eingangs genannte arbeitnehmerfinanzierte Entgeltumwandlung (siehe oben 2. Teil G IV 2 d.aa.).

H. Kündigung des Anstellungsvertrags

I. Ordentliche Kündigung

1. Kündigung durch die Gesellschaft

a. Voraussetzungen

► Kündigung ist grundsätzlich ohne Angabe von Gründen möglich

Ist der Anstellungsvertrag auf unbestimmte Zeit abgeschlossen, so kommt jederzeit eine ordentliche Kündigung durch beide Seiten in Betracht. Es sei nochmals betont, dass das Anstellungsverhältnis scharf von der Organstellung des Geschäftsführers zu trennen ist. Die Geschäftsführereigenschaft endet mit der Abberufung durch die Gesellschafterversammlung oder das sonst zuständige Gremium. Der Anstellungsvertrag muss gesondert gekündigt oder auf andere Weise beendet werden. Die Gesellschafterversammlung kann beide Rechtsakte (Kündigung des Anstellungsvertrags und Abberufung aus dem Geschäftsführeramt) zu einer einheitlichen Erklärung verbinden, es muss aber immer genau untersucht werden, ob dies wirklich der Fall ist.

► Zuständigkeit der Gesellschafterversammlung

Für die Kündigung des Anstellungsvertrags ist – wie bei der Abberufung – ebenfalls die Gesellschafterversammlung zuständig.[170] Hierbei ist ein Gesellschafterbeschluss zu fassen und dieser anschließend zu vollziehen, indem gegenüber dem Geschäftsführer von der Gesellschafterversammlung die Kündigung ausgesprochen wird.[171] Es ist darauf zu achten, dass nicht nur die Abberufung, sondern auch die Kündigung durch die Gesellschafterversammlung beschlossen wird. Ist der Geschäftsführer auf der Versammlung anwesend, sollte ihm gegenüber in der Versammlung die schriftliche Kündigung übergeben werden. Häufig ist für die Kündigung im Anstellungsvertrag die Schriftform vereinbart. Eine Kündigung, die die Schriftform nicht wahrt, wäre unwirksam. Zudem legt § 623 BGB die Schriftform für die Kündigung von Arbeitsverhältnissen fest. Diese Vorschrift gilt zwar nicht unmittelbar für freie Dienstverhältnisse. Es ist aber nie auszuschließen, dass der konkrete Dienstvertrag nach der Rechtsprechung des Bundesarbeitsgerichts als Arbeitsvertrag qualifiziert wird (siehe dazu oben die Ausführungen im 2. Teil, A) und die Vorschrift analog angewendet wird.

Wichtig ist, darauf zu achten, wer die Kündigung unterschreibt. Unterschreibt diese der Alleingesellschafter oder alle Gesellschafter, ist dies der sicherste Weg. Ebenso ist es m. E. ausreichend, wenn alle Gesellschafter unterschreiben, die mit

---

[170] BGH, Urt. v. 26.03.1984, II ZR 120/83, BGHZ 91, 217, 218.

[171] OLG Frankfurt, Urt. v. 16.12.2005, 24 U 145/05, GmbHR 2006, 650.

Mehrheit für die Kündigung auf der Versammlung gestimmt haben. Ein weiterer sicherer Weg ist jener, dass der Gesellschafterbeschluss zur Kündigung festlegt, wer die Kündigung für die GmbH aussprechen soll und diese Person im Beschluss ermächtigt wird. Die Versammlung kann einen Mitgesellschafter, einen zweiten Geschäftsführer oder auch einen Dritten bevollmächtigen die Kündigung auszusprechen. Hierbei sollte wegen § 174 BGB, darauf geachtet werden, die Ermächtigung bzw. Bevollmächtigung beizufügen.[172] Wurde dies versäumt, besteht die Gefahr, dass die Kündigung nicht wirksam erfolgt. So wurde z. B. vom OLG Frankfurt entschieden, dass eine Kündigung, die der zweite, nicht abberufene Geschäftsführer für die GmbH ausgesprochen hat, unwirksam sei, weil sich nicht feststellen ließ, ob dieser dazu, wenigstens schlüssig von der Gesellschafterversammlung ermächtigt wurde.[173] Soll der Anstellungsvertrag mit einem Gesellschafter-Geschäftsführer gekündigt werden, so hat dieses Stimmrecht, es sei denn, es erfolgt eine Kündigung aus wichtigem Grund.

Die Gesellschafterversammlung kann durch Regelung im Gesellschaftsvertrag bestimmen, dass das Kündigungsrecht auf andere Personen übertragen wird. Ist der Aufsichtsrat für die Abberufung des Geschäftsführers zuständig, so spricht er auch die Kündigung des Anstellungsvertrags aus.[174]

► Kein arbeitsrechtlicher Kündigungsschutz

Bei der Kündigung des Anstellungsvertrags gelten grundsätzlich keine arbeitsrechtlichen Schutzvorschriften. So finden weder das Kündigungsschutzgesetz noch das Mutterschutzgesetz oder das Schwerbehindertengesetz zugunsten des

[172]Nach § 174 BGB ist die Kündigung als einseitiges Rechtsgeschäft, das ein Bevollmächtigter gegenüber dem Geschäftsführer vornimmt, unwirksam, wenn der Bevollmächtigte eine Vollmachtsurkunde nicht vorlegt und der Geschäftsführer aus diesem Grunde die Kündigung unverzüglich zurückweist. Die Zurückweisung ist jedoch unzulässig, wenn der Geschäftsführer von der Bevollmächtigung in Kenntnis gesetzt wurde, was auch durch Regelung im Anstellungsvertrag erfolgt sein kann (OLG Stuttgart, Urt. v. 29.09.2010, 9 U 35/10, juris, Rdnr. 77). Kein Zurückweisungsrecht besteht, wenn der Bevollmächtigte eine Ausfertigung des Gesellschafterbeschlusses beifügt, aus dem sich die Bevollmächtigung ergibt. Hierbei genügt es meines Erachtens, wenn die Formalien für Gesellschafterbeschlüsse eingehalten werden, die auch sonst für die jeweilige GmbH ggf. nach ihrer Satzung gelten. Werden z. B. auch sonst Beschlüsse nicht von allen Gesellschaftern unterschrieben, ist dies auch jetzt nicht erforderlich. Von einer In-Kenntnis-Setzung ist auszugehen bzw. verstößt die Zurückweisung gegen Treu und Glauben, wenn der Gesellschafter den Beschluss umsetzt, der dies auch sonst bei anderen Beschlüssen tut, wenn dem zu kündigenden Gesellschafter dies bekannt ist. In der Praxis ist dies häufig der Mehrheitsgesellschafter (OLG Frankfurt, Beschl. v. 28.04.1981, 20 W 795/80, NJW 1982, 2388) oder ein Gesellschaftersprecher. Hat dieser z. B. den Anstellungsvertrag für die Gesellschafterversammng unterzeichnet, wäre es treuwidrig, wenn der Geschäftsführer bei der Kündigung nun die Vorlage einer Vollmachtsurkunde verlangen dürfte.

[173]OLG Frankfurt, Urt. v. 16.12.2005, 24 U 145/05, GmbHR 2006, 650.

[174]BGH, Urt. v. 14.11.1983, II ZR 33/83, BGHZ 89, 48, 58.

Geschäftsführers Anwendung. Dennoch kann eine Kündigung im Einzelfall nach allgemeinen Vorschriften, z. B. wegen Sittenwidrigkeit oder Verstoßes gegen das Gleichheitsgebot unwirksam sein oder aber das Anstellungsverhältnis ausnahmsweise als Arbeitsverhältnis zu qualifizieren sein.[175]

Zu beachten ist jedoch, dass neben dem Anstellungsvertrag noch ein *ruhendes* Arbeitsverhältnis bestehen kann, welches möglicherweise nach Kündigung des Anstellungsvertrags wieder auflebt und für das die arbeitsrechtlichen Vorschriften grundsätzlich gelten. Dieses ruhende Arbeitsverhältnis könnte von der Gesellschaft gleichzeitig mit dem Anstellungsvertrag gekündigt werden. Hiergegen müsste sich der Geschäftsführer durch Erhebung einer Kündigungsschutzklage wehren, für die die Arbeitsgerichte zuständig sind.[176]

▶ Kündigungsfristen

Problematisch ist, welche Kündigungsfrist für die ordentliche Kündigung gilt. Hier empfiehlt sich zunächst eine Regelung im Anstellungsvertrag.[177] Im Übrigen ist strittig, ob § 621 oder § 622 BGB Anwendung findet.

Zunächst seien diese Vorschriften genannt:

§ 621 BGB [Ordentliche Kündigung von Dienstverhältnissen]
Bei einem Dienstverhältnis, das kein Arbeitsverhältnis im Sinne des § 622 ist, ist die Kündigung zulässig,

1. *wenn die Vergütung nach Tagen bemessen ist, an jedem Tag für den Ablauf des folgenden Tages;*
2. *wenn die Vergütung nach Wochen bemessen ist, spätestens am ersten Werktag einer Woche für den Ablauf des folgenden Sonnabends;*
3. *wenn die Vergütung nach Monaten bemessen ist, spätestens am fünfzehnten eines Monats für den Schluss des Kalendermonats;*
4. *wenn die Vergütung nach Vierteljahren oder längeren Zeitabschnitten bemessen ist, unter Einhaltung einer Kündigungsfrist von sechs Wochen für den Schluss eines Kalendervierteljahres;*
5. *wenn die Vergütung nicht nach Zeitabschnitten bemessen ist, jederzeit; bei einem die Erwerbstätigkeit des Verpflichteten vollständig oder hauptsächlich in Anspruch nehmenden Dienstverhältnis ist jedoch eine Kündigungsfrist von zwei Wochen einzuhalten.*

---

[175] Siehe bereits oben 2. Teil, C. I. Das KSchG gilt aber gleichwohl wegen der Regelung § 14 Abs. 1 Nr. 1 KSchG nicht.

[176] Zu dem ruhenden Arbeitsverhältnis siehe bereits die Ausführungen oben 2. Teil, C. V 2.

[177] Siehe den Formulierungsvorschlag im Anhang 1.

§ 622 BGB [Ordentliche Kündigung von Arbeitsverhältnissen] Auszug

(1) *Das Arbeitsverhältnis eines Arbeiters oder eines Angestellten (Arbeitnehmers) kann mit einer Frist von vier Wochen zum Fünfzehnten oder zum Ende eines Kalendermonats gekündigt werden.*

(2) *Für eine Kündigung durch den Arbeitgeber beträgt die Kündigungsfrist, wenn das Arbeitsverhältnis in dem Betrieb oder Unternehmen*

1. *zwei Jahre bestanden hat, einen Monat zum Ende eines Kalendermonats,*
2. *fünf Jahre bestanden hat, zwei Monate zum Ende eines Kalendermonats,*
3. *acht Jahre bestanden hat, drei Monate zum Ende eines Kalendermonats,*
4. *zehn Jahre bestanden hat, vier Monate zum Ende eines Kalendermonats,*
5. *zwölf Jahre bestanden hat, fünf Monate zum Ende eines Kalendermonats,*
6. *fünfzehn Jahre bestanden hat, sechs Monate zum Ende eines Kalendermonats,*
7. *zwanzig Jahre bestanden hat, sieben Monate zum Ende eines Kalendermonats.*

...

§ 621 BGB regelt die Kündigung von Dienstverhältnissen im Allgemeinen, während § 622 BGB eine Sonderregelung für Arbeitsverhältnisse enthält. Da Geschäftsführer grundsätzlich keine Arbeitnehmer sind, wäre es naheliegend, die Berechnung der Kündigungsfrist anhand des § 621 BGB vorzunehmen. Nach § 621 Nr. 3 BGB müsste eine Kündigung somit, da die Vergütung beim Geschäftsführer regelmäßig nach Monaten bemessen ist, jeweils bis zum 15. des Monats für den Schluss des betreffenden Kalendermonats möglich sein.

▶ § 622 BGB gilt analog

Da der Geschäftsführer sein Amt jedoch regelmäßig hauptberuflich ausübt und von der Vergütung seinen eigenen und den Lebensunterhalt seiner Familie bestreitet, wäre eine derart kurze Kündigungsfrist unbillig. Diese entspräche auch nicht den Interessen der Gesellschaft, da qualifizierte Geschäftsführer häufig nicht nach Belieben verfügbar sind und sich die Gesellschafter erst eine gewisse Zeit lang nach geeigneten Kandidaten umsehen müssen. Hierfür ist die Einholung von Informationen erforderlich; stehen schließlich Bewerber zur Verfügung, sind Auswahlgespräche zu führen und die Bedingungen auszuhandeln, was ebenfalls zeitraubend sein kann. Die kurze gesetzliche Regelung wird daher den Interessen beider Vertragsparteien nicht gerecht.[178]

▶ Ausnahme beherrschender Gesellschafter-Geschäftsführer

---

[178]BGH, Urt. v. 29.01.1981, II ZR 92/80, BGHZ 79, 291, 293 f.; BGH, Urt. v. 26.03.1984, II ZR 120/83, BGHZ 91, 217, 220.

Lediglich beim beherrschenden Gesellschafter-Geschäftsführer, dessen Kündigung ohne wichtigen Grund gegen seinen Willen sowieso nicht möglich ist, kann es bei der gesetzlichen Regelung für freie Dienstverhältnisse gemäß § 621 Nr. 3 BGB bleiben.[179] Hat der beherrschende Gesellschafter-Geschäftsführer allerdings auf die Vornahme der Kündigung ausnahmsweise keinen Einfluss, etwa weil diese vom Aufsichtsrat oder einem Beirat auszusprechen ist, wäre auch aus seiner Sicht diese kurze Regelung nicht sachgerecht.

Also gilt für sämtliche Geschäftsführer, die auf ihre Kündigung keinen durchsetzbaren Einfluss haben bzw. diese nicht verhindern können, § 622 BGB.[180] Hierbei kommt sowohl die sog. *Grundkündigungsfrist* gemäß § 622 I BGB als auch die *dienstzeitabhängige* Kündigungsregelung gemäß § 622 II BGB zur Anwendung. Nach ersterer kann das Dienstverhältnis prinzipiell binnen vier Wochen – jeweils zum nächstfolgenden Ultimo des Monats oder zum 15. des Folgemonats – gekündigt werden. In Abhängigkeit von der Dauer des Dienstverhältnisses verlängert sich gemäß § 622 II BGB die Kündigungsfrist für eine Kündigung der GmbH bis zu sieben Monaten zum Schluss des Kalendermonats. Der Geschäftsführer selbst muss, wenn er kündigt, nur die Grundkündigungsfrist einhalten. Es gibt keinen sachgerechten Grund, warum der Geschäftsführer, jedenfalls dann, wenn er seine gesamte Arbeitskraft in den Dienst der GmbH gestellt hat, nicht ebenfalls in den Genuss der dienstzeitabhängigen Kündigungsregelung gemäß § 622 II BGB kommen sollte (strittig).[181] Allerdings dürften einzelvertragliche Regelungen mit dem Geschäftsführer unabhängig von der Betriebsgröße, anders als beim Arbeitnehmer (§ 622 Abs. 5 BGB), möglich sein, so dass die dienstzeitabhängigen, verlängerten Kündigungsfristen ausgeschlossen werden können.

► BGH hat noch nicht entschieden

Zwar hat der *BGH* nach der Änderung des § 622 BGB, die im Jahre 1993 im Anschluss an die durch das *Bundesverfassungsgericht* festgestellte Verfassungswidrigkeit des Angestelltenkündigungsgesetzes nötig wurde, noch nicht entschieden, ob diese Vorschrift auch in ihrer aktuellen Fassung analog auf den GmbH-Geschäftsführer anzuwenden ist. Wegen des nach wie vor geltenden Schutzzweckes und der gleich gebliebenen Interessenlage ist jedoch anzunehmen, dass der *BGH* auch in Zukunft § 622 BGB entsprechend auf diesen Personenkreis anwenden wird.[182]

---

[179] OLG Hamm, Urt. v. 27.01.1992, 8 U 200/91, GmbHR 1992, 378.

[180] OLG Hamm, Urt. v. 20.11.2006, 8 U 217/05, GmbHR 2007, 442.

[181] LG Berlin, Urt. v. 17.12.2000, 5 O 320/00, GmbHR 2001, 301; LAG Köln, Urt. v. 18.11.1998, 2 Sa 1063/98, GmbHR 1999, 818; LAG Rheinland-Pfalz, Urt. v. 17.04.2008, 9 Sa 684/07, DB 2008, 1632.

[182] Zum alten Recht siehe BGH, Urt. v. 29.01.1981, II ZR 92/80, BGHZ 79, 291, 292; BGH, Urt. v. 26.03.1984, II ZR 120/83, BGHZ 91, 217, 219. Siehe zu dem BGH, Urt. v. 12.05.1997, II ZR 50/96, juris.

▶ Schriftform

Eine Form für die Kündigung des Anstellungsverhältnisses sieht das Gesetz nicht vor. § 623 BGB, wonach die Beendigung durch Kündigung oder Auflösungsvertrag zu ihrer Wirksamkeit der Schriftform bedarf, gilt nur für Arbeitsverhältnisse.[183] Aus Gründen der Rechtssicherheit und Beweissicherung sollt stets schriftlich mit Zugangsnachweis gekündigt werden.

b. Rechtsfolgen der Kündigung

Die Kündigung führt zur Beendigung des Anstellungsverhältnisses mit dem Tag des Ablaufs der Kündigungsfrist. Versorgungszusagen, die unverfallbar geworden sind, bleiben dem Geschäftsführer erhalten.

▶ Anspruch auf Zeugnis

Ein Geschäftsführer hat ferner grundsätzlich Anspruch auf die Erteilung eines Zeugnisses, das auf Verlangen des Geschäftsführers auch auf seine Leistungen und seine Führung zu erstrecken ist (sog. qualifiziertes Zeugnis). Dies hat der *BGH* ausdrücklich für den Fremdgeschäftsführer entschieden und hierbei die entsprechende Vorschrift für Arbeitnehmer (§ 630 BGB) analog angewandt.[184] Ab 01.01.2003 gilt § 630 für jedes dauernde Dienstverhältnis, während speziell für den Arbeitnehmer der Anspruch auf Zeugniserteilung in § 109 der Gewerbeordnung geregelt ist. Da § 630 BGB nunmehr für jedes dauernde Dienstverhältnis gilt, kommt die Vorschrift auch für den Anstellungsvertrag des Gesellschafter-Geschäftsführers zur Anwendung. Dies gilt auch für den beherrschende Gesellschafter-Geschäftsführer, der ebenfalls ein Interesse daran hat, seinen beruflichen Werdegang durch seine Mitgesellschafter dokumentieren zu lassen.[185] Meines Erachtens folgt auch aus der Treuepflicht der Gesellschaft gegenüber dem Gesellschafter-Geschäftsführer, dass auch dieser -unabhängig von seiner Beteiligung – einen Anspruch auf Erteilung eines Zeugnisses hat. Er benötigt dieses ebenso wie der abhängig beschäftigte Geschäftsführer, um sich nach Beendigung des Anstellungsverhältnisses anderweitig zu bewerben. Ausgestellt wird das Zeugnis von der Gesellschafterversammlung unter Ausschluss des jeweiligen Gesellschafter-Geschäftsführers. Die Gesellschafterversammlung beschließt über das zu erteilende Zeugnis und wer dies für die GmbH unterzeichnet. Die Gesellschafterversammlung kann im Vorfeld z. B. einem Mitgeschäftsführer mit der Erstellung eines Entwurfs beauftragen oder auch den betreffenden Geschäftsführer um eine solchen bitten.

[183] Siehe zur Anwendbarkeit des § 623 BGB auf das ruhende Arbeitsverhältnis oben 2. Teil, C V 2. Strittig, ist ob die Vorschrift analog gilt, siehe *Müller-Glöge* im Erfurter Kommentar, § 623 BGB Rdnr. 2.

[184] BGH, Urt. v. 09.11.1967, II ZR 64/67, BGHZ 49, 30, 32.

[185] A.A. *Henssler* in MüKoBGB, § 630 Rdnr. 9, wonach § 630 BGB nicht für GmbH-Geschäftsführer, die nicht zugleich Mehrheitsgesellschafter sind, gelten soll.

▶ Arbeitspapiere

Die Gesellschaft hat ferner sämtliche Arbeitspapiere an den Geschäftsführer herauszugeben; hierzu gehört insbesondere die Lohnsteuerbescheinigung. Bestand ein sozialversicherungspflichtiges Arbeitsverhältnis, ist außerdem eine Arbeitsbescheinigung nach § 312 SGB III zu erstellen, damit der Geschäftsführer zügig Arbeitslosengeld erhalten kann. Verstößt die GmbH gegen die Verpflichtung, eine Arbeitsbescheinigung richtig oder vollständig zu erstellen, oder unterlässt sie dies ganz, macht sie sich gegenüber der *Bundesagentur für Arbeit* schadensersatzpflichtig (§ 321 SGB III).

Der Geschäftsführer seinerseits hat über seine Tätigkeit umfänglich Rechenschaft abzulegen sowie der GmbH sämtliche in seinem Besitz befindlichen Unterlagen und Schlüssel, Passwörter und Zugangsberechtigungen herauszugeben.

▶ Freistellung

Spricht die GmbH eine Kündigung aus, wird sie den Geschäftsführer in der Regel von der Verpflichtung zur Leistung der Dienste freistellen. Dieses Recht sollte im Anstellungsvertrag geregelt sein, da strittig ist, ob der Geschäftsführer einen ggf. im Wege der einstweiligen Verfügung durchsetzbaren Anspruch auf Weiterbeschäftigung bis zum Abschluss eines etwaigen Prozesses hat, in dem es um die Wirksamkeit der Kündigung geht.[186] Der *BGH* hat entschieden, dass ein Weiterbeschäftigungsanspruch des gekündigten Geschäftsführers bis zur rechtkräftigen Entscheidung bzw. bis zum regulären Ende des Dienstverhältnisses ohne Regelung im Anstellungsvertrag grundsätzlich nicht besteht.[187] Sobald der Geschäftsführer abberufen wurde, kommt ein Weiterbeschäftigungsanspruch aus dem Anstellungsvertrag nicht mehr in Betracht, weil dies dem Grundsatz der freien Widerruflichkeit gemäß § 38 I GmbHG widerspräche, wenn der Abberufene eine Weiterarbeit in leitender Funktion erzwingen könnte. Die GmbH kann daher den Geschäftsführer grundsätzlich freistellen. Da die Freistellung den Urlaubsanspruch des Geschäftsführers nicht berührt, sollte aus Sicht der GmbH im Anstellungsvertrag eine Anrechnung der Freistellung auf den Urlaubsanspruch geregelt sein. Ebenfalls vereinbart werden sollte die Aufnahme von anderen Beschäftigungen sowie die Anrechnung anderweitigen Verdienstes sowie die Frage der Widerruflichkeit der Freistellung, damit diesbezügliche Streitfragen möglichst im Vorfeld geklärt werden. Strittig ist, ob der Geschäftsführer statt einer Freistellung mit anderen als Geschäftsführer-, etwa Sachbearbeiteraufgaben betraut werden kann. Zumindest soll der Geschäftsführer bis zum Ablauf des Anstellungsvertrags nach ordentlicher Kündigung verpflichtet sein, sich darauf einzulassen, eine seinen Kenntnissen und Fähigkeiten angemessene andere leitende Stellung anzunehmen, will er die fristlose

---

[186] Siehe *Leuchten* GmbHR 2001, 750.

[187] BGH, Urt. v. 11.10.2010, II ZR 266/08, NZG 2011, 112, siehe *Lunk/Rodenbusch*, Der Weiterbeschäftigungsanspruch des GmbH-Geschäftsführers, NZG 2011, 497.

Kündigung vermeiden.[188] Dies ist meines Erachtens nur statthaft, wenn eine entsprechende vertragliche Vereinbarung besteht. Ansonsten schuldet der Geschäftsführer die Erfüllung der Leitungsaufgabe. Eine andere als die vereinbarte Geschäftsführertätigkeit muss der gekündigte Geschäftsführer nicht übernehmen.[189]

2. Kündigung durch den Geschäftsführer

▶ Empfangszuständigkeit bei der Gesellschaft

Bei der Kündigung durch den Geschäftsführer stellt sich lediglich das Problem, wem gegenüber er die Kündigung zu erklären hat. Gemäß § 35 II Satz 2 GmbHG ist jeder Mitgeschäftsführer für die Entgegennahme der Kündigung zuständig.[190] Der Geschäftsführer kann ferner die Kündigung an die Gesellschafterversammlung richten. Hierbei wird es auch für zulässig erachtet, wenn nur gegenüber einem einzelnen Gesellschafter die Kündigung ausgesprochen wird.[191] Die Kündigung gegenüber *einem* einzelnen Gesellschafter genügt jedoch meines Erachtens nicht, da nicht sichergestellt ist, dass dieser seinerseits sämtliche Mitgesellschafter benachrichtigt.

Tipp für den Geschäftsführer!
Achten Sie darauf, dass eine eindeutige vertragliche Regelung in den Anstellungsvertrag aufgenommen wird, an wen Ihre Kündigung zu richten ist, damit es im Streitfall keine Probleme gibt.

II. Außerordentliche Kündigung

1. Außerordentliche Kündigung durch die Gesellschaft

a. Zuständigkeit

▶ Überblick

Für die außerordentliche Kündigung ist ebenfalls die Gesellschafterversammlung zuständig. Besteht jedoch ein Aufsichtsrat, zu dessen Aufgaben die Bestellung und

---

[188] OLG Karlsruhe, Urt. v. 25.08.1995, 15 U 286/94, GmbHR 1996, 208.

[189] *Kothe-Heggemann/Dahlbender*, GmbHR 1996, 650, 652. In diese Richtung weist auch die Entscheidung des BGH, Urt. v. 11.10.2010, II ZR 266/08, NZG 2011, 112.

[190] BGH, Urt. v. 19.01.1961, II ZR 217/58, GmbHR 1961, 48; *Lutter/Hommelhoff*, GmbHG, Anh § 6 Rdnr. 52. Bei der Niederlegung hingegen wird eine Erklärung gegenüber einem Mitgeschäftsführer für nicht ausreichend erachtet, siehe oben 1. Teli, F II.

[191] BGH, Urt. v. 03.11.2003, II ZR 158/01, GmbHR 2004, 57.

Abberufung der Geschäftsführer gehört, so spricht dieser auch die außerordentliche Kündigung des Anstellungsvertrags aus.

b. Voraussetzungen

Eine außerordentliche bzw. fristlose Kündigung setzt stets einen *wichtigen Grund* voraus. Beschließt die Gesellschafterversammlung über die fristlose Kündigung des Anstellungsvertrags und ist der Betroffene gleichzeitig Gesellschafter, so hat er bei der Abstimmung über die Erklärung der fristlosen Kündigung des Anstellungsvertrags kein Stimmrecht. Dies folgt aus dem Verbot des Richters in eigener Sache (§ 47 IV GmbHG).

Eine Kündigung aus wichtigem Grund ist bei Dauerschuldverhältnissen, also auch dem Anstellungsvertrag des Geschäftsführers, immer möglich, sie darf weder vertraglich ausgeschlossen noch erschwert werden. Liegt ein wichtiger Grund vor, der eine weitere Zusammenarbeit unzumutbar werden lässt, so muss eine Trennung der Vertragspartner durch die Beendigung des Rechtsverhältnisses möglich sein. Dies ist ein allgemein anerkanntes Rechtsprinzip und seit 1. Januar 2002 in § 314 BGB gesetzlich verankert. Eine Abfindungsklausel im Anstellungsvertrag, die im Fall der Kündigung der Gesellschaft aus wichtigem Grund für den Geschäftsführer eine Abfindung vorsieht, ist als unzulässige Kündigungserschwerung unzulässig.[192]

► Anhörung und Abmahnung

Die Wirksamkeit der fristlosen Kündigung war bisher nicht davon abhängig, ob der Betroffene angehört oder abgemahnt wurde oder ob ihm die Gesellschaft die Gründe für die Kündigung mitgeteilt hat.[193] Nach Einführung des § 314 BGB dürfte dies so nicht mehr gelten, denn dort heißt es in Absatz 2:[194] *Besteht der wichtige Grund in der Verletzung einer Pflicht aus dem Vertrag, ist die Kündigung erst nach erfolglosem Ablauf einer zur Abhilfe bestimmten Frist oder nach erfolgloser Abmahnung zulässig.* Eine Abmahnung zur Kündigung ist daher erforderlich,[195] wobei sich in der Rechtsprechung gleichwohl der gegenteilige Standpunkt durchsetzt und zwar im Hinblick auf die fehlende Schutzbedürftigkeit des Geschäftsführers und Funkti-

[192]BGH, Urt. v. 03.08.2000, II ZR 282/98, ZIP 2000, 1442, 1444 unter Verweis auf § 626 I i.V.m. § 134 BGB. Im Anstellungsvertrag war eine Abfindung von zwei Bruttojahresgehältern vorgesehen, wenn das Vertragsverhältnis vor dem Ablauf von zehn Jahren gekündigt wird.

[193]Siehe BGH, Urt. v. 10.09.2001, II ZR 14/00, GmbHR 2001, 1158 und BGH, Urt. v. 14.02.2000, II ZR 218/98, GmbHR 2000, 431 aus den Gründen: *Eine Abmahnung des Kl. war nicht geboten. Das Institut der Abmahnung ist im Arbeitsrecht im Hinblick auf die soziale Schutzbedürftigkeit abhängig Beschäftigter entwickelt worden. Dieser Schutzgesichtspunkt kann bei Leitungsorganen von Kapitalgesellschaften nicht ausschlaggebend sein. Sie kennen regelmäßig die ihnen obliegenden Pflichten und sind sich über die Tragweite etwaiger Pflichtverletzungen auch ohne besondere Hinweise und Ermahnungen im klaren. Soweit Pflichtverstöße so gravierend sind, daß sie – wie hier – zur Zerstörung des Vertrauensverhältnisses zu den Gesellschaftern oder anderen Organen der Gesellschaft geführt haben, kommt eine Abmahnung ohnehin nicht in Betracht.*

[194]Siehe *U.H. Schneider* GmbHR 2003, 1.

[195]*Horstmeier*, GmbHR 2006, 400, 404 f. **a.A.** *Trappehl/Scheuer*, DB 2005, 176, 1277 ff.

onszuweisung als organschaftlicher Vertreter der GmbH als Arbeitgeberin.[196] Für die organschaftliche Abberufung bedarf es auch weiterhin keiner Abmahnung. Bei einer sog. Verdachtskündigung, bei der die GmbH ohne sichere Kenntnis kündigt, muss m. E. dem Geschäftsführer Gelegenheit gegeben werden, die Vorwürfe auszuräumen.[197] Bei Pflichtverletzungen im Vertrauensbereich, die zu einer Zerrüttung des Vertrauensverhältnisses führen, dürfte – wie auch bisher – eine Abmahnung entbehrlich sein, da sich das Vertrauen dadurch nicht wiederherstellen lässt.[198]

► Mitteilung der Gründe

Der betroffene Geschäftsführer kann zudem von sich aus in allen Fällen die Mitteilung der Kündigungsgründe verlangen. Dieses Recht folgt aus § 626 II Satz 3 BGB. Verweigert ihm die GmbH dennoch die Mitteilung der Gründe, die sie zur fristlosen Kündigung bewogen haben, so wird die Kündigung dadurch nicht unwirksam; die Gesellschaft macht sich jedoch schadensersatzpflichtig. Ein Schaden kann dann entstehen, wenn der Geschäftsführer in Unkenntnis des Vorliegens eines wichtigen Grundes gegen die Beendigung des Anstellungsvertrags klagt und erst im Gerichts-verfahren der zugrunde liegende wichtige Grund im Sinne des § 626 I BGB zum Vorschein kommt. Stellt sich heraus, dass die Kündigung berechtigt war, so kann der Geschäftsführer verlangen, dass ihm die Prozesskosten wegen Verletzung der Mitteilungspflicht ersetzt werden.

c. Wichtiger Grund

► § 626 BGB

Als Rechtsgrundlage für die Kündigung aus wichtigem Grund wird von der ständigen Rechtsprechung § 626 BGB herangezogen. Diese Vorschrift gilt nicht nur für

---

[196] Siehe BGH, Beschl. v. 02.07.2007, II ZR 71/06, NZG 2007, 674, Leitsatz: *Vor Ausspruch der außerordentlichen Kündigung des Dienstverhältnisses mit einem organschaftlichen Vertreter einer Kapitalgesellschaft bedarf es keiner Abmahnung. Dies entspricht der gefestigten Rechtsprechung des Senats, die entscheidend darauf abstellt, dass der organschaftliche Vertreter Arbeitgeberfunktionen wahrnimmt. § 314 II BGB gibt keinen Anlass hiervon abzuweichen, da die genannte Funktionszuweisung ein besonderer Umstand i.S. von § 323 II Nr. 3 BGB ist, auf den § 314 II 2 BGB verweist.* siehe auch OLG Düsseldorf, Urt. v. 02.07.2007, 9 U 3/07, OLGR Düsseldorf 2008, 215.

[197] LAG Berlin, Urt. v. 30.06.1997, 9 Sa 43/97, GmbHR 1997, 839, 841; OLG Stuttgart, Urt. v. 29.09.2010, 9 U 35/10, juris, Rdnr. 85 f.

[198] Siehe zum Anstellungsvertrag eines Vorstandsmitglieds einer AG OLG Düsseldorf, Urt. v. 06.11.2014, 6 U 68/14, aus den Gründen: *Wie unter a) ausgeführt, liegt ein grober, vertrauenszerstörender Pflichtverstoß vor, der dazu führt, dass der Beklagten eine Fortsetzung des Vertragsverhältnisses mit dem Kläger nicht zumutbar gewesen ist. In einem solchen Fall verspricht die Abmahnung von vorneherein keinen Erfolg und ist schon aus diesem Grund nicht notwendig. Ob bei weniger schwer wiegenden Pflichtverletzungen, welche die Fortsetzung des Vertragsverhältnisses regelmäßig gerade nicht unzumutbar machen, im Einzelfall eine Abmahnung sinnvoll und ausreichend erscheinen kann, selbst wenn man auf dem Standpunkt steht, dass ein Organmitglied einer solchen Belehrung oder Warnung im Grundsatz nicht einmal bedürfte, kann daher offen bleiben.*

das Arbeitsverhältnis, sondern auch für jedes sonstige Dienstverhältnis. Danach kann ein Dienstverhältnis von jedem Vertragsteil aus wichtigem Grund ohne Einhaltung einer Kündigungsfrist gekündigt werden, wenn Tatsachen vorliegen, aufgrund derer dem Kündigenden unter Berücksichtigung aller Umstände des Einzelfalls und unter Abwägung der Interessen beider Vertragsteile die Fortsetzung des Dienstverhältnisses bis zum Ablauf der Kündigungsfrist oder bis zu der vereinbarten Beendigung des Dienstverhältnisses nicht zugemutet werden kann.

► Wichtiger Grund

Voraussetzung jeder fristlosen Kündigung ist also das Vorliegen eines wichtigen Grundes. Dabei kommt es für die Wirksamkeit der Kündigung nicht auf das subjektive Empfinden des kündigenden Teils an, sondern darauf, ob objektiv aus Sicht eines verständigen Betrachters unter Berücksichtigung der beiderseitigen Interessen die Grundlage für die weitere Zusammenarbeit entzogen ist.[199]

Die Feststellung, ob ein wichtiger Grund vorliegt, hat unter Abwägung aller Umstände des Einzelfalls und unter Einbeziehung der widerstreitenden Interessen zu erfolgen. Auf Seiten des Geschäftsführers sind sein bisheriges Verhalten, seine geschäftlichen Erfolge und Verdienste für die Gesellschaft, aber auch sein persönlicher Status, wie sein Lebensalter und die sozialen Folgen, die die Kündigung für ihn hätte, einzubeziehen. Dem gegenübergestellt wird die Schwere des Verstoßes.

► Vereinbarung wichtiger Gründe ist möglich

Eine solche Interessenabwägung ist dann entbehrlich, wenn im Anstellungsvertrag ein Katalog von wichtigen Gründen vereinbart worden ist, die die Parteien als ausreichend erachtet haben. Da eine ordentliche Kündigung jederzeit erfolgen kann, ist beim Anstellungsvertrag eines Geschäftsführers ohne weiteres eine Vereinbarung wichtiger Kündigungsgründe möglich. Werden allerdings Gründe vereinbart, die bei objektiver Beurteilung keinen wichtigen Grund im Sinne von § 626 BGB darstellen, so ist die Kündigung nicht fristlos möglich. Das Dienstverhältnis läuft vielmehr im Rahmen der gesetzlichen Mindestkündigungsfristen aus.

► Umdeutung, Nachschieben von Gründen

Eine Umdeutung einer unwirksamen fristlosen Kündigung in eine wirksame ordentliche Kündigung kommt nur in Betracht, wenn auch für diese die erforderliche Mehrheit auf der Gesellschafterversammlung zustande gekommen wäre[200] (siehe ferner den nachfolgenden Tipp). Ein Nachschieben von Gründen, die zum Zeitpunkt der Kündigung vorlagen, jedoch zunächst nicht als Begründung angegeben wurden,

---

[199] LAG Berlin, Urt. v. 30.06.1997, 9 Sa 43/97, GmbHR 1997, 839, 841.

[200] BGH, Urt. v. 14.02.2000, II ZR 285/97, GmbHR 2000, 376.

ist ebenfalls nur statthaft, wenn die Gründe von einem Gesellschafterbeschluss gedeckt sind.[201]

► Beweislast

Die Beweislast für das Vorliegen eines wichtigen Grundes trägt stets der Kündigende, d. h. hier die Gesellschaft.

► Beispiele

Wichtige Gründe, die die Gesellschaft zur fristlosen Beendigung des Anstellungsvertrags berechtigen, sind beispielsweise:

- die eigenmächtige Änderung der Geschäftsführungspolitik durch den Geschäftsführer ohne Rücksprache und In-Kenntnis-Setzung der Gesellschafterversammlung,
- ein erhebliches Missmanagement des Geschäftsführers,
- die Unfähigkeit des Geschäftsführers zur ordnungsgemäßen Amtsführung, z. B. im Bereich des Rechnungswesens,
- ständiger Widerspruch gegen Gesellschafterweisungen,[202]
- Missachtung von Zustimmungsvorbehalten, wonach zu bestimmten Geschäften die Zustimmung der Gesellschafterversammlung einzuholen ist,[203]
- Auskunftsverweigerung gegenüber Gesellschaftern,[204]
- Spannungen zwischen Geschäftsführern, die erhebliche Auswirkungen auf die Führung der Geschäfte haben,
- inkorrekte Spesenabrechnungen bzw. sonstige Unregelmäßigkeiten in finanziellen Angelegenheiten,
- unentgeltliche eigennützige Inanspruchnahme von Leistungen der GmbH, z. B. der Einsatz von Arbeitskräften und Baumaterial für den privaten Hausbau,[205]
- schwerwiegender, vertrauenserschütternder Verdacht einer Verfehlung,[206]

[201]OLG Köln, Urt. v. 06.12.1999, 16 U 94/98, NZG 2000, 551; OLG Brandenburg, Urt. v. 18.30.2008, 6 U 58/07, juris.de.

[202]OLG Düsseldorf, Urt. v. 15.11.1984, 8 U 22/84, ZIP 1984, 1476, 1478.

[203]Z. B. für die Veräußerung von Beteiligungen, siehe BGH, Beschl. v. 10.12.2007, II ZR 289/06, WM 2008, 695; siehe OLG Brandenburg, Urt. v. 18.03.2008, 6 U 58/07, juris.de, 2. Leitsatz: *Ein Pflichtverstoß des Geschäftsführers einer GmbH gegen Regelungen zum Umfang seiner Befugnisse im Anstellungsvertrag (hier Gewährung eines Darlehens ohne vorherige Zustimmung der Gesellschafter) genügt jedenfalls dann nicht als wichtiger Grund für eine außerordentliche Kündigung des Anstellungsvertrages, wenn der Gesellschaft daraus kein Schaden entstanden ist, sondern ein vorteilhaftes Geschäft erwuchs.*

[204]OLG Frankfurt, Urt. v. 24.11.1992, 5 U 67/90, DB 1993, 2324.

[205]BGH, Urt. v. 02.06.1997, II ZR 101/96, GmbHR 1997, 998.

[206]LAG Berlin, Urt. v. 30.06.1997, 9 Sa 43/97, GmbHR 1997, 839.

- Weigerung des Geschäftsführers, an der Aufklärung von Unregelmäßigkeiten mitzuwirken,
- lang andauernde Krankheit,
- unberechtigte Amtsniederlegung des Geschäftsführers,[207]
- Verstoß gegen Treuepflichten, insbesondere der Verstoß gegen das Wettbewerbsverbot oder die Verschwiegenheitspflicht.

▶ Vertrauensentzug genügt nicht

Nicht ausreichend ist der bloße Vertrauensentzug durch die Gesellschafterversammlung. Entscheidend ist, dass Fakten vorliegen, die in der Gesamtabwägung einen wichtigen Grund für die sofortige Beendigung des Vertragsverhältnisses bilden. Ein Verschulden des Geschäftsführers ist allerdings nicht erforderlich, wie das Beispiel der lang andauernden Krankheit zeigt.

▶ Die GmbH in der Notlage

Auch bei einem *wirtschaftlichen Niedergang* der Gesellschaft ist eine außerordentliche Kündigung möglich. Dies jedenfalls dann, wenn wegen einer Befristung oder einer langen, ordentlichen Kündigungsfrist eine vorzeitige Beendigung des Anstellungsverhältnisses nicht erfolgen kann. Sind die Einhaltung der ordentlichen Kündigungsfrist oder die Fortsetzung des Anstellungsvertrags bis Ablauf der Befristung für die Gesellschaft unzumutbar, so kommt eine außerordentliche Kündigung in Betracht. Diese außerordentliche Kündigung ist aber dann ausnahmsweise nicht fristlos, sondern mit einer angemessenen Kündigungsfrist auszusprechen („soziale Auslauffrist"), deren Dauer aufgrund einer Interessenabwägung zu bestimmen ist.[208]

Tipp für die Gesellschafterversammlung!
Auch wenn Sie sich sicher sind, dass ein wichtiger Grund für eine *fristlose* Kündigung vorliegt, sollten Sie in jedem Fall zusätzlich hilfsweise eine *ordentliche* Kündigung aussprechen. Setzen Sie sich nicht mit der fristlosen Kündigung durch, z. B. weil Sie den wichtigen Grund nicht beweisen können oder weil Sie schlichtweg die Zwei-Wochen-Frist für die Erklärung der Kündigung missachtet haben,[209] so führt ggf. wenigstens die ordentliche Kündigung zu einer Beendigung des Anstellungsverhältnisses. Der *BGH* hat zugunsten der Gesellschafterversammlung allerdings entschieden, dass auch

(Fortsetzung)

[207] OLG Celle, urt. v. 04.02.2004, 9 U 203/03, GmbHR 2004, 425.
[208] BGH, Urt. v. 03.06.1975, VI ZR 192/73, WM 1975, 761, 762.
[209] Dazu sogleich unter d.

ohne Aussprechen einer hilfsweisen ordentlichen Kündigung von einer solchen ausgegangen werden kann: In Betracht kommt nämlich eine *Umdeutung* der fristlosen in eine ordentliche Kündigung. Hierfür muss aber der Wille der Gesellschafterversammlung, auch eine ordentliche Kündigung auszusprechen, zum Ausdruck gekommen sein.[210]

d. Kündigungsfrist

► Zwei Wochen

Die außerordentliche Kündigung kann nur innerhalb von zwei Wochen nach Kenntniserlangung vom wichtigen Grund erklärt werden (§ 626 II BGB). Dadurch soll sichergestellt werden, dass schnelle Rechtsklarheit geschaffen wird. Außerdem wird angenommen, dass bei zu langem Zögern mit der Vornahme der Kündigung der Anlass nicht so schwerwiegend gewesen sein kann, da ansonsten das Vertragsverhältnis nicht fortgesetzt worden wäre. Die Frist beginnt mit Kenntniserlangung der Tatsachen, die für den Kündigungsentschluss der Gesellschaft maßgeblich sind. Treten neue Tatsachen hinzu, die für sich oder in Kombination mit bereits bekannten Tatsachen für den Ausspruch einer außerordentlichen Kündigung genügen, so wird die Zwei-Wochen-Frist erneut in Gang gesetzt. Für das Nachschieben von Gründen im Prozess, in dem es um die Wirksamkeit einer außerordentlichen Kündigung geht, soll ein erneuter Gesellschafterbeschluss erforderlich sein.[211]

► Ausschlussfrist

Die Gesellschaft muss diese Zwei-Wochen-Frist sehr ernst nehmen. Wird sie versäumt, ist die fristlose Kündigung unwirksam. Es handelt sich um eine *Ausschlussfrist*. Nur, wenn hilfsweise eine ordentliche Kündigung ausgesprochen wurde oder eine Umdeutung in eine solche in Betracht kommt, lässt sich die Kündigung – dann als ordentliche Kündigung – aufrechterhalten. Daher ist unbedingt darauf zu achten, dass die ausgesprochene außerordentliche Kündigung dem Geschäftsführer innerhalb von zwei Wochen nach Kenntniserlangung zugeht. Den Zugang muss die Gesellschaft beweisen. Zur Beweissicherung sollte der Zugang am besten per Boten erfolgen. Um sicher zu gehen, ist es empfehlenswert, dem Boten den Inhalt des Schreibens bekannt zu geben, damit dieser später als Zeuge fungieren kann. Der Bote sollte den Inhalt und den Zugang des Kündigungsschreibens unmittelbar nach der Überbringung schriftlich bestätigen.

---

[210] BGH, Urt. v. 08.09.1997, II ZR 165/96, GmbHR 1997, 1062.

[211] OLG Köln, Urt. v. 06.12.1999, 16 U 94/98, NZG 2000, 551.

▶ Fristbeginn

Die Zwei-Wochen-Frist beginnt erst, wenn die Gesellschaft, d. h. die Gesellschafterversammlung, eine *sichere* und *umfassende* Kenntnis der Tatsachen hat, aufgrund derer sie sich zur fristlosen Kündigung entschließt. Sie muss alles in Erfahrung gebracht haben, was als notwendige Grundlage für die Entscheidung erforderlich ist.[212] Sind die tatsächlichen Grundlagen des wichtigen Grundes noch aufklärungsbedürftig, ist die Gesellschafterversammlung also noch nicht vollständig zur Kündigung entschlossen, so wird die Frist gehemmt.[213]

▶ Kenntnis der Gesellschafterversammlung ist entscheidend

Früher nahm der *BGH* an, dass insbesondere bei personalistisch strukturierten Gesellschaften, bei denen häufig alle Gesellschafter außerhalb der Gesellschafterversammlung von den wichtigen Gründen Kenntnis erlangen, die Zwei-Wochen-Frist bereits ab dem Zeitpunkt beginnt, zu dem sämtliche Gesellschafter die sichere Kenntnis haben.[214]

▶ Grundsatz-Urteil des BGH

Hiervon ist der *BGH* in seinem Urteil vom 15. Juni 1998 allerdings abgerückt.[215]

Die Leitsätze dieses Urteils lauten wie folgt:

> *Für den Fristbeginn der außerordentlichen Kündigung nach § 626 II BGB ist bei der GmbH grundsätzlich die Kenntnis der Mitglieder der Gesellschafterversammlung in ihrer Eigenschaft als Mitwirkende an der kollektiven Willensbildung maßgeblich. Daher löst nicht schon deren Kenntniserlangung außerhalb der Gesellschafterversammlung, sondern erst die nach dem Zusammentritt erlangte Kenntnis der für die Kündigung maßgeblichen Tatsachen den Lauf der Ausschlussfrist aus (Abweichung von der bisherigen Senatsrechtsprechung, zuletzt: Urteil vom 02.06.1997 – II ZR 101/96, DStR 1997, 1338).*
>
> *Wird allerdings die Einberufung der Gesellschafterversammlung einer GmbH von ihren einberufungsberechtigten Mitgliedern nach Kenntniserlangung von dem Kündigungssachverhalt unangemessen verzögert, so muss sich die Gesellschaft so behandeln lassen, als wäre die Gesellschafterversammlung mit der billigerweise zumutbaren Beschleunigung einberufen worden.*

▶ Sachverhalt

Der Entscheidung lag vereinfacht und anonymisiert folgender Sachverhalt zugrunde: An einer GmbH, die ein Alten- und Pflegeheim betrieb, waren ihr Geschäftsführer

---

[212] BGH, Urt. v. 26.02.1996, II ZR 114/95, ZIP 1996, 636; BGH, Urt. v. 02.06.1997, II ZR 101/96, GmbHR 1997, 998.

[213] BGH, Urt. v. 26.02.1996, II ZR 114/95, ZIP 1996, 636, 637.

[214] BGH, Urt. v. 02.06.1997, II ZR 101/96, GmbHR 1997, 998.

[215] BGH, Urt. v. 15.06.1998, II ZR 318/96, BGHZ 139, 89 = ZIP 1998, 1269.

Gustav Grande (G) zu 40 % und die Stadt Jagdburg zu 60 % beteiligt. Zwischen dem Gesellschafter-Geschäftsführer G und der Stadt Jagdburg, die durch den Bürgermeister vertreten wurde, gab es jahrelange Auseinandersetzungen. Der Geschäftsführer bezichtigte den Bürgermeister der Stadt Jagdburg unter anderem der betrügerischen Kompetenzüberschreitung, mehrfacher Untreue und wissentlicher falscher eidesstattlicher Aussagen sowie einer erheblichen Schädigung der GmbH. Hierbei führte er aus, dass dies nur einen geringen Teil der Vorkommnisse darstelle. Die verleumderischen Bezichtigungen ließ er dem Landratsamt, der Heimaufsicht, dem Staatsanwalt, dem Sozialministerium sowie sämtlichen Stadtverordneten zukommen. Die Stadt hatte am 25. Januar von den Bezichtigungen sichere Kenntnis. Sie forderte den Geschäftsführer G noch am selben Tage auf, eine außerordentliche Gesellschafterversammlung einzuberufen. Auf dieser sollte G aus dem Amt des Geschäftsführers abberufen und sein Anstellungsvertrag fristlos gekündigt werden. G kam dieser Aufforderung nicht nach. Daraufhin übte die Stadt ihr Selbsthilferecht gemäß § 50 III GmbHG nach drei Wochen am 14. Februar 1994 aus und berief ihrerseits unter Einhaltung der Ladungsfrist eine Gesellschafterversammlung auf den 28. Februar ein. Auf dieser Gesellschafterversammlung wurde G abberufen sowie der Anstellungsvertrag fristlos gekündigt, wobei die Kündigung dem anwesenden G sogleich auf der Gesellschafterversammlung zuging.

G erhob gegen die fristlose Kündigung Klage und berief sich nun unter anderem darauf, dass die Zwei-Wochen-Frist gemäß § 626 II BGB nicht gewahrt sei, da ja die Stadt bereits am 25. Januar sichere Kenntnis gehabt habe, die Abberufung jedoch erst am 28. Februar erfolgte.

▶ Kenntniserlangung

Der *BGH* ließ dies nicht gelten: Entscheidend sei nicht die Kenntniserlangung der einzelnen Gesellschafter, hier also der Stadt Jagdburg – vertreten durch ihren Bürgermeister –, sondern diejenige der Gesellschafterversammlung als Kollegialorgan. Der *BGH* führt wörtlich aus:

> *Da die Gesellschafterversammlung ein Kollegialorgan ist, das seinen Willen durch Beschlussfassung bilden muss, kommt es für die Wissenszurechnung an die Gesellschaft nur auf die Kenntnis der Organmitglieder in ihrer Eigenschaft als Mitwirkende an der kollektiven Willensbildung an. Kenntnis der Gesellschafter als kollegiales Beratungs- und Beschlussorgan liegt daher erst dann vor, wenn der für die Tatsachenkenntnis maßgebliche Sachverhalt hinsichtlich der Entlassung des Geschäftsführers einer Gesellschafterversammlung (§ 48 I GmbHG) unterbreitet wird. § 626 II BGB beruht auf dem Gedanken, dass der Berechtigte aus seiner Kenntnis die seiner Ansicht nach gebotenen Konsequenzen ziehen kann; hierzu sind die Gesellschafter, selbst wenn sie sämtlich als einzelne außerhalb einer Gesellschafterversammlung Kenntnis vom Sachverhalt erlangt haben, nicht ohne den Zusammentritt als Kollegialorgan in der Lage.*

▶ Zügige Einberufung erforderlich

Damit stellt der *BGH* entscheidend auf die Gesellschafterversammlung als Kollegialorgan ab. Diese müsse die Möglichkeit haben, die Abberufung bzw. wie hier die fristlose Kündigung zu diskutieren und darüber zu beschließen. Die Gesellschafterversammlung hat allerdings zügig zusammenzutreten, ihre Einberufung darf nicht verzögert werden. Der oder die Gesellschafter müssen daher den Geschäftsführer unverzüglich auffordern, eine Gesellschafterversammlung anzuberaumen, in der dann über die Kündigung zu beschließen ist. Hierfür ist dem Geschäftsführer gemäß § 50 III GmbHG eine angemessene Frist einzuräumen. Lässt der Geschäftsführer diese Frist verstreichen, ohne eine Gesellschafterversammlung einzuberufen, so steht den Gesellschaftern nach § 50 III GmbHG ein Selbsthilferecht zu. Dies setzt allerdings voraus, dass der Gesellschafter, der die Einberufung vergeblich verlangt hat, mindestens 10 % des Stammkapitals hält.

► Selbsthilferecht ist zu nutzen

Dieses Selbsthilferecht muss der Gesellschafter so schnell wie möglich ausüben; eine unangemessene Verzögerung führt dazu, dass die Zwei-Wochen-Frist in Gang gesetzt wird. Ansonsten, wenn die Gesellschafter ihr Einberufungsrecht sogleich ausüben, beginnt die Zwei-Wochen-Frist erst mit der Kenntniserlangung der Gesellschafterversammlung.

In dem vom *BGH* entschiedenen Fall war daher die Frist noch nicht verstrichen, da die Stadt sofort, nachdem der Geschäftsführer der Aufforderung nach einer Einberufung der Gesellschafterversammlung in angemessener Frist nicht nachgekommen war, ihrerseits ihr Selbsthilferecht ausübte. Die Pflichtverletzungen des Geschäftsführers, der in persönlich verunglimpfender Weise dem Bürgermeister rechtsmissbräuchliche Aktivitäten unterschob und ihn krimineller Machenschaften bezichtigte, genügten auch, um einen wichtigen Grund für die fristlose Kündigung zu begründen.

2. Außerordentliche Kündigung durch den Geschäftsführer

Auch der Geschäftsführer kann aus wichtigem Grund innerhalb der Zwei-Wochen-Frist das Anstellungsverhältnis kündigen. Hinsichtlich der Zuständigkeit zur Entgegennahme der Kündigung gibt es im Verhältnis zur ordentlichen Kündigung keine Besonderheiten.[216] Ein wichtiger Grund für die Kündigung durch den Geschäftsführer liegt beispielsweise in folgenden Fällen vor:

► Beispiele

- bei einer ungerechtfertigten Beschränkung der Kompetenzen des Geschäftsführers, einer Gängelung desselben oder der Vorenthaltung wichtiger Informationen, die zur Pflichterfüllung des Geschäftsführers notwendig sind,[217]
- bei unzumutbaren Aufgabenzuweisungen, wie z. B. der Übertragung von ausgesprochenen Hilfstätigkeiten, um den Geschäftsführer zu diskriminieren,

[216] Siehe bereits die Ausführungen oben H I 2.

[217] BGH, Urt. v. 26.06.1995, II ZR 109/94, DStR 1995, 1639.

- bei der Ausübung von Druck auf den Geschäftsführer, damit dieser gesetzeswidrige Maßnahmen vornimmt (z. B. Manipulationen in der Buchhaltung, Versäumung der Insolvenzantragstellung, Missachtung der Kapitalerhaltung),
- bei beleidigenden und ungerechtfertigten Vorwürfen gegen den Geschäftsführer.

▶ Schadensersatzanspruch des Geschäftsführers

Wird der Geschäftsführer durch vertragswidriges Verhalten der GmbH veranlasst, das Anstellungsverhältnis aus wichtigem Grund zu kündigen, so steht ihm wegen des dadurch entstandenen Schadens gegen die GmbH ein Schadensersatzanspruch zu (§ 628 II BGB).

Beispiel

„Das Martyrium des Geschäftsführers"

Geschäftsführer G wurde als zweiter Geschäftsführer einer mittelständischen GmbH bestellt. Der alteingesessene Mitgeschäftsführer M akzeptierte den neu hinzugekommenen G von Anfang an nicht. Er ließ keine Gelegenheit aus, diesen zu gängeln, vor Dritten lächerlich zu machen und in sonstiger Weise zu diskriminieren. Schließlich verfasste M ein persönliches Schreiben an G, das auf 14 Seiten angebliche Pflichtverletzungen aufführte sowie die Unfähigkeit des G dokumentieren sollte. Das Schreiben enthielt Wendungen wie „... hast Du mich in der übelsten Weise hintergangen", „es ist längst nicht nur mir klar, dass Du ... lügst", „Deine mangelnde Liebe zur Wahrheit ...", „hast Du nicht nur mich, sondern auch meine Frau belogen", „schämst Du Dich eigentlich nicht, soviel Geld für eine Tätigkeit zu erhalten, ohne dass Du hierfür etwas bringst", „dass ich ständig belogen und hintergangen werde, ist unerträglich".

Der Geschäftsführer G nahm diesen Brief zum Anlass, um seinerseits den Anstellungsvertrag fristlos zu kündigen, das Geschäftsführeramt niederzulegen und von der Gesellschaft wegen entgangenen Verdienstes Schadensersatz zu verlangen. Eine dahingehende Klage des Geschäftsführers wird Erfolg haben, da ihm eine weitere Tätigkeit aufgrund des Verhaltens des Mitgeschäftsführers M unzumutbar ist. Interessant ist in diesem Zusammenhang übrigens, dass sich die Gesellschaft das Verhalten des M gemäß § 31 BGB zurechnen lassen muss.[218]

In dem Widerruf der Bestellung, also der Abberufung als solcher liegt aber per se kein pflichtwidriges Verhalten i.S.d. § 628 Abs. 2 BGB, da gemäß § 38 GmbHG die Bestellung zum Geschäftsführer jederzeit widerruflich ist. Folglich begründet die bloße Abberufung als Geschäftsführer, das heißt sie allein, keinen

[218]Siehe zu einem vergleichbaren Fall BGH, Urt. v. 09.03.1992, II ZR 102/91, GmbHR 1992, 301, 303. Zur Zurechnung siehe bereits die Ausführungen 1. Teil, D IV 2.

Schadensersatzanspruch nach § 628 Abs. 2 BGB.[219] Der Geschäftsführer könnte deshalb einen folgenschweren Fehler begehen, wenn er allein wegen des Widerrufs den Anstellungsvertrag fristlos kündigt, da er sich damit seines Vergütungsanspruchs begeben könnte, wenn die Gesellschaft die Kündigung akzeptiert bzw. ggf. als ordentliche Kündigung behandelt. Der Geschäftsführer benötigt für den Schadenersatzanspruch ein pflichtwidriges Verhalten, dies kann aber z. B. die Weigerung der GmbH sein, den weiterhin bestehenden Dienstvertrag zu erfüllen, also dem Geschäftsführer die Vergütung zu zahlen oder diesen entsprechend einer Vereinbarung des Geschäftsführer-Dienstvertrag mit anderen Aufgaben, außerhalb der Geschäftsführerfunktion zu betrauen. Häufig lässt allerdings der Geschäftsführer-Dienstvertrag eine Beschäftigung mit untergeordneten Aufgaben nicht zu.

III. Befristung, Aufhebung und sonstige Beendigung

1. Überblick

► Befristung

Ist das Anstellungsverhältnis befristet abgeschlossen worden, so endet es automatisch mit dem Ablauf der vereinbarten Amtszeit, ohne dass es einer Kündigung bedarf.

Achtung!
Ist eine Befristung vereinbart, so ist eine ordentliche Kündigung beider Vertragsparteien während der Vertragslaufzeit grundsätzlich ausgeschlossen, es sei denn, es wurde im Anstellungsvertrag die Möglichkeit der beiderseitigen

(Fortsetzung)

[219] Siehe dazu BGH, Urt. v. 28.10.2002, II ZR 146/02, NJW 2003, 351 (so auch BGH, Urt. v. 06.03.2012, II ZR 76/11, NJW 2012, 1656): *Der Widerruf der Organstellung des Kl. durch die Gesellschafterversammlung der Bekl. stellt kein vertragswidriges Verhalten der Bekl. i.S. des § 628 II BGB dar. Aus der rechtlichen Trennung von Organ- und Anstellungsverhältnis folgt grundsätzlich, dass beide Rechtsverhältnisse rechtlich selbstständig nebeneinanderstehen und demgemäß auch rechtlich unabhängig voneinander nach den jeweiligen dafür geltenden Vorschriften beendet werden können. (...) Geht man davon aus, dass der Geschäftsführer den Anstellungsvertrag auf Grund des Widerrufs seiner Organstellung aus wichtigem Grund kündigen kann, begibt er sich seiner vertraglichen Ansprüche. Das Gesetz (§ 628 II BGB) gewährt ihm lediglich einen Schadensersatzanspruch, wenn die Kündigung auf einem vertragswidrigen Verhalten der GmbH beruht. Da die Gesellschaft jedoch von einem ihr gesetzlich eingeräumten Recht Gebrauch macht, das einen Weiterbeschäftigungsanspruch als Geschäftsführer entfallen lässt, kann ihr Verhalten nicht als vertragswidrig angesehen werden. Es kann somit keine Schadensersatzpflicht auslösen.*

ordentlichen Kündigung ausdrücklich offengehalten. Wird dennoch die ordentliche Kündigung erklärt und realisiert, so verhält sich der Kündigende vertragswidrig und schuldet Schadensersatz. Kündigt beispielsweise der Geschäftsführer das Beschäftigungsverhältnis vor Ablauf der Befristung, so ist die Gesellschaft gezwungen, einen geeigneten Nachfolger zu suchen. Beauftragt sie eine Personalberatung, die ihr hierfür ein nicht unerhebliches Honorar (z. B. in Höhe eines halben Jahresgrundgehalts des angeworbenen Geschäftsführers) in Rechnung stellen wird, so hat der Geschäftsführer der GmbH grundsätzlich diesen Betrag zu erstatten.[220] Ein weiterer Schaden kann darin bestehen, dass an den Nachfolger ein höheres Gehalt gezahlt werden muss.

Ferner wird das Anstellungsverhältnis mit dem Tod des Geschäftsführers oder durch einen einvernehmlich zu schließenden Aufhebungsvertrag aufgelöst.

2. Aufhebungsvertrag

► Aufhebung löst komplizierte Folgen aus

Insbesondere bei befristeten Anstellungsverträgen kommt ein Aufhebungsvertrag in Betracht, wenn der Geschäftsführer oder die Gesellschaft bzw. beide Vertragsparteien das Anstellungsverhältnis vor Zeitablauf beenden wollen. Aufhebungsverträge haben steuerrechtliche und sozialversicherungsrechtliche Konsequenzen, die vor Abschluss berücksichtigt werden sollten. Die Beteiligten müssen sich darüber klar werden, welchen Inhalt ein Aufhebungsvertrag haben soll. Zu regeln sind z. B. die Vereinbarung eines nachvertraglichen Wettbewerbsverbots, das Schicksal einer betrieblichen Altersversorgung oder (sonstiger) bestehender Versicherungsverträge, eine etwaige Freistellung des Geschäftsführers sowie Urlaubsabgeltung und schließlich ggf. die Zahlung einer Abfindung.

Der Aufhebungsvertrag wird zwischen der Gesellschaft und dem Geschäftsführer geschlossen, wobei auf Seiten der GmbH die Gesellschafterversammlung das zuständige Organ ist. Hier gelten dieselben Grundsätze wie beim Abschluss des Anstellungsvertrags. Die Gesellschafterversammlung muss den Abschluss des Aufhebungsvertrags absegnen. Dass sie einer Beendigung durch Kündigung zustimmt, beinhaltet nicht das Recht, mit dem Geschäftsführer einen Aufhebungsvertrag zu schließen.[221]

Das Recht der Aufhebungsverträge ist in seinen Einzelheiten äußerst kompliziert, zur Vertiefung sei auf folgendes Standardwerk verwiesen: *Bauer/Krieger/Arnold*, Arbeitsrechtliche Aufhebungsverträge, 9. Aufl. 2014.

---

[220] OLG Köln, Urt. v. 18.09.1996, 26 U 4/96, GmbHR 1997, 30, 31.

[221] LAG Hessen, Urt. v. 21.06.2000, 13 Sa 1300/99, NJW-RR 2001, 112, 113.

Abfindung

Für den Geschäftsführer ist vor allem von Interesse, ob und in welcher Höhe er eine Abfindung aushandeln kann. Möglich ist bereits die Vereinbarung einer Abfindung im Anstellungsvertrag. Existiert eine solche Regelung nicht, so muss der Geschäftsführer zunächst ausloten, ob überhaupt eine Abfindung seitens der Gesellschaft vorgesehen ist. Ein Anspruch hierauf besteht nicht. Ist die Gesellschaft allerdings daran interessiert, den Geschäftsführer vorzeitig aus einem befristeten Anstellungsvertrag zu entlassen, so wird sie ihm „seinen Abgang schmackhaft machen müssen" (sog. „Goldener Handschlag" oder „Abschied mit Scheinen").

Der Geschäftsführer sollte seine Abfindungsforderung nicht zu hoch ansetzen. Auch muss er kritisch überlegen, ob er möglicherweise Pflichtverletzungen begangen hat, die von der Gesellschaft noch gar nicht aufgedeckt worden sind. Es ist bei Spannungen oder überzogenen Forderungen damit zu rechnen, dass die GmbH die Beendigung des Geschäftsführervertrags zum Anlass nimmt, dessen Tätigkeit gründlich zu untersuchen. Finden sich Unregelmäßigkeiten, so könnte die Gesellschaft versucht sein, hierauf eine fristlose Kündigung zu stützen. Der Geschäftsführer sollte sich dafür einsetzen, in die Aufhebungsvereinbarung einen Verzicht der Gesellschaft auf sämtliche Ansprüche aufnehmen zu lassen.

„Faustregeln" über die Höhe der Abfindung gibt es nicht. In der Regel findet eine Bemessung in Anlehnung an die bisherige Dienstzeit und die Höhe des Einkommens statt. Letztlich müssen die Umstände des Einzelfalls entscheiden.

Steuern und SV-Beiträge

Steuerrechtlich sind Abfindungen nicht mehr von der Einkommensteuerpflicht befreit, die Freibeträge wurden per 01.01.2006 gestrichen. Nach § 3 Nr. 63 EStG sind nur noch in engen Grenzen Versorgungsleistungen in bestimmte Rentenversicherungen steuerbefreit. Ferner kann gemäß § 34 I und II Einkommensteuergesetz nach der sog. Fünftel-Regelung für außerordentliche Einkünfte Anwendung finden, wodurch die Progression abgeschwächt werden kann. Dies gilt aber nicht für Zahlungen, die ohnehin geschuldet werden wie für rückständige Gehälter, Boni oder Urlaubsabgeltung, sondern nur für Abfindungen für den Verlust des Arbeitsplatzes, also für Bezüge, die noch nicht verdient sind.

Sozialversicherungsbeiträge werden für Abfindungen fällig, wenn es sich um (verstecktes) Arbeitsentgelt handelt, wenn z. B. rückständige Vergütung oder nicht genommener Urlaub abgefunden wird. Wird eine Abfindung für den Wegfall künftiger Verdienstmöglichkeiten, also für den Verlust des Arbeitsplatzes als Geschäftsführer gewährt, fallen keine Sozialversicherungsbeiträge an.[222]

[222]BSG, Urt. v. 21.02.1990, 12 RK 65/87; BSG, Urt. v. 25.10.1990, 12 RK 40/89; BSG, Urt. v. 28.01.1999, B 12 KR 14/98 R und B 12 KR 6/98 R, jeweils in juris.

Tipp für den Geschäftsführer!

Bevor Sie in Aufhebungsverhandlungen gehen, sollten Sie sich gründlich darüber beraten lassen, welche sozialversicherungsrechtlichen und steuerrechtlichen Folgen eine Aufhebungsvereinbarung für Sie hat. Sind Sie beispielsweise sozialversicherungspflichtig, so kann eine Vereinbarung des Inhalts, dass der Arbeitgeber einen Teil der Abfindung zum Ausgleich von Rentenminderungen verwendet, durchaus sinnvoll sein. Auch kann eine Sperrzeit beim Arbeitslosengeld ausgelöst werden, wenn die Kündigungsfrist per Aufhebungsvertrag verkürzt wird oder ein Ruhen des Anspruchs auf Zahlung des Arbeitslosengeldes wegen der Abfindung in Betracht kommen (siehe §§ 143, 143a SGB III).

3. Teil Haftung und Strafbarkeit

A. Einführung

Betrachtet der Geschäftsführer seinen persönlichen Status, so sind es häufig drei Fragen, die ihn immer wieder beschäftigen:

seine Vergütung,
seine Versorgung und
seine Haftung.

Die Vergütung ermöglicht dem Geschäftsführer während seiner aktiven Zeit, einen Lebensstandard zu realisieren, der seiner Leistungsfähigkeit entspricht. Dass ihm oft die Zeit fehlen wird, das Erreichte zu genießen, steht auf einem anderen Blatt.

Die Versorgung stellt sicher – oder sollte sicherstellen –, dass der Geschäftsführer sowie seine Angehörigen für den Fall des Ruhestands oder die nie auszuschließenden Fälle der Invalidität oder des Todes des Geschäftsführers über die notwendigen Mittel verfügen, die einen angemessenen Lebensunterhalt ermöglichen.

Die Haftung des Geschäftsführers bildet hierzu genau den entgegen gesetzten Pol!

Durch die Verwirklichung von Haftungstatbeständen mit der Folge der persönlichen Verantwortlichkeit des Geschäftsführers – also seiner finanziellen Einstandspflicht mit dem gesamten Privatvermögen – werden die Vergütung und die Versorgung in Frage gestellt.

Realisieren sich Haftungsrisiken in Millionenhöhe, kann die Situation eintreten, dass dem Geschäftsführer nur noch der pfändungsfreie Teil seines Einkommens verbleibt. Der Geschäftsführer muss daher die ihn betreffenden Haftungstatbestände kennen und alle wirtschaftlich sinnvollen Maßnahmen ergreifen, um die Risiken gering zu halten.

R. Jula, *Der GmbH-Geschäftsführer*, https://doi.org/10.1007/978-3-662-59724-8_3

B. Grundlagen der Haftung und strafrechtlichen Verantwortung

I. Systematischer Überblick

▶ Risiken der Geschäftsführertätigkeit

Die Haftung zählt zu den Risiken, auf die sich jeder Geschäftsführer einstellen und deren Grundlagen er kennen muss. Neben der Haftung bestehen weitere Risiken: Es handelt sich dabei u. a. um die strafrechtliche Verantwortlichkeit des Geschäftsführers sowie um sein Kündigungs- und Abberufungsrisiko (Abb. 1).

Diese drei Risiken können oft gleichzeitig auftreten:

Beispiel

„Drei auf einen Streich"

Der Geschäftsführer, der für die Gesellschaft bestimmte Rechnungsbeträge „heimlich" über sein Privatkonto leitet, begeht strafrechtlich eine Untreue, liefert einen Kündigungs- und Abberufungsgrund und macht sich schadensersatzpflichtig.

Beispiel

„Der Umweltsünder"

Der Geschäftsführer, der zulässt, dass giftiges, säurehaltiges Abwasser in die Kanalisation gelangt, begeht, da er zum rechtmäßigen Handeln verpflichtet ist, eine zum Schadensersatz verpflichtende Pflichtverletzung gegenüber der GmbH. Gleichzeitig setzt er damit einen Abberufungsgrund. Ferner macht er sich wegen Verstoßes gegen geltendes Umweltstrafrecht strafbar.

Besondere Haftungsrisiken drohen dem Geschäftsführer in der Gründung und in der Krise (Abb. 2).

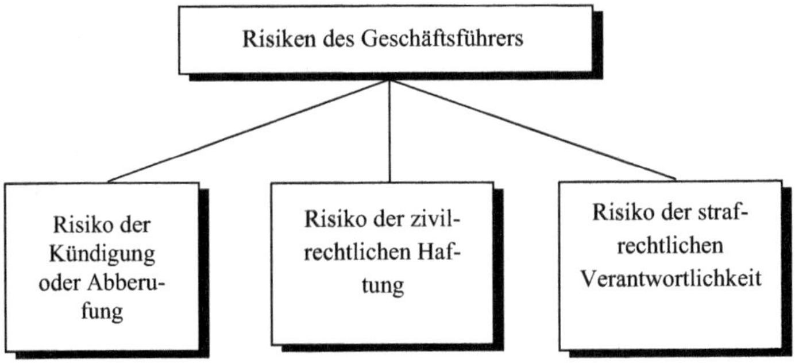

Abb. 1 Risiken des Geschäftsführers

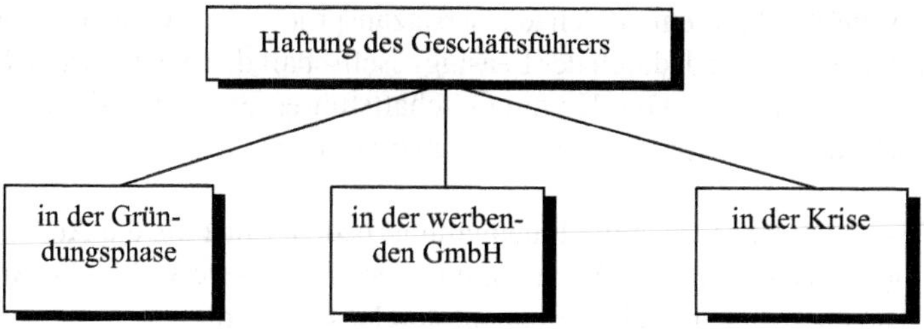

Abb. 2 Haftungsrisiken des Geschäftsführers

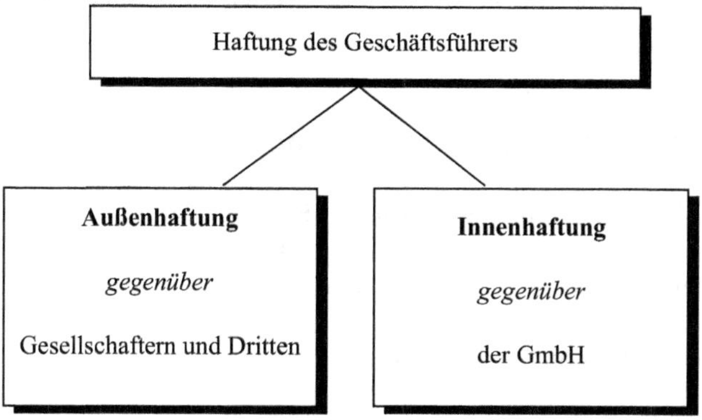

Abb. 3 Innen- und Außenhaftung des Geschäftsführers

In sämtlichen Phasen – GmbH in Gründung, „werbende" GmbH, GmbH in der Krise – lassen sich die Haftungstatbestände in solche der Außen- und der Innenhaftung einteilen (Abb. 3).

Die Außenhaftung umfasst die Verantwortlichkeit des Geschäftsführers gegenüber sämtlichen Personen, d. h. Gesellschaftern, Geschäftspartnern und sonstigen außenstehenden Personen mit Ausnahme seiner Verpflichtung gegenüber der Gesellschaft. Die Innenhaftung hingegen betrifft die Verantwortlichkeit des Geschäftsführers gegenüber der GmbH.

Relevant wird die Außenhaftung vor allem dann, wenn neben dem Geschäftsführer ***nicht*** gleichzeitig auch die GmbH haftet oder wenn die Gesellschaft insolvent ist, so dass die Gläubiger sich an den Geschäftsführer halten wollen. Zu beachten ist ferner, dass die Außenhaftung in eine Innenhaftung umschlagen kann, nämlich dann, wenn die GmbH im Außenverhältnis den Anspruchsteller befriedigt und nun intern vom Geschäftsführer Ausgleich verlangt.

Beispiel

„Leasingmaschine"

Der Geschäftsführer beschädigt versehentlich eine Maschine, die nur geleast ist und daher der Leasinggesellschaft gehört. Die Leasingfirma hätte gegen den Geschäftsführer einen Schadensersatzanspruch. Die GmbH repariert die Maschine und ersetzt dadurch der Leasinggesellschaft den entstandenen Schaden. Anschließend kann die GmbH vom Geschäftsführer, der fahrlässig den Schaden verursacht hat, die Reparaturkosten erstattet verlangen.

Für die Praxis ist daher meist die Innenhaftung bedeutsamer als die Außenhaftung. Dies gilt übrigens auch für die Krise, da nun der Insolvenzverwalter die Ansprüche der Gesellschaft ermitteln und konsequent durchsetzen wird.

Nach inoffiziellen Schätzungen betreffen ca. 80–90 % der Haftungsfälle Ansprüche aus dem Innenverhältnis. Sowohl für die Außen- als auch für die Innenhaftung ist – sofern es mehrere Geschäftsführer gibt – der Grundsatz der Gesamtverantwortung relevant.

II. Grundsatz der Gesamtverantwortung

Besteht die Geschäftsführung aus mehreren Personen, so wirft dies die Frage auf, ob sämtliche Geschäftsführer für unerlaubte Handlungen und Pflichtverletzungen gleichermaßen haften oder ob auf ihren konkreten Tatbeitrag abzustellen ist.

► Ressort- und Gesamtverantwortung

Hier ist zwischen *Ressort-* und *Gesamtverantwortung* zu unterscheiden:

Oft werden zur Arbeitsentlastung der einzelnen Geschäftsführer im Wege der sog. *horizontalen Arbeitsteilung* Ressorts gebildet. Eine solche Ressortaufteilung bewirkt grundsätzlich, dass die Verantwortlichkeit auf den zuständigen Geschäftsführer konzentriert wird.

Durch die Übertragung eines Ressorts auf einen Geschäftsführer reduzieren sich die Pflichten der übrigen Geschäftsführer auf eine allgemeine Überwachungspflicht.[1]

---

[1]Siehe instruktiv VG Frankfurt, Urt. v. 08.07.2004, 1 E 7363/03 (I), VersR 2005, 57 zur Ressort- und Überwachungsverantwortung bei einem Versicherungsunternehmen, wobei es um die Frage ging, wie weit die Überwachungspflicht des Vorstands für Controlling in Bezug auf das Vorstandsressort Kapitalanlagen reicht. Durch Fehlentscheidungen des Vorstands für Kapitalanlagen war das Versicherungsunternehmen in die Krise geraten. Die Aufsichtsbehörde verlangte vom Aufsichtsrat nicht nur die Abberufung des Vorstands für Kapitalanlagen, sondern auch des Controlling-Vorstands; aus den Leitsätzen und Gründen: *Bei ressortmäßiger Aufteilung haben die nicht zuständigen Vorstandsmitglieder abgestufte Überwachungspflichten. Sie müssen dafür sorgen, dass die zuständigen Vorstandsmitglieder ihren Pflichten nachkommen. Die gegenseitige Kontrolle der Entscheidungsträger in wichtigen* Angelegenheiten ist gerade auch Sinn und Zweck eines *mehrköpfigen Führungsorgans. Bei einem Vorstandsressort, das mit dem die Missstände auslösenden Ressort eng verbunden ist, wie es im Verhältnis Ressort Kapitalanlagen und Ressort Controlling der Fall ist, was weiter unter noch ausgeführt wird, bestehen hingegen keine Zweifel, dass die Sorgfalt eines ordentlichen und gewissenhaften Geschäftsleiters im Hinblick auf die Gesamtverantwortung des Vorstands bedeutet, dass immer wieder zu überprüfen ist, ob das ressortzuständige Vorstandsmitglied seinen Geschäftsleitungspflichten laufend gewissenhaft nachkommt. Dabei darf sich das insoweit verbundene Vorstandsressort nicht auf eine bloß sorgfältige*

Diese ist im Bereich öffentlich-rechtlicher Pflichten, insbesondere im Bereich des Steuerrechts, besonders streng.

Beispiel

„Personalprobleme"

Geschäftsführer G leitet das Ressort „Personal". Kommt es beispielsweise in Einzelfällen zu Versäumnissen, etwa zu formellen Fehlern bei dem Abschluss befristeter Arbeitsverträge und erleidet die Gesellschaft hierdurch einen Schaden, weil die Befristungen unwirksam sind, haftet grundsätzlich nur G der GmbH. Der Mitgeschäftsführer M, der mit Personalfragen überhaupt nicht betraut ist, muss nicht haften. Häufen sich jedoch die Fälle, ist M aufgrund seiner allgemeinen Überwachungspflicht verpflichtet, auf eine Vermeidung der Schäden hinzuwirken. Sieht er tatenlos zu, so macht er sich ebenfalls schadensersatzpflichtig.

- Schriftliche Fixierung der Ressortaufteilung sollte erfolgen

Nicht abschließend geklärt ist, ob die Ressortaufteilung schriftlich dokumentiert werden muss, um eine haftungsentlastende Wirkung für die übrigen Mitglieder zu entfalten. Teils wird vertreten, dass eine faktische oder mündliche Aufteilung genügt. Es ist jedoch dringend zu empfehlen, die Aufteilung der Zuständigkeiten *schriftlich* festzuhalten, dies schon aus Beweisgründen, aber auch um der Rechtsunsicherheit vorzubeugen.[2] Für steuerrechtliche und sonstige öffentlich-rechtliche Pflichten verlangt das Finanzamt oder die zuständige Behörde häufig meist die schriftliche Dokumentation. Der *Bundesfinanzhof* hat für den Bereich des Steuerrechts ausdrücklich entschieden, dass eine Begrenzung der Verantwortlichkeit des Geschäftsführers, der nach der Ressortaufteilung für die Erfüllung der Steuerpflichten nicht zuständig ist, nur durch eine vorweg getroffene schriftliche Vereinbarung erreicht werden kann.[3]

Plausibilitätskontrolle zurückziehen und es darf es auch nicht dabei bewenden lassen, dass es die Auskunft erhält, es sei alles in Ordnung. Vielmehr ist ein derartiges Ressort gehalten, aktiv „nachzufassen", sich verifizierbare Unterlagen zu beschaffen und im Fall des Scheiterns, z. B. aufgrund Obstruktion des originär zuständigen Ressorts, den Gesamtvorstand und gegebenenfalls den Aufsichtsrat einzuschalten. Dies gilt wiederum insbesondere in Bezug auf Tätigkeiten des originär zuständigen Ressorts, die ein besonders hohes Risiko für die Existenz des Unternehmens bergen.

[2]BGH, Urt. v. 06.11.2018, II ZR 11/17, NZG 2019, 225, Rdnr. 17, aus den Gründen: *Entgegen der Sicht der Revision bedarf eine Geschäfts- oder Ressortverteilung nicht zwingend der Schriftform oder einer ausdrücklichen Absprache, wenngleich die schriftliche Dokumentation regelmäßig das naheliegende und geeignete Mittel für eine klare und eindeutige Aufgabenabgrenzung darstellt. Ob und gegebenenfalls in welchem Umfang eine solche Dokumentation erforderlich ist, muss unter Berücksichtigung der konkreten Verhältnisse im Einzelfall bestimmt werden.*

[3]BFH, Beschl. v. 04.03.1986, VII S 33/85, ZIP 1986, 1247, 1248.

Tipp!
Bestehen Sie im eigenen Interesse auf einer schriftlichen Dokumentation der Ressortaufteilung. Die Geschäftsbereiche sollten möglichst exakt festgelegt werden.

- Gesamtverantwortung für zentrale Fragen

Wichtig ist:
Die Ressortaufteilung findet dort ihre Grenzen, wo es um den sog. *Kernbereich zwingender Gesamtzuständigkeit* geht, wobei die Ressortaufteilung selbst ebenfalls eine Gesamtaufgabe der Geschäftsführung ist, sofern die Gesellschaft hier keine Vorgaben tätigen.[4] Zu den Aufgaben, die unter die Gesamtverantwortung fallen, zählen beispielsweise die Insolvenzantragspflicht bei Überschuldung der Gesellschaft oder die Sicherstellung, dass die Buchhaltung ordnungsgemäß geführt wird. Zwar kann es Delegation und Aufgabenzuweisungen gegeben, so kann ein Geschäftsführer mit der Buchhaltung beauftragt werden, gleichwohl müssen die anderen ebenfalls sicherstellen, dass diese Pflicht eingehalten wird.[5] Das Verschulden wird individuell bestimmt, diejenigen Geschäftsführer, die nicht selbst mit der Aufgabenerfüllung betraut sind, ist ggf. erst später und zeitversetzt ein Verschulden vorzuwerfen. So wird der für Finanzen zuständige Geschäftsführer eine Insolvenzreife früher erkennen als sein Mitgeschäftsführer, so dass er früher in die Insolvenzverschleppung geriete, als sein Mitgeschäftsführer. Auch dieser ist jedoch für die rechtzeitige Stellung des Insolvenzantrag verantwortlich und muss sich über die Lage der Gesellschaft informiert halten. Auch er wird dann in Haftung, etwa für verboten Auszahlungen aus der Masse geraten, ggf. aber erst später als der primär zuständige Geschäftsführer.[6]

---

[4]BGH, Urt. v. 06.11.2018, II ZR 11/17, NZG 2019, 225, Rdnr. 19, aus den Gründen: *Maßgeblich ist danach, dass die Arbeitsteilung auf Geschäftsführungsebene eine ordnungsgemäße Erledigung aller Geschäftsführungsaufgaben durch hierfür fachlich und persönlich geeignete Personen sicherstellt und die Gesamtverantwortung der Geschäftsführung, insbesondere für nicht delegierbare Angelegenheiten gewährleistet bleibt.*

[5]BGH, Urt. v. 06.11.2018, II ZR 11/17, NZG 2019, 225, aus den Gründen: *Die Zuständigkeit für die Buchführung konnte unter den oben dargestellten Voraussetzungen auch auf den Mitgeschäftsführer übertragen werden. Das enthebt den Bekl. aber nicht von seiner grundsätzlichen Verantwortlichkeit, für eine ordnungsgemäße Buchführung zu sorgen.*

[6]Siehe zu diesem Fall der Haftung gemäß § 64 Satz 1 GmbH des zweiten nicht zuständigen Geschäftsführers, die Entscheidung BGH, Urt. v. 06.11.2018, II ZR 11/17, NZG 2019, 225.

Auch wesentliche unternehmerische Entscheidungen sind von allen Geschäftsführern gemeinsam zu verantworten. Hierzu können organisatorische Maßnahmen – etwa die Festlegung der Konzernstruktur – die strategische Ausrichtung am Markt, die Erschließung neuer Absatzmärkte, die wesentliche Umstellung der Produktion, die Einführung neuer Rationalisierungsmethoden, die Eröffnung neuer Filialen, die Implementierung eines neuen EDV-Systems sowie die Ausgliederung von Funktionen gehören, insbesondere wenn dadurch ein Personalabbau oder eine Umstrukturierung einhergeht. Gleiches gilt, wenn es darum geht, größere Schäden durch Rückrufaktionen, Warnhinweise oder Risiken im Umweltbereich abzuwenden.

Beispiel

„Giftige Fässer"

G ist Geschäftsführer einer Pharma-GmbH und betreut das Ressort „Personal". Mitgeschäftsführer M ist für die Produktion und damit für die Entsorgung des Sondermülls zuständig. Er lässt bewusst auf dem Lagergrundstück des ahnungslosen Eigentümers E zahlreiche Fässer unzureichend gesichert und verbotswidrig lagern. Um die Entsorgung kümmert sich G nicht, da der Gesellschaft hierfür die Mittel fehlen. Schließlich wird das Erdreich kontaminiert und das Grundwasser verseucht. Hier können – bei entsprechendem Schuldvorwurf – beide Geschäftsführer sowohl zivilrechtlich als auch strafrechtlich zur Verantwortung gezogen werden.[7]

III. Der faktische GmbH-Geschäftsführer

Die Rechte und Pflichten des Geschäftsführers, insbesondere die strafrechtliche und haftungsrechtliche Verantwortlichkeit können nicht nur den nominell bestellten Geschäftsführer, sondern auch den sog. *faktischen* Geschäftsführer treffen.

Die Figur des faktischen Geschäftsführers ist nicht abschließend definiert. Erforderlich ist eine *überragende* und *beherrschende* Einflussnahme auf die Geschäftsführung. Keine Voraussetzung ist, dass der tatsächlich organschaftlich bestellte Geschäftsführer völlig aus seiner Funktion verdrängt wird und ganz ohne Einfluss ist.[8] In einem solchen Fall kommt eine gesamtschuldnerische Haftung sowohl des nominell bestellten Geschäftsführers als auch des faktischen Geschäftsführers in Betracht.[9] Auch strafrechtlich ist sowohl der nominell bestellte Geschäftsführer als auch der faktische Geschäftsführer ein tauglicher Täter.[10]

[7] BGH, Urt. v. 26.02.1991, 5 StR 444/90, BGHSt 37,333 – Pyrolyseöl.

[8] BGH, Urt. v. 21.03.1988, II ZR 194/87, NJW 1988, 1789, 1790; BFH, Urt. v. 11.03.2004, VII R 52/02, GmbHR 2004, 833.

[9] OLG Frankfurt, Urt. v. 06.03.2003, 3 U 57/97, NJW-RR 2003,1532.

[10] BGH, Beschl. v. 13.10.2016, 3 StR 352/16, juris.

Dies gilt insbesondere für die Insolvenzantragspflicht gemäß § 15a I InsO und die damit korrespondierende Strafbarkeit bei Insolvenzverschleppung gemäß § 15a III und IV InsO.[11]

Beispiel

„Der Firmen-Schlächter"

Sören Schlächter erwirbt aus einem Konzern die Anteile an einer Tochter-GmbH, die Hebebühnen herstellt. Das Ziel von Sören ist das Ausschlachten des Unternehmens durch Abzug der Liquidität und durch Veräußerung des Betriebsvermögens. Die GmbH-Anteile erwirbt Sören nicht in Person, sondern für seine GmbH & Co. KG, die als Holding für zahlreiche Firmenbeteiligungen fungiert. Mit der Hebebühnen-GmbH schließt sodann die Holding KG einen Vertrag über ein zentrales Konzern-Cash-Management, wonach die Tochter-GmbH verpflichtet ist, sämtliche Liquidität an die Muttergesellschaft abzuführen und umgekehrt bei Liquiditätsbedarf Gelder von der Muttergesellschaft anzufordern. Dieses Modell entwickelt sich jedoch zur Einbahnstraße. In der Anfangszeit fließen zwar auch Gelder an die Tochtergesellschaft zurück, per Saldo gelingt es der Muttergesellschaft jedoch binnen von sechs Monaten Liquidität in einer Größenordnung von vier Millionen Euro abzusaugen. Die Gesellschaft gerät dadurch in die Insolvenz. Zum Geschäftsführer der Hebebühnen-GmbH wurde unmittelbar nach dem Erwerb der Anteile Dorian Dummi bestellt, der nicht einmal eine Kontovollmacht erhielt und der erst ganz spät begriff, was in dem Unternehmen eigentlich gespielt wird. Dorian Dummi versäumte es, rechtzeitig Insolvenzantrag zu stellen und den Liquiditätsabzug aufzuhalten. Nunmehr wollen das Finanzamt, die Sozialversicherungsträger und der Insolvenzverwalter sowohl Dorian Dummi als auch Sören Schlächter in die Haftung nehmen. Die Staatsanwaltschaft erwägt eine strafrechtliche Verfolgung der beiden.

Sofern Sören Schlächter faktischer Geschäftsführer gewesen ist, kommt neben der Haftung von Dorian Dummi auch seine Inanspruchnahme in Frage. Ob Sören Schlächter als faktischer Geschäftsführer fungierte, ist anhand von Kriterien zu überprüfen. Sofern Sören Schlächter die beherrschende Persönlichkeit war, wovon auszugehen ist, da er die Finanzströme allein kontrollierte, muss er sich wie ein Geschäftsführer behandeln lassen. Weitere Kriterien sind:[12]

- Bestimmung der Unternehmenspolitik
- Bestimmung der Unternehmensorganisation
- Einstellung und Entlassung von Mitarbeitern

[11] Siehe BGH, Urt. v. 10.05.2000, 3 StR 101/00, NJW 2000, 2285 zur strafrechtlichen Verantwortung sowie BGH, Urt. v. 21.03.1988, II ZR 194/87, BGHZ 104, 44 zur insolvenzrechtlichen Pflicht Insolvenzantrag zu stellen.

[12] Siehe *Dierlamm*, NStZ 1996, 153, 156 sowie im Anschluss an ihn: BayObLG, Urt. v. 20.02.1997, 5St RR 159/96, NJW 1997, 1936; BGH, Urt. v. 10.07.1996, 3 StR 50/96, NJW 1997, 66, 67.

- Gestaltung der Geschäftsbeziehungen zu Vertragspartnern, insbesondere die Vereinbarung von Vertrags- und Zahlungsmodalitäten
- Entscheidung aller Steuerangelegenheiten
- Verhandlungen mit Kreditgebern
- Steuerung der Buchhaltung und Bilanzierung

In dem hiesigen Fall könnten sich sowohl Sören Schlächter als auch Dorian Dummi strafrechtlich wegen Untreue strafbar gemacht haben, wobei es möglicherweise bei Dorian Dummi an dem hierfür erforderlichen Vorsatz fehlte. Beide könnten ferner eine Insolvenzverschleppung begangen haben. Sofern Dorian Dummi die finanzielle Situation der GmbH, insbesondere eine etwaig eingetretene Überschuldung nicht erkannt haben sollte, weil er hierfür keinen Einblick in die Buchhaltung hatte, muss er sich zumindest eine *fahrlässige* Insolvenzverschleppung vorwerfen lassen. Als Geschäftsführer ist er nämlich verpflichtet, sich Einblick in die finanziellen Verhältnisse zu verschaffen. Der faktische Geschäftsführer – vorliegend also Sören Schlächter– ist ebenfalls zur Stellung des Insolvenzantrags verpflichtet.[13] Auch eine Haftung für Steuerschulden kommt sowohl für den nominell bestellten Geschäftsführer als auch für den faktischen Geschäftsführer in Betracht.[14]

Dennoch ist nicht jeder einflussreiche Gesellschafter automatisch faktischer Geschäftsführer. Insbesondere soll auch erforderlich sein, dass der faktische Geschäftsführer nach außen wie ein Geschäftsführer handelt und auftritt. Sofern lediglich intern, sei es auch massiv, Einfluss auf den organschaftlich bestellten Geschäftsführer genommen wird, reicht dies zur Annahme einer faktischen Geschäftsführung noch nicht aus.[15]

Sofern also Sören Schlächter umfassend Weisungen erteilt hat, die Dorian Dummi ausführte, wird der Anweisende noch nicht zum faktischen Geschäftsführer. Sören Schlächter hat hier jedoch den Zahlungsverkehr selbst organisiert und hatte Dorian Dummi noch nicht einmal Vollmacht eingeräumt, so dass er auch nach außen zumindest die finanziellen Geschäfte geführt hat.

Noch nicht abschließend geklärt ist, ob die Figur des faktischen Geschäftsführers voraussetzt, dass alle oder zumindest die Mehrheit der Gesellschafter von dem „Treiben" Kenntnis hat. Überzeugend ist die Auffassung, die eine Billigung oder zumindest Kenntnis der Mehrheit der Gesellschafter fordert, die nötig ist, um den Geschäftsführer förmlich zu bestellen.[16]

[13]BGH, Urt. v. 21.03.1988, II ZR 194/87, BGHZ 104, 44.

[14]So ausdrücklich BFH, Urt. v. 11.03.2004, VII R 52/02, GmbHR 2004, 833.

[15]So ausdrücklich BGH, Urt. v. 25.02.2002, II ZR 196/00, NJW 2002, 1803, 3. Leitsatz: *Für die Haftung einer Person, die sich wie ein faktischer Geschäftsführer verhält nach § 43 II GmbHG genügt es nicht, dass sie auf die satzungsmäßigen Geschäftsführer gesellschaftsintern einwirkt. Erforderlich ist auch ein nach außen hervortretendes überlicherweise der Geschäftsführung zuzurechnendes Handeln.*

[16]OLG Karlsruhe, Beschl. v. 07.03.2006, 3 Ss 190/05, NZG 2006, 354.

Auch der lediglich als Strohmann fungierend, aber organschaftlich formell korrekt bestellte Geschäftsführer kann sich haftbar und strafbar machen. Es kommt aber immer auch auf die subjektiven Merkmale der jeweiligen Straf- und Haftungstatbestände an.[17] Entscheidend ist, ob der organschaftlich bestellte Geschäftsführer seine Kontroll- und Überwachungspflichten wahrgenommen hat und ob er Anhaltspunkte für eine unzureichende Erfüllung der Pflichten des faktischen Geschäftsführers haben musste, aber dennoch nicht eingegriffen hat.[18]

Auch die Strafbarkeit wegen Vorenthaltens von Arbeitnehmerbeiträgen zur Sozialversicherung gemäß § 266 a I StGB können sowohl den faktischen als auch den formell bestellten Geschäftsführer treffen. Der faktische Geschäftsführer kann sich nicht darauf zurückziehen, dass er ggf. gar nicht die Kompetenzen zur Abführung habe.[19] Der formell bestellte Geschäftsführer, der sich nicht durchsetzen kann, weil *„die tatsächlichen Verhältnisse hinter seinen rechtlichen Befugnissen zurückstehen, ..kann und muss gerichtliche Hilfe in Anspruch nehmen, um seinen Einfluss geltend zu machen, anderenfalls ist er gehalten, sein Amt niederzulegen“*.[20] Der *BGH* stellt ausdrücklich fest, dass die Strafbarkeit des nominell bestellten Geschäftsführers sich nicht zwangsläufig nach den Taten des faktischen Geschäftsführers bestimmt, sondern die strafrechtliche Schuld des Strohmanns nach allgemeinen Grundsätzen festzustellen ist. Der formell eingesetzte Geschäftsführer handelt demnach nur dann vorsätzlich pflichtwidrig im Sinne von § 266a StGB, wenn er Anhaltspunkte für eine unzureichende Erfüllung der sozialversicherungsrechtlichen Pflichten durch den faktischen Geschäftsführer erlangt und dennoch nicht die notwendigen Maßnahmen ergreift. Solche sich dem formellen Geschäftsführer aufdrängenden Verdachtsmomente brauchen sich nicht unmittelbar auf die Verletzung sozialversicherungsrechtlicher Pflichten beziehen. Es kann nach den Umständen des Einzelfalls auch ausreichen, wenn dem formellen Geschäftsführer schon Anzeichen dafür erkennbar sind, dass die Verbindlichkeiten nicht ordnungsgemäß erfüllt werden.

---

[17] Siehe *Pelz,* Strafrecht in Krise und Insolvenz, Rdnr. 141 ff.

[18] Siehe zur Haftung und Strafbarkeit für nicht abgeführte Sozialversicherungsbeiträge, BGH, Beschl. v. 13.10.2016, 3 StR 352/16, Orientierungssätze nach juris: *1. Allein die Stellung als formeller Geschäftsführer begründet nach § 14 Abs. 1 Nr. 1 StGB dessen Verantwortlichkeit als Organ der Gesellschaft nach außen, was insbesondere auch die Einstandspflicht für die Erfüllung öffentlich-rechtlicher Pflichten wie das Abführen von Sozialversicherungsbeiträgen einschließt. 2. Das gilt auch dann, wenn für die Gesellschaft eine Person mit so weitreichenden Handlungskompetenzen auftritt, dass sie ihrerseits als faktischer Geschäftsführer anzusehen ist. 3. Auch wenn dem formellen Geschäftsführer als sog. Strohmann im Innenverhältnis keine bedeutsamen Kompetenzen übertragen wurden, um auf die rechtliche und wirtschaftliche Entwicklung der Gesellschaft Einfluss zu nehmen, so haftet er dennoch für die gebotene Abführung der Sozialversicherungsbeiträge.*

[19] BGH, Beschl. v. 13.10.2016, 3 StR 352/16, juris (strittig).

[20] BGH, Beschl. v. 13.10.2016, 3 StR 352/16, juris.

C. Außenhaftung

I. Überblick

Die Tatbestände der Außenhaftung bilden kein geschlossenes System. Die wichtigsten Normen sind die Bestimmungen des Bürgerlichen Gesetzbuches (BGB) über die *unerlaubten Handlungen* (§§ 823 ff. BGB).

▶ Rechtslage ist unübersichtlich

Die Rechtslage zur Außenhaftung ist unübersichtlich. Es existiert eine Kasuistik, die es nicht ermöglicht, die Voraussetzungen der Haftung zuverlässig zu ermitteln. Dies führt auf Seiten des Geschäftsführers zu einer enormen Verunsicherung. Die Tendenz der Rechtsprechung geht zu einer Verschärfung der Managerhaftung.

Dennoch kann konstatiert werden, dass es einen Kernbereich gibt, der sich recht eindeutig bestimmen lässt. Um diesen Kernbereich ranken sich jedoch zahlreiche Grenzfälle.

Es muss beachtet werden, dass die mit der Haftung befassten Gerichte gezwungen sind, Einzelfallentscheidungen zu treffen. Der Volksmund formuliert zutreffend, indem er sagt: „Drei Juristen = vier Meinungen". Die wertende Entscheidung des Richters lässt sich nur schwer prognostizieren. Dies darf jedoch nicht darüber hinwegtäuschen, dass es, wie erwähnt, zahlreiche klare Fälle gibt und die Unsicherheiten sich in dem Randbereich abspielen.

Zunächst lassen sich die Haftungstatbestände einteilen in solche für Verbindlichkeiten des Unternehmens, in Tatbestände der Vertrauenshaftung und in jene der Verletzung fremder Rechtsgüter bzw. Rechte. Mit Ausnahme der Fallgruppe der Vertrauenshaftung sind für die beiden anderen Bereiche der Außenhaftung vor allem die Vorschriften der Haftung für unerlaubte Handlungen von Bedeutung (Abb. 4).

II. Haftung aus unerlaubter Handlung (deliktische Haftung)

Unser Schadensersatzrecht beruht auf dem Prinzip der Verschuldens- und der Unrechtshaftung, d. h. Voraussetzung für eine Haftung ist ein schuldhaftes und rechtswidriges Verhalten.

Fälle der Garantie- und Gefährdungshaftung sowie der Haftung trotz rechtmäßigen Verhaltens bilden die Ausnahme und sind enumerativ, also einzeln und abschließend im Bürgerlichen Gesetzbuch oder in anderen Gesetzen aufgezählt.

▶ Keine umfassende Generalklausel bei Außenhaftung

Allerdings existiert im deutschen Recht keine Vorschrift, die eine allumfassende Haftung für Schäden begründet, die durch *rechtswidriges* und *schuldhaftes*

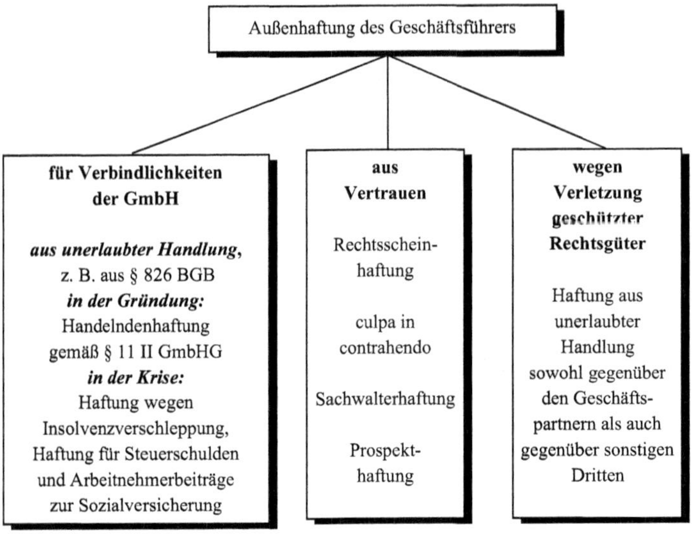

Abb. 4 Außenhaftung des Geschäftsführers

Tun verursacht werden, es fehlt – mit anderen Worten – eine dies anordnende Generalklausel.

► § 823 I BGB als „kleine Generalklausel"

Es gibt jedoch die sog. *kleine Generalklausel* in § 823 I BGB:

§ 823 BGB

(1) *Wer vorsätzlich oder fahrlässig das Leben, den Körper, die Gesundheit, die Freiheit, das Eigentum oder ein sonstiges Recht eines anderen widerrechtlich verletzt, ist dem anderen zum Ersatze des daraus entstehenden Schadens verpflichtet.*

Danach wird nicht für jeden Vermögensschaden, der aufgrund rechtswidrigen und schuldhaften Verhaltens verursacht wurde, gehaftet, sondern nur für jene Schäden, die dadurch entstehen, dass das Leben, der Körper, die Freiheit, das Eigentum oder ein sonstiges Recht des einzelnen verletzt werden.

Erforderlich ist also zunächst eine Verletzung der im Gesetz aufgezählten Rechte oder Rechtsgüter.

Beispiel

„Stau auf der Autobahn"

Verursacht der Geschäftsführer mit dem Lkw der Gesellschaft einen Stau auf der Autobahn, weil die unzureichend gesicherte Ladung auf die Fahrbahn fällt und verpasst dadurch ein anderer Verkehrsteilnehmer, der in den Stau geraten ist, sein Flugzeug und entstehen diesem dadurch finanzielle Nachteile, kann gleichwohl der Geschäftsführer hierfür nicht in Anspruch genommen werden. Zwar hat der Geschäftsführer rechtswidrig und schuldhaft gehandelt, doch wurde hierdurch lediglich ein *reiner* Vermögensschaden verursacht.[21] Anders sähe die Rechtslage aus, wenn die Ladung das dahinterfahrende Fahrzeug beschädigt und ggf. den Fahrer verletzt hätte, dann würde der Geschäftsführer für den Sach- und Personenschaden und für die hieraus resultierende Vermögensschäden, u. a. auch für den verpassten Flug und ggf. einen dadurch entstandenen Verlust haften.

Nicht jeder schuldhaft und rechtswidrig herbeigeführte Schaden führt daher zu einer Haftung. In dem „Staubeispiel" bestünde allenfalls die Möglichkeit, durch extensive Auslegung des Eigentumsbegriffs oder weite Fassung des Begriffs der Freiheitsverletzung zu einer Haftung zu gelangen. Es könnte etwa argumentiert werden, dass das Eigentum der Stauteilnehmer an ihren Fahrzeugen oder aber ihre Bewegungsfreiheit beeinträchtigt worden ist. Die Rechtsprechung hat eine solche weit reichende Auslegung aber bisher zu Recht nicht befürwortet.

► Haftung des Geschäftsführers nach außen ohne Freistellung durch die Gesellschaft

Die deliktische Haftung kann jeden treffen, der einen Tatbestand verwirklicht, also auch den GmbH-Geschäftsführer. Verursacht dieser eine solche unerlaubte Handlung im Dienst, etwa nach § 823 BGB, muss er persönlich hierfür einstehen. Insofern handelt es sich um keinen besonderen Tatbestand der Managerhaftung. Den Geschäftsführer trifft diese Haftung aber besonders hart, weil er im Falle seiner Inanspruchnahme – anders als bei einfacher Fahrlässigkeit der „gewöhnliche" Arbeitnehmer – nicht von der Gesellschaft Freistellung von der Schadensersatzverpflichtung verlangen kann.

Tipp!
Versuchen Sie möglichst schon im Anstellungsvertrag eine Freistellung für Schäden, die von Ihnen durch einfache Fahrlässigkeit verursacht werden, zu erreichen. Berufen Sie sich darauf, dass durch die Freistellung Ihre Einsatzfreude deutlich Auftrieb bekäme. Einen Haftungsausschluss wegen grober Fahrlässigkeit werden Sie in der Regel nicht „durchbekommen". Neben der Vereinbarung eines Haftungsausschlusses könnten Sie ferner versuchen, die GmbH zum Abschluss einer Vermögensschadens-Haftpflichtversicherung zu Ihren Gunsten zu bewegen (sog. D & O-Versicherung). Das Versicherungsunternehmen zahlt grundsätzlich auch bei grob fahrlässiger Schadensherbeiführung. Dadurch würden Sie zahlreiche Risiken absichern. Zu den Versicherungslösungen im Einzelnen, siehe die Ausführungen unten bei H.

[21] BGH, Urt. v. 18.11.2003, VI ZR 385/02, NJW 2004, 356, 358.

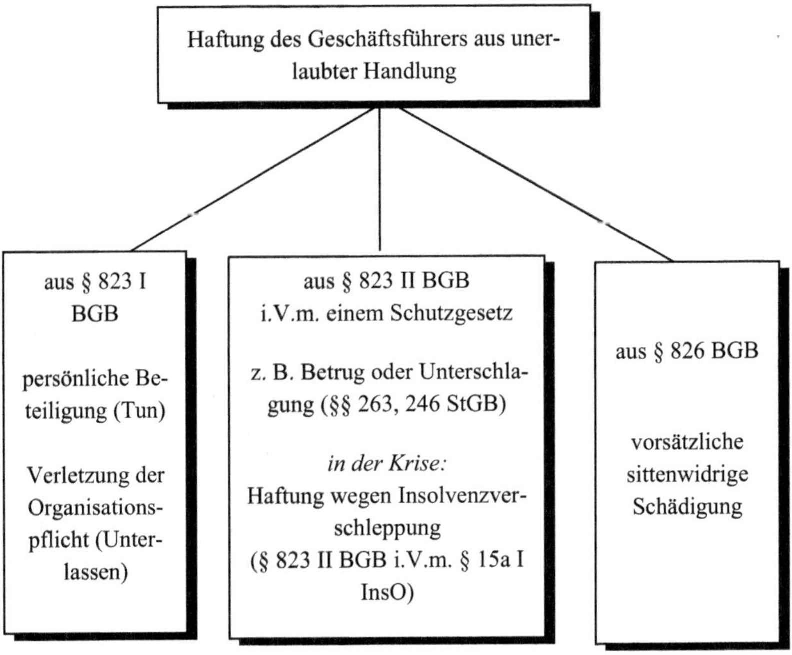

Abb. 5 Haftung des Geschäftsführers aus unerlaubter Handlung

Die Vorschriften über die unerlaubte Handlung enthalten neben der kleinen Generalklausel weitere Haftungstatbestände. Wichtig sind für die Geschäftsführerhaftung vor allem § 823 II BGB i.V.m. der Verletzung eines Schutzgesetzes sowie die vorsätzliche sittenwidrige Schädigung gemäß § 826 BGB (Abb. 5).

Von Bedeutung ist ferner die Verpflichtung, u. a. bei einer Verletzung des Körpers, der Gesundheit oder bei einer Beeinträchtigung des sog. allgemeinen Persönlichkeitsrechts, ein *Schmerzensgeld* zu zahlen (§ 253 BGB).

Zunächst soll die Haftung aus § 823 BGB etwas vertieft werden:

Diese Vorschrift lautet vollständig:

§ 823 BGB

(1) *Wer vorsätzlich oder fahrlässig das Leben, den Körper, die Gesundheit, die Freiheit, das Eigentum oder ein sonstiges Recht eines anderen widerrechtlich verletzt, ist dem anderen zum Ersatze des daraus entstehenden Schadens verpflichtet.*

(2) *Die gleiche Verpflichtung trifft denjenigen, welcher gegen ein den Schutz eines anderen bezweckendes Gesetz verstößt. Ist nach dem Inhalt des Gesetzes ein Verstoß gegen dieses auch ohne Verschulden möglich, so tritt die Ersatzpflicht nur im Falle des Verschuldens ein.*

Die beiden Absätze bilden zwei voneinander zu trennende Komplexe.

1. § 823 I BGB

a. Grundlagen

Eine Haftung aus § 823 I BGB setzt voraus:

▶ Voraussetzungen

Ein schuldhaftes und rechtswidriges Verhalten (Tun oder Unterlassen), durch das

▶ Haftungsbegründende Kausalität

- das Leben, der Körper, die Gesundheit,
- die Freiheit,
- das Eigentum
- oder ein sonstiges Recht

eines anderen verletzt worden ist (=> sog. *haftungsbegründende Kausalität*).

▶ Haftungsausfüllende Kausalität

Dem anderen muss aufgrund dieser Rechtsgutverletzung ein nach dem allgemeinen Schadensrecht (§§ 249 ff. BGB) ersatzfähiger Schaden entstanden sein (=> sog. *haftungsausfüllende Kausalität*). Dieser ist dann zu ersetzen.

▶ Aktive Beteiligung des Geschäftsführers

Die erste Voraussetzung ist also eine Verhaltensweise des Geschäftsführers, an die die Haftung angeknüpft wird. Dies kann ein Tun oder ein Unterlassen sein. Ein „Tun" liegt vor, wenn der Geschäftsführer sich persönlich durch aktive Beiträge betätigt.

Beispiel

„Die komplizierte Etikettiermaschine"

Der Geschäftsführer beschädigt versehentlich durch eine fehlerhafte Bedienung oder Anweisung die Etikettiermaschine, die der Leasinggesellschaft gehört. Hier hat der Geschäftsführer selbst tatkräftig an der Entstehung des Schadens mitgewirkt. Er muss aus unerlaubter Handlung den Schaden grundsätzlich ersetzen.

Die Fälle der zivilrechtlichen Verantwortlichkeit wegen einer aktiven Handlung sind in der Regel ohne besondere Probleme behaftet. Hier gilt das allgemeine Haftungsrecht, es bestehen keine gesellschaftsrechtlichen Besonderheiten.

Anders ist dies bei einer Herbeiführung des Schadens durch ein Unterlassen.

b. Unterlassen und Garantenstellung des Geschäftsführers

▶ Auch ein Unterlassen kann haftungsbegründend sein

Ein Unterlassen setzt voraus, dass ein Verhalten geboten war, bei dessen Vornahme der eingetretene Schaden nicht entstanden wäre.

Beispiel

„Unterlassene Wartung"

Der Geschäftsführer unterlässt es aus Gedankenlosigkeit, notwendige Wartungs- und Instandhaltungsmaßnahmen an der geleasten Etikettiermaschine vorzunehmen. Dadurch entsteht an der Maschine ein Schaden, den die Leasinggesellschaft vom Geschäftsführer ersetzt verlangt.

▶ Voraussetzung: Pflicht zum Handeln

Im Bereich des Unterlassens gibt es eine Verpflichtung zum Schadensersatz nur dann, wenn eine Pflicht zum Handeln bestand. Eine solche Pflicht kann sich zum Beispiel aus einem Vertrag ergeben; so wird im Leasingvertrag regelmäßig die Verpflichtung des Leasingnehmers (= GmbH) verankert sein, die Leasingsache zu warten. Daneben gibt es außerhalb des Vertragsrechts die allgemeine und jedermann treffende Pflicht, dafür zu sorgen, dass fremde Rechte oder Rechtsgüter nicht verletzt werden. Da von einem Unternehmen häufig Gefahren ausgehen, besteht für den Träger des Unternehmens (also für die GmbH) die Pflicht, Gefahrenquellen abzusichern. Diese Pflicht wird als Verkehrssicherungspflicht oder auch nur als Verkehrspflicht bezeichnet.

▶ Adressatin der Handlungspflicht ist die GmbH

Die Verkehrssicherungspflichten treffen, wie erwähnt, grundsätzlich die GmbH. Gleiches gilt für die vertraglichen Pflichten; auch diese gelten in der Regel nur für die GmbH als Vertragspartnerin. Damit scheidet aber nur auf den ersten Blick eine Verantwortlichkeit des Geschäftsführers aus.

Es muss nämlich zweierlei beachtet werden

1. Missachtet der Geschäftsführer die Pflichten der GmbH und entsteht hierdurch ein Schaden, macht er sich gegenüber der Gesellschaft schadensersatzpflichtig. Er löst damit also eine *Innenhaftung* aus. Der der GmbH zugefügte Schaden muss aber nicht deckungsgleich sein (siehe dazu das Beispiel unten zum Baustoff-Fall).
2. Was die Verkehrssicherungspflichten der GmbH betrifft, so kann der Geschäftsführer unter bestimmten Voraussetzungen *Garant* für die Einhaltung

(Fortsetzung)

dieser Pflichten sein kann. Das heißt, sorgt der Geschäftsführer nicht dafür, dass die Verkehrssicherungspflichten eingehalten werden, muss er damit rechnen, wegen der entstandenen Schäden den Geschädigten gegenüber persönlich zu haften.

▶ Ist der Geschäftsführer Garant für die Einhaltung der Verkehrssicherungspflichten?

Ob und wann der Geschäftsführer tatsächlich eine Garantenstellung hat, ist umstritten. Allein aus dem bloßen Umstand der Organstellung, also dem Umstand, dass jemand formal die Position des Geschäftsführers hat, lässt sich noch keine Garantenstellung begründen.[22] Die Garantenstellung kann aus der Funktion und der Stellung des Geschäftsführers als demjenigen, der ein Unternehmen als Gefahrenquelle steuert, folgen. So wäre z. B. umgekehrt eine Geschäftsführerin, die nur als Strohfrau eingeschaltet ist und die den Geschäftsbetrieb gar nicht kennt, die vielmehr ausschließlich als Hausfrau zu Hause und nicht für den Betrieb tätig ist, eher nicht in einer Garantenstellung.[23]

Instruktiv ist eine Entscheidung des *BGH* aus dem Patentrecht. Eine GmbH hatte ein Patent für die Produktion von Glasfaserprodukten verletzt. Es ging in der Entscheidung auch um die Frage, inwieweit der Geschäftsführer dafür persönlich haftet. Der *BGH* stellte ausdrücklich heraus, dass der Geschäftsführer bei fremden Patenten deshalb in die Garantenstellung rücken kann, weil diese – wie alle technischen Schutzrechte – gesteigerten Gefahren ausgesetzt sind. Der *BGH*[24] führt aus (Rdnr. 177 nach juris): „*Kraft seiner Verantwortung für die Organisation und Leitung des Geschäftsbetriebes und der damit verbundenen Gefahr, dass dieser so eingerichtet wird, dass die Produktion oder Vertriebstätigkeit des Unternehmens die fortlaufende Verletzung technischer Schutzrechte Dritter zur Folge hat, ist der gesetzliche Vertreter einer Gesellschaft deshalb grundsätzlich gehalten, die gebotenen Überprüfungen zu veranlassen oder den Geschäftsbetrieb so zu organisieren, dass die Erfüllung dieser Pflicht durch dafür verantwortliche Mitar-*

[22]BGH, Urt. v. 10.07.2012, VI ZR 341/10, BGHZ 194,26, juris, Leitsatz: *Allein aus der Stellung als Geschäftsführer einer GmbH bzw. Mitglied des Vorstands einer Aktiengesellschaft ergibt sich keine Garantenpflicht gegenüber außenstehenden Dritten, eine Schädigung ihres Vermögens zu verhindern. Die Pflichten aus der Organstellung zur ordnungsgemäßen Führung der Geschäfte der Gesellschaft aus § 43 Abs. 1 GmbHG, § 93 Abs. 1 Satz 1 AktG, zu denen auch die Pflicht gehört, für die Rechtmäßigkeit des Handelns der Gesellschaft Sorge zu tragen, bestehen grundsätzlich nur dieser gegenüber und lassen bei ihrer Verletzung Schadensersatzansprüche grundsätzlich nur der Gesellschaft entstehen.*

[23]Siehe in diese Richtung wohl BGH, Urt. 13.04.1994, II ZR 16/93, BGHZ 125, 366, wobei es dort um die Durchgriffshaftung der Gesellschafterin und nicht um die Haftung aus einer Garantenstellung als Geschäftsführerin ging.

[24]BGH Urt. v. 15.12.2015, X ZR 30/14, juris, Glasfasern II.

beiter gewährleistet ist. Er muss insbesondere dafür sorgen, dass grundlegende Entscheidungen über die Geschäftstätigkeit der Gesellschaft nicht ohne seine Zustimmung erfolgen und dass die mit Entwicklung, Herstellung und Vertrieb betrauten Mitarbeiter der Gesellschaft die gebotenen Vorkehrungen treffen, um eine Verletzung fremder Patente zu vermeiden". Inwieweit eine Garantenpflicht besteht ist also für den Einzelfall festzustellen. Es kommt darauf an, welche Gefahrenquellen die GmbH verursacht und inwieweit der für die Unternehmenssteuerung Verantwortliche diese Gefahrenquellen zur Vermeidung von Eingriffen in die Rechte Dritter, kontrollieren kann.

Beispiel

„Die morsche Eiche"

Vor dem Eingangsportal der GmbH steht auf dem Betriebsgrundstück eine alte morsche Eiche. Zwei Äste sind schon abgebrochen, haben aber glücklicherweise keinen Schaden angerichtet. Weitere morsche Äste müssten entfernt werden. Geschäftsführer G unternimmt jedoch nichts. Nunmehr wird die Kundin K durch einen herabfallenden Ast verletzt und verlangt von G Schadensersatz. G hätte als Geschäftsführer die Einhaltung der Verkehrssicherungspflichten sicherstellen müssen. Gefahren aus dem Betriebsgrundstück bestehen stets, diese muss der Geschäftsführer im Blick behalten und eindämmen. Er ist Garant für die Einhaltung dieser Pflichten und damit persönlich aus § 823 I BGB zur Verantwortung zu ziehen.[25]

Beispiel

„Lift-Pause"

Der Geschäftsführer versäumt es, die Aufzugsanlage regelmäßig warten zu lassen. Dadurch bleibt ein Defekt unerkannt, der bei ordnungsgemäßer Wartung behoben worden wäre. Eines Tages bleibt der Fahrstuhl aufgrund des Defekts stecken. Eingeschlossene Personen machen Schadensersatz wegen fahrlässiger Verletzung der Freiheit geltend. Sie berufen sich darauf, dass sie mehrere Stunden im Fahrstuhl eingeschlossen waren und dadurch einen Verdienstausfall erlitten. Ferner begehren sie Schmerzensgeld. Beides können sie grundsätzlich beanspruchen. Die Aufzugsanlage ist eine Gefahrenquelle, von der typischerweise Gefahren ausgehen, die durch die gesetzlich vorgeschriebenen Wartungen kontrolliert werden können. Diese zu organisieren und zu beauftragen, dazu ist der Geschäftsführer als Garant berufen.

► Weitreichende Haftungsrisiken

[25] Siehe OLG Stuttgart, Beschl. v. 29.04.2008, 5 W 9/08, juris, Haftung des (faktischen) Geschäftsführers einer GmbH aus Organisationsverschulden, weil trotz Kenntnis ein brüchiger Kanaldeckel nicht repariert wurde, weshalb eine Besucherin einbrach.

Im Bereich der unterlassenen Wartung und Instandhaltung kann den Geschäftsführer daher eine erhebliche Haftung treffen. Aber auch im Bereich der Lieferantenbeziehungen drohen dem Geschäftsführer Risiken.

Beispiel

„Der Baustoff-Fall“[26]

Der Baustoffhändler Boris Bau (B) liefert der GmbH Baumaterialien auf Kredit mit der Maßgabe, dass die GmbH die Forderungen, die aus der Weiterveräußerung bzw. dem Einbau bei Dritten entstehen, an B abtritt. Da die Materialien bei einem Bauherrn eingebaut werden, der mit der Abtretung seiner Schuld nicht einverstanden ist, sondern ausdrücklich ein Abtretungsverbot im Bauvertrag vereinbart hat, erlangt B gegen diesen Bauherrn nicht wie gewünscht die Forderung. Die GmbH wird insolvent. B verlangt nun vom Geschäftsführer Günter Groß (G) Schadensersatz mit der Begründung, er hätte das Eigentum an den Baumaterialien nicht ohne die von ihm gewünschte Sicherungsmöglichkeit übertragen. Dann hätte er nur gegen Vorkasse geliefert. Der Geschäftsführer hätte verhindern müssen, dass B das Eigentum ohne Gegenwert entzogen wird. G hätte also organisatorische Vorkehrungen treffen müssen, damit so etwas nicht passiert. Hierin könnte eine fahrlässige Verletzung des Eigentums liegen, für die der Geschäftsführer G persönlich einstehen muss. Die Klage des Baustoffhändlers könnte in Anlehnung an das BGH-Urteil zum Baustoff-Fall Erfolg versprechend sein. Allerdings fordert der *BGH* wie dargelegt heute mehr als nur das Vorhandensein der Organstellung. Eine Garantenstellung aus der Funktion der Unternehmenssteuerung könnte bejaht werden, wenn G systematisch die Einhaltung der Lieferantenverträge missachtet, also den Geschäftsbetrieb so organisiert hat, dass trotz vereinbarter Abtretungsverbote fremdes Material eingebaut wird. Der Vorwurf könnte also dahin gehen, dass G es unterlassen hat, Sicherungsvorkehrungen zu treffen. Wenn dies ein Einzelfall ist, weil die GmbH sonst immer mit Bauherren zusammenarbeitet, die kein Abtretungsverbot vereinbaren, besteht ggf. keine Haftung des G aus einer Garantestellung. Dann müsste man prüfen, ob man an ein positives Tun anknüpfen kann, dann bräuchte man anders bei einem Unterlassen keine Garantenstellung. Der Vorwurf könnte lauten, G habe den Vertrag so organisiert, dass der Lieferant sein Eigentum ohne Abtretung der Forderung verliert.

Beispiel

„Gebrauchtwagen vom Händler“

Geschäftsführer Gerald Giebel (G) arbeitet bei der Best Macchina Gebrauchtwagen GmbH. Die GmbH erhält von der Neuwagenhändlerin Nora Neumann (N) die dort in Zahlung genommenen Gebrauchtwagen. Die Fahrzeuge werden gekauft, wobei der Kaufpreis spätestens nach 90 Tagen, vorzeitig jedoch aus dem

[26] BGH, Urt. v. 05.12.1989, VI ZR 335/88, BGHZ 109, 297.

Weiterveräußerungserlös zu zahlen ist. Das Eigentum wird aufschiebend bedingt mit vollständiger Kaufpreiszahlung übertragen. Die GmbH verkauft auf Weisung und mit Wissen des G die Fahrzeuge wiederholt an Endkunden, ohne dass die GmbH ihrerseits aus den Kaufpreiserlösen ihre Einstandspreise bezahlt. N mahnt den Zahlungsrückstand an und kündigt die Zusammenarbeit. Sie fordert die nicht bezahlten Fahrzeuge zurück. 30 Fahrzeuge im Gegenwert von insgesamt 250.000 € sind indes weiterverkauft, an die Endkunden übergeben aber nicht von der GmbH an N bezahlt worden. Da die Zulassungsbescheinigungen Teil II der GmbH übergeben wurden, konnten alle Erwerber das Eigentum gutgläubig erwerben. Die Neuwagenhändlerin verklagt die GmbH, die Insolvenzantrag stellt und nicht zahlen kann. N will sich nun an G halten. Dieser könnte persönlich haften, weil er durch die Verkäufe ohne Zahlung der Einstandspreise an die Neuwagenhändlerin deren Eigentum an den Fahrzeugen entzogen hat. Mindestens in der Höhe der offenen Einstandspreise ist N geschädigt. Auch das Beispiel zeigt, dass es einen Unterschied macht, ob man an ein positives Tun oder an ein Unterlassen anknüpft. Sofern G die Fahrzeuge selbst durch Unterschrift auf die Kaufverträge weiterverkauft hat, ohne dass diese bezahlt werden, hätte es selbst durch sein aktives Handeln das Eigentum verletzt. Ebenso wenn G die Mitarbeiter im Verkauf wie hier anweist so zu verfahren. Sofern G den Geschäftsbetrieb nur so mangelhaft organisiert hat, dass die Zahlung der Einstandspreise vor der Weiterveräußerung ermöglicht wurde, z. B. indem er versäumt hat, dafür zu sorgen, dass eine Herausgabe der Zulassungsbescheinigungen Teil II an die Endkunden immer erst nach vorheriger Prüfung der Zahlung der Einstandspreise erfolgen kann, ist fraglich ob dies ein Tun oder Unterlassen ist. Man könnte die mangelhafte Organisation als ein Tun einordnen, man könnte aber auch sagen, G habe es unterlassen, Sicherheitsvorkehrungen zu treffen. Dann bräuchte man wieder eine Garantenpflicht, die aus den Gesamtumständen zu entwickeln wäre.

Über die Innenhaftung gemäß § 43 II GmbHG muss G auch gegenüber der GmbH haften, aber nur auf den Schaden der GmbH. Die GmbH selbst schuldet weiterhin die Einstandspreise, dies ist also kein Schaden, den G verursacht hat, er müsste nur für weitere Schadensersatzpositionen aufkommen, wie ggf. für weitere ausgelöste Prozesskosten, Schäden aus der Kündigung der Zusammenarbeit, usw. Der Fall zeigt, dass die Situation komplex ist, wie sich ein Haftungsfall in der Praxis entwickelt, lässt sich nicht im Detail prognostizieren.

Beispiel

„Die Leasingmaschine"

Geschäftsführer Gustav Grande (G) leitet ein Druckhaus, das von der Paula Print GmbH betrieben wird. Namens der GmbH hat er eine Druckmaschine bei einer Leasingbank geleast. Die GmbH ist in Liquiditätsschwierigkeiten, weshalb die fälligen Leasingraten nicht beglichen werden. Schließlich kündigt die Bank den Leasingvertrag und verlangt von der GmbH Herausgabe der Druckmaschine. G möchte jedoch fällige Aufträge ausführen, um Umsätze für die Gesellschaft zu erzielen. Die Maschine wird schließlich erst nach einem Jahr, nachdem ein rechtskräftiges Urteil auf Herausgabe vorliegt, herausgegeben. Die Leasingbank befürchtet, dass bei der GmbH nicht mehr zu holen ist und fragt, ob sie G persönlich in die Haftung nehmen kann.

Dieser Fall unterscheidet sich von den vorhergehenden Fällen dadurch, dass keine Verletzung der Substanz vorliegt, sondern eine reine Nutzungsstörung bzw. ein Vorenthalten der Nutzungsmöglichkeit. Ob darin eine Eigentumsverletzung liegt, ist umstritten. Meines Erachtens ist dies zu bejahen, da bereits durch das bloße Vorenthalten infolge des Zeitablaufs eine Wertminderung der Sache eintritt. Erst recht ist dies der Fall, wenn sich die Sache durch die weitere Benutzung abnutzt. Zu dieser Frage fehlt jedoch noch eine BGH-Entscheidung. In der sog. Fleet-Entscheidung hat der *BGH* eine Eigentumsverletzung bejaht, als ein Schiff in ein Hafenbecken eingeschlossen wurde.[27]

► Garantenstellung nicht automatisch

Das *OLG Köln*[28] hat entschieden, dass nicht jede Verletzung einer Kontrollpflicht eine Garantenstellung begründet. In dem der Entscheidung zugrunde liegenden Fall hatte ein Geschäftsführer in Unkenntnis gestohlene Ware zusammen mit nicht gestohlener Ware geliefert. Die bestohlene Eigentümerin verlangte Schadensersatz vom Geschäftsführer, was das Gericht ablehnte, da mangels Kenntnis eine Garantenstellung nicht begründet worden sei. Das *OLG Rostock*[29] hat in einem Verfahren, in dem eine gesetzliche Unfallversicherung nach einem Arbeitsunfall Rückgriff bei dem Geschäftsführer nehmen wollte, ebenfalls eine Garantenstellung des Geschäftsführers abgelehnt. Diese könne sich nur aus besonderen Umständen ergeben, die im zu entscheidenden Fall nicht vorlagen. Es kommt immer auf den Einzelfall an. War der Geschäftsführer nach der Ressortaufteilung gerade für den Arbeitsschutz zuständig und hat er die Aufgabe nicht, wie im Fall des *OLG Rostock* auf ein Ingenieurbüro für Arbeitsschutz delegiert bzw. dieses nicht ausreichend überwacht, ließe sich ggf. wieder eine Garantenstellung bejahen.

Die vorgenannten Beispiele betreffen die Garantenpflicht bei der Verletzung von Schutzgesetzen nach § 823 II BGB, auf die unter 2 eingegangen wird. Auch hier ist stets im Einzelfall zu prüfen, inwieweit eine Garantenpflicht besteht. Dies kann auch bei der Verhinderung von Straftaten Bedeutung haben. Instruktiv ist der Fall des *BGH*,[30] bei dem zwei Geschäftsführer vorhanden waren und einer sich an Untreuehandlungen zu Lasten Dritter beteiligt hat, der der andere hingegen nicht.

[27] BGH, Urt. v. 21.12.1970, II ZR 133/68, BGHZ 55, 153; siehe zur Bejahung einer Eigentumsverletzung bei Verhinderung der Nutzung, BGH, Urt. v. 05.06.1990, VI ZR 359/89, NJW-RR 1990, 1172, 1173; BGH, Urt. v. 18.11.2003, VI ZR 385/02, NJW 2004, 356, 358.

[28] OLG Köln, Urt. v. 26.06.1992, 6 U 72/91, NJW-RR 1993, 865.

[29] OLG Rostock, Urt. v. 16.02.2007, 8 U 54/06, OLGR Rostock 2007, 486.

[30] BGH, Urt. v. 10.07.2012, VI ZR 341/10, BGHZ 194,26

Beispiel

„Untreue durch Scheinrechnungen“

Ein Vorstand einer AG, die Plüschtiere und Geschenkartikel herstellt, wurde wegen Untreue belangt. Er habe Scheinrechnungen über 14 Mio. € produziert, den keine Warenlieferungen in diesem Umfang zu Grunde lagen. Die beiden Geschäftsführer des Lieferanten sollten nun der mittlerweile insolventen AG haften. Ein Geschäftsführer war die treibende Kraft und hat sich an den Scheingeschäften beteiligt, dem anderen konnte keine Kenntnis oder ein aktiver Beitrag nachgewiesen werden. Hier war problematisch, ob er aus seinem Unterlassen gegenüber der insolventen AG haftet. Die AG hat durch die Scheinrechnungen und damit durch die Untreuehandlungen ihres Vorstands viel Geld verloren. Eine Beihilfe zur Untreue des unwissenden Geschäftsführers schied mangels Vorsatzes aus. Eine Garantenstellung allein aus der Position als Geschäftsführer zugunsten der insolventen AG aus der Organstellung wurde vom BGH verneint (so aber noch der BGH im Baustoff-Fall, wo dieser die Garantenstellung allein an die Stellung als Geschäftsführer ohne weitere Voraussetzungen knüpfte, siehe oben den Baustoff-Fall). Eine solche Garantenstellung müsse im Einzelfall aus den Gesamtumständen ermittelt werden, im konkreten Fall gab es solche Umstände nicht. Dem ist zuzustimmen, wenn ein Mitgeschäftsführer eigenmächtig Scheinrechnungen stellt, kann dies ein anderer Mitgeschäftsführer nicht so ohne weiteres feststellen. Ist er für den Vertrieb zuständig und werden plötzlich Ausgangsrechnungen in Millionenhöhe gezahlt, was ggf. nach dem üblichen Geschäftsgang ungewöhnlich ist, weil z. B. in dieser Größenordnung gar keine Ware vorhanden ist bzw. produziert wird, muss er dem Fall nachgehen. Ggf. kann er dann in der Folge in eine Garantenstellung hineinwachsen, was aber nicht zur Haftung für die bereits in der Vergangenheit vom Mitgeschäftsführer getätigten Beihilfehandlungen führt.

▶ Produkt- und Umwelthaftungsrisiko

Weitreichende Bedeutung hat die Garantenstellung ferner für den Bereich der Produkt- und Umwelthaftung. Verwirklichen sich in diesem Bereich Risiken, die auf einer Verletzung von Verkehrssicherungspflichten beruhen und wird eine Garantenstellung bejaht, kann ein immenser Schaden entstehen, der den Geschäftsführer persönlich ruinieren könnte.

Tipp!

Machen Sie sich darüber Gedanken, welche Verkehrssicherungspflichten von der Gesellschaft insgesamt und welche Pflichten speziell in Ihrem Ressort eingehalten werden müssen. Erstellen Sie nach einer Risikoanalyse schriftliche Anweisungen an nachgeordnete Mitarbeiter, um die Einhaltung der Verkehrssicherungspflichten sicherzustellen. Mit diesen Anweisungen können Sie z. B. Ihre Mitarbeiter auffordern, turnusmäßig bestimmte Kontrollen durchzuführen und Ihnen die sich zeigenden Gefahren mitzuteilen. Stellen Sie fest,

(Fortsetzung)

dass ein Mitgeschäftsführer Risiken, die sein Ressort betreffen, nicht „im Griff" hat, sprechen Sie ihn an und drängen Sie auf Abhilfe. Ändert sich nichts, so führen Sie einen Beschluss der Geschäftsführung herbei, dass und auf welche Weise die Einhaltung der Verkehrssicherungspflicht sicherzustellen ist. Können Sie sich nicht durchsetzen, so informieren Sie die Gesellschafter und bitten diese, eine entsprechende Weisung zu erteilen.

Beispiel

„Gefährlicher Lack"

Die GmbH produziert Möbel. Einer der bei der Produktion verwendeten Lacke soll ausweislich einer neueren Untersuchung gesundheitsschädlich sein. Geschäftsführer Gunter Gramm (G) vertraut darauf, dass dies schon alles nicht so schlimm sein werde, und tut nichts. Entstehen den Benutzern der Möbel gesundheitliche Schäden, ist G, der hier kraft seiner Organisationspflicht zum Handeln verpflichtet ist, persönlich verantwortlich.

2. § 823 II BGB i.V.m. einem Schutzgesetz

- Der Geschäftsführer darf nicht gegen Gesetze zum Schutze Dritter verstoßen

Es gibt in unserer Rechtsordnung zahlreiche Gesetze, die den Schutz Dritter bezwecken. § 823 II BGB ordnet an, dass derjenige, der die Verletzungshandlung vornimmt, zum Schadensersatz verpflichtet ist, falls gegen ein solches Gesetz *schuldhaft* verstoßen wurde. Die Vorschrift des § 823 II BGB ist damit immer nur in Verbindung mit einem Schutzgesetz als Anspruchsgrundlage geeignet.

Wichtige Schutzgesetze befinden sich vor allem im Strafgesetzbuch (StGB). Hierzu zählen der Diebstahl (§ 242 StGB), die Unterschlagung (§ 246 StGB), der Betrug (§ 263 StGB) sowie die Untreue (§ 266 StGB).

Ein weiteres Schutzgesetz ist § 266a StGB. Danach macht sich der Geschäftsführer unter Umständen strafbar, wenn er Sozialversicherungsbeiträge der zuständigen Einzugsstellen vorenthält. Gleichzeitig ist der Geschäftsführer zivilrechtlich gemäß § 823 II BGB in Verbindung mit § 266a StGB zum Schadensersatz verpflichtet. Er muss daher damit rechnen, wegen der nicht abgeführten Sozialversicherungsbeiträge persönlich in die Pflicht genommen zu werden. Dieser Tatbestand wird allerdings in der Regel erst in der Krise relevant, so dass er an späterer Stelle vertieft behandelt wird.[31] Das Schutzgesetz muss als Adressaten den Geschäftsführer umfassen,[32] was bei den vorgenannten Straftatbeständen der

[31] Siehe ausführlich 3. Teil, F V.

[32] LAG Düsseldorf, Urt. v. 10.12.2004, 9 (6) Sa 96/04, GmbHR 2005, 932.

Fall ist bzw. sein kann. Geschützt werden Rechte, bzw. Rechtsgüter Dritter, z. B. der Arbeitnehmer.

a. § 823 II BGB i.V.m. § 246 StGB (Unterschlagung)

Unterschlägt der Geschäftsführer fremdes Eigentum, so macht er sich strafbar und schadensersatzpflichtig. Eine Unterschlagung liegt vor, wenn der Geschäftsführer sich oder einem Dritten im Gewahrsam der Gesellschaft befindlichen Gegenstände entgegen dem Einverständnis des Eigentümers zueignet, z. B. indem er diese privat benutzt oder auf seine Kosten verwertet bzw. veräußert.

Beispiel

„Der verschwundene Lamborghini"

Kunde Kurt König (K) hat seinen privaten Lamborghini der Gesellschaft für eine Werbeveranstaltung überlassen. Geschäftsführerin Gabi Gierig (G) veräußert dieses Fahrzeug ins Ausland, ohne das Einverständnis des K einzuholen. Gegenüber K gibt sie vor, dass das Fahrzeug gestohlen worden sei. Die ganze Angelegenheit fliegt auf, und G wird von K auf Schadensersatz verklagt. Die Klage ist erfolgreich, da die Geschäftsführerin G gemäß § 823 II BGB i.V.m. § 246 StGB für die Unterschlagung auch zivilrechtlich einstehen muss.

b. § 823 II BGB i.V.m. § 263 StGB (Betrug)

Diese Anspruchsgrundlage ist vor allem dann von Bedeutung, wenn sich die Gesellschaft mit kriminellen Machenschaften beschäftigt. Ein Betrug liegt vor, wenn der Geschäftsführer einen anderen täuscht und dadurch bei diesem oder einem Dritten einen Vermögensschaden verursacht. Zudem muss die Tat darauf gerichtet sein, sich oder andere zu bereichern.

Beispiel

„Der betrügerische Verkäufer"

G ist Geschäftsführer einer kleinen Möbelhaus-GmbH. Von Kunden nimmt er Anzahlungen für Möbel entgegen, obwohl er weiß, dass die entsprechenden Lieferanten ihn wegen der Zahlungsrückstände nicht mehr beliefern. G begeht einen sog. Eingehungsbetrug. Er ist persönlich verpflichtet, Schadensersatz zu leisten.

c. § 823 II BGB i.V.m. § 266 StGB (Untreue)

aa. Überblick

Eine Strafbarkeit oder eine Schadensersatzpflicht, die sich aus Untreue ergibt, ist für den Geschäftsführer von großer praktischer Bedeutung. Daher wird hier ein Schwerpunkt gesetzt. Die maßgebliche Strafvorschrift lautet:

§ 266 StGB Untreue

(1) *Wer die ihm durch Gesetz, behördlichen Auftrag oder Rechtsgeschäft eingeräumte Befugnis, über fremdes Vermögen zu verfügen oder einen anderen zu verpflichten, missbraucht oder die ihm kraft Gesetzes, behördlichen Auftrags, Rechtsgeschäfts oder eines Treueverhältnisses obliegende Pflicht, fremde Vermögensinteressen wahrzunehmen, verletzt und dadurch dem, dessen Vermögensinteressen er zu betreuen hat, Nachteil zufügt, wird mit Freiheitsstrafe bis zu fünf Jahren oder mit Geldstrafe bestraft.*

(2) ...

Eine Untreue begeht, wer vorsätzlich seine Pflicht zur Betreuung fremder Vermögensinteressen verletzt, indem er denjenigen, dessen Interessen er zu betreuen hat, benachteiligt. Da der Geschäftsführer mit fremdem Vermögen arbeitet, kann er in Versuchung geraten, dieses zu veruntreuen.[33]

► Untreue zu Lasten der GmbH oder zu Lasten Dritter möglich

Bei der Untreue sind zwei Fälle zu unterscheiden: Der Untreuetatbestand kann einerseits im Verhältnis des Geschäftsführers zur GmbH verwirklicht werden, etwa indem der Geschäftsführer Zahlungen aus dem Gesellschaftsvermögen zugunsten seines Privatkontos veranlasst, ohne dass er eine Gegenleistung dafür erbringt. Der Geschäftsführer kann aber andererseits auch eine Untreue zu Lasten Dritter begehen. Dies kommt dann in Betracht, wenn die Gesellschaft dritten Personen gegenüber Vermögensbetreuungspflichten hat und diese verletzt werden. Da die GmbH als juristische Person nicht bestraft werden kann, wird auf den Geschäftsführer zurückgegriffen.

► Schädigung des anderen und Vorsatz

Es ist nicht erforderlich, dass der Geschäftsführer sich hierbei selbst bereichern möchte, entscheidend ist die Schädigung des anderen. Der Geschäftsführer muss aber mit Schädigungsvorsatz handeln, wobei es genügt, dass er von der Schädigung bzw. von der Vermögensgefährdung weiß und sie billigend in Kauf nimmt.[34]

Die Untreue ist ein Straftatbestand, bei dessen Verwirklichung über § 823 II BGB sowohl eine Innenhaftung im Verhältnis zur GmbH als auch eine Außenhaftung ausgelöst werden kann. Die erste Fallgruppe der Innenhaftung wird bereits hier – im Kapitel zur Außenhaftung – betrachtet, da eine Aufspaltung unzweckmäßig wäre.

---

[33] Siehe grundlegend: *Maurer*, Untreue bei der juristischen Person unter besonderer Berücksichtigung des Eigenkapital(ersatz)rechts, GmbHR 2004, 1549.

[34] BGH, Urt. v. 21.02.2005, II ZR 112/03, GmbHR 2005, 544, 545.

bb. Untreue zu Lasten der GmbH
Das Gesetz unterscheidet bei der Untreue zwischen dem Missbrauchs- und dem Treuebruchtatbestand.

- Missbrauchstatbestand

Beim *Missbrauchstatbestand* kann nur derjenige Täter sein, der aufgrund einer formalen Rechtsposition die Möglichkeit hat, über fremdes Vermögen zu verfügen. Da der Geschäftsführer für die GmbH im Rahmen seiner nach außen unbeschränkbaren Vertretungsmacht auftritt, verwirklicht er den Missbrauchstatbestand, wenn er diese ihm eingeräumte Befugnis missbraucht, indem er vorsätzlich für die Gesellschaft nachteilige Rechtsgeschäfte abschließt.[35] Dazu kann auch das Stellen von Sicherheiten aus dem Gesellschaftsvermögen zu Gunsten von Gesellschaftern gehören.[36] Ein unzureichendes Risikomanagement allein löst in der Regel noch keine Untreue aus.[37]

- Treuebruchtatbestand

Beim Treubruchtatbestand ist Täter, wer im nicht ganz unbedeutenden Umfang fremde Vermögensinteressen wahrzunehmen hat und diese zum Nachteil desjenigen, dessen Vermögensinteressen er betreut, verletzt. Der Geschäftsführer betreut die Vermögensinteressen der Gesellschaft und ist daher Täter, wenn er dem Gesellschaftsvermögen vorsätzlich Schaden zufügt. Die Schädigung kann durch tatsächliche Handlungen – wie z. B. den Griff in die Kasse – erfolgen. Auch ein Unterlassen kann genügen, z. B. das vorsätzliche Nichteinfordern einer fälligen Forderung.

- Geschäftsführer als Walter der Vermögensinteressen der GmbH

Der Geschäftsführer, der gemäß § 37 GmbHG eine nach außen unbeschränkbare Vertretungsmacht und der die Vermögensinteressen der Gesellschaft zu betreuen hat, kann daher beide Varianten der im Gesetz geregelten Untreue begehen. Die Verwirklichung des Straftatbestandes führt nach § 823 II BGB i.V.m. § 266 StGB zu einer zivilrechtlichen Haftung des Geschäftsführers.

---

[35]Siehe z. B. BGH, Urt. v. 21.02.2005, II ZR 112/03, GmbHR 2005, 544, 545, wonach eine Untreue bei einem Mietkauf in Betracht gezogen wurde, der sich auf Maschinen bezog, die für die GmbH nutzlos gewesen sind.

[36]Instruktiv LG Kleve, Beschl. v. 21.10.2010, 120 QS 79/10, BeckRS 2010, 29946. Ein Geschäftsführer hatte ein Festgeld der GmbH verpfändet bzw. Grundschulden der GmbH abgetreten, um einem (künftigen) Gesellschafter die Finanzierung des Kaufpreises für die GmbH-Anteile zu ermöglichen, das Gericht bejahte eine Untreue, auch weil es an einem förmlichen Gesellschafterbeschluss fehlte, der gemäß Satzung erforderlich wäre und die (mutmaßliche) Billigung des Mehrheitsgesellschafters nicht ausreichend sei. Ein Schaden läge in der Minderung des Werts des Gesellschaftsvermögens durch die Belastung mit den Sicherheiten.

[37]Siehe grundlegend *Helmrich*, Zur Strafbarkeit bei fehlendem oder unzureichendem Risikomanagementsystemen am Beispiel der AG, NZG 2011, 1252, insbesondere fehle es am Vermögensnachteil.

Beispiel

„Die lukrative Abzweigung"

Geschäftsführer Gustav Großmann (G) G „zweigt" Gelder für sich ab, indem er auf Rechnungen der GmbH die Bankverbindung eines Freundes einträgt. In der Buchführung der Gesellschaft weist er die Forderungen als uneinbringlich aus, obwohl diese in Wirklichkeit bezahlt wurden. G hat eine Untreue begangen und ist zum Schadensersatz verpflichtet.

Beispiel

„Klotzen statt Kleckern"

Geschäftsführer Gawril Gabel (G) leitet die Stadtwerke GmbH. Alleingesellschafterin ist die Stadt. G liebt es zu feiern. Er hat auf Kosten der GmbH einen Bankettsaal mit kostspieligen antiken Möbeln und Kunstwerken (Skulpturen und Gemälden) ausgestattet. Nunmehr lädt er honorige Personen der Stadt ein, um mit diesen bei Champagner und Austern – ebenfalls auf Kosten der GmbH – über die Energiepolitik zu plaudern. Die Ausgaben hält er als Repräsentationsaufwand für vertretbar. G dürfte jedoch durch diese Maßnahmen bereits eine Untreue begangen haben, da der Repräsentationsaufwand völlig unverhältnismäßige Dimensionen angenommen hat. Hinzu kommt, dass eine Stadtwerke GmbH an das öffentlich-rechtliche Gebot sparsamer Wirtschaftsführung gebunden ist.[38]

► Sponsoring/Anerkennungsprämien

Äußerst umstritten ist, wann beim Sponsoring die Grenze zur strafrechtlich relevanten Untreue überschritten wird. Hier liegt ein Grundsatzurteil des 1. Strafsenats des *BGH* zum Vorstand der AG vor, das sich ohne weiteres auf den GmbH-Geschäftsführer übertragen lässt. Danach muss eine *gravierende* Pflichtverletzung des Geschäftsführers vorliegen. Die Leitsätze des Urteils sind allerdings wegen ihrer Auslegungsbedürftigkeit nicht uneingeschränkt praxistauglich.[39] Demgegenüber meint der 3. Strafsenat des *BGH* im Mannesmann/Vodafone-Urteil vom

[38] LG Paderborn, Urt. v. 10.12.1985, 1 KLs 14 Js 138/84, MDR 1986, 952.

[39] Siehe BGH, Urt. v. 06.12.2001, 1 StR 215/01, NZG 2002, 471, Leitsätze:

1. *Vergibt der Vorstand einer Aktiengesellschaft aus deren Vermögen Zuwendungen zur Förderung von Kunst, Wissenschaft, Sozialwesen oder Sport, genügt für die Annahme einer Pflichtwidrigkeit im Sinne des Untreuetatbestands des § 266 StGB nicht jede gesellschaftsrechtliche Pflichtverletzung; diese muss vielmehr gravierend sein.*
2. *Ob eine Pflichtverletzung gravierend ist, bestimmt sich auf Grund einer Gesamtschau insbesondere der gesellschaftsrechtlichen Kriterien. Bedeutsam sind dabei: Fehlende Nähe zum Unternehmensgegenstand, Unangemessenheit im Hinblick auf die Ertrags- und Vermögenslage, fehlende innerbetriebliche Transparenz sowie Vorliegen sachwidriger Motive, namentlich Verfolgung rein persönlicher Präferenzen.*
3. *Jedenfalls dann, wenn bei der Vergabe sämtliche dieser Kriterien erfüllt sind, liegt eine Pflichtverletzung im Sinne des § 266 StGB vor.*

21.12.2005, dass die Pflichtverletzung nicht gravierend sein müsse, jedenfalls dann nicht, wenn keine risikobehaftete Entscheidung vorläge bzw. keine Abwägung vorgenommen werden müsse, also die Entscheidung ausschließlich nachteilige Wirkungen habe.[40] Das *Bundesverfassungsgericht* fordert grundsätzlich eine tatbestandsbegrenzende Auslegung des unbestimmt formulierten Tatbestandes der Untreue durch die Rechtsprechung.[41] Dazu könne das Merkmal der gravierenden Pflichtverletzung dienen, so dass dieses Merkmal ggf. weiterhin Bedeutung haben wird. Auch müsse der Schaden, das heißt der Vermögensnachteil, jeweils vom Gericht nachvollziehbar festgestellt und dargelegt werden.

► Untreue trotz Einverständnis der Gesellschafter möglich

Die GmbH hat als juristische Person eine *eigene Rechtspersönlichkeit* und damit eine eigene Vermögenssphäre. Dies vergessen einige Geschäftsführer leider viel zu häufig. Eine Untreue kann dadurch entfallen, dass der Geschäftsführer im Einverständnis der Gesellschafter oder sogar auf deren Weisung handelt.[42] Die

---

[40] BGH, Urt. v. 21.12.2005, 3 StR 470/04 NZG 2006, 141, 147, Leitsätze: *1. Bewilligt der Aufsichtsrat einer Aktiengesellschaft für eine erbrachte dienstvertraglich geschuldete Leistung einem Vorstandsmitglied nachträglich eine zuvor im Dienstvertrag nicht vereinbarte Sonderzahlung, die ausschließlich belohnenden Charakter hat und dem Unternehmen keinen zukunftsbezogenen Nutzen bringt (kompensationslose Anerkennungsprämie), liegt hierin eine treupflichtwidrige Schädigung des anvertrauten Gesellschaftsvermögens. 2. Die zur Erfüllung des Tatbestands der Untreue erforderliche Verletzung der Vermögensbetreuungspflicht muss auch bei unternehmerischen Entscheidungen eines Gesellschaftsorgans nicht zusätzlich „gravierend" sein (Klarstellung zu BGHSt 47,* 148 = *NJW 2002,* 1211*).*

[41] BVerfG, Beschluss vom 23.06.2010, 2 BVR 2559/08, 2 BVR 105/09, 2 BVR 491/09, BVerfGE 126, 170, konkret ging es um die Bildung schwarzer Kassen bei Siemens, Zahlungen von zusätzlich nicht veranlassten bzw. geschuldeten Prämien in erheblicher Höhe an Mitarbeiter einer Betriebskrankenkasse sowie Kredite der damaligen Berlin-Hannoverschen Hypothekenbank AG für die Anschaffung und Modernisierung von Plattenbauwohnungen von über 20 Mio. DM, die der Vorstand unter Verletzung seinen gegenüber der Bank bestehenden Informations- und Prüfpflichten bewilligt haben soll. In den ersten beiden Fällen wurde die Verurteilung wegen Untreue bestätigt. Im letzteren Fall genügten dem Verfassungsgericht die Feststellungen zum Schaden nicht, wobei das Gericht aber grundsätzlich akzeptierte, dass auch Gefährdungsschäden genügen können, wenn sie nachvollziehbar nach anerkannten Bewertungsverfahren und –maßstäben festgestellt würden.

[42] Siehe z. B. BGH, 26.09.2012, 2 StR 553/11, Orientierungssatz nach juris: *Ist ein GmbH-Geschäftsführer auch Chief Executive Officer einer Holding, der alleinigen Gesellschafterin der GmbH, so muss das Tatgericht bei der Prüfung einer Untreue des Geschäftsführers zu Lasten der GmbH durch die Gewährung einer Gehaltserhöhung, einer Ruhegeldzusage und den Abschluss eines Aufhebungsvertrags zugunsten einer Mitarbeiterin erörtern, ob der Angeklagte als Chief Executive Officer für die Holding wirksam das Einverständnis mit den getroffenen Vereinbarungen erklären konnte. In diesem Fall fehlt es an einer Untreue zum Nachteil der GmbH. In Betracht käme nur eine solche zum Nachteil der Holding.* Siehe aus den Gründen, Rdnr. 15: *Da der Untreuetatbestand den Zweck hat, das dem Treupflichtigen anvertraute fremde Vermögen zu schützen (vgl. BGHSt 43, 293, 297), sind Verfügungen, die in Übereinstimmung mit dem Vermögensinhaber erfolgen, grundsätzlich nicht pflichtwidrig im Sinne des § 266 Abs. 1 StGB (BGHSt 50, 331, 342; 54, 52, 57), sofern das Einverständnis nicht aus bestimmten Gründen unwirksam ist (vgl. BGHSt*

Einzelheiten sind allerdings heftig umstritten, so ob ein einstimmiger Beschluss zu fordern ist oder ob ein Mehrheitsbeschluss genügt oder wo die Grenzen liegen.[43] Der *BGH* nimmt eine Untreue jedenfalls dann an, wenn der Grundsatz der Kapitalerhaltung betroffen ist, also durch die Zahlung eine Unterbilanz entsteht oder vergrößert wird oder wenn die Maßnahme existenz- oder liquiditätsgefährdend ist.[44] Dies gilt auch für den Alleingesellschafter, der gleichzeitig Geschäftsführer ist. Auch dieser ist an die Kapitalerhaltung gebunden. Er darf ferner die Gesellschaft nicht durch existenz- und liquiditätsgefährdende Weisungen schädigen. Ansonsten läuft er Gefahr, wegen Untreue bestraft zu werden.

Keine Untreue liegt vor, wenn der Geschäftsführer Vermögenswerte gegen angemessene Gegenleistung entnimmt, da dadurch dem Gesellschaftsvermögen kein Schaden entsteht. Daher darf der Geschäftsführer sich auch seine Vergütung weiterhin ausbezahlen. Allerdings wird vertreten, dass der Geschäftsführer in der Krise verpflichtet ist, auf eine wirtschaftlich gebotene Herabsetzung seiner Bezüge hinzuwirken. Tut er dies nicht, so kann er wegen der dann überhöhten Vergütung den Untreuetatbestand verwirklichen.

cc. Untreue zu Lasten Dritter

► Untreue zu Lasten der Geschäftspartner der GmbH

Nach der zweiten Fallgruppe kann der Geschäftsführer auch dann strafrechtlich zur Verantwortung gezogen werden, wenn die GmbH Gelder ihrer Vertragspartner nicht ordnungsgemäß verwendet bzw. verwaltet. Da die Gesellschaft als juristische Person nicht bestraft werden kann, wird über die Vorschrift des § 14 I Nr. 1 StGB auf den Geschäftsführer zurückgegriffen.[45] Über § 823 II BGB ergibt sich sodann eine zivilrechtliche Haftung.[46] In der Praxis kommt z. B. eine Untreue zu Lasten Dritter in Betracht, wenn Sicherheitseinbehalte oder Kautionen „verschwinden“:

54, 52, 57 f.; NJW 2012, 2366, 2369). An die Stelle des Vermögensinhabers tritt bei einer GmbH die Gesamtheit ihrer Gesellschafter, die zustimmen müssen (BGH NJW 2012, 2366, 2369).

[43] Siehe Zur Untreue bei der Einrichtung schwarzer Kassen, BGH, Urt. v. 27.08.2010, 2 StR 111/09, 2. Leitsatz: *Ein den Untreuetatbestand ausschließendes Einverständnis der Mehrheit der Gesellschafter einer GmbH setzt voraus, dass auch die Minderheitsgesellschafter mit der Frage der Billigung der Pflichtwidrigkeit befasst waren.*

[44] BGH, Urt. v. 24.08.1988, 3 StR 232/88, BGHSt 35, 333, 335 ff.; BGH, Urt. v. 24.10.1990, 3 StR 16/90, wistra 1991, 107; BGH, Beschl. v. 13.12.1994, 1 StR 622/94, wistra 1995, 144; siehe zur Kapitalerhaltung oben 1. Teil, E.I.2.

[45] Siehe 3. Teil, G. III. 1.

[46] § 266 StGB ist Schutzgesetz im Sinne von § 823 II BGB, siehe BGH, Urt. v. 10.07.2012, VI ZR 341/10, BGHZ 194,26.

Beispiel

„Kautionen für das Wohnen"

G ist Geschäftsführerin einer Hausverwaltungs-GmbH. Bei der Vermietung einer Wohnung vereinnahmt die Gesellschaft drei Monatskaltmieten als Kaution. Entgegen den gesetzlichen Vorschriften werden diese Kautionen nicht getrennt vom übrigen Gesellschaftsvermögen angelegt, sondern wandern in die Gesellschaftskasse, wo sie zur Bestreitung laufender Ausgaben verwendet werden. Die Hausverwaltungs-GmbH geht „Pleite". Die Kautionen können nicht zurückgezahlt werden. Die Geschäftsführerin G hat sich wegen Untreue strafbar gemacht. Über § 823 II BGB i.V.m. § 266 StGB haftet sie zudem zivilrechtlich für die Rückzahlung der Kautionen mit seinem Privatvermögen.

Ein weiteres Beispiel der Untreue zu Lasten Dritter liefern gelegentlich Gesellschaften der Baubranche, die Gelder abredewidrig verwenden.

Beispiel

„Der geschädigte Bauunternehmer"

G ist Geschäftsführer einer Bauträger-GmbH, die Eigentumswohnungen errichtet und an Erwerber veräußert. Mit dem Bauunternehmer B ist vereinbart, dass dessen Werklohnanspruch durch Abtretung von Forderungen gegen die zukünftigen Eigentümer gesichert wird. Abredewidrig zieht jedoch Geschäftsführer G die Beträge zugunsten der GmbH ein. Später gerät die GmbH in Insolvenz. Bauunternehmer B fällt dadurch mit seinen Werklohnansprüchen aus. Der *BGH*[47] hat in dieser Konstellation eine Untreue des Geschäftsführers angenommen und diesen persönlich für schadensersatzpflichtig gehalten.

d. § 823 II BGB i.V.m. § 264 StGB (Subventionsbetrug)

Eine GmbH nimmt nicht selten Subventionen in Anspruch. Eine Subvention liegt u. a. bei einer Leistung aus öffentlichen Mitteln vor, die zumindest zum Teil ohne marktmäßige Gegenleistung erbracht wird. Dies können beispielsweise Zuschüsse zur Eingliederung von Arbeitslosen und zur Einstellung von Auszubildenden sein.

Ein Subventionsbetrug kann auf unterschiedliche Weise begangen werden. So macht sich z. B. strafbar, wer einer für die Bewilligung einer Subvention zuständigen Behörde oder einer anderen in das Subventionsverfahren eingeschalteten Stelle oder

---

[47]BGH, Urt. v. 11.07.1995, VI ZR 409/94, NJW-RR 1995, 1369. Siehe ferner auch BGH, Urt. v. 24.04.2018, VI ZR 250/17, juris, es ging um die Haftung eines des Vorstands einer AG wegen Untreue. Die AG betrieb eine IATA-Agentur. Die AG führte Gelder für Flugscheine, die sie zu Gunsten der Fluggesellschaften eingezogen hatte, nicht ab. Das Gericht stellte fest, dass die Vermögensbetreuungspflicht Hauptpflicht sei, weshalb Untreue in Betracht käme und wies an die Vorinstanz zurück.

Person (Subventionsgeber) über subventionserhebliche Tatsachen für sich oder einen anderen unrichtige oder unvollständige Angaben macht, die für ihn oder den anderen vorteilhaft sind.

Beispiel

„Abruf in der Insolvenz"

Leon Lug (L) ist Geschäftsführer einer GmbH, die ein Café betreibt. Die Personalkosten eines Mitarbeiters werden aus öffentlichen Mitteln bezuschusst. In den Subventionsrichtlinien ist vorgesehen, dass der Personalkostenzuschuss endet, wenn über das Vermögen der GmbH ein Insolvenzantrag gestellt wird. Obwohl das Finanzamt bereits Insolvenzantrag gestellt hat, fordert der Geschäftsführer die Zuschüsse für die Zeit nach Stellung des Insolvenzantrags beim Subventionsgeber an, worauf die Mittel auch ausbezahlt werden. Leon dürfte einen Subventionsbetrug begangen haben. Er hat sich nicht nur strafbar gemacht, sondern haftet dem Subventionsgeber gemäß § 823 II BGB i.V.m. § 264 StGB auch persönlich für die Rückzahlung der zu Unrecht erhaltenen Zuschüsse.

Subventionsbetrug begeht auch, wer eine Subvention zweckwidrig verwendet, so wenn beispielsweise die Zuwendung für die Einrichtung eines behindertengerechten Arbeitsplatzes gar nicht für die Anschaffung eines solchen Arbeitsplatzes eingesetzt wird.

Eine Strafbarkeit wegen Subventionsbetrugs wird bereits bei leichtfertigem Handeln ausgelöst. Es ist also nicht erforderlich, dass vorsätzlich gehandelt wird.

Die Einordnung des Subventionsbetrugs als Schutzgesetz im Sinne von § 823 II BGB ist umstritten, auch ob dies für alle Varianten des § 264 StGB gleichermaßen angenommen werden kann. Der *BGH* bejaht dies zumindest für die beiden ersten Varianten, da § 264 StGB nicht nur die staatliche Planungs- und Dispositionsfreiheit, sondern auch das staatliche Vermögen schütze.[48] In dem vom *BGH* entschiedenen Fall aus dem Jahre 1988 wurde die Schadensersatzpflicht eines Geschäftsführers bejaht, der leichtfertig einen von seinem Buchhalter vorbereiteten Antrag über die Zuwendung von Personalkostenzuschüssen aus Bundesmitteln mit falschen Angaben u. a. über die Aufwendungen für das in Forschung und Entwicklung tätige Personal ohne weitere Prüfung unterschrieben hat.

e. § 823 II BGB i.V.m. § 1 I des Gesetzes zur Sicherung von Bauforderungen (BauFordSiG)

Wer Baugeld zweckwidrig verwendet, macht sich unter bestimmten Umständen strafbar. Die Strafbarkeit ergibt sich aus dem Gesetz zur Sicherung von Bauforderungen vom 1. Juni 1909, neugefasst durch das Forderungssicherungsgesetz mit Wirkung zum 01.10.2008. Die maßgeblichen Vorschriften lauten:

[48] BGH, Urt. v. 13.12.1988, VI ZR 235/87, BGHZ 106, 204, 206 zu § 264 Abs. 1 Nr. 2 StGB und BGH, Urt. v. 16.07.2013, VI ZR 442/12, juris zu § 264 Abs. 1 Nr. 1 StGB.

§ 1 BauFordSiG

(1) *Der Empfänger von Baugeld ist verpflichtet, das Baugeld zur Befriedigung solcher Personen, die an der Herstellung oder dem Umbau des Baues auf Grund eines Werk-, Dienst- oder Kaufvertrags beteiligt sind, zu verwenden. Eine anderweitige Verwendung des Baugeldes ist bis zu dem Betrag statthaft, in welchem der Empfänger aus anderen Mitteln Gläubiger der bezeichneten Art bereits befriedigt hat. Die Verpflichtung nach Satz 1 hat auch zu er- füllen, wer als Baubetreuer bei der Betreuung des Bauvorhabens zur Verfügung über die Finanzierungsmittel des Bestellers ermächtigt ist*

(2) *Ist der Empfänger selbst an der Herstellung beteiligt, so darf er das Baugeld in Höhe der Hälfte des angemessenen Wertes der von ihm in den Bau verwendeten Leistungen, oder, wenn die Leistung von ihm noch nicht in den Bau verwendet worden ist, der von ihm geleisteten Arbeit und der von ihm gemachten Auslagen für sich behalten.*

(3) *Baugeld sind Geldbeträge,*

1. *die zum Zweck der Bestreitung der Kosten eines Baues oder Umbaues in der Weise gewährt wer- den, dass zur Sicherung der Anspruch des Geldgebers eine Hypothek oder Grundschuld an dem zu bebauenden Grundstück dient oder die Übertragung eines Eigentums an dem Grundstück erst nach gänzlicher oder teilweiser Herstellung des Baues oder Umbaues erfolgen soll, oder*
2. *die der Empfänger von einem Dritten für eine im Zusammenhang mit der Herstellung des Baues oder Umbaues stehende Leistung, die der Empfänger dem Dritten versprochen hat, erhalten hat, wenn an dieser Leistung andere Unternehmer (§ 14 des Bürgerlichen Gesetzbuchs) auf Grund eines Werk-, Dienst- oder Kaufvertrags beteiligt waren.*
3. *Beträge, die zum Zweck der Bestreitung der Kosten eines Baues oder Umbaues gewährt werden, sind insbesondere Abschlagszahlungen und solche, deren Auszahlung ohne nähere Bestimmung des Zweckes der Verwendung nach Maßgabe des Fortschrittes des Baues oder Umbaues erfolgen soll.*

(4) *Ist die Baugeldeigenschaft oder die Verwendung des Baugeldes streitig, so trifft die Beweislast den Empfänger.*

§ 2 BauFordSiG

Baugeldempfänger, welche ihre Zahlungen eingestellt haben oder über deren Vermögen das Insolvenzverfahren eröffnet worden ist und deren in § 1 Abs. 1 bezeichnete Gläubiger zur Zeit der Zahlungseinstellung oder der Eröffnung des Insolvenzverfahrens benachteiligt sind, werden mit Freiheitsstrafe bis zu fünf Jahren oder Geldstrafe bestraft, wenn sie zum Nachteil der bezeichneten Gläubiger den Vorschriften des § 1 zuwidergehandelt haben.

Beispiel

„Das verschwundene Baugeld"

Gisbert Groß (G) ist Geschäftsführer der Köpenicker Bau-GmbH. Diese GmbH hat es als Generalunternehmer übernommen, für den Eigentümer Wilhelm Wilkens (W) ein Büro- und Geschäftshaus zu errichten. Als Subunternehmer ist unter anderem der Malermeisterbetrieb Mario Monti (M) mit den Malerarbeiten beauftragt worden. M stellt hierbei der GmbH Abschlagsrechnungen, die nur schleppend und zum Schluss gar nicht mehr bezahlt werden. Daraufhin nimmt M mit dem Eigentümer W Kontakt auf und erfährt hierbei, dass der Eigentümer seinerseits immer stets pünktlich die ihm gestellten Teilrechnungen entsprechend des vereinbarten Zahlungsplans an den Generalübernehmer beglichen hat.

W setzt sich daraufhin mit dem Geschäftsführer G des Generalunternehmers in Verbindung und teilt ihm mit, dass er mit der schleppenden Bezahlung der Subunternehmer nicht einverstanden ist, da möglicherweise die Gefahr besteht, dass diese ihre Arbeiten einstellen und das Bauvorhaben nicht fertig gestellt wird. W einigt sich – nach Rücksprache mit M – mit der GmbH, vertreten durch G, wie folgt:

W stellt der GmbH einen weiteren Teilbetrag in Höhe von 100.000 € zur Verfügung, der ausschließlich zur Begleichung offener Forderungen von nachgeordneten Subunternehmern, insbesondere des Malermeisterbetriebs M, verwendet werden darf. G sagt ausdrücklich die zweckgemäße Verwendung zu. G weiß hierbei, dass auch diese Zahlung, wie die vorhergehenden Zahlungen, von der finanzierenden Bank des W erfolgen wird, zu dessen Gunsten an dem Grundstück die Grundschuld bestellt worden ist. Der Betrag in Höhe von 100.000 € wird als weitere Rate auch von W im Verhältnis zur GmbH als Werklohn geschuldet.

Die GmbH steckt wegen eines anderen Bauvorhabens jedoch in Schwierigkeiten. Die Subunternehmer machen erheblichen Druck und drohen mit der Einstellung ihrer Arbeit. Daher zahlt die GmbH lediglich 10.000 € an den Malermeisterbetrieb M und verwendet die anderen 90.000 € zweckwidrig, um die Handwerker bei dem anderen Bauvorhaben zu beruhigen. Im Einzelnen lässt sich allerdings nicht mehr aufklären, wofür das Geld wirklich verwandt worden ist. Schließlich wird die GmbH insolvent, das Insolvenzverfahren jedoch mangels Masse nicht eröffnet. M will G persönlich in die Haftung nehmen und fragt, welche Möglichkeiten er hat.

Als Anspruch des M gegen G auf Schadensersatz kommt § 823 II BGB i.V.m. § 1 BauFordSiG in Betracht.

Folgende Voraussetzungen bestehen für den Schadensersatzanspruch:

Baugeld: Erforderlich ist die Zahlung von grundpfandrechtlich abgesicherten Darlehensmitteln oder die Leistung von Beträgen zur Herstellung des Baus vor Übergang des Eigentums. Hier liegt die erste Alternative vor, da es sich um Kreditbeträge der das Bauvorhaben finanzierenden Bank handelt, für die eine Grundschuld als Sicherheit dient. Fließt der Darlehensbetrag nicht in das Grundstück, tritt die beabsichtigte Werterhöhung nicht ein. Durch das Bauforderungssicherungsgesetz wurde die Baugeldeigenschaft erweitert. So wurde eine dritte Fallgruppe eingeführt, die vor allem den Generalunternehmer betrifft, der Gelder nicht an die Subunternehmer weiterleitet. Alle am Bau beteiligten Handwerker fallen danach in den Schutzbereich des BauFordSiG.[49] Die

[49]BGH, Urt. 17.05.2018, ZR 92/16, NJW 2018, 2115.

Verwendung von Eigenkapital des Bauherrn und bereits eingetragenen Grundstückseigentümers löst keinen Verstoß gegen die erste Alternative von § 1 III BauFordSiG aus, kann aber gegen die dritte Alternative verstoßen, wenn ein Generalunternehmer die zweckwidrige Verwendung vornimmt. In unserem Beispielsfall sind beide Alternativen erfüllt. Die Zweckbestimmung des Darlehens muss sich auf Kosten des Baus beziehen. Die Finanzierung des Grundstückanteils oder sonstiger Leistungen, wie Notarkosten, Grunderwerbsteuer sind keine Kosten des Baus.

Anspruchsteller: Der Schadensersatzanspruch steht den Baugläubigern zu, also denjenigen, die für den Bau eine Leistung erbracht haben. Im Einzelnen ist der Kreis nicht abschließend höchstrichterlich geklärt. Bauhandwerker, wie hier der Malerbetrieb, gehören in jedem Fall dazu.

Passivlegitimation/Verpflichtung: Zum Schadensersatz verpflichtet ist der Baugeldempfänger. Baugeldempfänger sind die Bauherren selbst, aber auch nachgeschaltete Bauunternehmer bzw. derjenige, der nach den Grundsätzen der Zurechnung für eine zweckwidrige Verwendung des Baugelds die Verantwortung trägt. Dazu gehört – wie hier auch – der Generalunternehmer,[50] nicht jedoch der Subunternehmer, der nur einzelne Leistungen erbringt.[51] Die Köpenicker Bau-GmbH fungiert als treuhänderisch dazwischen geschalteter Unternehmer. Sie hat die Baugelder an die am Bau beteiligten Handwerker weiterzuleiten. Ihr Geschäftsführer G, der als natürliche Person gegenüber § 14 I Nr. 1 StGB den Straftatbestand in § 5 BauFordSiG verwirklicht, kann sich zivilrechtlich haftbar machen.[52]

Zweckwidrige Verwendung des Baugelds:[53] Diese liegt vor, wenn der Baugeldempfänger, wie hier die Köpenicker Bau-GmbH, das Baugeld nicht zur Erfüllung von Forderungen der Baugläubiger einsetzt.

Der Straftatbestand setzt *Vorsatz* voraus. Vorliegend hat G vorsätzlich gehandelt.

Entstandener Schaden: Es muss ein Forderungsausfall des Baugläubigers vorliegen, was vorliegend bei dem Malereibetrieb der Fall ist.[54]

---

[50] Ferner der Bauträger und Generalübernehmer.

[51] BGH, Urt. v. 16.12.1999, VII ZR 39/99, BGHZ 143, 301 Leitsatz: *Der lediglich mit einem Teil des Baues beauftragte Unternehmer oder Subunternehmer ist nicht Empfänger von Baugeld. Er unterliegt hinsichtlich seines Werklohns nicht der Verwendungspflicht des § 1 Abs. 1 des Gesetzes über die Sicherung der Bauforderungen.*

[52] Das gilt auch für den faktischen Geschäftsführer, siehe KG, Urt. v. 31.01.2017, 21 U 36/14 und 188/14, juris.

[53] OLG Celle, Urt. v. 27.06.2018, 9 U 61/17, NJW-RR 2018, 982, Leitsätze: *1. Der Empfänger von Baugeld muss dessen zweckgerechte Verwendung darlegen und erforderlichenfalls beweisen (Anschluss an BGH, NZBau 2010, 746 = NZM 2010, 919). 2. Der Geschäftsführer einer GmbH ist gem. § 823 II BGB iVm § 1 BauFordSiG persönlich schadensersatzpflichtig, wenn und soweit die GmbH eine einem ausführenden Bauunternehmer zustehende Werklohnforderung vor ihrer masselosen Insolvenz nicht mehr erfüllt und der Geschäftsführer die zweckgerechte Verwendung des Baugelds, das die von ihm geführte Gesellschaft in die offene Forderung übersteigender Höhe erhalten hat, nicht darlegen und beweisen kann.*

[54] Der Schaden kann entfallen, wenn die Zahlung in der Insolvenz vom Insolvenzverwalter hätte angefochten werden können, siehe BGH, Beschl. v. 26.04.2013, IX ZR 220/11, juris.

f. Sonstige Schutzgesetze

Als Schutzgesetze, die eine Schadensersatzpflicht des Geschäftsführers auslösen können, kommen zahlreiche andere Gesetze, insbesondere Strafvorschriften in Betracht wie Kapitalanlagebetrug, Versicherungsmissbrauch, Diebstahl oder Straftaten gegen das Leben und die körperliche Unversehrtheit.

► § 41 GmbHG/§ 130 OWiG

Abgelehnt hat der *BGH* einen Schutzgesetzcharakter und damit eine Schadensersatzverpflichtung des Geschäftsführers bei Verletzung des § 41 GmbHG (*Verletzung der Buchführungspflicht*) und § 130 OWiG (*Aufsichtspflichtverletzung*).[55] Es ging in dem vom *BGH* entschiedenen Fall um eine Ehefrau, die sich als Geschäftsführerin und Minderheitsgesellschafterin einer GmbH zur Verfügung stellte, an der ihr Ehemann 80 % des Kapitals hielt. Die Ehefrau beschränkte sich weiterhin auf ihre Hausfrauenrolle. Die Gesellschaft schädigte u. a. einen Kapitalanleger im Rahmen eines Vertrags über eine Vermögensverwaltung. Eine verwertbare Buchhaltung war nicht vorhanden. Der *BGH* verneinte eine persönliche Haftung der Geschäftsführerin gegenüber dem klagenden Kapitalanleger wegen der Verletzung der Buchführungspflicht oder wegen einer etwaigen Verletzung der Aufsichtspflicht. Dies ist zu begrüßen, da diese Pflichten im öffentlichen Interesse bestehen.

Nach § 130 OWiG stellt es eine Ordnungswidrigkeit dar, wenn der Inhaber eines Betriebs oder eines Unternehmens die Aufsichtsmaßnahmen unterlässt, die erforderlich sind, um in dem Betrieb oder Unternehmen Zuwiderhandlungen gegen Pflichten zu verhindern, die den Inhaber als solchen treffen und deren Verletzung mit Strafe oder Geldbuße bedroht ist. Voraussetzung für die Verfolgung als Ordnungswidrigkeit ist, dass eine solche Zuwiderhandlung, die durch gehörige Aufsicht hätte verhindert werden können, tatsächlich begangen wird. Nach § 130 Abs. 2 Nr. 2 OWiG stehen die Mitglieder des Vertretungsorgans einer juristischen Person dem Inhaber gleich.

Der Tatbestand der Aufsichtspflichtverletzung wurde vom *BGH* in dem vorgenannten Fall bejaht, da der Ehemann der Geschäftsführerin Gelder, die die Anleger der GmbH zur Verwaltung anvertraut hatten, in erheblichem Umfang in sein Privatvermögen überführte. Eine Schadensersatzpflicht lehnte der *BGH* gleichwohl ab, weil § 130 OWiG zumindest grundsätzlich kein Schutzgesetz im Sinne von § 823 II BGB sei.[56]

► Wertguthaben bei Altersteilzeit

[55]BGH, Urt. v. 13.04.1994, II ZR 16/93, BGHZ 125, 366, so auch zu § 41 GmbHG OLG Düsseldorf, Urt. v. 03.12.1993, 22 U 122/93, juris sowie zu § 130 OWiG OLG Koblenz , Urt. v. 05.11.2004, 5 U 875/04, OLGR Koblenz 2005, 136.

[56]BGH, Urt. v. 13.04.1994, II ZR 16/93, BGHZ 125, 366, 373 ff., der *BGH* schließt nicht aus, den Schutzgesetzcharakter von § 130 OWiG dann zu bejahen, wenn durch Aufsichtspflichtverletzungen das Insolvenzrisiko der Gesellschaftsgläubiger betroffen ist.

Bei Ansprüchen auf Wertguthaben aus Altersteilzeitarbeitsverhältnissen ist unter bestimmten Voraussetzungen ein Insolvenzschutz vorzunehmen. um diese Guthaben, für die der Arbeitnehmer vorgeleistet hat, für diesen in der Insolvenz der GmbH zu erhalten. Ein Schutzgesetzcharakter der Vorschriften wird abgelehnt. Die Geschäftsführer haften daher nicht allein deswegen, weil es an der Insolvenzabsicherung fehlt.[57] Täuscht der Geschäftsführer einen nicht vorhandenen Insolvenzschutz vor, kann eine Strafbarkeit und Haftung wegen Eingehungsbetrugs vorliegen.[58]

3. § 826 BGB (vorsätzliche sittenwidrige Schädigung)

Als weitere deliktische Anspruchsgrundlage ist schließlich noch § 826 BGB von Bedeutung. In dieser Vorschrift heißt es:

§ 826 BGB
Wer in einer gegen die guten Sitten verstoßenden Weise einem anderen vorsätzlich Schaden zufügt, ist dem anderen zum Ersatze des Schadens verpflichtet.

► § 826 BGB als Anspruchsgrundlage für eine Haftung in Extremfällen

Diese, etwas antiquiert formulierte Vorschrift gewährt für jeden materiellen Schaden Ersatz, der vorsätzlich und sittenwidrig herbeigeführt wurde. Was sittenwidrig ist, ist im Einzelfall vom Richter zu beurteilen, der über den Fall zu entscheiden hat. Der Maßstab der Sittenwidrigkeit wurde dem Wandel der Zeit angepasst. Die Rechtsprechung greift zur Auffüllung des Maßstabs auch schon mal auf die im Grundgesetz enthaltenen Grundrechte zurück. Oft kommt § 826 BGB neben den soeben erwähnten Ansprüchen aus § 823 II BGB i.V.m. einem Straftatbestand zur Anwendung. Die Eingehung von Geschäften im Namen der GmbH in Kenntnis davon, dass die Gesellschaft zur Ausführung der Geschäfte gar nicht mehr in der Lage ist oder die Erfüllung zumindest schwerwiegend gefährdet ist, stellt eine Fallgruppe des § 826 BGB dar.

Beispiel

„Kostenlose Fracht"

Geschäftsführer G beauftragt Transportunternehmer T mit der Beförderung zahlreicher Güter, wobei wie üblich der Frachtlohn drei Monate später gezahlt werden soll. G verschweigt hierbei, dass demnächst die Durchführung des

[57] BAG, Urt. v. 13.02.2007, 9 AZR 106/06, DB 2007, 1690, 5. Leitsatz: *§ 7 d Abs 1 SGB 4 ist kein Schutzgesetz iSd. § 823 Abs 2 BGB, dessen Verletzung zu einer deliktischen Haftung des Geschäftsführers für ein nicht abgesichertes Wertguthaben aus einem Altersteilzeitarbeitsverhältnis führen könnte.* Siehe auch BAG, Urt. v. 21.12.2006, 9 AZR 206/06, ZIP 2007, 692; BAG, Urt. v. 23.02.2016, 9 AZR 293/15, juris; BAG, Urt. v. 12.04.2011, 9 AZR 229/10, NZG 2011, 1422, wonach grundsätzlich keine Haftung und Strafbarkeit der Geschäftsführers besteht, da die damaligen Vorschriften keine klare Aufgabenzuweisung für den Insolvenzschutz zu Lasten des Geschäftsführers enthielten (§ 7d SGB IV a.F. bzw. § 8a Altersteilzeitgesetz). Das Gericht wies darauf hin, das auch Tarifnormen Schutzgesetzcharakter haben können.

[58] BAG, Urt. v. 23.02.2016, 9 AZR 293/15, BeckRS 2016, 68161, Rdnr. 20.

Insolvenzverfahrens beantragt wird, so dass der Frachtlohn zumindest nicht mehr in voller Höhe gezahlt werden kann. Hier hätte G die Vermögenslage offenbaren müssen. Er handelt vorsätzlich und sittenwidrig, wenn er T zur Vorleistung in der Gewissheit veranlasst, dass diese Vorleistung nicht – wie vereinbart – entlohnt wird. G hat daher den entstandenen Schaden gemäß § 826 BGB zu ersetzen. Schwierig sind die Fälle, in denen sich der Geschäftsführer um ernsthafte Sanierung bemüht und die Bemühungen auch objektiv Erfolg versprechen. Hier könnte der Hinweis auf eine Krise, der Gesellschaft den Todesstoß geben.[59] Ein Unterlassen verletzt die guten Sitten übrigens nur, wenn das geforderte Tun einem sittlichen Gebot entspricht.[60]

Nicht ausreichend ist die bloße Nichterfüllung von Vertragspflichten, z. B. die Hinauszögerung der Zahlung fälliger Provisionen, auch wenn auf Zeitgewinn zielende beschwichtigende Äußerungen das Unterlassen flankieren, es müssen weitere Umstände hinzukommen. Dies kann etwa das sittenwidrige Ausnutzen eines Wissensvorsprunges im Hinblick auf die Risiken, die den Erfolg des Geschäfts vereiteln können, sein. Dazu kann auch das vorsätzliche Verschweigen einer bereits eingetretenen Insolvenzreife gehören.[61]

---

[59]Siehe BGH, Urt. v. 01.07.1992, II ZR 180/90, WM 1991, 1548; siehe OLG Koblenz, Urt. v. 05.11.2004, 5 U 875/04, OLGR Koblenz 2005, 136, aus den Gründen: *Ein sittenwidriges Ausnutzen eines Wissensvorsprunges ist darüber hinaus auch dann gegeben, wenn eine Aufklärungspflicht über die Vermögenslage des Unternehmens bei Abschluss oder Fortführung von Verträgen verletzt wird. Eine Pflicht zur Offenbarung der Vermögenslage besteht dann, wenn dem Vertragspartner unbekannte Umstände vorliegen, die ihm nach Treu und Glauben bekannt sein müssen, weil sein Verhalten bei den Vertragsverhandlungen und die von ihm zu treffenden Entscheidungen davon wesentlich beeinflusst werden. Diese Voraussetzung ist dann gegeben, wenn der Verhandelnde weiß oder wissen muss, dass die juristische Person, der er vorsteht, zur Erfüllung der begründeten Verbindlichkeiten – z. B. bei Zahlungsunfähigkeit – nicht in der Lage ist. Bei einer Kapitalgesellschaft kann es ausreichen, dass die Durchführbarkeit des Vertrages bei (teilweiser) Vorleistungspflicht des Vertragspartners durch Überschuldung der Gesellschaft bereits von vornherein schwerwiegend gefährdet ist (BGH Urt. v. 01.07.1991, II ZR 180/90, GmbHR 1991, 409 = MDR 1992, 33 = NJW-RR 1991, 1312 [1315]). Eine Offenbarungspflicht besteht jedoch selbst bei einer schweren Krise der Gesellschaft für das vertretungsberechtigte Organ dann nicht, wenn der Verantwortliche realistischerweise darauf vertrauen durfte, die Krise durch Sanierungsbemühungen überwinden zu können. Denn Sanierungsbemühungen können oftmals nur dann erfolgreich sein, wenn auf die Krise der Gesellschaft nicht hingewiesen wird (Meyke, Die Haftung des GmbH-Geschäftsführers, 2. Aufl., Rz. 176, 365, m.w.N.). Dementsprechend hat der Senat (OLG Koblenz, Urt. v. 27.02.2003, 5 U 917/02, GmbHR 2003, 419 = ZIP 2003, 571 [573] = NJW-RR 2003, 1198 [1199], m.w.N.) für den GmbH – Geschäftsführer bereits entschieden, dass der vom Anspruchsteller im Schadensersatzprozess wegen Insolvenzverschleppung zu führende Nachweis der Überschuldung nicht ausreicht. Kann der Geschäftsführer demgegenüber beweisen, dass für die GmbH gleichwohl eine Fortbestehensprognose gegeben war, haftet er nicht. Bei dieser Prognose hat der Geschäftsführer einen weiten Beurteilungsspielraum. Trifft er eine Entscheidung, die bei Betrachtung ex ante vertretbar erscheint, ist er nicht schadensersatzpflichtig (OLG Koblenz, Urt. v. 27.02.2003, 5 U 917/02, GmbHR 2003, 419 = ZIP 2003, 571 [573] = NJW-RR 2003, 1198 [1199], m.w.N.).*

[60]BGH, Urt. v. 10.07.2001, VI ZR 160/00, NJW 2001, 3702.

[61]BGH, Urt. v. 11.01.1988,II ZR 134/87, NJW-RR 1988, 544.

Der Tatbestand des § 826 BGB kann zum Nachteil der Bundesagentur für Arbeit erfüllt sein, wenn der Geschäftsführer trotz Insolvenzreife Arbeitnehmer weiter beschäftigt, ihnen die Löhne nicht ausbezahlt, weil die Mitarbeiter ja ohnehin für drei Monate Insolvenzgeld von dem Amt erhalten.[62]

4. Verjährung

Ansprüche aus unerlaubter Handlung (§§ 823 ff. BGB) verjähren gemäß § 195 BGB frühestens in drei Jahren. Die Frist beginnt gemäß § 199 I BGB mit dem Schluss des Jahres, in dem der Anspruch entstanden ist und der Gläubiger von den anspruchsbegründenden Umständen und der Person des Schuldners Kenntnis erlangt oder ohne grobe Fahrlässigkeit erlangen müsste. Ohne Rücksicht auf die Entstehung bzw. Kenntnis kommen gemäß § 199 II, III BGB wesentlich längere Verjährungsfristen zur Anwendung, die bis zu 30 Jahren betragen können.

► Separate Frist für Geschäftsführer

Die Geschäftsführerhaftung erlangt dann besondere Bedeutung, wenn die Verjährungsfrist gegen die GmbH abgelaufen ist. Die kurze dreijährige Frist beginnt am Schluss des Kalenderjahres, in dem der Anspruchsteller Kenntnis von den anspruchsbegründenden Tatsachen erlangt hat oder hätte erlangen können. Wird die unerlaubte Handlung aus dem Unternehmen heraus begangen, z. B. durch das in Verkehr bringen eines gesundheitsgefährdenden Produkts, wird die Verjährungsfrist daher mit Kenntnis bzw. grobfahrlässiger Unkenntnis in Gang gesetzt. Welcher der Geschäftsführer für die Tat verantwortlich ist, erfährt der Geschädigte ggf. erst viel später. Erst dann hat er Kenntnis von den Tatsachen, aus denen sich gegen diese Person ein Schadensersatzanspruch herleitet, so dass erst anschließend die kurze dreijährige Verjährungsfrist in Gang gesetzt wird.[63] Dass gegen die

[62]BGH Urt. v. 18.12.2007, VI ZR 231/06, BGHZ 175, 58; BGH, Urt. v. 13.10.2009, VI ZR 288/08, VersR 2010, 120; OLG Saarbrücken, Urt. v. 21.11.2006, 4 U 49/06 – 16, NJW-Spezial 2007, 79, allerdings nur soweit die Bundesagentur für Arbeit beweisen kann, dass sie bei rechtzeitiger Antragstellung Insolvenzgeld in geringerer Höhe ausbezahlt hätte, diese Darlegungs- und Beweislast gilt gemäß BGH, Urt. v. 13.10.2009, VI ZR 288/08, VersR 2010, 120; auch bei Ablehnung eines Insolvenzverfahrens mangels Masse; selbst bei einem nach Insolvenzreife eingestelltem Arbeitnehmer muss die Bundesagentur für Arbeit beweisen, dass eine rechtzeitige Antragstellung dazu geführt hätte, dass Insolvenzgeld insgesamt nicht oder nur in geringerem Umfang hätte gezahlt werden müssen, siehe BGH, Beschl. v. 20.06.2017, VI ZR 629/16, juris.

[63]Grundlegend, siehe BGH, Urt. v. 12.12.2000, VI ZR 345/99, ZIP 2001, 379, zum Milupa-Kindertee; Leitsatz: *Die Verjährungsvoraussetzungen eines Schadensersatzanspruchs sind auch dann gegenüber mehreren Gesamtschuldnern selbstständig und unabhängig voneinander zu prüfen, wenn zum einen Organe und Mitarbeiter eines in der Rechtsform einer juristischen Person betriebenen Unternehmens, zum anderen dieses Unternehmen selbst haftungsrechtlich in Anspruch genommen werden.* Anmerkung: 1985 erfuhr die Mutter vom Zahnarzt von dem Ursachenzusammenhang zwischen dem Kariesbefall und dem Genuß des Kindertees, 1993 kam sie aufgrund einer Informationsveranstaltung der AOK auf den Gedanken, Schadensersatzansprüche gegen die Manager geltend zu machen, weshalb sie 1993 Klage erhob, siehe ausführlich zu der Entscheidung, *Olbrich*, Die D & O-Versicherung in Deutschland, S. 152 ff.

GmbH als weiteren Gesamtschuldner der Anspruch bereits verjährt ist, spielt hierbei keine Rolle.

III. Haftung für Eingriffe in fremde Immaterialgüterrechte bzw. für Wettbewerbsverstöße

▶ Verstöße gegen Immaterialgüterrecht

Werden aus der GmbH heraus Wettbewerbsverstöße begangen oder sog. Immaterialgüterrechte Dritter verletzt, stellt sich ebenfalls die Frage, inwieweit der Geschäftsführer persönlich zur Verantwortung gezogen werden.

Immaterialgüterrechte sind z. B. Markenrechte, Patente oder Urheberrechte.

So liegt beispielsweise ein Verstoß gegen Urheberrecht vor, wenn fremde Software ohne Lizenz eingesetzt wird. Es verstößt gegen Patentrecht, wenn ein fremdes Patent ohne Lizenz verwertet oder genutzt wird. Urheberrechtsverstöße können auch Plagiate auf der Website sein, etwa wenn Texte anderer oder auch Fotos Dritter ohne Einwilligung übernommen werden. Verbreitet sind auch Verstöße gegen das Markenrecht, etwa wenn die GmbH Produkte mit gefälschten Marken verkauft oder herstellt.

Grundlegend war hier der so genannte Sporthosen-Fall des Bundesgerichtshofs.[64] Die GmbH betrieb einen Großhandelsmarkt. Sie hat Jogging-Hosen (Shorts) vertrieben, die ein Drei-Streifen-Muster trugen. Der namhafte und bekannte Sportartikelhersteller, der die Markenrechte an den Drei-Streifen innehat, ging gegen die GmbH und gegen den Geschäftsführer persönlich auf Unterlassung vor. Der *Bundesgerichtshof* war hier der Auffassung, dass der Geschäftsführer persönlich als Störer haftet und sich deshalb auch persönlich strafbewehrt unterwerfen muss, künftige Verstöße zu unterlassen, wenn er erstens Kenntnis von dem Verstoß hat und zweitens gleichwohl nicht eingreift.[65] Vorgeworfen wird ihm dann also das Unterlassen, die ihm bekannten Verstöße künftig nicht zu unterbinden, also hier die Produkte aus dem Sortiment zu nehmen, mit denen die Markenrechte verletzt werden.

Ein weiteres instruktives Beispiel liefert die Pelikan Entscheidung des *Bundesgerichtshofs*,[66] eine Musikschule hatte sich Musikschule Pelikan GmbH genannt und damit in die Markenrechte der Firma Pelikan eingegriffen. Zweifelsohne hatte der Geschäftsführer Kenntnis und war deshalb auch verpflichtet persönlich dafür zu sorgen, dass die Markenrechtsverletzung unterbleibt.

---

[64] BGH, Urt. v. 26.09.1985, I ZR 86/83, juris.

[65] BGH, Urt. v. 26.09.1985, I ZR 86/83, juris.

[66] BGH, Urt. v. 19.04.2012, I ZR 86/10, juris. 2. *Leitsatz: Der Geschäftsführer einer GmbH haftet regelmäßig für eine Markenverletzung auch persönlich, die in der Verwendung der Firma der juristischen Person liegt. Er muss sie nach Ansicht des BGH verhindern, ggf. indem er auf eine Änderung des Gesellschaftsvertrags hinwirkt.*

Auch Verstöße aus dem Wettbewerbsrecht können recht unterschiedlich sein. Zum Beispiel könnte die GmbH ein unlauteres Akquise-Modell betreiben, etwa Kunden mit falschen Aussagen dazu anhalten, ihre Versorgungsverträge im Bereich Gas oder Strom zu kündigen.[67] Wenn der Geschäftsführer dieses Modell angeordnet hat, haftet er bereits aus dem positiven Tun für das von ihm platzierte Geschäftsmodell. Die vorgenannte Auffassung, dass es für eine Haftung des Geschäftsführers bei einem Unterlassen ausreicht, wenn der Geschäftsführer Kenntnis hat und untätig bleibt, ist jedoch ins Wanken geraten.

- Garantenstellung des Geschäftsführers?

Problematisch sind hierbei die Fälle, wo der Geschäftsführer es unterlässt einzugreifen. Die ursprüngliche Auffassung des *Bundesgerichtshofs*, die soeben dargestellt wurde, wonach es für eine Haftung des Geschäftsführers als sogenannter Störer ausreicht, wenn er Kenntnis von dem Verstoß hat, aber gleichwohl nicht die Anweisung gibt, dass diese Verstöße künftig unterbleiben, hat der *BGH* in der Entscheidung zu den Gaslieferverträgen eingeschränkt. Stattdessen hat der *BGH* darauf abgestellt, dass es für eine Haftung des Geschäftsführers darauf ankommt, dass er entweder durch positives Tun mitwirkt oder bei einem Unterlassen die Wettbewerbsverstöße aufgrund einer nach allgemeinen Grundsätzen des Deliktsrechts begründeten Garantenstellung hätte verhindern müssen. Dies lehnt sich an die Garantenstellung aus dem Recht der unerlaubten Handlung an, siehe oben die Ausführungen unter C II 1 b).[68] Der 10. Zivilsenat hat offengelassen, ob er ebenfalls die alte Rechtsprechung aufgibt, wonach es für eine Störerhaftung des Geschäftsführers ausreicht, wenn dieser Kenntnis von dem Verstoß hat, aber gleichwohl nicht eingreift. Hier bleibt also die weitere Entwicklung abzuwarten. Der 10. Zivilsenat hat die bisherige Rechtsprechung im Überblick zusammengefasst.[69]

---

[67] BGH, Urt. v. 18.06.2014, I ZR 242/12, juris.

[68] BGH, Urt. v. 18.06.2014, I ZR 242/12, juris, Leitsätze: *1. Der Geschäftsführer haftet für unlautere Wettbewerbshandlungen der von ihm vertretenen Gesellschaft nur dann persönlich, wenn er daran entweder durch positives Tun beteiligt war oder wenn er die Wettbewerbsverstöße aufgrund einer nach allgemeinen Grundsätzen des Deliktsrechts begründeten Garantenstellung hätte verhindern müssen. 2. Allein die Organstellung und die allgemeine Verantwortlichkeit für den Geschäftsbetrieb begründen keine Verpflichtung des Geschäftsführers gegenüber außenstehenden Dritten, Wettbewerbsverstöße der Gesellschaft zu verhindern. 3. Der Geschäftsführer haftet allerdings persönlich aufgrund einer eigenen wettbewerbsrechtlichen Verkehrspflicht, wenn er ein auf Rechtsverletzungen angelegtes Geschäftsmodell selbst ins Werk gesetzt hat.*

[69] BGH, Urt. v. 15.12.2015, X ZR 30/14, juris, Glasfasern, Rdnr. 107 ff. nach juris: *Der Senat hat es bislang nicht beanstandet, wenn im Gefolge einer Patentverletzung neben einer Gesellschaft auch deren gesetzliche Vertreter zu Unterlassung und Schadensersatz verurteilt worden sind (vgl. etwa BGH, Urteil vom 16. September 2003 – X ZR 179/02, GRUR 2003, 1031, 1033 – Kupplung für optische Geräte). Der I. Zivilsenat hat eine Haftung des gesetzlichen Vertreters für eine von der Gesellschaft begangene Verletzung von Immaterialgüterrechten grundsätzlich jedenfalls dann bejaht, wenn der gesetzliche Vertreter von den Verletzungshandlungen Kenntnis hatte und sie nicht verhindert hat (zuletzt BGH, Urteil vom 19. April 2012 – I ZR 86/10, GRUR 2012, 1145 Rn. 36 – Pelikan). In neuerer Zeit vertritt der I. Zivilsenat sowohl für Verletzungshandlungen im Bereich des*

Verwiesen sei hierbei auf das obige Beispiel zur Patentverletzung, bei der der *BGH* die Garantenstellung und die Haftung des Geschäftsführers bejaht hat, dieser hätte die Patentverletzung aufgrund seiner Garantenstellung verhindern müssen (siehe unter C II 1 b).

IV. Haftung „aus Vertrauen"

► Vertrauenshaftung nur in bestimmten Fallgruppen

Der Geschäftsführer kann Dritten gegenüber auch „aus Vertrauen“ haften. Vertrauen kann dadurch enttäuscht werden, dass eine Diskrepanz zwischen der tatsächlichen Sachlage und der Erwartungshaltung des Anspruchstellers besteht. Nicht jedes enttäuschte Vertrauen führt jedoch zu Ansprüchen des Enttäuschten. Es haben sich vielmehr einige Fallgruppen herausgebildet, die hier erläutert werden sollen.

1. Rechtsscheinhaftung bei Weglassen des GmbH-Zusatzes

► Auftreten mit GmbH-Zusatz ist obligatorisch

Nach § 4 II GmbHG muss der Name der Gesellschaft in jedem Fall die zusätzliche Bezeichnung „mit beschränkter Haftung“ enthalten. Hierbei genügt es, wenn die Abkürzung Gesellschaft m.b.H. bzw. GmbH verwendet wird. Die Regelung des § 4 II GmbHG ist vor dem Hintergrund, dass die Gesellschafter nicht persönlich für die Schulden der Gesellschaft haften, sinnvoll. Wer sich mit einer GmbH einlässt, sollte dies auch wissen. Er muss gewarnt werden, dass ihm „kein Mensch“ persönlich haftet.[70] Ergänzend bestimmt daher § 35a GmbHG, dass auf allen Geschä-

unlauteren Wettbewerbs (BGH, Urteil vom 18. Juni 2014 – I ZR 242/12, BGHZ 201, 344 = GRUR 2014, 883 – Geschäftsführerhaftung) als auch für Verstöße gegen § 95 Abs. 3 UrhG (BGH, Urteil vom 27. November 2014 – I ZR 124/11, GRUR 2015, 672 Rn. 80 – Videospiel-Konsolen II) die Auffassung, ein gesetzlicher Vertreter hafte für Verletzungshandlungen der Gesellschaft nur dann, wenn er daran durch positives Tun beteiligt gewesen sei oder wenn er sie auf Grund einer nach allgemeinen Grundsätzen des Deliktsrechts begründeten Garantenstellung habe verhindern müssen. Ähnliche Grundsätze hat der VI. Zivilsenat für die Verletzung von Rechten entwickelt, die nach § 823 Abs. 1 BGB geschützt sind (BGH, Urteil vom 5. Dezember 1989 – VI ZR 335/88, BGHZ 109, 297, 302 ff.; Urteil vom 10. Juli 2012 – VI ZR 341/10, BGHZ 194, 26 Rn. 24). b) Ob der vom erkennenden Senat bislang vertretene Ansatz mit diesen Grundsätzen vollständig in Einklang steht, bedarf im vorliegenden Zusammenhang keiner Entscheidung.

[70]BGH, Urt. v. 12. Juni 2012, II ZR 256/11 juris, Rdnr. 10, aus den Gründen: *Durch die in § 4 GmbHG gesetzlich vorgeschriebene Aufnahme der Gesellschaftsform in die Firma soll dem Geschäftsgegner die Tatsache der beschränkten Haftung seines Verhandlungs- oder Vertragspartners deutlich vor Augen geführt werden. Wird die vom Rechtsverkehr erwartete Offenlegung unterlassen, werden unzutreffende Vorstellungen erweckt. Dadurch entsteht die Gefahr, dass der Geschäftsgegner Dispositionen trifft, die er bei Kenntnis des wahren Sachverhalts ganz oder in dieser Form unterlassen hätte. Dem entspricht als Ausgleich die Vertrauenshaftung dessen, der die erforderliche Aufklärung nicht vornimmt.*

ftsbriefen unter anderem auch auf die Rechtsform der GmbH hingewiesen werden muss. Jeder, der mit einer GmbH rechtsgeschäftlich in Kontakt tritt, soll entsprechend aufgeklärt werden.

- Jede adressierte Mitteilung muss den GmbH-Zusatz enthalten

Der Begriff „Geschäftsbrief" wird weit gefasst. Es handelt sich um alle schriftlichen Mitteilungen, die an einen bestimmten Empfänger adressiert sind. Hierunter fallen daher z. B. Preislisten, Lieferscheine, Rechnungen und Bestellformulare der GmbH. Füllt die GmbH fremde Formulare aus, so hat sie auch hierbei auf die Rechtsform der GmbH hinzuweisen. Erfasst sind auch Mitteilungen per Telefax oder E-Mail. Nicht erfasst sind, da sie sich nicht an einen bestimmten Empfänger richten, Zeitungsinserate und nicht adressierte Werbezettel. Entsprechen die Geschäftsbriefe nicht den Bestimmungen des § 35a GmbHG, so kann das Handelsregister den Geschäftsführer mit *Zwangsgeld* zur Einhaltung derselben zwingen (§ 79 GmbHG).

- GmbH als Vertragspartnerin – daneben kann Geschäftsführer aus Rechtsschein haften

Tritt der Geschäftsführer auf, ohne darauf hinzuweisen, dass das Unternehmen in der Rechtsform einer GmbH firmiert, so wird dennoch die GmbH selbst Vertragspartner. Dies folgt aus den sog. Grundsätzen des unternehmensbezogenen Handelns. Danach wird im Zweifel grundsätzlich der Rechtsträger des Unternehmens, also die GmbH, vertraglich verpflichtet. Der Geschäftsführer selbst wird hingegen nicht Partner des Vertrags. Gerät jedoch die Gesellschaft in die Insolvenz, so wird die Frage relevant, ob der Geschäftsführer, der es versäumte darauf hinzuweisen, dass der andere es mit einer GmbH zu tun hat, persönlich zur Verantwortung gezogen werden kann. Eine solche Verantwortlichkeit kann sich aus den *Grundsätzen der sog. Rechtsscheinhaftung* ergeben.

- Haftung grundsätzlich nur bei Äußerungen in Schrift- oder Textform

Eine solche Haftung wird von der Rechtsprechung unter bestimmten Voraussetzungen bejaht: Der Geschäftsführer muss zunächst unter Verstoß gegen § 4 II GmbHG ohne Hinweis auf den gesetzlich vorgeschriebenen GmbH-Zusatz aufgetreten sein. In Betracht kommen die Fälle, in denen der Geschäftsführer ohne GmbH-Zusatz zeichnet oder sich sonst schriftlich bzw. in Textform, z. B. per Email das Unternehmen äußert.

- Ausnahmsweise auch Haftung für mündliche Erklärungen

Schwieriger sind die Fälle zu beurteilen, bei denen das Vertrauen durch *mündliche* Erklärungen begründet worden ist. Hier wird grundsätzlich keine Vertrauenshaftung angenommen.[71] Es gibt aber Ausnahmen. Hat etwa der Geschäftsführer bei den Vertragsverhandlungen Visitenkarten ohne GmbH-Zusatz vorgelegt, lässt sich auch bei einem mündlichen Vertragsschluss eine Rechtsscheinhaftung befürworten.[72] Ferner lässt sich eine Rechtsscheinhaftung dann begründen, wenn der Geschäftsführer das Vorhandensein einer GmbH ausdrücklich verneint hat.

▶ Gutgläubigkeit des Dritten erforderlich

Der Vertragspartner darf ferner die wahren Verhältnisse nicht gekannt haben. Nur dann kann von einer Vertrauenshaftung ausgegangen werden. Der Geschäftsführer muss darlegen und beweisen, dass der andere Kenntnis hatte. Strittig ist, ob dem Anspruchssteller nur positive Kenntnis oder auch grobe Fahrlässigkeit schadet.[73] Diese läge vor, wenn der andere hätte erkennen müssen, dass er es mit einer GmbH zu tun hat. Ein solcher Fall läge beispielsweise vor, wenn der Anspruchssteller bereits vorher Geschäftsbriefe mit GmbH-Zusatz erhielt, dies aber nicht zur Kenntnis nahm.

Wichtig!
Die Rechtsscheinhaftung sollte sich der Geschäftsführer stets vergegenwärtigen. Er hat daher immer darauf zu achten, dass er den GmbH-Zusatz verwendet.

Beispiel

„Müller Berlin"

G ist Geschäftsführer der Martin Müller GmbH, die in Berlin, in der Lausitz und in Unterfranken jeweils eine Aluminiumgießerei betreibt. Bei dem Importeur I, mit dem bisher noch keine Geschäftsbeziehung bestand, bestellt G auf einem Bestellformular des I insgesamt 10 Tonnen Aluminium. Bei dem Namen des Bestellers trägt er „Müller Berlin" und die Berliner Adresse ein, da er damit deutlich machen will, dass er den Rohstoff für den Berliner Standort benötigt. Ein Hinweis auf die Rechtsform erscheint nicht. I, der annahm, es mit einem Einzelunternehmen zu tun zu haben, kann nach den Grundsätzen der Rechtsscheinhaftung auch G persönlich in Anspruch nehmen. Dies wird er dann tun, wenn von der GmbH nichts mehr „zu holen" ist. Hierbei muss I nicht

---

[71] BGH, Urt. v. 01.06.1981, II ZR 1/81, NJW 1981, 2569; BGH, Urt. v. 08.07.1996, II ZR 258/95, NJW 1996, 2645.

[72] OLG Naumburg, Urt. v. 20.09.1996, 6 U 82/96, NJW-RR 1997, 1324, 1325; LG Wuppertal, Urt. v. 20.04.2001, 1 O 256/00, NZG 2002, 297.

[73] Die h.M. läßt den Anspruch schon dann entfallen, wenn der Anspruchsteller die wahren Verhältnisse kennen mußte, siehe BGH, Urt. v. 15.01.1990, II ZR 311/88 NJW 1990, 2678, 2679; *Meyke*, Die Haftung des GmbH-Geschäftsführers, Rdnr. 374.

angenommen haben, dass G selbst der Inhaber ist, es genügt, dass G den Eindruck erweckt hat, es handele sich überhaupt um eine Einzelfirma.

Hätte G hingegen telefonisch bei I unter dem Namen „Müller Berlin" das Aluminium bestellt, würde dies nach ganz herrschender Meinung keine Rechtsscheinhaftung auslösen. Es ist üblich, dass man sich telefonisch ohne Rechtsformzusatz meldet. Dem Vertragspartner, der es genau wissen will, ist es zumutbar, hier nachzufragen.

► Rechtsscheinhaftung kann jeden treffen

Die Rechtsscheinhaftung trifft nicht nur den Geschäftsführer, sondern auch jeden anderen, der für die Gesellschaft handelt, ohne den Rechtsformzusatz zu verwenden. Auch Mitarbeiter der Gesellschaft oder Gesellschafter können daher von der Haftung betroffen sein. Der Einwand, dass die GmbH als solche im Handelsregister eingetragen ist, ändert nichts an der Rechtsscheinhaftung, da sich auch unabhängig vom Handelsregister ein schutzwürdiges Vertrauen bilden kann.

► Gesellschaft und Geschäftsführer haften als Gesamtschuldner

Ferner ist die Rechtsscheinhaftung keine sog. subsidiäre, d. h. nachrangige Ausfallhaftung.[74] Das bedeutet, dass der Getäuschte den Geschäftsführer entweder allein oder neben der Gesellschaft in Anspruch nehmen kann. Gesellschaft und Geschäftsführer haften als Gesamtschuldner.[75] Weiß der Anspruchssteller beispielsweise, dass der Geschäftsführer wohlhabend ist, wird er im Zweifelsfall sowohl die GmbH als auch den Geschäftsführer verklagen, um schon im Voraus für den Fall einer Insolvenz der Gesellschaft gewappnet zu sein. Der Geschädigte schützt sich dadurch wirksam vor einer „Pleite" der Gesellschaft, die während eines länger andauernden Gerichtsprozesses eintreten kann. Tritt diese Situation ein, so bleibt der Geschäftsführer allein auf dem gesamten Schaden sitzen.

2. Haftung aus Verschulden bei Vertragsverhandlungen (*culpa in contrahendo*)

Die *culpa in contrahendo* (*cic*), das Verschulden bei Vertragsverhandlungen, die gewohnheitsrechtlich als Anspruchsgrundlage für eine Vertrauenshaftung anerkannt ist, ist seit 01.01.2002 in § 311 II BGB normiert. Diese Anspruchsgrundlage ist im gesamten Zivilrecht verbreitet und von großer praktischer Bedeutung. Dass auch ein Geschäftsführer aufgrund dieser Anspruchsgrundlage zur Verantwortung gezogen werden kann, bildet eher die Ausnahme.

► Pflichtverletzung bei Vertragsverhandlungen

[74] BGH, Urt. v. 15.01.1990, II ZR 311/88, DB 1990, 978, 979.

[75] BGH, Urt. v. 24.06.1991, II ZR 293/90, GmbHR 1991, 360, 361.

Typische Fallgruppen der *cic* sind die Verletzung von Sorgfalts-, Obhuts- und Aufklärungspflichten im vorvertraglichen Stadium. Wer in Vertragsverhandlungen eintritt, hat gegenüber dem Verhandlungspartner erhöhte Sorgfaltspflichten; fügt er diesem schuldhaft unter Verletzung der Pflichten Schaden zu, so ist er zum Schadensersatz verpflichtet.

► GmbH führt die Verhandlungen und ist daher verantwortlich

Der Anspruch aus *cic* richtet sich gewöhnlich nur gegen den Verhandlungspartner, also gegen die GmbH. Nur für diese gelten grundsätzlich die vorvertraglichen Schutzpflichten.

► Ausnahmsweise haftet auch der Geschäftsführer aus cic

Ausnahmsweise kann sich der Anspruch aus *cic* aber auch einmal gegen den Vertreter richten, der die Verhandlungen für die GmbH führt. Dies kommt in zwei Fallgruppen in Betracht: Erstens, wenn der Vertreter *besonderes persönliches* Vertrauen in Anspruch nimmt oder zweitens, wenn er ein *unmittelbares eigenes wirtschaftliches Interesse* am Vertragsabschluss hat. Das BGB enthält seit 01.01.2002 in § 311 III folgende Regelung, die die erste Fallgruppe aufgenommen hat: *Ein Schuldverhältnis mit Pflichten nach § 241 Abs. 2 kann auch zu Personen entstehen, die nicht selbst Vertragspartei werden sollen. Ein solches Schuldverhältnis entsteht insbesondere, wenn der Dritte in besonderem Maße Vertrauen für sich in Anspruch nimmt und dadurch die Vertragsverhandlungen oder den Vertragsschluss erheblich beeinflusst.*

a. Besonderes persönliches Vertrauen

► Geschäftsführer kann besonderes persönliches Vertrauen für sich in Anspruch nehmen

Der Geschäftsführer haftet dann persönlich, wenn er ein besonderes persönliches Vertrauen für sich in Anspruch nimmt, das über das „gewöhnliche Verhandlungsvertrauen" hinausgeht. Wann dies im Einzelfall vorliegt, ist äußerst schwierig zu beurteilen. Dem Geschäftsführer kann ein besonderes Vertrauen etwa aufgrund seiner persönlichen Zuverlässigkeit, seiner außergewöhnlichen Sachkompetenz oder wegen verwandtschaftlicher oder persönlicher Beziehungen entgegengebracht werden. Unterhält der Geschäftsführer beispielsweise intime Beziehungen zu einer Vertragspartnerin, so lässt sich wegen dieser engen Beziehung eine Haftung aus *cic* wegen der Verletzung vorvertraglicher Sorgfalts- und Aufklärungspflichten begründen. Diese Vertragspartnerin vertraut darauf, dass der Geschäftsführer sie umfassend über bestehende Risiken aufklärt.

In der Praxis sind die häufigsten Fälle der Haftung wegen der Inanspruchnahme besonderen Vertrauens diejenigen, in denen der Vertragspartner der GmbH an diese noch Leistungen erbringt, weil er sich auf Zusagen des Geschäftsführers verlassen hat.

Beispiel

„Keine Musike mehr"

Eine GmbH produziert Musik-CDs. Aldo Alu (A) produziert die Rohlinge und beliefert regelmäßig die GmbH. In letzter Zeit wurden seine Rechnungen schleppender bezahlt. Er ist daher grundsätzlich nur noch bereit, gegen Vorkasse zu liefern. Als die GmbH wieder einmal bei ihm bestellt, ruft A deren Geschäftsführer G an und teilt ihm seinen neuen Standpunkt mit. G beschwichtigt ihn und meint, dass seine Bezahlung schon in Ordnung gehe. Daraufhin liefert A im Vertrauen auf die große Zuverlässigkeit des G ohne Vorkasse. Die GmbH wird jedoch insolvent und ist außerstande, die Lieferung zu bezahlen. A kann sich bei dieser Konstellation an G halten und von diesem Bezahlung nach den Grundsätzen der *cic* verlangen, denn er hat der GmbH nur im Vertrauen auf die Aussage des Geschäftsführers G weitere Waren geliefert.

▶ Offenbarungspflicht bei Gefährdung der Vertragserfüllung

Der *BGH* nimmt eine Haftung aus *cic* dann an, wenn der Geschäftsführer trotz erkennbarer Überschuldung und dem Wissen darüber, dass die Durchführung der beabsichtigten Geschäfte schwerwiegend gefährdet ist, Vertragspartner zu Vorleistungen bewegt, die diese im Vertrauen auf die Aussage des Geschäftsführers und seine Person dann auch erbringen.[76] Entscheidend ist, dass der Geschäftsführer eine persönliche Gewähr für die Richtigkeit seiner Aussagen aufgrund seiner außergewöhnlichen Sachkenntnis bzw. Zuverlässigkeit oder aus vergleichbaren Gründen bietet. Fehlt es an der besonderen Gewähr und damit am Vertrauen, kommt in diesen Fällen häufig – anstelle einer Verantwortlichkeit aus *cic* – eine Haftung aus § 826 BGB in Betracht.[77] Das gewöhnliche Verhandlungsvertrauen, das dem Vertragspartner entgegengebracht wird, genügt nicht, da dieses der GmbH als Vertragspartnerin und nicht dem Geschäftsführer entgegengebracht wird, so dass nur die GmbH bei Enttäuschung desselben einzustehen hat.[78]

---

[76] BGH, Urt. v. 01.07.1991, II ZR 180/90, DB 1991, 1765, 1767.

[77] Siehe oben die Ausführungen 3. Teil, C 3.

[78] Siehe BAG, Urt. v. 18.08.2011, 8 AZR 220/10, 3. Orientierungssatz nach juris:*Tritt ein Geschäftsführer oder ein Gesellschafter für eine Gesellschaft auf, nimmt er in der Regel nur normales Verhandlungsvertrauen in Anspruch. Sein allgemeines Interesse als* Geschäftsführer *oder Gesellschafter am Erfolg seines Unternehmens begründet keine Eigenhaftung. Dagegen kommt eine Eigenhaftung in Betracht, wenn er Erklärungen abgegeben hat, die als selbstständiges Garantieversprechen aufgefasst werden können*, *Meyke*, Die Haftung des GmbH-Geschäftsführers, Rdnr. 358.

b. Eigenes wirtschaftliches Interesse am Vertragsschluss

- Eigenes wirtschaftliches Interesse am Vertragsschluss ist grundsätzlich nicht haftungsbegründend

Eine Haftung aus *cic* wegen eines eigenen wirtschaftlichen Interesses des Geschäftsführers am Vertragsschluss lässt sich heute nach Ansicht des *BGH* kaum noch begründen.[79] Ob diese Fallgruppe für den Geschäftsführer überhaupt noch Bedeutung hat, ist aber bisher nicht abschließend entschieden. Der *BGH* lässt es für eine Eigenhaftung jedenfalls nicht genügen, dass der Geschäftsführer am Vertragsschluss ein Provisionsinteresse hat, dass er an der Gesellschaft beteiligt ist oder dass er Sicherheiten für Verbindlichkeiten der Gesellschaft – etwa eine persönliche Bürgschaft – bestellt hat.[80]

3. Haftung aus den Grundsätzen der Sachwalterhaftung

- Begriff des Sachwalters hat keine festen Konturen

Eng verwandt mit der *cic*, bzw. nur eine besondere Fallgruppe der Haftung Dritter aus *cic*, ist die sog. *Sachwalterhaftung*. Den Geschäftsführer kann diese Haftung treffen, wenn er Sachwalter ist. Der Begriff des Sachwalters ist schwer zu fassen. Es handelt sich um eine Person, die kraft ihrer Stellung oder Sachkunde eine besondere Vertrauensstellung einnimmt.[81] Angeknüpft wird oft an das typisierte Vertrauen einer bestimmten Berufsgruppe.

Beispiel

„Der Sanierer"

G ist ein Unternehmenssanierer, d. h. er führt als Manager Unternehmen aus der Krise. Er tritt hierbei als Geschäftsführer der Super-Sanierungs-GmbH auf. Eine Sanierung ist nach dem Konzept des G in der Regel u. a. nur dann möglich, wenn frisches Geld, z. B. in Form von Sanierungsdarlehen, zugeführt wird. Besonders „gut geeignet" als Darlehensgeber für derartige Kredite sind die Arbeitnehmer, die um ihre Arbeitsplätze bangen und deshalb an einem Überleben des Unter-nehmens sehr interessiert sind. G hat bereits andere Unternehmen erfolgreich saniert, er geriert sich als der „Topsanierer". Gegenüber dem

[79] BGH, Beschl. v. 01.03.1993, II ZR 292/91, ZIP 1993, 763.

[80] BGH, Urt. v. 06.06.1994, II ZR 292/91, BGHZ 126, 181, siehe auch BAG, Urt. v. 18.08.2011, 8 AZR 220/10, 5. Orientierungssatz nach juris: *Eine Haftung des Dritten wegen Handelns in eigenem wirtschaftlichen Interesse setzt voraus, dass er als Verhandlungsführer wirtschaftlich betrachtet gleichsam in eigener Sache tätig geworden und wirtschaftlich Herr des Geschehens oder eigentlicher wirtschaftlicher Interessenträger gewesen ist. Ein bloßes mittelbares Interesse, etwa die Aussicht auf eine Provision oder ein Entgelt, genügt nicht.*

[81] BGH, Urt. v. 05.04.1971, VII ZR 163/69, BGHZ 56, 81, 84 ff.

Angestellten A, der zunächst keinen Sanierungskredit gewähren wollte, verweist G auf seine früheren Sanierungserfolge: Er habe bisher jedes Unternehmen aus den roten in die schwarzen Zahlen gebracht. Gewährt der Angestellte A im Vertrauen auf die Sanierungserfolge des G der Sanierungs-GmbH ein Sanierungsdarlehen und wird A in seinem Vertrauen enttäuscht, wenn sich G doch nicht als der überragende Sanierer erweist, kann er ggf. G nach den Grundsätzen der Sachwalterhaftung persönlich in Anspruch nehmen.[82]

Die Sachwalterhaftung kann also über die *cic* hinaus Anwendung finden. Die Einzelheiten sind indes noch völlig ungeklärt; es handelt sich bei der Sachwalterhaftung um eine Anspruchsgrundlage, deren Konturen nicht feststehen.

Aus der besonderen Position und der Kompetenz des Sachwalters erwachsen diesem gegenüber dem Personenkreis, der erkennbar seine Entscheidungen von der Person und den Angaben des Sachwalters abhängig macht oder sich zumindest entscheidend vom Sachwalter beeinflussen lässt, gesteigerte Sorgfalts- und Aufklärungspflichten. Bei der Verletzung dieser Pflichten kann den Sachwalter persönlich eine Haftung aus *cic* treffen.

Der Sachwalter braucht übrigens weder Vertreter noch Verhandlungsgehilfe des Vertragspartners zu sein.

► Geschäftsführer ist nur in Ausnahmefällen Sachwalter

Ein Geschäftsführer wird nur dann eine derart herausragende Sachwalterstellung innehaben, wenn er aufgrund seiner Persönlichkeit oder seines Berufs ein typisiertes Vertrauen hervorruft. Dies ist oft gegeben bei Gesellschaften des sog. grauen Kapitalmarkts, bei denen sich häufig Berufsgruppen engagieren, denen typischerweise ein besonderes Vertrauen entgegengebracht wird (Rechtsanwälte, Wirtschaftsprüfer, Steuerberater).

4. Prospekthaftung

Diese Haftung ist im Bereich der Kapitalanlagen von Bedeutung. Hier muss zwischen der speziell gesetzlich geregelten Prospekthaftung und den von der Rechtsprechung entwickelten Grundsätzen der Prospekthaftung unterschieden werden.

Die Ansprüche nach den gesetzlich geregelten Fällen der Prospekthaftung haben ihre Grundlage in verschiedenen Gesetzen (u. a. im WertpapierprospektG und dem VermögensanlagenG. Soweit keine spezialgesetzliche Prospekthaftung eingreift, gilt die aufgrund richterlicher Rechtsfortbildung entwickelte allgemeine Prospekthaftung. Die Prospekthaftung hat Bedeutung für den Bereich des sog. grauen Kapitalmarkts, in dem sich nicht selten mehr oder minder seriöse Gesellschaften

[82] Siehe zur Sachwalterstellung des Unternehmenssanierers: BGH, Urt. v. 03.04.1990, XI ZR 206/88, WM 1990, 966, 968, siehe zum Geschäftsführer auch BAG, Urt. v. 18.08.2011, 8 AZR 220/10, DB 2012, 285. Siehe auch BAG, Urt. v. 20.03.2014, 8 AZR 45/13, NJW 2014, 2669 zu dem Fall, dass ein Arbeitnehmer versucht hat, den Geschäftsführer persönlich wegen einer von der GmbH geschuldeten Abfindung in die Haftung zu nehmen, die wegen Insolvenz der GmbH nicht zur Auszahlung gelangte.

tummeln, die um die Gunst der Anleger buhlen. Es handelts sich um eine Spezialmaterie des sog. Kapitalmarktrechts, die wegen der geringen praktischen Bedeutung für den „gewöhnlichen“ Geschäftsführer hier nicht vertieft behandelt wird.

Prospekte bilden in der Regel für den Anleger die wichtigste Grundlage für seine Anlageentscheidung. Stehen hinter dem Prospekt Personen, denen der Anleger ein besonderes Vertrauen entgegenbringt, so wird er deshalb auf die Richtigkeit der Prospektangaben vertrauen. Ein durch fehlerhafte Angaben enttäuschtes Vertrauen kann dann Schadensersatzansprüche auslösen. Die Prospekthaftung knüpft im Gegensatz zur gewöhnlichen *cic* nicht an ein konkretes, sondern – wie die Sachwalterhaftung – an ein typisiertes Vertrauen an. Das heißt, es ist nicht entscheidend, ob sich im Einzelfall wirklich Vertrauen gebildet hat; auch wenn sich der Anleger überhaupt keine Gedanken über etwaige Risiken gemacht hätte, käme ihm die Prospekthaftung zugute.

Der Geschäftsführer haftet nach den Grundsätzen der Prospekthaftung, wenn der erstellte Prospekt fehlerhaft war und er zu den sog. *prospektverantwortlichen* Personen gehört. Prospektverantwortlich sind jene Personen, derentwegen sich die Anleger typischerweise auf die Richtigkeit des Prospekts verlassen. Hierzu gehören in erster Linie die Personen, die aktiv am Anlageprojekt als Initiatoren oder Gründer mitwirken und das Management bilden. Der Geschäftsführer wird daher im Regelfall dazu zählen, wobei problematisch ist, ob ein persönlicher Kontakt für die allgemeine zivilrechtliche Prospekthaftung Voraussetzung ist. Neben dem Geschäftsführer können sonstige im Prospekt als Referenz genannte oder an der Werbung beteiligte Personen haften. Dazu gehören z. B. Anlageberater, Rechtsanwälte, Steuerberater oder Wirtschaftsprüfer, die kraft ihres Berufs einen zusätzlichen Vertrauenstatbestand schaffen und dadurch dem Prospekt eine gewisse Seriosität verleihen. Dieser Personenkreis kann dann für unzutreffende, unvollständige und irreführende Prospektangaben haftbar gemacht werden.

D. Innenhaftung (§ 43 GmbHG)

I. Überblick

Unter dem Schlagwort der Innenhaftung werden die Ansprüche der GmbH gegen den Geschäftsführer zusammengefasst. Diese Haftung hat große praktische Bedeutung. Anspruchsgrundlage ist § 43 GmbHG. Die Vorschrift besteht mit kleineren Änderungen seit In-Kraft-Treten des GmbHG im Jahre 1892.

§ 43 GmbHG

(1) *Die Geschäftsführer haben in den Angelegenheiten der Gesellschaft die Sorgfalt eines ordentlichen Geschäftsmannes anzuwenden.*

(2) *Geschäftsführer, welche ihre Obliegenheiten verletzen, haften der Gesellschaft solidarisch für den entstandenen Schaden.*

(Fortsetzung)

(3) *Insbesondere sind sie zum Ersatze verpflichtet, wenn den Bestimmungen des § 30 zuwider Zahlungen aus dem zur Erhaltung des Stammkapitals erforderlichen Vermögen der Gesellschaft gemacht oder den Bestimmungen des § 33 zuwider eigene Geschäftsanteile der Gesellschaft erworben worden sind. Auf den Ersatzanspruch finden die Bestimmungen in § 9b I entsprechende Anwendung. Soweit der Ersatz zur Befriedigung der Gläubiger der Gesellschaft erforderlich ist, wird die Verpflichtung der Geschäftsführer dadurch nicht aufgehoben, dass dieselben in Befolgung eines Beschlusses der Gesellschafter gehandelt haben.*
(4) *Die Ansprüche aufgrund der vorstehenden Bestimmungen verjähren in fünf Jahren.*

► Innenhaftung auch aus unerlaubter Handlung möglich

Neben § 43 GmbHG kann die Gesellschaft den Geschäftsführer auch, sofern die Voraussetzungen im Einzelfall vorliegen, aus unerlaubter Handlung in Anspruch nehmen. Hier gelten gegenüber der Außenhaftung keine Besonderheiten. Beschädigt der Geschäftsführer beispielsweise schuldhaft ein Fahrzeug der Gesellschaft, ist er gemäß § 823 I BGB zum Schadensersatz verpflichtet. Begeht der Geschäftsführer eine Unterschlagung oder Untreue, so macht er sich gemäß § 823 II BGB i.V.m. § 246 StGB (Unterschlagung) bzw. nach § 823 II BGB i.V.m. § 266 StGB (Untreue) schadensersatzpflichtig.

► Ansprüche aus § 280 BGB haben neben § 43 GmbHG keine eigene Bedeutung

Der Geschäftsführer ist durch Bestellung der Gesellschafterversammlung in sein Amt berufen worden. Damit erhält er alle organschaftlichen Rechte und Pflichten. § 43 GmbHG sanktioniert eine Verletzung dieser organschaftlichen Pflichten. Daneben regeln sich die Rechte und Pflichten des Geschäftsführers nach seinem Anstellungsvertrag, den er mit der GmbH geschlossen hat. Auch diese Pflichten kann der Geschäftsführer verletzen. Er würde sich in diesem Fall wegen positiver Vertragsverletzung gemäß § 280 BGB schadensersatzpflichtig machen. Neben Ansprüchen aus § 43 GmbHG haben Ansprüche wegen Verletzung der Pflichten aus dem Anstellungsvertrag jedoch keine praktischen Auswirkungen. Der *BGH* misst dieser Anspruchsgrundlage keine eigene Bedeutung zu. Er geht vielmehr davon aus, dass die Vorschrift des § 43 GmbHG die vertragliche Haftung als Spezialregelung in sich aufnimmt.[83]

§ 43 II GmbHG ordnet an, dass Geschäftsführer, welche ihre Obliegenheiten verletzen, der Gesellschaft für den entstandenen Schaden haften. In Abs. 1 wird

[83]BGH, Urt. v. 12.06.1989, II ZR 334/87, ZIP 1989, 1390.

ausgeführt, dass die Geschäftsführer in den Angelegenheiten der Gesellschaft die *Sorgfalt eines ordentlichen Geschäftsmannes* anzuwenden haben. Aus dieser Formulierung wird schon deutlich, dass es sich bei § 43 GmbHG um eine Anspruchsgrundlage handelt, mit der sich *sämtliche* Pflichtverletzungen des Geschäftsführers gegenüber der GmbH erfassen lassen.

► § 43 GmbHG als Generalklausel für die Innenhaftung

§ 43 GmbHG ist damit die Generalklausel, mit der die Innenhaftung des Geschäftsführers umfassend geregelt wird.

Das GmbHG legt an keiner Stelle fest, was im Einzelnen zur Sorgfalt eines ordentlichen Geschäftsmannes gehört. Dies muss im Zweifelsfall der Richter, der über eine Verantwortlichkeit des Geschäftsführers zu entscheiden hat, beurteilen. Diese unbestimmt formulierte Gesetzesvorschrift birgt damit für den Geschäftsführer hohe Risiken. Er ist gezwungen, sein Handeln kritisch daraufhin zu überprüfen, ob es dem Maßstab des § 43 I GmbHG standhält.

Eine Haftung gemäß § 43 GmbHG setzt voraus:

1. Pflichtverletzung des Geschäftsführers
2. Kausaler Vermögensschaden der Gesellschaft
3. Verschulden des GmbH-Geschäftsführers

II. Pflichtverletzung des Geschäftsführers

1. Grundsätzliches

§ 43 GmbHG setzt zunächst voraus, dass der Geschäftsführer objektiv eine Pflichtverletzung begangen hat.

Bei der Beurteilung der Frage, ob eine Pflichtverletzung vorliegt, sind zwei Fallgruppen zu unterscheiden:

Erstens gibt es *allgemeine* Sorgfaltspflichten, die jeden Geschäftsführer unabhängig von der Art und Größe seiner Gesellschaft treffen. Zweitens gibt es *spezielle* Sorgfaltspflichten, die sich aufgrund der Umstände des Einzelfalls ergeben.

► Sorgfaltspflichten des Geschäftsführers

Die allgemeinen Pflichten ergeben sich entweder aus dem Gesetz, aus der Satzung der Gesellschaft, aus Gesellschafterbeschlüssen bzw. aus allgemein anerkannten Grundsätzen der ordnungsgemäßen Geschäftsführung.

Der Geschäftsführer hat daher kraft Gesetzes die Regeln über die Kapitalerhaltung, die Pflichten im Fall der Krise der Gesellschaft (insbesondere die Verpflichtung, rechtzeitig ein Insolvenzverfahren einzuleiten) sowie seine Weisungsgebundenheit von der Gesellschafterversammlung zu beachten.

Des Weiteren muss der Geschäftsführer den Gesellschaftszweck verfolgen bzw. sicherstellen, dass der Unternehmensgegenstand eingehalten wird.

Darüber hinaus hat der Geschäftsführer selbstverständlich die allseits akzeptierten Grundsätze der ordnungsgemäßen Unternehmensleitung zu wahren. Auch ist er für die ordnungsgemäße Buchführung gemäß § 41 GmbHG verantwortlich. Ferner hat er allgemein gesicherte und anerkannte betriebswirtschaftliche Prinzipien einzuhalten. Dazu gehört beispielsweise, dass er Kredite – sofern möglich – nur gegen Stellung von Sicherheiten gewährt. Liefert er beispielsweise Waren auf Kredit, so hat er grundsätzlich die einschlägigen Sicherungsinstrumente, wie etwa die Möglichkeit des Eigentumsvorbehalts, auszunutzen. Risikoreiche Geschäfte ohne betriebswirtschaftlichen Anlass, wie Spekulationsgeschäfte, verstoßen in der Regel gegen die objektive Sorgfaltspflicht.

Der Geschäftsführer ist außerdem zur Verschwiegenheit und Loyalität gegenüber der Gesellschaft und den anderen Gesellschaftsorganen verpflichtet.

Auch alle sonstigen gesetzlichen Vorschriften, sei es des Steuer-, des Arbeits- oder des Sozialversicherungsrechts, hat der Geschäftsführer einzuhalten.

► Konkretisierung der Sorgfaltspflichten im Einzelfall

Die speziellen Sorgfaltspflichten ergeben sich dagegen aus den Umständen des Einzelfalls. Hier sind insbesondere die Branche und die Größe der Gesellschaft zu berücksichtigen. Produziert beispielsweise die GmbH Erzeugnisse, von denen typischerweise Gefahren, etwa im Umwelt- oder Produkthaftungsbereich, ausgehen, so muss der Geschäftsführer hier geeignete Maßnahmen treffen, um diese Gefahren möglichst zu minimieren.

Bei einer international agierenden Gesellschaft, die ständig mit Währungsrisiken konfrontiert ist, trifft den Geschäftsführer eher die Pflicht, diese Risiken professionell abzusichern, als dies bei einer kleinen GmbH, die nur ausnahmsweise Auslandsberührung hat, der Fall ist.

Grundsätzlich haftet der Geschäftsführer nach zutreffender Ansicht für jede Pflichtverletzung, unabhängig davon, ob es sich um eine originäre Organpflicht oder um eine nachgeordnete Pflicht handelt, die z. B. auch ein Sachbearbeiter verletzen könnte, nach den Voraussetzungen des § 43 GmbHG.

Aus diesem Überblick wird schon deutlich, wie schwierig die Bestimmung der Sorgfaltspflichten im Einzelfall ist.

2. Fallgruppen

a. Einzelne gesetzlich geregelte Pflichten

aa. Kapitalerhaltung

► Der Geschäftsführer als „Hüter des Kapitals"

Der Geschäftsführer ist, wie oben dargelegt,[84] gehalten, für die Einhaltung der Grundsätze der *Kapitalaufbringung* und *Kapitalerhaltung* Sorge zu tragen. Lässt

[84] Siehe oben 1. Teil, E.I.2.

der Geschäftsführer Verstöße zu, haftet er ggf. gemäß § 43 III GmbHG persönlich gegenüber der GmbH.

bb. Weitere gesetzliche Pflichten

► Pflicht des Geschäftsführers zur ordnungsgemäßen Buchführung

Der Geschäftsführer hat weitere, ebenfalls aus dem Gesetz herrührende Pflichten. So ist er – wie erwähnt – gemäß § 41 GmbHG zur ordnungsgemäßen Buchführung verpflichtet. Kommt er dieser nicht nach und entsteht der GmbH hierdurch ein Schaden, z. B. weil dadurch Liquiditätsengpässe nicht entdeckt werden und deshalb *ad hoc* ein Kredit, der durch Umschichtungen hätte vermieden werden können, nötig wird, so macht sich der Geschäftsführer gegenüber der GmbH schadensersatzpflichtig.[85] Gleiches gilt beispielsweise dann, wenn infolge der unzureichenden Buchführung Steuern oder Sozialversicherungsbeiträge nicht rechtzeitig abgeführt und deshalb Säumniszuschläge fällig werden, die für die Gesellschaft einen Vermögensschaden bedeuten.

Im Übrigen ist der Geschäftsführer verpflichtet, auch alle sonstigen rechtlichen Vorschriften einzuhalten, dies gilt insbesondere für Vorschriften des Arbeits- und Sozialrechts, des Wettbewerbsrechts sowie des Umwelt- und Gewerberechts.

b. Folgepflicht gegenüber der Gesellschafterversammlung

► Gesellschafterversammlung hat die übergeordnete Sachkompetenz

Gemäß § 37 I GmbHG sind Geschäftsführer verpflichtet, den Weisungen der Gesellschafterversammlung Folge zu leisten. Der Geschäftsführer ist damit weisungsabhängig und hat insofern keinen eigenen Ermessensspielraum. Führt er Weisungen nicht aus, begeht er eine Pflichtverletzung, die im Falle eines Schadenseintritts zu seiner persönlichen Verantwortlichkeit führt.

Befolgt hingegen der Geschäftsführer die Weisungen der Gesellschafterversammlung und entsteht der Gesellschaft hierdurch ein Schaden, so kann er von der Gesellschaft deswegen nicht zur Verantwortung gezogen werden.

Keine Folgepflicht und damit keine haftungsentlastende Wirkung tritt ein, sofern zwingende gesetzliche Vorschriften der Ausführung der Weisung entgegenstehen, dazu gehören z. B. Verstöße gegen das Gebot der der Kapitalerhaltung, also gegen § 30 GmbHG oder Auszahlungen aus dem Gesellschaftsvermögen entgegen § 64 Satz 1 GmbH nach Eintritt der Insolvenzreife, ebenso die Erfüllung von Pflichten aus dem Steuer- oder Sozialversicherungsrecht. Unbeachtlich wäre z. B. eine Weisung der Gesellschafterversammlung an den Geschäftsführer trotz Insolvenzreife keinen Insolvenzantrag zu stellen. Zur Stellung des Antrags wäre der Geschäftsführer verpflichtet und er würde sich trotz gegenteiliger Weisung strafbar und schadener-

[85] Eine Haftung gegenüber Gläubigern der Gesellschaft wird überwiegend abgelehnt, siehe oben 3. Teil, E.I.4.e.

satzpflichtig machen. Zu für die GmbH existenzgefährdenden Weisungen, siehe bereits die Ausführungen oben 1. Teil D II 2 c. Meines Erachtens führt auch die Ausführung einer existenzgefährdenden Weisung zur Haftungsentlastung, der Geschäftsführer darf aber auch die Ausführung einer solchen Weisung auch verweigern, dann haftet er ebenfalls nicht bzw. berechtigt dieses Verhalten nicht die Gesellschafterversammlung zur Kündigung des Anstellungsvertrags aus wichtigem Grund.

Der Alleingesellschafter, der gleichzeitig Geschäftsführer ist, kann sich selbst anweisen und haftet schon deshalb nicht aus § 43 II GmbHG gegenüber seiner eigenen GmbH.[86] Auf einen förmlichen Beschluss zur Weisung kann verzichtet werden. Aber auch hier gelten die vorgenannten Grenzen (Kapitalerhaltung, Einhaltung zwingend gesetzlicher Vorschriften, insbesondere aus dem Insolvenz-, Steuer- und Sozialversicherungsrecht). Ebenfalls dürfte bei für die GmbH existenzbedrohenden Handlungen die Haftung nach § 43 II GmbHG bestehen, eine Weisung führt hier nicht zur einem Ausschluss.[87]

Tipp!
Eine Weisung hat haftungsentlastende Wirkung. Sind Sie unsicher, ob Sie ein riskantes Geschäft durchführen sollen, so können Sie sich deswegen an die Gesellschafter wenden und diese zu einem Gesellschafterbeschluss bewegen, der für Sie dann bindende und haftungsentlastende Wirkung hat. Sofern es allerdings – wie dargelegt – um die Kapitalerhaltung oder die Einhaltung sonstigen zwingende Rechts geht –, haben Weisungen keinerlei Bindungs-

(Fortsetzung)

[86]BGH, Urt. v. 26.10.2009, II ZR 222/08, NZG 2009, 1385, 1. Leitsatz: *Eine Verfügung eines Alleingesellschafter-Geschäftsführers einer GmbH über das Vermögen der Gesellschaft kann nur dann eine Schadensersatzpflicht nach § 43 II GmbHG auslösen, wenn der Geschäftsführer damit gegen ein Verbot verstößt, das – wie § 30 oder § 64 GmbHG – durch eine Weisung der Gesellschafterversammlung nicht außer Kraft gesetzt werden kann;* so auch OLG Brandenburg, Urt. v. 27.01.2015, 6 U 76/13, juris; siehe auch LG München II, Urt. v. 26.01.2017, 3 O 3420/15, NZG 2017, 505 aus den Gründen: *An einer Pflichtverletzung iSd § 43 II GmbHG fehlt es grundsätzlich dann, wenn die Gesellschaftsversammlung den Geschäftsführer zu dem – später beanstandeten – Verhalten anweist. Soweit der Geschäftsführer dadurch nicht gegen gesetzliche Pflichten – etwa aus §§ 30,64 GmbHG – verstößt, muss er die Weisung befolgen und haftet der Gesellschaft demgemäß nicht aus § 43 II GmbHG auf Ersatz des dadurch verursachten Schadens. Diese Grundätze gelten erst recht, wenn die Gesellschaft nur einen Gesellschafter hat (vgl. BGH, NZG 2009, 1385 = NJW 2010, 64) und auch dann, wenn der Geschäftsführer bewusst für Gesellschaftsvermögen nachteilige Entscheidungen trifft und Maßnahmen ergreift (vgl. Zöllner in Baumbach/Hueck, GmbHG, 20. Aufl. 2013, § 43 Rn. 33; Altmeppen in Roth/Altmeppen, GmbHG, 8. Aufl. 2015, § 43 Rn. 134 sowie BGH, NZG 2009, 1385 = NJW 2010, 64). Bei Weisungen des Alleingesellschafters einer Ein-Personen-Gesellschaft bedarf es dazu keines förmlichen Gesellschafterbeschlusses. Entsprechendes gilt, wenn der alleinige Gesellschafter zugleich als Geschäftsführer der Gesellschaft handelt und praktisch seine eigenen Weisungen ausführt (herrschende Meinung, vgl. nur BGHZ 119, 257 = NJW 1993, 193).*

[87]Siehe OLG Brandenburg, Urt. v. 27.01.2015, 6 U 76/13, juris.

und Entlastungswirkung, hier haften Sie als Geschäftsführer für die Verletzung der Kapitalerhaltungspflicht, auch wenn Sie auf Anweisung der Gesellschafterversammlung handelten. Gleiches gilt bei Weisungen, die gegen zwingende gesetzliche Vorschriften, z. B. des Insolvenz- oder Steuerrechts verstoßen. Wichtig ist auch, dass die Weisung auf der Grundlage angemessener und richtiger Information erfolgt. Sie müssen also der Gesellschafterversammlung „reinen Wein einschenken" und auf die Risiken des beabsichtigten Geschäfts grundsätzlich hinweisen, jedenfalls auf solche, die nur Ihnen bekannt sind, z. B. weil Sie weitergehende Kenntnisse haben. Legen Sie etwa der Gesellschafterversammlung einen Vertrag vor, der die Entwicklung einer Software betrifft und wissen Sie, dass dem Anbieter gerade die maßgeblichen Entwickler abgeworben wurden, müssen Sie dies offenlegen. Selbst wenn die Gesellschafterversammlung in Unkenntnis dieses Umstands dem Vertragsabschluss zu gestimmt hat, würden Sie haften, wenn gerade „wegen des Aderlasses" die Software nicht rechtzeitig oder in der vereinbarten Qualität entwickelt wird.

c. Missachtung von Zustimmungsvorbehalten der Gesellschafterversammlung

▶ Zustimmungsvorbehalte

In der Praxis hat der Geschäftsführer häufig Zustimmungsvorbehalte zu beachten. Hierbei handelt es sich um Geschäfte, die der Geschäftsführer erst vornehmen darf, wenn er zuvor grünes Licht von der Gesellschafterversammlung oder eines ggf. installierten Aufsichtsrates oder Beirates erhalten hat, also ein zustimmender Beschluss des Kontrollorgans vorliegt. In der Regel enthalten Zustimmungskataloge besonders weitreichende oder haftungsträchtige Maßnahmen, wie z. B. größere Investitionen, Kreditaufnahmen, wichtige Personalentenscheidungen, usw. (siehe oben 1. Teil D II 2 b und f sowie den Zustimmungskatalog in § 4 des Muster-Anstellungsvertrages im Anhang).

▶ Missachtung ist stets pflichtwidrig

Missachtet ein Geschäftsführer einen Zustimmungsvorbehalt und nimmt er ein Geschäft ohne entsprechenden Beschluss vor, ist dieses Handeln per se pflichtwidrig.[88] Der Geschäftsführer haftet, wenn ein entsprechender Schaden eingetreten ist.

---

[88]OLG Koblenz, Urt. v. 24.09.2007, 12 U 1437/04, Rdnr. 100, juris.de, für die oHG, siehe BGH, Urt. v. 04.11.1996, NJW 1997, 314 f.

Verkauft der Geschäftsführer beispielsweise ein Grundstück der GmbH, obwohl derartige Geschäfte eines zustimmenden Gesellschafterbeschlusses bedürfen, ohne einen solchen Beschluss, stellt dies ein pflichtwidriges Handeln dar. Für eine Haftung muss indes noch ein Schaden hinzukommen, beispielsweise ein Verkauf des Grundstücks unter dem Verkehrswert. Problematisch ist, ob sich der Geschäftsführer bei Kompetenzüberschreitungen damit entlasten kann, dass bei Vorlage der Entscheidung ein zustimmender Gesellschafterbeschluss erteilt worden wäre. Meines Erachtens muss auch hier die Berufung darauf, dass ein rechtmäßiges Alternativverhalten, den Schaden nicht verhindert hätte, zulässig sein.[89] Hierbei hat der Geschäftsführer allerdings die Beweislast, dass er die Zustimmung erhalten hätte. Sofern, wie dies in der Praxis häufig geschieht, Zustimmungsvorbehalte generell nicht oder nur in Teilen eingehalten werden, kann durch diese tatsächliche Übung eine Berufung der Gesellschafterversammlung auf einen Zustimmungskatalog treuwidrig sein. Allerdings muss der Geschäftsführer nachweisen, dass sämtliche Gesellschafter von vergleichbaren Fällen Kenntnis hatten und dennoch nicht auf Zustimmung pochten. Auch wird man eine Praxis von gewisser Dauer verlangen müssen. Meines Erachtens ist ein eigenständiges Handeln des Geschäftsführers mit Kenntnis der Gesellschafterversammlung von mindestens zwei Jahren zu verlangen müssen, wobei in diesem Zeitraum mindestens drei oder vier Mal trotz Zustimmungsvorbehalts und Kenntnis der Gesellschafter ohne einen zustimmenden Gesellschafterbeschluss in vergleichbaren Fällen gehandelt wurde. Hat der Geschäftsführer über viele Jahre, meines Erachtens reichen hier fünf Jahre, stets ohne Zustimmungsbeschlüsse mit Billigung der Gesellschafter gehandelt, kann er davon ausgehen, dass ihm die Versammlung freie Hand lässt und er nicht **allein** wegen der fehlenden Einholung eines förmlichen Gesellschafterbeschlusses pflichtwidrig handelt. Das gilt auch, wenn die Gesellschafter sich für die Geschäfte nicht interessiert haben, Berichte nie angefordert wurden, über Jahre stets dem Geschäftsführer ohne Nachfrage und Prüfung Entastung erteilt haben. In der Praxis ist es nicht selten, dass ein Zustimmungskatalog in der Satzung oder im Anstellungsvertrag formularmäßig vom Notar oder einem Anwalt vorformuliert wurde, aber kein Gesellschafter diesen bewusst zur Kenntnis genommen hat. Wird dieser Zustimmungskatalog jahrelang in der Praxis ignoriert, kann meines Erachtens die Pflichtwidrigkeit oder ggf. auch das Verschulden entfallen. Das heißt nicht, dass das Geschäft aus anderen Gründen pflichtwidrig ist, etwa weil die GmbH benachteiligt wird, wie beim Verkauf eines Grundstückes unterhalb des Verkehrswertes. Es geht nur darum, ob dem Geschäftsführer die unterlassene Einholung eines zustimmenden Beschlusses als Pflichtwidrigkeit angelastet werden kann. Im Einzelfall ist auch zu prüfen, ob ein zustimmender früherer Gesellschafterbeschluss so auszulegen ist, dass die Gesellschafterversammlung bei künftig gleich gelagerten Fällen nicht mehr befragt werden will bzw. antizipiert zustimmt.

[89] a.A. OLG Koblenz, a.a.O., Rdnr. 100.

Achtung!
Missachtet der Geschäftsführer einen Zustimmungsvorbehalt, steht er ggf. ohne Versicherungsschutz in der D & O-Versicherung dar, wenn sich sein Verhalten als sog. wissentliche Pflichtverletzung darstellt. Schäden, die auf wissentlichen Pflichtverletzungen beruhen, sind nach den verbreiteten Bedingungen nicht versichert (siehe unten 3. Teil H II 3.)

d. Grundsätze anerkannter Unternehmensleitung und business-judgement-rule

► Geschäftsführer hat unternehmerisches Ermessen

Der Geschäftsführer muss täglich Entscheidungen treffen. Oft stellt sich erst im Nachhinein heraus, ob eine Entscheidung richtig war. Zöge man den Geschäftsführer für jede nachteilige Maßnahme zur Verantwortung, würde dies seine Entscheidungsfreude stark hemmen, was einer erfolgreichen Unternehmensführung sicherlich nicht förderlich wäre. Der GmbH-Geschäftsführer hat daher grundsätzlich bei seinen unternehmerischen Entscheidungen einen weiten Ermessensspielraum. Vor allem kann er nicht dafür verantwortlich gemacht werden, wenn sich unternehmerische Risiken verwirklichen und Verluste eintreten (sog. *business-judgement-rule*).[90] Der Geschäftsführer, der „vom Pech verfolgt" ist, wird allein deshalb noch nicht schadensersatzpflichtig.

Prägnant hat das OLG Koblenz, Urt. v. 23.12.2014, 3 U 1544/13 BeckRS 2015, 712 das unternehmerische Ermessen in seinem 2. Leitsatz beschrieben, dieser Umschreibung ist uneingeschränkt zuzustimmen, wobei diese dann im Einzelfall angewandt und konkretisiert werden muss:

2. Bei unternehmerischen Entscheidungen steht den Geschäftsführern im Rahmen des Unternehmensgegenstandes grundsätzlich ein haftungsfreier Handlungsspielraum, ein unternehmerisches Ermessen, zu. Das bewusste Eingehen geschäftlicher Risiken, das eine unternehmerische Tätigkeit wesentlich prägt, umfasst grundsätzlich auch Fehleinschätzungen (in Anknüpfung an BGHZ 135, 244, 253 = NJW 1997, 1926). Schlägt ein Geschäft fehl und wird hierdurch die Gesellschaft geschädigt, dann ist eine Haftung aus § 43 GmbHG, der gerade keine Haftung für

[90] Durch das Gesetz zur Unternehmensintegrität und Modernisierung des Anfechtungsrechts (UMAG), das am 1. November 2005 in Kraft trat, wurde die business-judgement-rule im Aktienrecht verankert. In 93 I 2 AktG heißt es: *Eine Pflichtverletzung liegt nicht vor, wenn das Vorstandsmitglied bei seiner unternehmerischen Entscheidung vernünftigerweise annehmen durfte, auf der Grundlage angemessener Information zum Wohle der Gesellschaft zu handeln.* Die business-judgement-rule gilt auch für GmbH-Geschäftsführer, BGH, Urt. v. 04.11.2002, II ZR 224/00, BGHZ 152, 280; BGH, Beschl. v. 14.07.2008, II ZR 202/07, NZG 2008, 751; BGH, Urt. v. 22.02.2011, II ZR 146/09, NZG 2011, 549; OLG Frankfurt, Urt. v. 25.10.2011, 5 U 27/10, juris.

wirtschaftlichen Misserfolg begründet, ausgeschlossen, soweit die Geschäftsführer ihr Ermessen fehlerfrei ausgeübt haben. Andererseits ist eine fehlerhafte Ausübung unternehmerischen Ermessens dann anzunehmen, wenn aus der ex ante-Perspektive das Handeln des Geschäftsführers hinsichtlich der eingeholten Informationen als Entscheidungsgrundlage unvertretbar erscheint. Eine gerichtliche Überprüfung unternehmerischen Handelns findet daher nur dahin statt, ob dem Geschäftsführer in der jeweiligen Situation ein Ermessensspielraum zugestanden hat und dieses Ermessen ordnungsgemäß ausgeübt worden ist. Damit muss das Gericht unabhängig von später gewonnenen Erkenntnissen urteilen und darf nicht als „nachträglicher Besserwisser" erscheinen.

Der weite Gestaltungsspielraum findet jedoch dort seine Grenzen, wo ihm allgemein anerkannte betriebswirtschaftliche und kaufmännische Grundsätze entgegenstehen.

► Grenzen des unternehmerischen Ermessens

So muss der GmbH-Geschäftsführer die Leitungsentscheidungen entsprechend ihrer Bedeutung und Tragweite für das Unternehmen angemessen vorbereiten, die getroffenen Maßnahmen dürfen nicht gefühlsmäßig „aus dem Bauch heraus" vorgenommen werden, sondern müssen betriebswirtschaftlich nachvollziehbar sein. Ferner hat der Geschäftsführer grundsätzlich Vorsorge dafür zu treffen, dass seine Entscheidungen auch umgesetzt werden und ihre ständige Einhaltung kontrolliert wird.

Bei den Grundregeln der ordnungsgemäßen Geschäftsführung bzw. Unternehmensleitung handelt es sich um eine Generalklausel, die jeweils im Einzelfall konkretisiert werden muss.[91]

Hierzu gehört, dass das Unternehmen ständig in seiner Position am Markt beobachtet wird und dass die Absatz- und Personalplanung bzw. die interne Organisation jeweils an die konkreten Bedürfnisse angepasst werden.

---

[91] Siehe instruktiv OLG Oldenburg, Urt. v. 22.06.2006, 1 U 34/03, GmbHR 2006, 1263, Leitsätze: *1. Bei der Haftung des Geschäftsführers nach § 43 GmbHG ist zu berücksichtigen, dass dem Geschäftsführer bei unternehmerischen Entscheidungen ein erhebliches Handlungsermessen zusteht (im Anschluss an BGHZ 135, 244 , 257; BGH DB 2002, 473). Diese Grundsätze gelten auch bei personellen Maßnahmen (hier bei einer Gehaltserhöhung für einen leitenden Mitarbeiter), die in den Kompetenzbereich des Geschäftsführers fallen und die jedenfalls subjektiv im Unternehmensinteresse vorgenommen und nicht von sachfremden Erwägungen getragen werden. 2. Das dem Geschäftsführer bei unternehmerischen Entscheidungen zuzubilligende weite Ermessen ist beim Erwerb eines anderen Unternehmens (hier eines weiteren Klinikbetriebs) überschritten, wenn die Grundlagen, Chancen und Risiken der Investitionsentscheidung nicht ausreichend aufgeklärt worden sind. Zumindest dann, wenn nicht ausreichende, gesicherte Erkenntnisse über das zu erwerbende Unternehmen vorhanden sind oder wenn vorhandene Informationen Unklarheiten aufweisen, wird eine umfassende „Due Diligence" durchzuführen sein. Wird dies unterlassen, kommt bei einer zu erheblichen Verlusten führenden Fehlinvestition eine Geschäftsführerhaftung in Betracht.*

Insbesondere ist der Geschäftsführer verpflichtet, im Rahmen seiner Organisationsverantwortung ein adäquates Risikomanagement zu installieren. Bei der AG ist dies für den Vorstand ausdrücklich in § 91 II AktG geregelt: *Der Vorstand hat geeignete Maßnahmen zu treffen, insbesondere ein Überwachungssystem einzurichten, damit den Fortbestand der Gesellschaft gefährdende Entwicklungen früh erkannt werden.* Für den Geschäftsführer gilt nichts anderes. Die Haftungsprivilegierung kommt also nur in Betracht, wenn der Geschäftsführer das Ermessen überhaupt ausgeübt hat, dies setzt nach dem *BGH* voraus, dass das unternehmerische Handeln des Geschäftsführers auf einer sorgfältigen Ermittlung der Entscheidungsgrundlagen beruht.[92] Danach hat der Geschäftsführer in der konkreten Entscheidungssituation alle verfügbaren Informationsquellen tatsächlicher und rechtlicher Art auszuschöpfen und auf dieser Grundlage die Vor- und Nachteile der bestehenden Handlungsoptionen sorgfältig abzuschätzen und den erkennbaren Risiken Rechnung zu tragen.

e. Einzelfälle

Folgende Einzelfälle zu den Grundsätzen ordnungsgemäßer Unternehmensleitung lassen sich exemplarisch anführen:

aa. Risikoreiche Geschäfte, insbesondere Spekulationsgeschäfte

Spekulationsgeschäfte – wie etwa Börsen- oder Warentermingeschäfte – sind in der Regel pflichtwidrig. Etwas anderes gilt nur, wenn der Unternehmensgegenstand oder die konkreten Umstände ein solches bedingen. Zur Absicherung von Währungs-, Kurs- und Zinsrisiken sind selbstverständlich Termingeschäfte statthaft und sogar geboten.

► Vorsicht bei Termingeschäften!

Grundsätzlich muss jedoch mit kongruenter Deckung, d. h. mit einem zugrunde liegenden Grundgeschäft gearbeitet werden. So geht es beispielsweise nicht an, dass der Geschäftsführer Dollar auf Termin kauft, obwohl er überhaupt keinen Bedarf für ein konkretes Geschäft für die Devisenvaluta hat. Muss er die Dollar dann zum Termin ohne Verwendungsmöglichkeit für ein getätigtes Geschäft abnehmen und ggf. mit Verlust über die Börse wieder verkaufen, haftet er für den entstandenen Schaden. Bestellt ein Geschäftsführer aber beispielsweise Rohstoffe, die in sechs Monaten geliefert und dann in Dollar bezahlt werden müssen, ist es geboten, das Währungsrisiko abzusichern. Hier muss er in Höhe des Kaufpreises Dollar auf Termin kaufen. Kauft der Geschäftsführer hingegen Dollar auf Termin lediglich mit Spekulationsabsicht, handelt er regelmäßig pflichtwidrig. Sicherlich muss dem Geschäftsführer aber ein gewisses Ermessen zugestanden werden, ob eine Absicherung einzelner Geschäfte erforderlich ist oder nicht. Allein aus der Verwirklichung

[92] BGH, Beschl. v. 14.07.2008, II ZR 202/07, juris.de.

von Kursrisiken lässt sich noch nicht auf eine Pflichtverletzung schließen. Geht der Geschäftsführer namens der GmbH erhebliche Risiken ein, so sollte er zuvor einen haftungsentlastenden Beschluss der Gesellschafterversammlung herbeiführen.

bb. Außerachtlassung von üblichen Sicherungsmöglichkeiten

► Sicherungsmöglichkeiten müssen ausgeschöpft werden

In jedem Fall pflichtwidrig sind Rechtsgeschäfte ohne gebotene Absicherung: Verkauft der Geschäftsführer beispielsweise Waren, ohne die Bonität des Käufers zu prüfen bzw. versäumt er es, die einschlägigen Kreditsicherheiten zu vereinbaren (z. B. Eigentumsvorbehalte in allen erdenklichen Formen), so handelt er – zumindest bei Geschäften größeren Umfangs – grundsätzlich pflichtwidrig. Gleiches gilt, wenn zu hohe Anzahlungen an Vertragspartner geleistet werden, ohne dass deren Kreditwürdigkeit geprüft oder als Sicherheit eine Bankbürgschaft verlangt wird.

cc. Abschluss nachteiliger Geschäfte

► Nachteilige Geschäfte sind stets pflichtwidrig

Der Geschäftsführer handelt pflichtwidrig, wenn er nachteilige Geschäfte abschließt. Nachteilige Geschäfte sind in jedem Fall Abschlüsse von Verträgen, bei denen Leistung und Gegenleistung für die GmbH im Missverhältnis stehen.

Erst recht fallen hierunter für die GmbH finanziell nachteilige Geschäfte ohne Gegenleistung oder sonstigen Vorteil.

Allenfalls bei Zuwendungen an Arbeitnehmer, Spenden bzw. Sponsoring, welches im Unternehmensinteresse liegen kann, gilt dies grundsätzlich nicht. Übersteigen solche Zuwendungen für Arbeitnehmer oder für karitative bzw. soziale Zwecke allerdings das übliche Maß oder ist ein Vorteil für die GmbH nicht ersichtlich, begründet dies eine Pflichtwidrigkeit des Geschäftsführers.[93]

Beispiel

„Taxifete"

Geschäftsführer G führt die Geschäfte einer Taxi-GmbH in Berlin. Er unterstützt mit Mitteln der Gesellschaft eine Examensparty an der Universität in München. Hier ist kein Vorteil für die GmbH ersichtlich, da sich dieses Sponsoring kaum positiv auf das Berliner Geschäft auswirken dürfte.

In Zweifelsfällen sollte der Geschäftsführer die Zustimmung der Gesellschafterversammlung einholen.

---

[93] Hiervon zu trennen ist die Frage, wann die Grenze zur strafrechtlich relevanten Untreue überschritten ist. Fraglich ist, ob eine gravierende Pflichtverletzung zu fordern ist, siehe oben 3. Teil C.II.2.c.bb.

Pflichtwidrig ist beispielsweise auch ein Geschäft, bei dem Vermögensgegenstände, wie z. B. Grundstücke oder Kraftfahrzeuge der GmbH, unter Wert verkauft werden. Umgekehrt gilt dies für den Ankauf zu überhöhten Preisen.

Der Geschäftsführer begeht ferner Pflichtverletzungen, wenn er unangemessen hohe Preisnachlässe gewährt, überhöhte Provisionen bzw. Honorare an Dritte zahlt oder auf Forderungen der Gesellschaft verzichtet.

Die Abgabe von Bürgschaften, Patronatserklärungen oder Stellung von Sicherheiten ohne betriebswirtschaftlichen Anlass gehören genauso hierher wie die Vergabe ungesicherter oder unverzinster bzw. zu niedrig verzinster Kredite aus dem Gesellschaftsvermögen.

dd. Kontrolle des Zahlungsverkehrs

► Zahlungsverkehr muss im Auge behalten werden

Der Geschäftsführer muss selbstverständlich eine Organisation schaffen, die Veruntreuungen bzw. Unterschlagungen jeglicher Art möglichst verhindert. So hat er Mitarbeiter, die über die Kassenbestände bzw. über die Kontoguthaben oder Scheckformulare verfügen können, besonders sorgfältig auszusuchen und zu überwachen.

Treten Fehlbestände in der Kasse oder auf dem Konto auf und kann der Geschäftsführer nicht beweisen, wohin die Gelder geflossen sind, so wird eine zweckwidrige Verwendung mit der Folge der persönlichen Einstandspflicht des Geschäftsführers vermutet.

ee. Eigengeschäfte des Geschäftsführers

Der Geschäftsführer hat seine Eigeninteressen grundsätzlich hinter die der GmbH zurückzustellen.

► Kein Wirtschaften in die „eigene Tasche"

So ist es pflichtwidrig, wenn der Geschäftsführer seinen privaten Verbrauch auf Kosten der Gesellschaft finanziert. Der Geschäftsführer macht sich beispielsweise schadensersatzpflichtig, wenn er die betriebliche Reinigungskraft privat einsetzt, ohne dies aus eigener Tasche zu bezahlen oder Scheinarbeitsverhältnisse mit Angehörigen begründet. Ebenfalls hierher gehören die Fälle, in denen Rechnungen über private Ausgaben in die Buchhaltung gegen Erstattung der Rechnungsbeträge eingeschleust werden.

Chancen, die sich der Gesellschaft bieten, hat der Geschäftsführer im Interesse der Gesellschaft und nicht im eigenen Interesse wahrzunehmen (sog. *corporate-opportunity-doctrine*).

► Geschäftschancen sind für die GmbH zu sichern

Erfährt der Geschäftsführer beispielsweise, dass ein Grundstück zum Kauf angeboten wird, das bestens für die geplante Betriebserweiterung geeignet ist, so hat er dieses Grundstück auf Rechnung der GmbH zu erwerben. Er handelt pflichtwidrig, wenn er es auf eigene Rechnung, etwa im eigenen Namen oder durch Zwischenschaltung eines Strohmannes kauft, um es anschließend zu einem erhöhten Preis an die Gesellschaft weiterzuveräußern.

Diese Pflicht des Geschäftsführers, die Geschäftschance für die Gesellschaft zu nutzen, folgt aus seiner Loyalitätspflicht, aber auch aus dem ihn treffenden Wettbewerbsverbot. Zu betonen ist, dass der Geschäftsführer stets im Dienst ist. So hat er auch Chancen zu nutzen, die ihm in seiner Freizeit zugetragen werden oder die ihm aus seiner Tätigkeit vor der Geschäftsführerposition noch in Erinnerung sind.

Zu dieser Fallgruppe gehören auch sog. Ankoppelungsgeschäfte des Geschäftsführers. Diese liegen vor, wenn sich der Geschäftsführer von Dritten Vorteile gewähren lässt, weil er diesen ein Geschäft mit der GmbH zugeschanzt hat. Nimmt der Geschäftsführer Provisionen, Schmiergelder oder andere Leistungen entgegen oder lässt er sich diese versprechen, so handelt er damit grob pflichtwidrig. Die empfangenen Gelder sind gemäß § 667 BGB der Gesellschaft herauszugeben.[94] Auch die Bildung einer Schwarzgeldkasse kann eine Schadensersatzpflicht begründen[95] (siehe bereits oben die Ausführungen zur Untreue zu Lasten der GmbH unter 3. Teil, C II 2 c.bb.)

III. Kausaler Vermögensschaden

► Keine Haftung ohne Schaden

Der Geschäftsführer muss für den von ihm verursachten Schaden aufkommen. Hierbei ist es, anders als bei § 823 I BGB, völlig unerheblich, ob der Schaden mittelbar infolge eines Personen- oder Sachschadens entstanden ist oder ob es sich um einen unmittelbaren sog. reinen Vermögensschaden handelt.

---

[94] LG Bonn, Urt. v. 05.08.2003, 15 O 75/03, NJW-RR 2003, 1502; siehe auch OLG Düsseldorf, Urt. v. 25.11.1999, 6 U 146/98, NZG 2000, 651, 2. Leitsatz: *Dem Geschäftsführer einer GmbH ist es auf Grund seiner Loyalitätspflicht untersagt, persönliche Vorteile aus der geschäftlichen Tätigkeit der Gesellschaft für sich abzuleiten. Nimmt er beim Abschluss von Rechtsgeschäften zwischen der Gesellschaft und Dritten Provisionen oder Schmiergelder entgegen, hat er diese ohne Nachweis eines Schadens an die Gesellschaft herauszugeben. Im Übrigen spricht der Beweis des ersten Anscheins dafür, dass das Geschäft ohne die Zuwendungen mit anderem Inhalt, insbesondere einer höheren Gegenleistung zustande gekommen wäre und der Gesellschaft damit ein Schaden mindestens in Höhe des gewährten Vorteils entstanden ist.*

[95] OLG Celle, Urt. v. 21.12.2005, 9 U 100/05, GmbHR 2006, 377, Leitsatz: *Nimmt es ein GmbH-Geschäftsführer tatenlos hin, dass ein Gesellschafter ohne Billigung der Gesellschafterversammlung Geldeingänge zur Bildung einer schwarzen Kasse abzweigt, verstößt er gegen § 43 Abs. 2 GmbHG und gegen § 823 Abs. 2 BGB i.V.m. § 266 StGB. Ein täterschaftliches Zusammenwirken mit dem Gesellschafter ist nicht erforderlich.*

Beispiel

„Unfall mit Folgen"

Geschäftsführer G verursacht schuldhaft mit dem Geschäftsfahrzeug einen Verkehrsunfall, bei dem die Brille eines Mitarbeiters und das Fahrzeug beschädigt werden. Die Gesellschaft lässt das Fahrzeug auf ihre Kosten reparieren und bezahlt dem Mitarbeiter die Reparatur der Brille. Nunmehr kann sie gemäß § 43 GmbHG vom Geschäftsführer den aufgewendeten Betrag erstattet verlangen. Das gleiche Ergebnis lässt sich auch über Ansprüche aus unerlaubter Handlung herleiten.

Häufig verursacht der Geschäftsführer allerdings nur *reine* Vermögensschäden, so etwa, wenn er Forderungen verjähren lässt oder für die GmbH nachteilige Rechtsgeschäfte abschließt. Hier bestehen Ansprüche der Gesellschaft nur aus § 43 GmbHG und nicht gleichzeitig aus dem Recht der unerlaubten Handlung. Für den Schaden bzw. seine Feststellung gelten im Übrigen die §§ 249 ff. BGB und damit Differenzhypothese, so dass durch einen Vergleich der infolge des haftungsbegründenden Ereignisses eingetretenen Vermögenslage mit derjenigen, die sich ohne jenes Ereignis ergeben hätte, festzustellen ist, ob ein Schaden vorliegt. Dies wäre der Fall, wenn eine Minderung des Gesellschaftsvermögens eingetreten ist, ohne dass diese durch einen damit im Zusammenhang stehenden Vermögenszuwachs mindestens ausgeglichen ist.[96]

Die Schadensberechnung stößt häufig auf Schwierigkeiten, weil der weitere Kausalverlauf meist nicht sicher feststeht. Wird dem Geschäftsführer vorgeworfen, er habe eine Forderung verjähren lassen, weshalb diese nicht durchsetzbar sei, der Schaden der GmbH bestehe in dem Forderungsausfall, hätte die GmbH im ersten Schritt ihren Schaden dargelegt und damit ihrer Beweislast genügt (siehe unten unter V.). Behauptet der Geschäftsführer, die Forderung sei ohnehin nicht durchsetzbar gewesen, weil es andere Einwendungen gebe, die durchgeschlagen hätten oder weil der Gegner ohnehin zur Zahlung nicht imstande gewesen wäre, träfe ihm hierfür die Beweislast. Der Geschäftsführer muss nämlich beweisen, dass der Schaden auch bei pflichtgemäßem Alternativverhalten eingetreten wäre. Das könnte dem Geschäftsführer z. B. gelingen, wenn er darlegt, dass über das Vermögen des Gegners das Insolvenzverfahren mangels Masse nicht eröffnet wurde. Geschah dies zu einem Zeitpunkt, zu dem die Forderung hätte durchgesetzt werden müssen und nicht erst deutlich später, ist der Beweis des pflichtgemäßen Alternativerhaltens geführt. Dazu noch ein weiteres Beispiel:

[96]OLG Frankfurt, Urt. v. 25.10.2011, 5 U 27/10, juris; siehe auch KG, Urt. v. 24.02.2011, 19 U 83/10, NZG 2011, 429, dort wurde dem Geschäftsführer vorgeworfen, er habe nachträglich eine Honorarvereinbarung über eine Rechtsanwaltsvergütung abgeschlossen, weshalb der Schaden in der Differenz zwischen dem vereinbarten Honorar und dem Honorar nach dem Rechtsanwaltsvergütungsgesetz bestünde.

Beispiel

„Teurer Tiefbau“

Die Klein-Liebchen GmbH gehört zu 100 % der Gemeinde Klein Liebchen. Geschäftsführerin Gerty Grundmann (G) schreibt Tiefbauarbeiten für die Erschließung eines Grundstücks aus, auf dem ein Technologiepark entstehen soll. Den Zuschlag erhält die Firma Groß Liebchen Bau GmbH für 500.000 €. In den Vergabebedingungen ist geregelt, dass eine Vertragserfüllungsbürgschaft zu stellen ist. G vergisst die Bürgschaft anzufordern. Die Bau GmbH tut nichts und geht pleite. Der Bauvertrag wird gekündigt, ein neuer Anbieter in einer neuen Ausschreibung stellt das Vorhaben schließlich für 600.000 € her. Die Klein-Liebchen GmbH will G auf 100.000 € Schaden in die Haftung nehmen, hierin sei ein Verzögerungsschaden noch gar nicht enthalten. G beruft sich darauf, dass bei rechtmäßigen Alternativerhalten der Schaden größer wäre. Hätte sie die Bürgschaft angefordert, wäre diese wegen der schlechten Bonität nicht gestellt worden, keine Bank hätte diese kurz vor der Insolvenz der Bau GmbH gestellt. Dann wäre es ebenfalls zur Kündigung des Bauvertrags gekommen und das zweitbeste Angebot, damals über 700.000 € wäre zum Zuge gekommen. Dann aber wäre es für die kommunale GmbH teurer geworden. Sofern sich dies am Ende tatsächlich so belegen ließe, entfiele mangels Schadens eine Haftung der G.

IV. Verschulden

► Keine Haftung ohne Verschulden

Der Geschäftsführer hat in den Angelegenheiten der Gesellschaft gemäß § 43 I GmbHG die *Sorgfalt eines ordentlichen Geschäftsmannes* anzuwenden. Danach muss ein Geschäftsführer für jede Form des Verschuldens einstehen. Er haftet daher bereits für einfache Fahrlässigkeit. Erst recht haftet er für grobe Fahrlässigkeit und Vorsatz.

► Jede Form der Fahrlässigkeit genügt

Fahrlässig handelt, wer die im Verkehr erforderliche Sorgfalt außer Acht lässt. Für den Geschäftsführer gilt der strenge Maßstab des ordentlichen Geschäftsmannes. Hierbei kommt ein objektiver Maßstab zur Anwendung, d. h. der Geschäftsführer kann sich nicht darauf berufen, dass er persönlich mit den Aufgaben überfordert oder ihnen nicht gewachsen war.

► Sonderwissen muss eingesetzt werden

Der objektive Maßstab legt den durchschnittlichen Geschäftsführer zugrunde. Die Pflichten des durchschnittlichen Geschäftsführers bilden aber nur die Untergrenze der Sorgfaltspflichten, die in jedem Fall einzuhalten ist. Verfügt der Geschäftsführer über überdurchschnittliche Kenntnisse und Fähigkeiten, so sind auch diese für seinen Sorgfaltsmaßstab anzusetzen. Dies ist allerdings nicht ganz unumstritten. Dafür spricht, dass der Geschäftsführer die Fähigkeiten, die er besitzt, auch im Interesse der Gesellschaft einzusetzen hat. Gerade diese besonderen Fähigkeiten werden es oft sein, die bei der Bemessung der Vergütung ihren Niederschlag gefunden haben. Deshalb ist es nur billig, dass auch der Sorgfaltsmaßstab hiermit korrespondiert.

Wichtig ist, dass nach ganz herrschender Meinung die Grundsätze der Arbeitnehmerhaftung nicht für den GmbH-Geschäftsführer gelten.[97] Nach diesen Grundsätzen müssen Arbeitnehmer u. a. im Falle leichtester Fahrlässigkeit im Verhältnis zum Arbeitgeber nicht für die durch sie herbeigeführten Schäden aufkommen. Bei normaler Fahrlässigkeit müssen Arbeitnehmer nur anteilig haften. Erst bei grob fahrlässiger Herbeiführung besteht eine volle Verantwortlichkeit. Dieser privilegierende Haftungsmaßstab wird auf den GmbH-Geschäftsführer nicht angewendet. Das heißt, der GmbH-Geschäftsführer haftet im Verhältnis zur GmbH auch für einfach fahrlässig verursachte Schäden. Während der Arbeitnehmer also in der Entwicklung der Rechtsprechung haftungsrechtlich privilegiert wird, gelten bei der Haftung des Geschäftsführers grundsätzlich keine Erleichterungen.

Der Geschäftsführer muss nach ganz überwiegender Ansicht – selbst, wenn er im Verhältnis zu den Gesellschaftern völlig untergeordnet arbeitet – für jede Form der Fahrlässigkeit einstehen.[98] Eine vermittelnde Ansicht will die Grundsätze der Arbeitnehmerhaftung dann anwenden, wenn der Geschäftsführer nicht im Rahmen von Organpflichten tätig ist bzw. wenn er Arbeiten wie ein Arbeitnehmer verrichtet, z. B. Waren ausliefert oder Handwerksarbeiten durchführt und hierbei Schäden verursacht oder auch dann, wenn der Geschäftsführer in ähnlicher Weise wie ein (leitender) Angestellter von der Gesellschaft abhängig ist.[99]

▶ Geschäftsführer im Ehrenamt

Ist der Geschäftsführer ehrenamtlich oder nur gegen ein geringes Entgelt für die GmbH tätig, könnte erwogen werden eine Vorschrift aus dem Vereinsrecht entsprechend anzuwenden. Nach § 31a Abs. 1 Satz 1 BGB haften u. a. Vereinsvorstände, die unentgeltlich tätig sind oder die für ihre Tätigkeit nur eine Vergütung, erhalten die 720 Euro jährlich nicht übersteigt, dem Verein gegenüber wegen der von ihnen bei der Wahrnehmung ihrer Pflichten verursachten Schäden nur bei Vorliegen von Vorsatz oder grober Fahrlässigkeit. Strittig ist, ob diese Vorschrift für den ehrenamtlich tätigen Geschäftsführer oder wenigstens für die gemeinnützige GmbH

---

[97] So BGH, Urt. v. 27.02.1975, II ZR 112/72, juris (zur Genossenschaft), Orientierungssatz: 1. *Das geschäftsführende Vorstandsmitglied einer Genossenschaftsbank ist auch für leicht fahrlässige Pflichtverletzungen haftbar*; OLG Koblenz, Urt. v. 24.09.2007, 12 U 1437/04, Rdnr. 130, juris.de.; Grundlegend *Joussen*, Der persönliche Anwendungsbereich der Arbeitnehmerhaftung, RdA 2006, 129;

[98] OLG Koblenz, Urt. v. 24.09.2007, 12 U 1437/04, juris.de.

[99] *Reese*, Die Haftung von „Managern" im Innenverhältnis, DStR 1995, 532, 535.

analog angewendet werden kann, was ganz überwiegend abgelehnt wird.[100] Dagegen spricht, dass die Insolvenzgefahr bei einem nicht wirtschaftlich tätigen Verein geringer ist, so dass die gläubigerschützende Wirkung der weiterreichenden Geschäftsführerhaftung bei einem Verein nicht geboten erscheint. Vorzugswürdig ist es aber den Geschäftsführer, der im Ehrenamt oder nur gegen eine Aufwandsentschädigung oder für das geringe Entgelt bis zu 720 Euro pro Jahr tätig ist zu privilegieren, sofern es sich um eine gemeinnützige GmbH handelt, die dem ideellen Verein gleichgestellt werden könnte. Dafür spricht der Zweck des § 31a BGB soziales Engagement mit einer Haftungserleichterung zu honorieren. Bei einer erwerbswirtschaftlich tätigen GmbH besteht für eine Anwendung der Privilegierung keine Veranlassung, sonst würde z. B. auch der Gesellschafter-Geschäftsführer bevorzugt, der sich kein Gehalt ausbezahlt, sondern seine Einnahmen über die Dividende bezieht.

V. Beweislastverteilung

Ob man in einem Zivilprozess obsiegt, hängt häufig von der Beweislast ab. Die Frage der Beweislastverteilung ist deshalb von erheblicher Bedeutung. Grundsätzlich muss der Anspruchssteller die Voraussetzung seines Anspruchs beweisen. Auf die Managerhaftung übertragen würde dies bedeuten, dass die GmbH die einzelnen Voraussetzungen des Haftungstatbestandes beweisen müsste. Diese Beweislastverteilung gilt jedoch nicht für alle Voraussetzungen der Managerhaftung. Für die Geschäftsführerhaftung gibt es Besonderheiten:

▶ Verhalten und kausaler Schaden

Die GmbH muss nur beweisen, dass bei der Gesellschaft durch ein bestimmtes Verhalten des Geschäftsführers ein Schaden verursacht worden ist. Unter Beweis zu stellen ist damit ein Verhalten des Geschäftsführers und ein auf dieser Verhaltensweise beruhender Vermögensschaden.[101] Es genügt hierbei für den Schaden,

---

[100] *Noack,* Haftungsmilderung für ehrenamtliche GmbH-Geschäftsführer?, GmbHR 2010, R 81, *Leuschner*, Das Haftungsprivileg der §§ 31a, 31b BGB, NZG 2014, 281, 287, dafür *Piper*, Die Haftung von ehrenamtlich tätigen Organen und § 31a BGB – Anwendungsbereich und Regelungsgehalt der Vorschrift –, WM 2011, 2211, 2214.

[101] BGH, Urt. v. 04.11.2002, II ZR 224/00, NJW 2003, 358, Leitsatz: *Eine Gesellschaft mit beschränkter Haftung trifft im Rechtsstreit um Schadensersatzansprüche gegen ihren Geschäftsführer gem. § 43 II GmbHG – entsprechend den Grundsätzen zu § 93 II AktG, § 34 II GenG – die Darlegungs- und Beweislast nur dafür, dass und inwieweit ihr durch ein Verhalten des Geschäftsführers in dessen Pflichtenkreis ein Schaden erwachsen ist, wobei ihr die Erleichterungen des § 287 ZPO zugute kommen können. Hingegen hat der Geschäftsführer darzulegen und erforderlichenfalls zu beweisen, dass er seinen Sorgfaltspflichten gem. § 43 I GmbHG nachgekommen ist oder ihn kein Verschulden trifft oder dass der Schaden auch bei pflichtgemäßem Alternativverhalten eingetreten wäre.* Zustimmend OLG Rostock, Urt. v. 21.04.2006, 6 U 17/02, OLG-Neue Bundesländer 2006, 250, *OLG Koblenz, Urt. v. 23.12.2014, 3 U 1544/13,* BeckRS 2015, 712, bestätigt BGH, Beschl. v. 18.02.2008, II ZR 62/07, NJW-RR 2008, 905; BGH, Urt. v. 22.02.2011, II ZR 146/09, NZG 2011, 549.

dass die GmbH Tatsachen vorträgt und unter Beweis stellt, die für eine Schadensschätzung nach § 287 Abs. 1 ZPO hinreichende Anhaltspunkte bieten.[102] In § 287 Abs. 1 Satz 1 ZPO heißt es: *Ist unter den Parteien streitig, ob ein Schaden entstanden sei und wie hoch sich der Schaden oder ein zu ersetzendes Interesse belaufe, so entscheidet hierüber das Gericht unter Würdigung aller Umstände nach freier Überzeugung.* Das Gericht hat hier einen Spielraum zur Bestimmung des Schadens. Der Schaden muss nicht bis zum letzten Detail von der GmbH nachgewiesen werden, das Gericht darf schätzen, hierfür sind aber von der GmbH Ausgangs- bzw. Anknüpfungstatsachen schlüssig vorzutragen und zu beweisen, damit das Gericht überhaupt eine Grundlage für die Schätzung hat.

► Pflichtwidrigkeit

Hinsichtlich der Pflichtwidrigkeit muss die Gesellschaft nach Ansicht des *BGH* nur darlegen, dass das Verhalten aus dem Pflichtenkreis des Geschäftsführers stammt. Dieser muss sich dann entlasten, indem er vorträgt, pflichtgemäß und ohne Verschulden gehandelt zu haben. *Handelte es sich um eine unternehmerische Entscheidung, wird der Geschäftsführer mit der so genannten Business Judgement Rule insofern privilegiert, als er lediglich darzutun und gegebenenfalls zu beweisen hat, dass die Entscheidung auf einer sorgfältigen Ermittlung der Entscheidungsgrundlage sowie ausreichender Information beruhte und er vernünftigerweise annehmen durfte, zum Wohle der Gesellschaft zu handeln.*[103]

Eine Entscheidung des *BGH* betraf einen Fall, indem die GmbH u. a. unter Vorlage eines betriebswirtschaftlichen Gutachtens geltend machte, dass die Geschäftsführerin auf die ungenügende Auslastung der Fertigungskapazitäten beider Betriebsstätten pflichtwidrig nicht rechtzeitig reagiert und es versäumt habe, für einen Zeitraum von einem Jahr Kurzarbeit anzumelden. Dadurch sei der GmbH ein Schaden in Form unnötiger Lohnkosten von ca. 370.000 € entstanden. Der

---

[102] BGH, Beschl. v. 18.02.2008, II ZR 62/07, NJW-RR 2008, 905; KG, Urt. v. 24.02.2011, 19 U 83/10, NZG 2011, 429; siehe BGH, Urt. v. 18.06.2013, II ZR 86/11, Rdnr. 22 nach juris, aus den Gründen: *Im Prozess gegen den Geschäftsführer muss die einen Anspruch nach § 43 Abs. 2 GmbHG verfolgende klagende Gesellschaft darlegen und beweisen, dass und inwieweit ihr durch ein möglicherweise pflichtwidriges Verhalten des Geschäftsführers in seinem Pflichtenkreis ein Schaden erwachsen ist, wobei ihr gegebenenfalls die Erleichterungen des § 287 ZPO zu Gute kommen. Hingegen hat der Geschäftsführer darzulegen und erforderlichenfalls zu beweisen, dass er seinen Sorgfaltspflichten nachgekommen ist oder ihn kein Verschulden trifft oder dass der Schaden auch bei pflichtgemäßem Alternativverhalten eingetreten wäre*, siehe ferner OLG Frankfurt, Urt. v. 25.10.2011, 5 U 27/10, juris, mit der Begründung, das bei einem Schadensersatzanspruch aus Vertragsverletzung der Ursachenzusammenhang mit einem daraus erwachsenen allgemeinen Vermögensschaden nach ständiger Rechtssprechung des BGH nicht zur haftungsbegründenden, sondern zur haftungsausfüllenden Kausalität gehört, für deren Nachweis ebenfalls die in § 287 ZPO vorgesehenen Erleichterungen gelten.

[103] So wörtlich OLG München, Urt. v. 21.03.2013, 23 U 3344/12, NZI 2013, 543 f. unter Verweis auf BGHZ 152,280 = NJW 2003, 358; BGH, NJW 2008, 3361 = GmbHR 2008, 1033.

Geschäftsführerin oblag es die Vorwürfe zu entkräften, indem sie unter Beweisantritt darzulegen hatte, warum Kurzarbeit keine geeignete Lösung gewesen wäre.

▶ Verschulden

Das Verschulden wird zu Lasten des Geschäftsführers vermutet. Diese Umkehr der Beweislast für das Verschulden ergibt sich indes nicht aus dem GmbHG. Entsprechende Normen existieren allerdings für den Vorstand der Aktiengesellschaft und der Genossenschaft (siehe hierzu § 93 II 2 AktG und § 34 II 2 GenG). In Anlehnung an diese Vorschriften wird eine analoge Beweislastverteilung bei der GmbH zugrunde gelegt.

▶ Geschäftsführer muss sich entlasten

Der Geschäftsführer muss daher beweisen, dass sein Verhalten nicht schuldhaft war sowie dass bei pflichtgemäßen Verhalten der Schaden gleichwohl entstanden wäre (siehe bereits die Beispiele oben bei III. zum kausalen Schaden). Dies dürfte ihm häufig große Schwierigkeiten bereiten, da bei einem Schadenseintritt schon der äußere Anschein des Geschehens für sein Verschulden spricht. Aufgrund der bis zum Prozess verstrichenen Zeit kann der Geschäftsführer auch deswegen oft in Beweisnot gelangen. Da er meist aus den Diensten der GmbH ausgeschieden ist, hat er nicht mehr den Zugang zu den Geschäftsunterlagen und kann diese nicht mehr zu seiner Entlastung auswerten. Allerdings spricht für diese Beweislastverteilung, dass der Geschäftsführer während seiner aktiven Zeit Zugang zu sämtlichen Unterlagen und allen Informationen der Gesellschaft hatte. Dies ermöglicht ihm, im Vorfeld für eine Dokumentation zu sorgen, die belegt, dass er ohne Verschulden handelte. Der Geschäftsführer ist also „näher an der Sache dran". Dies gilt aber wie erwähnt nur für den noch amtierende Geschäftsführer. Ist der Geschäftsführer wie in der Praxis häufig bereits seines Amtes enthoben, soll er die Pflichtwidrigkeit und das Verschulden ausräumen, hat aber keinen Zugang mehr zu den Unterlagen. Meines Erachtens muss wegen dieser Beweislastverteilung dem Geschäftsführer gleichzeitig das Recht zur umfassenden Akteneinsicht einräumt werden oder ihm gestattet werden beim Ausscheiden oder nachträglich auf seinen Antrag, die ihm entlastende Dokumentation bzw. die damit korrespondierenden Unterlagen in Kopie mitzunehmen.

Tipp!
Sie müssen immer damit rechnen, plötzlich aus dem Amt abberufen zu werden. Dadurch werden Sie vom Informationsfluss der Gesellschaft abgeschnitten und haben zudem keinen Zugang und Einblick in die Unterlagen der Gesellschaft. Sie sollten daher rechtzeitig die Sie entlastenden Unterlagen kopieren und „privat" lagern. Für einen späteren Prozess stehen Ihnen

(Fortsetzung)

die Unterlagen so zur Verfügung. Das *OLG Koblenz* hat einem ausgeschiedenen Geschäftsführer sogar ein Einsichtsrecht in die relevanten Unterlagen eingeräumt,[104] ob sich entlastender Schriftverkehr allerdings dann immer noch anfindet, dürfte fraglich sein. Ideal wäre eine Klausel in dem Anstellungsvertrag, durch den der Geschäftsführer das Recht zur Einsicht bzw. zur Aufbewahrung entsprechend relevanter Unterlagen erhält (siehe § 17 des Musteranstellungsvertrags im Anhang).

VI. Verjährung

Nach § 43 IV GmbHG verjährt der Anspruch nach fünf Jahren.

- Beginn der Frist

Die Verjährungsfrist wird in Gang gesetzt, sobald der Anspruch entstanden ist. Das bedeutet, dass auch der durch die schuldhafte Pflichtverletzung entstandene Schaden eingetreten sein muss. Hierbei muss der Schaden dem Grunde nach entstanden sein, seine Höhe braucht noch nicht abschließend festzustehen.[105] Es genügt die Möglichkeit, eine die Verjährung unterbrechende Feststellungsklage zu erheben.[106] Ist hingegen noch offen, ob ein pflichtwidriges, mit einem Risiko behaftetes Verhalten zu einem Schaden führt, ist der Anspruch noch nicht entstanden.[107]

- Einzelheiten

Der *BGH* hat einen Beginn der Verjährungsfrist in einem Fall angenommen, in dem der Geschäftsführer im Rahmen eines Mietkaufs Zahlungen für Maschinen getätigt hatte, die für die Gesellschaft wertlos gewesen waren.[108] Der Schaden sei bereits mit Abschluss des Mietvertrages entstanden. Dass die Gesellschafter hiervon keine Kenntnis hatten, hindere den Beginn der Verjährungsfrist nicht.[109] Es ist aber keinesfalls stets so, dass der Schaden dem Grunde nach bereits mit Abschluss des Vertrages feststeht. Wird dem Geschäftsführer beispielsweise vorgeworfen, er habe pflichtwidrig eine für die GmbH nachteilige Vertragsklausel zum Beispiel eine Vertragsstrafe akzeptiert, entsteht meines Erachtens der Schaden dem Grunde nach

---

[104] OLG Koblenz, Urt. v. 24.09.2007, 12 U 1437/04, Rdnr. 102, juris.de.

[105] BGH, Urt. v. 23.03.1987, II ZR 190/86, BGHZ 100, 228, 231; BGH, Urt. v. 21.02.2005, II ZR 112/03, GmbHR 2005, 544.

[106] BGH, Urt. v. 21.02.2005, II ZR 112/03, GmbHR 2005, 544.

[107] BGH, Urt. v. 23.03.1987, II ZR 190/86, BGHZ 100, 228, 231.

[108] BGH, Urt. v. 21.02.2005, II ZR 112/03, GmbHR 2005, 544, 545.

[109] BGH, Urt. v. 21.02.2005, II ZR 112/03, GmbHR 2005, 544, 545.

erst dann, wenn die konkrete Gefahr besteht, dass die Vertragsstrafe ausgelöst wird. Wird dem Geschäftsführer zur Last gelegt, er habe für die GmbH mündlich vereinbarte Rechte, z. B. ein Rücktrittsrecht von einem Vertrag, nicht schriftlich fixiert, weshalb sie nunmehr nicht mehr durchsetzbar seien, beginnt die Verjährungsfrist frühestens dann, wenn der Gegner die mündliche Abrede bestreitet. Bei einem Schädigungsgeschehen, das aus mehreren Akten besteht und das als einheitliches Gesamtgeschehen zu werten ist, beispielsweise eine pflichtwidrige Umschuldung, beginnt die Verjährung nicht vor Abschluss des Geschehens mit dem letzten Teilakt.[110]

- Verkürzung

Der *BGH* lässt grundsätzlich eine Verkürzung der Verjährungsfrist gemäß § 43 GmbHG zu. Dies ist aber nur insoweit statthaft, als der Schadensersatzbetrag zur Befriedigung der Gläubiger der Gesellschaft nicht erforderlich ist (Argument aus § 43 III GmbHG).[111] In der *BGH*-Entscheidung ging es um die Vereinbarung einer Ausschlussfrist im Anstellungsvertrag, die festlegte, dass Ansprüche gegen den Geschäftsführer nur innerhalb einer Ausschlussfrist von 2 Monaten ab Kündigung des Geschäftsführervertrags geltend gemacht werden können. Durch eine Ausschlussfrist werde faktisch die Verjährungsfrist verkürzt. Dieses Urteil des *BGH* ist beachtlich, da vorher in der Literatur äußerst umstritten war, ob eine Verkürzung der Verjährungsfrist rechtens ist. Auch wurde eine lediglich im Anstellungsvertrag vereinbarte verkürzte Verjährung für unzulässig erachtet, da die Informationsinteressen späterer Gesellschafter, der Gesellschaftsgläubiger und der Allgemeinheit verletzt würde (siehe sogleich unter VII.).

VII. Instrumente zum Ausschluss und zur Minimierung der Haftung

Von enormer Bedeutung für den Geschäftsführer sind „Instrumente", mit denen die Haftung aus § 43 GmbHG ohne eine persönliche Inanspruchnahme aus der Welt geschafft werden kann. In Betracht kommen im Voraus getroffene Vereinbarungen, z. B. wonach der Geschäftsführer nicht für jedes Verschulden haftet, oder nachträglich getroffene Befreiungen in Form der Entlastung, des Verzichts oder des Vergleichs.

Tipp!
Zu den Möglichkeiten im Rahmen des Anstellungsvertrages Regelungen zu treffen, siehe § 6a des im Anhang 1 beigefügten Mustervertrages (die Klauseln werden nachfolgend erläutert).

---

[110] BGH, Beschl. v. 14.07.2008, II ZR 202/07, juris.de.

[111] BGH, Urt. v. 15.11.1999, II ZR 122/98, NJW 2000, 576; BGH, Urt. v. 23.03.1987, II ZR 190/86, BGHZ 100, 228, 231.

1. Haftungsentlastende Weisung

► Weisung ist haftungsentlastend

Wie bereits ausgeführt, besteht außerdem keine Haftung aus § 43 GmbHG, wenn der Geschäftsführer auf Weisung der Gesellschafterversammlung handelte. Eine solche Weisung der Gesellschafterversammlung hat haftungsentlastende Wirkung. Etwas anderes gilt nur, wenn die Kapitalerhaltung betroffen ist.[112] In diesem Fall muss der Geschäftsführer sich der Weisung widersetzen und das Gebot der Kapitalerhaltung beachten.

2. Entlastung

► Entlastung durch Gesellschafterversammlung

Die Gesellschafter entscheiden gemäß § 46 Nr. 5 GmbHG über die Entlastung der Geschäftsführer. So wie eine im Vorfeld erteilte Weisung hat auch ein von der Gesellschafterversammlung gefasster Entlastungsbeschluss haftungsausschließende Wirkung (sog. Präklusionswirkung). Mit der Entlastung billigen die Gesellschafter die Arbeit für die Vergangenheit und signalisieren ihr Vertrauen für die Zukunft. Die Präklusion kann sich jedoch nur auf Pflichtverletzungen erstrecken, die der Gesellschafterversammlung bekannt waren oder die ihr bei sorgfältiger Prüfung der vorgelegten Unterlagen bzw. erstatteten Berichte hätten bekannt sein müssen. Im Einzelnen ist strittig, welche Anforderungen an die Erkennbarkeit durch die Gesellschafter zu stellen sind. Anerkannt ist aber, dass in den Fällen, in denen der Geschäftsführer Tatsachen verschleiert, keinesfalls von einer Präklusionswirkung des Entlastungsbeschlusses auszugehen ist. Die Gesellschafter können allerdings bewusst auf sämtliche Ansprüche, auch soweit sie ihnen nicht bekannt sind, verzichten (sog. *Generalbereinigung*). Eine Generalbereinigung wird jedoch in der Regel nicht beschlossen, sondern mit dem Geschäftsführer vereinbart.

3. Haftungsausschließende Vereinbarung/Verkürzung der Verjährungsfrist

Der Geschäftsführer ist grundsätzlich an einer im Voraus getroffenen Vereinbarung interessiert, wonach er in bestimmten Situationen für einfache oder grobe Fahrlässigkeit nicht haften soll. Es ist umstritten, ob § 43 GmbHG in anderen Fällen einer haftungsbeschränkenden oder haftungsausschließenden Vereinbarung zugänglich ist.[113] Im Aktiengesetz ist für den Vorstand der Aktiengesellschaft ausdrücklich vorgeschrieben, dass die Haftung des Vorstands nicht vermindert oder ausgeschlossen werden darf (§ 93 IV 3 AktG).

[112] Siehe oben 3. Teil, D II 2 b.

[113] *Jula* GmbHR 2001, 806; *Lohr* NZG 2000, 1204.

▶ Haftungsbeschränkungen sind möglich

Vorzuziehen ist die Ansicht, die Haftungsbeschränkungen zulässt. Wenn die Gesellschafter es in der Hand haben, durch Weisungen eine haftungsentlastende Wirkung zu verursachen, so muss es auch möglich sein, dass sie von vornherein verhindern, dass bei einem eigenständigen Handeln des Geschäftsführers unter bestimmten Voraussetzungen eine Haftung entsteht.

Es ist daher meines Erachtens zulässig, dass der Anspruch aus § 43 GmbHG – also die Innenhaftung – für den Fall, dass die Kapitalerhaltung nicht betroffen ist, beschränkt wird bzw. der Anspruch nicht zur Gläubigerbefriedigung benötigt wird.[114] Ein völliger Ausschluss auch für vorsätzliches Handeln ist allerdings wegen § 276 II BGB, der hierfür ein Verbot vorsieht, unzulässig. Möglich ist jedoch ein Ausschluss für einfache Fahrlässigkeit. Es ist problematisch, ob auch grobe Fahrlässigkeit ausgeschlossen werden kann. Auch diesbezüglich wird man wohl einen Haftungsausschluss für statthaft halten dürfen. In der Praxis wird es dem Geschäftsführer allerdings kaum gelingen, einen Haftungsausschluss mit den Gesellschaftern zu vereinbaren.

▶ Ausschlussklausel

Eine vertragliche Vereinbarung, mit der die Verjährungsfrist verkürzt werden kann, hält der *BGH* für statthaft.[115] Ein solcher Effekt kann auch durch die Vereinbarung einer Ausschlussklausel (Verfallklausel) erreicht werden, nach der Ansprüche innerhalb einer vereinbarten Frist (z. B. binnen sechs Monaten) geltend zu machen sind. Meist wird eine schriftliche Geltendmachung vereinbart. Üblich sind auch sog. doppelstufige Ausschlussklauseln, wonach zunächst eine Frist für die außergerichtliche Geltendmachung und nach Ablehnung des Anspruchs eine weitere Frist für die gerichtliche Geltendmachung vereinbart wird.

▶ Verkürzung und Haftungsausschluss sind zulässig

Der *BGH*[116] hat zu einer Ausschlussklausel im Geschäftsführer-Dienstvertrag am 15.11.1999 entschieden: *Eine Verkürzung der Verjährungsfrist des § 43 IV GmbHG durch Vereinbarung ist nur insoweit zulässig, als der Schadensersatzbetrag zur Befriedigung der Gläubiger der Gesellschaft nicht erforderlich ist (arg. § 43 III GmbHG).* Gute zwei Monate später hat der *BGH* am 31.01.2000 allerdings seine Rechtsprechung eingeschränkt und ausgeführt,[117] dass erst dann, wenn ein Verstoß gegen die Kapitalerhaltung vorliege, eine Verkürzung der Verjährungsfrist

[114] In diese Richtung geht auch die Entscheidung des BGH vom 15.11.1999 zur Verkürzung der Verjährungsfrist, siehe BGH, Urt. v. 15.11.1999, II ZR 122/98, NJW 2000, 576.

[115] BGH, Urt. v. 15.11.1999, II ZR 122/98, NJW 2000, 576.

[116] BGH, Urt. v. 15.11.1999, II ZR 122/98, NJW 2000, 576.

[117] BGH, Urt. v. 31.01.2000, II ZR 189/99, NJW 2000, 1571.

unzulässig sei. Hierbei sei eine im Vorfeld getroffene haftungseinschränkende Vereinbarung, durch die die Forderung gegen den Geschäftsführer gemäß § 43 GmbHG gar nicht erst entstünde, keine verbotene Auszahlung gemäß § 30 GmbHG. Diese Rechtsprechung wurde im Urteil des *BGH* vom 16.09.2002 ausgebaut:[118] Dort hatte ein Geschäfts-führer, der Bäckereimeister einer Großbäckerei war, Spesen für betriebsfremde Zwecke abgerechnet, so private Hotelaufenthalte und Mahlzeiten und zwar in einer Größenordnung von ca. 125.000 €. Nach Insolvenz der Gesellschaft verklagte der Insolvenzverwalter den Geschäftsführer auf Schadensersatz. Die Klage scheiterte jedoch an einer vereinbarten Ausschlussklausel, wobei der *BGH* die Sache an das zuständige OLG zurückwies, um im Wege der Auslegung zu klären, ob die Ausschlussklausel auch Ansprüche aus unerlaubter Handlung umfasse. Daraus kann geschlossen werden, dass eine Ausschlussklausel auch konkurrierende Ansprüche aus § 823 BGB umfassen kann. Dies kann aber meines Erachtens nicht für unerlaubte Handlungen gelten, die gleichzeitig einen Straftatbestand verwirklichen, wie dies bei der BGH-Entscheidung der Fall war, da sich der Geschäftsführer wegen Untreue strafbar gemacht hatte.

4. Verzicht, Vergleich und Generalbereinigung

Ebenfalls zulässig sind, soweit das Kapitalerhaltungsgebot gewahrt bleibt, ein Vergleich oder ein Verzicht *nach* Entstehung des Anspruchs. Der Vergleich kann die bereits erwähnte Generalbereinigung enthalten.

5. Kapitalerhaltung als Grenze

► Kapitalerhaltung hat absolute Priorität

Einigkeit besteht darüber, dass soweit die *Kapitalerhaltung* betroffen ist, die Haftung aus § 43 GmbHG auch nicht durch Vereinbarung zwischen dem

[118] BGH, Urt. v. 16.09.2002, II ZR 1/00, NJW 2002, 3777 f. aus den Gründen: *Nicht nur der Senat sondern auch die ganz herrschende Meinung im Schrifttum halten im Grundsatz – nämlich soweit nicht die Sondersituation des § 43 III GmbHG vorhanden ist – eine Abkürzung der Verjährungsfrist für zulässig. Dies wird – ähnlich wie bei dem grundsätzlich für zulässig erachteten Verzicht auf oder bei dem Vergleich über einen gegen den Geschäftsführer gerichteten Schadenersatzanspruch – von der Erwägung getragen, dass es, solange nicht der Anwendungsbereich des § 43 III GmbHG betroffen ist, Sache der Gesellschafter ist, nach § 46 Nr. 8 GmbHG darüber zu befinden, ob und gegebenenfalls in welchem Umfang sie Ansprüche der Gesellschaft gegen einen pflichtwidrig handelnden Geschäftsführer verfolgen wollen. Wie auf die Durchsetzung eines entstandenen Anspruchs – sei es förmlich durch Vertrag, durch Entlastungs- oder durch Generalbereinigungsbeschluss – verzichtet werden kann, so kann auch schon im Vorfeld das Entstehen eines Ersatzanspruchs gegen den Organvertreter näher geregelt, insbesondere begrenzt oder ausgeschlossen werden, indem zum Beispiel ein anderer Verschuldensmaßstab vereinbart oder dem Geschäftsführer eine verbindliche Gesellschafterweisung erteilt wird, die eine Haftungsfreistellung nach sich zieht. Die Abkürzung der Frist, binnen deren ein Ersatzanspruch geltend gemacht werden muss, wenn nicht Verjährung oder gar – wie hier – das Erlöschen des Anspruchs eintreten soll, ist nur eine andere Form dieser Beschränkungs- und Verzichtsmöglichkeiten.* Bestätigt wurde die Rechtsprechung durch BGH, Beschl. v. 18.02.2008, II ZR 62/07, GmbHR 2008, 488.

Geschäftsführer und der GmbH ausgeschlossen werden kann. Insoweit kann dem Geschäftsführer weder eine Entlastung erteilt noch kann eine Generalbereinigung beschlossen oder mit ihm vereinbart werden. Würde also durch den Wegfall des Anspruchs aus § 43 GmbHG und der Tatsache, dass dieser Anspruch abzuschreiben ist (weil der sonst vom Geschäftsführer zu schuldende Betrag nicht mehr in das Gesellschaftsvermögen fließt), eine Unterbilanz entstehen oder eine bestehende Unterbilanz vergrößert, so ist diese Entlastung oder Vereinbarung unzulässig.

VIII. Gesamtschuldnerische Haftung

- Mehrere Geschäftsführer sind Gesamtschuldner, falls sie pflichtwidrig handeln

Haben sich mehrere Geschäftsführer pflichtwidrig und schuldhaft verhalten, haften sie als Gesamtschuldner, d. h. jeder von ihnen schuldet Ersatz des vollen Schadens. Entscheidend ist, dass jeder der Geschäftsführer den Tatbestand der Haftung erfüllt haben muss. Wer wegen einer Ressortaufteilung nicht zuständig war, handelt auch nicht pflichtwidrig, so dass er nicht als Gesamtschuldner zur Verantwortung gezogen werden kann. Fällt die Entscheidung in den Bereich der Gesamtverantwortung bzw. hat jeder der betroffenen Geschäftsführer eine Pflichtverletzung begangen bzw. an dieser mitgewirkt, haften alle betroffenen Geschäftsführer wegen gesamtschuldnerisch für den entstandenen Schaden.

IX. Fallstudien

1. *„Kalkulationsfehler"*

- Die Kalkulation muss stimmen!

Geschäftsführer Gustav Grande (G) holt ein Angebot zur Renovierung des Verwaltungsgebäudes ein. Hierbei ist das Angebot völlig überhöht. Dies könnte bereits anhand einer überschlägigen Überprüfung der Kalkulation festgestellt werden. G unterlässt diese überschlägige Prüfung der Kalkulation jedoch und unterschreibt das Angebot, da er sich auf die ihm unterstellten Mitarbeiter, die für eine Prüfung des Angebots zuständig sind, verlassen hat.[119]

Hier hat sich G gegenüber der Gesellschaft schadensersatzpflichtig gemacht. Gleiches gilt, wenn G blind, d. h. ohne Kontrolle, ihm vorgelegte Schriftstücke bzw. Rechnungen abzeichnet.

[119] Siehe BGH, Beschl. v. 18.02.2008, II ZR 62/07, GmbHR 2008, 488.

2. „Unzureichender Versicherungsschutz"

▶ Hauptsache richtig versichert!

Geschäftsführer G erwirbt namens und auf Rechnung der Gesellschaft ein neues Bürohaus. Hierbei versäumt er, eine Feuerversicherung abzuschließen bzw. sich zu vergewissern, ob eine solche bereits besteht. Nun tritt ein Brandschaden ein, dessen Behebung erhebliche Kosten verursacht.

Hier hätte der Geschäftsführer für ausreichenden Versicherungsschutz sorgen müssen. Sein Fehlverhalten zieht haftungsrechtliche Konsequenzen nach sich. Gleiches kann z. B. gelten, wenn er Transporte nicht durch eine übliche Transportversicherung absichert. Es kommt auf den Einzelfall an, z. B. was für die Transportversicherung zwischen dem Verkäufer und Käufer vereinbart ist, wie wertvoll die Ware ist, wie hoch die Transportrisiken sind, usw.

Grundsätzlich hat der Geschäftsführer einen Ermessensspielraum, welche Versicherung er abschließt bzw. für notwendig hält. So ist beispielsweise eine Firmenrechtsschutz- oder eine Büroinhaltsversicherung nur im Einzelfall geboten. Eine Büro- bzw. Betriebshaftpflichtversicherung sollte jedoch, da die Verwirklichung solcher Risiken existenzielle Auswirkungen haben kann, stets abgeschlossen werden.

3. „Verjährung von Forderungen"

▶ Verjährung kann schnell eintreten

Die Kran-GmbH vermietet Kräne. Geschäftsführer G nimmt einen stark beschädigten Kran von einem Mieter entgegen, versäumt es dann aber, innerhalb der kurzen gesetzlichen Verjährungsfrist von sechs Monaten, die für Schäden an Mietsachen gilt, den Anspruch geltend zu machen (§ 548 BGB). Hier handelt G grundsätzlich pflichtwidrig, da nunmehr der Anspruch nicht mehr durchsetzbar ist. Etwas anderes kann allenfalls dann gelten, wenn G vernünftige kaufmännische Gründe dafür hatte, den Anspruch nicht durchzusetzen. Dies ist etwa dann der Fall, wenn der Mieter der größte und wichtigste Kunde der GmbH ist und verärgert wäre, wenn Ansprüche geltend gemacht würden. Ebenfalls ist es nicht pflichtwidrig, den Anspruch nicht durchzusetzen, wenn eine Sachversicherung den Schaden abdeckt. In diesem Fall würde der Anspruch ohnehin auf den Versicherer übergehen, der dann beim Mieter Regress nehmen könnte. In einem solchen Fall besteht dann selbstverständlich keine Prozessführungspflicht des Geschäftsführers.

Schließlich ist es auch dann nicht pflichtwidrig, einen Anspruch verjähren zu lassen, wenn der Geschäftsführer definitiv weiß, dass auch in absehbarer Zeit bei dem Mieter nichts zu holen ist. Dies kann dann der Fall sein, wenn es sich um eine bereits vermögenslose, etwa in der Insolvenz befindliche GmbH handelt (siehe bereits das Beispiel oben unter V.).

4. *„Fehlerhafte Bewertung einer Rechtslage"*

▶ Der Geschäftsführer als „Minijurist"

Der Geschäftsführer G, der wie im vorherigen Beispiel die Geschäftsführung der Kran-GmbH innehat, versäumt es, den Anspruch innerhalb der Sechs-Monats-Frist durchzusetzen, weil ihm diese kurze Verjährungsfrist unbekannt ist. Dies kann ihn indes nicht vom Vorwurf des pflichtwidrigen Verhaltens entlasten. Der Geschäftsführer hat sich über die Rechtslage zu informieren. Fehlt ihm selbst das notwendige Know-how, so muss er rechtskundigen Rat einholen. Unterlässt er dies, handelt er pflichtwidrig.

5. *„Mündliche Abreden"*

Mario Macchina (M) ist Geschäftsführer der Autohaus Redlich und Ehrlich GmbH. Gesellschafter sind die Herren Redlich und Ehrlich. Sie weisen den Geschäftsführer M an, ein neues Ausstellungsgebäude zu errichten, sofern die Finanzierung hierfür dargestellt werden kann. M möge hierbei auch einen geeigneten Architekten einschalten.

Daraufhin beauftragt M einen Architekten, der ihm einen entsprechenden schriftlichen Architektenvertrag vorlegt für alle Leistungsphasen. M stellt vor der Unterzeichnung klar, dass es erst einmal nur um die Entwurfsplanung ginge, d. h. um die ersten drei Leistungsphasen, da noch nicht feststünde, ob eine endgültige Finanzierung zustande käme. Der Architekt entgegnet darauf, dass dies kein Problem sei, sofern es nicht zur Finanzierung komme, würden die Leistungsphasen 4–9 nicht geschuldet und berechnet. Die Finanzierung des Objekts scheitert schließlich.

Nunmehr verlangt der Architekt dennoch seine entgangene Vergütung abzüglich ersparter Aufwendungen, insgesamt einen Betrag in Höhe von 100.000 €. Der Architekt bestreitet, dass es jemals eine mündliche Abrede dahingehend gegeben habe, dass die Leistungsphasen 4–9 unter dem Vorbehalt der Finanzierung stünden. Der Architekt klagt schließlich auf Zahlung und bekommt vor Gericht Recht. Die GmbH möchte im Anschluss den Geschäftsführer in die Haftung nehmen. Eine Verantwortlichkeit des Geschäftsführers gemäß § 43 GmbHG dürfte bestehen. Der Geschäftsführer hätte in dem Vertrag ausdrücklich die mündliche Abrede schriftlich fixieren müssen, damit die Beweisschwierigkeiten, wie sie hier entstanden sind, gar nicht erst aufgetreten wären. Hätte M die mündliche Vereinbarung in den Vertrag aufnehmen lassen, wäre der GmbH der Schaden nicht entstanden. Die Pflichtverletzung des Geschäftsführers liegt hier also in der unzureichenden Dokumentation der getroffenen vertraglichen Abreden. Hätte es diese Abrede nie gegeben, so könnte man den Geschäftsführer den Vorwurf machen, dass er einen Vertrag abgeschlossen hat, dessen Bedarf noch gar nicht feststand. M hätte sich dann für den Fall des Scheiterns der Finanzierung ein vertragliches Rücktrittsrecht vorbehalten müssen oder aber den gesamten Vertrag unter die aufschiebende Bedingung stellen müssen, dass dieser nur in Kraft tritt, sobald die Finanzierung gesichert ist.

6. „Ungünstiger Beratungsvertrag"

▶ Keine Amigo-Geschäfte

Geschäftsführer G möchte seinem alten Studienfreund S einen Gefallen tun. Dieser ist Betriebswirt und auf Marketingstrategien spezialisiert. G beauftragt ihn deshalb zu einem völlig überhöhten Preis, eine Absatzstrategie für ein neues Produkt der GmbH zu entwickeln. Daraufhin legt S ein entsprechendes Konzept vor und berechnet der GmbH das vereinbarte Honorar. Insoweit dieses Honorar die übliche Vergütung überschreitet, wird der Gesellschaft ein Schaden zugefügt, für den der Geschäftsführer G zur Verantwortung gezogen werden kann.

Gleiches gilt bei überhöhten Provisionszahlungen oder sonstigen Vorteilen, etwa unverzinsten oder zu niedrig verzinsten Krediten an Dritte.

7. „Entgangene Subventionen"

Ein Geschäftsführer einer in die Insolvenz geratenen GmbH wurde vom Insolvenzverwalter verklagt, weil er die Rückzahlung von im Vorschusswege geleisteten Subventionen nicht verhindert hat.[120] Die GmbH, die Trockenfutter aus Grünfutter herstellte, erhielt Beihilfen der EU. Die Gesellschaft musste sodann nachweisen, dass das Grünfutter von geförderten Flächen stammte. Hier verließ sich der Geschäftsführer auf die Zuarbeit seiner Mitarbeiter und kontrollierte diese nicht bzw. nur unzureichend. Im Ergebnis ergab eine Überprüfung der zuständigen Behörde, dass Beihilfen in einer Größenordnung von ca. 900.000,00 € zurückzuzahlen sind, weil die ordnungsgemäße Verwendung nicht nachgewiesen sei. Das OLG Rostock stellte in einem vergleichbaren Fall fest, dass der Geschäftsführer es unterlassen hatte, die Betriebsorganisation so einzurichten und zu überwachen, dass die Einhaltung der Subventionsvoraussetzungen gewährleistet ist. Das Gericht bestätigte zudem auch die vom Bundesgerichtshof anerkannte Beweislastverteilung: Der Geschäftsführer muss sich nicht nur entlasten, dass er ohne Verschulden gehandelt hat, er muss auch die Pflichtwidrigkeit seines Handelns ausräumen. Er muss zudem darlegen und beweisen, dass der Schaden auch dann entstanden wäre, wenn er sich korrekt verhalten hätte. Diesen Beweis ist der Geschäftsführer in der Entscheidung des OLG Rostock nicht gelungen. Er konnte beispielsweise nicht darlegen und beweisen, dass die GmbH ohnehin nicht genügend geförderte Anbauflächen zur Verfügung hatte, um die im Vorschusswege gezahlten Beihilfen abzudecken. Das Urteil belegt einmal wieder, wie wichtig es ist, dass der Geschäftsführer den Geschäftsbetrieb so organisiert, dass der Überblick über die Arbeitsabläufe und Ergebnisse stets erhalten bleibt.

---

[120] Angelehnt an OLG Rostock, Urt. v. 21.04.2006, 6 U 17/02, OLG-Neue Bundesländer 2006, 250.

E. Haftung des Geschäftsführers bei Gründung

I. Grundlagen

► GmbH i.G. ist ein eigenes Rechtssubjekt

Eine GmbH entsteht erst mit Eintragung in das Handelsregister (§ 11 I GmbHG). Bevor es zur Eintragung kommt, muss die GmbH jedoch zunächst gegründet werden. Hierfür ist es erforderlich, dass ein Gesellschaftsvertrag aufgesetzt und notariell beurkundet wird. Die Gesellschaft muss anschließend zur Eintragung in das Handelsregister vom Geschäftsführer angemeldet werden. Das Stadium der Gründung beginnt mit der notariellen Beurkundung des Gesellschaftsvertrags – dieser Vorgang wird auch als sog. Errichtung der Gesellschaft bezeichnet – und endet mit der Eintragung in das Handelsregister. In dieser notwendigen Gründungsphase besteht bereits eine Gesellschaft, die als GmbH in Gründung (GmbH i. G.) oder Vor-GmbH bezeichnet wird. Die GmbH i.G. ist nach der Rechtsprechung des *BGH* bereits rechts- und verpflichtungsfähig. Sie wird vertreten durch ihren GmbH-Geschäftsführer.

II. Vertretung der GmbH i.G. durch den Geschäftsführer

► GmbH i.G. ist ein eigenes Rechtssubjekt

Die Gesellschafter, die den GmbH-Geschäftsführer bestellt haben, können diesem bereits umfassende Vertretungsmacht einräumen. Sie haben allerdings auch die Möglichkeit, die Vertretungsmacht des Geschäftsführers auf die Vornahme der sog. *gründungsnotwendigen* Geschäfte zu beschränken. Dadurch erreichen sie, dass die Gesellschaft keine weiteren Verbindlichkeiten als solche, die zur Eintragung nötig sind, eingeht. Die Gesellschafter müssen also entscheiden, ob bereits die Vor-GmbH die Geschäfte im geplanten und angestrebten Umfang aufnehmen soll.

III. Vorbelastungshaftung der Gesellschafter

► Vorbelastungshaftung der Gesellschafter ist grundsätzlich Innenhaftung

Die Gesellschafter haften im Gründungsstadium grundsätzlich gegenüber der GmbH für sämtliche entstehende Verbindlichkeiten. Da es die originäre Entscheidung der Gesellschafter ist, die Geschäftstätigkeit bereits vor der Handelsregistereintragung aufzunehmen, ist es auch sachgerecht, die Gesellschafter mit der sog. *Vorbelastungshaftung* zu belasten.[121] Die Vorbelastungshaftung besagt, dass die

[121] BGH, Urt. v. 27.01.1997, II ZR 123/94, BGHZ 134, 333.

Gesellschafter verpflichtet sind, im Innenverhältnis, also grundsätzlich nur im Verhältnis zur GmbH, für alle Schulden der Gesellschaft aufzukommen. Es handelt sich also zunächst um eine reine Innenhaftung. Die Gesellschafter trifft damit prinzipiell keine Außenhaftung, d. h. sie können nicht unmittelbar von den Gläubigern haftungsrechtlich zur Verantwortung gezogen werden. Gerät die GmbH in Gründung in die Insolvenz, muss der Insolvenzverwalter sämtliche Verbindlichkeiten erfassen und von den Gesellschaftern entsprechend ihrer Beteiligung die Beträge anfordern, die zur Begleichung sämtlicher Schulden erforderlich sind. Lediglich wenn die Gesellschaft völlig vermögenslos ist, wird vertreten, dass die Innenhaftung sofort in eine Außenhaftung umschlägt. In diesem Fall können die Gläubiger ausnahmsweise auch direkt an die Gesellschafter herantreten.

▶ Vorbelastungshaftung erlischt mit Handelsregistereintragung

Diese unbeschränkte Innenhaftung der Gesellschafter erlischt mit Handelsregistereintragung. Ab diesem Zeitpunkt haben die Gläubiger ihren gewünschten Vertragspartner, nämlich die GmbH; für eine zusätzliche Haftung der Gründer besteht daher kein Anlass mehr. Allenfalls, wenn zum Zeitpunkt der Handelsregistereintragung das Vermögen der Gesellschaft bereits unter die Stammkapitalziffer gerutscht ist, trifft die Gesellschafter die sog. *Unterbilanzhaftung*. Das heißt, die Gesellschafter müssen im Verhältnis zur GmbH für die Differenz zwischen der Stammkapitalziffer, die oft lediglich 25.000 € beträgt, und dem zum Zeitpunkt der Eintragung tatsächlich vorhandenen Reinvermögen haften.

Den Geschäftsführer trifft im Gründungsstadium die sog. Handelndenhaftung gemäß § 11 II GmbHG. Diese soll im Folgenden erörtert werden.

IV. Die Handelndenhaftung gemäß § 11 II GmbHG

1. Überblick

Die Rechtsgrundlage der Handelndenhaftung ist Absatz 2 von § 11 GmbHG. In § 11 GmbHG heißt es:

§ 11 GmbHG

(1) *Vor Eintragung in das Handelsregister des Sitzes der Gesellschaft besteht die Gesellschaft mit beschränkter Haftung als solche nicht.*

(2) *Ist vor der Eintragung im Namen der Gesellschaft gehandelt worden, so haften die Handelnden persönlich und solidarisch.*

Die Handelndenhaftung trifft den Geschäftsführer in dem Zeitraum zwischen der notariellen Beurkundung des Gesellschaftsvertrags und der Handelsregistereintragung. Mit der Handelsregistereintragung erlischt die Handelndenhaftung.

Achtung!
Der Geschäftsführer, der für die GmbH auftritt, kann gemäß § 11 II GmbHG persönlich zur Verantwortung gezogen werden. Hierin liegen erhebliche Haftungsrisiken für den Geschäftsführer. Die Handelndenhaftung trifft den Geschäftsführer unbeschränkt und unbegrenzt.

Die Handelndenhaftung war früher erforderlich gewesen, da die GmbH in Gründung als nicht *rechtsfähiges Gebilde* eingestuft wurde. Den Gläubigern sollte wenigstens eine Person zur Verfügung stehen, die für ihre Verbindlichkeiten gerade steht. § 11 II GmbHG hatte damit in erster Linie Druckfunktion. Durch das Damoklesschwert der Haftung wurde auf den Geschäftsführer ein enormer Druck ausgeübt, die Anmeldung der Gesellschaft bzw. das Eintragungsverfahren möglichst zu forcieren, um dieser Haftung zu entgehen. Heute ist anerkannt, dass der GmbH i.G. eine eigene Rechtspersönlichkeit zukommt, so dass den Gläubigern im Prinzip mit der Gesellschaft eine Gläubigerin zur Verfügung steht. Dennoch hat es der Gesetzgeber bei der Handelndenhaftung belassen. Dieser Haftung kommt auch heute noch eine wichtige Gläubigerschutzfunktion zu, da mit dem Geschäftsführer den Gläubigern neben der oft unzureichend mit Kapital ausgestatteten Gesellschaft ein zusätzlicher Schuldner verschafft wird.

Tipp!
Dem Geschäftsführer drohen, falls die Gesellschaft schon vor Handelsregistereintragung die Geschäfte aufnimmt, erhebliche Haftungsrisiken. Versuchen Sie daher, wenn es irgend möglich ist, erst dann das Amt des Geschäftsführers zu übernehmen, wenn die Gesellschaft im Handelsregister eingetragen ist bzw. nehmen Sie die Geschäfte erst nach Handelsregistereintragung auf. Dadurch vermeiden Sie die unbeschränkte Handelndenhaftung.

2. Begriff des Handelnden

► Geschäftsführer ist Handelnder

Handelnder im Sinne von § 11 II GmbHG ist in erster Linie der Geschäftsführer bzw. derjenige, der wie ein Geschäftsführer auftritt, nicht jedoch sonstige Mitarbeiter der GmbH oder die Gesellschafter.

3. Handeln im Namen der Gesellschaft

Grundsätzlich verlangt § 11 II GmbHG das Auftreten des Handelnden im Namen der Gesellschaft. Demnach ist es im Prinzip erforderlich, dass der Geschäftsführer unmittelbar und persönlich auftritt.

▶ Handeln auf Weisung

Die Rechtsprechung weitet den Anwendungsbereich jedoch aus. Sie lässt es schon genügen, wenn jemand auf Weisung bzw. auf Veranlassung des Geschäftsführers aufgetreten ist.[122] Der Geschäftsführer muss sich damit das Handeln durch einen Bevollmächtigten zurechnen lassen. Dadurch soll verhindert werden, dass der Geschäftsführer eine Person „dazwischenschaltet", um der Handelndenhaftung zu entgehen.

Demgegenüber greift die Handelndenhaftung jedoch nicht ein, wenn Angestellte oder sonstige Bevollmächtigte der GmbH i.G. völlig *eigenverantwortlich* Geschäfte vornehmen. Die Haftung setzt ferner rechtsgeschäftliches Handeln gegenüber Dritten voraus. Für kraft Gesetzes entstehende Verbindlichkeiten wie Steuerschulden und Sozialversicherungsbeiträge gilt die Handelndenhaftung nicht.

▶ Reichweite

Wie erwähnt, erfordert § 11 II GmbHG ein Handeln im Namen der *Gesellschaft.* Problematisch ist es, ob hierunter ein Handeln im Namen der *GmbH i.G.* oder ein Handeln im Namen der *GmbH*, die ja erst durch die spätere Eintragung entsteht, zu verstehen ist. Eine ältere Auffassung will § 11 II GmbHG nur auf den Fall anwenden, wenn im Namen der GmbH gehandelt wird. Da es in Abs. 1 von § 11 GmbHG heißt, dass die Gesellschaft erst mit Eintragung besteht, kann sich Abs. 2 ebenfalls nur auf die Gesellschaft, die eingetragen ist, also auf die spätere GmbH beziehen.

▶ Handeln im Namen der Gesellschaft ist weit auszulegen

Diese Auffassung stammt letztlich aus der Zeit, in der die GmbH i.G. nicht als rechtsfähiges Gebilde anerkannt war. Sie ist deshalb heute überholt. Es kommt nicht darauf an, ob der Geschäftsführer im Namen der GmbH i.G. oder im Namen der GmbH aufgetreten ist. Im Zweifel wird immer der jeweilige Rechtsträger des Unternehmens, also die gerade existente Gesellschaft, verpflichtet (sog. Grundsätze des unternehmensbezogenen Handelns).[123]

Beispiel

„Die Stempel für alle Fälle"

Geschäftsführer G kauft für die GmbH i.G. Firmenstempel. Um Geld zu sparen, lauten die Stempel bereits auf den Namen der GmbH ohne den Zusatz „in Gründung". Einen dieser Stempel verwendet G für Bestellformulare des Lieferanten Ludwig Lust (L), bei dem er Büromöbel ordert.

---

[122] BGH, Urt. v. 09.02.1970, II ZR 182/68, BGHZ 53, 206, 208.

[123] *Scholz/K. Schmidt*, GmbHG, § 11 Rdnr. 93 ff.; *Meyer*, GmbHR 2002, 1176, 1183.

Auch wenn L davon ausgehen muss, dass er es bereits mit einer im Handelsregister eingetragenen GmbH zu tun hat, ist Vertragspartnerin die GmbH i.G. Von dieser kann er den Kaufpreis verlangen. Zusätzlich haftet G nach den Regeln der Handelndenhaftung.

Ein Geschäftsführer handelt „im Namen der Gesellschaft" im Sinne des § 11 II GmbHG sowohl, wenn er namens der GmbH i.G. als auch dann, wenn er im Namen der GmbH auftritt. Vertragspartner wird die GmbH i.G. als derzeit existentes Unternehmen über die Grundsätze des sog. unternehmensbezogenen Handelns. Diese Grundsätze besagen, dass immer das hinter dem Handeln stehende Unternehmen verpflichtet wird. Dass G bereits die Stempel der späteren GmbH und damit deren Namen verwendet hat, ist unschädlich. Dieses Ergebnis ist auch nur recht und billig, weil der Lieferant „verständlicherweise" sofort einen Vertragspartner haben möchte und auch der Geschäftsführer der GmbH i.G. schlechterdings nicht annehmen konnte, dass erst die spätere GmbH verpflichtet werden soll. Es ist daher grundsätzlich unerheblich, ob im Namen der GmbH oder namens der GmbH i.G. gehandelt wird. Es liegt in jedem Fall ein Handeln im Namen der Gesellschaft im Sinne des § 11 II GmbHG vor, welches die Handelndenhaftung auslöst. Allenfalls wenn eine unechte Vor-GmbH vorliegt, also die Entstehung der GmbH nicht mehr beabsichtigt ist, lässt sich vertreten, dass § 11 II GmbHG nicht gilt. Dann haftet der Handelnde aber wie ein Vertreter ohne Vertretungsmacht aus § 179 BGB analog.[124]

4. Rechtsfolge: Einstandspflicht für alle rechtsgeschäftlich begründeten Verbindlichkeiten

- Umfassende Einstandspflicht für rechtsgeschäftlich begründete Verbindlichkeiten

Die Handelndenhaftung führt dazu, dass der Geschäftsführer für sämtliche *rechtsgeschäftliche* Verbindlichkeiten einstehen muss. Keine Einstandspflicht besteht für Verbindlichkeiten, die aus sonstigen Anspruchsgrundlagen entstehen. So muss der Geschäftsführer also nicht aufgrund der Handelndenhaftung für Ansprüche aus unerlaubter Handlung und vor allem auch nicht für rückständige Steuern und Beiträge zur Sozialversicherung aufkommen.[125] Für die Arbeitnehmerbeiträge zur Sozialversicherung haftet er indes ggf. aus unerlaubter Handlung.[126]

[124] OLG Koblenz, Urt. v. 06.11.2001, 3 U 151/01, NZG 2003, 32; OLG Brandenburg, Urt. v. 05.04.2011, 11 U 121/09, juris.

[125] BSG, Urt. v. 28.02.1986, 2 RU 21/85, ZIP 1986, 645 f.

[126] Siehe unten bei F V.

5. Ausschluss der Handelndenhaftung

► Ausschluss der Handelndenhaftung ist möglich!

Der Geschäftsführer hat die Möglichkeit, die Handelndenhaftung auszuschließen, indem er dies vertraglich mit dem jeweiligen Gläubiger vereinbart.[127] Dieser Haftungsausschluss unterliegt allerdings gewissen Grenzen. Er kann etwa gegenüber Arbeitnehmern im Einzelfall wegen Verstoßes gegen § 138 BGB (Sittenwidrigkeit) unwirksam sein. Angesichts der bestehenden *Vorbelastungshaftung* ist allerdings sichergestellt, dass den Gläubigern ein Haftungsfonds zur Verfügung steht. Ein vom Geschäftsführer vereinbarter Haftungsausschluss ist daher in der Regel wirksam. Etwas anderes gilt nur, wenn der Geschäftsführer diesen Ausschluss gezielt durchsetzt, weil er weiß, dass die Gesellschafter insolvent sind und ihrer Vorbelastungshaftung deshalb nicht nachkommen werden.

Tipp!
Sie sollten versuchen, in allen schriftlichen Verträgen die Klausel aufzunehmen, dass Ansprüche aus der Handelndenhaftung ausgeschlossen sind. Insbesondere bei Arbeitsverträgen bietet sich dies an, weil hier leicht beträchtliche Forderungen „auflaufen können“. Sie müssen sich allerdings immer vergegenwärtigen, dass der Ausschluss im Einzelfall unwirksam sein könnte.

6. Rückgriff gegen die Gesellschafter bzw. die GmbH nach Inanspruchnahme

► Regress gegen die Gesellschaft und/oder die Gesellschafter

Wird der Geschäftsführer aus der Handelndenhaftung in Anspruch genommen, so hat er einen Erstattungsanspruch gegen die Gesellschaft. Das heißt also, der Geschäftsführer kann sich den Betrag, den er im Außenverhältnis zahlen musste, im Innenverhältnis von der GmbH „zurückholen“. Strittig war, ob der Geschäftsführer auch direkt von den Gesellschaftern den von ihm aufgewendeten Betrag erstattet verlangen kann. Dieses Problem ist gelöst, da der *BGH*, wie ausgeführt, eine unbeschränkte Innenhaftung der Gründer gegenüber der Gesellschaft annimmt. Bei dem Anspruch des Geschäftsführers gegen die GmbH auf Erstattung handelt es sich um eine Verbindlichkeit der GmbH, für deren Erfüllung die Gesellschafter im Innenverhältnis im Rahmen ihrer Vorbelastungshaftung aufkommen

[127] Siehe ausführlich *Jula*, Gestaltungsmöglichkeiten des Geschäftsführers einer GmbH i.G. zum Ausschluß oder zur Abschwächung der Handelndenhaftung, BB 1995, 1597.

müssen.[128] Aufgrund der internen Verlustausgleichspflicht der Gesellschafter ist es also sichergestellt, dass – sofern die Gesellschafter über Vermögen verfügen – der Geschäftsführer nicht auf dem Schaden sitzen bleibt.

Tipp!
Sie sollten im eigenen Interesse vor Aufnahme der Geschäftsführertätigkeit eine ausdrückliche Freistellung von der Handelndenhaftung mit den Gesellschaftern vereinbaren.

V. Haftung des Geschäftsführers für falsche Angaben (§ 9 a I GmbHG)

Eine weitere Anspruchsgrundlage, die eine persönliche Haftung des Geschäftsführers begründet, stellt die sog. Gründerhaftung gemäß § 9 a I GmbHG dar. Dieser lautet:

§ 9 a GmbHG
(1) *Werden zum Zweck der Errichtung der Gesellschaft falsche Angaben gemacht, so haben die Gesellschafter und Geschäftsführer der Gesellschaft als Gesamtschuldner fehlende Einzahlungen zu leisten, eine Vergütung, die nicht unter den Gründungsaufwand aufgenommen ist, zu ersetzen und für den sonst entstehenden Schaden Ersatz zu leisten.*
(2) *Wird die Gesellschaft von den Gesellschaftern durch Einlagen oder Gründungsaufwand vorsätzlich oder aus grober Fahrlässigkeit geschädigt, so sind ihr alle Gesellschafter als Gesamtschuldner zum Ersatz verpflichtet.*
(3) *Von diesen Verpflichtungen ist ein Gesellschafter oder ein Geschäftsführer befreit, wenn er die die Ersatzpflicht begründenden Tatsachen weder kannte noch bei Anwendung der Sorgfalt eines ordentlichen Kaufmannes kennen musste.*
(4) *Neben den Gesellschaftern sind in gleicher Weise Personen verantwortlich, für deren Rechnung die Gesellschafter Geschäftsanteile übernommen haben. Sie können sich auf ihre eigene Unkenntnis nicht wegen solcher Umstände berufen, die ein für ihre Rechnung handelnder Gesellschafter kannte oder bei Anwendung der Sorgfalt eines ordentlichen Geschäftsmannes kennen musste.*

---

[128] Stellen die Gesellschafter die finanziellen Mittel nicht freiwillig zur Verfügung, müssen sie von der Gesellschaft auf Zahlung verklagt werden. Dies ist im Falle der Insolvenz der GmbH i.G. Aufgabe des Insolvenzverwalters. Außerhalb des Insolvenzverfahrens müsste der Geschäftsführer zunächst die GmbH i.G. auf Erstattung verklagen. Liegt ihm der Titel vor, kann er die Ansprüche aus Verlustdeckungshaftung pfänden und sich überweisen lassen, siehe OLG Oldenburg, Urt. v. 08.07.1999, 8 U 53/99, NZG 2000, 378, 380. Zahlen die Gesellschafter dann nicht aus freien Stücken, muss der Geschäftsführer als Gläubiger eine sog. Einziehungsklage einreichen.

▶ Falsche Angaben

Nach dieser Vorschrift haftet der Geschäftsführer also, wenn im Zusammenhang mit der Gründung *falsche Angaben* gemacht worden sind. Hierbei ist es nicht erforderlich, dass diese Angaben der Geschäftsführer selbst getätigt hat; es genügt, wenn ein Gesellschafter oder ein sonstiger sog. Hintermann derartige falsche Informationen abgegeben hat. Wie aus Absatz 3 hervorgeht, handelt es sich um eine Verschuldenshaftung, d. h. der Geschäftsführer muss vorsätzlich oder fahrlässig gehandelt haben.

▶ Verschulden liegt in der Regel vor

Dass ein Verschulden vorliegt, wird allerdings vermutet. Das heißt, es wird grundsätzlich unterstellt, dass der Geschäftsführer vorsätzlich oder fahrlässig gehandelt hat. Er muss das Gegenteil beweisen, indem er sich entlastet. Es wird vom Geschäftsführer erwartet, dass er sich mit den Pflichten im Gründungsstadium auseinandersetzt und die von den sonstigen Beteiligten erfolgten Angaben zumindest einer Plausibilitätskontrolle unterzieht.

▶ Entscheidender Zeitpunkt

Nicht ganz geklärt ist die Frage, auf welchen *Zeitpunkt* für die Abgabe der falschen Angaben abgestellt werden muss. Überwiegend wird angenommen, dass der Zeitpunkt der Erklärung maßgeblich ist und nicht der Zeitpunkt der Handelsregistereintragung der GmbH.[129] Das heißt, die Angaben müssen in jedem Fall zum Zeitpunkt ihrer Abgabe richtig sein. Stellt sich bis zur Eintragung der GmbH heraus, dass die erfolgten Angaben fehlerhaft sind oder fehlerhaft werden, so wird überwiegend angenommen, dass der Geschäftsführer bzw. die sonst zur Abgabe Verpflichteten gehalten sind, die Angaben nachträglich zu korrigieren, indem sie das Registergericht benachrichtigen.

▶ Rechtsfolgen

Werden fehlerhafte Angaben abgegeben, so muss der Geschäftsführer der Gesellschaft den Schaden ersetzen, der hierdurch entstanden ist. Der Geschäftsführer hat also die GmbH so zu stellen, wie diese stünde, wenn die behauptete Angabe tatsächlich der Realität entspräche.

▶ Vorsicht bei der Kapitalaufbringung!

[129] *Lutter/Hommelhoff*, GmbHG, § 9 a Rdnr. 5.

Relevant wird die Haftung für den Geschäftsführer insbesondere in Fällen, in denen er entgegen § 8 II GmbHG fälschlicherweise versichert hat, dass die Bareinlagen zur freien Verfügung der Gesellschaft geleistet worden sind.

Beispiel

„Geld rein – Geld raus"

Geschäftsführer G versichert gegenüber dem Handelsregister, dass die Bareinlagen vollständig eingezahlt und zur freien Verfügung der Gesellschaft stehen. In Wirklichkeit sind zwar die Bareinlagen auf das Konto der Gesellschaft eingezahlt, jedoch wenige Tage später wieder an die Gesellschafter ausbezahlt worden (sog. Vorzeigegeld).

Hier tätigt der Geschäftsführer also fehlerhafte Angaben. Dies hat zur Folge, dass er persönlich für die Einlagen in der Höhe, deren Einzahlung er versichert hat, gegenüber der Gesellschaft haften muss. Da hier im Ergebnis überhaupt keine Einlagen eingezahlt sind, muss der Geschäftsführer, der die vollständige Leistung der Bareinlagen zugesichert hat, für das gesamte Stammkapital einstehen. Diese Haftung wird freilich erst in der Insolvenz relevant, wenn der Insolvenzverwalter sich anschickt, derartige Ansprüche durchzusetzen.

Leisten später die Gesellschafter ihre Bareinlagen, so erlischt diese Haftung des Geschäftsführers, da damit der Schaden der Gesellschaft ausgeglichen ist.[130]

Ebenfalls können falsche Angaben im Sachgründungsbericht eine Haftung nach § 9 a I GmbH-Gesetz auslösen. Ein solcher Bericht ist dann anzufertigen, wenn Sacheinlagen in das Gesellschaftsvermögen eingebracht werden sollen.

Ansprüche aus § 9 a GmbHG verjähren in fünf Jahren (§ 9 b II GmbHG).

Werden falsche Angaben getätigt, so kann dies neben einer Haftung auch eine Strafbarkeit des Geschäftsführers nach § 82 GmbHG begründen.[131]

Tipp!

Verhalten Sie sich bei allen Erklärungen und Versicherungen, die Sie abgeben, äußerst vorsichtig. Lassen Sie sich nicht missbrauchen oder unter Druck setzen! Sie haften nicht nur, sondern machen sich auch noch nach § 82 GmbHG strafbar. Bestehen Sie stets darauf, dass die Einlagen auf ein Konto der Gesellschaft eingezahlt werden, für das Sie – und am besten nur Sie – Verfügungsmacht haben. Heben die Gesellschafter eigenmächtig die Einlagen vor Handelsregistereintragung wieder ab, so sollten Sie hiergegen einschreiten.

[130] Siehe OLG Düsseldorf, Urt. v. 10.03.1995, 17 U 130/94, WM 1995, 1024, 1026.

[131] Siehe 3. Teil, G.IV2.

F. Haftung in der Krise

I. Überblick

▶ In der Krise „potenzieren" sich die Risiken

Gerät die Gesellschaft in die Krise, so drohen dem Geschäftsführer erhebliche, von ihm kaum zu überblickende Gefahren. Er wird sowohl mit zusätzlichen zivilrechtlichen Anspruchsgrundlagen als auch mit strafrechtlichen Tatbeständen konfrontiert.

▶ Amtsniederlegung muss in Erwägung gezogen werden

Kommt die GmbH in eine „Schieflage", muss sich der Geschäftsführer diese Risiken unbedingt vergegenwärtigen. Oft wird es gerade für den Fremdgeschäftsführer ratsam sein, das Amt als Geschäftsführer niederzulegen. Dies ist grundsätzlich jederzeit möglich. Allerdings neigen die Handelsregister dazu, in Einzelfällen die Amtsniederlegung dann als unzulässig zurückzuweisen, wenn sie ihrer Meinung nach *zur Unzeit* erfolgt.[132] Dies wird von den Registergerichten insbesondere dann angenommen, wenn der Geschäftsführer das Amt niederlegt, um sich bewusst seiner Verpflichtung zu entziehen, Insolvenzantrag zu stellen. Der Geschäftsführer sollte daher mit seiner Amtsniederlegung nicht zu lange warten. Hat der Geschäftsführer Anlass, von einer weiteren Verschlechterung der geschäftlichen Situation auszugehen, muss er sich entscheiden, ob er das Risiko eingeht, dennoch – trotz der Gefahr der straf- und zivilrechtlichen Verantwortlichkeit – Geschäftsführer zu bleiben oder sich zurückzuziehen. Ist noch ein weiterer Geschäftsführer vorhanden, der für die GmbH agieren kann, ist eine Niederlegung ohne weiteres möglich. So kann der Fremdgeschäftsführer unproblematisch sein Amt niederlegen, wenn es neben ihm z. B. noch einen Gesellschafter-Geschäftsführer gibt.

Tipp!
Die haftungs- bzw. vermögensrechtlichen Konsequenzen können Sie durch eine Freistellungsvereinbarung mit den Gesellschaftern mindern. Dies macht natürlich nur dann Sinn, wenn die Gesellschafter finanziell in der Lage sind, etwaige Schäden abzudecken. Die Bestrafung im Falle der Verwirklichung von Straftatbeständen lässt sich dadurch allerdings nicht verhindern.

Der Geschäftsführer in der Krise muss sich folgende Gefahren vergegenwärtigen:

▶ Insolvenzverfahren ist unverzüglich einzuleiten

[132] Siehe bereits oben 1. Teil F.II.

Er ist gezwungen, sobald Zahlungsunfähigkeit oder Überschuldung eintritt, unverzüglich, spätestens aber innerhalb von drei Wochen nach Eintritt der Zahlungsunfähigkeit, Insolvenzantrag zu stellen. Verzögert er die Insolvenzantragstellung, so löst dies schadensersatzrechtliche Folgen aus und begründet eine strafrechtliche Verantwortlichkeit des Geschäftsführers. Die Einzelheiten der zivilrechtlichen Haftung werden sogleich erörtert.[133]

Schmälert der Geschäftsführer die Insolvenzmasse, indem er Auszahlungen nach Insolvenzreife zulässt, kann dies eine persönliche Haftung begründen.[134]

In der Krise kommt es häufig zu Unregelmäßigkeiten bei der Begleichung von Steuerschulden und der Abführung von Sozialversicherungsbeiträgen. Hier droht dem Geschäftsführer eine unbegrenzte Haftung, die ihn persönlich ruinieren kann.[135]

Zu beachten ist, dass der Geschäftsführer durch die Eröffnung des Insolvenzverfahrens seines Amtes nicht automatisch „verlustig" wird. Er bleibt weiterhin Geschäftsführer. Die Geschäfte werden jedoch von dem Insolvenzverwalter ausgeübt. Der Geschäftsführer ist für die internen gesellschaftlichen Angelegenheiten sowie für die Handelsregisteranmeldungen zuständig. Auch jetzt kann er jederzeit sein Amt niederlegen. Für eine Zurückweisung der Amtsniederlegung durch das Handelsregister gibt es hier grundsätzlich keinen Anlass mehr. Eine Fortführung der Geschäfte ist durch den Verwalter gewährleistet.

II. Haftung wegen Insolvenzverschleppung

1. Grundlagen

► Überblick und Ziele

Am 1. Januar 1999 trat die neue Insolvenzordnung (InsO) in Kraft. Die Konkursordnung und die Vergleichsordnung wurden aufgehoben. Ziele der neuen InsO sind unter anderem die Stärkung der Gläubigerautonomie, die Absenkung der Voraussetzungen für die Verfahrenseröffnung sowie die Förderung der außergerichtlichen Sanierung. Im Rahmen eines einheitlichen Insolvenzverfahrens kann entweder auf freiwilliger Basis nach Maßgabe eines Insolvenzplans oder zwangsweise eine Zerschlagung oder eine Sanierung des Unternehmens stattfinden.

► Antragspflicht des Geschäftsführers und Überschuldung

[133] Zu den strafrechtlichen Folgen, siehe die Ausführungen im 3. Teil I. H.

[134] Siehe sogleich die Ausführungen zu § 64 GmbHG.

[135] Siehe die anschließenden Abschnitte zur Haftung für Steuerschulden und für nicht abgeführte Sozialversicherungsbeiträge.

Die Insolvenzantragspflicht des Geschäftsführers ist mit Wirkung ab 01.11.2008 in § 15a I InsO geregelt (vormals § 64 I GmbHG). Es findet ein einheitliches Insolvenzverfahren statt, das ähnlich wie bisher ein Vergleichsverfahren auf der Grundlage eines Insolvenzplans abläuft, aber auch zwangsweise wie das bisherige Insolvenzverfahren ausgestaltet werden kann. Bestehen gute Sanierungschancen bietet sich die sog. Eigenverwaltung – ggf. kombiniert mit einem Schutzschirmverfahren – an (§§ 270 ff. InsO). In der Praxis kommt es allerdings bei kleineren und mittleren Betrieben in der Regel zur Zerschlagung und nicht zur Sanierung des Unternehmens. Bei der Insolvenz größerer Unternehmen ist der Anteil bei den eine Eigenverwaltung angeordnet wird und/oder ein Insolvenzplan aufgestellt wird, wesentlich größer. Bei einer Eigenverwaltung oder einem Insolvenzplanverfahren geht häufig von der Geschäftsführung und/oder den Gesellschaftern der Restrukturierungsanreiz aus. Diese Verfahren setzten aber grundsätzlich voraus, dass noch ausreichend Mittel vorhanden sind, um das Verfahren zu stemmen. Allein die Erstellung eines Insolvenzplans oder die Gewinnung eines externen Sanierungsexperten, der im Falle der Eigenverwaltung als zusätzliches Mitglied der Geschäftsführung bestellt wird, ist mit nicht unerheblichen Kosten verbunden. Der Geschäftsführer darf nicht zu lange mit der Stellung des Insolvenzantrags zuwarten, eine Verschleppung ist keine Option, ggf. muss die Sanierung in der Insolvenz versucht werden. Verschleppt der Geschäftsführer die Stellung des Insolvenzantrags, löst dies haftungs- und strafrechtliche Konsequenzen aus (Abb. 6).

▶ Haftung für die Kosten bei Verschleppung der Antragstellung!

Schließlich sei noch auf die Regelungen § 26 III und IV InsO hingewiesen. Dese Regelungen begründen eine Haftung des Geschäftsführers für den Kostenvorschuss, der es ermöglich, dass ein Insolvenzverfahren überhaupt erst eröffnet wird. Auch unter der Insolvenzordnung gibt es weiterhin die Möglichkeit, die Eröffnung des Insolvenzverfahrens mangels Masse abzuweisen. Die Abweisung mangels Masse

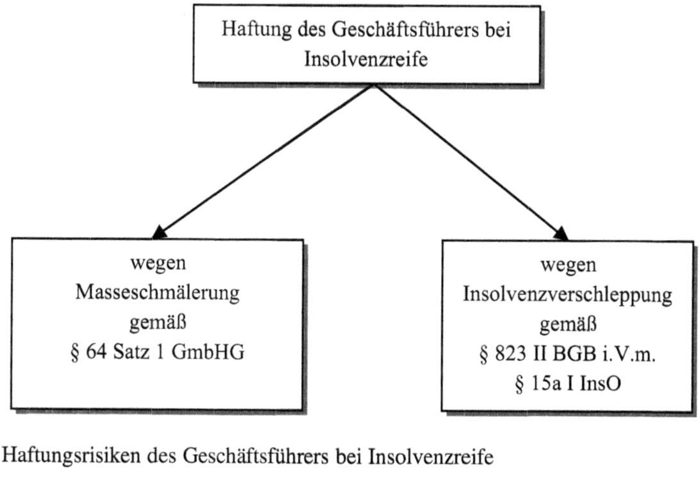

Abb. 6 Haftungsrisiken des Geschäftsführers bei Insolvenzreife

unterbleibt jedoch, wenn ein Gläubiger die Kosten vorschießt, damit das Verfahren durchgeführt werden kann (§ 26 I InsO). Diesen Kostenvorschuss muss der Geschäftsführer, der pflichtwidrig und schuldhaft den Insolvenzantrag nicht oder nicht rechtzeitig gestellt hat, dem Gläubiger auf dessen Verlangen erstatten (§ 26 I - InsO). Nach § 26 IV InsO ist daneben der den Insolvenzantrag verschleppende Geschäftsführer verpflichtet, selbst den Vorschuss einzuzahlen, was der vorläufige Insolvenzverwalter oder ein Gläubiger verlangen kann. Hierbei obliegt dem Geschäftsführer der Beweis, dass er nicht pflichtwidrig und schuldhaft den Insolvenzantrag verschleppt hat. Der Anspruch verjährt in fünf Jahren. Der Geschäftsführer muss daher damit rechnen, für die Kosten des Insolvenzverfahrens einzustehen, wenn er die Eröffnung des Verfahrens verschleppt hat. Durch § 26 III und IV InsO wird damit Druck auf die Geschäftsführer ausgeübt, die Eröffnung eines Insolvenzverfahrens rechtzeitig zu beantragen. Die Praxis zeigt jedoch, dass Gläubiger -trotz der etwaigen Erstattungspflicht durch den Geschäftsführer – nur selten bereit sind, einen Kostenvorschuss einzubezahlen oder die Einzahlung des Vorschusses beim Geschäftsführer durchzusetzen.

2. § 823 II BGB i.V.m. § 15a I InsO

a. Überblick

► Verbot der Insolvenzverschleppung

Die Haftung des Geschäftsführers wegen Insolvenzverschleppung in der Krise hat große Bedeutung. Anspruchsgrundlage ist § 823 II BGB in Verbindung mit § 15a I InsO (bis 31.10.2008 § 64 I GmbHG). Es handelt sich um einen Schadensersatzanspruch aus unerlaubter Handlung. § 15a I InsO ist ein Schutzgesetz im Sinne von § 823 II BGB.[136] Durch die GmbH-Reform wurde per 01.11.2008 eine Insolvenzantragspflicht der Gesellschafter eingeführt, wenn die GmbH führungslos ist, also keinen Geschäftsführer mehr hat. Auch die Gesellschafter können sich nunmehr wegen Insolvenzverschleppung strafbar und schadensersatzpflichtig machen.[137]

---

[136]Zur Vorgängervorschrift § 64 I GmbHG: BGH, Urt. v. 16.12.1958, VI ZR 245/57, BGHZ 29, 100, 106; BGH, Urt. v. 09.07.1979, II ZR 118/77, BGHZ 75, 96; BGH, Urt. v. 03.02.1987, VI ZR 268/85, BGHZ 100, 19, 23 ff. Instruktiv LG Kiel, Urt. v. 20.04.2006, 10 S 44/05, NZG 2006, 672, das die Insolvenzverschleppungshaftung gemäß § 823 II BGB i.V.m. § 64 I GmbHG auf eine englische Limited anwendet mit der Begründung, es handele sich um ein insolvenzrechtliche Haftung, so dass es für die Anwendbarkeit auf das Recht des Staates ankäme, in dem die Gesellschaft den Mittelpunkt ihrer Interessen habe.

[137]In die Haftung wegen Insolvenzverschleppung kann übrigens auch ein Gesellschafter oder Dritter geraten, wenn keine Führungslosigkeit der GmbH vorliegt. Diese können zwar nicht Täter einer Insolvenzverschleppung sein. Eine Haftung kommt jedoch bei einer Beihilfe oder Anstiftung in Betracht (§ 830 II BGB), siehe BGH, Urt. v. 25.07.2005, II ZR 390/03, BGHZ 164, 50.

Absatz eins von § 15 InsO regelt die Pflicht zur Stellung des Insolvenzantrages, der Absatz drei die Antragspflicht des Gesellschafters bei Führungslosigkeit der GmbH und die Absätze vier und fünf die Strafbarkeit:

§ 15a InsO (Auszug)

(1) *Wird eine juristische Person zahlungsunfähig oder überschuldet, haben die Mitglieder des Vertretungsorgans oder die Abwickler ohne schuldhaftes Zögern, spätestens aber drei Wochen nach Eintritt der Zahlungsunfähigkeit oder Überschuldung, einen Eröffnungsantrag zu stellen. ..*

(2) .....

(3) *Im Fall der Führungslosigkeit einer Gesellschaft mit beschränkter Haftung ist auch jeder Gesellschafter, im Fall der Führungslosigkeit einer Aktiengesellschaft oder einen Genossenschaft ist auch jedes Mitglied des Aufsichtsrats zur Stellung des Antrags verpflichtet, es sei denn, diese Person hat von der Zahlungsunfähigkeit und der Überschuldung oder der Führungslosigkeit keine Kenntnis.*

(4) *Mit Freiheitsstrafe bis zu drei Jahren oder mit Geldstrafe wird bestraft, wer entgegen Absatz 1 Satz 1, auch in Verbindung mit Satz 2 oder Absatz 2 oder Absatz 3, einen Eröffnungsantrag*
   1. *nicht oder nicht rechtzeitig stellt oder*
   2. nicht richtig stellt.

(5) *Handelt der Täter in den Fällen des Absatzes 4 fahrlässig, ist die Strafe Freiheitsstrafe bis zu einem Jahr oder Geldstrafe.*

(6) *Im Falle des Absatzes 4 Nr. 2, auch in Verbindung mit Abs. 5, ist die Tat nur strafbar, wenn der Eröffnungsantrag rechtskräftig als unzulässig zurückgewiesen wurde.*

Ob die Verpflichtung des Geschäftsführers, einen eigenen Insolvenzantrag zu stellen dann endet, wenn ein Gläubiger einen Insolvenzantrag gestellt hat, ist ungeklärt.[138] Der Geschäftsführer sollte in jedem Fall einen eigenen Antrag stellen, weil sich dies in einem Strafverfahren strafmildernd auswirken kann. Auch in einem Haftungsprozess ist die Stellung des Geschäftsführers günstiger, wenn er überhaupt einen Insolvenzantrag gestellt hat, auch wenn dies die Verschleppung nicht ausräumt.

Der *BGH* formuliert ein Verbot der Insolvenzverschleppung und begründet dies wie folgt:[139] *Das Verbot der Insolvenzverschleppung dient nicht nur der Erhaltung des Gesellschaftsvermögens, sondern hat auch den Zweck, insolvenzreife Gesellschaften mit beschränktem Haftungsfonds vom Geschäftsverkehr fernzuhalten, damit durch das Auftreten solcher Gebilde nicht Gläubiger geschädigt oder gefährdet wer*den.

Es geht also darum, dass die Insolvenzmasse für die Gläubiger erhalten bleibt, aber auch darum, dass möglichst neue Gläubiger nicht geschädigt werden.

[138] *Meyke*, Die Haftung des GmbH-Geschäftsführers, Rdnr. 211.

[139] BGH, Urt. v. 22.10.2013, II ZR 394/12, NJW 2014, 698.

Der Geschäftsführer sollte dieses Verbot, den Insolvenzantrag zu verschleppen, unbedingt einhalten. Er muss daher in die Situation der Gesellschaft stets im Blick behalten und darauf achten, ob eine Insolvenzreife gegeben ist. Es sollte daher mit den Grundlagen der Insolvenzgründe der Zahlungsunfähigkeit und Überschuldung vertraut sein.

b. Zahlungsunfähigkeit oder Überschuldung

▶ Insolvenzgrund bei Zahlungsunfähigkeit oder Überschuldung

Eine Haftung wegen Insolvenzverschleppung setzt zunächst voraus, dass die Gesellschaft *zahlungsunfähig* oder *überschuldet* ist bzw. war und der Geschäftsführer es versäumt hat, rechtzeitig die Eröffnung des Insolvenzverfahrens zu beantragen. Die einzelnen Eröffnungsgründe (Zahlungsunfähigkeit, drohende Zahlungsunfähigkeit und Überschuldung sind bereits oben im 1. Teil, J III 2. erörtert worden.

▶ Zahlungsunfähigkeit

Die Gesellschaft ist zahlungsunfähig, wenn sie voraussichtlich dauernd und nicht nur vorübergehend außerstande ist, ihre fälligen Verbindlichkeiten zu begleichen.

▶ Überschuldung

Eine *Überschuldung* liegt vor, wenn das Aktivvermögen der Gesellschaft nicht mehr die Schulden deckt. Die Überschuldung ist jedoch für die Zwecke der Insolvenzantragstellung gemäß § 15a I InsO durch Aufstellung einer sog. Überschuldungsbilanz (=Überschuldungsstatus) zu ermitteln (siehe bereits oben im 1. Teil, J III 2. c).

Spätestens in der Krise muss sich der Geschäftsführer also mit den Begriffen der *Zahlungsunfähigkeit* und *Überschuldung* auseinandersetzen. Liegt einer der beiden Tatbestände vor, so ist die sog. *Insolvenzreife* der Gesellschaft gegeben.

▶ Antrag schon bei drohender Zahlungsunfähigkeit möglich

Als Neuerung brachte die neue InsO die Möglichkeit, bereits bei *drohender* Zahlungsunfähigkeit die Eröffnung des Insolvenzverfahrens zu beantragen. Auch ein Antrag auf Eigenverwaltung bzw. Durchführung des Schutzschirmverfahrens ist möglich (siehe bereits oben unter II 1). Diesen Antrag bei drohender Zahlungsunfähigkeit darf nur der Schuldner, also die GmbH stellen. Der Geschäftsführer hat daher die Möglichkeit, schon im Vorfeld im Namen der GmbH das Insolvenzverfahren einzuleiten. Dadurch könnte erreicht werden, dass auf der Grundlage eines Insolvenzplans eine Sanierung gelingt. In jedem Fall aber wird einer Massearmut vorgebeugt und eine höhere Verteilungsquote gefördert. Der

Geschäftsführer kann den Gefahren der Haftung und Strafbarkeit in der Krise durch die rechtzeitige Antragstellung entgehen.

▶ Schadensersatz bei verfrühtem Antrag?

Die Möglichkeit bei drohender Zahlungsunfähigkeit, die Eröffnung des Insolvenzverfahrens zu beantragen, birgt für den Geschäftsführer jedoch auch Gefahren. Stellt er verfrüht den Antrag, so entsteht das Problem, ob diese Stellung „zur Unzeit" eine Haftung aus § 43 GmbHG auslöst. Ebenso ist streitig, ob der Geschäftsführer diesen Antrag gegen den Willen oder ohne die Zustimmung der Gesellschafter stellen kann. Dies wird man wohl verneinen müssen.[140] Hier sollte der Geschäftsführer versuchen, vor Antragstellung einen haftungsentlastenden Beschluss der Gesellschafterversammlung herbeizuführen. Allerdings dürfte ein Schaden kaum bezifferbar bzw. entstanden sein. Hat die Gesellschaft bisher Verlust gemacht, müsste die GmbH schon konkret darlegen, warum sie absehbar in die Gewinnzone gelangt wäre. Ist aber beispielsweise durch den verfrühten Insolvenzantrag ein Investor abgesprungen oder ein Kredit gekündigt worden, kann ggf. ein zurechenbarer Schaden entstanden sein, wenn ein Sanierungskonzept erfolgreich umgesetzt worden wäre. Ein Schaden ist ferner denkbar, wenn der Insolvenzantrag zurückgezogen wird, die Gesellschaft „überlebt" hat, aber durch die Stellung des Insolvenzantrags einen bezifferbaren Schaden erlitten hat, z. B. durch den Ausfall von Aufträgen, die ihr sonst erteilt worden wären oder die ihr wegen des Insolvenzantrags entzogen wurden.

c. Frist

▶ Unverzügliche Antragstellung

Besteht eine Zahlungsunfähigkeit oder eine Überschuldung, so hat der Geschäftsführer unverzüglich das Insolvenzverfahren zu beantragen. Dies muss spätestens nach drei Wochen geschehen. Die Frist beginnt spätestens mit positiver Kenntnis der Insolvenzreife, also mit Kenntnis der objektiv eingetretenen Zahlungsunfähigkeit oder Überschuldung.[141]

Problematisch ist, ob auch eine für den Geschäftsführer vorliegende Erkennbarkeit der Insolvenzreife schadet. Dies ist zu bejahen.[142] An die Erkennbarkeit der

[140]Siehe OLG München, Urt. v. 21.03.2013, 23 U 3344/12, NZI 2013, 542, Leitsatz: *Der Geschäftsführer der Komplementär-GmbH einer Publikums-KG kann gegenüber der KG nach § 43 II GmbHG haften, wenn er ohne Zustimmung der KG-Gesellschafter einen Antrag auf Eröffnung des Insolvenzverfahrens über das Vermögen der KG wegen drohender Zahlungsunfähigkeit (§ 18 InsO) stellt.* Meyke, Die Haftung des GmbH-Geschäftsführers, Rdnr. 103; ausführlich siehe *Leinekugel/ Skauradszun,* Geschäftsführerhaftung bei eigenmächtig gestelltem Insolvenzantrag wegen bloß drohender Zahlungsunfähigkeit, GmbHR 2011, 1121.

[141]BGH, Urt. v. 09.07.1979, II ZR 118/77, BGHZ 75, 96, 110; Meyke, Die Haftung des GmbH-Geschäftsführers, Rdnr. 216.

[142]*Lutter/Hommelhoff,* GmbHG § 64 Rdnr. 28.

Insolvenzreife werden strenge Anforderungen gestellt. Die Erkennbarkeit ist beim Verschulden zu berücksichtigen (siehe dazu sogleich). Unterlässt der Geschäftsführer bei positiver Kenntnis der Insolvenzreife und Ablauf der Antragsfrist die Stellung des Insolvenzantrags, begeht er eine vorsätzliche Insolvenzverschleppung, bei Erkennbarkeit der Insolvenzreife kommt eine fahrlässige Insolvenzverschleppung in Betracht. Beide Varianten sind strafbar und führen zur Schadensersatzpflicht. Es nützt also nichts, wenn sich der Geschäftsführer der Erkenntnis verschließt, dass seine Gesellschaft möglicherweise zahlungsunfähig oder überschuldet ist. Eine Zahlungsunfähigkeit dürfte dem Geschäftsführer zumindest nach einer gewissen Verfestigung ohnehin nicht verborgen bleiben, bei einer Überschuldung ist dies schon eher möglich.

Die Frist endet spätestens drei Wochen nach Beginn der Antragspflicht. Bis zum Fristablauf muss in jedem Fall das Insolvenzverfahren beantragt sein.

d. Verschulden

▶ Fahrlässige Unkenntnis genügt

Gemäß § 823 II BGB ist erforderlich, dass gegen das Schutzgesetz, hier also § 15a I InsO, *schuldhaft* verstoßen wurde. Ausreichend ist hierbei *fahrlässiges* Verhalten, was sich dann bejahen lässt, wenn die Insolvenzreife für den Geschäftsführer erkennbar war. Eine Haftung des Geschäftsführers besteht daher schon dann, wenn er es trotz objektiver Anzeichen einer Krise unterlässt, der Frage nachzugehen, ob ein Insolvenzgrund vorliegt. Auf fehlende Kenntnis kann sich nicht berufen, wer seiner Beobachtungspflicht nicht nachgekommen ist, die den Geschäftsführer verpflichtet jedenfalls dann, wenn die Hälfte des Stammkapitals aufgebracht ist und erst recht, wenn die Bilanz einen nicht durch Eigenkapital gedeckten Fehlbetrag, also eine bilanzielle Überschuldung aufweist, eine Überschuldungsbilanz zu erstellen und fortzuschreiben[143] bzw. die Liquidität im Auge zu behalten.[144]

---

[143]OLG Celle, Urt. v. 07.05.2008, 9 U 191/07, OLGR Celle 2008, 653.

[144]Siehe grundlegend: BGH, Urt. v. 06.06.1994, II ZR 292/91, BGHZ 126, 181, aus den Gründen: *Der Geschäftsführer hat die Entscheidung darüber, ob er die Konkurseröffnung beantragen muß, mit der Sorgfalt eines ordentlichen Geschäftsleiters zu treffen. Als solcher ist er verpflichtet, die wirtschaftliche Lage des Unternehmens laufend zu beobachten. Bei Anzeichen einer Krise wird er sich durch Aufstellung eines Vermögensstatus einen Überblick über den Vermögensstand verschaffen müssen (Hachenburg/Ulmer, aaO, § 64 Rdn. 52; Scholz/K. Schmidt, aaO, § 64 Rdnr. 28). Stellt sich dabei eine rechnerische Überschuldung heraus, dann muß er prüfen, ob sich für das Unternehmen eine positive Fortbestehensprognose stellt (BGHZ 119, 201, 214; vgl. dazu auch Schüppen, DB 1994, 197). Gibt es begründete Anhaltspunkte, die eine solche Prognose rechtfertigen, so kann das Unternehmen weiterbetrieben werden. Hierbei ist dem Geschäftsführer ein gewisser Beurteilungsspielraum zuzubilligen; vor allem kommt es nicht auf nachträgliche Erkenntnisse, sondern auf die damalige Sicht eines ordentlichen Geschäftsleiters an. Notfalls muß sich der Geschäftsführer fachkundig beraten lassen (Lutter, DB 1994, 129, 135),* bestätigt durch BGH, Urt. v. 09.06.2012, II ZR 243/11, juris.

▶ Für Antragspflicht besteht Gesamtverantwortung

Auch hier gilt beim Verschulden das *Prinzip der Gesamtverantwortung.* Eine interne Ressortaufteilung entlastet nicht den Mitgeschäftsführer von seiner Verantwortlichkeit für die rechtzeitige Einleitung des Insolvenzverfahrens. Jeder Geschäftsführer hat sich über die Geschäfte und die Lage der Gesellschaft auf dem Laufenden zu halten. Die erforderlichen Informationen muss er sich beschaffen. Werden ihm diese vorenthalten, so kann er sein Amt niederlegen oder seinen Anstellungsvertrag fristlos kündigen. Er kann sich jedoch nicht darauf berufen, dass er nicht über die Situation der Gesellschaft informiert war.[145] Ein Verschulden kann entfallen, wenn der Steuerberater den Geschäftsführer fehlerhaft informiert hat oder zu Unrecht eine Rückstellung, die die Überschuldung begründet hätte nicht gebildet hat. Auch die Einholung sachverständigen Rates zur Frage der Insolvenzreife kann das Verschulden entfallen lassen.[146] Ein Verschuldensvorwurf dürfte ferner dann ausscheiden, wenn die Buchhaltung von einem Mitgeschäftsführer manipuliert wurde oder eine bestrittene Forderung von einem Anwalt irrtümlich als klar durchsetzbar eingeordnet wurde, weshalb eine Wertberichtigung unterblieb.[147]

e. Beweislast

▶ Gläubiger muss Insolvenzreife beweisen

Der Gläubiger, der seinen Anspruch geltend macht, hat zu beweisen, dass die objektiven Voraussetzungen der Insolvenzantragspflicht bestanden haben, dass also die Gesellschaft zu einem bestimmten Zeitpunkt zahlungsunfähig bzw. überschuldet war.[148] Zur Darlegung der Zahlungsunfähigkeit ist ein Liquiditätsstatus zur Darlegung der Überschuldung ein Überschuldungsstatus aufzustellen (siehe dazu bereits oben die Ausführungen im 1. Teil unter K III 2 b und c).

▶ Geschäftsführer hat Liquiditätsstatus bzw. Überschuldungsbilanz zu erschüttern

Es ist dann Sache des Geschäftsführers darzulegen, dass der Liquiditätsstatus oder die Überschuldungsbilanz fehlerhaft sind, z. B. indem er darlegt, dass bestimmte

---

[145] BGH, Urt. v. 26.06.1995, II ZR 109/94, NJW 1995, 2850.

[146] BGH, Urt. v. 14.05.2007, II ZR 48/06, DB 2007, 1455, 2. Leitsatz: *Ein organschaftlicher Vertreter einer Gesellschaft verletzt seine Insolvenzantragspflicht nicht schuldhaft, wenn er bei fehlender eigener Sachkunde zur Klärung des Bestehens der Insolvenzreife der Gesellschaft den Rat eines unabhängigen, fachlich qualifizierten Berufsträgers einholt, diesen über sämtliche für die Beurteilung erheblichen Umstände ordnungsgemäß informiert und nach eigener Plausibilitätskontrolle der ihm daraufhin erteilten Antwort dem Rat folgt und von der Stellung eines Insolvenzantrags absieht.*

[147] OLG Hamburg, Urt. v. 20.03.2003, 10 U 37/02, GmbHR 2003, 587.

[148] BGH, Urt. v. 07.03.2005, II ZR 138/03, GmbHR 2005, 617.

Verbindlichkeiten wegen einer Stundung gar nicht fällig waren oder dass die Überschuldung aufgrund nicht berücksichtigter stiller Reserven oder fehlerhafter Bewertung gar nicht vorlag.

▶ Verschulden wird vermutet

Bei Haftung wegen Verletzung eines Schutzgesetzes gemäß § 823 II BGB wird – anders als bei der Strafbarkeit gemäß § 15 a InsO – das Verschulden vermutet.[149] Dies gilt übrigens nicht bei Schutzgesetzen, die Vorsatz erfordern.[150] Bei der Insolvenzverschleppung genügt jedoch ein fahrlässiges Verhalten. Der Geschäftsführer muss sich also entlasten (siehe bereits oben die Ausführungen beim Verschulden).

Tipp!
Dokumentieren Sie in dem Moment, in dem Sie erstmals mit der Frage konfrontiert werden, ob Sie Insolvenzantrag stellen, den Status, der einer Antragstellung entgegensteht. Hier sollten Sie sich mit kompetenten Fachleuten (Wirtschaftsprüfer/Steuerberater) intensiv beraten, inwieweit Ihre Bewertungsansätze realistisch sind. Über diese Frage sollte dann unter Zeugen eine Aktennotiz angefertigt werden. Diese Aktennotiz sowie den Status sollten Sie gut aufbewahren. Ferner sollten Sie Unterlagen kopieren, aus denen sich die höheren Bilanzansätze ergeben und Fotos von den betreffenden Gegenständen des Anlagevermögens machen. Ist erst der Verwalter eingesetzt, so haben Sie auf die Geschäftsunterlagen keinen oder nur noch einen erschwerten Zugriff, so dass Sie in Beweisnot geraten können.

f. Rechtsfolgen

▶ Alt- und Neugläubiger

Wenn Geschäftsführer schuldhaft gegen § 15a I InsO verstoßen, so ist bei den Rechtsfolgen zwischen den Alt- und den Neugläubigern zu differenzieren. Grundsätzlich werden vom Schutzbereich des § 15a I InsO sämtliche Gläubiger erfasst, die bis zur Eröffnung des Insolvenzverfahrens ihre Gläubigerstellung erlangt haben. *Altgläubiger* sind jene Gläubiger, die bereits zum Zeitpunkt, zu dem der Antrag hätte gestellt werden müssen, Gläubiger der Gesellschaft waren. *Neugläubiger* hingegen

[149] Siehe Strohn NZG 2011, 1161 unter Berufung auf BGH, Urt. v. 15.03.2011, II ZR 204/09, NZG 2011, 624 Rdnr. 38 m.w.N.

[150] So setzt z. B. die Haftung für vorenthaltene Sozialversicherungsbeträge gemäß § 823 Abs. 2 i.V.m. § 266a StGB Vorsatz voraus, den muss der Anspruchsteller beweisen, siehe BGH, Urt. v. 03.05.2016, II ZR 311/14, Rdnr. 15.

sind jene Personen, die erst nach Eintritt der Insolvenzreife eine Forderung gegenüber der Gesellschaft erworben haben.

Sowohl die Altgläubiger als auch die Neugläubiger können verlangen, so gestellt zu werden, wie sie stünden, wenn der Geschäftsführer rechtzeitig den Insolvenzantrag gestellt hätte.

▶ Altgläubiger bekommen Quotenschaden

Ist durch die Verzögerung die Insolvenzmasse geschmälert worden, so können die Altgläubiger daher den ihnen entstandenen *Quotenschaden* geltend machen. Er besteht in der Differenz zwischen dem Masseerlös, den die Gläubiger bei rechtzeitiger Beantragung des Insolvenzverfahrens erlangt hätten, und dem Betrag, den sie nunmehr nach verspäteter Einleitung des Verfahrens erhalten. Die Bemessung dieses Schadens kann auch im Wege der Schadensschätzung durch das Gericht erfolgen.

▶ Neugläubiger bekommen vollen Ersatz ihres Schadens

Die Neugläubiger können hingegen nach herrschender Ansicht[151] ihr volles sog. *negatives Interesse* verlangen. Das heißt, sie sind so zu stellen, wie sie stünden, wenn sie das Geschäft *nicht* getätigt hätten. Der Neugläubiger wäre bei rechtzeitiger Antragstellung gar nicht mit der GmbH ins Geschäft gekommen, er hätte somit auch keine Leistung erbracht. Neugläubiger sind jene, die nach Eintritt der Insolvenzreife eine Vorleistung bzw. einen Kredit gewähren.[152]

Bei den Neugläubigern ist es noch nicht ganz geklärt, wie weit ihr Kreis zu ziehen ist. In jedem Fall sind *vertragliche* Neugläubiger geschützt, die also rechtsgeschäftlich nach Eintritt der Insolvenzreife mit der Gesellschaft in Kontakt getreten sind. Ein Gläubiger, der ein neues Geschäft mit der GmbH abschließt, darf darauf vertrauen, dass die gesetzlichen Pflichten zur rechtzeitigen Einleitung des Insolvenzverfahrens eingehalten werden.

▶ Lieferant/Werkunternehmer

Die Lieferanten bzw. Werkunternehmer bekommen daher mindestens ihren Selbstkostenpreis. Das heißt, sie sind so zu stellen, wie sie stünden, wenn sie nicht geliefert bzw. geleistet hätten. Der Vertrauensschaden ist bei der Lieferung von Ware meines Erachtens aber nicht auf den Selbstkostenpreis (dazu gehören Einkaufpreis + Lagerungskosten + Verwaltungskosten + Transportkosten) beschränkt.[153] Der Lieferant kann durchaus geltend machen, dass er Ware an einen

[151]BGH, Urt. v. 06.06.1994, II ZR 292/91, NJW 1994, 2220, 2222; BGH, Urt. v. 25.07.2005, II ZR 390/03, BGHZ 164, 50.

[152]BGH, Urt. v. 25.07.2005, II ZR 390/03, BGHZ 164, 50.

[153]BGH, Urt. v. 27.04.2009, II ZR 253/07, NZG 2009, 750; Strohn NZG 2011, 1161, 1162; Meyke, Die Haftung des GmbH-Geschäftsführers, Rdnr. 513 f.

anderen Abnehmer mit Gewinn verkauft hätte, so dass ihm insoweit ein Gewinn entgangen ist. Der Gläubiger kann zunächst die Rentabilitätsvermutung in Anspruch nehmen.[154] Der Geschäftsführer muss dann beweisen, dass der Gläubiger anderweitig keinen Gewinn erzielt hätte, weil es keinen Markt für das Produkt gibt. Gleiches gilt für den Werkunternehmer. Hatte dieser mehr Anfragen als Kapazitäten, hätte er in der Zeit ggf. einen anderen Auftrag mit Gewinn ausführen können.

▶ Arbeitnehmer/Vermieter

Entscheidender Zeitpunkt für die Einordnung als Alt- oder Neugläubiger ist nicht die Fälligkeit der Forderung, sondern der Zeitpunkt der Entstehung bzw. des Erwerbs der Forderung.[155] In der Praxis bestehen in der Krise meist offene Gehalts- und Mietforderungen. Da die Arbeits- und Mietverträge in der Regel vor der Insolvenzreife abgeschlossen worden sind, wird meines Erachtens für die aufgelaufenen Verbindlichkeiten nur in Höhe des Quotenschadens gehaftet. Bei Dauerschuldverhältnissen wird man daher generell auf den Zeitpunkt des Vertragsschlusses abstellen müssen. Entscheidend ist damit, wann das sog. Stammrecht begründet worden ist. Dies hat der *BGH* für die Überlassung von Mieträumen ausdrücklich so entschieden.[156] Das *LAG Köln* hat allerdings angenommen, dass zu den Neugläubigern auch Arbeitnehmer gehören, soweit sie Ansprüche auf das geschuldete Arbeitsentgelt ab dem Zeitpunkt geltend machen, ab dem der Antrag auf Eröffnung des Insolvenzverfahrens hätte gestellt werden müssen.[157] Das bedeute aber nicht, dass der Geschäftsführer in jedem Fall die entgangene Vergütung schulde. Ersetzt werde vielmehr der Vertrauensschaden. Hätte der Geschäftsführer die Arbeitnehmer rechtzeitig informiert bzw. Insolvenzantrag gestellt, hätten diese sich um anderweitige Anstellung bemühen können. Eine Vermutung dahingehend, dass ein Arbeitnehmer sofort ein neues Arbeitsverhältnis begründen kann, gebe es nicht.[158]

▶ Ansprüche aus unerlaubter Handlung, Steuern und SV-Beiträge

Sofern es allerdings um Ansprüche von Neugläubigern gegen die Gesellschaft aus *unerlaubter Handlung* oder *kraft Gesetzes* geht, die mit einem abgeschlossenen Rechtsgeschäft nicht im Zusammenhang stehen, ist problematisch, ob sie überhaupt in den Schutzbereich des § 823 II BGB i.V.m. § 15a I InsO fallen, was unterschied-

[154] OLG Koblenz, Urt. v. 03.08.1999, 3 U 1806/98, GmbHR 2000, 31.

[155] OLG Hamburg, Urt. v. 30.11.1999, 11 U 18/97, NZG 2000, 606, 607.

[156] BGH, Urt. vom 22.10.2013, II ZR 394/12, juris, Leitsatz: *Ein Vermieter, der dem Mieter vor Insolvenzreife Räume überlassen hat, ist regelmäßig Altgläubiger und erleidet keinen Neugläubigerschaden infolge der Insolvenzverschleppung, weil er sich bei Insolvenzreife nicht von dem Mietvertrag hätte lösen können.*

[157] LAG Köln, Urt. v. 26.07.2006, 8 Sa 1660/05, BeckRS 2006, 44464.

[158] Siehe LAG Köln, a.a.O. unter II 3 b).

lich gesehen wird.[159] Jedenfalls gehören meines Erachtens nur solche Schäden zu den Neugläubigerschäden, die der Gläubiger im Vertrauen auf die Solvenz erlitten hat. Der *BGH*[160] hatte folgenden Fall zu entschieden: Eheleute hatten von einer Bauträger-GmbH 2004 ein Penthouse erworben. Ein Jahr später wurde dort eingebrochen und Schmuck in einer Größenordnung von einer halben Million Euro entwendet. Die Bauträger-GmbH hatte eine Wohnungseingangstür eingebaut, die nicht den vereinbarten Sicherheitsstandard aufwies, deshalb sei – so die Auffassung der Geschädigten – weil die GmbH beim Einbau schon zahlungsunfähig gewesen sei, die Minderleistung erfolgt und der Einbruch ermöglicht worden. Hätte der Geschäftsführer rechtzeitig Insolvenzantrag gestellt, hätte die GmbH keine minderwertige Tür mehr einbauen lassen. Dem folgte der *BGH* nicht. Hier liege kein Schaden vor, den der Gläubiger im Vertrauen auf die Solvenz der GmbH erlitten habe. Derartige Gläubiger haben daher keinen Anspruch auf Ersatz ihres vollen Schadens. Dies ist deshalb zweckmäßig, weil sich der Verletzte ja nicht im Vertrauen darauf, dass er es mit einer solventen GmbH zu tun hat, auf eine unerlaubte Handlung einließ, sondern unfreiwillig Opfer derselben wurde. Wird beispielsweise ein Passant während einer Dienstfahrt eines bei der GmbH angestellten Fahrradkuriers von diesem verletzt, so hat der Passant auf keine Solvenz der GmbH vertraut, da er diese bis zu dem Zwischenfall ja noch gar nicht kannte. Ansprüche des Finanzamtes wegen rückständiger Steuern und der Sozialversicherungsträger, die kraft Gesetzes entstehen, dürften – unabhängig vom Zeitpunkt ihrer Entstehung – nur auf den Quotenschaden gerichtet sein.[161]

g. Geltendmachung des Anspruchs

- Geltendmachung durch Verwalter

Inhaber des Anspruchs aus § 823 II BGB in Verbindung mit § 15a I InsO sind die jeweils geschützten Alt- oder Neugläubiger. Der Anspruch wegen der Quotenschäden wird nicht von den Altgläubigern selbst, sondern regelmäßig vom Insolvenzverwalter gemäß § 92 der Insolvenzordnung durchgesetzt. Dies betrifft jedenfalls die Fälle, in denen die Insolvenzverschleppung zu einer Verkürzung der Insolvenzmasse geführt hat. Das heißt, der durch die verspätete Antragstellung eingetretene Schaden muss sich im Gesellschaftsvermögen negativ ausgewirkt haben. Dies ist bei den Quotenschäden der Altgläubiger zweifellos der Fall, weshalb dieser Anspruch vom Verwalter, nicht von den einzelnen Gläubigern persönlich durchgesetzt wird. Der Insolvenzverwalter hat dann auf Rechnung der Gläubiger deren jeweilige Quotenschäden geltend zu machen. Dies ist auch sachgerecht, weil der Insolvenzverwalter den Einblick in die Verhältnisse der Gesellschaft hat.

---

[159] *Lutter/Hommelhoff*, GmbHG, § 64 Rdnr. 50.

[160] BGH, Urt. v. 21.10.2014, II ZR 113/13, NZG 2015, 227.

[161] Für SV-Beiträge, siehe BGH, Urt. v. 08.03.1999, II ZR 159/98, GmbHR 1999, 715; OLG Hamm, Urt. v. 13.09.1999, 13 U 61/99, ZIP 2000, 198, 199.

▶ Individualschaden wird vom Gläubiger durchgesetzt

Der Neugläubiger hat einen sog. *Individualschaden* erlitten. Diesen kann nur er selbst beziffern. Deshalb ist es auch sachgerecht, dass er ihn persönlich und nicht über den Insolvenzverwalter durchsetzt. Hierbei ist im Falle der Zahlung seitens des Geschäftsführers der Anspruch des Neugläubigers gegenüber der Insolvenzmasse analog § 255 BGB an den Geschäftsführer abzutreten.[162]

h. Verjährung

Strittig ist, ob der Anspruch aus § 823 II BGB i.V.m. § 15a I InsO nach der regelmäßigen Verjährungsfrist gemäß § 195 BGB von grundsätzlich drei Jahren oder gemäß § 64 Satz 4 GmbHG i.V.m. § 43 IV GmbHG erst in fünf Jahren verjährt.[163] Meines Erachtens sollte es für den deliktischen Anspruch bei der allgemeinen Verjährungsfrist bleiben.[164]

III. Haftung wegen Masseschmälerung und Zahlungen an Gesellschafter (§ 64 GmbHG)

1. Überblick

▶ Schmälerung der Masse nach Insolvenzreife

Von der Haftung wegen Insolvenzverschleppung ist die Haftung wegen Masseschmälerung und wegen Zahlungen an Gesellschafter zu unterscheiden. Die Insolvenzverschleppung knüpft an die Pflicht zur unverzüglichen Stellung des Insolvenzantrags, das Verbot der Masseschmälerung an die Pflicht zur Massesicherung an. Die Pflicht zur Massesicherung legt dem Geschäftsführer auf, das Gesellschaftsvermögen im Interesse aller Gläubiger zusammenzuhalten. Die Erstattungspflicht bei Verstößen ist in § 64 GmbHG geregelt:

§ 64 GmbHG
Die Geschäftsführer sind der Gesellschaft zum Ersatz von Zahlungen verpflichtet, die nach Eintritt der Zahlungsunfähigkeit der Gesellschaft oder nach Feststellung ihrer Überschuldung geleistet werden. Dies gilt nicht für Zahlungen, die auch nach

---

[162] Insofern erfolgt eine Zug-um-Zug-Verurteilung, der Geschäftsführer bekommt damit die Insolvenzforderung des Neugläubigers, siehe BGH, Urt. v. 05.02.2007, II ZR 234/05, BGHZ 171, 46; BGH, Urt. v. 15.03.2011, II ZR 204/09, NZG 2011, 624.

[163] OLG Köln, Urt. v. 19.12.2000, 22 U 144/00, NZG 2001, 411, 412; OLG Saarbrücken, Urt. v. 22.09.1999, 1 U 3/99 – 1, NZG 2000, 559.

[164] So auch BGH, Urt. v. 15.03.2011, II ZR 204/09, NZG 2011, 624; OLG Stuttgart, Urt. v. 29.06.2000, 13 U 185/99, GmbHR 2001, 75; OLG Frankfurt, Urt. v. 04.04.2007, 19 U 230/06, OLGR Frankfurt 2008, 115; OLG Saarbrücken, Urt. v. 06.05.2008, 4 U 484/07 – 165, NZG 2008, 638.

diesem Zeitpunkt mit der Sorgfalt eines ordentlichen Geschäftsmannes vereinbar sind. Die gleiche Verpflichtung trifft die Geschäftsführer für Zahlungen an Gesellschafter, soweit diese zur Zahlungsunfähigkeit der Gesellschaft führen mussten, es sei denn, dies war auch bei Beachtung der in Satz 2 bezeichneten Sorgfalt nicht erkennbar. Auf den Ersatzanspruch finden die Bestimmungen in § 43 Abs. 3 und 4 entsprechende Anwendung.

Die Vorschrift enthält zwei Anspruchsgrundlagen. Einerseits sollen nach Eintritt der Insolvenzreife Zahlungen aus dem Gesellschaftsvermögen verhindert werden, damit die Masse für die Gläubigergesamtheit erhalten bleibt (§ 64 Satz 1 GmbHG), andererseits soll einer Zahlungsunfähigkeit vorgebeugt werden, die durch Zahlungen an Gesellschafter verursacht wird (§ 64 Satz 3 GmbHG). Diese zweite Anspruchsgrundlage wurde im Rahmen der GmbH-Reform per 01.11.2008 eingeführt. Zunächst zur Haftung wegen Masseschmälerung, die in § 64 Sätze 1 und 2 verankert ist und bis zur GmbH-Reform in § 64 II GmbHG geregelt gewesen ist.

- Ersatz des Gesamtgläubigerschadens

Das GmbHG will mit der Haftung wegen Masseschmälerung verhindern, dass das Vermögen der GmbH in der Zeit zwischen dem Eintritt der Insolvenzreife und dem Verlust der Verfügungsbefugnis des Geschäftsführers wegen der Eröffnung des Insolvenzverfahrens verringert wird. Diese Regelung gilt auch dann, wenn das Insolvenzverfahren mangels Masse nicht eröffnet wird. Schmälert der Geschäftsführer das Gesellschaftsvermögen, indem er Auszahlungen vornimmt, so schadet er damit den Gläubigern insgesamt, die entsprechend weniger Befriedigung erlangen können. Es handelt sich bei § 64 Sätze 1 und 2 GmbHG somit um eine Haftung gegenüber der Gesamtheit der Gläubiger.[165] Anspruchsberechtigt ist jedoch die GmbH, wobei der Insolvenzverwalter die Ansprüche verfolgt. Ausgeglichen werden soll über § 64 Sätze 1 und 2 GmbHG ein Schaden der Gläubiger, den diese durch die Leistungen zwischen Insolvenzreife und Insolvenzantrag erlitten haben. Kompensiert wird dieser Schaden durch Zahlung in das Gesellschaftsvermögen, das dann später unter Berücksichtigung der Insolvenzquote an die Gläubiger verteilt wird. Kommt es mangels Masse nicht zur Eröffnung des Insolvenzverfahrens kann ein Gläubiger im Rahmen der gegen die GmbH betriebenen Zwangsvollstreckung den Anspruch pfänden und sich überweisen lassen.[166]

[165] Siehe BGH, Urt. v. 08.01.2001, II ZR 88/99, BGHZ 146, 264, 278, aus den Gründen: *§ 64 Abs. 2 GmbHG ist, wie der Senat wiederholt ausgesprochen hat, keine Schadenersatznorm, sondern enthält einen Ersatzanspruch eigener Art (Sen. Urt. v. 18. März 1974 – II ZR 2/72, NJW 1974, 1088 f.; vgl. auch BGHZ 143, 184 ff.). Er ist seiner Natur nach darauf gerichtet, das Gesellschaftsvermögen wieder aufzufüllen, damit es im Insolvenzverfahren zur ranggerechten und gleichmäßigen Befriedigung aller Gesellschaftsgläubiger zur Verfügung steht.*

[166] BGH, Urt. v. 11.09.2000, II ZR 370/99, ZIP 2000, 1896, 1897.

2. Voraussetzungen der Haftung wegen Masseschmälerung

a. Zahlungen nach Insolvenzreife

▶ Zahlungen

§ 64 Satz 1 GmbHG setzt zunächst voraus, dass Zahlungen aus dem Vermögen der Gesellschaft nach Insolvenzreife geleistet worden sind.[167] Die Insolvenzreife ist hier der Eintritt der Zahlungsunfähigkeit bzw. der Zeitpunkt der Überschuldung. Insofern wird auf die obigen Ausführungen zur Haftung wegen Insolvenzverschleppung sowie die Ausführungen im 1. Teil unter K III 2 b und c verwiesen. Der Begriff der *Zahlungen* im § 64 Satz 1 GmbHG wird weit gefasst, hierunter fallen nicht nur Zahlungen durch die Herausgabe von Bargeld oder die Ausführung einer Banküberweisung.

▶ Weite Auslegung

Erfasst sind sämtliche Vorgänge, die zu einem Abfluss von Werten führen. Dazu gehört etwa auch der unterlassene Widerruf einer Einzugsermächtigung im Lastschriftverfahren, wodurch ermöglicht wird, dass Beträge vom Konto der Gesellschaft abgebucht werden. Widerspricht der Geschäftsführer dieser Lastschrift nicht, so hat er damit eine Auszahlung gemäß § 64 Satz 1 GmbHG vorgenommen.[168]

Zahlungen im Sinne von § 64 Satz 1 GmbHG sind damit sämtliche Vorgänge, die die Insolvenzmasse mindern. Erforderlich ist aber, dass der Geschäftsführer die Zahlungen zugelassen bzw. veranlasst hat, deshalb sind zwangsweise Zahlungen z. B. aufgrund von Kontopfändungen nicht erfasst und lösen keine Haftung des Geschäftsführers aus.[169] Tatbestandlich sind aber nachteilige Geschäfte.[170]

Verkauft also beispielsweise der Geschäftsführer ein Grundstück unter Wert, so liegt in der Differenz zwischen dem Verkehrswert und dem vereinbarten Verkaufspreis eine Masseschmälerung, die regelmäßig zu einer Schadensersatzplicht des Geschäftsführers führen wird.

Zu beachten ist, dass eine Masseschmälerung auch durch Einzahlungen auf debitorisch geführte, das heißt im Soll befindliche Konten auftreten kann.

---

[167] Der BGH, Urt. v. 16.03.2009, II ZR 280/07, VersR 2009, 1635, betont, dass das Auszahlungsverbot nach dem Wortlaut der Vorschrift bereits ab Eintritt der Insolvenzreife und nicht erst mit Ablauf der Insolvenzantragspflicht gilt.

[168] Siehe LG Köln, Urt. v. 12.07.1989, 9 S 43/89, WM 1990, 411.

[169] BGH, Urt. v. 25.01.2011, II ZR 196/09, NZG 2011, 303; OLG München, Urt. v. 19.01.2011, 7 U 4342/10, NZG 2011, 465.

[170] *Strohn* NZG 2011, 1161, 1164.

Beispiel

„Die Bank ist schneller“

G ist Geschäftsführer einer in der Krise befindlichen GmbH. Nach Eintritt der Insolvenzreife reicht er einen Kundenscheck über 20.000 € zur Gutschrift auf das Geschäftskonto der GmbH ein. Das Geschäftskonto ist zu diesem Zeitpunkt in Höhe von 100.000 € „überzogen“. Durch die Einlösung des Schecks wird der Saldo auf 80.000 € verringert.

Das bedeutet, dass die Bank hier vor den sonstigen Gläubigern befriedigt worden ist und damit eine Zahlung im Sinne von § 64 Satz 1 GmbHG vorgenommen wurde. Es macht keinen Unterschied, ob der Geschäftsführer bar auf das Konto einzahlt, um die Bankschulden zurückzuführen, oder ob dies durch Einreichung eines Schecks geschieht. Der Geschäftsführer hat sich hierdurch schadensersatzpflichtig gemacht.[171] Umgekehrt liegt, wenn von einem überzogenen Konto eine Zahlung geleistet wird, nur ein neutraler Gläubigeraustausch vor. Die Forderung der Bank wird höher, die des Zahlungsempfängers wird niedriger, die Insolvenzmasse bleibt gleich, daher haftet der Geschäftsführer nicht, es sei denn die Bank wäre durch freie Sicherheiten abgesichert.[172]

Achtung!

Ein Geschäftsführer befindet sich in der Krise oft, wie das vorherige Beispiel zeigt, in einer absoluten Zwangslage. Einerseits dürften die Geschäftskonten regelmäßig überzogen sein, andererseits muss der Geschäftsführer die Schecks irgendwie einlösen. Löst der Geschäftsführer die Schecks über gesellschaftsfremde Konten ein, besteht die Gefahr, dass er sich einer Untreue schuldig macht. Das ist strafbar und löst ebenfalls zivilrechtliche Schadensersatzpflichten über § 823 II BGB in Verbindung mit § 266 StGB aus. Dies gilt jedenfalls dann, wenn der Geschäftsführer nicht dafür sorgt, dass der Scheckbetrag dem Gesellschaftsvermögen in voller Höhe wieder zugeführt wird. Hier sollte der Geschäftsführer in jedem Falle dokumentieren, über welches Konto er den Scheck eingelöst hat und wie er den Scheckbetrag dann zugunsten der Gesellschaft im Einzelnen verwandt hat.

Tipp!

Deshalb sollten Sie als Geschäftsführer immer ein auf Guthabenbasis geführtes Geschäftskonto der Gesellschaft „in petto“ haben. Dieses Konto

(Fortsetzung)

[171] BGH, Urt. v. 29.11.1999, II ZR 273/98, BGHZ 143, 184.

[172] BGH, Urt. v. 25.01.2010, II ZR 258/08, GmbHR 2010, 428.

wird allerdings dann weitgehend wertlos, wenn ein Gläubiger wegen des Guthabens einen Pfändungs- und Überweisungsbeschluss erwirkt. Die Bankverbindung sollte daher nicht auf den Geschäftsbriefen erscheinen oder sonst publik gemacht werden, dadurch ist die Gefahr einer Kontopfändung geringer.

► Ausnahmen/Sanierung

Keine masseschmälernde Leistung liegt vor, wenn ein sog. Aktivtausch erfolgt. D. h. es werden Vermögensstände angeschafft, die in der Insolvenz exakt den Wert haben, der für sie bezahlt wurde.

Ferner sind gemäß § 64 Satz 2 GmbHG solche Zahlungen zulässig, die zwar nach Insolvenzreife erfolgen, jedoch mit der Sorgfalt eines ordentlichen Geschäftsmannes vereinbar sind. Dies sind im Regelfall Zahlungen, die erfolgen, um den Geschäftsbetrieb aufrechtzuerhalten, um entweder eine Sanierung zu ermöglichen oder aber schlimmere Schäden, insbesondere einen ungeordneten Zusammenbruch zu verhüten. Eine Prüfung erfolgt am Zweck des § 64 GmbHG, für die Gläubiger die Insolvenzmasse zu erhalten und eine zum Nachteil der Gesamtgläubiger bevorzugende Befriedigung einzelner Gläubiger zu vermeiden.[173]

Es kann beispielsweise sinnvoll sein, Löhne und Gehälter, Rechnungen für Telekommunikation sowie Mieten zu zahlen, wenn Aufträge noch abgeschlossen werden sollen, die erst nach der Beendigung abgerechnet werden können. Daneben soll auch die Zahlung von Arbeitnehmeranteilen zur Sozialversicherung, Umsatzsteuerschulden und Lohnsteuerschulden mit der Sorgfalt eines ordentlichen Geschäftsleiters vereinbar sein und nicht unter das Auszahlungsverbot fallen. Führt der Geschäftsführer diese Beträge trotz liquidier Mittel nicht – bei der Umsatzsteuer ggf. nicht anteilig ab – macht er sich daher auch nach Eintritt der Insolvenzreife haftbar (siehe dazu die Ausführungen bei der Haftung für Steuerschulden unter F IV 4 und für Arbeitnehmeranteile zur Sozialversicherung unter F V 3 b.).

[173]BGH, Urt. v. 08.01.2001, II ZR 88/99, BGHZ 146, 264, Leitsatz b): *Maßstab für die Prüfung, ob eine Zahlung des Geschäftsführers i. S. v. § 64 Abs. 2 Satz 2 GmbHG mit der Sorgfalt eines ordentlichen Geschäftsmanns vereinbar ist, sind nicht allein die allgemeinen Verhaltenspflichten des Geschäftsführers, sondern insbesondere auch der Zweck des § 64 Abs. 2 GmbHG, Masseverkürzungen der insolvenzreifen Gesellschaft und eine bevorzugte Befriedigung einzelner Gesellschaftsgläubiger zu verhindern.* Siehe auch BGH, Urt. v. 14.05.2007, II ZR 48/06, NZG 2007, 545 und BGH, Urt. v. 25.01.2011, II ZR 196/09, NZG 2011, 303, wonach die Zahlung von Arbeitnehmeranteilen zur Sozialversicherung grundsätzlich mit der Sorgfalt eines ordentlichen Kaufmannes vereinbar ist, anders noch BGH, Urt. v. 18.04.2005, II ZR 61/03, NJW 2005, 2546; siehe unten 3. Teil V 3 b.

Beispiel

„Letzter Schliff am letzten Schiff“

Eine GmbH, die eine Schiffswerft betreibt, befindet sich in der Krise. Mit der Fertigstellung des Schiffs wird eine hohe Schlusszahlung fällig, die allerdings die Insolvenzreife auch nicht mehr verhindern kann, weil die Überschuldung höher ist. Mithin ist Insolvenzantrag zu stellen. Wenn nun der Geschäftsführer weiterhin das Gehalt der Mitarbeiter zahlt, um die Fregatte noch fertig zu stellen, so sind diese Zahlungen zulässig, da sie im Hinblick darauf erfolgen, dass mit Fertigstellung die Masse noch erheblich durch die Schlusszahlung vergrößert wird.

▶ Einzelheiten

Der Geschäftsführer muss darlegen und beweisen, dass die Zahlungen mit der Sorgfalt eines ordentlichen Kaufmanns vereinbar sind. Hierbei kann es auch der gebotenen Sorgfalt entsprechen, den Zahlungsverkehr insgesamt aufrecht zu erhalten, um eine Sanierung der Gesellschaft zu ermöglichen.[174] Der Geschäftsführer kann und muss dann dynamisch statt statisch handeln. Es wird verglichen, ob durch das Verhalten des Geschäftsführers dies Masse insgesamt erhöht oder geschmälert wurde.[175] Wurde die Masse erhalten oder erhöht, entsteht die Haftung nach § 64 Sätze 1 und 2 GmbHG nicht, auch wenn die Sanierung nicht gelingt oder erst vom Insolvenzverwalter verwirklicht werden kann. Dies setzt aber voraus, dass der Geschäftsführer tatsächlich ein Sanierungskonzept verfolgt und entwickelt, das nachträgliche Zusammenschustern eines solchen Konzepts genügt nicht. Hat beispielsweise eine GmbH eine Software entwickelt, die wettbewerbsfähig ist und aus der sie Lizenzeinnahmen erzielt und führt der Geschäftsführer Verhandlungen mit einem Investor über den Kauf der Rechte an der Software kann die Weiterentwicklung der Software und des dazugehörigen Geschäftsbetriebs der Sorgfalt eines ordentlichen

[174]OLG Celle, Urt. v. 07.05.2008, 9 U 191/07, OLGR Celle 2008, 653, 3. Leitsatz: *Zahlungen des Geschäftsführers, die den Betrieb vorläufig aufrechterhalten sollen, sind nur dann mit der „Sorgfalt eines ordentlichen Geschäftsmanns“ im Sinne des § 64 Abs. 2 Satz 2 GmbHG vereinbar, wenn sich der Geschäftsführer ausreichend um die finanzielle Situation der Gesellschaft gekümmert hat und auf diese Weise Sanierungsversuche und Chancen für eine Veräußerung, die sich etwa für den Insolvenzverwalter später ergeben, nicht geschmälert werden sollen. Für eine solche „Fortführung“ ist regelmäßig kein Raum, wenn sich die Gesellschaft bereits in Liquidation befindet.*In diesem Sinne bereits OLG Celle, Urt. v. 20.06.2007, 9 U 135/06, juris.de; OLG Hamburg, Beschl. 29.12.2003, 11 W 90/03, GmbHR 2004, 797; OLG Hamburg, Urt. v. 25.05.2007, 11 U 116/06, GmbHR 2007, 1036.

[175]OLG Hamburg, Urt. v. 25.05.2007, 11 U 116/06, GmbHR 2007, 1036, 2. Leitsatz: *Das Erfordernis einer „Masseschmälerung“ bedeutet nicht, dass der Anspruch aus § 64 Abs. 2 GmbHG der Höhe nach auf den Bestand der Aktiva bei Eintritt der Insolvenz oder der Antragspflicht begrenzt wäre. Das Merkmal der „Masseschmälerung“ ist nicht statisch im Sinne eines Vorher-Nachher-Vergleichs zu verstehen, sondern dynamisch im Sinne eines Vergleichs mit dem hypothetischen Verhalten eines Geschäftsführers, dem daran gelegen ist, die verteilungsfähige Vermögensmasse einer insolvenzreifen GmbH im Interesse der Gesamtheit ihrer Gläubiger zu erhalten und eine zu ihrem Nachteil gehende, bevorzugte Befriedigung einzelner Gläubiger zu verhindern.*

Kaufmanns entsprechen, wenn mit dem Veräußerungserlös die Insolvenzreife ausgeräumt werden sollte oder zumindest eine größere Masse zur Verfügung stünde als ohne dieses Verkaufsgeschäft. In solchen Konstellationen dürfte es zudem am Verschulden des Geschäftsführers fehlen (siehe dazu den folgenden Abschnitt).

b. Verschulden

► Fahrlässigkeit genügt

§ 64 Satz 1 GmbHG ist eine Verschuldenshaftung. Wie bei der Insolvenzverschleppungshaftung genügt auch hier einfache Fahrlässigkeit (siehe oben 3. Teil, F II 2 d). Ist also der Geschäftsführer fahrlässig darüber in Unkenntnis, dass die Gesellschaft zahlungsunfähig oder überschuldet ist, so macht er sich dennoch schadensersatzpflichtig, wenn er masseschmälernde Leistungen zulässt. Trifft den Geschäftsführer kein Verschulden, haftet er hingegen nicht. Es kommt für das Verschulden auf die Erkennbarkeit der Überschuldung oder Zahlungsunfähigkeit an, dies wird vermutet, der Geschäftsführer muss sich entlasten[176] (siehe oben 3. Teil, F II 2 d).

Beispiel

„Ketteninsolvenz"

Kurt Klein (K) ist Geschäftsführer einer Personalservice-GmbH, die für Baustellen Arbeitnehmer an andere Unternehmer gegen Entgelt überlässt. Größter Auftraggeber ist die Bodo Billig Bau GmbH. Von dieser erhält die Personalservice-GmbH monatlich jeweils zum 15. der Folgemonats ca. 350.000 €. Die Service-GmbH finanziert daher die Löhne, die am 28. eines Monats ausbezahlt werden, vor. Als eine Zahlung der Bau GmbH schon zwei Wochen rückständig ist und K nicht mehr die laufenden Löhne zahlen kann, holt K Erkundigungen ein. Hierbei erfährt er, dass die Konten der Bau GmbH schon seit knapp sechs Wochen gepfändet sind und das Finanzamt Insolvenzantrag gestellt hat. Die gegen die Bau GmbH in zwei Monaten aufgelaufenen Forderungen – insgesamt ca. 700.000 € – sind wertlos. Die Service-GmbH selbst ist dadurch seit ca. sechs Wochen insolvenzreif, ohne dies zu wissen. Insofern tritt K bisher auch noch keine Haftung nach § 64 Sätze 1 und 2 GmbHG, etwa für die nach Eintritt der Insolvenzreife ausbezahlte Gehälter.

3. Rechtsfolgen der Haftung wegen Masseschmälerung

► GmbH ist Inhaberin des Anspruchs – Verwalter setzt ihn durch

Inhaberin des Anspruchs aus § 64 Sätze 1 und 2 GmbHG ist die Gesellschaft. Ersetzt wird jedoch der so bezeichnete Gesamtgläubigerschaden, d. h. der Schaden, der durch

[176] BGH, Urt. vom 29.11.1999 – II ZR 273/98, juris.

die masseschmälernden Leistungen den Gläubigern insgesamt entstanden ist. Es soll jedoch nicht jeder Gläubiger einzeln diesen geltend machen können; dies geschieht erstens aus dem Grund, weil den einzelnen Gläubigern mangels Kenntnis der Lage eine Geltendmachung gar nicht möglich wäre und zweitens, weil dies einen unkontrollierten „Run" der Gläubiger auslösen dürfte. Auch hier wird der Anspruch vom Insolvenzverwalter gebündelt durchgesetzt. Ist ein Insolvenzverfahren mangels Masse nicht eröffnet worden, kann den Anspruch jeder Gläubiger pfänden und ggf. im Wege der Einziehungsklage durchsetzen.[177] Derjenige, der den Anspruch dann als erster gepfändet hat, wird vorrangig befriedigt, da sein Pfändungspfandrecht den besten Rang hat.

Hinsichtlich der Höhe des Schadensersatzes dürfte in der Regel eine volle Erstattung des ausgezahlten Betrags in Betracht kommen, es sei denn, es ist ein Gegenwert in die Masse geflossen.[178] Ist dies der Fall, so besteht der Schadensersatzanspruch in der Differenz zwischen der Auszahlung und dem Gegenwert.

Die Gläubiger sind so zu stellen, wie sie stünden, wenn die Auszahlung nicht stattgefunden hätte. Ihnen würde dann bei der Verteilung der Insolvenzmasse der ausgezahlte Betrag zur Verfügung stehen. Daher wird im Regelfall der Erstattungsanspruch darauf gerichtet sein, den ausgezahlten Betrag in voller Höhe zu leisten. Die zu erwartende Insolvenzquote ist nicht anzurechnen. Verklagt also der Insolvenzverwalter den Geschäftsführer auf Erstattung verbotener Auszahlungen gemäß § 64 Satz 1 GmbHG, kann dieser nicht geltend machen er müsse nur anteilig in Höhe des Ausfalls haften, also insoweit die Gläubiger nicht aus der Insolvenzmasse befriedigt würden. Vielmehr hat der *BGH* entschieden, dass der Geschäftsführer die Auszahlungen ungekürzt in die Masse zu leisten hat und ihm ist in dem Urteil vorzubehalten ist, seinen Gegenanspruch, der sich nach Rang und Höhe mit dem Betrag deckt, den der begünstigte Gesellschaftsgläubiger im Insolvenzverfahren erhalten hätte, nach Erstattung an die Masse gegen den Insolvenzverwalter zu verfolgen.[179]

4. Haftung wegen Zahlungen an Gesellschafter

▶ Neue Haftungsnorm

Die Haftung des Geschäftsführers wegen Zahlungen an Gesellschafter nach § 64 Satz 3 GmbHG wurde mit Wirkung ab 01.11.2008 eingeführt. Danach haftet

[177] BGH, Urt. v. 11.09.2000, II ZR 370/99, GmbHR 2000, 1149, 1150 f. Der Gläubiger hat allerdings das Problem, dass er von einzelnen Auszahlungen keine Kenntnis hat. Ggf. kann der Gläubiger über § 74 III 2 GmbHG Einsicht in die Geschäftsbücher erzwingen.

[178] BGH, Urt. v. 04.07.2017, II ZR 319/15, juris, Leitsätze: *1.Die Ersatzpflicht des Organs für Zahlungen nach Insolvenzreife entfällt, soweit die durch die Zahlung verursachte Schmälerung der Masse in einem unmittelbaren Zusammenhang mit der Zahlung durch eine Gegenleistung ausgeglichen wird. Die Regeln des Bargeschäfts nach § 142 InsO aF sind insoweit nicht entsprechend anwendbar. 2.Die in die Masse gelangende Gegenleistung muss für eine Verwertung durch die Gläubiger geeignet sein. Das sind Arbeits- oder Dienstleistungen in der Regel nicht. 3.Wenn die Gesellschaft insolvenzreif und eine Liquidation zugrunde zu legen ist, ist die in die Masse gelangende Gegenleistung grundsätzlich nach Liquidationswerten zu bemessen.*

[179] BGH, Urt. v. 08.01.2001, II ZR 88/99, BGHZ 146, 264, 278 f.

der Geschäftsführer für Zahlungen an Gesellschafter, soweit diese Abflüsse zur Zahlungsunfähigkeit der GmbH führen. Der Geschäftsführer kann sich entlasten, indem er nachweist, dass für ihn die Konsequenz der Zahlungsunfähigkeit mit der Sorgfalt eines ordentlichen Kaufmanns nicht erkennbar war. Ausweislich der Regierungsbegründung vom 23.05.2007 (Seite 106) soll die Vorschrift Auszahlungen an Gesellschafter erfassen, die nicht gegen § 30 GmbHG verstoßen. Nach § 30 GmbHG darf das zur Erhaltung des Stammkapitals erforderliche Vermögen nicht an die Gesellschafter ausbezahlt werden. Wird hiergegen verstoßen, müssen Gesellschafter der GmbH die Zahlungen erstatten, die sie zu Lasten des Stammkapitals erhalten haben. Der Wortlaut des § 64 Satz 3 GmbHG ist allerdings nicht auf Zahlungen beschränkt, die nicht gegen § 30 GmbHG verstoßen, so dass damit zu rechnen ist, dass die Praxis die neue Haftungsvorschrift neben § 30 GmbHG anwenden wird. Dies hätte zur Folge, dass der empfangene Gesellschafter ggf. neben dem Geschäftsführer aus § 31 GmbHG haftet. Der Geschäftsführer, der entgegen § 30 GmbHG Auszahlungen aus dem Gesellschaftsvermögen zulässt, haftet zudem nach altem wie neuem Recht nach § 43 III GmbHG auf Erstattung. Da der Gesetzgeber den Schutz des Gesellschaftsvermögens nach § 30 GmbHG offenbar durch eine Haftung des Geschäftsführers für zeitlich vorhergehende Abflüsse ergänzen will, liegt es nahe, den Begriff der Auszahlung wie bei § 30 GmbHG zu verstehen (siehe oben 1. Teil E I 2.). Darunter fallen nicht nur direkte Geldflüsse, sondern auch Abflüsse durch nachteilige Geschäfte, z. B. der Verkauf eines Grundstücks an einen Gesellschafter unter Wert. Sofern der Gesellschaft eine vollwertige Gegenleistung zufließt liegt keine Auszahlung vor, beispielsweise beim Einkauf von Waren beim Gesellschafter zu marktüblichen Preisen.

► Zusammenhang mit Zahlungsunfähigkeit

Der Anwendungsbereich bzw. die Reichweite der neuen Haftungsvorschrift ist fraglich. Vom Wortlaut her wird die Haftung des Geschäftsführers für Zahlungen gefordert, die zur Zahlungsunfähigkeit führen. Fraglich ist, ob bei der Ermittlung der Zahlungsunfähigkeit auch Ansprüche auf fällige Zahlungen an die Gesellschafter einzubeziehen sind. Denn werden diese bereits in der Liquiditätsbilanz berücksichtigt, wird eine Zahlungsunfähigkeit häufig vorliegen, so dass der Anwendungsbereich von § 64 Satz 3 GmbHG vom Wortlaut nicht eröffnet wäre, denn die Auszahlung führt nicht zur Zahlungsunfähigkeit, diese bestünde ja bereits.[180]

[180]Hierbei ist strittig, ob § 64 Satz 3 GmbHG auf den insolvenzrechtlichen Begriff der Zahlungsunfähigkeit, verweist, siehe dafür BGH, Urt. v. 09.10.2012, II ZR 298/11, BGHZ 195, 42, Rdnr. 8 nach juris, OLG München, Urt. v. 06.05.2010, 23 U 1564/10, GmbHR 2010, 815, siehe m.w.N. *Strohn* NZG 2011, 1161, 1168; zum Begriff der Zahlungsunfähigkeit, siehe oben 1. Teil, J III 2 b).

Beispiel

„Darlehen für Ware"

Die Gesellschafterin Martina Maus (M) gewährt ihrer GmbH, die mit Leiterplatten handelt, ein Darlehen über 100.000 €. Ein Jahr später möchte M ihr Darlehen wie vereinbart zurück. Die Geschäftsführerin Gesine Geiz (G) verweigert dies, da dies eine Zahlungsunfähigkeit herbeiführen würde bzw. sei, so M, eine Zahlungsunfähigkeit jedenfalls dann gegeben, wenn das Darlehen von M beim Liquiditätsstatus berücksichtigt werde. Alle anderen fälligen Verbindlichkeiten könnten gerade noch so bedient werden, nicht jedoch der fällige Darlehensanspruch von M. Der *BGH* hat indes für die Konstellation entschieden, dass Zahlungen an einen Gesellschafter, die dann erfolgen, wenn die GmbH schon zahlungsunfähig ist, nicht die Haftung nach § 64 Satz 3 GmbHG auslösen.[181] Hierbei ist bei Ermittlung der Zahlungsunfähigkeit die fällige Forderung des Gesellschafters in den Liquiditätsstatus eizustellen. Damit ist indes der Geschäftsführerin wenig geholfen, sie haftet dann zwar nicht nach § 64 Satz 3 GmbHG, jedoch weil die Zahlung nach Insolvenzreife erfolgt, würde eine Haftung nach § 64 Satz 1 GmbHG auslöst werden – dies sieht auch der *BGH* in dieser Konstellation so.[182] Insofern sollte M die Rückzahlung des Darlehens verweigern. Der *BGH* hat konsequent der GmbH ein entsprechendes Leistungsverweigerungsrecht eingeräumt. Hier sollte M mit G verhandeln, dass das Darlehen zur Ausräumung der Zahlungsunfähigkeit gestundet oder ein Teil (Verzicht) erklärt wird. Ist M dazu nicht bereit und besteht die Zahlungsunfähigkeit fort, muss G Insolvenzantrag stellen.

Tipp!

Als Geschäftsführer sollten Sie – zumindest vor jeder größeren Auszahlung an einen Gesellschafter – eine Liquiditätsplanung aufstellen. Den Zeitraum bestimmen Sie nach Ihrem Ermessen. Er richtet sich auch nach Art der Geschäfte. Gelangen Sie zu dem zu dem Ergebnis, dass die Auszahlung zur Zahlungsunfähigkeit führen wird, sollten die Auszahlung nicht vornehmen, sondern in Verhandlungen mit den Gesellschaftern bzw. der Gesellschafterversammlung eintreten, am besten möglichst frühzeitig, bevor die Zahlung fällig ist. So vermeiden Sie ggf., dass Sie überhaupt in die Haftung nach § 64 Satz 3 GmbHG geraten.

---

[181] BGH, Urt. v. 09.10.2012, II ZR 298/11, BGHZ 195, 42, Leitsätze: *1. Die Zahlungsunfähigkeit wird durch eine Zahlung an den Gesellschafter nicht im Sinn des § 64 Satz 3 GmbHG verursacht, wenn die Gesellschaft bereits zahlungsunfähig ist. 2. Bei der Ermittlung der Zahlungsunfähigkeit nach § 64 Satz 3 GmbHG ist eine fällige Forderung des Gesellschafters in der Liquiditätsbilanz zu berücksichtigen. 3. Im Fall des § 64 Satz 3 GmbHG kann die Gesellschaft die Zahlung an den Gesellschafter verweigern.*

[182] BGH, Urt. v. 09.10.2012, II ZR 298/11, Rdnr. 12 nach juris.

Beispiel

„Die Abräumer“

Die Gesellschafter räumen bei einer Wohnungsbaugesellschaft die Guthaben auf Konten zur Hälfte ab, auf denen Verkaufserlöse von Immobilien geparkt wurden. Zu diesem Zeitpunkt war absehbar, dass die Gesellschaft aufgrund der aktuellen Leerstandsquote und des Mietniveaus noch ca. drei Jahre Verluste „einfahren würde“, wobei die Rücklagen in voller Höhe dazu benötigt werden, diese Phase zu überbrücken. Die Wohnungsbaugesellschaft hat ihre Immobilien in einer strukturschwachen Gegend, die Leute wandern ab, der Leerstand vergrößert sich seit Jahren. Hier führt der Abzug der Liquidität zur Zahlungsunfähigkeit, wenn auch ggf. erst deutlich zeitversetzt. Es ist fraglich, ob eine Haftung des Geschäftsführers, der die Auszahlungen zulässt, besteht, da die Zahlungsunfähigkeit erst mittelbar eintritt. Der Wortlaut von § 64 Satz 3 GmbHG lässt eher die Folgerung zu, dass die Zahlungsunfähigkeit zeitlich unmittelbar oder zumindest zeitnah durch die Auszahlung eintreten muss. Die Gesellschafter hingegen haften nur dann, wenn die Zahlung eine Unterbilanz vergrößert bzw. soweit eine solche entsteht, also ein Verstoß gegen § 30 GmbHG vorliegt. Der Geschäftsführer könnte versuchen, die Kausalkette zu unterbrechen, indem er – sofern dies möglich ist – eine weitere Immobilie verkauft, um mit dem Verkaufserlös die Liquiditätslücke zu schließen. Der BGH führt aus, das § 64 Satz 3 GmbHG anwendbar sei, wenn durch die Auszahlung an den Gesellschafter eine Liquiditätslücke von noch unter 10 % nunmehr die kritische Marke, die für Zahlungsunfähigkeit gilt, von 10 % erreicht, oder wenn durch eine Zahlung auf eine nicht fällige Forderung, die aktuellen Forderung nunmehr zu der relevanten Liquiditätslücke führt. Dies spricht eher für eine Auslegung nach einem unmittelbaren engen zeitlichen Zusammenhang.

► Weisungen

Weisungen der Gesellschafterversammlung, die den Geschäftsführer zu Auszahlungen entgegen § 64 Satz 3 GmbHG bewegen sollen, dürfen nicht befolgt werden (§ 64 Satz 4 GmbHG i.V.m. § 43 III GmbHG). Insofern entlasten sie den Geschäftsführer auch nicht von seiner Haftung. Zu Recht wird vertreten, dass dem Geschäftsführer ein Leistungsverweigerungsrecht eingeräumt werden muss, wenn dieser nach seiner Prüfung zu dem Ergebnis gelangt, dass Zahlungen zur Zahlungsunfähigkeit führen.[183] Er ist berechtigt, Zahlungen zu kürzen bzw. bei mehreren Gesellschaften ggf. quotale Kürzungen vorzunehmen.[184]

► Verschulden

[183] BGH, Urt. v. 09.10.2012, II ZR 298/11, BGHZ 195, 42; LG Berlin, Beschl. v. 16.12.2009, 100 O 75/09, GmbHR 2010, 201; *Winstel/Skauradzun* GmbHR 2011, 186, 187.

[184] Grundlegend zur Problematik mehrerer Gesellschafter: *Winstel/Skauradzun* GmbHR 2011, 186.

§ 64 Satz 3 GmbHG setzt ein Verschulden des Geschäftsführers voraus, wobei sich dieser entlasten muss, dass für ihn der Eintritt der Zahlungsunfähigkeit mit der Sorgfalt eines ordentlichen Kaufmanns nicht vorhersehbar war. Es bleibt abzuwarten, wie streng die Anforderungen der Rechtsprechung an diesen Gegenbeweis sein werden. Meines Erachtens muss der Geschäftsführer darlegen, mit welcher Entwicklung der Liquidität er aufgrund der Lage bei Auszahlung rechnen konnte. Hat die GmbH zum Zeitpunkt der Auszahlung Überschüsse erwirtschaftet und stehen absehbar keine betriebsnotwendigen Investitionen an, dürfte eine Auszahlung der Sorgfalt eines ordentlichen Kaufmanns entsprechen. Kritisch wird es stets dann, wenn die Auszahlung in Zeiten erfolgt, in der ohnehin mehr Liquidität abfließt als erwirtschaftet wird.

5. Verjährung

Die Ansprüche aus § 64 Satz 2 und Satz 3 GmbHG verjähren nach § 43 IV GmbHG in fünf Jahren.[185]

IV. Die Haftung für Steuerschulden der Gesellschaft

1. Überblick

Der Geschäftsführer hat die steuerlichen Pflichten der Gesellschaft zu erfüllen. Dies ergibt sich aus § 34 der Abgabenordnung (AO). In dem maßgeblichen Absatz 1 der Vorschrift heißt es:

> **§ 34 I AO**
> *Die gesetzlichen Vertreter natürlicher und juristischer Personen und die Geschäftsführer von nicht rechtsfähigen Personenvereinigungen und Vermögensmassen haben deren steuerliche Pflichten zu erfüllen. Sie haben insbesondere dafür zu sorgen, dass die Steuern aus den Mitteln entrichtet werden, die sie verwalten.*

▶ Geschäftsführer ist für die Einhaltung der steuerrechtlichen Pflichten verantwortlich

Erfüllt der Geschäftsführer die steuerlichen Pflichten der GmbH nicht oder nicht ordnungsgemäß, so kann ihn unter Umständen eine persönliche Haftung für die Steuerschulden treffen. Eine solche Haftung für Steuerverbindlichkeiten der GmbH ordnet § 69 AO an. Diese Vorschrift lautet:

---

[185] Dies ergibt sich aus § 64 Satz 4 GmbHG.

§ 69 AO
Die in §§ 34 und 35 bezeichneten Personen haften, soweit Ansprüche aus dem Steuerschuldverhältnis (§ 37) infolge vorsätzlicher oder grob fahrlässiger Verletzung der ihnen auferlegten Pflichten nicht oder nicht rechtzeitig festgesetzt oder erfüllt oder soweit infolge dessen Steuervergütungen oder Steuererstattungen ohne rechtlichen Grund gezahlt werden. Die Haftung umfasst auch die infolge der Pflichtverletzung zu zahlenden Säumniszuschläge.

▶ Haftung des Geschäftsführers bei Steuerrückständen

Der Geschäftsführer muss sich also auf eine Einstandspflicht für die Steuerschulden der Gesellschaft einstellen. Dies betrifft grundsätzlich sämtliche Steuern. In der Praxis sind es allerdings meist die Umsatzsteuer und die Lohnsteuer, bei der eine Haftung des Geschäftsführers ausgelöst wird. Diese Steuern fallen im laufenden Geschäftsbetrieb unabhängig von der Krise an und werden häufig in dieser kritischen Phase nicht abgeführt.

Die Haftung für Steuerschulden trifft den Geschäftsführer jedoch nicht nur in der Krise, sondern generell. Nur bei einer finanziellen Schieflage der Gesellschaft wird die Haftung aber relevant. Solange die Gesellschaft in der Lage ist, die ihr obliegenden Steuern abzuführen, muss der Geschäftsführer nichts befürchten. Dies ändert sich schlagartig in der Krise, in der die Liquidität nicht mehr ausreicht, um sämtliche Verbindlichkeiten der Gesellschaft zu begleichen. Hier nun ist das Finanzamt gegenüber den übrigen Gläubigern der GmbH privilegiert, da ihm grundsätzlich neben dem Steuerschuldner, d. h. der Gesellschaft, der Geschäftsführer als zusätzlicher sog. *Haftungsschuldner* zur Verfügung steht.

▶ Haftungsbescheid wegen Steuerschulden möglich

Die Finanzverwaltung hat die Möglichkeit – sofern die Voraussetzungen für eine Inanspruchnahme vorliegen – einen *Haftungsbescheid* gegen den Geschäftsführer zu erlassen (§ 191 Abgabenordnung). Dieser Haftungsbescheid ist eine hoheitliche Maßnahme in Form eines Verwaltungsakts, aus dem grundsätzlich sofort vollstreckt werden kann, falls die Geldschuld nicht beglichen wird. Das Finanzamt ist daher nicht auf einen mühsamen Prozess gegen den Geschäftsführer angewiesen; es kann sofort in dessen Vermögen vollstrecken und z. B. in ein Hausgrundstück eine Sicherungshypothek eintragen lassen, falls dieser nicht eine sog. „Aussetzung der Vollziehung" erreicht.

Beispiel

„Die Gastronomin"

Giselle Gutman (G) betreibt das Landhaus Gutman in der Rechtform einer GmbH, sie ist die einzige Geschäftsführerin. Die Geschäfte vor Ort leitet ihr

Mitarbeiter Fritz Funke (F). Dieser führt die Kasse seit drei Jahren nicht ordentlich, ein Großteil der Umsätze geht nicht durch die Bücher, den steckt sich F in die eigene Tasche. Hierbei kauft F Ware privat ein und veräußert sie über das Lokal, ohne diese einzubongen. Das Finanzamt stellt bei einer Betriebsprüfung erhebliche formelle und materielle Mängel bei der Kassenführung fest, welche nicht den Grundsätzen ordnungsmäßiger Buchhaltung entsprechen. Das Finanzamt erlässt im Bereich der Körperschaftsteuer und Umsatzsteuer Schätzbescheide in Höhe von insgesamt 500.000 €. Die GmbH kann nicht zahlen, das Finanzamt stellt Insolvenzantrag und meldet nach Eröffnung des Verfahrens die Steuerforderung zur Insolvenztabelle an. Weder der Insolvenzverwalter noch G widersprechen. Ein Jahr später erlässt das Finanzamt gegen G einen Haftungsbescheid über einen Gesamtbetrag von 600.000 €, weil noch Zinsen und Säumniszuschläge hinzugekommen sind. G meint, was sogar der Wahrheit entspricht, dass sie nichts von den Fehlbeträgen in der Kasse bzw. von dem Fehlverhalten des F wusste. Dies habe F vor ihr verborgen, bei ihren wöchentlichen Besuchen im Lokal sei ihr nichts aufgefallen. Dies wird G nicht nützen, sie hat ihre Überwachungspflichten als Geschäftsführerin leichtfertig verletzt.

Jetzt lässt G durch einen Fachmann die Buchhaltung prüfen, der nachvollziehbar und zutreffend ermittelt, dass am Ende höchstens eine Nachzahlung von 200.000 € berechtigt sei. Auch dies könnte G nicht mehr helfen, da sie gegen die Anmeldung der Steuerforderung zur Insolvenztabelle keinen Widerspruch eingelegt hat. Der Geschäftsführer der GmbH ist nämlich mit seinen Einwendungen im Haftungsverfahren gegen die Höhe der Steuerforderung ausgeschlossen, wenn er zuvor der Forderungsanmeldung des Finanzamts hätte widersprechen können, dies aber unterlassen hat.[186] Dies ergibt sich aus § 166 der Abgabenordnung.[187]

Das Vertrauen der G auf F, bei dem übrigens nichts zu holen ist, kommt also der G teuer zu stehen. Das Finanzamt vollstreckt aus dem Haftungsbescheid und lässt im Grundbuch des Landhauses, das G privat gehört, eine Zwangssicherungshypothek eintragen. Anschließend lässt das Finanzamt das Anwesen zwangsversteigern. In diesem Fall könnte eine D & O-Versicherung helfen und Versicherungsschutz gewähren, da Vorsatz oder eine wissentliche Pflichtverletzung auf Seiten der G nicht im Spiel waren, es sei denn man stellt sich auf den Standpunkt, G habe den F „wissentlich“ nicht überwacht (siehe dazu den Abschnitt unten unter H).

► Inanspruchnahme des Geschäftsführers ist subsidiär

---

[186] BFH, Beschl. v. 18.09.2018, XI R 54/17, GmbHR 2019, 131, wonach dies verfassungemäß sein soll. Eine Entscheidung des Bundesverfassungsgerichts liegt noch nicht vor.

[187] 166 AO: *Ist die Steuer dem Steuerpflichtigen gegenüber unanfechtbar festgesetzt, so hat dies neben einem Gesamtrechtsnachfolger auch gegen sich gelten zu lassen, wer in der Lage gewesen wäre, den gegen den Steuerpflichtigen erlassenen Bescheid als dessen Vertreter, Bevollmächtigter oder kraft eigenen Rechts anzufechten.*

Dass die Haftung für Steuerschulden grundsätzlich nur in der Krise relevant wird, folgt auch aus dem sog. *Grundsatz der Subsidiarität*, der besagt, dass ein Haftungsschuldner – hier also der Geschäftsführer – nur dann in Anspruch genommen werden darf, wenn eine Vollstreckung in das bewegliche Vermögen des Steuerschuldners – d. h. bei der GmbH in das Gesellschaftsvermögen – ohne Erfolg war bzw. anzunehmen ist, dass die Vollstreckung aussichtslos sein würde (§ 219 AO). Die Vollstreckung in das unbewegliche Vermögen, also in Immobilien, muss das Finanzamt allerdings nicht versuchen. Das vorgenannte Beispiel zeigt allerdings, dass durch eine unerwartete Steuerforderung die Gesellschaft rasch in die Krise geraten kann.

Achtung!
Ist die Gesellschaft in der Krise, so ist das Finanzamt recht häufig und zügig mit einer Außenprüfung im Unternehmen präsent. Dies geschieht oft im Schlepptau des Insolvenzverwalters. Da der Geschäftsführer mit mehrfacher Inanspruchnahme rechnen muss – sei es wegen Nichtabführung von Sozialversicherungsabgaben oder aus der Insolvenzverschleppungshaftung –, ist oft das Finanzamt als erstes zur Stelle, um den Geschäftsführer mit einem Haftungsbescheid zu „beglücken“.

Tipp!
In der Praxis lohnt es sich nicht selten, gegen diesen Haftungsbescheid vorzugehen, da der Erlass eines rechtlich einwandfreien Haftungsbescheides schwierig ist. Dies hängt mit den Voraussetzungen für den Erlass eines Haftungsbescheides zusammen, die sogleich erläutert werden. Teils kann zudem wenigstens erreicht werden, dass die Höhe der Forderung reduziert wird.

Zunächst werden jedoch einige allgemeine Fragen erörtert.

2. Grundsatz der Gesamtverantwortung

Hat die Gesellschaft mehrere Geschäftsführer, so fällt die Erfüllung der steuerrechtlichen Pflichten in den Bereich der *Generalzuständigkeit*. Der Grundsatz der Gesamtverantwortung ist bereits ausführlich erläutert worden.[188]

▶ Dokumentation der Ressortaufteilung erforderlich

Das Prinzip der Allzuständigkeit kann durch eine Ressortaufteilung grundsätzlich eingeschränkt werden. Wie ausgeführt, wird im Steuerrecht die Geschäftsverteilung zwischen den Geschäftsführern nur dann akzeptiert, wenn sie schriftlich und im

[188] Siehe bereits oben 3. Teil, B II.

Voraus geregelt worden ist.[189] Diese schriftliche Fixierung muss vorab entweder durch Gesellschaftsvertrag, förmlichen Gesellschafterbeschluss oder durch eine schriftlich niedergelegte Geschäftsordnung geregelt sein.

Durch eine derartige Geschäftsverteilung wird zwar die Verantwortung des einzelnen Geschäftsführers, der aufgrund der Ressortaufteilung nicht für die Erfüllung der steuerrechtlichen Pflichten zuständig ist, nicht ganz aufgehoben; sie wird aber insoweit begrenzt, als dass der betreffende Geschäftsführer haftungsrechtlich so lange „außen vor" ist, wie er keinen Anlass hat, an der exakten Erfüllung der steuerrechtlichen Verpflichtungen zu zweifeln. Hat er Anhaltspunkte für Versäumnisse, muss er beherzt eingreifen und nachfassen.[190]

Achtung!
Hat der nicht mit der Erfüllung der steuerrechtlichen Pflichten betraute Geschäftsführer Zweifel, ob diese ordnungsgemäß wahrgenommen werden, oder müssen sich ihm solche Zweifel aufdrängen, so ist er aufgrund seiner Überwachungspflicht gehalten, auf die Einhaltung der steuerrechtlichen Vorschriften hinzuwirken. Unterlässt er dies, so trifft auch ihn eine haftungsrechtliche Verantwortlichkeit für die Abführung der Steuerschulden.

3. Amtsniederlegung und Haftung

▶ Amtsniederlegung kann Ausweg sein

Der GmbH-Geschäftsführer darf sein Amt grundsätzlich jederzeit niederlegen.[191] Durch die Amtsniederlegung kann er sich für die Zukunft der Haftung für die Steuerschulden entledigen.[192] Entscheidend ist der Zeitpunkt der Amtsniederlegung, d. h. der Moment, in dem der Gesellschaft die Erklärung des Geschäftsführers über die Niederlegung zugeht. Nicht entscheidend ist die Eintragung der Amtsniederlegung in das Handelsregister. Diese hat ohnehin nur deklaratorische, d. h. verkündende Wirkung. Zwar sind gutgläubige Dritte, die von der Amtsniederlegung keine Kenntnis hatten, in ihrem Vertrauen darin geschützt, dass der im Register

---

[189] BFH, Urt. v. 26.04.1984, V R 128/79, ZIP 1984, 1345; BFH, Beschl. v. 04.03.1986, VII S 33/85, ZIP 1986, 1247, 1248.

[190] BFH, Beschl. v. 21.10.2005, VII B 57/05, GmbHR 2006, 274, Leitsatz: *Ein GmbH-Geschäftsführer kann sich nicht auf seine Weisungsgebundenheit und auf ein damit verbundenes Unvermögen zur Ausübung der erforderlichen Kontrolle berufen. Dieser Grundsatz gilt auch bei einem innerhalb einer Unternehmensgruppe tätigen Geschäftsführer. Ein Geschäftsführer, der sich in der von ihm vertretenen Gesellschaft oder im Unternehmensverbund nicht durchsetzen kann, darf nicht untätig bleiben, sondern muss zur Vermeidung haftungsrechtlicher Konsequenzen von der Übernahme der Geschäftsführertätigkeit Abstand nehmen oder sein Amt niederlegen.*

[191] Siehe bereits oben 1. Teil, F II.

[192] BFH, Urt. v. 22.01.1985, VII R 112/81, GmbHR 1985, 375, 378.

eingetragene Geschäftsführer auch noch tatsächlich Geschäftsführer ist. Dieser gute Glaube nützt jedoch dem Finanzamt nichts, da es hier nicht um rechtsgeschäftliche Ansprüche geht, die ein Vertrauen begründen können, sondern um gesetzliche Verbindlichkeiten, die unabhängig von einem Vertrauenstatbestand entstehen.

► Haftung für bereits fällige Steuerschulden bleibt

Die Haftung des Geschäftsführers, der sein Amt niedergelegt hat, beschränkt sich dann auf die Steuerverbindlichkeiten, die während seiner Amtszeit entstanden und fällig geworden sind. Für noch nicht fällig gewordene Ansprüche haftet der Geschäftsführer grundsätzlich nicht.

Beispiel

„Aus dem Schneider"

Geschäftsführer G legt am 8. März sein Amt nieder. Die für Februar entstandene Lohnsteuer ist am 10. März fällig. Die Steuerschuld ist zwar am 8. März bereits entstanden, nicht jedoch fällig. Grundsätzlich muss G hier nicht haften. Dennoch ist Vorsicht geboten. Es ist nicht auszuschließen, dass im Einzelfall, wenn feststeht, dass der Geschäftsführer sich ganz gezielt zurückzieht, um der Steuerschuld zu entgehen, die Finanzrechtsprechung dennoch eine Verantwortlichkeit des Geschäftsführers annimmt.

Die Finanzrechtsprechung billigt dem Geschäftsführer jederzeit das Recht zu, sein Amt niederzulegen. Er soll nicht gezwungen werden, die Verantwortung und das erhebliche Haftungsrisiko des Amtes unter für ihn unzumutbaren Bedingungen weiter zu tragen.[193]

► Weisungen der Gesellschafter entlasten den Geschäftsführer nicht

Wichtig ist, dass im Hinblick auf die steuerrechtliche Haftung eine Weisung der Gesellschafter *nicht* haftungsentlastend wirken kann. Weisen also die Gesellschafter den Geschäftsführer an, vorrangig andere als die Steuerschulden zu begleichen, so muss der Geschäftsführer sich dieser Weisung widersetzen, wenn er nicht Gefahr laufen will, in die Haftung genommen zu werden. Notfalls muss der Geschäftsführer diesen Konflikt durch Niederlegung seines Amtes beenden.

Achtung!
Zu beachten ist ferner, dass ein Nachfolgegeschäftsführer auch für Steuerverbindlichkeiten haftet, die vor seiner Amtszeit entstanden sind. Damit stehen

(Fortsetzung)

[193] BFH, Urt. v. 22.01.1985, VII R 112/81, GmbHR 1985, 375, 378.

dem Finanzamt zwei Adressaten für einen Haftungsbescheid zur Verfügung. Das Finanzamt kann sowohl den alten als auch den neuen Geschäftsführer in Anspruch nehmen. Es hat ein sog. Auswahlermessen. Die Rechtsprechung verlangt hierbei, dass das Finanzamt sein Auswahlermessen begründen muss. Nimmt das Finanzamt „einfach" einen Geschäftsführer in Anspruch, ohne zu begründen, warum es sich für diesen und nicht für den anderen Geschäftsführer entschieden hat, so liegt ein Ermessensausfall vor, der zu einer Unwirksamkeit des Haftungsbescheides führt. Der Haftungsbescheid ist in einem solchen Fall auf einen Einspruch hin aufzuheben.[194]

4. Haftungsvoraussetzungen im Einzelnen

Die Voraussetzungen der Haftung des GmbH-Geschäftsführers für Steuerschulden sollen exemplarisch anhand der Umsatzsteuer dargestellt werden. In der Krise treten meist erhebliche Umsatzsteuer-, oft auch Lohnsteuerrückstände auf. Bei der Lohnsteuer gibt es allerdings Besonderheiten, so dass es sich anbietet, die allgemeinen Haftungsvoraussetzungen anhand der Umsatzsteuer zu erläutern.

a. Pflichtverletzung des Geschäftsführers und Grundsatz der anteiligen Tilgung

- Pflichtverletzung durch Nichtabführung der Steuern

Erste Voraussetzung für eine Haftung des Geschäftsführers ist, dass dieser die ihm persönlich obliegende Pflicht, die steuerrechtlichen Vorschriften einzuhalten, verletzt. Der Geschäftsführer hat daher dafür zu sorgen, dass zum Fälligkeitszeitpunkt die Steuern aus den von ihm verwalteten Mitteln entrichtet werden (sog. Mittelvorsorgepflicht).[195] Daher wird auch dann eine Pflichtverletzung angenommen, wenn der Geschäftsführer sich vor Eintritt der Fälligkeit außerstande gesetzt hat, die Steuerschuld zum Fälligkeitszeitpunkt zu erfüllen oder ggf. zuvor sein Amt niederlegt.[196]

- Grundsatz der anteiligen Tilgung begrenzt die Haftung

[194] BFH, Urt. v. 24. 11. 1987, VII R 82/84, GmbHR 1988, 200, 201.

[195] BFH, Urt. v. 20.05.2014, VII R 12/12, juris, BFH, Urt. v. 11.11.2015, VII B 74/15, juris.

[196] BFH, Beschl.. v. 25.04.2013, VII R 245/12, juris, BFH, Urt. v. 20.05.2014, VII R 12/12, juris, 2. NV: *Als Haftungsschuldner i.S. von § 69 AO, § 34 AO kommt auch ein zwischenzeitlich ausgeschiedener Geschäftsführer in Betracht, wenn er ungeachtet der erkennbar entstehenden Steueransprüche für deren spätere Tilgung im Zeitpunkt der Fälligkeit keine Sorge trifft.*

Problematisch sind die Fälle, in denen zum Fälligkeitszeitpunkt keine bzw. keine ausreichenden Mittel mehr zur Verfügung stehen, um die Steuerschulden zu begleichen. Reichen die verfügbaren Mittel nicht aus, um die Steuerschulden zu tilgen, so liegt grundsätzlich keine Pflichtverletzung vor.[197] Die zur Verfügung stehenden Mittel sind jedoch gleichmäßig zur Tilgung der offenen Verbindlichkeiten zu verwenden. Es gilt der sog. *Grundsatz der anteiligen Tilgung.*[198] Dieses Prinzip besagt, dass das Finanzamt nicht besser, aber auch nicht schlechter zu behandeln ist als die übrigen Gläubiger. Der Geschäftsführer hat damit die Steuerschulden in Höhe der prozentualen Quote zu tilgen, die sich ergibt, wenn man sämtliche fälligen Verbindlichkeiten im Verhältnis zu den verfügbaren Mitteln betrachtet. Ausgeklammert bleiben Lohnsteuerverbindlichkeiten und Zahlungen auf dieselbe.[199]

▶ Tilgungsquote ist entscheidend

Die Berechnung ist hierbei nicht punktuell auf den jeweiligen Fälligkeitszeitpunkt der Umsatzsteuerschuld, sondern für den gesamten Haftungszeitraum vorzunehmen. Der Haftungszeitraum ist der Zeitraum, in dem der Geschäftsführer die Umsatzsteuerschulden der Gesellschaft nicht bzw. nicht vollständig beglichen hat. Er kann mehrere Fälligkeitszeitpunkte umfassen. In der Regel teilt das Finanzamt im Rahmen der Anhörung den Haftungszeitraum mit, den es zugrunde legen will und fordert den Geschäftsführer auf, einen Berechnungsbogen zu vervollständigen, damit eine Ermittlung der Tilgungsquote erfolgen kann. Die gesamten Zahlungsverpflichtungen des Zeitraums, einschließlich der Steuerschulden, sind zu den erfolgten Tilgungen ins Verhältnis zu setzen. Auf diese Weise ergibt sich eine Tilgungsquote, die dann in einer überschlägigen Vergleichsrechnung mit der prozentualen Quote verglichen werden muss, die sich errechnet, wenn man die Steuerschuld mit den auf diese Schuld geleisteten Zahlungen vergleicht. Ergibt sich hieraus, dass die Steuerschulden prozentual in einer geringeren Höhe beglichen wurden als dies bei einer

---

[197]BFH, Urt. v. 20.07.1988, I R 104/83, BFH/NV 1989, 478, 3. Leitsatz: *Befinden sich im Vermögen der Gesellschaft keine Mittel zur Bezahlung der Steuern und können solche auch nicht beschafft werden, so fehlt es regelmäßig an einer Pflichtverletzung. Die Zahlung aus eigenen Mitteln des Verfügungsberechtigten kann nicht verlangt werden.* 4. Leitsatz: *Reichen dagegen liquide Mittel nicht zur Tilgung aller Schulden aus, so sind die Steuerschulden grundsätzlich in demselben Verhältnis zu tilgen wie die übrigen Schulden.* In solchen Fällen kann jedoch die den Steuergläubigern gegenüber bestehende Verpflichtung verletzt werden, wenn andere Gläubiger vor Fälligkeit der einzelnen Steuerschulden vorweg befriedigt werden und damit eine verhältnismäßige Tilgung der gesamten Schulden unterbleibt. Um dies beurteilen zu können, muss jeweils der Umfang der in dem maßgebenden Zeitraum verfügbaren Mittel festgestellt werden. Ständige Rechtsprechung, siehe z. B. BFH, Urt. v. 28.06.2006, VII B 267/05, GmbHR 2006, 1062.

[198]BFH, Urt. v. 26.04.1984, V R 128/79, BStBl. II 1984, 776, BFH, Urt. v. 26.01.2016, VII R 3/15, juris.

[199]BFH, Urt. v. 27.02.2007, VII R 60/05, BB 2007, 1714. Dies ist konsequent. Da die Lohnsteuer vorrangig zu tilgen ist, würde die Berücksichtigung der Verbindlichkeiten und der Zahlungen zu einer höheren Tilgungsquote und damit zu einer höheren Haftung für die sonstigen Steuerarten führen.

gleichmäßigen Tilgung der Fall gewesen wäre, so kann das Finanzamt vom Geschäftsführer verlangen, dass dieser für die Differenz einsteht.

Beispiel

„Die Hälfte tut es auch"

Die Guß-GmbH, die eine Aluminiumgießerei betreibt, befindet sich in der Krise. In der Zeit vom 01. Januar bis zum 30. Juni sind bzw. werden Verbindlichkeiten in Höhe von 1 Mio. € fällig. Hierin enthalten sind Umsatzsteuerschulden in Höhe von 200.000 €. In diesen sechs Monaten hat die GmbH von ihren Schulden insgesamt 500.000 €, also die Hälfte, getilgt. Auf die Umsatzsteuerschuld (einschließlich Säumniszuschläge) wurden lediglich 50.000 € bezahlt. Von den sonstigen Verbindlichkeiten in Höhe von 800.000 € hat die GmbH damit 450.000 € beglichen. Zunächst ist die allgemeine Tilgungsquote zu ermitteln. Diese beträgt, wie ausgeführt, 50 %, da die GmbH von ihren Schulden insgesamt die Hälfte, d. h. 500.000 € (450.000 € plus 50.000 €) abgetragen hat. Das Finanzamt kann nun begehren, so gestellt zu werden, wie es stünde, wenn die Verbindlichkeiten gleichmäßig getilgt worden wären. Dann hätte auch seine Umsatzsteuerforderung zu 50 % – also in Höhe eines Betrages von 100.000 € – beglichen werden müssen. Der Geschäftsführer G haftet für die Differenz zwischen der geleisteten Umsatzsteuer in Höhe von 50.000 € und dem Betrag von 100.000 €, der sich bei einer gleichmäßigen Tilgung ergeben hätte, mithin also für eine Steuerschuld in Höhe von 50.000 €.

Der Grundsatz der anteiligen Tilgung hängt nicht davon ab, ob die Gesellschaft bzw. der Geschäftsführer ordnungsgemäß Umsatzsteuervoranmeldungen abgegeben hat.[200]

▶ Rechtliche Unmöglichkeit zur Abführung

Eine Pflichtverletzung scheidet nicht nur bei tatsächlicher, sondern auch bei *rechtlicher* Unmöglichkeit der Entrichtung der Steuern aus. Eine rechtliche Unmöglichkeit liegt vor, wenn die Gesellschaft im Sinne des § 15a I InsO insolvenzreif ist und deshalb das in § 64 Satz 1 GmbHG verankerte Auszahlungsverbot eingreift. Sowohl der *BGH*[201] als auch der der *BFH* haben indes entschieden, dass das Auszahlungsverbot zumindest bei Umsatzsteuer- und Lohnsteuerschulden nicht

[200] BFH, Urt. v. 12.07.1988, VII R 4/88, GmbHR 1988, 456; BFH, Urt. v. 05.03.1991, VII R 93/88, ZIP 1991, 1008, sofern nicht ausnahmsweise durch die Verspätung aussichtsreiche Vollstreckungsmöglichkeiten vereitelt wurden.

[201] Der BGH, Urt. v. 25.01.2011, II ZR 196/09, NZG 2011, 303, nimmt an, dass die Zahlung von Umsatzsteuer und Lohnsteuer, auch soweit es um Rückstände geht, mit der Sorgfalt eines ordentlichen Kaufmanns gemäß § 64 Satz 2 GmbHG vereinbar ist, sodass das Auszahlungsverbot gemäß § 64 Satz 1 GmbHG nicht eingreift, dafür spreche vor allem der Umstand, dass der Geschäftsführer zumindest gemäß § 26b UStG , bzw. gemäß § 380 AO i.V.m. §§ 41a I 1 Nr. 2, 38 III 1 EStG eine Ordnungswidrigkeit begehen würde, wenn er die Zahlungen nicht bewirke.

gilt.[202] Diese Zahlungen seien vielmehr mit der Sorgfalt eines ordentlichen Kaufmanns gemäß § 64 Satz 2 GmbHG vereinbar.[203] Insofern kann der Geschäftsführer bei Nichtabführung der Steuern weiterhin in die Haftung genommen werden.

Der *BFH* meint zudem, der Geschäftsführer habe Vorsorge für die Steuerzahlungen zu treffen so dass die Pflichtverletzung regelmäßig in der Vergangenheit liege, bevor die Maximalfrist für die Stellung des Insolvenzantrages beginne. Selbst nach Stellung des Insolvenzantrags soll der Geschäftsführer für danach fällige Lohnsteuern haften, solange wie er noch verfügen kann und liquide Mittel vorhanden sind.[204] Allerdings würde die Lohnsteuer nur fällig, insoweit Nettolöhne ausbezahlt werden. Der Geschäftsführer muss daher bei der Auszahlung der Nettolöhne immer bedenken, ob er noch die Lohnsteuer ab 10. des folgenden Kalendermonats abführen kann.

Ein anerkannter Fall der rechtlichen Unmöglichkeit, der die Haftung entfallen lässt, liegt vor, wenn das Insolvenzgericht bereits vor Insolvenzeröffnung ein sog. allgemeines Verfügungsverbot verhängt hat.[205] Dieses muss der Geschäftsführer respektieren, ihm sind daher Zahlungen aus dem Gesellschaftsvermögen und damit auch die Begleichung von Steuerschulden verwehrt.

[202]BFH, Urt. v. 19.09.2007, VII R 39/05, BFH/NV 2008, 18, aus den Gründen: *Die Haftung des Klägers entfällt nicht dadurch, dass er sich aufgrund der in § 64 Abs. 2 GmbHG normierten Ersatzpflicht in einer entschuldbaren Pflichtenkollision befunden hätte. Das gilt auch für die Pflicht zur Abführung der Lohnsteuer für Dezember 2001, die am 10. Januar 2002 und damit innerhalb von drei Wochen vor dem Antrag des Klägers auf Eröffnung des Insolvenzverfahrens fällig geworden ist. Zwar kann sich nach der Rechtsprechung des Senats in einem Zeitraum von drei Wochen ab Kenntnis der Zahlungsunfähigkeit bzw. Überschuldung der GmbH ein solcher – den Schuldvorwurf einschränkender – Widerstreit zwischen der Steuerentrichtungspflicht einerseits und der Masseerhaltungspflicht andererseits ergeben (vgl. BFH-Urteil vom 27. Februar 2007 VII R 67/05, BFH/NV 2007, 1732), doch kann dies in den Fällen keine Geltung beanspruchen, in denen der gesetzliche Vertreter vor diesem Zeitraum die ihm im Hinblick auf die von ihm verwalteten Mittel obliegende Vorsorgepflicht zumindest grob fahrlässig verletzt hat. Denn gerade in der finanziellen Krise ist von einem GmbH-Geschäftsführer zu verlangen, dass er vorausschauend plant und entsprechende Mittel zur Entrichtung von Steuern bereithält, von denen er weiß, dass ihre Entstehung unmittelbar bevorsteht.*

[203]Siehe BGH-Urteil (vorletzte Fußnote).

[204]BFH, Urt. v. 23.09.2008, VII R 27/07, DStRE 2009, 310, Leitsätze: *1. Allein der Antrag auf Eröffnung des Insolvenzverfahrens befreit den GmbH-Geschäftsführer nicht von der Haftung wegen Nichtabführung der einbehaltenen Lohnsteuer. 2. Sind im Zeitpunkt der Lohnsteuer-Fälligkeit noch liquide Mittel zur Zahlung der Lohnsteuer vorhanden, besteht die Verpflichtung des Geschäftsführers zu deren Abführung so lange, bis ihm durch Bestellung eines (starken) Insolvenzverwalters oder Eröffnung des Insolvenzverfahrens die Verfügungsbefugnis entzogen wird. 3. Die Haftung ist auch nicht ausgeschlossen, wenn die Nichtzahlung der fälligen Steuern in die dreiwöchige Schonfrist fällt, die dem Geschäftsführer zur Massesicherung ab Feststellung der Zahlungsunfähigkeit gemäß § 64 Abs. 1 Satz 1 GmbHG eingeräumt ist (Fortentwicklung der Senatsrechtsprechung im Hinblick auf die geänderte Rechtsprechung des BGH im Urt. v. 14.05.2007, BGH 14.05.2007 Aktenzeichen II ZR 48/06, DStR 2007, DSTR Jahr 2007 Seite 1174, HFR 2007, HFR Jahr 2007 Seite 1242).*

[205]BFH, Urt. v. 17.11.1992, VII R 13/92, GmbHR 1993, 681 sowie die Entscheidung in der vorhergehenden Fußnote.

b. Durch die Pflichtverletzung eingetretener Haftungsschaden

Die Verletzung der steuerrechtlichen Pflichten durch den Geschäftsführer muss ursächlich für den Eintritt des Schadens sein. Dies ergibt sich aus der Formulierung des § 69 AO, der eine Haftung des Geschäftsführers für die Steuerschulden vorsieht, die *infolge* seiner Pflichtverletzung nicht gezahlt bzw. festgesetzt worden sind.

Es fehlt jedoch an einem Ursachenzusammenhang, wenn der Geschäftsführer über keinerlei liquide Mittel verfügt, um die Steuerschulden zu begleichen. Dann bleibt seine Verletzung der steuerrechtlichen Pflichten folgenlos. Es kann auch an einem Schaden fehlen, wenn der Insolvenzverwalter die Zahlungen an das Finanzamt erfolgreich hätte anfechten können, weil der Steuerausfall dann auch entstanden wäre, wenn sich der Geschäftsführer rechtmäßig verhalten hätte. Der *BFH* lässt dies aber nicht gelten, jedenfalls dann nicht, wenn es noch liquide Mittel gab und der Geschäftsführer nach dem Grundsatz der anteiligen Tilgung auch anteilig Steuerschulden hätte begleichen können. Der Umstand, dass der Insolvenzverwalter sich beim Finanzamt die gezahlten Steuern im Wege der Insolvenzanfechtung zurückholen kann, lässt die Haftung nicht entfallen.[206] Die theoretische Möglichkeit der Insolvenzanfechtung entlastet den Geschäftsführer erst recht nicht, wenn es zu einem Insolvenzverfahren mangels Masse gar nicht gekommen ist. Der *BFH* meint, diese hypothetische Kausalität nicht berücksichtigen zu wollen.[207]

c. Verschulden

► Verschulden erforderlich

Der Geschäftsführer muss schuldhaft gehandelt haben. Nach § 69 AO schadet ihm nur Vorsatz oder *grobe*, nicht jedoch einfache, Fahrlässigkeit.

Achtung!
Die Praxis nimmt jedoch in der Regel grobe Fahrlässigkeit bzw. Vorsatz an. Für eine einfache Fahrlässigkeit besteht kaum Anwendungsbereich. Allerdings trägt grundsätzlich das Finanzamt die Beweis- bzw. Feststellungslast für das Vorliegen eines Verschuldens. Werden aber vom Finanzamt konkrete

(Fortsetzung)

[206] BFH, Urt. v. 26.01.2016, VII R 3/15, juris, Rdnr. 14, aus den Gründen: *Nach dem Sinn und Zweck des § 69 AO kann in diesen Fällen eine Schadenszurechnung nicht deshalb entfallen, weil bei nachträglicher Betrachtung des tatsächlichen Geschehensablaufs tatsächlich geleistete Zahlungen oder gedachte Zahlungen infolge einer Anfechtung nach insolvenzrechtlichen Vorschriften durch Erstattung der Beträge an die Finanzbehörde wieder hätten rückgängig gemacht werden müssen. Insoweit kann ein hypothetischer Kausalverlauf keine Berücksichtigung finden;* siehe auch bereits BFH, Urt. v. 19.09.2007, VII R 39/05, BFH/NV 2008, 18; BFH, Bechl. v. 10.05.2006, VII B 123/05, BFH/NV 2006, 1610; BFH, Beschl. v. 09.12.2005, VII B 124-125/05, GmbHR 2006, 610.

[207] BFH, Urt. v. 19.09.2007, VII R 39/05, BFH/NV 2008, 18

Ausführungen zur Begründung der Pflichtverletzung und des Verschuldens getätigt, so obliegt es dem Geschäftsführer, diese zu entkräften. Lässt er diese im Raum stehen, ohne ihnen substanziiert entgegenzutreten, so kann dies in der Regel gegen ihn verwertet werden.[208]

Der Geschäftsführer hat sich über die ihm obliegenden steuerrechtlichen Pflichten gründlich und gewissenhaft zu informieren und diese äußerst sorgfältig wahrzunehmen. Schon hieraus folgt, dass bei Außerachtlassung dieser Anforderungen regelmäßig grobe Fahrlässigkeit unterstellt werden kann.

▶ Steuerberater kann haftungsentlastend wirken

Allenfalls wenn ein Fachmann, etwa ein Steuerberater, beauftragt wurde, die steuerrechtlichen Angelegenheiten der Gesellschaft zu erledigen, kann möglicherweise ein eigenes Verschulden des Geschäftsführers im Sinne von § 69 AO entfallen. Das Verschulden des Steuerberaters wird dem Geschäftsführer nicht zugerechnet, gleichwohl entbindet den Geschäftsführer die Einschaltung des Steuerberaters nicht von seiner aktiven Mitwirkungspflicht.[209] Hatte der Geschäftsführer keinerlei Veranlassung, daran zu zweifeln, dass die Einhaltung der steuerrechtlichen Pflichten durch den Steuerberater sichergestellt ist, so trifft ihn kein Überwachungsverschulden; eine Haftung gemäß § 69 AO scheidet aus. Davon zu unterscheiden ist die Frage, ob der Geschäftsführer, der in die Haftung genommen wird, ggf. Erstattung des Haftungsbetrages von einem Steuerberater verlangen kann, der ihn oder die GmbH unzureichend beraten hat.[210]

5. Besonderheiten bei der Lohnsteuer

Bei der Lohnsteuer sind besonders strenge Anforderungen zu beachten. Hier gilt nicht der Grundsatz der anteiligen Tilgung. Lohnsteuerschulden sind vielmehr

---

[208] BFH, Urt. v. 09.10.1985, I R 154/82, BFH/NV 1986, 321, 323; BFH, Beschl. v. 09.07.1985, VII B 77/84, BFH/NV 1986, 387.

[209] BFH, Urt. v. 30.08.1994, VII R 101/92, BStBl II 1995, 278. Siehe aber BFH, Beschl. v. 20.04.2006, VII B 163/05, BFH/NV 2006, 1439: Leitsatz: *Allein der Umstand, dass eine Gesellschaft von einer Steuerberatungsgesellschaft man-gelhaft beraten worden ist, entlastet den Geschäftsführer nicht vom Vorwurf grobfahrlässiger Nichtabführung von Umsatzsteuer, wenn er sich nicht in einem diesen Vorwurf ausschließenden Maße aktiv darum bemüht hat, sich über seine umsatzsteuerlichen Erklärungspflichten zu informieren.*

[210] Problematisch ist, ob der Geschäftsführer aus dem Steuerberatungsvertrag zwischen der GmbH und dem Steuerberater, Rechte für sich ableiten kann, was davon abhängt, ob der Geschäftsführer in den Schutzbereich einbezogen ist, dies bejahend, siehe BGH, Urt. v. 13.10.2011, IX ZR 193/10, NZG 2011, 1384 (Umsatzsteuer), bei einem Vertrag, der gerade die Prüfung der Insolvenzreife zum Gegenstand hat, bejahend, siehe BGH, Urt. v. 14.06. 2012, IX ZR 145/11, NJW 2012, 3165, verneinend bei einem Steuerberatungsvertrag, der nur die allgemeinen Pflichten enthielt, BGH, Urt. vom 07.03.2013, IX ZR 64/12, NZI 2013, 438.

vorrangig im Verhältnis zu den Nettolöhnen zu bedienen. Stehen dem Geschäftsführer keine ausreichenden Mittel zur Verfügung, um sowohl die Nettolöhne auszuzahlen als auch die Lohnsteuer abzuführen, so hat er die Nettolöhne anteilig zu kürzen, um eine Abführung der Lohnsteuer sicherzustellen.[211] Durch eine Kürzung der Nettolöhne wird automatisch die Lohnsteuer geringer. Der Geschäftsführer hat also die zur Verfügung stehenden Mittel so aufzuteilen, dass eine Lohnsteuer in der Höhe abgeführt wird, die den nunmehr ausgezahlten Nettolöhnen entspricht.

Die Lohnsteuer wird grundsätzlich jeweils zum 10. des Folgemonats fällig. Ergibt sich nach Auszahlung der Nettolöhne ein unvorhergesehener Zahlungsengpass, so dass der Geschäftsführer vorher die Nettolöhne nicht entsprechend kürzen konnte, fehlt es an einem für die Haftung erforderlichen *Verschulden* des Geschäftsführers.

Achtung!
Die Finanzrechtsprechung ist in diesem Punkt sehr streng. Verlässt sich der Geschäftsführer beispielsweise auf eine mündliche Äußerung eines Bankmitarbeiters, dass die Bank beabsichtige, die Mittel zur Zahlung der Lohnsteuer zur Verfügung zu stellen, so ist es dennoch grob fahrlässig, wenn der Geschäftsführer im Vertrauen hierauf die Nettolöhne ungekürzt auszahlt. Denn wenn die Bank sich nicht definitiv und verbindlich verpflichtet hat, die Zahlung auszuführen, muss der Geschäftsführer immer damit rechnen, dass das Kreditinstitut schließlich doch noch einen „Rückzieher" macht.[212]

Der Geschäftsführer darf ferner keinesfalls die bereits zurückgestellte Lohnsteuer für andere betriebliche Zwecke verwenden. Die Gesellschaft nimmt im Verhältnis zum Finanzamt, was die Lohnsteuer betrifft, lediglich eine Treuhandstellung ein, die es ihr verbietet, die einbehaltene Lohnsteuer zweckwidrig zu verwenden.

6. Haftung wegen Steuerhinterziehung

▶ Weitere Haftungsnorm

Der Geschäftsführer kann Täter, Anstifter oder Gehilfe einer Steuerhinterziehung sein. Nach § 71 AO haftet der Steuerhinterzieher (§ 370 AO) oder der Steuerhehler (§ 374 AO) für die hinterzogenen Steuern. Gegen ihn kann ein Haftungsbescheid ergehen.

---

[211] BFH, Beschl. v. 09.01.1996, VII B 189/95, BFH/NV 1996, 589, 1. Leitsatz: *Bei zur vollständigen Begleichung der Löhne unzureichenden Zahlungsmitteln ist ein GmbH-Geschäftsführer verpflichtet, die Löhne in einem Umfang zu kürzen, der eine gleichmäßige Befriedigung der Arbeitnehmer hinsichtlich des Lohnes und des FA hinsichtlich der auf die gekürzten Löhne entfallenden Lohnsteuern sicherstellt.*

[212] FG Münster, Urt. v. 28.02.1996, 11 K 2738/95, GmbHR 1997, 137, 138.

- Steuerhinterziehung bzw. Steuerhehlerei können nur vorsätzlich verwirklicht werden.
- Die Haftung erstreckt sich auf die verkürzten Steuern, die zu Unrecht gewährten Steuervorteile sowie die Hinterziehungszinsen.
- Der Grundsatz der anteiligen Tilgung findet Anwendung.
- Der Kreis der haftenden Personen ist nicht auf die Geschäftsführer beschränkt, an einer Steuerhinterziehung können sich auch Dritte beteiligen.
- Die Festsetzungsfrist für hinterzogene Steuern beträgt 10 Jahre, während die Straftat schon in fünf Jahren verjährt. Liegt aber ein besonders schwerer Fall vor, beträgt auch im Strafrecht die Verjährungsfrist für Steuerhinterziehung 10 Jahre. Ein besonders schwerer Fall wird vom Bundesgerichtshof in Strafsachen u. a. schon dann angenommen, wenn die hinterzogenen Steuern über 50.000 € betragen.[213]

7. Abzugsfähigkeit als Werbungskosten

Wird der Geschäftsführer als Haftungsschuldner vom Finanzamt gemäß § 69 AO in Anspruch genommen, so kann er die Beträge wenigstens als (nachträgliche) Werbungskosten geltend machen und so seine Steuerlast verringern.[214] Dies soll selbst für Beträge gelten, die den Geschäftsführer selbst als Beschäftigten betreffen.[215] Die Beträge, die im Rahmen einer Inanspruchnahme wegen einer Steuerhinterziehung vom Geschäftsführer geleistet wurden, können ebenfalls als Werbungskosten abzugsfähig sein. Dies ist jedenfalls dann der Fall, wenn wie regelmäßig ein betrieblicher Zusammenhang besteht, also wenn sich die deliktische Pflichtverletzung (noch) innerhalb der einkommensteuerlich relevanten Erwerbssphäre bewegt.[216]

---

[213] BGH, Urt. v. 27.10.2015, 1 StR 373/15, juris, Leitsatz: *Ein großes Ausmaß im Sinne von § 370 Abs. 3 Satz 2 Nr. 1 AO liegt bei jeder Steuerhinterziehung über 50.000 Euro vor (Fortentwicklung von BGHSt 53, 71).*

[214] Siehe Rundverfügung Düsseldorf v. 29.10.1992, DStR 1992, 1725; FG Köln, Urt. v. 20.10.1992, 8 K 4449/88, Entscheidungen der Finanzgerichte 1993, 509; Niedersächsisches FG, Urt. v. 18.03.1993, XI 264/88, Entscheidungen der Finanzgerichte 1993, 713.

[215] FG Köln, Urt. v. 20.10.1992, 8 K 4449/88, Entscheidungen der Finanzgerichte 1993, 509.

[216] Kosten der privaten Lebensführung wären nicht abzugsfähig sein, siehe BFH, VI R 35/96, Urt. v. 09.12.2003, Rdnr. 17, *Die Annahme von Erwerbsaufwendungen setzt in diesen Fällen allerdings voraus, dass die – die Aufwendungen auslösenden-schuldhaften Handlungen noch im Rahmen der betrieblichen oder beruflichen Aufgabenerfüllung liegen und nicht auf privaten, den betrieblichen oder beruflichen Zusammenhang aufhebenden Umständen beruhen. So greifen nach der Rechtsprechung private Gründe dann durch, wenn die strafbaren Handlungen mit der Erwerbstätigkeit des Steuerpflichtigen nur insoweit im Zusammenhang stehen, als diese eine Gelegenheit zu einer Straftat verschafft (vgl. BFH-Urteil vom 19. März 1987 IV R 140/84, BFH/NV 1987, 577; FG München, Urteil vom 30. September 1998 1 K 774/96, rkr., EFG 1999, 108). Eine erwerbsbezogene Veranlassung wird auch aufgehoben, wenn der Arbeitnehmer seinen Arbeitgeber bewusst schädigen wollte oder sich oder einen Dritten durch die schädigende Handlung bereichert hat (BFH-Urteile vom 18. September 1987 VI R 121/84, BFH/NV 1988, 353; vom 3. Mai 1985 VI R 103/82, BFH/NV 1986, 392; vom 6. Februar 1981 VI R 30/77, BFHE 132, 461, BStBl II 1981, 362).*

V. Haftung für nicht abgeführte Sozialversicherungsbeiträge des Arbeitnehmers

1. Grundlagen

► Haftung und Strafbarkeit

In der Krise hat die Gesellschaft oft Schwierigkeiten, die fälligen Sozialversicherungsbeiträge abzuführen. Dies betrifft sowohl die Arbeitgeber- als auch die Arbeitnehmeranteile zur Sozialversicherung. Eine Haftung des Geschäftsführers kann sich ergeben, wenn er der zuständigen Krankenkasse (Einzugsstelle) die *Arbeitnehmer*beiträge vorenthält. Er läuft außerdem Gefahr, sich dadurch strafbar zu machen. Dies folgt aus § 266a StGB. Bei dieser Strafvorschrift handelt es sich um ein Schutzgesetz im Sinne von § 823 II BGB, so dass die Verwirklichung des Straftatbestandes gleichzeitig auch eine zivilrechtliche Haftung des Geschäftsführers nach den Grundsätzen der unerlaubten Handlung auslösen kann. § 266a StGB hat folgenden Wortlaut:

§ 266 a StGB Vorenthalten und Veruntreuen von Arbeitsentgelt

(1) *Wer als Arbeitgeber der Einzugsstelle Beiträge des Arbeitnehmers zur Sozialversicherung einschließlich der Arbeitsförderung, unabhängig davon, ob Arbeitsentgelt gezahlt wird, vorenthält, wird mit Freiheitsstrafe bis zu fünf Jahren oder mit Geldstrafe bestraft.*

(2) *Ebenso wird bestraft, wer als Arbeitgeber*
1. *der für den Einzug der Beiträge zuständigen Stelle über sozialversicherungsrechtlich erhebliche Tatsachen unrichtige oder unvollständige Angaben macht oder*
2. *die für den Einzug der Beiträge zuständige Stelle pflichtwidrig über sozialversicherungsrechtlich erhebliche Tatsachen in Unkenntnis lässt*

und dadurch dieser Stelle vom Arbeitgeber zu tragende Beiträge zur Sozialversicherung einschließlich der Arbeitsförderung, unabhängig davon, ob Arbeitsentgelt gezahlt wird, vorenthält.

(3) *Wer als Arbeitgeber sonst Teile des Arbeitsentgelts, die er für den Arbeitnehmer an einen anderen zu zahlen hat, dem Arbeitnehmer einbehält, sie jedoch an den anderen nicht zahlt und es unterlässt, den Arbeitnehmer spätestens im Zeitpunkt der Fälligkeit oder unverzüglich danach über das Unterlassen der Zahlung an den anderen zu unterrichten, wird mit Freiheitsstrafe bis zu fünf Jahren oder mit Geldstrafe bestraft. Satz 1 gilt nicht für Teile des Arbeitsentgelts, die als Lohnsteuer einbehalten werden.*

(4) *In besonders schweren Fällen der Absätze 1 und 2 ist die Strafe Freiheitsstrafe von sechs Monaten bis zu zehn Jahren. Ein besonders schwerer Fall liegt in der Regel vor, wenn der Täter*
1. *aus grobem Eigennutz in großem Ausmaß Beiträge vorenthält,*
2. *unter Verwendung nachgemachter oder verfälschter Belege fortgesetzt Beiträge vorenthält,*

3. *fortgesetzt Beiträge vorenthält und sich zur Verschleierung der tatsächlichen Beschäftigungsverhältnisse unrichtige, nachgemachte oder verfälschte Belege von einem Dritten verschafft, der diese gewerbsmäßig anbietet,*
4. *als Mitglied einer Bande handelt, die sich zum fortgesetzten Vorenthalten von Beiträgen zusammengeschlossen hat und die zur Verschleierung der tatsächlichen Beschäftigungsverhältnisse unrichtige, nachgemachte oder verfälschte Belege vorhält, oder*
5. *die Mithilfe eines Amtsträgers ausnutzt, der seine Befugnisse oder seine Stellung missbraucht.*

(5) *Dem Arbeitgeber stehen der Auftraggeber eines Heimarbeiters, Hausgewerbetreibenden oder einer Person, die im Sinne des Heim-arbeitsgesetzes diesen gleichgestellt ist, sowie der Zwischenmeister gleich.*

(6) *In den Fällen des Absätze 1 und 2 kann das Gericht von einer Bestrafung nach dieser Vorschrift absehen, wenn der Arbeitgeber spätestens im Zeitpunkt der Fälligkeit oder unverzüglich danach der Einzugsstelle schriftlich*
1. *die Höhe der vorenthaltenen Beiträge mitteilt und*
2. *darlegt, warum die fristgemäße Zahlung nicht möglich ist, obwohl er sich darum ernsthaft bemüht hat.*

Liegen die Voraussetzungen des Satzes 1 vor und werden die Beiträge dann nachträglich innerhalb der von der Einzugsstelle bestimmten angemessenen Frist entrichtet, wird der Täter insoweit nicht bestraft. In den Fällen des Absatzes 3 gelten die Sätze 1 und 2 entsprechend.

▶ Gefahr der Scheinselbstständigkeit

Der Straftatbestand des Vorenthaltens der Sozialversicherungsbeiträge hat erhebliche praktische Bedeutung. In der Praxis sind dies nicht nur die Gesellschaften in der Krise, bei denen möglicherweise die Mittel nicht mehr reichen, um alle Verbindlichkeiten abzudecken, weshalb die Geschäftsführer in die Versuchung geraten, Sozialversicherungsbeiträge nicht oder nicht mehr rechtzeitig abzuführen, von praktischer Bedeutung sind auch die Fälle sogenannter Scheinselbständigkeit.

Beispiel

„Bühnentechnik im Team"

Der Bundesgerichtshof[217] verurteilte einen Geschäftsführer der GmbH in 161 Fällen zu einer Gesamtfreiheitsstrafe von einem Jahr und sechs Monaten verurteilt, die zur Bewährung ausgesetzt wurde.

Die GmbH beschäftigte freie Mitarbeiter oder Subunternehmer die jedoch bei Lichte betrachtet Arbeitnehmer, sogenannte Scheinselbständige, waren. Die GmbH war im Bereich der Licht- und Tontechnik und des Bühnenaufbaus tätig. Sie war dafür zuständig, für Veranstaltungen in einer Multifunktionshalle die Bühnentechnik aufzubauen. Hierbei bediente sie sich aus einem Pool von

[217] BGH, Beschl. v. 13.12 2018, 5 StR 275/18, GmbHR 2019, 278.

selbstständigen Gewerbetreibenden, wobei je nach Auftrag aus diesem Pool Teams zusammengestellt wurden, die für den Aufbau der Bühnentechnik sorgten. Diese Personen wurden von dem Gericht nach dem Gesamtbild als Arbeitnehmer qualifiziert, sodass für sie Sozialversicherungsbeiträge abzuführen waren. Sie waren derart in den Betrieb der GmbH eingegliedert, dass sie bezüglich der Zeit, Dauer, Ort und der Art der Ausführung der Beschäftigung dem Weisungsrecht der GmbH als Arbeitgeberin unterlagen.

Der Geschäftsführer muss nicht nur – wie hier geschehen – damit rechnen strafrechtlich verfolgt zu werden, er haftet auch zivilrechtlich bei vorsätzlicher Verwirklichung des Straftatbestandes gegenüber der sogenannten Einzugsstelle, also den Krankenkassen für nicht abgeführte Sozialversicherungsbeiträge.

▶ Täterkreis

§ 266a StGB richtet sich an den Arbeitgeber. Arbeitgeber ist die GmbH, nicht der Geschäftsführer selbst. Über § 14 Abs. 1 Nr. 1 StGB wird jedoch erreicht, dass der Geschäftsführer wie ein Arbeitgeber bestraft wird. Der Geschäftsführer kann daher tauglicher Täter einer Straftat nach § 266a StGB sein. Dies gilt auch für den faktischen Geschäftsführer.[218] Ein Geschäftsführer muss sich allerdings nicht Verstöße gegen § 266a StGB vorwerfen lassen, die von seinen Amtsvorgängern vor dem Zeitpunkt seiner Bestellung begangen wurden.[219]

Hieran schließt sich die zivilrechtliche Haftung gemäß § 823 II BGB an, da § 266a I StGB als Schutzgesetz einzustufen ist.[220] Eine zivilrechtliche Haftung setzt also voraus, dass der Straftatbestand des § 266a StGB erfüllt ist. Bevor dies im Einzelnen erläutert wird, sollen einige Hintergrundinformationen zu § 266a StGB gegeben werden.

▶ Durchsetzung im Zivilrechtsweg

Über § 823 II BGB i.V.m. § 266a StGB ergibt sich eine *zivil-rechtliche* Haftung für die Verletzung der *öffentlich-rechtlichen* Pflicht, die Sozialversicherungsbeiträge abzuführen. Da es sich um eine zivilrechtliche Haftung handelt, hat die Einzugsstelle, d. h. die zuständige Krankenkasse – im Gegensatz zum Finanzamt –

---

[218] Siehe zu diesem die Ausführungen im 3. Teil B III.

[219] BGH, Urt. v. 11.12.2001, VI ZR 123/00, NZG 2002, 288, Leitsatz: *Der Geschäftsführer einer GmbH wird erst mit seiner Bestellung für die Abführung von Sozialversicherungsbeiträgen verantwortlich. Das pflichtwidrige Verhalten früherer Geschäftsführer kann ihm grundsätzlich nicht zugerechnet werden.* Anmerkung: Das bedeutet nicht, dass der neue Geschäftsführer nicht mehr zur Abführung von Sozialversicherungsbeiträgen verpflichtet ist, die vor seiner Bestellung fällig geworden sind. Dies ist er durchaus, wenn die allgemeinen Voraussetzungen, insbesondere eine Zahlungsfähigkeit der GmbH vorliegen, siehe unten unter 3. Dem Geschäftsführer wird nur nicht mit straf- und zivilrechtlicher Relevanz eine etwaige Pflichtwidrigkeit des vormaligen Geschäftsführers zugerechnet.

[220] BGH, Urt. v. 21.01.1997, VI ZR 338/95, BGHZ 134, 304, 307.

nicht die Möglichkeit, „einfach" einen Haftungsbescheid gegen den Geschäftsführer zu erlassen; sie ist vielmehr darauf angewiesen, den Geschäftsführer auf dem Zivilrechtsweg zu verklagen.

Achtung!
Da die Durchsetzung des Anspruchs aus § 823 II BGB i.V.m. § 266a StGB im Zivilrechtsweg sehr mühsam ist, versuchen einige Einzugsstellen, den Geschäftsführer in der Krise dazu zu bewegen, für rückständige Sozialversicherungsverbindlichkeiten eine *Bürgschaft* abzugeben. Diese Bürgschaft bezieht sich dann in der Regel sowohl auf Arbeitgeber- als auch auf Arbeitnehmeranteile zur Sozialversicherung. Sie wird dem Geschäftsführer oft gegen eine In-Aussicht-Stellung einer Stundungsvereinbarung „entlockt". Der Geschäftsführer, insbesondere der Fremdgeschäftsführer, sollte sich sehr genau überlegen, ob er eine solche Bürgschaftserklärung für die Gesellschaft zugunsten der Einzugsstelle abgibt. In den meisten Fällen wird ihm hiervon abzuraten sein, denn er wirft sein persönliches Vermögen in die Waagschale, obwohl häufig keine reellen Chancen bestehen, die Gesellschaft zu sanieren. In jedem Fall sollte er nur dann bürgen, wenn die Gesellschafter ihn persönlich von den finanziellen Nachteilen freistellen, was eine entsprechende Leistungsfähigkeit der Gesellschafter voraussetzt.

Sobald Rückstände gegenüber den Sozialversicherungsträgern auflaufen, muss der Geschäftsführer damit rechnen, dass möglicherweise Strafantrag wegen Verstoßes gegen § 266a StGB gegen ihn gestellt wird bzw. von Amts wegen im Anschluss an ein Insolvenzverfahren entsprechende Ermittlungsverfahren eingeleitet werden. Kommt es danach zu einer strafrechtlichen Verurteilung des Geschäftsführers wegen Vorenthaltens von Arbeitnehmerbeiträgen zur Sozialversicherung, so ist es ein leichtes für die Einzugsstelle, anschließend die zivilrechtliche Haftung zu begründen. Das Zivilgericht ist zwar grundsätzlich nicht an die Entscheidung des Strafgerichts gebunden, eine jedoch in einem solchen Fall noch abweichende Entscheidung zu erreichen, stellt sich als nicht besonders Erfolg versprechend dar.

▶ Keine Restschuldbefreiung

Durchläuft der Geschäftsführer, z. B. weil er die Haftung als GmbH-Geschäftsführer nicht schultern kann, ein Insolvenzverfahren kann ihm anschließend – gerechnet von der Eröffnung des Insolvenzverfahrens an – nach Ablauf einer sog. sechsjährige Wohlverhaltensperiode ihm Restschuldbefreiung erteilt werden. Die Restschuldbefreiung betrifft jedoch gemäß § 302 Nr. 1 InsO nicht Schulden aus *vorsätzlich* begangenen unerlaubten Handlungen (§§ 823 ff. BGB). Dazu gehört auch der gegen den Geschäftsführer gerichtete Anspruch aus § 823 II BGB i.V.m. § 266a StGB.[221]

[221]Etwaige Säumniszuschläge werden hingegen von der Restschuldbefreiung umfasst, siehe BGH, Urt. v. 16.02.2012, juris.

Dieser wird damit von der Restschuldbefreiung ausgenommen. Voraussetzung ist allerdings, dass der Gläubiger die entsprechende Forderung unter Angabe dieses Rechtsgrundes im Insolvenzverfahren angemeldet hat. Im Rahmen eines Prozesses gegen den Geschäftsführer beantragen die Sozialversicherungsträger häufig, dass das Gericht feststellen möge, dass ein Anspruch aus vorsätzlicher unerlaubter Handlung vorliegt, so dass sich dies aus dem Urteil eindeutig ergibt und später nicht zu Beweisschwierigkeiten seitens der Krankenkasse führt. Ist der Geschäftsführer wegen des Vorenthaltens von Beiträgen zur Sozialversicherung zu Schadensersatz verurteilt worden oder liegt sonst ein sog. vollstreckbarer Titel gegen ihn vor (Vollstreckungsbescheid, notarielles Schuldanerkenntnis), ist eine Geltendmachung gegen ihn 30 Jahre lang möglich, wobei diese Frist durch Vollstreckungsversuche stets von neuem beginnt (siehe § 212 I Nr. 2 BGB). Damit verjähren Ansprüche aus vorsätzlicher unerlaubter Handlung letztlich nie, wenn der Schuldner, hier die zuständige Krankenkasse immer wieder durch einen Vollstreckungsversuch die Verjährungsfrist neu beginnen lässt.

► Zahlung der Nettolöhne ist nicht erforderlich

Der Gesetzgeber hat ausdrücklich in § 266a I StGB verankert, dass die Strafbarkeit selbst dann ausgelöst wird, wenn überhaupt keine Netto-Gehälter ausbezahlt werden. Diese Frage war vorherstrittig, wobei der *BGH in Zivilsachen* bereits am 16.05.2000 ebenfalls zu Gunsten der sog. Lohnpflichttheorie entschieden und festgestellt hatte, dass das Vorenthalten nicht voraussetzt, dass an die Arbeitnehmer tatsächlich Löhne ausbezahlt wurden.[222] Der *BGH in Strafsachen* hat sich am 28.05.2002 dieser Ansicht angeschlossen.[223]

► Strafbarkeit für vorenthaltene Arbeitgeberbeiträge

Auch eine Strafbarkeit gemäß § 266a II StGB für vorenthaltene *Arbeitgeber*beiträge ist möglich, was allerdings weitere Voraussetzungen verlangt. Den für den Einzug der Beiträge zuständigen Stellen – also die Krankenkassen – müssen über sozialversicherungsrechtlich erhebliche Tatsachen unrichtige oder unvollständige Angaben gemacht oder die zuständige Stelle muss pflichtwidrig über sozialversicherungsrechtlich erhebliche Tatsachen in Unkenntnis gelassen worden sein. Dadurch müssen der Einzugsstelle vom Arbeitgeber zu tragende Beiträge zur Sozialversicherung einschließlich der Arbeitsförderung vorenthalten worden sein. Auch hier ist nicht maßgeblich, ob Arbeitsentgelt gezahlt wird. Wer also die monatlichen Beitragsmeldungen an die Krankenkassen unterlässt oder Arbeitnehmer gar nicht erst bei den Krankenkassen anmeldet, kann sich hiernach strafbar machen. Es ist damit zu rechnen, dass die Rechtsprechung auch § 266a II StGB als Schutzgesetz gemäß § 823 II BGB einordnen wird, so dass sich hieran eine zivilrechtliche Haftung des

[222]BGH, Urt. v. 16.05.2000, VI ZR 90/99, BGHZ 144, 311.

[223]BGH, Beschl. v. 28.05.2002, 5 StR 16/02, NZG 2002, 721.

Geschäftsführers anknüpft. Auch hier dürfte erforderlich sein, dass der Arbeitgeber bei rechtzeitiger Meldung überhaupt noch zur Zahlung in der Lage gewesen ist.

2. Grundsatz der Gesamtverantwortung

▶ Gesamtverantwortung des Geschäftsführers

Bei Gesellschaften mit mehreren Geschäftsführern gilt auch für die öffentlich-rechtliche Pflicht, die Arbeitnehmerbeiträge zur Sozialversicherung abzuführen, der Grundsatz der Gesamtverantwortung. Auch hier muss jedoch wieder beachtet werden: Der Grundsatz der Gesamtverantwortung kann durch Ressortaufteilungen oder auch durch Delegationen auf andere Personen unterhalb der Geschäftsführungsebene, etwa auf qualifizierte Mitarbeiter der Personalabteilung eingeschränkt werden. Solche internen Zuständigkeitsvereinbarungen bzw. derartige Delegationen von Aufgaben auf nachgeordnete Mitarbeiter können die deliktische Verantwortlichkeit des Geschäftsführers beschränken. In jedem Fall verbleiben jedem Geschäftsführer jedoch Überwachungspflichten, die ihn zu einem Eingreifen verpflichten können. Insbesondere in finanziellen Krisensituationen muss der Geschäftsführer damit rechnen, dass die laufende Erfüllung der Gesellschaftsverbindlichkeiten nicht mehr gewährleistet ist, so dass er hier eine gesteigerte Überwachungspflicht hat.[224] Der Geschäftsführer muss kraft seiner Organisationsgewalt dafür sorgen, dass die öffentlich-rechtlichen Pflichten auch tatsächlich erfüllt werden. Eine Verantwortlichkeit des einzelnen Geschäftsführers entfällt nur dann, wenn er keine Zweifel haben musste, dass die zur Erfüllung der Aufgaben eingesetzten Personen diese ordnungsgemäß wahrnehmen werden.

---

[224]Grundlegend BGH, Urt. v. 15.10.1996, VI ZR 319/95, BGHZ 133, 370: Leitsätze:

a) *Zu den Aufgaben des Geschäftsführers einer GmbH gehört es, dafür zu sorgen, dass die der Gesellschaft auferlegten öffentlich-rechtlichen Pflichten, zu denen die Abführung der Arbeitnehmerbeiträge zur Sozialversicherung gehört, erfüllt werden.*
b) *Diesen Pflichten können sich die Geschäftsführer einer mehrgliedrigen Geschäftsleitung weder durch Zuständigkeitsregelungen noch durch Delegation auf andere Personen entledigen.*
c) *Interne Zuständigkeitsvereinbarungen oder die Delegation von Aufgaben können aber die deliktische Verantwortlichkeit des Geschäftsführers beschränken. In jedem Fall verbleiben ihm Überwachungspflichten, die ihn zum Eingreifen verpflichten können. Eine solche Überwachungspflicht kommt vor allem in finanziellen Krisensituationen zum Tragen, in denen die laufende Erfüllung der Verbindlichkeiten nicht mehr gewährleistet erscheint.*

Prägnant formuliert das OLG Frankfurt, Urt. v. 23.01.2004, 24 U 135/03, NZG 2004, 388, Leitsätze: *1. Bestehen Anhaltspunkte für die Annahme, dass der kaufmännische Geschäftsführer einer GmbH fällige Arbeitgeberanteile nicht an die Einzugsstelle abführt, so hat der technische Geschäftsführer kraft verbliebener Überwachungspflichten Sorge dafür zu tragen, dass aus eingehenden liquiden Mitteln vorrangig Beiträge abgeführt werden. 2. Ein in diesem Sinne hinreichender Anlass zum Tätigwerden ist spätestens dann gegeben, wenn auch dem technischen Geschäftsführer bekannt wird, dass die liquiden Mittel nicht mehr hinreichen, sämtliche fälligen Verbindlichkeiten sofort zu erfüllen.*

3. Einzelne Voraussetzungen der Haftung aus § 823 II BGB i.V.m. § 266a I StGB

a. Vorenthalten von Arbeitnehmerbeiträgen zur Sozialversicherung

► Nur vorenthaltene Arbeitnehmerbeiträge lösen Haftung aus

Zunächst greift die Haftung nur dann ein, wenn *Arbeitnehmer*beiträge der zuständigen Einzugsstelle vorenthalten werden. Nicht betroffen sind also Beiträge zur gesetzlichen Unfallversicherung, die der Arbeitgeber allein zu tragen hat, oder die *Arbeitgeber*beiträge zu der Renten-, Kranken-, Arbeitslosen- und Pflegeversicherung. Die Nichtabführung der Arbeitgeberbeiträge stellt allerdings nach sozialrechtlichen Vorschriften eine Ordnungswidrigkeit dar.

► Fälligkeit

§ 266a I StGB erfordert zudem, dass *fällige* Sozialversicherungsbeiträge *vorenthalten* werden. Fällig sind die Sozialversicherungsbeiträge grundsätzlich am drittletzten Bankarbeitstag des jeweiligen Kalendermonats, wobei sich diese nach der Fälligkeit der Gehaltszahlung richtet.[225] Die Fälligkeit entfällt, wenn mit der Einzugsstelle eine Stundungsvereinbarung getroffen wurde.

► Begriff des Vorenthaltens

Der Tatbestand des § 266a I StGB setzt als Tathandlung das Vorenthalten von Arbeitnehmerbeiträgen voraus. Vorenthalten setzt nicht voraus, dass die Beiträge dauerhaft nicht abgeführt werden. Es genügt, wenn dies zum Fälligkeitszeitpunkt nicht geschah. Eine spätere Zahlung lässt jedoch die zivilrechtliche Haftung entfallen, da dann kein Schaden mehr vorliegt. Die Strafbarkeit bleibt jedoch grundsätzlich bestehen. Aus dem Wortlaut „Vorenthalten" folgt auch, dass im Gegensatz zu der älteren Fassung dieser Vorschrift kein *Einbehalten* mehr erforderlich ist. Das heißt, der Arbeitgeber muss nicht die Arbeitnehmerbeiträge von dem ausgezahlten Lohn einbehalten. Er macht sich vielmehr – wie der Wortlaut seit der bereits erwähnten Änderung vom Juli 2002 deutlich macht – auch dann strafbar, wenn er überhaupt *keine* Löhne überweist. Dies gilt erst recht, wenn er *teilweise* den Lohn auszahlt, ohne zum Fälligkeitszeitpunkt die Arbeitnehmerbeiträge an die Einzugsstelle abzuführen.

Für eine Vorenthaltung im Sinne von § 266a StGB reicht es damit schon aus, wenn eine „schlichte Nichtzahlung" vorliegt. Dies lässt sich damit erklären, dass § 266a StGB lediglich den Schutz der Solidargemeinschaft der Versicherten bezweckt. Das Aufkommen der Sozialversicherungsträger und der Bundesagentur für Arbeit soll gewährleistet werden. Damit ist allein entscheidend und maßgeblich,

[225] Siehe § 23 SGB IV.

ob der Geschäftsführer den Anspruch des Sozialversicherungsträgers in der gesetzlichen Höhe zum Fälligkeitszeitpunkt befriedigt hat.[226]

b. Möglichkeit der Abführung der geschuldeten Beiträge

§ 266a I StGB ist ein sog. „echtes Unterlassungsdelikt". Das heißt, der Tatbestand wird durch ein „Nichtstun" verwirklicht. Dies setzt aber eine Handlungsfähigkeit und -möglichkeit des Geschäftsführers voraus. Fehlt eine solche, so ist der Tatbestand des § 266a I StGB nicht erfüllt.[227] Der Geschäftsführer muss also in der Lage gewesen sein, die Sozialversicherungsbeiträge abzuführen. Diese Möglichkeit der Abführung muss sowohl *tatsächlich* als auch *rechtlich* bestanden haben.

- Rechtliche Unmöglichkeit wegen § 64 Satz 1 GmbHG

Eine *rechtliche* Unmöglichkeit liegt vor, wenn bereits Insolvenzreife besteht. Hier legt § 64 Satz 1 GmbHG ausdrücklich fest, dass der Geschäftsführer haftet, wenn er masseschmälernde Leistungen vornimmt. Hieraus folgt ein den Geschäftsführer als Pflicht treffendes Auszahlungsverbot.[228] Dadurch gerät der Geschäftsführer in einen Konflikt. Besteht Insolvenzreife, so könnte er sich entweder gemäß § 266a StGB oder ggf. wegen Insolvenzverschleppung straf- und haftbar machen. Solange sich der Geschäftsführer „normgerecht" verhält muss er allerdings nichts befürchten, da der 5. Strafsenat des *BGH* mit Urteil vom 30.07.2003 entschieden hat, dass zumindest in der in § 15a I InsO verankerten maximal dreiwöchigen Frist zwischen Eintritt der Insolvenzreife und Stellung des Insolvenzantrags eine Verpflichtung zur Zahlung der Sozialversicherungsbeiträge und eine Strafbarkeit wegen § 266a StGB nicht bestehe.[229] Damit ist das Spannungsverhältnis deutlich entschärft worden.[230] Nach Ablauf der Insolvenzantragsfrist lebt jedoch nach Ansicht des BGH die Strafbarkeit wieder auf, der *BGH* formuliert wie folgt:

Lässt der Geschäftsführer die Frist für die Stellung des Konkursantrags verstreichen, fällt diese sich aus § 64 II GmbHG (jetzt § 64 Satz 1 GmbHG) ergebende Rechtfertigung weg. Dies gilt namentlich dann, wenn die Insolvenzreife des Unternehmens fortbesteht. Die aus § 64 II GmbHG hergeleitete Rechtfertigung knüpft nämlich nicht an die Insolvenzreife des Unternehmens an sich an, sondern sie privilegiert lediglich die noch aussichtsreichen Sanierungsversuche nach Eintritt der Krise, und zwar beschränkt auf einen Zeitraum von höchstens drei Wochen.

---

[226] OLG Düsseldorf, Urt. v. 18.06.1993, 22 U 9/93, GmbHR 1994, 404.

[227] BGH, Urt. v. 11.12.2001, VI ZR 350/00, NZG 2002, 289, 290.

[228] BGH, Beschl. v. 30.07.2003, 5 StR 221/03, NZG 2004, 42, 43.

[229] BGH, Beschl. v. 30.07.2003, 5 StR 221/03, NZG 2004, 42, Leitsätze: *1. Unterlässt der Verantwortliche während des Laufs der Insolvenzantragsfrist nach § 64 I GmbHG die Abführung von Arbeitnehmerbeiträgen an die Sozial-versicherung, macht er sich nicht nach § 266a I StGB strafbar.*

[230] Siehe ausführlich *Gross/Schork*, Der GmbH-Geschäftsführer im Spannungsverhältnis des Zahlungsverbots nach § 64 II 1 GmbHG und der Strafbarkeit wegen Vorenthaltens von Sozialversicherungsbeiträgen, Neue Zeitschrift für Insolvenzrecht 2004, 358.

Daraus folgt, dass die Nichtbeachtung der strafbewehrten Pflicht zur Abführung der Arbeitnehmerbeiträge nach Ablauf der Frist nicht mehr gerechtfertigt ist. Soweit noch verfügbare Mittel des Unternehmens zur Verfügung stehen, sind diese dann in erster Linie für die Begleichung der Arbeitnehmerbeiträge im Sinne des § 266a I StGB einzusetzen. Der Senat *hält an seiner Rechtsprechung fest, dass sich aus der Strafbewehrung der Nichtabführung von Arbeitnehmerbeiträgen nach § 266a I StGB deren Vorrang ergibt (BGHSt 47, 318 [321]).*

▶ Strafbarkeit und Haftung nach Eintritt der Insolvenzreife

Der *BGH* in Strafsachen hat zudem mit Beschluss vom 09.08.2005 klargestellt, dass der Geschäftsführer sich auch Eintritt der Insolvenzreife wegen der Nichtabführung von Sozialversicherungsbeiträgen strafbar machen kann.[231] Auch der *BGH* in Zivilsachen bejaht korrespondierend eine Haftung des Geschäftsführers. Der BGH in Zivilsachen hatte zwar zunächst entschieden, dass er insolvenzrechtlich den Forderungen der Sozialversicherungsträger keinen Vorrang mehr einräumt,[232] so dass

[231] BGH, Beschl. v. 09.08.2005, 5 StR 67/05, NZG 2005, 892: 2. Leitsatz: *Der Grundsatz der Massesicherung (§ 64 II GmbHG) berührt nicht die Strafbarkeit nach § 266a I StGB, wenn ein Verantwortlicher, der bei Insolvenzreife die fehlende Sanierungsmöglichkeit erkennt, das Unternehmen weiterführt, ohne einen Insolvenzantrag zu stellen (im Anschluss an BGHSt 47, 318; BGHSt 48, 307).* Aus den Gründen*: Im Blick auf die Ausführungen des II. Zivilsenats stellt der Senat klar, dass sein dogmatischer Ausgangspunkt, wonach die Sozialabgaben i.S. des § 266a StGB vorrangig zu erfüllende Verbindlichkeiten sind, sich nicht auf deren Privilegierung nach § 61 I Nr. 1 lit. a KO gestützt hat. Vorrangigkeit in diesem Zusammenhang besagt, dass die Erfüllung anderer Verbindlichkeiten für den Verantwortlichen keinen Rechtfertigungsgrund in Bezug auf eine Strafbarkeit nach § 266a I StGB bilden kann, wenn dadurch die Mittel für die Bezahlung der Arbeitnehmerbeiträge verbraucht werden. Für den Verantwortlichen ergibt sich demnach die Pflicht zur vorrangigen Erfüllung dieser Verbindlichkeiten aus ihrer Strafbewehrung (BGHSt 47, 318 [321]; BGHSt 48, 307 [311]), welche die besondere Bedeutung dieser Zahlungspflicht innerhalb des Sozialsystems kennzeichnet.*

[232] BGH, Urt. vom 18.04.2005, II ZR 61/03, NZG 2005, 600, 602, aus den Gründen: *Von der verfehlten Vorstellung, der Anspruch auf Abführung der Arbeitnehmeranteile zur Sozialversicherung sei privilegiert, ist schließlich die als obiter dictum einzuordnende Auffassung des BerGer. geprägt, ein Geschäftsführer, der in der in § 64 II GmbHG beschriebenen Situation Ansprüche von Einzugsstellen befriedige, handele mit der Sorgfalt eines ordentlichen Geschäftsmanns i.S. von § 64 II 2 GmbHG. Dem ist der Senat (BGHZ 146, 264 [274 f.] = NJW 2001, 1280 = NZI 2001, 196 = NZG 2001, 361) bereits früher entgegengetreten und hat ausgesprochen, dass die entsprechende Prüfung nicht in erster Linie an den allgemeinen Verhaltenspflichten, sondern an dem besonderen Zweck des § 64 II GmbHG auszurichten ist, im Vorgriff auf das spätere Insolvenzverfahren, auch wenn der gebotene Insolvenzantrag nicht unverzüg-lich oder gar erst nach Ablauf der höchstzulässigen Drei-Wochen-Frist gestellt wird, die verteilungsfähige Vermögensmasse einer insolvenzreifen GmbH im Interesse der Gesamtheit ihrer Gläubiger zu erhalten und eine zu ihrem Nachteil gehende, bevorzugte Befriedigung einzelner Gläubiger zu verhindern. Nach dieser Entscheidung besteht in dem – nach dem als richtig zu unterstellenden Vortrag des Bekl. hier allerdings nicht gegebenen – Fall, dass der Geschäftsführer bei Insolvenzreife der Gesellschaft noch über Mittel verfügt und entweder nach § 64 II GmbHG oder nach § 823 II BGB i.V. mit § 266a StGB ersatzpflichtig zu werden droht, eine Pflichtenkollision, die zu einer Verneinung des deliktischen Verschuldens führen muss.*

nach Eintritt der Insolvenzreife keine Haftung gemäß § 823 II BGB i.V.m. § 266a StGB eintreten könne. In späteren Entscheidungen hat der 2. Zivilsenat seine Argumentation geändert: Jetzt vertritt er die Auffassung, die Massesicherungspflicht nach § 64 Satz 1 GmbHG werde nicht verletzt, wenn die Arbeitnehmeranteile, nicht die Arbeitgeberanteile zur Sozialversicherung bezahlt werden, da das Handeln zur Abwendung der Strafbarkeit der Sorgfalt eines ordentlichen Kaufmanns entspreche.[233] Der Geschäftsführer hafte deswegen nicht wegen Masseschmälerung nach § 64 Satz 2 BGB, sondern stattdessen ggf. – falls er nicht abführt – wegen Nichtabführung von Sozialversicherungsbeiträgen gemäß § 823 II BGB i.V.m. § 266a StGB.

Einerseits würde der Geschäftsführer zwar durch die Zahlung der Arbeitnehmerbeiträge einer Strafbarkeit und einer Haftung wegen der nicht abgeführten Arbeitnehmerbeiträge zur Sozialversicherung entgehen; andererseits aber würde er sich der Gefahr aussetzen wegen einer Insolvenzverschleppung gemäß § 15a III, IV InsO bestraft zu werden. Darüber hinaus hätte er dann noch nach § 823 II BGB i.V.m. § 15a I InsO zivilrechtlich für den entstandenen Schaden zu haften. Daher sollte der Geschäftsführer in jedem Fall rechtzeitig den Insolvenzantrag stellen.

► Vor- und Nachteile

Die Haftung und Strafbarkeit wegen Insolvenzverschleppung hat für den Geschäftsführer gegenüber der Haftung und Strafbarkeit wegen des Vorenthaltens der Arbeitnehmerbeiträge zwei wesentliche Nachteile: Erstens macht er sich schon dann strafbar, wenn er nur fahrlässig handelt – bei der Nichtabführung von Sozialversicherungsbeiträgen ist hingegen Vorsatz erforderlich -; zweitens gilt die Insolvenzverschleppungshaftung gemäß § 823 II BGB i.V.m. § 15a I InsO gegenüber allen Gläubigern und nicht nur gegenüber der Einzugsstelle. Auf der Grundlage der vorgenannten Rechtsprechung ist der Geschäftsführer gut beraten, wenn er soweit möglich aus dem Gesellschaftsvermögen noch die fälligen Arbeitnehmeranteile zur Sozialversicherung zahlt, am besten mit Tilgungsbestimmung (siehe dazu sogleich) und rechtzeitig Insolvenzantrag stellt.

► Tatsächliche Unmöglichkeit

Eine *tatsächliche* Unmöglichkeit liegt vor, wenn der Geschäftsführer faktisch nicht mehr in der Lage ist, die Sozialversicherungsbeiträge einzuzahlen. Dies ist dann der Fall, wenn es schlichtweg keine verfügbaren Mittel mehr gibt, die bei Fälligkeit für

---

[233] BGH, Urt. v. 02.06.2008, II ZR 27/07, ZIP 2008, 1275; BGH, Urt. v. 14.05.2007, II ZR 48/06, DB 2007, 1455, 1. Leitsatz: *Ein organschaftlicher Vertreter, der bei Insolvenzreife der Gesellschaft den sozial- oder steuerrechtlichen Normbefehlen folgend Arbeitnehmeranteile der Sozialversicherung oder Lohnsteuer abführt, handelt mit der Sorgfalt eines ordentlichen und gewissenhaften Geschäftsleiters und ist nicht nach § 92 Abs. 3 AktG oder § 64 Abs. 2 GmbHG der Gesellschaft gegenüber erstattungspflichtig(-insoweit – Aufgabe von BGH, Urt. v. 8. Januar 2001, II ZR 88/99, BGHZ 146, 264; Urt. v. 18. April 2005 , II ZR 61/03, ZIP 2005, 1026) (Rn. 11).*

die Begleichung der Sozialversicherungsbeiträge verwendet werden könnten. Im Falle einer Zahlungsunfähigkeit der Gesellschaft entfällt damit eine Strafbarkeit.[234] Die Beweislast, dass die GmbH in der Lage gewesen wäre, die Zahlungen zu erbringen hat grundsätzlich der Sozialversicherungsträger als Anspruchsteller. Es ist dem Sozialversicherungsträger nach Ansicht des *BGH* auch nicht unzumutbar oder von vornherein unmöglich, den Beweis der Zahlungsfähigkeit des Arbeitgebers zu erbringen. Hierfür genügt bereits der Nachweis irgendeiner Zahlung der GmbH bei oder nach Fälligkeit in nicht nur unwesentlicher Höhe an einen Dritten.[235]

Achtung!
Auch der Eintritt der Zahlungsunfähigkeit nach Auszahlung der Nettolöhne kann haftungsbegründend sein: Hat der Geschäftsführer zunächst die Nettolöhne ausgezahlt, ist die GmbH anschließend aber zum Fälligkeitszeitpunkt infolge nunmehr eingetretener Zahlungsunfähigkeit zur Abführung der Sozialversicherungsbeiträge außerstande, geht der *BGH* von einem Vorrang der Ab-führungspflicht aus.[236] Er verlangt, dass der Geschäftsführer bei

(Fortsetzung)

[234] BGH, Urt. v. 15.10.1996, VI ZR 327/95, GmbHR 1997, 29, 30. Danach soll eine Zahlungsunfähigkeit aber erst dann vorliegen, wenn die GmbH keinerlei Mittel mehr hat, um die konkret fälligen Arbeitnehmeranteile zur Sozialversicherung abzuführen. Es komme nicht darauf an, ob die Gesellschaft in der Lage ist, weitere Verbindlichkeiten zu begleichen. Dieser Entscheidung ist zudem zu entnehmen, dass eine Überschuldung oder Zahlungsunfähigkeit, also eine Insolvenzreife die Strafbarkeit nicht entfallen läßt, sofern nur konkret Mittel vorhanden sind, die Arbeitnehmerbeiträge zu zahlen.

[235] BGH, Urt. v. 11.12.2001, VI ZR 350/00, NZG 2002, 289, 291; BGH, Urt. v. 18.04.2005, II ZR 61/03, NJW 2005, 2546, 2. Leitsatz: *Für die Möglichkeit normgemäßen Verhaltens ist im Rahmen des § 823 II BGB i.V. mit § 266a StGB der Anspruchsteller darlegungs- und beweispflichtig (Bestätigung von BGHZ 133, 370 [379] = NJW 1997, 130 = WiB 1997, 23). An die Erfüllung der grundsätzlich bestehenden sekundären Darlegungslast des Geschäftsführers einer GmbH dürfen keine diese Verteilung der Vortragslast umkehrenden Anforderungen gestellt werden. Eine besondere Dokumentationspflicht zur Abwehr einer möglichen Haftung nach diesen Vorschriften besteht nicht. Auch die Verletzung der Insolvenzantragspflicht erhöht die sekundäre Darlegungslast des Geschäftsführers nicht.*

[236] BGH, Urt. v. 21.01.1997, VI ZR 338/95, BGHZ 134, 304, Leitsätze:

1. *Der Arbeitgeber ist wegen der Nichtabführung von Arbeitnehmerbeiträgen zur Sozialversicherung auch dann gemäß § 823 Abs. 2 BGB i.V.m. § 266 a Abs. 1 StGB haftungsrechtlich verantwortlich, wenn ihm die Abführung zwar im Fälligkeitszeitpunkt wegen Zahlungsunfähigkeit unmöglich war, ihm aber die Herbeiführung dieser Zahlungsunfähigkeit ihrerseits als (bedingt vorsätzliches) pflichtwidriges Verhalten zur Last zu legen ist.*
2. *Dies kann der Fall sein, wenn die Zahlungsunfähigkeit darauf beruht, dass zwischen Auszahlung der Löhne und Fälligkeit der Arbeitnehmerbeiträge zur Sozialversicherung Leistungen an andere Gläubiger, sei es auch in „kongruenter Deckung" auf bestehende Verbindlichkeiten des Arbeitgebers, erbracht wurden*; bestätigt in BGH, Urt. v. 25.09.2006, II ZR 108/05, GmbHR 2006, 1332.

der Auszahlung des Lohnes die später fällig werdenden Sozialversicherungsbeiträge zurücklegt bzw. durch einen Liquiditätsplan oder notfalls durch eine Lohnkürzung sicherstellt, dass die Arbeitnehmerbeiträge bei Fälligkeit zur Abführung an die Einzugsstelle auch zur Verfügung stehen. Zu Recht wird geltend gemacht, der Arbeitgeber könne nicht gezwungen werden, der Einzugsstelle dadurch einen derartig absoluten Vorrang einzuräumen, dass er dieser bereits eine „inkongruente" Deckung schon vor Fälligkeit ermögliche.[237] Entscheidend muss daher sein, dass zum Fälligkeitszeitpunkt eine Unmöglichkeit vorliegt; ob diese kurz zuvor noch nicht bestand, ist grundsätzlich irrelevant. Da der *BGH* jedoch anders entschieden hat, muss sich die Praxis hieran ausrichten.

Tipp!
Sie sollten daher, um der Strafbarkeit und der persönlichen Haftung zu entgehen, in jedem Fall durch die Bildung einer Rücklage sicherstellen, dass die Arbeitnehmerbeiträge bei Fälligkeit abgeführt werden.

c. Vorsatz des Geschäftsführers

Der Geschäftsführer muss vorsätzlich gehandelt haben, was dann der Fall ist, wenn der Geschäftsführer die Abführung der fälligen Beiträge bewusst und gewollt unterlassen hat. Für Vorsatz genügt es, dass der Geschäftsführer zwar nicht beabsichtigt, die Sozialversicherungsbeiträge bei Fälligkeit nicht abzuführen, aber die Möglichkeit einer Zahlungsunfähigkeit erkennt und das Vorenthalten der Sozialversicherungsbeiträge billigend in Kauf nimmt (sog. bedingter Vorsatz).[238] Die Einzugsstelle hat den Vorsatz zu beweisen.[239]

---

[237] OLG Düsseldorf, Urt. v. 18.06.1993, 22 U 9/93, GmbHR 1994, 404, 405.

[238] Siehe auch BGH, Urt. v. 09.01.2001, VI ZR 407/99, NZG 2001, 320; Leitsätze:

1. *Zu den Pflichten des Geschäftsführers einer GmbH gehört es, sich in der finanziellen Krise des Unternehmens über die Einhaltung von erteilten Anweisungen zur pünktlichen Zahlung fälliger Arbeitnehmerbeiträge zur Sozialversicherung durch geeignete Maßnahmen zu vergewissern.*
2. *Ein Irrtum des Geschäftsführers über den Umfang seiner Pflicht zur Überwachung einer an die Buchhaltung erteilten Anweisung zur Zahlung fälliger Arbeitnehmerbeiträge ist ein Verbotsirrtum, der in der Regel den Vorsatz hin-sichtlich des Vorenthaltens dieser Beiträge nicht entfallen lässt.*

[239] BGH, Urt. v. 03.05.2016, II ZR 311/14, Rdnr. 15.

Beispiel

„Ständige Übung"

Eine Möbelhaus-GmbH hat seit längerem finanzielle Schwierigkeiten. Zwischen der Hausbank und der Gesellschaft hat sich daher eine „Übung" entwickelt, wonach Abbuchungen von dem Geschäftskonto jeweils zuvor abzustimmen sind. Dies geschieht dergestalt, dass der Geschäftsführer G, bevor er einen Scheck ausstellt bzw. eine Überweisung veranlasst, sich zunächst von der Bank das „Okay" geben lässt, dass dieser auch eingelöst wird. Dieses Zusammenspiel hat über Jahre gut funktioniert. Nun wird der Hausbank das Engagement „zu wackelig", so dass sie eine weitere Kreditierung ablehnt. Geschäftsführer G hat darauf vertraut, dass – wie immer – die Zahlungen für die Sozialversicherungsbeiträge in Ordnung gehen. Diesmal wird sein Vertrauen enttäuscht. Die Sozialversicherungsbeiträge, einschließlich der Arbeitnehmerbeiträge, werden somit nicht fristgemäß abgeführt. Da der Geschäftsführer jedoch darauf vertrauen durfte, dass die Zahlungen auch diesmal ausgeführt werden, liegt kein Vorsatz vor.[240]

Vorsatz gemäß § 266a StGB erfordert also, dass der Geschäftsführer die Pflicht zur Abführung der Arbeitnehmerbeiträge und den Zeitpunkt der Fälligkeit kennt und zumindest billigend in Kauf nimmt, dass durch sein Untätigbleiben die Abführung nicht erfolgt.[241]

Nicht jedes „Vertrauen" des Geschäftsführers kann ihn allerdings entlasten. Vertraut er etwa darauf, dass die Einzugsstelle der GmbH die Sozialversicherungsbeiträge „schon" stunden werde, so lässt dies grundsätzlich nicht seinen Vorsatz entfallen. Dies kann nur dann der Fall sein, wenn die Krankenkasse durch ihr Verhalten ein berechtigtes Vertrauen geweckt hat. Nur weil die Einzugsstelle bereits einmal eine Stundung gewährt hat, heißt dies nicht, dass sie diese „Wohltat" wiederholt.

d. Durch die Verletzung des Schutzgesetzes entstandener Schaden

Hat der Geschäftsführer gegen § 266a StGB verstoßen, so führt dies nur dann zu einer zivilrechtlichen Haftung, wenn der Einzugsstelle dadurch ein Schaden entstanden ist. Dies ist dann der Fall, wenn noch Arbeitnehmerbeiträge ausstehen. Hätte allerdings der Insolvenzverwalter die Zahlungen an die Sozialkasse nach der InsO gemäß §§ 129 ff. anfechten können, entfällt mangels Kausalität der Schaden. So entscheidet der BGH in Zivilsachen zur Haftung.[242] Strafrechtlich kann sich der

---

[240] BGH, Urt. v. 01.10.1991, VI ZR 374/90, DB 1991, 2585, 2586.

[241] BGH, Urt. v. 15.10.1996, VI ZR 319/95, ZIP 1996, 2017, 2021.

[242] BGH, Urt. v. 18.04.2005, II ZR 61/03, NJW 2005, 2546, 3. Leitsatz: *Hätte der Insolvenzverwalter die Zahlungen an die Sozialkasse nach der Insolvenzordnung anfechten können, entfällt mangels Kausalität der Schaden (Bestätigung von BGH, NJW 2001, 967);* bestätigt durch BGH, Urt. v. 02.12.2010, IX ZR 247/09, BGHZ 187, 337, 2. Leitsatz: T*rotz Strafbarkeit unterbliebener Abführung von Arbeitnehmerbeiträgen zur Sozialversicherung erleidet der zuständige Versicherungsträger keinen Schaden, wenn die Beitragszahlung im Insolvenzverfahren erfolgreich angefoch-*

Geschäftsführer übrigens auch dann strafbar machen, wenn er nicht abführt, weil die Zahlung ohnehin später vom Insolvenzverwalter angefochten worden wäre.[243]

Tipp!

Tilgungsbestimmung durch den Geschäftsführer

Genügen die Mittel der Gesellschaft nicht, um sowohl die Arbeitgeber- als auch die Arbeitnehmerbeiträge zu tilgen, so können Sie als Geschäftsführer bestimmen, worauf die Zahlung angerechnet wird. Hier sollten Sie stets – schon um eine Strafbarkeit und Haftung auszuschließen – bestimmen, dass zunächst die Arbeitnehmerbeiträge getilgt werden. Fehlt eine Tilgungsbestimmung, ist es umstritten, ob zugunsten des Geschäftsführers von einer stillschweigenden Tilgungsbestimmung hinsichtlich der Arbeitnehmerbeiträge ausgegangen werden muss. Der *BGH* lehnt eine stillschweigende Tilgungsbestimmung hinsichtlich der Arbeitnehmerbeiträge ab, vielmehr müsse der Wille des Geschäftsführers vorrangig Arbeitnehmerbeiträge tilgen zu wollen, greifbar in Erscheinung getreten bzw. für die Krankenkasse erkennbar gewesen sein.[244] Die Einzugsstellen wenden die sog. Beitragsverfahrensordnung (BVV) an, danach werden Gesamtsozialversicherungsbeiträge ohne Differenzierung danach, ob es sich um Arbeitnehmer- oder um Arbeitgeberbeiträge handelt, nach ihrer Fälligkeit bei gleicher Fälligkeit anteilig getilgt. Die Verordnung sieht aber selbst vor, dass der Arbeitgeber Bestimmungen treffen kann und vorrangig auch Arbeitnehmerbeiträge tilgen darf (§ 4 BVV). Diese Tilgungsbestimmungen gehen vor. Wichtig ist daher, dass der Geschäftsführer bei dem Verwendungszweck den Beitragsmonat angibt sowie bestimmt, dass es sich um Arbeitnehmerbeiträge handelt.

e. Verjährung

Der Anspruch aus § 823 II BGB i.V.m. § 266a StGB verjährt gemäß § 195 BGB in drei Jahren. Die Verjährungsfrist beginnt mit dem Schluss des Jahres, in dem der

---

ten worden wäre (Bestätigung von BGH, 14. November 2000, VI ZR 149/99, WM 2001, 162 und BGH, 18. April 2005, II ZR 61/03, WM 2005, 1180) (Rn. 19). Dazu abweichend siehe die Ausführungen unter F IV. 4 b) zu der vergleichbaren Problematik bei der Haftung für Steuerschulden die strenge BFH-Rechtsprechung, die die Haftung, wegen einer etwaigen Anfechtbarkeit gerade nicht entfallen lässt.

[243] BGH, Beschl. v. 30.07.2003, 5 StR 221/03, NZG 2004, 42, 2. Leitsatz: *Die Strafvorschrift des § 266a I StGB verlangt auch dann die vorrangige Abführung von Arbeitnehmerbeiträgen, wenn die Zahlung möglicherweise im Insolvenzverfahren später angefochten werden kann (im Anschluss an BGHSt 47, 318).*

[244] BGH, Urt. v. 09.01.2001, VI ZR 119/00, NJW-RR 2001, 1280, 1281; BGH, Urt. v. 09.01.2001, VI ZR 407/99, NZG 2001, 320, 321; BGH, Urt. v. 26.06.2001, VI ZR 111/00, NJW-RR 2001, 1536, Leitsatz: *Eine Tilgungsbestimmung des Arbeitgebers dahin, an die sozialversicherungsrechtliche Einzugsstelle geleistete Zahlungen sollten vorrangig auf fällige Arbeitnehmeranteile zu den Sozialversicherungsbeiträgen angerechnet werden, kann zwar konkludent erfolgen, muss dann aber greifbar in Erscheinung treten.*

Anspruch entstanden ist und der Gläubiger von den den Anspruch begründenden Umständen und der Person des Schuldners Kenntnis erlangt oder ohne grobe Fahrlässigkeit erlangen müsste (§ 199 I BGB). Da der Sozialversicherungsträger von den Rückständen in der Regel sofort Kenntnis erlangt und die Person des Geschäftsführers ggf. durch Handelsregistereinsicht ermittelbar ist, ist grundsätzlich die dreijährige Verjährungsfrist maßgeblich. Bei mehrköpfigen Geschäftsführungsorganen kann allerdings der Fall vorliegen, dass nach außen nicht deutlich wird, welcher Geschäftsführer verantwortlich und ggf. vorsätzlich im Sinne von § 266a StGB gehandelt hat.[245] Dann könnte ausnahmsweise die gemäß § 199 III Nr. 1 BGB vorgesehene zehnjährige Verjährungsfrist Anwendung finden, die ohne Rücksicht auf die Kenntnis oder grob fahrlässige Unkenntnis mit Entstehung des Anspruchs beginnt.

f. Abzugsfähigkeit als Werbungskosten

Wird der Geschäftsführer von einer Sozialkasse auf Schadensersatz in Anspruch genommen, so kann er die Beträge als (nachträgliche) Werbungskosten steuerrechtlich geltend machen.[246]

G. Verantwortlichkeit des Geschäftsführers nach Straf- und Ordnungswidrigkeitenrecht

I. Grundlagen der Verantwortlichkeit

1. Überblick

Neben der zivilrechtlichen Haftung sind es vor allem Fragen des Straf- und Ordnungswidrigkeitenrechts, die den Geschäftsführer belasten und beschäftigen.

- Rechtsprechung und Gesetzgebung tendieren zur Verschärfung der strafrechtlichen Verantwortlichkeit der Manager

Die Gefahr für den Geschäftsführer, eine Straftat oder eine Ordnungswidrigkeit zu begehen, wird in Anbetracht der Entwicklung immer schärferer Umweltstraftatbestände ständig relevanter. Von Bedeutung sind aber nicht nur die Vorschriften des Umweltstrafrechts, sondern auch jene des allgemeinen Strafrechts, des Wettbewerbs-, Kapitalmarkts-, Gewerbe- sowie des Bilanz- und Steuerrechts.

[245] Meines Erachtens liegt allerdings eine grob fahrlässige Unkenntnis vor, wenn der Sozialversicherungsträger keine Ermittlungen über die Zuständigkeitsverteilung anstellt. Dann bliebe es bei der dreijährigen Verjährungsfrist.

[246] BFH, Urt. v. 14.10.1960, VI 45/60 U, BStBl. III 1961, 20, Leitsatz: *Wird ein Steuerpflichtiger, der Geschäftsführer einer GmbH gewesen ist und es als solcher pflichtwidrig unterlassen hat, für die Abführung der von den Löhnen einbehaltenen Sozialversicherungsbeiträge zu sorgen, als Haftender in Anspruch genommen, so sind die auf den Haftungsanspruch geleisteten Zahlungen nachträglich angefallene Werbungskosten.*

Die Tendenz zur Ausweitung der Strafbarkeit erfasst viele Bereiche. So ist in den letzten Jahrzehnten nicht nur das Umweltstrafrecht ständig erweitert und verschärft worden; im Bereich des Wertpapierrechts sind z. B. Insiderverstöße seit der Einführung des Wertpapierhandelsgesetzes unter Strafe gestellt; ferner ist für das produzierende Gewerbe durch die Rechtsprechung zur strafrechtlichen Produktverantwortung eine deutliche Ausweitung der Strafbarkeit erreicht worden.

Eine Straftat oder eine Ordnungswidrigkeit liegt vor, wenn ein gesetzlich geregelter Straftat- oder Ordnungswidrigkeitentatbestand schuldhaft und rechtswidrig verwirklicht wird. Grundsätzlich wird hierbei nur vorsätzliches Verhalten bestraft, es sei denn, dass die fahrlässige Begehung ausdrücklich straf- oder bußgeldbewehrt ist.

Achtung!
Der Geschäftsführer muss sich vergegenwärtigen, dass er sich in drei Richtungen strafbar machen kann:

1. nach dem allgemeinen Strafrecht
2. wegen Verletzung der Straftatbestände, die sich an die GmbH als Unternehmen richten
3. wegen Verwirklichung von Straftatbeständen, die nur speziell für ihn als Geschäftsführer gelten.

2. Grundsatz der Gesamtverantwortung

Problematisch ist, was gilt, wenn es mehrere Geschäftsführer gibt, aber nicht alle Mitglieder der Geschäftsleitung an der Straftat mitgewirkt haben. Hier kommt – jedenfalls bei fahrlässigen Delikten – wie bei der zivilrechtlichen Haftung der *Grundsatz der Gesamtverantwortung* zur Anwendung.

► Grundsatz der Gesamtverantwortung verlangt vom Geschäftsführer, dass dieser alle ihm zumutbaren Maßnahmen zur Schadensabwendung ergreift

Dieser Grundsatz, der bei der zivilrechtlichen Haftung bereits erörtert wurde, gilt ebenso für die strafrechtliche Verantwortlichkeit. Jedes Mitglied der Geschäftsführung ist grundsätzlich für alle wesentlichen Belange der GmbH verantwortlich. Bei wichtigen Entscheidungen gibt es eine Allzuständigkeit, von der sich der einzelne nicht frei zeichnen kann. Dies hat der *BGH* in der sog. *Ledersprayentscheidung* entschieden.[247] Danach kann sich der Geschäftsführer der strafrechtlichen Haftung nur dadurch entziehen, dass er kraft seiner Kompetenzen

[247] BGH, Urt. v. 06.07.1990, 2 StR 549/89, BGHSt 37, 106.

alles unternimmt, um die Tat zu verhindern. Der Geschäftsführer muss z. B. bei einem Beschluss der Geschäftsführer, wonach ein gesundheitsgefährdendes Produkt nicht vom Markt genommen wird, dagegen votieren. Selbst wenn seine Gegenstimme nicht den Beschluss und die Tat verhindert hätte, kann er strafrechtlich zur Verantwortung gezogen werden, wenn er nicht dagegen stimmt und weitere, ihm zumutbare Maßnahmen entfaltet. Dies kann nur dann nicht gelten, wenn die Tat *Vorsatz* erfordert und der betreffende Geschäftsführer diesen nicht gehabt hat. Weiß der Geschäftsführer nichts von der Tat und will er diese auch nicht begehen, kann er, wenn die Straftat beispielsweise über seinen Kopf hinweg von den anderen Geschäftsführern verwirklicht worden ist, hierfür auch nicht zur Verantwortung gezogen werden. Treffen die Geschäftsführer die Entscheidung einstimmig und begehen sie damit eine Straftat. heißt dies nicht, dass alle in gleicher Höhe zu bestrafen sind, die Schuld jedes einzelnen ist gesondert festzustellen.[248]

Beispiel

„Holzschutzmittel"

Die GmbH produziert ein gefährliches Holzschutzmittel. Sie hat drei Geschäftsführer. Nunmehr sind erste wissenschaftliche Untersuchungen veröffentlicht worden, die zweifelsfrei die Gefährlichkeit des verwendeten Holzschutzmittels für die Gesundheit des einzelnen belegen. Eine Rückrufaktion wäre zur Vermeidung weiterer Schäden unerlässlich. Die Geschäftsführer beschließen jedoch, alles so weiterlaufen zu lassen, wie es ist. Einer der drei Geschäftsführer war zwar dagegen, hat aber dennoch keinen nennenswerten Widerstand geleistet und in der Sitzung, in der es um die Rückrufaktion ging, nicht für diese gestimmt. Hier muss auch der passive Geschäftsführer damit rechnen, wegen einer fahrlässig begangenen Körperverletzung strafrechtlich verfolgt zu werden.

Tipp!

Bestehen Sie darauf, dass Ihre Weigerung, einem Beschluss zuzustimmen, der zu einer Strafbarkeit führen kann, schriftlich dokumentiert wird. Suchen Sie den Weg zu den Gesellschaftern und verlangen Sie von diesen, dass sie mit einer Weisung das gesetzwidrige Handeln der Geschäftsführung verbieten. Notfalls legen Sie Ihr Amt nieder!

[248] LG Düsseldorf, Urt. v. 19.06.2008, 14 KLs 9/07, Rdnr. 255, aus den Gründen: *Denn bei Kollegialorganen ist die durch eine Entscheidung des Gremiums begründete Strafbarkeit für jedes Mitglied gesondert zu beurteilen (vgl. BGH, Urteil vom 06.04.2000, 1 StR 280/99, BGHSt 46, 30 ff; BGH, Urteil vom 06.07.1990, 2 StR 549/89, BGHSt 37, 106 ff.). Die Strafbarkeit des Einzelnen hängt dabei von seinem eigenen Kenntnisstand und Verschulden ab. Soweit der Einzelne über Sonderwissen verfügt, kann ihn dies verpflichten, die übrigen Entscheidungsträger auf bestimmte Umstände hinzuweisen.*

3. Begehung durch ein Tun oder Unterlassen

Sowohl im Straf- als auch Ordnungswidrigkeitenrecht ist eine Verwirklichung der Taten durch Unterlassen möglich.

Hierbei wird zwischen *echten* und *unechten* Unterlassungsdelikten unterschieden. Bei den echten Unterlassungsdelikten knüpft der Tatbestand ausdrücklich an ein Unterlassen an; hierzu gehört etwa die unterlassene Insolvenzantragstellung (§ 15a I InsO i.V.m. III, IV InsO) oder die unterlassene Buchführung (§ 283b StGB). Diese Taten sind nur durch ein Unterlassen begehbar.

▶ Auch Unterlassen kann eine Strafbarkeit auslösen

Bei den unechten Unterlassungsdelikten hingegen handelt es sich um Straftatbestände, die sowohl durch ein aktives Verhalten als auch durch ein Unterlassen begangen werden können.

So ist eine Körperverletzung z. B. dadurch möglich, dass jemand einen anderen etwa durch einen Schlag ins Gesicht verletzt, sie ist aber auch dadurch begehbar, indem man eine Körperverletzung, die durch eine Gefahrenquelle entstehen kann, nicht verhindert. Wer also etwa eine Baugrube nicht absichert, ermöglicht dadurch, dass ein Dritter hineinfällt. Dadurch könnte er eine Körperverletzung durch ein Unterlassen begehen. Bei den unechten Unterlassungsdelikten ist aber nur derjenige verantwortlich, der eine Pflicht zum Handeln gehabt hätte. Man spricht hier insoweit von einer *Garantenstellung*. Die Gesellschaft, die eine Baustelle unterhält, ist dafür verantwortlich, dass die notwendigen Sicherungsmaßnahmen durchgeführt werden. Das gleiche gilt etwa für eine GmbH, die eine emittierende oder sonst gefährliche Anlage betreibt. Wenn Unternehmen z. B. Produkte in den Umlauf bringen, die sich später als gefährlich erweisen, so sind diese für die Rückrufaktion verantwortlich. Weiß z. B. der Geschäftsführer eines Softwareunternehmens beispielsweise, dass nachgeordnete Mitarbeiter Kunden laufend betrügen, z. B. indem sie überhöht abrechnen, weil sie damit ihre eigenen Boni verbessern bzw. ihre Zielvereinbarungen erfüllen wollen und schreitet er nicht ein, kann er Betrug durch Unterlassen begehen, auch wenn er sich selbst aktiv an den Handlungen nicht beteiligt hat. Dies kann gerade für den Geschäftsführer zutreffen, der für die Revision oder Compliance zuständig ist.[249] Diese Garantenstellung des Geschäftsführers kann also dazu führen, dass der Geschäftsführer betriebsbezogene Straftaten von nachgeordneten Mitarbeitern verhindern muss, will er sich nicht selbst strafbar machen.[250]

---

[249]Siehe z. B. BGH, Urt. v. 17.07.2009, 5 StR 394/08, juris, bei der Berliner Stadtreinigung hatte der Leiter der Innenrevision Kenntnis von falschen und betrügerischen Abrechnungen und schritt nicht ein, um diese für die Zukunft zu verhindern, dazu war er aber aufgrund seiner Garantestellung verpflichtet.

[250]BGH, Urt. v. 20.10.2011, 4 StR 71/11, juris, Leitsatz: *Aus der Stellung als Betriebsinhaber bzw. Vorgesetzter kann sich eine Garantenpflicht zur Verhinderung von Straftaten nachgeordneter Mitarbeiter ergeben. Diese beschränkt sich indes – unabhängig von den tatsächlichen Umständen, die im Einzelfall für die Begründung der Garantenstellung maßgebend sind – auf die Verhinderung betriebsbezogener Straftaten und umfasst nicht solche Taten, die der Mitarbeiter lediglich bei Gelegenheit seiner Tätigkeit im Betrieb begeht.*

4. Verbotsirrtum

Zu beachten ist, dass sich der Geschäftsführer – so wie jeder andere auch – grundsätzlich nicht darauf berufen kann, er habe eine Strafvorschrift nicht gekannt. Nur in Ausnahmefällen kann er sich auf einen sog. Verbotsirrtum berufen. Dieser Fall ist in § 17 StGB geregelt:

§ 17 StGB Verbotsirrtum *Fehlt dem Täter bei Begehung der Tat die Einsicht, Unrecht zu tun, so handelt er ohne Schuld, wenn er diesen Irrtum nicht vermeiden konnte. Konnte der Täter den Irrtum vermeiden, so kann die Strafe nach § 49 I gemildert werden.*

▶ Unwissenheit schützt vor Strafe nicht, es sei denn, der Irrtum war unvermeidbar

Diese Vorschrift entlastet den Geschäftsführer nur, wenn er seinen Irrtum nicht vermeiden konnte. Ein Geschäftsführer hat sich über die Rechtslage zu informieren. Die Kenntnis des StGB wird erwartet. Über einschlägige Vorschriften, die für die jeweilige Branche bzw. technische Anlage gelten, hat sich der Geschäftsführer zu unterrichten. Daher ist ein Irrtum in der Regel für den Geschäftsführer vermeidbar, so dass es bei seiner Strafbarkeit bleibt.

Beispiel

„Darlehen für gute Kunden"

Bodo Bau (B) ist Gesellschafter und Geschäftsführer der Bodo Bauträger GmbH. Da viele seiner Kunden eine Bankfinanzierung aufnehmen und die GmbH über die Jahre erhebliches Eigenkapital angesammelt hat, gewährt die GmbH selbst Darlehen. Hierfür hat sie jedoch nicht die erforderliche Erlaubnis nach dem Kreditwesengesetz, weshalb B angeklagt wird. Die Gewährung von Krediten ohne Bankerlaubnis kann eine Straftat darstellen (siehe §§ 54 I Nr. 2, 32 I 1 Kreditwesengesetz). B beruft sich darauf, dass er dies nicht gewusst habe und ihm dies auch niemand gesagt habe. Dies ist ein vermeidbarer Verbotsirrtum, siehe dazu auch die Begründung des Bundesgerichtshofs zu einem vergleichbaren Fall.[251]

---

[251] BGH, Urt. v. 18.07.2018, 2 StR 416/16, NJW 2018, 3467, Rdnr. 11, aus den Gründen: *Dieser Irrtum war für den Angekl. – wie sich den Ausführungen der Strafkammer insbesondere zur Begründung fahrlässigen Handelns des Angekl. entnehmen lässt – auch nicht unvermeidbar, § 17 S. 1 aE StGB. Unvermeidbar ist ein Verbotsirrtum, wenn der Täter nach den Umständen und nach der seinem Lebens- und Berufskreis zuzumutenden Anspannung des Gewissens die Einsicht in das Unrechtmäßige seines Tuns nicht zu gewinnen vermag (vgl. BGHSt 2, 194 [201] = NJW 1952, 593; OLG Bremen, NJW 1960, 163 mwN). Davon aber ist nach den landgerichtlichen Feststellungen nicht auszugehen. Der Angekl. wusste bereits aus dem Gesellschaftsvertrag der A, dass es Tätigkeiten gab, die nach dem KWG erlaubnispflichtig waren. Bei zumutbarer Nachfrage durch den geschäftserfahrenen Angekl. bei einem auf Fragen des Bankaufsichtsrechts spezialisierten Rechtsanwalt oder bei der Bundesanstalt für Finanzdienstleistungen wäre ihm mitgeteilt worden, dass die gewerbsmäßig betriebene Gewährung von Gelddarlehen einer Erlaubnispflicht unterlag.*

II. Verantwortlichkeit bei Verletzung allgemeiner Straftatbestände

Allgemeine Straftatbestände sind solche, die sich an jedermann wenden. Hierzu gehört beispielsweise die Verletzung von Leib und Leben anderer. Wirkt der Geschäftsführer hieran mit, so ist er strafrechtlich zur Verantwortung zu ziehen. Dies gilt auch für zahlreiche Vermögensdelikte wie den Betrug, die Untreue zu Lasten der Gesellschaft, die Unterschlagung oder den Diebstahl. Hier gibt es bei der Untreue einige Besonderheiten. Diese sind bereits oben erörtert worden.[252]

III. Verletzung der für das Unternehmen geltenden Sonderdelikte

1. Überblick

Das StGB enthält Sonder- und Pflichtdelikte, die nur von bestimmten Personen begangen werden können. Dies gilt z. B. für die bereits bei der zivilrechtlichen Haftung erörterte Untreue zu Lasten Dritter.[253] Die GmbH als Unternehmerin und Vertragspartnerin hat häufig gegenüber Dritten Vermögensfürsorgepflichten, die verletzt werden können. Die GmbH selbst kann als juristische Person aber nicht Täterin einer Untreue sein, da Straftaten nur von Menschen begangen werden können. Hier muss ein Weg gefunden werden, wie der Geschäftsführer, der selbst nicht Träger dieser Pflichten ist, strafrechtlich zur Verantwortung gezogen werden kann. Dieses Problem stellt sich nicht nur bei der Untreue zu Lasten Dritter, sondern auch bei anderen Straftatbeständen, die sich an die *Inhaberin des Unternehmens*, also an die GmbH richten.

► GmbH als Unternehmerin zwar Adressatin von Pflichten – Geschäftsführer aber strafrechtlich verantwortlich

Täter bei einer Insolvenzstraftat ist meist der Schuldner. Schuldnerin ist aber stets nur die GmbH. Dies gilt etwa für die Strafbarkeit wegen Bankrotts und Gläubigerbegünstigung. Beim Vorenthalten und Veruntreuen von Arbeitsentgelt (§ 266a StGB) ist Täter der Arbeitgeber.[254] Arbeitgeberin ist jedoch ebenfalls nur die Gesellschaft. Da die Gesellschaft als solche aber nicht bestraft werden kann, weil es sich – wie erwähnt – lediglich um eine juristische Person handelt, wird der Anwendungsbereich derartiger Sonderdelikte auf den Geschäftsführer erstreckt. Dieses wird durch § 14 StGB bewirkt.

[252] Siehe oben 3. Teil, C II.2.c.

[253] Siehe oben 3. Teil, C II.2.c.

[254] Siehe hierzu die Ausführungen im 3. Teil, F.V.

§ 14 StGB [Handeln für einen anderen]

(1) *Handelt jemand*

1. *als vertretungsberechtigtes Organ einer juristischen Person oder als Mitglied eines solchen Organs,*
2. *als vertretungsberechtigter Gesellschafter einer rechtsfähigen Personengesellschaft oder*
3. *als gesetzlicher Vertreter eines anderen,*

so ist ein Gesetz, nach dem besondere persönliche Eigenschaften, Verhältnisse oder Umstände (besondere persönliche Merkmale) die Strafbarkeit begründen, auch auf den Vertreter anzuwenden, wenn diese Merkmale zwar nicht bei ihm, aber bei dem Vertretenen vorliegen.

(2) *Ist jemand von dem Inhaber eines Betriebs oder einem sonst dazu Befugten*

1. *beauftragt, den Betrieb ganz oder zum Teil zu leiten, oder*
2. *ausdrücklich beauftragt, in eigener Verantwortung Aufgaben wahrzunehmen, die dem Inhaber des Betriebs obliegen,*

und handelt er auf Grund dieses Auftrags, so ist ein Gesetz, nach dem besondere persönliche Merkmale die Strafbarkeit begründen, auch auf den Beauftragten anzuwenden, wenn diese Merkmale zwar nicht bei ihm, aber bei dem Inhaber des Betriebs vorliegen. Dem Betrieb im Sinne des Satzes 1 steht das Unternehmen gleich. Handelt jemand auf Grund eines entsprechenden Auftrags für eine Stelle, die Aufgaben der öffentlichen Verwaltung wahrnimmt, so ist Satz 1 sinngemäß anzuwenden.

(3) *Die Absätze 1 und 2 sind auch dann anzuwenden, wenn die Rechtshandlung, welche die Vertretungsbefugnis oder das Auftragsverhältnis begründen sollte, unwirksam ist.*

Neben der Untreue und § 266a StGB (Vorenthalten von Arbeitnehmerbeiträgen) sind auch der Bankrott und die Gläubigerbegünstigung als klassische Insolvenzdelikte von praktischer Bedeutung, so dass sie nunmehr erörtert werden.

2. Strafbarkeit wegen Bankrotts und Gläubigerbegünstigung

► Geschäftsführer als Täter des Bankrotts und der Gläubigerbegünstigung

In der Krise muss sich der Geschäftsführer die Insolvenzdelikte vor Augen führen (§§ 283 bis § 283d StGB). Bei rechtskräftiger Verurteilung darf der Geschäftsführer für die Dauer von fünf Jahren nicht mehr das Amts des Geschäftsführers ausüben (§ 6 II GmbHG). Von Bedeutung sind der Bankrott und die Gläubigerbegünstigung. Auch diese Straftatbestände richten sich grundsätzlich an das Unternehmen, der Geschäftsführer kann jedoch über § 14 StGB strafrechtlich zur Verantwortung gezogen werden.

Die maßgeblichen Vorschriften lauten:

§ 283 StGB [Bankrott]

(1) *Mit Freiheitsstrafe bis zu fünf Jahren oder mit Geldstrafe wird bestraft, wer bei Überschuldung oder bei drohender oder eingetretener Zahlungsunfähigkeit*

1. *Bestandteile seines Vermögens, die im Falle der Insolvenzeröffnung zur Insolvenzmasse gehören, beiseite schafft oder verheimlicht oder in einer den Anforderungen einer ordnungsgemäßen Wirtschaft widersprechenden Weise zerstört, beschädigt oder unbrauchbar macht,*
2. *in einer den Anforderungen einer ordnungsgemäßen Wirtschaft widersprechenden Weise Verlust- oder Spekulationsgeschäfte oder Differenzgeschäfte mit Waren oder Wertpapieren eingeht oder durch unwirtschaftliche Ausgaben, Spiel oder Wette übermäßige Beträge verbraucht oder schuldig wird,*
3. *Waren oder Wertpapiere auf Kredit beschafft und sie oder die aus diesen Waren hergestellten Sachen erheblich unter ihrem Wert in einer den Anforderungen einer ordnungsgemäßen Wirtschaft widersprechenden Weise veräußert oder sonst abgibt,*
4. *Rechte anderer vortäuscht oder erdichtete Rechte anerkennt,*
5. *Handelsbücher, zu deren Führung er gesetzlich verpflichtet ist, zu führen unterlässt oder so führt oder verändert, dass die Übersicht über seinen Vermögensstand erschwert wird,*
6. *Handelsbücher oder sonstige Unterlagen, zu deren Aufbewahrung ein Kaufmann nach Handelsrecht verpflichtet ist, vor Ablauf der für Buchführungspflichtige bestehenden Aufbewahrungsfristen beiseite schafft, verheimlicht, zerstört oder beschädigt und dadurch die Übersicht über seinen Vermögensstand erschwert,*
7. *entgegen dem Handelsrecht*
   a) *Bilanzen so aufstellt, dass die Übersicht über seinen Vermögensstand erschwert wird, oder*
   b) *es unterlässt, die Bilanz seines Vermögens oder das Inventar in der vorgeschriebenen Zeit aufzustellen,*

   oder
8. *in einer anderen, den Anforderungen einer ordnungsgemäßen Wirtschaft grob widersprechenden Weise seinen Vermögensstand verringert oder seine wirklichen geschäftlichen Verhältnisse verheimlicht oder verschleiert.*

(2) *Ebenso wird bestraft, wer durch eine der in Absatz 1 bezeichneten Handlungen seine Überschuldung oder Zahlungsunfähigkeit herbeiführt.*

(3) *Der Versuch ist strafbar.*

(4) *Wer in den Fällen*

1. *des Absatzes 1 die Überschuldung oder die drohende oder eingetretene Zahlungsunfähigkeit fahrlässig nicht kennt oder*
2. *des Absatzes 2 die Überschuldung oder Zahlungsunfähigkeit leichtfertig verursacht,*

wird mit Freiheitsstrafe bis zu zwei Jahren oder mit Geldstrafe bestraft.

(5) *Wer in den Fällen*
 1. *des Absatzes 1 Nr. 2, 5 oder 7 fahrlässig handelt und die Überschuldung oder die drohende oder eingetretene Zahlungsunfähigkeit wenigstens fahrlässig nicht kennt oder*
 2. *des Absatzes 2 in Verbindung mit Absatz 1 Nr. 2, 5 oder 7 fahrlässig handelt und die Überschuldung oder Zahlungsunfähigkeit wenigstens leichtfertig verursacht,*

 wird mit Freiheitsstrafe bis zu zwei Jahren oder mit Geldstrafe bestraft.

(6) *Die Tat ist nur dann strafbar, wenn der Täter seine Zahlungen eingestellt hat oder über sein Vermögen das Insolvenzverfahren eröffnet oder der Eröffnungsantrag mangels Masse abgewiesen worden ist.*

§ 283 a StGB [Besonders schwerer Fall des Bankrotts]
In besonders schweren Fällen des § 283 Abs. 1 bis 3 wird der Bankrott mit Freiheitsstrafe von sechs Monaten bis zu zehn Jahren bestraft. Ein besonders schwerer Fall liegt in der Regel vor, wenn der Täter

1. *aus Gewinnsucht handelt oder*
2. *wissentlich viele Personen in die Gefahr des Verlustes ihrer ihm anvertrauten Vermögenswerte oder in wirtschaftliche Not bringt.*

§ 283c StGB [Gläubigerbegünstigung]
(1) *Wer in Kenntnis seiner Zahlungsunfähigkeit einem Gläubiger eine Sicherheit oder Befriedigung gewährt, die dieser nicht oder nicht in der Art oder nicht zu der Zeit zu beanspruchen hat, und ihn dadurch absichtlich oder wissentlich vor den übrigen Gläubigern begünstigt, wird mit Freiheitsstrafe bis zu zwei Jahren oder mit Geldstrafe bestraft.*
(2) *Der Versuch ist strafbar.*
(3) *§ 283 Abs. 6 gilt entsprechend.*

► Bankrott nur in der Krise möglich

Bankrott setzt zunächst eine Krise der Gesellschaft voraus. Diese liegt nach dem Gesetz bei einer Überschuldung oder einer drohenden oder eingetretenen Zahlungsunfähigkeit vor. Zu beachten ist, dass bereits eine drohende *Zahlungsunfähigkeit*, nicht jedoch eine drohende Überschuldung genügt. Wann genau eine drohende Zahlungsunfähigkeit vorliegt, ist nicht geklärt. Kommt es zu einem Strafverfahren, muss dies letztlich der Strafrichter im Einzelfall entscheiden.

Beispiel

„Kundeninsolvenz"

G ist Geschäftsführer einer GmbH, die Kunststoffteile für die Produktion von Haushaltsgeräten herstellt. Einziger Abnehmer ist die Best-Toaster AG. Diese wird insolvent und stellt ihre Produktion ein. Es ist absehbar, dass dadurch auch die GmbH innerhalb kürzester Zeit zahlungsunfähig wird, d. h. dass eine drohende Zahlungsunfähigkeit vorliegen wird. Nimmt G nun eine Bankrotthandlung vor, indem er beispielsweise Vermögen der GmbH auf sein Privatkonto transferiert, so macht er sich wegen Bankrotts strafbar.

▶ Bankrott lässt sich durch viele unterschiedliche Handlungen begehen

Eine Strafbarkeit wegen Bankrotts setzt neben der Krise voraus, dass der Geschäftsführer eine Bankrotthandlung vornimmt.[255] Diese sind in § 283 I Nr. 1 bis 8 StGB aufgeführt. Hierzu gehören unter anderem das Beiseiteschaffen von Vermögensgegenständen, die Vornahme von verlustreichen Spekulationsgeschäften, die Verschleuderung von auf Kredit gekauften Waren und die Vortäuschung Rechter Dritter, die in Wirklichkeit nicht bestehen.

Ein *Beiseiteschaffen von Vermögensgegenständen* liegt vor bei einem Handeln außerhalb des ordnungsgemäßen Geschäftsverkehrs, durch das der alsbaldige Zugriff der Gläubiger auf die Gegenstände unmöglich gemacht oder wesentlich erschwert wird. Wird also z. B. der 3D-Drucker aus den Geschäftsräumen entfernt und zu Hause bei dem Geschäftsführer deponiert, so kann dies schon eine Strafbarkeit wegen Bankrotts begründen. Vermögensgegenstände sind auch Forderungen. Tritt z. B. der Geschäftsführer eine Forderung der GmbH an einen Dritten ohne Gegenleistung ab, so liegt auch darin ein strafbares „Beiseiteschaffen".

Ein *Vortäuschen von Rechten* liegt z. B. vor, wenn der Geschäftsführer mit einem Freund einen fingierten Darlehensvertrag aufsetzt, diesen rückdatiert und nun die angebliche Darlehenssumme gegen Quittung an den Freund zurückzahlt.

Weitere Bankrotthandlungen sind die Verschleuderung von Ware, die noch unter Eigentumsvorbehalt steht, oder sonst grob wirtschaftswidrige Vermögensverringerungen. Dazu kann sogar das „Verramschen" eigener Ware gehören. Nicht vergessen darf der Geschäftsführer ferner, dass auch das völlige Unterlassen oder die mangelhafte Erfüllung der gesetzlichen Vorschriften über die Buchführung und Rechnungslegung zu den Bankrotthandlungen zählen.

In der Praxis häufig ist die *verspätete* bzw. *unterlassene* Aufstellung des *Jahresabschlusses.* Nach § 283 I Nr. 7 StGB kann dies eine Strafbarkeit wegen Bankrottes begründen. Es handelt sich um ein Delikt, dessen Verwirklichung von der Staatsanwaltschaft leicht nachgewiesen werden kann. Der Jahresabschluss ist binnen drei Monaten nach Ablauf des Geschäftsjahres aufzustellen (§ 264 I 3 HGB). Bei kleinen Kapitalgesellschaften beträgt die Frist maximal sechs Monate.[256] Wird also beispielsweise am 1. August Insolvenzantrag gestellt und liegt der Jahresabschluss aus

[255] Der *BGH* forderte früher, dass die Bankrotthandlung zumindest auch im Interesse der Gesellschaft erfolgt, handele der Geschäftsführer eigennützig, liege Untreue bzw. ggf. Unterschlagung vor, siehe BGH, Beschl. v. 17.12.1986, 3 StR 494/86, wistra 1987, 148; BGH, Urt. v. 17.03.1987, 5 StR 272/86, wistra 1987, 216. Diese Differenzierung nach der sog. Interessenformel will der *BGH* nun nicht mehr vornehmen, siehe BGH, Beschl. v. 27.11.2011, 1 ARs 19/11, GmbHR 2012, 91, so dass der Geschäftsführer auch dann eine Insolvenzstraftat begehen kann, wenn er nicht im Interesse der GmbH handelt, so auch BGH, Beschl. v. 15.05.2012, 3 StR 118/11, BGHSt 57, 229.

[256] Zu den Größenklassen, siehe § 267 HGB. Danach erfolgt eine Einteilung nach Umsatz, Bilanzsumme und Anzahl der Arbeitnehmer.

dem Vorjahr noch nicht vor, fällt es schwer, die Strafbarkeit auszuräumen. Das Unterlassen muss allerdings während der wirtschaftlichen Krisensituation erfolgen. In diesem Zeitraum muss der Täter die Möglichkeit gehabt haben, die Pflicht zu erfüllen. Trat beispielsweise bei einer kleinen GmbH unvermittelt am 1. Juni die Krise durch einen Forderungsausfall ein, hatte die GmbH so dann nicht mehr die Mittel, dem Steuerberater den Vorschuss für die Anfertigung des Jahresabschlusses zu zahlen und fehlten den Geschäftsführer die Kenntnisse, den Abschluss selbst aufzustellen, wird eine Strafbarkeit ausscheiden.[257] Stellt die GmbH die Zahlungen ein, bevor die Frist zur Aufstellung verstrichen ist, kommt eine Verurteilung in der Regel nicht in Betracht.[258] Hat der Geschäftsführer die Buchhaltungsunterlagen rechtzeitig vor Fristablauf dem Steuerberater übergeben und bleibt dieser untätig, entfällt eine Strafbarkeit des Geschäftsführers, weil er mangels Unterlagen, die Bilanz weder selbst noch anderweitig aufstellen lassen kann.[259]

Achtung!
Der Katalog der Bankrotthandlungen ist weit gesteckt, in der Krise sollte sich der Geschäftsführer anwaltlich beraten lassen, damit er für die Straftatbestände sensibilisiert wird. Zu beachten ist, dass eine Strafbarkeit auch dann besteht, wenn der Geschäftsführer die Krise infolge von Fahrlässigkeit nicht kennt oder wenn er sie zwar kennt, aber mit seinem Handeln „nur Gutes tun will". Der Geschäftsführer kann sich daher auch dann strafbar machen, wenn er nicht in der Absicht gehandelt hat, die Gläubiger zu benachteiligen. Selbst wenn der Geschäftsführer gerade deshalb eine Bankrotthandlung vornimmt, weil er sich hierdurch eine Rettung der Gesellschaft verspricht, kann er bestraft werden.

Beispiel

„Alles auf eine Karte"

Geschäftsführer G weiß, dass die Gesellschaft überschuldet ist. Er unternimmt einen letzten Rettungsversuch, indem er mit der „Notreserve" in Höhe von 20.000 € Dollaroptionen kauft. Er spekuliert auf einen steigenden Dollarkurs. In Wirklichkeit fällt der Dollar aber, so dass der Einsatz verloren ist. G hat mit dem Optionsgeschäft eine Bankrotthandlung in Kenntnis der Krise verwirklicht und sich damit strafbar gemacht. Dass dies ein verzweifelter Rettungsversuch war, ändert daran nichts.

[257] BGH, Beschl. v. 03.12.1991, 1 StR 496/91, NStZ 1992, 182; BGH, Beschl. v. 22.08.2001, 1 StR 328/01, wistra 2001, 465; BGH, Beschl. v. 30.01.2003, 3 StR 437/02, NStZ 2003, 546; KG, Äußerung v. 13.03.2002, (5) 1 Ss 243/01 (6/02), wistra 2002, 313; siehe OLG Rostock, Urt. v. 07.04.2005, 1 Ss 393/04 I 5/05, Rdnr. 20, juris.de, wonach der Geschäftsführer fachlich und finanziell in der Lage sein muss, die Verpflichtung zur Aufstellung des Jahresabschlusses zu erfüllen.

[258] Siehe OLG Rostock, a.a.O., Rdnr. 24.

[259] Siehe BGH, Urt. v. 14.12.1999, 5 StR 520/99, wistra 2000, 136.

▶ Bankrott kann auch fahrlässig begangen werden

Es genügt für eine Bestrafung wegen Bankrotts, wenn die Gesellschaft erst durch die Bankrotthandlung in die Krise gerät (§ 283 II StGB). Im vorgenannten Beispiel reicht es daher aus, wenn die Gesellschaft durch die Dollaroptionsgeschäfte insolvenzreif wird. Der Geschäftsführer muss auch hier durch sein Handeln die Krise nicht bewusst und gewollt herbeiführen, er wird schon dann bestraft, wenn er leichtfertig, d. h. grob fahrlässig handelt.

▶ Gläubigerbegünstigung erfordert hingegen Vorsatz

Eine Bestrafung wegen *Gläubigerbegünstigung* (§ 283c StGB) setzt im Gegensatz zum Bankrott voraus, dass der Geschäftsführer in Kenntnis der Zahlungsunfähigkeit handelt. Hier genügt eine nur drohende Zahlungsunfähigkeit nicht.

▶ Entscheidend ist die inkongruente Deckung

Eine Gläubigerbegünstigung nimmt der Geschäftsführer vor, wenn er einem Gläubiger eine sog. *inkongruente Deckung* gewährt. Diese liegt vor, wenn der Gläubiger den Vorteil nicht oder zumindest noch nicht beanspruchen kann. Eine Gläubigerbegünstigung kann daher schon dann vorliegen, wenn der Geschäftsführer Ansprüche vor Fälligkeit erfüllt. *Der Geschäftsführer darf bei bestehender Zahlungsunfähigkeit keinen Gläubiger bevorzugen!* Die Gläubigerbegünstigung ist gegenüber dem Bankrott das mildere Delikt. Hintergrund ist der Umstand, dass bei Bankrott alle Gläubiger benachteiligt werden, und daher der durch die Bankrotthandlung entzogene Wert allen Gläubigern fehlt, während bei der Gläubigerbegünstigung ein Gläubiger begünstigt wird. Wenn der Gläubiger selbst Gesellschafter oder eine von ihm kontrollierte Gesellschaft ist, nimmt der *BGH* an, dass eine Handlung, durch die sich dieser bzw. seiner Gesellschaft einen Vorteil zu Lasten der Insolvenzmasse verschafft, insgesamt als Bankrott qualifiziert werden kann und die Gläubigerbegünstigung zurücktritt.[260] Bankrott in der Variante des Beiseiteschaffens von Vermögensgegenständen kann z. B. erfüllt sein, wenn der Geschäftsführer, der gleichzeitig Gesellschafter ist, eine Versicherungsentschädigung, die der GmbH zusteht, für sich vereinnahmt und mit einer ihm gegenüber der GmbH zustehenden aber nicht fälligen Darlehensforderung verrechnet.

Wichtig!
Der Geschäftsführer macht sich nur dann wegen Bankrotts oder Gläubigerbegünstigung strafbar, wenn die GmbH die Zahlungen eingestellt hat oder das Insolvenzverfahren eröffnet oder die Eröffnung mangels Masse

(Fortsetzung)

[260] BGH, Urt. v. 09.03.2017, 3 StR 424/16.

abgewiesen worden ist (§§ 283 VI, 283c III StGB). Es handelt sich um eine sog. objektive Bedingung der Strafbarkeit. Kann die Krise also überwunden werden, so geht er straffrei aus. Im Einzelfall muss jedoch geprüft werden, ob sich der Geschäftsführer mit seinem Verhalten nicht wegen einer Untreue oder Unterschlagung strafbar gemacht hat.

▶ Schuldnerbegünstigung ist kein Sonderdelikt

Die *Schuldnerbegünstigung* (§ 283d StGB) ist kein Sonderdelikt. Tauglicher Täter ist nicht die GmbH als Unternehmerin, sondern außenstehende Dritte, die der GmbH „helfen", indem sie „Bankrotthandlungen" vornehmen. Die Lebensgefährtin des Geschäftsführers schafft z. B. Geld der GmbH beiseite, damit es dem Zugriff der Gläubiger entzogen ist. Die GmbH als Schuldnerin wird durch diese Handlung begünstigt. Der Geschäftsführer kann Anstifter oder Gehilfe sein. Nimmt er die Handlung selbst vor, so macht er sich – wie ausgeführt – wegen Bankrotts strafbar. In der Praxis erfolgt eine Anklage wegen Schuldnerbegünstigung nur selten.

IV. Sonderdelikte speziell für den Geschäftsführer

Es gibt Straftatbestände, bei denen Adressat der Strafvorschrift speziell der Geschäftsführer ist. Hierzu gehören die Verletzung der Buchführungspflicht sowie die in §§ 82, 84, 85 GmbHG; § 15a IV, V InsO geregelten Sonderdelikte.

1. Verletzung der Buchführungspflicht (§ 283b StGB)

Ein Straftatbestand, der sich gezielt an den Geschäftsführer richtet, ist § 283b StGB (Verletzung der Buchführungspflicht).

§ 283b StGB [Verletzung der Buchführungspflicht]

(1) *Mit Freiheitsstrafe bis zu zwei Jahren oder mit Geldstrafe wird bestraft, wer*

1. *Handelsbücher, zu deren Führung er gesetzlich verpflichtet ist, zu führen unterlässt oder so führt oder verändert, dass die Übersicht über seinen Vermögensstand erschwert wird,*
2. *Handelsbücher oder sonstige Unterlagen, zu deren Aufbewahrung er nach Handelsrecht verpflichtet ist, vor Ablauf der gesetzlichen Aufbewahrungsfristen beiseite schafft, verheimlicht, zerstört oder beschädigt und dadurch die Übersicht über seinen Vermögensstand erschwert,*
3. *entgegen dem Handelsrecht*
   a) *Bilanzen so aufstellt, dass die Übersicht über seinen Vermögensstand erschwert wird, oder*
   b) *es unterlässt, die Bilanz seines Vermögens oder das Inventar in der vorgeschriebenen Zeit aufzustellen.*

(2) *Wer in den Fällen des Absatzes 1 Nr. 1 oder 3 fahrlässig handelt, wird mit Freiheitsstrafe bis zu einem Jahr oder mit Geldstrafe bestraft.*
(3) *§ 283 Abs. 6 gilt entsprechend.*

▶ Verletzung der Buchführungs- und Bilanzierungsvorschriften löst unterschiedliche Straftatbestände aus

Da der Geschäftsführer gemäß § 41 GmbHG zur Buchführung verpflichtet ist, ist er Täter im Sinne dieser Vorschrift. Verletzt der Geschäftsführer seine Buchführungspflicht, wozu auch die verspätete bzw. unterlassene Bilanzerstellung zählt, so kann er sich ferner gemäß § 283 Abs. I Nr. 5 und 7 StGB wegen Bankrotts strafbar machen. § 283b StGB setzt jedoch im Gegensatz zum Bankrott keine Krise voraus, d. h. der Geschäftsführer ist wegen Verletzung der Buchführungspflicht auch dann zu bestrafen, wenn noch gar keine Überschuldung oder (drohende) Zahlungsunfähigkeit vorliegt. Die Tat ist wie der Bankrott nur dann strafbar, wenn der Täter seine Zahlungen eingestellt hat oder über sein Vermögen das Insolvenzverfahren eröffnet oder der Eröffnungsantrag mangels Masse abgewiesen worden ist (§ 283b III StGB). Zwischen der (früheren) Verletzung der Buchführungspflicht und dem wirtschaftlichen Zusammenbruch der Gesellschaft muss ein tatsächlicher Zusammenhang bestehen.[261] Die Verletzung der Buchführungspflicht muss „irgendwelche" Auswirkungen haben, die sich als gefahrerhöhende Folge der Verfehlung darstellen, wobei ein Zeitverlust auf Seiten des Insolvenzverwalters durch Nachholung der Bilanzierung genügt.[262] Der Tatbestand der Verletzung der Buchführungspflicht ist im Verhältnis zum Bankrott nachrangig, das heißt, eine Bestrafung kommt nur in Betracht, wenn kein Bankrott vorliegt. Weitere einschlägige Straftatbestände enthält das Bilanzstrafrecht in den §§ 331 ff. HGB.

2. Straftaten nach den §§ 82, 84, 85 GmbHG und 15a IV, V InsO

Auch das GmbHG und die InsO enthalten einige für den Geschäftsführer relevante Strafvorschriften. Es handelt sich um die §§ 82, 85 GmbHG und § 15a IV, V InsO.

a. Falsche Angaben (§ 82 GmbHG)

▶ Falsche Angaben können gefährlich werden!

Nach § 82 GmbHG wird der Geschäftsführer wegen bestimmter falscher Angaben bestraft. Im Einzelnen geht es um falsche Angaben bzw. Versicherungen bei der Gründung (*Gründungsschwindel*), bei der Kapitalerhöhung (*Kapitalerhöhungsschwindel*) und der Kapitalherabsetzung (*Kapitalherabsetzungsschwindel*). Unter Strafe gestellt sind auch falsche Versicherungen des Geschäftsführers hinsichtlich

---

[261] BGH, Beschl. v. 15.08.2018, 5 StR 381/18, NStZ 2019, 212, BayObLG, Urt. v. 08.08.2002, 5St RR 202/02, GmbHR 2002, 1030.

[262] Siehe OLG Rostock, Urt. v. 07.04.2005, 1 Ss 393/04, Rdnr. 18.

seiner Eignung, also das Verschweigen eines Berufsverbots oder einer Verurteilung wegen einer Insolvenzstraftat (Eignungsschwindel) sowie eine Verschleierung der Vermögenslage der Gesellschaft und falsche Angaben hierüber in öffentlichen Mitteilungen (*Geschäftslagetäuschung*). Zur zivilrechtlichen Haftung bei falschen Angaben während der Gründung, siehe bereits die Ausführungen im 3. Teil, E V.

b. Unterlassene Verlustanzeige (§ 84 GmbHG) und Insolvenzverschleppung (§ 15a IV, V InsO)

Zwei weitere Sonderdelikte des Geschäftsführers sind in § 84 GmbHG geregelt, in dem es heißt:

§ 84 GmbHG [Unterlassene Verlustanzeige]

(1) *Mit Freiheitsstrafe bis zu drei Jahren oder mit Geldstrafe wird bestraft, wer es als Geschäftsführer unterlässt, den Gesellschaftern einen Verlust in Höhe der Hälfte des Stammkapitals anzuzeigen.*

(2) *Handelt der Täter fahrlässig, so ist die Strafe Freiheitsstrafe bis zu einem Jahr oder Geldstrafe.*

§ 15a III und IV GmbHG [Strafbarkeit wegen Insolvenzverschleppung] zum Wortlaut, siehe bereits oben 3. Teil F II 2 a.

► „Unterlassen" mit weitreichenden Folgen!

Nach § 84 GmbHG macht sich also der Geschäftsführer wegen der unterlassenen Verlustanzeige strafbar. § 15a III, IV InsO stellen die Insolvenzverschleppung unter Strafe. Bei den § 84 GmbHG, § 15a III, IV InsO handelt es sich um echte Unterlassungsdelikte, da die Strafbarkeit nur durch ein bloßes Untätigbleiben begründet werden kann. Gegen diese Sonderdelikte kann nur der Geschäftsführer bzw. ggf. der Liquidator verstoßen.

► Gesellschafter müssen informiert werden!

Die Kapitalerhaltung ist bei der GmbH als Ausgleich zur fehlenden Haftung der Gesellschafter von großer Bedeutung. Hat die Gesellschaft mehr als die Hälfte ihres Stammkapitals verloren, so ist der Geschäftsführer verpflichtet, dies den Gesellschaftern anzuzeigen. Die Gesellschafter sollen damit in die Lage versetzt werden, sich über den Fortgang der Geschäfte und eine etwaige Finanzierung Gedanken zu machen. Der Geschäftsführer muss außerdem gemäß § 49 III GmbHG eine Gesellschafterversammlung einberufen. § 84 I Nr. 1 GmbHG verlangt jedoch nur die Anzeige gegenüber allen Gesellschaftern. Nimmt der Geschäftsführer diese Anzeige daher vor, so entgeht er der Strafbarkeit, auch wenn er keine Gesellschafterversammlung einberuft. Diese Strafvorschrift dürfte in der Praxis sehr häufig verletzt werden, dennoch gibt es hierzu – soweit ersichtlich – kaum veröffentlichte Rechtsprechung. Daraus lässt sich schließen, dass eine Strafverfolgung wegen Verstoßes gegen die Anzeigepflicht oft nicht eingeleitet wird.

Die Voraussetzungen der Strafbarkeit sind noch nicht hinreichend geklärt. Voraussetzung der Anzeigepflicht ist eine Unterbilanz in Höhe der halben Stammkapitalziffer. Das bedeutet, dass das Reinvermögen die „Marke" von 50 % der Stammkapitalziffer erreicht bzw. unterschritten haben muss. Es ist strittig, ob der Verlust nach handelsrechtlichen Regeln, also nach Buchwerten, oder unter Zugrundelegung der effektiven Werte mit Berücksichtigung der stillen Reserven zu berechnen ist.

▶ Zivilrechtliche Haftung kann sich anschließen

Die unterlassene Anzeige soll auch zu einer zivilrechtlichen Haftung des Geschäftsführers gegenüber den Gesellschaftern und nach überwiegender Ansicht auch gegenüber der GmbH führen. Als Anspruchsgrundlage wird § 823 II BGB i.V.m. § 84 I Nr. 1 GmbHG und im Verhältnis zur Gesellschaft zusätzlich § 43 GmbHG herangezogen. Der *BGH* hat sich zu dieser Frage noch nicht geäußert.

▶ Insolvenzverschleppung ist strafbar

Führt der Geschäftsführer das Unternehmen trotz Insolvenzreife fort, so löst dies gemäß § 15a III, IV InsO eine Strafbarkeit wegen Insolvenzverschleppung aus. Daneben muss er damit rechnen, zivilrechtlich auf Schadensersatz in Anspruch genommen zu werden. Die Voraussetzungen der Insolvenzverschleppung sind bei den Ausführungen zur Haftung in der Krise bereits ausführlich dargestellt worden, insoweit kann verwiesen werden.[263]

c. Verletzung der Geheimhaltungspflicht (§ 85 GmbHG)

▶ Topsecret! Sonst droht Strafbarkeit!

Der Geschäftsführer ist zur Verschwiegenheit verpflichtet und darf Gesellschaftsgeheimnisse nicht unbefugt offenbaren oder verwerten. Verstößt der Geschäftsführer gegen die Geheimhaltungspflicht, so kann er gemäß § 85 GmbHG hierfür bestraft werden. Die maßgebliche Vorschrift lautet:

§ 85 GmbHG [Verletzung der Verschwiegenheitspflicht]

(1) *Mit Freiheitsstrafe bis zu einem Jahr oder mit Geldstrafe wird bestraft, wer ein Geheimnis der Gesellschaft, namentlich ein Betriebs- oder Geschäftsgeheimnis, das ihm in seiner Eigenschaft als Geschäftsführer, Mitglied des Aufsichtsrats oder Liquidator bekannt geworden ist, unbefugt offenbart.*

(2) *Handelt der Täter gegen Entgelt oder in der Absicht, sich oder einen anderen zu bereichern oder einen anderen zu schädigen, so ist die Strafe Freiheitsstrafe bis zu zwei Jahren oder Geldstrafe. Ebenso wird bestraft, wer ein Geheimnis der in*

[263] Siehe 3. Teil, F.II.

Absatz 1 bezeichneten Art, namentlich ein Betriebs- oder Geschäftsgeheimnis, das ihm unter den Voraussetzungen des Absatzes 1 bekannt geworden ist, unbefugt verwertet.

(3) *Die Tat wird nur auf Antrag der Gesellschaft verfolgt. Hat ein Geschäftsführer oder Liquidator die Tat begangen, so sind der Aufsichtsrat und, wenn kein Aufsichtsrat vorhanden ist, von den Gesellschaftern bestellte besondere Vertreter antragsberechtigt. Hat ein Mitglied des Aufsichtsrats die Tat begangen, so sind die Geschäftsführer oder Liquidatoren antragsberechtigt.*

► Antrag ist obligatorisch

Die Tat wird nur auf Antrag verfolgt. Der Antrag muss vom Aufsichtsrat, sofern ein solcher vorhanden ist, oder von einem von den Geschäftsführern eigens hierfür bestellten besonderen Vertreter innerhalb einer Frist von drei Monaten nach Kenntnis gestellt werden. Der besondere Vertreter kann auch ein Gesellschafter selbst sein.

► Geheimnisse der Gesellschaft

Was ein Geheimnis ist, dürfte nicht immer leicht zu beurteilen sein. Nach der gängigen Definition ist ein Geheimnis jede Tatsache, die nicht offenkundig ist und an dessen Geheimhaltung die Gesellschaft ein objektives Interesse hat. Hat die Gesellschaft sich beispielsweise an einer Ausschreibung beteiligt und macht der Geschäftsführer das Angebot publik, so hat er sich strafbar gemacht. Der Inhalt des Angebots war Dritten nicht bekannt und sollte auch nicht preisgegeben werden, damit Konkurrenten das Angebot nicht unterbieten können. Es bestand damit ein objektives Geheimhaltungsinteresse.

Tipp!
Da ein Einverständnis der Gesellschafter den Geschäftsführer in jedem Fall von seiner strafrechtlichen Verschwiegenheitspflicht befreit, sollten Sie in Zweifelsfällen vor einer Weitergabe von Informationen die Zustimmung der Gesellschafter einholen.

Die Geheimhaltungspflicht besteht nicht im Verhältnis zu einzelnen Gesellschaftern.

Beispiel

„Onkel Alfons will Einsicht nehmen"

Onkel Alfons (A) ist Gesellschafter einer GmbH. Er hält ein Drittel der Anteile, die beiden anderen Drittel gehören jeweils seinen Neffen Fritz und Günther. Das Verhältnis zwischen dem Onkel und seinen Neffen ist gespannt. Die GmbH hat einen Aufsichtsrat, der auf seiner letzten Sitzung wichtige Beschlüsse gefasst haben soll. A will daher in die Aufsichtsratsprotokolle Einsicht nehmen. Er wendet sich deswegen an den Geschäftsführer. Der Geschäftsführer verweigert die Einsicht und beruft sich auf seine Verschwiegenheitspflicht. A vermutet, dass seine Neffen den Geschäftsführer entsprechend angewiesen haben, und besteht auf Einsichtnahme in die Protokolle.

A darf auf sein Einsichtsrecht pochen. Zunächst hat er sich an den richtigen Ansprechpartner, nämlich den Geschäftsführer gewandt. Dieser hat gemäß § 51a GmbHG auf Verlangen die Einsicht in die Bücher und Unterlagen der Gesellschaft zu gestatten. Dazu gehören auch die Protokolle des Aufsichtsrats. Eine Berufung auf die Verschwiegenheitspflicht ist nicht möglich. Der *BGH* führt in diesem Zusammenhang aus, dass § 85 GmbHG im Verhältnis zwischen Geschäftsführer und Gesellschafter anerkanntermaßen keine Anwendung findet, weil es bei Offenbarungen in diesem Verhältnis um den innerhalb der Gesellschaft unerlässlichen Informationsaustausch und nicht um „ein unbefugtes Verhalten" geht.[264]

► Auch Verwerten ist strafbar

Neben dem Offenbaren eines Geheimnisses ist auch das unbefugte Verwerten strafbar. Hierunter fällt jede Verwendung eines Geheimnisses mit Gewinnerzielungsabsicht.

Achtung!
Zu beachten ist, dass das unbefugte Verwerten – übrigens auch das Offenbaren – selbst dann strafbar ist, wenn es nach dem Ausscheiden aus dem Amt des Geschäftsführers erfolgt. Entscheidend ist, dass der Geschäftsführer die Geheimnisse in seiner Eigenschaft als Geschäftsführer erfahren hat.

Beispiel

„Fürst-Pücklers-Eis nach dem Geheimrezept vom alten Franz"

Geschäftsführer G war zehn Jahre lang Leiter der Eisdielen der Franz Eis GmbH. Das von der GmbH hergestellte Eis beruht auf einem Geheimrezept des Unternehmensgründers Franz und erfreut sich großer Beliebtheit. G scheidet als Geschäftsführer aus und eröffnet seine eigene Eisdiele, wobei er sein Eis ebenfalls nach dem Geheimrezept herstellt. Hier hat er gegen seine Geheimhaltungspflicht verstoßen und sich strafbar gemacht.

► Gefahren „lauern" auch nach dem Ausscheiden als Geschäftsführer

Die Grenzen der Geheimhaltungspflicht nach dem Ausscheiden sind noch nicht ausgelotet. Dies birgt für den Geschäftsführer, der sich nach seinem Ausscheiden selbstständig macht, große Gefahren. Nimmt der Geschäftsführer beispielsweise

[264] BGH, Beschl. v. 06.03.1993, II ZB 4/96, ZIP 1997, 978, 979.

Kundenlisten mit und wirbt er anschließend die Kunden ab, so ist nicht ausgeschlossen, dass dieses Verhalten, wenn ein entsprechender Strafantrag gestellt wird, zu einer strafrechtlichen Verurteilung des Geschäftsführers führt.

V. Besonderheiten im Ordnungswidrigkeitenrecht

1. Verantwortlichkeit des Geschäftsführers

Auch hier gilt (wie im Strafrecht): Es gibt Ordnungswidrigkeitentatbestände, die von jedermann verwirklicht werden können, und solche, die nur von bestimmten Tätern begangen werden können (Sonderdelikte).

▶ GmbH als Adressatin des Bußgeldtatbestands

Im Recht der Ordnungswidrigkeiten ist in der Regel der „Inhaber des Betriebes", also die GmbH, Normadressat. Die GmbH kann aber als juristische Person grundsätzlich keine Ordnungswidrigkeit begehen. Über § 9 OWiG wird daher der Geschäftsführer zur Verantwortung gezogen. Einen wichtigen Ordnungswidrigkeitentatbestand enthält § 130 OWiG (Verletzung der Aufsichtspflicht in Betrieben und Unternehmen), der i.V.m. § 9 OWiG zu einer Verantwortlichkeit des Geschäftsführers führt. Es ist unmöglich, sämtliche Ordnungswidrigkeitentatbestände aufzuführen. Es existieren zahlreiche Bestimmungen, insbesondere des Arbeits- und Sozialrechts. Verstößt beispielsweise ein Unternehmen gegen die Vorschriften über die Arbeitszeit, so stellt dies eine Ordnungswidrigkeit dar, wegen der über § 9 OWiG der Geschäftsführer bzw. die sonstigen dort aufgeführten Personen bußgeldpflichtig werden können. Besonders empfindlich können Geldbußen wegen Verstößen gegen das Kartellrecht, gegen die Datenschutz-Grundverordnung oder das Kapitalmarktrecht (z. B. bei Insiderverstößen) den Geschäftsführer bzw. die Gesellschaft treffen.

§ 9 OWiG [Handeln für einen anderen]

(1) *Handelt jemand*

1. *als vertretungsberechtigtes Organ einer juristischen Person oder als Mitglied eines solchen Organs,*
2. *als vertretungsberechtigter Gesellschafter einer rechtsfähigen Personengesellschaft oder*
3. *als gesetzlicher Vertreter eines anderen,*

so ist ein Gesetz, nach dem besondere persönliche Eigenschaften, Verhältnisse oder Umstände (besondere persönliche Merkmale) die Möglichkeit der Ahndung begründen, auch auf den Vertreter anzuwenden, wenn diese Merkmale zwar nicht bei ihm, aber bei dem Vertretenen vorliegen.

(2) *Ist jemand von dem Inhaber eines Betriebes oder einem sonst dazu Befugten*

1. *beauftragt, den Betrieb ganz oder zum Teil zu leiten, oder*
2. *ausdrücklich beauftragt, in eigener Verantwortung Aufgaben wahrzunehmen, die dem Inhaber des Betriebes obliegen, und handelt er auf Grund dieses Auftrages, so ist ein Gesetz, nach dem besondere persönliche Merk-*

male die Möglichkeit der Ahndung begründen, auch auf den Beauftragten anzuwenden, wenn diese Merkmale zwar nicht bei ihm, aber bei dem Inhaber des Betriebes vorliegen. Dem Betrieb im Sinne des Satzes 1 steht das Unternehmen gleich. Handelt jemand auf Grund eines entsprechenden Auftrages für eine Stelle, die Aufgaben der öffentlichen Verwaltung wahrnimmt, so ist Satz 1 sinngemäß anzuwenden.

(3) *Die Absätze 1 und 2 sind auch dann anzuwenden, wenn die Rechtshandlung, welche die Vertretungsbefugnis oder das Auftragsverhältnis begründen sollte, unwirksam ist.*

§ 130 OWiG [Verletzung der Aufsichtspflicht in Betrieben und Unternehmen]

(1) *Wer als Inhaber eines Betriebes oder Unternehmens vorsätzlich oder fahrlässig die Aufsichtsmaßnahmen unterlässt, die erforderlich sind, um in dem Betrieb oder Unternehmen Zuwiderhandlungen gegen Pflichten zu verhindern, die den Inhaber treffen und deren Verletzung mit Strafe oder Geldbuße bedroht ist, handelt ordnungswidrig, wenn eine solche Zuwiderhandlung begangen wird, die durch gehörige Aufsicht verhindert oder wesentlich erschwert worden wäre. Zu den erforderlichen Aufsichtsmaßnahmen gehören auch die Bestellung, sorgfältige Auswahl und Überwachung von Aufsichtspersonen.*

(2) *Betrieb oder Unternehmen im Sinne des Absatzes 1 ist auch das öffentliche Unternehmen.*

(3) *Die Ordnungswidrigkeit kann, wenn die Pflichtverletzung mit Strafe bedroht ist, mit einer Geldbuße bis zu einer Million Euro geahndet werden. Ist die Pflichtverletzung mit Geldbuße bedroht, so bestimmt sich das Höchstmaß der Geldbuße wegen der Aufsichtspflichtverletzung nach dem für die Pflichtverletzung angedrohten Höchstmaß der Geldbuße. Satz 3 gilt auch im Falle einer Pflichtverletzung, die gleichzeitig mit Strafe und Geldbuße bedroht ist, wenn das für die Pflichtverletzung angedrohte Höchstmaß der Geldbuße das Höchstmaß nach Satz 1 übersteigt.*

2. Verantwortlichkeit der Gesellschaft *„Verbandsstrafe"*

▶ Verbandsstrafe gegen die GmbH möglich!

Unter den Voraussetzungen des § 30 OWiG kann auch eine Geldbuße gegen die GmbH verhängt werden. Diese Vorschrift durchbricht den Grundsatz, dass grundsätzlich nur Menschen wegen einer Straftat oder Ordnungswidrigkeit zur Verantwortung gezogen werden können.

§ 30 OWiG [Geldbuße gegen juristische Personen und Personenvereinigungen]

(1) *Hat jemand*

1. *als vertretungsberechtigtes Organ einer juristischen Person oder als Mitglied eines solchen Organs,*

2. *als Vorstand eines nicht rechtsfähigen Vereins oder als Mitglied eines solchen Vorstandes,*
3. *als vertretungsberechtigter Gesellschafter einer rechtsfähigen Personengesellschaft oder*
4. *als Generalbevollmächtigter oder in leitender Stellung als Prokurist oder Handlungsbevollmächtigter einer juristischen Person oder einer in Nummer 2 oder 3 genannten Personenvereinigung*
5. als sonstige Person, die für die Leitung des Betriebs oder Unternehmens einer juristischen Person oder einer in Nummer 2 oder 3 genannten Personenvereinigung verantwortlich handelt, wozu auch die Überwachung der Geschäftsführung oder die sonstige Ausübung von Kontrollbefugnissen in leitender Stellung gehört,

   eine Straftat oder Ordnungswidrigkeit begangen, durch die Pflichten, welche die juristische Person oder die Personenvereinigung treffen, verletzt worden sind, oder die juristische Person oder die Personenvereinigung bereichert worden ist oder werden sollte, so kann gegen diese eine Geldbuße festgesetzt werden.

(2) *Die Geldbuße beträgt*
1. *im Falle einer vorsätzlichen Straftat bis zu zehn Millionen Euro,*
2. im Falle einer fahrlässigen Straftat bis zu fünf Millionen Euro.

   Im Falle einer Ordnungswidrigkeit bestimmt sich das Höchstmaß der Geldbuße nach dem für die Ordnungswidrigkeit angedrohten Höchstmaß der Geldbuße. Verweist das Gesetz auf diese Vorschrift, so verzehnfacht sich das Höchstmaß der Geldbuße nach Satz 2 für die im Gesetz bezeichneten Tatbestände. Satz 2 gilt auch im Falle einer Tat, die gleichzeitig Straftat und Ordnungswidrigkeit ist, wenn das für die Pflichtverletzung angedrohte Höchstmaß der Geldbuße das Höchstmaß nach Satz 1 übersteigt.

(2a) *Im Falle einer Gesamtrechtsnachfolge oder einer partiellen Gesamtrechtsnachfolge durch Aufspaltung (§ 123 Absatz 1 des Umwandlungsgesetzes) kann die Geldbuße nach Absatz 1 und 2 gegen den oder die Rechtsnachfolger festgesetzt werden. Die Geldbuße darf in diesen Fällen den Wert des übernommenen Vermögens sowie die Höhe der gegenüber dem Rechtsvorgänger angemessenen Geldbuße nicht übersteigen. Im Bußgeldverfahren tritt der Rechtsnachfolger oder treten die Rechtsnachfolger in die Verfahrensstellung ein, in der sich der Rechtsvorgänger zum Zeitpunkt des Wirksamwerdens der Rechtsnachfolge befunden hat*

(3) *§ 17 Abs. 4 und § 18 gelten entsprechend.*

(4) *Wird wegen der Straftat oder Ordnungswidrigkeit ein Straf- oder Bußgeldverfahren nicht eingeleitet oder wird es eingestellt oder wird von Strafe abgesehen, so kann die Geldbuße selbstständig festgesetzt werden. Durch Gesetz kann bestimmt werden, daß die Geldbuße auch in weiteren Fällen selbst. Die selbstständige Festsetzung einer Geldbuße gegen die juristische Person oder Personenvereinigung ist jedoch ausgeschlossenändig festgesetzt werden kann. Die selbstständige Festsetzung einer Geldbuße gegen die juristische Person oder Personenvereinigung ist jedoch ausgeschlossen, wenn die Straftat*

oder Ordnungswidrigkeit aus rechtlichen Gründen nicht verfolgt werden kann; § 33 Abs. 1 Satz 2 bleibt unberührt.

(5) *Die Festsetzung einer Geldbuße gegen die juristische Person oder Personenvereinigung schließt es aus, gegen sie wegen derselben Tat die Einziehung nach den §§ 73 oder 73c des Strafgesetzbuches oder nach § 29a anzuordnen.*

(6) *Bei Erlass eines Bußgeldbescheids ist zur Sicherung der Geldbuße § 111e Absatz 2 der Strafprozessordnung mit der Maßgabe anzuwenden, dass an die Stelle des Urteils der Bußgeldbescheid tritt.*

Verletzt die GmbH eine Aufsichtspflicht oder eine sonstige betriebsbezogene Pflicht, so darf nach § 30 OWiG gegen sie selbst ein Bußgeld verhängt werden. Wird beispielsweise gegen Vorschriften, die den Arbeitgeber betreffen – etwa gegen Arbeitszeit bzw. Arbeitsschutzvorschriften – verstoßen, so kann auf Grundlage des § 30 OWiG gegen die GmbH ein Bußgeldbescheid ergehen. Voraussetzung für die selbstständige Festsetzung einer Geldbuße gegen die GmbH ist die Feststellung, dass ihr Geschäftsführer eine Ordnungswidrigkeit begangen hat.[265] Grundsätzlich darf nach § 30 IV OWiG gegen die GmbH ein Bußgeld nur selbständig festgesetzt werden, wenn das Verfahren gegen den Geschäftsführer nicht eingeleitet, eingestellt oder von Strafe abgesehen wird, wobei das Gesetz abweichendes anordnen kann.[266] Es muss aber ein Bußgeldbescheid gegen das Organ der GmbH und die GmbH erlassen werden müssen. Eine Aufspaltung auf zwei selbstständige Verfahren soll nicht erfolgen.

Wegen des Verbots der doppelten Ahndung einer Handlung (Art. 103 Abs. 3 GG) soll bei der Verhängung einer Geldbuße gegen die Gesellschaft berücksichtigt werden, inwieweit das Organ, d. h. der Geschäftsführer hierfür bereits zur Verantwortung gezogen werden kann oder soll. In der Praxis werden beide Verfahren auch aus prozessökonomischen Gründen miteinander verbunden. Die insgesamt verhängten Geldbußen sollten nicht höher sein, als sie es bei einem hypothetischen Fall eines Einzelunternehmers wären. Dies gilt aber dann nicht, wenn das Bußgeld eine Abschöpfungsfunktion hat, wie z. B. bei Kartellbußen. Mit diesen soll auch der Vorteil abgeschöpft werden, den das Unternehmen durch den Kartellverstoß erlangt hat.

Haben mehrere Personen aus dem Unternehmen, also z. B. mehrere Geschäftsführer mitgewirkt, kommt es auf die Schuld aller Beteiligten für die Bemessung des Bußgeldes an. Bei der Höhe des Bußgeldes ist wie erwähnt auch einzubeziehen, dass damit der Vorteil aus dem Geschäft abgeschöpft werden soll. Hat die GmbH den „Fehltritt" zum Anlass genommen, ihr Compliance-System zu überarbeiten oder überhaupt ein solches zu installieren, um derartige Verstöße künftig zu vermeiden, kann sich dies positiv bei der Bemessung des Bußgelds

[265] OLG Dresden, Beschl. v. 20.03.1997, 2 Ss (OWi) 71/97, GmbHR 1997, 745.

[266] Siehe § 30 OWiG. Sofern der Bußgeldbescheid aus Rechtsgründen gegen das Organ nicht mehr statthaft ist, z. B. wegen Verjährung kann nicht gesondert ein Bescheid mehr gegen die GmbH ergehen, siehe AG Koblenz, Urt. v. 20.06.2008, 2010 Js 3352/08 34 Owi, juris.

auswirken. Instruktiv siehe dazu die Entscheidung des BGH v. 09.05.2017, ein Rüstungsunternehmen hatte mit Einsatz von Bestechungsgeldern die Lieferung Panzerhaubitzen an den griechischen Staat gefördert, es kam zu Verfahren gegen Mitarbeiter und zu einer Verbandstrafe.[267]

Achtung!
Zu beachten ist, dass nach den gängigen D & O – Policen Bußgelder meist vom Versicherungsschutz ausgenommen sind (siehe unten bei H II 3 c). Dieser Ausschluss dürfte auch den Regress, das heißt den Rückgriff auf den Geschäftsführer seitens der GmbH, betreffen. Hier sollte der Wortlaut des Ausschlusses in den Versicherungsbedingungen genau geprüft werden. Beabsichtigt die GmbH wegen einer gegen sie festgesetzten Buße, z. B. wegen eines Kartellverstoßes, sich diese bei dem Geschäftsführer, der an dem Verstoß beteiligt war, zurückzuholen, stünde der Geschäftsführer ohne Versicherungsschutz da. Ob und in welcher Höhe ein Regress bei der Organperson, die an dem Verstoß beteiligt war, ist noch nicht höchstrichterlich entschieden und äußerst strittig.[268]

H. Versicherungslösungen

I. Grundlagen

► Das Bedürfnis nach einer Absicherung steigt

Die Geschäftsführer und die Aufsichtsratsmitglieder, die sich mit den dargestellten Haftungsrisiken konfrontiert sehen, sind an einer Absicherung der Risiken stark interessiert. Hier können Versicherungslösungen helfen, einige nicht jedoch alle

[267] BGH, Urt. v. 09.05.2017, 1 StR 265/16, juris, Rdnr. 118: Im Hinblick auf die Höhe der gemäß § 30 Abs. 1 OWiG neu zu bemessenden Geldbuße gegen die Nebenbeteiligte wird das neue Tatgericht Gelegenheit haben, die Vorschriften des § 30 Abs. 3, § 17 Abs. 4 Satz 1 OWiG in den Blick zu nehmen, nach denen die Geldbuße den wirtschaftlichen Vorteil, der aus der Ordnungswidrigkeit gezogen worden ist, übersteigen soll. Für die Bemessung der Geldbuße ist zudem von Bedeutung, inwieweit die Nebenbeteiligte ihrer Pflicht, Rechtsverletzungen aus der Sphäre des Unternehmens zu unterbinden, genügt und ein effizientes Compliance-Management installiert hat, das auf die Vermeidung von Rechtsverstößen ausgelegt sein muss (vgl. Raum in Hastenrath, Compliance – Kommunikation, 2. Aufl., S. 31 f.). Dabei kann auch eine Rolle spielen, ob die Nebenbeteiligte in der Folge dieses Verfahrens entsprechende Regelungen optimiert und ihre betriebsinternen Abläufe so gestaltet hat, dass vergleichbare Normverletzungen zukünftig jedenfalls deutlich erschwert werden.

[268] Gegen einen Regress, siehe LAG Düsseldorf, Urt. v. 20.01.2015, 16 Sa 459/14, GmbHR 2015, 480 (Schienenkartell); ausführlich zu der Problematik, siehe *Arnold*, Organhaftung für Unternehmensgeldbußen, Gesellschaftsrecht in der Diskussion 2018, S. 29.

Risiken zu minimieren. Die Zahl der gerade größeren Haftungsfälle aus dem Bereich der sog. Organhaftung steigt in den letzten Jahren. Auch aus dem Kartellrecht können große Schäden resultieren. Neue Risken wie z. B. die Cyberkriminalität können Inanspruchnahmen von Geschäftsführern nach sich ziehen, z. B. wenn diesen vorgeworfen wird, sie hätten organisatorische Vorkehrungen zur Vermeidung von Cyberangriffen nicht ergriffen.

Bevor spezielle Policen für Organmitglieder vorgestellt werden, wird zunächst erläutert, inwieweit die klassischen Haftpflichtversicherungen bereits Schutz gewähren.

1. Haftpflichtversicherungsschutz im Unternehmensbereich

- Kein Risiko ohne Haftpflichtversicherungsschutz

Da jede unternehmerische Tätigkeit mit enormen Risiken behaftet ist, die zu Schäden bei Dritten führen können, ist Haftpflichtversicherungsschutz im gewerblichen Bereich heute weit verbreitet. Das „allgemeine Betriebsrisiko“ ist in der Regel über eine Betriebshaftpflichtversicherung abgesichert. Dies gilt insbesondere für das produzierende und verarbeitende Gewerbe. Aber auch Dienstleister haben eine Haftpflichtversicherung etwa in Form eines sog. Bürohaftpflichtversicherungsvertrags. Spezielle Risiken werden mit einer Produkthaftpflicht- oder Umwelthaftpflichtpolice abgedeckt.

- Die Betriebshaftpflicht ersetzt Personen- und Sachschäden

Die Betriebshaftpflichtversicherung mit ihren Erweiterungen der Produkthaftpflicht bzw. der Umwelthaftpflicht deckt grundsätzlich nur sog. Personen- und Sachschäden, nicht jedoch oder nur eingeschränkt *unmittelbare* Vermögensschäden ab.[269] Da heute aber jeder Versicherer seine eigenen Bedingungen frei gestalten kann, kommt es bei der Frage, welcher Versicherungsschutz im Einzelfall besteht, immer jeweils auf die konkret dem Vertrag zugrunde liegenden Versicherungsbedingungen an. Die Betriebshaftpflichtversicherung versichert in jedem Fall nur den Fremdschaden am Vermögen Dritter, also nicht den Eigenschaden am Vermögen der GmbH. Die meisten Ansprüche gegen den Geschäftsführer werden jedoch aus dem Bereich der Innenhaftung gegen diesen gerichtet, insbesondere aus § 43 II GmbHG. Diese vom Geschäftsführer verursachten Eigenschäden sind selten Personen- oder Sachschäden, sondern meist Vermögensschäden.

- Vermögensschäden ersetzt der D & O – Versicherer

Für bestimmte Berufsgruppen, insbesondere für jene die typischerweise Vermögensschäden durch ihre fehlerhafte Berufsausübung verursachen können, wie

[269] Teils sind bestimmte Vermögensschäden mit geringeren Deckungssummen mitversichert.

z. B. Steuerberater, Rechtsanwälte oder Versicherungsmakler gibt es darüber hinaus Vermögensschaden-Haftpflichtversicherungen. Diese decken gerade die reinen, d. h. unmittelbaren Vermögensschäden ab. Nicht erfasst von solchen Policen sind dagegen in der Regel Personen- und Sachschäden. Solche Haftpflichtversicherungen sind z. B. für Rechtsanwälte; Notare oder Steuerberater gesetzlich zwingend vorgeschrieben. In Anlehnung an diese Vermögensschadens-Haftpflicht-Versicherungen sind spezielle Policen für den GmbH-Geschäftsführer auf den deutschen Markt gebracht worden.[270] Vorbild bei der Markteinführung 1986 durch zwei US-amerikanischen Versicherer war die sog. D & O – Police des angloamerikanischen Rechts. D & O steht für Directors & Officers Liability. *Directors* und *Officers* sind beaufsichtigende und geschäftsführende Organe, also Aufsichtsräte, Geschäftsführer und Vorstände. In den USA ist Versicherungsschutz für Aufsichtsräte und Top-Manager weit verbreitet. Dies hängt insbesondere damit zusammen, dass das US-amerikanische Recht Möglichkeiten der direkten Inanspruchnahme der Manager durch die Anteilseigner zulässt. Da sich über Jahrzehnte eine Verschärfung der Managerhaftung auch im deutschen Recht abgezeichnet hat, sind seit Mitte der achtziger Jahre auch für den deutschen Markt zuerst von *amerikanischen* Versicherern Vermögensschadens-Haftpflichtversicherungs-Policen entwickelt worden. Die *deutschen* Versicherer haben sich zunächst auf Rechtschutzversicherungs-Policen beschränkt, da die deutschen Rückversicherer bis 1995 nicht bereit waren, das Geschäft zu zeichnen. Erst seit 1995 bieten auch die deutschen Versicherer Haftpflichtversicherungsschutz für Top-Manager und Aufsichtsräte an.

2. Der Geschäftsführer als Mitversicherter in der Betriebshaftpflichtversicherung

▶ Geschäftsführer ist grundsätzlich mitversichert

Der Geschäftsführer ist in der Betriebshaftpflichtversicherung mitversichert. Das bedeutet, dass ein Rückgriff der Versicherungsgesellschaft nach einer Regulierung des Schadens nicht möglich ist.

Beispiel

„Beim Bau ist die Hand blau"

Der Geschäftsführer Gerald Grob (G) verletzt bei einer Baustellenbesichtigung fahrlässig einen Kunden der GmbH, indem er dessen Hand versehentlich einquetscht. Der Kunde verlangt und bekommt von der GmbH unter anderem Schmerzensgeld, das der Betriebshaftpflichtversicherer der GmbH ersetzt. Der Versicherer kann dieses Geld nun nicht von G erstattet verlangen, weil dieser in der Betriebshaftpflicht mitversichert ist.

[270] Grundlegend: *Ihlas*, Organhaftung und Haftpflichtversicherung, 2. Aufl. 2009 und *Olbrich*, Die D & O-Versicherung in Deutschland, 2003 sowie *Koch*, Die Rechtsstellung der Gesellschaft und des Organmitglieds in der D & O-Versicherung, GmbHR 2004, 18 ff.; 160 ff.

▶ Geschäftsführer ist Repräsentant

Zu beachten ist allerdings, dass der Betriebshaftpflichtversicherer von der Leistung befreit ist, wenn der Geschäftsführer als Repräsentant den Schaden *vorsätzlich* verursacht. In diesem Fall haftet der Geschäftsführer neben der GmbH, ohne dass der Versicherungsschutz eingreift. Erstattet die GmbH dem Dritten seinen Schaden, kann sie ihren Geschäftsführer in Regress nehmen. Grobe Fahrlässigkeit ist hingegen in den gängigen Betriebshaftpflichtpolicen meist mitversichert, so dass der Versicherer eintrittspflichtig bleibt.

II. Die Vermögensschadens-Haftpflichtversicherung (D & O – Deckung)

1. Überblick

▶ Das „Für und Wider" einer Haftpflichtversicherung

Der GmbH-Geschäftsführer oder die Aufsichtsratsmitglieder können zusätzlich durch den Abschluss einer eigenen, speziellen Vermögensschadens-Haftpflichtversicherung abgesichert werden. Seit der Einführung von Haftpflichtversicherungen gibt es Diskussionen über ihren Sinn und Zweck. Kritiker wenden bis heute ein, Haftpflichtversicherungsverträge würden Pfusch bzw. Missmanagement Tür und Tor öffnen und seien deshalb abzulehnen. Gewährt man also dem Geschäftsführer Haftpflichtversicherungsschutz, so hätte dieser keinerlei Anreize mehr, ordentlich zu arbeiten.

▶ D & O-Police als Anreiz

Diese These lässt sich überzeugend widerlegen: Der Geschäftsführer ist nicht deshalb daran interessiert, erfolgreich zu arbeiten, weil er dadurch Haftungsrisiken verhindert, sondern vor allem, weil ihm hierfür weitere Anreize geboten werden. So ist der Geschäftsführer häufig über eine Tantiemeregelung am Gewinn des Unternehmens beteiligt. Seine Reputation steht in enger Relation zum Erfolg des Unternehmens, dem er vorsteht. Erfolgreiche Geschäftsführer sind begehrtes Objekt von „Headhunters" und haben die Chance, in die Leitung von größeren Unternehmen berufen zu werden. Die Gefahr, dass durch eine Vermögensschadens-Haftpflicht-Police der Geschäftsführer nachlässig wird, ist vor diesem Hintergrund eher unwahrscheinlich. Auch muss berücksichtigt werden, dass der Geschäftsführer möglicherweise mit größerer Einsatzfreude und Risikobereitschaft Projekte angeht, wenn er den Versicherungsschutz im Hintergrund weiß. Auch der Deutsche Corporate-Governance-Kodex geht in Nr. 3.8. davon aus, dass es Versicherungsschutz für Vorstände und Aufsichtsräte gibt, empfiehlt aber einen angemessenen

Selbstbehalt.[271] Für den Vorstand von Aktiengesellschaften ist ein angemessener Selbstbehalt gesetzlich vorgeschrieben.[272]

► Marktverhärtung durch spektakuläre Unternehmenszusammenbrüche

Durch den Anstieg der Unternehmenszusammenbrüche[273] und die Verschärfung durch die Gesetzgebung und Rechtsprechung begannen die Versicherer ca. ab 2001 ihre D & O-Verträge zu sanieren, indem sie bestimmte Branchen kündigen, Prämien erhöhen, nur noch Jahresverträge abschließen, ggf. bei Verlängerungen Bedingungswerke austauschen und insgesamt sehr restriktiv regulieren. Seit einigen Jahren sind die Bedingungen wieder kundenfreundlicher, sie enthalten teils nur noch wenige Ausschlüsse (z. B. wissentliche Pflichtverletzungen, bereits bekannte Pflichtverletzungen, Bußgelder und Entschädigung mit Strafcharakter, Innenhaftungsansprüche aus den USA). Hierbei werden der Mittelstand und kleine Unternehmen mit niedrigen Deckungssummen zu günstigen Prämien umworben.

2. Vertragliche Gestaltung der Vermögensschadens-Haftpflichtversicherung

► GmbH ist Versicherungsnehmerin

Die in der Praxis verbreiteten Vermögensschadens-Haftpflichtversicherungen sehen grundsätzlich vor, dass die Gesellschaft Versicherungsnehmerin wird. Das heißt, die GmbH schließt den Versicherungsvertrag mit dem Versicherer ab. Damit schuldet sie die Zahlung der Versicherungsprämien.

► Zustimmung der GmbH

Eine D & O – Versicherung darf der Geschäftsführer nur mit Zustimmung der Gesellschafterversammlung abschließen,[274] da diese darüber zu befinden hat, ob sie die strenge Organhaftung durch Gewährung von Versicherungsschutz auf Kosten der GmbH, die für die Prämien aufkommen muss, abfedert.

► Geschäftsführer ist versicherte Person

[271] Siehe www.corporate-governance-code.de, grundlegend *Baumann*, Aktienrechtliche Managerhaftung, D&O-Versicherung und angemessener Selbstbehalt, VersR 2006, 455.

[272] § 93 II 3 AktG (10 % des Schadens bis mindestens zur Höhe des Eineinhalbfachen der festen Jahresvergütung). Dies hat dazu geführt, dass einige Versicherer nunmehr eine Versicherung speziell zur Versicherung des Selbstbehalts anbieten.

[273] So wurden bei der Philipp Holzmann AG, die im März 2002 Insolvenzantrag stellte, im Vergleichswege 19,4 Mio. € als Versicherungsleistung gezahlt.

[274] *Meyke,* Die Haftung des GmbH-Geschäftsführers, Rdnr. 208.

Versicherungsschutz genießt nicht die GmbH, sondern der GmbH-Geschäftsführer oder die Mitglieder des Aufsichtsrats als versicherte Personen. Der GmbH kommt mittelbar der Versicherungsschutz zu Gute, sobald der Versicherer reguliert. Von vielen Policen werden auch leitende Angestellte erfasst. Üblich ist zudem die konzernweite Versicherung der Organmitglieder, das heißt unter Einschluss aller Tochtergesellschaften.

► Versicherungsschutz als Bestandteil der Vergütung

Der Umstand, dass die GmbH Versicherungsnehmerin ist und damit die Versicherungsprämien zu begleichen hat, muss nicht bedeuten, dass der versicherte Geschäftsführer keinerlei Kosten für die Finanzierung des Versicherungsvertrags übernehmen muss. Der Versicherungsschutz ist letztlich eine Gegenleistung der Gesellschaft für die Tätigkeit des Geschäftsführers. Beim Abschluss des Anstellungsvertrags wird daher über die Frage, ob dem Geschäftsführer Versicherungsschutz gewährt wird, zu verhandeln sein.

► Versicherung auf fremde Rechnung

Es handelt sich bei der D & O – Versicherung um eine sog. Versicherung auf fremde Rechnung.[275] Die Besonderheit besteht darin, dass der Geschäftsführer als versicherte Person den Anspruch auf Versicherungsschutz gegen den D & O-Versicherer hat. Verweigert dieser die Deckung, kann der Geschäftsführer daher auf Feststellung klagen, dass ihm Versicherungsschutz zu gewähren ist.

Die GmbH ist, obwohl sie Versicherungsnehmerin ist, darauf verwiesen auf eigene Kosten den Geschäftsführer bei den Innenhaftungsfällen zu verklagen. Der D & O – Versicherer entscheidet für den Geschäftsführer, ob er die Forderung abwehrt, also sog. Abwehrdeckung gewährt oder ob er die Forderung befriedigt. In der Praxis wird fast immer zumindest vorerst abgewehrt. Ergibt eine Erörterung der Rechtslage vor Gericht in der mündlichen Verhandlung, dass der Schadenersatzanspruch begründet sein könnte, wird der Versicherer versuchen, einen Vergleich zu schließen, um die Forderung zu reduzieren. Die GmbH wird sich hierauf häufig einlassen, einerseits wegen des Berufungsrisikos, andererseits um „schnell" an Geld in Form des Vergleichsbetrags zu gelangen. Sofern das Gericht andeutet, dass es die Klage abweisen wird, wird der Versicherer typischerweise ein klageabweisendes Urteil ergehen und es auf die Berufung ankommen lassen. Dass ein Versicherer nach Darlegung des Schadens außergerichtlich einen höheren Betrag reguliert, ist in der Praxis nicht häufig anzutreffen, was auch daran liegt, dass es kaum eindeutige Haftungsfälle gibt. Auch kann sich im Laufe eines längeren Verfahrens oder Prozesses häufig die Sachlage anders als sie am Anfang dargestellt wurde, erweisen, was nicht selten bedeuten kann, dass genügend Informationen zu

[275] BGH, Urt. v. 05.04.2017, IV ZR 360/15, r + s 2017, 301; LG Wiesbaden, Urt. v. 14.12.2004, 1 O 180/03, VersR 2005, 545; LG Marburg, Urt. v. 03.06.2004, 4 O 2/03, DB 2005, 437.

Tage gefördert wurden, die einen Ausschluss des Versicherungsschutzes, z. B. wegen vorsätzlicher Herbeiführung des Schadens oder wissentlicher Pflichtverletzung begründen.

- Kein Direktanspruch der GmbH

Die GmbH ist daran interessiert bei Ansprüchen aus der Innenhaftung, insbesondere aus § 43 GmbHG Zahlung der Versicherungsleistung zu verlangen. Der Versicherer hingegen wird stets versuchen, den Anspruch zunächst abzuwehren und es auf einen Prozess ankommen lassen, in dem dann entschieden wird, ob der Geschäftsführer tatsächlich gegenüber der GmbH aus der Innenhaftung in Anspruch genommen werden kann. Die Kosten der Abwehr auf Seiten des Geschäftsführers übernimmt der D & O – Versicherer. Die GmbH muss hingegen auf eigene Kosten klagen und als Klägerin auch den Prozesskostenvorschuss bei Gericht einzahlen. Vereinzelt wird am Markt eine Rechtsschutzdeckung für dieses Kostenrisiko angeboten. Die prozessuale Situation ist kompliziert, wie das folgende Beispiel verdeutlichen soll.

Beispiel

„Auftrag ohne Subunternehmer"

Geschäftsführer Gerold Groß (G) schließt für seine Bau GmbH einen Generalunternehmervertrag ab, durch den sich diese verpflichtet 45 Wohnungen zu errichten. Leider hat G den Preis so knapp kalkuliert, dass er hierfür keine Subunternehmer findet, die die Bauleistungen übernehmen. Die Partner, mit denen er Vorverhandlungen geführt hat, springen ab, werden insolvent oder erweisen sich nicht als ausreichend leistungsfähig. Der GU-Vertrag wird gekündigt und durch die erneute teurere Vergabe des neuen GU-Vertrags und Verzögerung erhöhen sich die Kosten. Der Bauherr und Vertragspartner macht einen Schaden von 2 Mio. € geltend. Der Geschäftsführer ist entnervt und paralysiert, aber immerhin verfügt die GmbH über eine D & O – Versicherung. Die GmbH müsste den Schaden, auf dem sie letztlich sitzen bleibt, zunächst bei G geltend machen. Der Versicherer wendet ein, G hafte nicht, er habe im Rahmen seines unternehmerischen Ermessens gehandelt, er sei nicht pflichtwidrig vorgegangen.

Die GmbH verklagt daraufhin auf eigene Kosten den G, nach drei Jahren Prozessdauer und zwei Instanzen erhält sie ein Urteil über 2 Mio. €. G selbst hat nichts und kann aus eigenen Mitteln den Urteilsbetrag nicht zahlen. Der D & O – Versicherer will gleichwohl trotz rechtskräftigen Urteils nicht zahlen, weil er meint, G habe beim Abschluss des D & O – Versicherungsvertrags arglistig getäuscht, weil eine Geschäftszahl fehlerhaft angegeben worden sei. Im Versicherungsantrag hat G angegeben, der Gewinn des Vorjahres betrüge 500.000 €, tatsächlich waren es aber nur 50.000 €. G meint, er habe sich lediglich verschrieben.

Es könnte durchaus sein, dass G jetzt erst einmal den Versicherer auf Deckung und Freistellung verklagen muss, er könnte auch jetzt noch seinen Freistellungsanspruch gegen den D & O-Versicherer an die GmbH abtreten. Dann könnte die

GmbH direkt gegen den Versicherer im Wege der Klage vorgehen. Indes verstreicht dadurch weitere Zeit und die GmbH droht an dem Schadensfall insolvent zu gehen.

Hier wäre es für die GmbH günstig gewesen, wenn ihr von Anfang an der Freistellungsanspruch abgetreten worden wäre und sie sogleich nur gegen den Versicherer vorgegangen wäre. Aus Sicht der GmbH wäre es günstig, wenn G hierbei seine Haftung auf der Grundlage des tatsächlichen Sachverhalts eingeräumt hätte. Dieses Anerkenntnis bindet den Versicherer allerdings nicht. Entscheidend ist, ob G tatsächlich haftet, was im Prozess gegen den Versicherer neben der Deckung mit geprüft wird. Die Haftungs- und Deckungsfrage würde dann in einen Prozess geklärt werden. Aus Sicht des G bietet sich dieses Vorgehen dann an, wenn seine Haftung eindeutig besteht, so dass er mit einer Verurteilung rechnen muss. Er wird seinen Freistellungsanspruch dann anbieten, wenn er im Gegenzug einen Verzicht erhält, dass er auch dann nicht haftet, soweit der Versicherungsanspruch am Ende nicht ausreicht, etwa weil die Deckungssumme erschöpft ist oder wenn der Versicherer aufgrund eines Ausschlusses doch nicht leisten muss. Die GmbH ihrerseits wird sich auf einen Verzicht nur einlassen, wenn bei G nicht viel zu holen ist, dieser also ohnehin nicht den Schaden aufgrund seiner finanziellen Verhältnisse ausgleichen könnte und im Falle einer Inanspruchnahme in die Insolvenz fallen würde. Von diesem Verzicht seitens der GmbH könnten die Fälle ausgenommen werden, in denen G schuldhaft den Versicherungsschutz vernichtet hat, z. B. bei einer vorsätzlichen Schadenherbeiführung.

Sollte wie hier eine arglistige Täuschung des G festgestellt werden, durch die der Versicherungsvertrag nichtig werden könnte, sobald der Versicherer ihn anficht, käme ebenfalls ein Verzicht aus Sicht der GmbH kaum in Betracht.

Dass die Haftung des Geschäftsführers auf die versicherten Ansprüche beschränkt wird, wird bis zur Grenze der Sittenwidrigkeit zugelassen bzw. darf dies selbstverständlich nicht zum Schein geschehen.[276] Das heißt, wenn ein unbedingter Verzicht auf die Ansprüche aus der streitgegenständlichen Pflichtverletzung mit einem wirksamen Beschluss der Gesellschafterversammlung „im Tresor des G liegt", er also gar nicht befürchten müsste zu haften, besteht keine Haftung und damit auch kein Deckungsanspruch gegen den Versicherer.[277]

Nach ganz überwiegender Auffassung hat die GmbH als Versicherungsnehmerin also, wie das vorgenannte Beispiel deutlich gemacht hat, keinen Direktanspruch gegen den D & O-Versicherer.[278] Vielmehr hat der Versicherer ein Wahlrecht, ob er den Schaden reguliert oder den Anspruch der GmbH aus der Innenhaftung abwehrt.

[276] Siehe BGH, Urt. v. 13.04.2016, IV ZR 51/14, BeckRS 2016, 7881.

[277] Zur Zulässigkeit des Verzicht und die hier bestehenden Streitfragen, siehe *Baumbach/Hueck*, GmbHG, § 43 Rdnr. 47.

[278] BGH, Urt. v. 05.04.2017, IV ZR 360/15, r + s 2017, 30; LG Wiesbaden, Urt. v. 14.12.2004, 1 O 180/03, VersR 2005, 545; LG Marburg, Urt. v. 03.06.2004, 4 O 2/03, DB 2005, 437, a.A. *Säcker*, VersR 2005, 10 ff.

Nach dem seit 01.01.2008 geltenden Versicherungsvertragsgesetz darf jedoch der Versicherer durch Allgemeine Versicherungsbedingungen nicht verbieten, dass der gegen den Versicherer bestehende Freistellungsanspruch an den Geschädigten abgetreten wird (§ 108 II VVG). Darauf wurde bereits im letzten Beispiel eingegangen. Daher könnte man ggf. für die Fälle der Innenhaftung bereits im Voraus im Anstellungsvertrag des Geschäftsführers dessen Freistellungsanspruch an die GmbH abtreten oder zumindest die Verpflichtung der Abtretung aufnehmen, so dass sich die GmbH dann nach erfolgter Abtretung direkt an den Haftpflichtversicherer wenden kann, wobei dieser dann aber nur zahlen muss, wenn tatsächlich ein Schadensersatzanspruch gegen den Geschäftsführer vorliegt und hierfür Versicherungsschutz besteht.[279] Nach Abtretung des Freistellungsanspruchs durch den Geschäftsführer an die geschädigte GmbH wandelt sich der Freistellungsanspruch in ein Zahlungsanspruch um.

- Abwehr des Anspruchs und Verdampfung der Versicherungssumme

Entscheidet sich der Versicherer für die Abwehr des Anspruchs, ist die GmbH gezwungen auf eigene Kosten den Geschäftsführer zu verklagen. Diese Kosten können durch eine Rechtsschutz-Police gesondert versichert werden, sofern diese am Markt verfügbar ist, was durch einen Spezialmakler ermittelt werden sollte. Dann erstattet der Rechtschutzversicherer der GmbH die Kosten. Der D & O-Versicherer hingegen finanziert die Abwehrkosten auf Seiten des Geschäftsführers. Teils sind Abwehrkosten als sog. Sublimit mitversichert. Beträgt bei einem kleinen Betrieb die Versicherungssumme 500.000 €, könnten 50.000 € als Sublimit für die Abwehrkosten versichert sein. Das bedeutet, dass die Kosten die Versicherungssumme, die für den Schadensersatz zur Verfügung steht, reduzieren.[280] Dies kann, wie es die Branche ausdrückt, zu einer Verdampfung der Versicherungssumme führen. Vor allem aber muss die GmbH ggf. über drei Instanzen den Prozess vorfinanzieren. Dies wird die Gesellschaft, die durch den Schadensfall ggf. schon am Rande der Insolvenz steht, häufig überfordern.

- Erweiterte Abwehrkosten

Die Abwehrkomponente der D & O-Versicherung, die darauf gerichtet ist, unberechtigte Ansprüche gegen den Geschäftsführer abzuwehren, kann also für die GmbH sehr belastend sein. Abgesichert wird der Geschäftsführer. Moderne Bedingungswerke versichern sog. vorgezogene Abwehrkosten, die an bestimmte vereinbarte Ereignisse noch vor Geltendmachung des Schadensersatzanspruchs anknüpfen. Es handelt sich um Ereignisse, die auf eine Vorbereitung der Erhebung von Schadensersatzansprüchen hindeuten. Dazu können beispielsweise die Verwei-

[279] Der BGH hat entschieden, dass die Abtretung statthaft ist und aus ihr nicht gefolgert werden kann, diese stehe einer ernstlichen Inanspruchnahme des Geschäftsführers entgegen, siehe BGH, Urt. v. 13.04.2016, IV ZR 51/14, BeckRS 2016, 7881.

[280] Eine solche Klausel, die eine Anrechnung von Rechtsverfolgungskosten auf die Versicherungssumme vorsieht, ist nach *Säcker*, VersR 2005, 10, 14 wegen Verstoßes gegen § 307 I 2 BGB unwirksam, so auch OLG Frankfurt, Urt. v. 09.06.2011, 7 U 127/09, VersR 2012, 432.

gerung der Entlastung des Geschäftsführers, die Androhung der Kündigung bzw. die Kündigung des Anstellungsvertrags, die Zurückbehaltung der Vergütung, die Erstellung eines Klageentwurfs oder die Einleitung eines strafrechtlichen Ermittlungsverfahrens gegen den Geschäftsführer gehören. Sind vorgezogene Abwehrkosten versichert, so wird bei den vorgenannten oder vergleichbaren Ereignissen Kostenschutz für die anwaltliche Interessenvertretung gewährt (siehe dazu auch noch die Ausführungen unten bei 3d.)

► Kein steuerpflichtiger Vorteil

Beim Geschäftsführer ist die Prämie für die D & O-Versicherungsprämie nicht als Einnahme zu versteuern, sofern bestimmte Voraussetzungen eingehalten werden.[281] So darf u. a. die Leistung nur der GmbH als Versicherungsnehmerin zustehen, die Prämie darf sich nicht nach individuellen Kriterien des Geschäftsführers bestimmen, das Management muss als Ganzes versichert werden, die Versicherungssummen müssen deutlich höher als das übliche Privatvermögen der Organmitglieder sein.

3. Einzelheiten und Einschränkungen des Versicherungsschutzes

a. Umfang der Deckung

► Vielfalt der Versicherungsbedingungen

Der Umfang des Versicherungsschutzes, insbesondere die geltenden Ausschlüsse, richtet sich nach den konkreten Bedingungen. Da seit dem 01.07.1994 das Bundesaufsichtsamt für das Versicherungswesen keine Versicherungsbedingungen mehr genehmigen muss bzw. darf, gibt es bereits eine Vielzahl von Versicherungsbedingungen in diesem Bereich. Vor allem die Zahl der Ausschlüsse wird immer unübersichtlicher, außerdem ändern die Versicherer permanent, teilweise im Jahrestakt ihre Bedingungen. Trotz der Vielzahl der Bedingungen bestehen aber dennoch im Grundsatz zahlreiche Übereinstimmungen. Grundsätzlich sind nur *unmittelbare* Vermögensschäden versichert. Nicht versichert sind Personen- und Sachschäden. Damit soll eine Überschneidung mit der Betriebs- bzw. Bürohaftpflichtversicherung vermieden werden. Erfasst werden von den gängigen Policen sowohl die zivilrechtliche als auch die öffentlich-rechtliche Haftung aus der Organtätigkeit.

Was versichert ist, ergibt sich aus der getroffenen Vereinbarung, also der vereinbarten Risikobeschreibung. Häufig heißt es in den Bedingungen, dass Ansprüche auf **Ersatz von Vermögensschäden** wegen einer bei der versicherten Tätigkeit begangenen Pflichtverletzung versichert sind. Typischerweise wird formuliert, dass Ansprüche gegen die versicherten Personen versichert sind, soweit diesen Personen Verstöße vorgeworfen werden, die in dem **Umfang gesetzlicher Haftpflichtbestimmungen** liegen. Die Formulierungen variieren. Sehr eng sind Bedingungen, die nur Haf-

[281] Schreiben des BMF vom 24.01.2002, Aktenzeichen IV C 5 – S 2332 – 8/02.

tpflichtansprüche privatrechtlichen Inhalts abdecken, dann wären z. B. Ansprüche aus der Haftung für Steuerschulden gemäß § 69 AO nicht mitversichert. Auch das Wort Haftpflichtanspruch oder Haftpflichtbestimmung umfasst nicht alle Ansprüche. So wird z. B. vertreten, dass der Anspruch aus § 64 Satz 1 GmbHG, der im Insolvenzverfahren eine große praktische Bedeutung hat und dessen Realisierung den Geschäftsführer existenziell treffen kann, kein Haftpflichtanspruch, sondern ein gesellschaftsrechtlicher Anspruch eigener Art sei.[282] Diese Entscheidungen haben für erhebliche Unsicherheit geführt. Die Praxis hat reagiert und viele Versicherungsmakler haben die Deckungskonzepte nachgebessert und mit den Versicherern ausdrücklich vereinbart, dass für die Ansprüche aus § 64 Satz 1 GmbHG Deckung besteht.

Tipp!
Achten Sie bei dem Deckungskonzept unbedingt darauf, dass die Ansprüche aus der Haftung für Steuerschulden und wegen Masseschmälerung gemäß § 64 Satz 1 GmbHG ausdrücklich mitversichert sind. Sofern Sie die Schäden vorsätzlich herbeiführen oder die Pflichten wissentlich verletzen, also Steuern wissentlich nicht abführen oder wissentlich den Insolvenzantrag verschleppen, hätten Sie allerdings wegen dieser Ausschlüsse gleichwohl keine Deckung.

▶ Befriedigung oder umfassende Abwehr

Der Versicherungsschutz erstreckt sich sowohl auf die gerichtliche als auch auf die außergerichtliche Befriedigung, d. h. die Regulierung begründeter Ansprüche. Wie bei jeder Haftpflichtversicherung ist aber auch die *Abwehr unbegründeter Ansprüche* sowohl im außergerichtlichen wie im prozessualen Stadium erfasst.

Die Versicherungssumme wird im Einzelfall frei vereinbart. In der Praxis finden sich Versicherungssummen zwischen 50.000 € und 25 Mio. €. Durch Verträge, bei

[282]Dies ist noch nicht vom BGH entschieden und äußerst strittig, siehe OLG Düsseldorf, Urt. v. 20.07.2018, 4 U 93/16, juris Rdnr. 82 f, aus den den Gründen: *Es handelt sich bei § 64 GmbHG nicht um einen gesetzlichen Haftpflichtanspruch, der unter einen solchen D&O-Versicherungsschutz für Schadensersatz fällt (so auch – ohne Begründung – OLG Celle, BeckRS 2016, 125428, Rz. 38). Gemäß § 64 S. 1 GmbHG sind die Geschäftsführer der Gesellschaft zum Ersatz von Zahlungen verpflichtet, die nach Eintritt der Zahlungsunfähigkeit der Gesellschaft oder nach Feststellung ihrer Überschuldung geleistet werden. Es handelt sich dabei nicht um ein Zahlungsverbot. Zahlungen sind nach Eintritt der Insolvenzreife nicht im eigentlichen Sinne „verboten" (Baumbach/Hueck/Haas, 21. A., § 64 GmbHG Rn. 2–5); vielmehr trägt der Geschäftsführer für diese Transaktionen das wirtschaftliche Risiko, wenn es zur Insolvenzeröffnung kommt. Schutzzweck der Norm ist auch nicht ein Schaden des Unternehmens, sondern der Erhalt der Insolvenzmasse. Die Vorschrift dient der Erhaltung der verteilungsfähigen Vermögensmasse der insolventen Gesellschaft im Interesse der Gesamtheit der Gläubiger, um soweit wie möglich deren gleichmäßige und ranggerechte Befriedigung zu ermöglichen (BGH NJW 2000, 668; OLG Düsseldorf, BeckRS 2015, 02145). Darin besteht der entscheidende Unterschied zu einem deliktischen Schadensersatzanspruch, weil die Haftung aus § 64 GmbHG unabhängig davon besteht, ob der Gesellschaft überhaupt ein Vermögensschaden entstanden ist.*

denen sich mehrere Versicherer das Risiko teilen, sog. Mitversicherung oder über sog. Excedenten, das heißt Anschlussdeckungen bei weiteren Versicherern, die auf der Grunddeckung des ersten Versicherers aufbauen, werden auch noch höhere Versicherungssummen angeboten.

b. Anspruchserhebungsprinzip und Rückwärtsdeckung

► „Claims-made-Prinzip"

Wichtig ist, dass bei der Vermögensschadens-Haftpflichtversicherung alle Schadensersatzansprüche versichert sind, die während des versicherten Zeitraums geltend gemacht werden (das sog. *„claims-made-Prinzip"*).[283] Verlangt wird in der Regel eine (schriftliche) Geltendmachung durch das zuständige Organ, also die Gesellschafterversammlung bzw. ggf. durch den Aufsichtsrat. Das heißt zunächst einmal, dass der Versicherungsvertrag zum Zeitpunkt der Geltendmachung noch bestehen oder zumindest eine Nachhaftung vereinbart worden sein muss. In Anbetracht des Umstandes, dass Ansprüche aus § 43 GmbHG erst in fünf Jahren verjähren und die Verjährungsfrist erst beginnt, wenn der Schaden dem Grunde nach eingetreten ist, besteht die Gefahr, dass der Versicherer nicht mehr eintrittspflichtig ist, obwohl mit ihm zum Zeitpunkt der Pflichtverletzung ein Versicherungsvertrag bestand. Anders als im gängigen Haftpflichtversicherungsrecht kommt es also nicht auf den Zeitpunkt an, in dem der Schaden eintritt oder der Verstoß begangen wird, sondern entscheidend ist jener Zeitpunkt, in dem der Anspruch geltend gemacht wird. Dadurch wird erreicht, dass auch Ansprüche erfasst werden, die vor Vertragsschluss liegen. Insofern liegt eine sog. „Rückwärtsversicherung" vor. Versichert sind aber nur solche in der Vergangenheit vor dem formellen Versicherungsbeginn liegende Verstöße, von denen die versicherten Personen keine Kenntnis hatten oder – nach verbreiteten Bedingungen – den Umständen nach keine Kenntnis haben mussten. Auch ist häufig die Rückwärtsversicherung zeitlich begrenzt, meist auf einen Zeitraum von einem oder zwei Jahren vor Vertragsbeginn. Für die Rückwärtsversicherung und die Nachhaftung kann der Versicherer gesonderte Prämien berechnen.

c. Ausschlüsse

► Ausschlüsse können für Überraschungen sorgen

Zu beachten sind – wie bei jeder Versicherung – die **Ausschlüsse**: Nicht mitversichert sind sämtliche Schäden, die auf Vorsatz beruhen. Der Versicherungsschutz greift jedoch, wenn der im Raum stehende Vorsatz später nicht durch Urteil festgestellt wird. Durch den Vorsatzausschluss werden aber schon zahlreiche Schäden aus dem Versicherungsschutz herausfallen. Zu beachten ist, dass – wie in der Haft-

[283] OLG München, Urt. v. 08.05.2009, 25 U 5136/08, NZG 2009, 714 bejahte die Wirksamkeit des claims-made-Prinzips in den zur Prüfung vorgelegten Bedingungen. Jedes Bedingungswerk ist gesondert zu prüfen, ob sich in der Gesamtschau des versicherten Zeitraums eine unangemessene Benachteiligung gemäß § 307 BGB ergibt.

pflichtversicherung gemäß § 152 Versicherungsvertragsgesetz üblich – auch *grobe Fahrlässigkeit* mitversichert ist.

► Vorsätzliche Schadenherbeiführung und wissentliche Pflichtverletzung

Die wichtigsten Ausschlüsse sind der Vorsatz, welcher sich auf die Schadensherbeiführung bezieht und die wissentliche Pflichtverletzung. Der Ausschluss, dass die mit Vorsatz herbeigeführten Schäden nicht versichert sind, ergibt sich bereits aus dem Gesetz. Dieser Ausschluss muss nicht vereinbart werden. Will also der Geschäftsführer Schäden anrichten, z. B. die GmbH durch den Abschluss eines nachteiligen Vertrags schaden oder verschleppt er vorsätzlich den Insolvenzantrag, hätte er dafür keinen Versicherungsschutz. Rechtsgrundlage für den Vorsatzausschluss ist § 103 Versicherungsvertragsgesetz, wo es heißt:

> *Der Versicherer ist nicht zur Leistung verpflichtet, wenn der Versicherungsnehmer vorsätzlich und widerrechtlich den bei dem Dritten eingetretenen Schaden herbeigeführt hat.*

In denen in der Praxis verbreiteten Bedingungen wird dieser Ausschluss um den Ausschluss der wissentlichen Pflichtverletzung erweitert und damit der Ausschluss des Versicherungsschutzes vorverlagert. Eine Formulierung dieses Ausschlusses kann z. B. wie folgt lauten:

> *Der Versicherungsschutz bezieht sich nicht auf Haftpflichtansprüche durch wissentliches Abweichen von Gesetz, Vorschrift, Beschluss, Vollmacht oder Weisung oder durch sonstige wissentliche Pflichtverletzung*

Damit werden Schäden, die durch die wissentliche Verletzung von Pflichten verursacht werden, vom Versicherungsschutz ausgenommen. Nach der vorgenannten Klausel schaden nicht nur die Abweichung von gesetzlichen Pflichten, sondern auch das wissentliche Abweichen von der Satzung, Gesellschafterbeschlüssen, von Vollmachten, Weisungen sowie sonstige Pflichtverletzungen. Hierzu muss man sich – wie angeführt – vergegenwärtigen, dass sich die wissentliche Pflichtverletzung nur auf die Pflicht, nicht auf den Erfolg, d. h. die Schadensherbeiführung, beziehen muss. Es genügt also, wenn der Geschäftsführer wissentlich, also mit direktem Vorsatz gegen eine Pflicht verstößt, um den Versicherungsschutz entfallen zu lassen. Hierbei handelt derjenige wissentlich, der die verletzten Pflichten positiv kennt. Es muss feststehen, dass die versicherte Person die Pflichten gekannt und sich bewusst darüber hinweggesetzt hat.[284]

---

[284]Siehe OLG Köln, Urteil vom 29.11.2012, 9 U 75/11, VersR 2012, 560 m.w.N., siehe auch BGH, Urt. vom 28.09.2005, IV ZR 255/04, juris Rdnr. 26 f.: *Wissentlich handelt nur derjenige Versicherte, der die verletzten Pflichten positiv kennt. Bedingter Vorsatz, bei dem er die in Rede stehende Verpflichtung nur für möglich hält, reicht dafür ebenso wenig aus wie eine fahrlässige Unkenntnis. Es muss vielmehr feststehen, dass der Versicherte die Pflichten zutreffend gesehen hat (BGH, Urteile vom 26. September 1990 – IV ZR 147/89 – VersR 1991, 176 unter 4 b, zu § 4 Nr. 6 S. 1 AVB-WB; vom 5. März 1986 – IVa ZR 179/84 – VersR 1986, 647 unter 2 b, zu § 4 Nr. 5 AVB Vermögen).*

Beispiel

„Wider besseren Wissens"

Der Geschäftsführer weiß, dass er laut Satzung Verträge mit einem Volumen von mehr als 20.000 € nur mit Zustimmung der Gesellschafterversammlung abschließen darf. Er schließt dennoch einen Beratungsvertrag über 40.000 € ab, weil er davon ausgeht, dass die Gesellschafterversammlung – wie stets in der Vergangenheit – zustimmen wird. Diesmal hat sich jedoch der Wind gedreht, die Gesellschafter sind mit dem Geschäft nicht einverstanden und machen geltend, dass der Vertrag nutzlos sei, weshalb der Gesellschaft ein Schaden in Höhe des Honorars entstanden sei, den der Geschäftsführer gemäß § 43 GmbHG ausgleichen möge. Der Versicherer kann sich auf den Standpunkt stellen, dass Versicherungsschutz wegen einer wissentlichen Pflichtverletzung nicht besteht (siehe zum Zustimmungsvorbehalt oben 3. Teil, D 2 c). In vielen Bedingungen heißt es und dies könnte hier ggf. zu einem Versicherungsschutz führen, dass der Ausschluss keine Anwendung findet, wenn die wissentliche Pflichtverletzung allein in einer Verletzung von ausschließlich auf Ebene der Versicherungsnehmerin bzw. einer vom Versicherungsschutz umfassten Tochtergesellschaft gesetztem Recht in Form von Satzung, Geschäftsordnung, Gesellschafterbeschluss oder Weisung der Gesellschafter besteht und die versicherte Person auf der Grundlage angemessener Informationen im Zeitpunkt der Pflichtverletzung und zum Wohl der Versicherungsnehmerin bzw. einer vom Versicherungsschutz umfassten Tochtergesellschaft gehandelt hat. Diese Einschränkung kommt aber bei einem tatsächlich nutzlosen Beratungsvertrag nicht in Frage, denn dann hätte G wohl nicht auf der Grundlage angemessener Informationen gehandelt.

Beispiel

„Die doppelte Unterschrift"

Georgina Gast (G) ist Geschäftsführerin einer Klinik-GmbH. Es soll ein neues Röntgengerät angeschafft werden. Hierzu wurden zwei Angebote eingeholt. Das Gerät des Anbieters Alpha Health AG (A) soll angeschafft werden, nicht jenes des Herstellers Beta Systems AG (B). G weist daher ihren zuverlässigen Mitarbeiter Christian Chlodwig (C) an, Angebot A zur Unterschrift in die Unterschriftenmappe zu legen. C legt versehentlich beide Angebote in die Unterschriftenmappe. G unterschreibt beide Angebote, weil sie beim Unterschreiben nicht genau hinschaut. Beide Angebote werden versandt und beide Hersteller bestätigen den Kauf. Der Irrtum wird festgestellt. Das Angebot bei B wird storniert, dieser besteht auf Erfüllung und macht einen entgangenen Gewinn von 30.000 € geltend. Die Klinik GmbH zahlt nach anwaltlicher Beratung den Betrag. Die Gesellschafterversammlung beschließt G deswegen in Haftung zu nehmen. G begehrt vom D & O-Versicherer Freistellung von der Haftung. Diese meint wegen einer wissentlichen Pflichtverletzung nicht zahlen zu müssen. Hier wäre zu prüfen, ob es sich tatsächlich um eine wissentliche Pflichtverletzung handelt. G wollte nur ein Angebot unterzeichnen, sie hat unkonzentriert ein Angebot zu viel unterschrieben. Die Unterschrift geschah wissentlich, die Hand wurde wissentlich geführt, doch damit nicht eine wissentliche Pflichtverletzung begangen. Dass im Rahmen einer insgesamt nicht mit Wissen begangenen Pflichtverletzung wissentliche Akte begangen werden, schadet meines Erachtens nicht. Es kommt darauf an, ob der Geschäftsführer wusste, dass er das Angebot bei B unterschreibt und damit wissentlich die Pflicht verletzt, die zum Schaden führt. Wie der Richter im Einzelfall entscheidet, kann nicht prognostiziert werden. Von Bedeutung kann hierbei auch die Beweislastverteilung sein. Grundsätzlich muss der Versicherer den Ausschluss beweisen, dies ist für das Tatbestandsmerkmal der Wissentlichkeit schwierig. Der Versicherer müsse Anknüpfungstatsachen vortragen, die als schlüssige Indizien für eine wissentliche Pflichtverletzung betrachtet werden können. Der *BGH* meint allerdings, das bei der Verletzung beruflicher Kardinalpflichten, dem Versicherten die Aufgabe zukommt, sich zuerst zu entlasten.[285] Allerdings wurden für den Geschäftsführer noch keine Kardinalpflichten herausgearbeitet. Das man sich durchlesen sollte, was man unterschreibt, trifft auf jeden zu, der Unterschriften leisten muss, so dass fraglich ist, ob sich dies als berufliche Kardinalpflicht eines Geschäftsführers begreifen lässt.

▶ Weitere typische Ausschlüsse

Teils nicht versichert sind Schäden durch unzureichenden Versicherungsschutz. In neueren Policen wird dieser Ausschluss allerdings kaum mehr vereinbart. Versäumt der Geschäftsführer beispielsweise, ein Gebäude gegen Feuer zu versichern und ereignet sich ein Brandschaden, haftet er gemäß § 43 GmbHG für den entstandenen Schaden. Der Versicherer kann sich dann auf den vorbezeichneten Ausschluss berufen, sofern er diesen vereinbart hat. Ebenfalls nicht versichert sind in der Regel Schäden, die bei einer konzernverbundenen Gesellschaft zu einem Vorteil geführt haben. Kauft der Geschäftsführer einer Tochtergesellschaft von der Muttergesellschaft Waren zu überhöhten Preisen, schädigt er die Tochtergesellschaft, während die Muttergesellschaft spiegelbildlich daraus einen Vorteil zieht. Die Wirksamkeit einer Konzernklausel wurde bejaht.[286] Ebenfalls ausgeschlossen sind ferner Ansprüche gegen den Geschäftsführer wegen zu Unrecht erhaltener Vergütungen oder sonstiger zu Unrecht geleisteter Zuwendungen.

▶ Innenhaftung ist nicht immer mitversichert

[285] BGH, Urt. v. 17.12.2014, IV ZR 90/13, juris, Leitsätze: *1. Für den Ausschlussgrund der Wissentlichkeit der Pflichtverletzung ist der Versicherer darlegungs- und beweispflichtig. 2. Hierfür hat er – wenn es sich nicht um die Verletzung elementarer beruflicher Pflichten handelt, deren Kenntnis nach der Lebenserfahrung bei jedem Berufsangehörigen vorausgesetzt werden kann – Anknüpfungstatsachen vorzutragen, die als schlüssige Indizien für eine wissentliche Pflichtverletzung betrachtet werden können. Erst wenn dieses geschehen ist, obliegt es dem Versicherungsnehmer im Rahmen seiner sekundären Darlegungslast, Umstände aufzuzeigen, warum die vorgetragenen Indizien den Schluss auf eine wissentliche Pflichtverletzung nicht zulassen.*

[286] LG Wiesbaden, Urt. v. 14.12.2004, 1 O 180/03, VersR 2005, 545.

Nicht in allen Bedingungen mitversichert sind Ansprüche aus der Innenhaftung. Gerade diese sind aber von größter praktischer Relevanz. Im Außenverhältnis wird der Geschäftsführer *außerhalb der Krise* der Gesellschaft kaum für unmittelbare Vermögensschäden in Anspruch genommen. Eine Absicherung auch des Risikos einer Inanspruchnahme aus der Innenhaftung, also insbesondere die Versicherung der Haftung aus § 43 GmbHG ist enorm wichtig.

Tipp!
Schließen Sie grundsätzlich nur einen Vertrag ab, der die Innenhaftung abdeckt. Ergibt sich aus den Bedingungen nicht eindeutig, dass Ansprüche aus der Innenhaftung eingeschlossen sind, so nehmen Sie dies ausdrücklich in den Versicherungsantrag auf. Will der Versicherer dieses Risiko nicht versichern, so muss er das im Versicherungsschein deutlich kenntlich machen. Vergessen Sie nicht, sich eine Durchschrift des Antrags geben zu lassen.

▶ Innenhaftung ist für die Gesellschafter-Geschäftsführer nur eingeschränkt versicherbar

Ist die Innenhaftung bedingungsgemäß mitversichert, so bezieht sich ein weiterer verwendeter Ausschluss auf den Gesellschafter-Geschäftsführer. In der Regel ist vorgesehen, dass kein Versicherungsschutz in der prozentualen Höhe besteht, in der der Geschäftsführer bzw. das sonstige versicherte Organ an der Gesellschaft beteiligt ist. Teils regeln die Bedingungen, dass geringe Beteiligungen, häufig bis 20 oder 30 %, außer Betracht bleiben, was bedeutet, dass der Ausschluss nicht gilt und eine Kürzung der Versicherungsleistung unterbleibt.

Beispiel

„Der folgenschwere Fehler"

Geschäftsführer G ist mit 25 % an der GmbH beteiligt. Er lässt versehentlich Forderungen in Höhe von 200.000 €, die die GmbH gegen Dritte hat, verjähren. Auf der Gesellschafterversammlung wird beschlossen, dass G hierfür finanziell zur Verantwortung gezogen werden soll. G ist haftpflichtversichert. Der Haftpflichtversicherer muss, sofern hier entsprechende Bedingungen zugrunde gelegt sind, nur 75 % des Schadens ersetzen, weil in Höhe von 25 % ein Ausschluss vereinbart ist. G soll vom Haftpflichtversicherer nicht von dem Schaden freigestellt werden, der seiner Beteiligung an der Gesellschaft entspricht. Regeln die Bedingungen, dass erst Beteiligungen ab 30 % zu einer prozentualen Kürzung führen, hätte G vollen Versicherungsschutz.

▶ Konsequenzen

Durch diesen Ausschluss wird die D & O-Deckung für den Gesellschafter-Geschäftsführer, was die Innenhaftung betrifft, weitgehend uninteressant. Bei der

Außenhaftung wird es oft um Personen- oder Sachschäden gehen, die über die Betriebshaftpflichtversicherung abgedeckt sind. Zudem fehlt es, wie ausgeführt, bezüglich der Außenhaftung in der Regel an einer direkten Anspruchsgrundlage gegen den Geschäftsführer. Wie erwähnt, hat die D & O – Deckung – im Zusammenhang mit der Außenhaftung – ihre Berechtigung in der Krise. Hier stellt sie Deckung für die zivilrechtliche Haftung des Geschäftsführers, für nicht abgeführte Steuern sowie für den Fall der Insolvenzverschleppungshaftung zur Verfügung. Zu beachten ist allerdings, dass häufig Vorsatz im Spiel sein wird, so dass die Deckung dann doch wieder entfällt. So erfordert beispielsweise auch die Haftung wegen des Vorenthaltens von Arbeitnehmerbeiträgen zur Sozialversicherung stets Vorsatz. In der Praxis zeigt sich oft, dass die Geschäftsführer in Kenntnis der Insolvenzreife bewusst, d. h. vorsätzlich weiter wirtschaften, weil sie sich an einen Strohhalm klammern, obwohl sie selbst wissen, dass es sich nur um einen solchen handelt. Im Insolvenzverfahren werden vom Versicherer D & O-Versicherungsverträge häufig gekündigt, später geltend gemachte Ansprüche werden nach verbreiteten Bedingungen nur versichert, wenn eine sog. Umstandsmeldung abgegeben wird. Der Insolvenzverwalter ist übrigens nicht verpflichtet, einen D & O-Versicherungsvertrag zum Schutze des Geschäftsführers aufrechtzuerhalten.[287]

- Kündigungs-, Öffentlichkeits- bzw. Prozessklausel

Ist die Innenhaftung versichert, finden sich teilweise in den Bedingungen Klauseln, die Versicherungsschutz erst dann eingreifen lassen, wenn dem Geschäftsführer gekündigt wird oder dieser auf Schadensersatz verklagt wird. Dadurch wird dem Manipulationsrisiko vorgebeugt, der sog. freundlichen Inanspruchnahme des Versicherers. So verständlich das Interesse des Versicherers ist, dürften solche Klauseln dennoch den Versicherungsnehmer unangemessen benachteiligen und daher gemäß § 307 BGB unwirksam sein.[288] Eine Kündigung kann bedeuten, sich von einem fähigen und schwer entbehrlichen Manager zu trennen und das „Aus" für die Gesellschaft bewirken, etwa wenn dieser anschließend noch zur Konkurrenz geht. Der Verweis auf die gerichtliche Geltendmachung – trotz ggf. klarer Rechtslage – führt zu einem Zeitverlust, der für die Gesellschaft existenziell werden kann. Zudem wird durch den Prozess der Haftungsfall öffentlich, was die Gesellschaft zusätzlich schädigen kann.

- Ausschluss Recht der USA

Meist nicht mitversichert sind Haftpflichtansprüche, die in den USA. oder auf Basis des dort geltenden Rechts erhoben werden. Die Klauseln unterscheiden sich, teils ist nur die Innenhaftung ausgeschlossen.

---

[287] BGH, Beschl. v. 14.04.2016, IX ZR 161/15, juris.

[288] Siehe *Meyke*, Die Haftung des GmbH-Geschäftsführers, Rdnr. 204 (Sittenwidrigkeit); ausführlich *Olbrich*, Die D & O – Versicherung in Deutschland, S. 134 ff.

▶ Strafen, Geldbußen, Entschädigungen mit Strafcharakter

Ein häufiger Ausschluss betrifft Strafen, Geldbußen sowie Vertragsstrafen, die in Folge von Versicherungsfällen ausgelöst werden. Leistet die GmbH z. B. nicht rechtzeitig, was auf dem Missmanagement des Geschäftsführers beruht, und macht der Kunde nunmehr eine Vertragsstrafe für die Verspätung geltend, wäre der Regress beim Geschäftsführer, also die Erstattung der Strafe durch diesen gegenüber der GmbH nicht versichert. Versichert werden aber häufig Abwehrkosten, also die Prozesskosten, die dem Geschäftsführer entstehen, wenn er sich gegen die Inanspruchnahme durch die GmbH zur Wehr setzt.

Die hier aufgeführten Ausschlüsse sind nur exemplarisch, keineswegs sind sie abschließend aufgezählt. Ein genaues Studium der jeweiligen Bedingungen, ggf. unter Hinzuziehung eines spezialisierten Rechtsanwalts, ist daher unentbehrlich.

d. Weitere Einzelheiten

▶ Räumlicher Geltungsbereich

Wichtig ist es auch, das Augenmerk auf den räumlichen Geltungsbereich der D & O-Deckung zu legen. Häufig sind Ansprüche, die vor Gerichten in den USA geltend gemacht werden, vom Versicherungsschutz ausgeschlossen. Wichtig ist die Abstimmung des Verssicherungsschutz auf die ausländischen Rechtsordnungen durch Spezialpolicen, teils auch ergänzend durch Inlandspolicen, weil deutschen bzw. europäischen Versicherern die Tätigkeit bzw. die Gewährung vom Versicherungsschutz in dem betreffenden Land verboten ist.

▶ Aufrechnung mit Gehalt

In der Praxis wird die GmbH häufig die Gehaltszahlungen an den Geschäftsführer nach Aufdeckung des Schadens einstellen bzw. das Gehalt zurückbehalten oder ggf. in Höhe des pfändbaren Anteils mit dem Schadensersatzanspruch aufrechnen. Dies kann auch gegen Boni, wie z. B. gegen eine Gewinntantieme geschehen. Auch gegen einen Anspruch des Geschäftsführers wegen Rückzahlung eines von ihm gewährten Darlehens oder wegen einer Forderung desselben aus einem Verrechnungskonto ist eine Aufrechnung der GmbH mit dem Schadensersatzanspruch denkbar.

Bei einer Aufrechnung hätte sich die GmbH in der entsprechenden Höhe bereits befriedigt. Der Geschäftsführer, der damit nicht einverstanden ist, müsste seinerseits klagen. Derartige Kosten werden, jedenfalls bis zum Streitwert der zur Aufrechnung gestellten Haftpflichtforderung vom D & O-Versicherer übernommen. Soweit sich der Schadenersatzanspruch als berechtigt erweist, wird vom Versicherer dadurch reguliert, dass das verrechnete Gehalt dem Geschäftsführer erstattet wird. Klauseln in den Policen erweitern gelegentlich den Versicherungsschutz auch auf die Geltendmachung für Fälle, in denen die Geschäftsführervergütung von der GmbH zurückbehalten wird, beschränkt auf einen bestimmten Zeitraum. Teils wird auch

Rechtsschutz für Maßnahmen gewährt, die mit der Pflichtverletzung im Zusammenhang stehen, wie der Übernahme der Kosten um gegen eine auf der Pflichtverletzung beruhende Kündigung vorzugehen. Weitere Klauseln gewähren Kostendeckung um drohende Reputationsschäden abzuwenden bzw. zu minimieren.

- Freistellung bei der Außenhaftung

Haftet der Geschäftsführer unmittelbar nach außen und will der Gläubiger diesen in Anspruch nehmen, sieht eine in vielen Policen enthaltene Klausel vor, dass die GmbH im Falle der berechtigten Freistellung des Geschäftsführers durch Befriedigung des Gläubigers einen Direktanspruch gegen den D & O-Versicherer erhält (sog. „Company Reimbursement“). Die praktische Bedeutung ist gering, da der Geschäftsführer nach außen kaum für Vermögensschäden haftet und die GmbH zudem kaum das Risiko eingehen wird, dass am Ende der Versicherer der Schadensersatzanspruch sei nicht begründet, weshalb die Freistellung nicht berechtigt gewesen sei, weshalb auch keine Erstattung erfolgen müsse. Außerdem besteht immer die Gefahr, dass der Versicherer sich auf einen Ausschluss, etwa auf eine wissentliche Pflichtverletzung beruft.

- Bestimmte Branchen werden meist nicht versichert

Zahlreiche Branchen werden zudem nicht versichert. So gibt es für Banken (zumindest für das Kreditausfallrisiko), EDV-Unter-nehmen, Immobiliengesellschaften, den Bergbau, Erdölbetriebe und das Baugewerbe häufig keinen Versicherungsschutz. Auch Existenzgründer werden meist nicht versichert. Insgesamt sind der Mittelstand und große Unternehmen die Zielgruppe der Versicherer.

- D & O ist oft subsidiär

Ferner ist zu beachten, dass die D & O-Deckung meist subsidiär, d. h. nachrangig ist. Nur wenn kein anderer Versicherungsschutz eingreift, soll die D & O-Police zum Zuge kommen. Durch die Beschränkung auf Vermögensschäden greift die D & O-Deckung auch dann nicht ein, wenn die Deckungssummen der Betriebshaftpflichtversicherung aufgezehrt sind.

- Selbstbehalte sind möglich

Teils werden Selbstbehalte vereinbart. Es finden sich sowohl feste Selbstbehalte, etwa in Höhe von 5000 € oder prozentuale Vereinbarungen, die oft mit einer Begrenzung nach oben verbunden sind. Beispielsweise wird vereinbart, dass der Geschäftsführer 10 % des Schadens selbst trägt, maximal jedoch 50.000 €.

Die Prämie wird unterschiedlich kalkuliert. Ein Ansatzpunkt sind die Bilanzsummen der jeweiligen Unternehmen. Teils wird auch auf den jeweiligen Bruttojahresumsatz der Gesellschaft abgestellt.

► Anfechtung und Rücktritt wegen Verletzung der vorvertraglichen Anzeigeobliegenheit

Bei dem Abschluss einer D & O-Versicherungsvertrags kann der Versicherer Fragen stellen, um das Risiko einzuschätzen, auch um für sich die Frage zu beantworten, ob und zu welcher Prämie er das Risiko zeichnen will. Werden die Fragen falsch oder unvollständig beantwortet, kann der Versicherer unter bestimmten Voraussetzungen vom Vertrag zurücktreten bzw. den Versicherungsvertrag anfechten (siehe §§ 19 ff. VVG, bzw. 123 BGB; siehe bereits das obige Beispiel unter 2. bei den Ausschlüssen). Solche Fragen können z. B. wie folgt lauten:

- Gab es in letzten fünf Jahren Vorschäden?
- Wurden gegen versicherte Personen in den letzten fünf Jahren Schadensersatzansprüche von der Gesellschaft oder Dritten geltend gemacht?
- Sind Umstände bekannt, die zu einem Schadenersatzanspruch gegen die GmbH, ein verbundenes Unternehmen oder eine versicherte Person führen können?
- Wurde der Bestätigungsvermerk des Wirtschaftsprüfers in letzten fünf Jahren verweigert oder nur eingeschränkt erteilt?
- Wurde in den letzten fünf Jahren der Geschäftsführung und dem Aufsichtsrat die Entlastung verweigert?
- Gab es die Kündigung (auch teilweise) von Krediten/Avalen?
- Wurden Organverhältnisse in den letzten fünf Jahren außerordentlich beendet?
- Gab es gegen die Versicherungsnehmerin oder ein verbundenes Unternehmen Pfändungen?

Gibt es mehrere versicherte Personen, also z. B. mehrere Geschäftsführer und Aufsichtsräte, ggf. auch in Tochtergesellschaften, wäre es äußert nachteilig, wenn der komplette Versicherungsschutz entfiele, nur weil ein Geschäftsführer bei dem Abschluss des Versicherungsvertrags falsche Angaben getätigt hat. Hat also z. B. der mit dem Abschluss der D & O-Versicherung betraute Geschäftsführer eine Kreditkündigung und die Abberufung eines Mitgeschäftsführers aus wichtigem Grund trotz Nachfrage verschwiegen, könnte der Versicherer den Versicherungsvertrag mit der Folge der Nichtigkeit und des Wegfalls des Versicherungsvertrag anfechten.

Moderne Bedingungen sehen aber vor, dass nur insoweit eine Inanspruchnahme oder ein Verfahren gegen eine versicherte Person gerichtet ist, die selbst die zur Anfechtung oder zum Rücktritt berechtigende Täuschungshandlung oder Anzeigepflichtverletzung begangen hat, der Versicherungsschutz ausgeschlossen ist. Also der Geschäftsführer, der die Falschangaben getätigt hat, hätte ggf. keinen Versicherungsschutz, die anderen schon. Es ist unbedingt darauf zu achten, dass die Police diese Einschränkung beim Anfechtungs- und Rücktrittsrecht enthält.

4. Vor- und Nachteile der Haftpflichtversicherung

► Abwägung im Einzelfall erforderlich

Die Vorteile für den Geschäftsführer liegen auf der Hand, sein Privatvermögen wird durch den Haftpflichtversicherungsvertrag weitgehend geschützt. Sein Schaden ist auf den Selbstbehalt begrenzt. Bekommt der Geschäftsführer die Haftpflichtversicherung allerdings nur gegen einen Gehaltsverzicht, so liegt hierin ein finanzieller Nachteil. Aber ein Versicherungsvertrag bietet für die GmbH oder wenn diese sich im Insolvenzverfahren befindet, einen Anreiz einen Schadensersatzanspruch geltend zu machen, der sonst im Hinblick darauf, dass der Geschäftsführer nicht die Leistungsfähigkeit hat oder aus sonstigen ggf. auch privaten Motiven geschont werden soll, sonst nicht verfolgt worden wären. Wird daraufhin der Geschäftsführer, z. B. in Millionenhöhe verklagt und versagt der Versicherer die Deckung, weil er einen Ausschluss als erfüllt ansieht, wäre der Geschäftsführer in einer misslichen Situation, die gerade durch das Vorhandensein der Versicherungspolice verursacht ist. Das Phänomen fällt in Kategorie „Versicherungsschutz schafft Haftung".

► Insolvenzrisiko des Geschäftsführers wird abgesichert

Die GmbH trägt die Kosten der Haftpflichtversicherungs-Police, insofern ist dies zunächst für sie nachteilig. Der entscheidende Vorteil einer Haftpflichtversicherungs-Police für die GmbH liegt jedoch darin, dass die Gesellschaft gegen die Insolvenz des Geschäftsführers abgesichert wird. Realisieren sich Schäden in Millionenhöhe, so wird der Geschäftsführer regelmäßig außerstande sein, diese zu ersetzen. Besteht nun ein Haftpflichtversicherungsvertrag, so hat die GmbH mit dem Versicherer einen solventen Partner, der die Schäden reguliert. Insofern könnte dies ein großer Anreiz für den Abschluss einer Haftpflichtversicherung sein. Letztlich kann dies immer nur im Einzelfall entschieden werden. Zu beachten ist die nicht unerhebliche Prämienbelastung sowie die jeweils bestehenden Ausschlüsse.

III. Rechtsschutz für Geschäftsführer

► Rechtsschutz zur Minimierung des Kostenrisikos

Neben der Haftpflichtversicherungs-Police werden auf dem deutschen Markt zudem noch Rechtsschutzversicherungsverträge für Top-Manager und Aufsichtsräte angeboten. Diese sichern verschiedene Risiken ab. Vertragspartner des Rechtschutz-Versicherungsvertrags kann sowohl die GmbH (Firmenlösung) als auch der Geschäftsführer werden. Praktisch bedeutsame Bausteine sind der Strafrechtsschutz und der Vermögensschaden-Rechtsschutz sowie der Anstellungsvertrags-Rechtsschutz, wobei letzterer Baustein nur als Privatlösung für den Geschäftsführer angeboten wird. Zu beachten ist, dass teilweise in D & O-Policen bereits der Strafrechtsschutz enthalten ist. Umgekehrt kann dem Baustein Vermögensschaden-Rechtsschutz der Versicherungsschutz auf das Kostenrisiko beschränkt werden, dass der Geschäftsführer trägt, wenn er gerichtlich oder außergerichtlich wegen des Ersatzes von Vermögensschäden seitens seines Unternehmens oder eines Dritten in Anspruch genommen wird. Im Gegensatz zur D & O-Deckung kann hier der Geschäftsführer selbst den Versicherungsvertrag abschließen, was sich dann empfiehlt, wenn die GmbH über keine D & O-Versicherung verfügt. Eine Erweiterung der Vermögensschaden-Rechtsschutz-Versicherung kann zudem Ansprüche des Geschäftsführers aus dem D & O – Versicherung umfassen. Verweigert der D & O – Versicherer die Deckung, kann über diesen Baustein Rechtschutz für die Geltendmachung des Deckungsanspruchs gewährt werden.

▶ Umfang des Versicherungsschutzes

Die Einzelheiten der Bedingungswerke können hier nicht vertieft werden. Zu unterschiedlich sind die auf dem Markt befindlichen Policen. Häufig wird lediglich der gerichtliche Rechtsschutz, nicht jedoch die außergerichtliche Interessenwahrnehmung versichert. Dies gilt insbesondere für den Anstellungsvertrags-Rechtsschutz. Einigt sich daher der Geschäftsführer, wie es häufig geschieht, außergerichtlich nach einer fristlosen Kündigung mit der GmbH, muss er seinen Anwalt selbst bezahlen. Policen, die auch den außergerichtlichen Rechtsschutz absichern, sind entsprechend kostspieliger. Häufig sehen die Policen vor, dass bis zu einem bestimmten Stundensatz auch Honorarvereinbarungen mit dem Anwalt abgedeckt werden. Geht es um die strafrechtliche Verfolgung, gewährt der Versicherer bei Taten, die nur vorsätzlich begangen werden können, grundsätzlich nur vorläufig Rechtsschutz. Stellt sich heraus, dass der Geschäftsführer vorsätzlich gehandelt hat und wird er entsprechend verurteilt, entfällt meist die Deckung. Der Geschäftsführer muss die Anwaltskosten und die sonstigen Kosten des Verfahrens aus eigener Tasche zahlen.

Achtung!
Auch hier gilt: Geldstrafen und Geldbußen werden niemals von einem Versicherer erstattet. Die Rechtsschutzpolice deckt nur das Kostenrisiko ab.

IV. Prozessuales

▶ Rechtsweg

Leider lassen sich Rechtsstreitigkeiten zwischen der GmbH und ihrem Geschäftsführer nicht immer vermeiden. Wesentlich seltener kommt es zu Klagen von Gesellschaftsgläubigern gegenüber dem Geschäftsführer. Für diese Streitigkeiten sind grundsätzlich die ordentlichen Gerichte, d. h. die Amts- und Landgerichte und nicht die Arbeitsgerichte zuständig.

Der Geschäftsführer, der Ansprüche aus dem Anstellungsvertrag geltend macht, klagt ebenfalls vor dem Landgericht oder bei einem Streitwert bis 5000 € vor dem Amtsgericht.[289] Die Arbeitsgerichte sind nicht zuständig (§ 5 Abs. 1 S. 3 ArbGG). Erhebt der Geschäftsführer allerdings in Unkenntnis der Rechtslage Klage beim Arbeitsgericht, muss dieses den Rechtsstreit an das zuständige Land- bzw. Amtsgericht verweisen. Lässt sich die GmbH auf diese Klage allerdings rügelos ein, so wird dadurch die Zuständigkeit des Arbeitsgerichts begründet. Auch ist es möglich, dass GmbH und Geschäftsführer von vornherein vereinbart haben, dass ihre Streitigkeiten vor den Arbeitsgerichten entschieden werden. An eine solche Vereinbarung ist das Arbeitsgericht gebunden, da das Arbeitsgerichtsgesetz derartige Vereinbarungen in § 2 IV ausdrücklich zulässt.

► Arbeitsverhältnis nach Abberufung bzw. Beendigung der Organstellung

Ist der Geschäftsführer der Ansicht, dass zwischen ihm und der GmbH ein Arbeitsvertrag besteht, so sind ebenfalls die Arbeitsgerichte zuständig-jedenfalls nach Beendigung der Organstellung. Besteht die Organstellung fort und geht es um Ansprüche aus dem Anstellungsvertrag bleiben die ordentlichen Gerichte zuständig. Behauptet hingegen der Geschäftsführer neben dem Anstellungsverhältnis habe noch ein sog. ruhendes Arbeitsverhältnis fortbestanden, dessen Wiederaufleben der (ehemalige) Geschäftsführer jetzt festgestellt haben möchte, oder aber reklamiert er, dass das Anstellungsverhältnis nicht ersatzlos endete, sondern sich in ein Arbeitsverhältnis umgewandelt oder sich ein solches angeschlossen habe, wäre das Arbeitsgericht zuständig.[290] Denkbar ist auch, dass der Geschäftsführer nach Beendigung der Organstellung meint, das bestehende Anstellungsverhältnis sei nach einer Gesamtwürdigung der Kriterien gemäß § 611a BGB als Arbeitsverhältnis einzuordnen, weshalb er vor dem Arbeitsgericht klagt. Nach der Rechtsprechung des Bundesarbeitsgerichts kann der Geschäftsführer vor den Arbeitsgerichten klagen, sobald seine Organstellung beendet ist, es genügt, wenn bis zur Entscheidung über den Rechtsweg die Organstellung wegfällt, also der Geschäftsführer erst nach Klageerhebung abberufen wird oder sein Amt als Geschäftsführer niederlegt.[291] Die Arbeitsgerichte sind also nach der Abberufung zuständig, wenn z. B. das abberufene Organmitglied im Rahmen einer Kündigungsschutzklage den Fortbestand eines des

[289] Bei einer Klage auf Feststellung der Unwirksamkeit der Kündigung bestimmt sich der Streitwert auf das Interesse bis zur ersten Kündigungsmöglichkeit, bei einer Befristung auf das Interesse bis zum Ablauf der Befristung, begrenzt auf drei Jahresvergütungen.

[290] BAG, Beschl. v. 23.08.2011, 10 AZB 51/10, juris.

[291] BAG, Beschl. v. 03.12.2014, 10 AZB 98/14, juris.

seiner Auffassung fortbestehenden Arbeitsverhältnisses beansprucht.[292] Bestand ein Fall der Drittanstellung, bei dem der Anstellungsvertrag nicht mit der GmbH, sondern mit einem anderen Unternehmen abgeschlossen wurde, so kann dieser Vertrag als Arbeitsverhältnis mit der Folge zu qualifizieren sein, dass für Streitigkeiten aus diesem Rechtsverhältnis die Arbeitsgerichte zuständig sind. Die Klage des Geschäftsführers ist dann allerdings gegen den Vertragspartner seines Anstellungsvertrags, also gegen den Dritten zu richten. Außerdem kann sich nach Auffassung des Bundesarbeitsgerichts das Dienstverhältnis im Einzelfall als Arbeitsverhältnis darstellen, wodurch ebenfalls die Zuständigkeit des Arbeitsgerichts begründet wäre.[293]

Achtung!
Vor den Arbeitsgerichten trägt in erster Instanz jede Partei ihre Anwaltskosten selbst. Bei den Zivilgerichten erfolgt hingegen eine Kostenerstattung in der Weise, dass derjenige, der den Prozess verliert, auch die Anwaltskosten des Gegners begleichen muss.

▶ Vertretung der GmbH

Die GmbH wird im Prozess gegen den Geschäftsführer durch einen besonderen Vertreter, den die Gesellschafterversammlung bestellt, vertreten (§ 46 Nr. 8 GmbHG). Die Gesellschafterversammlung entscheidet über die Prozessvertretung. Sie kann die Prozessvertretung einem Gesellschafter, einem Mitgeschäftsführer oder auch einem Dritten übertragen. Dies geschieht durch einen entsprechenden Gesellschafterbeschluss. Ein Geschäftsführer, der die Gesellschaft vertritt, wird aber ggf. die Umstände der Beendigung des Anstellungsverhältnisses des klagenden (ehemaligen) Mitgeschäftsführers eher aus der Perspektive des Managers und nicht aus jener des Anteilseigners sehen, so dass eine Betrauung desselben mit der Prozessführung nicht immer empfehlenswert ist. Solange die GmbH keinen Prozessvertreter bestellt, bleibt der amtierende Geschäftsführer zuständig. Besteht ein Aufsichtsrat, so vertritt dieser die GmbH in Prozessen gegenüber dem Geschäftsführer.[294] Die Zuständigkeit der Gesellschafterversammlung bzw. des Aufsichtsrats besteht nach bestrittener Auffassung auch bei Prozessen gegen ausgeschiedene Geschäftsführer.[295] Bei Gesamtver-

---

[292] Es liegt ein sog. sic-non-Fall vor: Die bloße Rechtsansicht des klagenden Geschäftsführers, wonach es sich bei seinem Vertragsverhältnis um ein Arbeitsverhältnis handele, eröffnet den Rechtsweg zu den Arbeitsgerichten, siehe BAG 26.10.2012, 10 AZB 60/12, juris, Rdnr. 20.

[293] Siehe oben 2. Teil, A.I.

[294] BGH, Urt. v. 05.03.1990, II ZR 86/89, GmbHR 1990, 297, 298; OLG Brandenburg, Urt. v. 13.07.1999, 6 U 286/96, NZG 2000, 143, 144.

[295] BGH, Urt. v. 21.06.1999, II ZR 27/98, MDR 1999, 1397; OLG München, Urt. v. 31.07.2002, 7 U 2216/02, OLGR 2003, 273, nicht wenn die Beendigung des Anstellungsvertrags unstreitig ist: OLG Karlsruhe, Urt. v. 23.03.2011, 7 U 81/10, NZG 2011, 987.

tretung bestellt das Prozessgericht, wenn z. B. ein Geschäftsführer gegen die GmbH auf Vergütung klagt, auf Antrag des klagenden Geschäftsführers gemäß § 57 I ZPO einen Prozesspfleger, der die GmbH neben dem zweiten Geschäftsführer vertritt.

▶ Gerichtsstand

Grundsätzlich ist das Gericht am Sitz bzw. Wohnort des Beklagten örtlich zuständig. Bei Ansprüchen aus unerlaubter Handlung kommt auch das Gericht am Ort der unerlaubten Handlung (Handlungs- oder Erfolgsort) gemäß § 32 ZPO in Betracht. Klagt die Gesellschaft auf Ansprüche aus der Geschäftsführerhaftung gemäß § 43 II GmbHG hat sie die Wahl, ob sie den Geschäftsführer an dessen Wohnort oder am Sitz der Gesellschaft verklagt. Der Sitz der Gesellschaft begründet den besonderen Gerichtsstand des Erfüllungsortes der Geschäftsführerpflichten.[296]

[296] BGH, Urt. v. 10.02.1992, II ZR 23/91, MDR 1992, 565, Leitsatz: *Für auf § 43 II GmbHG gestützte Ansprüche wegen fehlerhafter Erfüllung von Geschäftsführerpflichten ist der Gerichtsstand des Erfüllungsortes (§ 29 I ZPO) am Sitz der Gesellschaft begründet.*

Anhang

Achtung!
Bitte beachten Sie, dass die folgenden Formulierungsvorschläge an die konkreten Bedürfnisse der jeweiligen Vertragsparteien angepasst werden müssen. Die Vertragsmuster helfen Ihnen bei der Ausarbeitung von Verträgen, eine schematische Übernahme verbietet sich jedoch!

Anstellungsvertrag

Zwischen

der Max Makler GmbH, vertreten durch die Gesellschafterversammlung, bestehend aus den Gesellschaftern Max Makler und Paula Proviso

- im folgenden Gesellschaft genannt -

und

Herrn Karl Knecht

- im folgenden Geschäftsführer genannt -

wird in Ausführung des Beschlusses der Gesellschafterversammlung vom [Datum], mit dem Herr Knecht zum Geschäftsführer der Gesellschaft bestellt wurde, nachfolgender Anstellungsvertrag abgeschlossen:

Der Anstellungsvertrag hat folgenden Inhalt:

§ 1: Grundlagen

(1) Herr Knecht ist mit Wirkung ab [Datum] Geschäftsführer der Gesellschaft.

Bei Bedarf, falls bisher ein Arbeitsverhältnis bestand
Das bestehende Arbeitsverhältnis wird einvernehmlich per [Datum] aufgehoben und durch diesen Anstellungsvertrag vollständig ersetzt.

Oder alternativ Das bestehende Arbeitsverhältnis bleibt als ruhendes Arbeitsverhältnis bestehen. Es wird ab Beendigung des Geschäftsführer-Dienstverhältnisses als aktives Dienstverhältnis zu den bisherigen Konditionen fortgesetzt. Ist das für das

R. Jula, *Der GmbH-Geschäftsführer*, https://doi.org/10.1007/978-3-662-59724-8

Arbeitsverhältnis vereinbarte Grundgehalt nicht ohnehin aufgrund tarifvertraglicher Regelungen zu erhöhen, wird es unter Berücksichtigung der Entwicklung der allgemeinen Lebensverhältnisse sowie der Ertrags- und Umsatzentwicklung der Gesellschaft angepasst, wobei der Erhöhungsbetrag in das billige Ermessen der Gesellschaft gestellt wird. Im Fall einer fristlosen Kündigung dieses Dienstvertrages durch die Gesellschaft, besteht Einigkeit, dass dies gleichzeitig als fristlose, hilfsweise ordentliche Kündigung des ruhenden Arbeitsverhältnisses gilt.

Bei Bedarf Sofern der Geschäftsführer nach Beendigung des Geschäftsführer-Dienstverhältnis schriftlich binnen vier Wochen nach Wiederaufleben des Arbeitsverhältnisses erklärt, dass er das ruhende Arbeitsverhältnis nicht fortsetzen möchte, so ist die hierzu binnen zwei Wochen ab Zugang der Erklärung nicht mehr verpflichtet. In diesem Fall erhält der Geschäftsführer als Verlust für den Arbeitsplatz für jedes volle Jahr des Bestehens des aktiven und ruhenden Arbeitsverhältnisses ein halbes Bruttomonats-Gehalt bezogen auf die zuletzt bezogene Vergütung als Geschäftsführer (ohne variable Gehaltsbestandteile) unter Anrechnung der Dienstzeit als Arbeitnehmer.

(2) Der Geschäftsführer führt die Geschäfte der Gesellschaft in Übereinstimmung mit den gesetzlichen Bestimmungen, den Vorgaben des Gesellschaftsvertrags sowie den Vereinbarungen dieses Anstellungsvertrags. Der Geschäftsführer hat ferner die Weisungen der Gesellschafterversammlung zu beachten.

§ 2: Mehrere Geschäftsführer

(1) Der Geschäftsführer ist alleinvertretungsberechtigt. Die Gesellschafterversammlung hat ihm diese Befugnis eingeräumt.

Oder bei Bedarf Der Geschäftsführer ist gemeinsam mit einem weiteren Geschäftsführer (oder einem Prokuristen) zur Vertretung der Gesellschaft berechtigt.

(2) Der Geschäftsführer ist auch einzeln zur Geschäftsführung in den ihm übertragenen Ressorts berechtigt und verpflichtet.

Oder bei Bedarf Der Geschäftsführer trifft Geschäftsführungsmaßnahmen stets gemeinsam mit einem weiteren Geschäftsführer oder Prokuristen, sofern nicht eine von der Gesellschafterversammlung genehmigte Geschäftsordnung ihn für bestimmte Geschäfte einzeln zur Geschäftsführung berechtigt.

§ 3: Aufgabenbereich

Solange der Geschäftsführer der alleinige Geschäftsführer ist, nimmt er sämtliche Aufgabenbereiche wahr. Bestellt die Gesellschafterversammlung weitere Geschäftsführer, so kann sie diesen Ressorts zuordnen. Trifft die Gesellschafterversammlung keine Aufteilung, so können die Geschäftsführer ihre Aufgabenbereiche durch eine Geschäftsordnung, die schriftlich niedergelegt werden muss, voneinander abgrenzen. Die Geschäftsordnung ist den Gesellschaftern vorzulegen.

§ 4: Genehmigungspflichtige Geschäfte

- bei Bedarf -

Der Geschäftsführer [bei Bedarf: der nicht gleichzeitig Geschäftsführer ist,] bedarf für sämtliche Geschäfte, die über den gewöhnlichen Geschäftsbetrieb der Gesellschaft hinausgehen, der Genehmigung der Gesellschafterversammlung. Insbesondere bedürfen folgende Rechtsgeschäfte der Zustimmung der Gesellschafterversammlung:

1. Sämtliche Grundstücksgeschäfte, sowohl Verpflichtungs- als auch Erfüllungsgeschäfte, einschließlich der Belastung, der Veräußerung und des Erwerbs von Grundstücken,
2. Verträge mit einem Volumen, welches einen Betrag von __ € übersteigt,
3. die Eingehung von Dauerschuldverhältnissen mit einer monatlichen Verpflichtung von mehr als ___ €,
4. die Anstellung und Entlassung von Arbeitnehmern, mit Ausnahme von geringfügig oder kurzfristig beschäftigten Mitarbeitern,
5. die Einräumung von Sonderleistungen gegenüber Arbeitnehmern oder freien Mitarbeitern, durch die diesen Versorgungsleistungen, Tantiemen oder sonstige Ansprüche eingeräumt werden,
6. die Aufnahme von Krediten, die Eingehung von Wechselverbindlichkeiten und Bürgschaftsverpflichtungen,
7. die Gewährung und die Zusage von Krediten sowie die Einräumung von Sicherheiten aus dem Gesellschaftsvermögen für Dritte,
8. die Eröffnung und die Aufgabe von Filialen bzw. Zweigniederlassungen,
9. die Veräußerung und Verpachtung des Unternehmens bzw. des Betriebs oder von Betriebsteilen,
10. die Erteilung und der Widerruf von Prokura und Generalhandlungsvollmacht,
11. der Abschluss, die Aufhebung und die Änderung von Verträgen mit Gesellschaftern oder Geschäftsführern der GmbH oder mit verschwägerten oder verwandten Personen eines Gesellschafters oder eines Geschäftsführers.

§ 5: Abschluss von Geschäften mit sich selbst oder als Vertreter von Dritten

Der Geschäftsführer ist von den Beschränkungen des § 181 BGB befreit.

oder

Der Geschäftsführer bedarf bei Rechtsgeschäften, die er namens der Gesellschaft vornimmt und bei denen er gleichzeitig für sich selbst oder als Vertreter von Dritten auftritt, der Zustimmung der Gesellschafterversammlung.

§ 6: Pflichten und Verantwortlichkeit des Geschäftsführers

(1) Der Geschäftsführer hat die Geschäfte der Gesellschaft mit der Sorgfalt eines ordentlichen Geschäftsmanns zu führen. Er ist zum Ersatz des Schadens verpflichtet, der der Gesellschaft durch die schuldhafte Verletzung dieser Pflichten entsteht.
(2) Der Geschäftsführer nimmt die Rechte und Pflichten des Arbeitgebers sowohl in sozialversicherungs- und steuerrechtlicher als auch in arbeitsrechtlicher Hinsicht wahr.
(3) Der Geschäftsführer hat innerhalb von drei Monaten nach Abschluss des Geschäftsjahres den Jahresabschluss (Bilanz und Gewinn- u. Verlustrechnung) für das abgelaufene Geschäftsjahr aufzustellen und mit einem von ihm anzufertigenden Geschäftsbericht jedem Gesellschafter zu übersenden.
(4) Der Geschäftsbericht enthält Angaben über den Geschäftsverlauf, insbesondere über die Umsatzentwicklung, den Auftragsbestand, die entstandenen Kosten sowie den Personalstand.

§ 6a: Besondere Vereinbarungen zur Verantwortlichkeit des Geschäftsführers

- bei Bedarf -

Vereinbarung des Arbeitnehmerhaftungsprivilegs/Freizeichnungsklauseln

(1) Die Verantwortlichkeit des Geschäftsführers gegenüber der GmbH richtet sich nach den vom Bundesarbeitsgericht entwickelten Grundsätzen der Arbeitnehmerhaftung in ihrer jeweils aktuellen Fassung.

Oder Der Geschäftsführer haftet gegenüber der Gesellschaft nicht für Vermögensschäden, die nur auf einfacher Fahrlässigkeit beruhen.

Folgender Satz sollte ferner ergänzt werden, damit die Gefahr, dass die Regelung insgesamt unwirksam ist, minimiert wird
Wurde der Anspruch zum Zwecke der Gläubigerbefriedigung zum Zeitpunkt seiner Entstehung benötigt, was bei einer Krise (gemäß 32a I 1 a.F. GmbHG), Unterbilanz oder Insolvenzreife der Gesellschaft zu vermuten ist, bleibt es bezüglich der Verantwortlichkeit des Geschäftsführers bei der gesetzlichen Regelung. Dies gilt jedoch nicht, wenn und insoweit zum Zeitpunkt der Geltendmachung (= Zeitpunkt der

letzten mündlichen Verhandlung) der Anspruch zur Befriedigung der Gläubiger nicht mehr erforderlich ist.

Abweichende Beweislastverteilung
Die GmbH hat im Fall der Geltendmachung von Schadensersatzansprüchen gegenüber dem Geschäftsführer alle Anspruchsvoraussetzungen einschließlich der Pflichtverletzung und des Verschuldens darzulegen und zu beweisen.

Vereinbarung einer Ausschlussfrist
Ansprüche aus dem Geschäftsführervertrag und dem organschaftlichen Geschäftsführerverhältnis – gleich aus welchem Rechtsgrund – können nur binnen einer Frist von sechs Monaten ab Beendigung des Geschäftsführervertrags geltend gemacht werden. Die Geltendmachung bedarf der Schriftform. Die Ausschlussfrist gilt nicht für Ansprüche, die auf vorsätzlicher unerlaubter Handlung resultieren.

Entlastung des Geschäftsführers
Der Geschäftsführer hat einen Anspruch darauf, dass einmal jährlich über seine Entlastung abgestimmt wird. Eine Verweigerung der Entlastung ist ihm schriftlich zu begründen. Dem Geschäftsführer ist es gestattet, sowohl auf die Fassung des Entlastungsbeschlusses zu klagen als auch eine Anfechtungs- bzw. Feststellungsklage mit dem Ziel zu erheben, die Nichtigkeit bzw. Fehlerhaftigkeit des die Entlastung versagenden Beschlusses feststellen zu lassen.

Vereinbarung einer D & O-Police (Directors & Officers-Police)
Der Geschäftsführer hat Anspruch auf den Abschluss einer D & O-Versicherung mit einer Selbstbeteiligung von max. 5000 € pro Versicherungsfall. Besteht der Versicherungsschutz nicht, so kann der Geschäftsführer im Innenverhältnis beanspruchen, haftungsrechtlich so gestellt zu werden, als bestünde ein Versicherungsvertrag auf der Grundlage der Versicherungsbedingungen, die als Anlage diesem Vertrag beigefügt sind (oder: in der Fassung, die die Arbeitsgruppe des GDV zum Zeitpunkt des Vertragsschlusses erarbeitet hat).

Bei Bedarf Der Geschäftsführer verpflichtet sich auf Beschluss der Gesellschafterversammlung seinen gegen den D & O-Versicherer bestehenden Freistellungsanspruch an die GmbH abzutreten, soweit dieser Ansprüche betrifft, bei der die GmbH Geschädigte ist.

§ 7: Arbeitszeit/Nebentätigkeit

(1) Der Geschäftsführer stellt seine volle Arbeitskraft mit 40 Stunden wöchentlich zur Verfügung.

Oder bei Bedarf Der Geschäftsführer ist lediglich nebenberuflich für die Gesellschaft mit einem Stundenkontingent von x Stunden wöchentlich für die Gesellschaft tätig. Hierbei hat er die Erfüllung der ihm obliegenden Aufgaben zu gewährleisten und stets präsent zu sein, wenn dies im Unternehmensinteresse geboten ist.

(2) Überstunden sind zu leisten, wenn es das Wohl der Gesellschaft erfordert. Sie werden nicht gesondert vergütet.

Oder bei Bedarf – nur bei einem Fremdgeschäftsführer Überstunden werden einem Arbeitszeitkonto gutgeschrieben. Das Arbeitszeitguthaben ist primär durch Freizeitgewährung an den Geschäftsführer abzubauen, wobei der Geschäftsführer im eigenen Ermessen mit Rücksicht auf das Wohl der Gesellschaft den Freizeitausgleich vornimmt, sofern dieser drei zusammenhängende Arbeitstage nicht übersteigt. Ein Freizeitausgleich von mehr als drei Tagen bzw. eine Abgeltung der Überstunden in Geld erfolgt auf Antrag des Geschäftsführers durch Beschluss der Gesellschafterversammlung. Pro Überstunde ist ein Betrag zu zahlen, der sich ergibt, wenn die zum Zeitpunkt des Beschlusses maßgebliche Jahresgrundvergütung durch 1840 dividiert wird.

(3) Der Geschäftsführer ist in der Gestaltung der Arbeit, insbesondere der Arbeitszeit, frei. Er unterliegt insofern keinen Weisungen der Gesellschafterversammlung oder weiterer Geschäftsführer. Er hat das Wohl der Gesellschaft im Auge zu behalten.

Oder bei Bedarf (Arbeitszeiten im Einzelfall) Der Geschäftsführer hat die betriebsüblichen Arbeitszeiten einzuhalten. Er hat in der Regel von 9:00 Uhr bis 18:00 Uhr im Dienst zu sein. Sofern es die Situation erfordert, muss er auch zu anderen Zeiten sowie ggf. an Wochenenden und Feiertagen erreichbar sein.

(4) Nebentätigkeiten, auch die Übernahme von Ehrenämtern, bedürfen der Genehmigung der Gesellschafterversammlung.

§ 8: Vergütung

(1) Der Geschäftsführer erhält eine Jahres-Grundvergütung in Höhe von x €, die in monatlichen Teilbeträgen in Höhe von x € jeweils zum 30. des Kalendermonats nach Abzug der gesetzlich vorgeschriebenen Abgaben ausbezahlt wird. *(bei Bedarf):* Zusätzlich erhält der Geschäftsführer als 13. Monatsgehalt zum Novembergehalt einen Betrag von x € brutto ausbezahlt. Die GmbH leistet zudem mit dem Junigehalt als Urlaubsgeld einen Betrag von x € brutto. *(bei Bedarf):* Ferner erhält der Geschäftsführer einen Zuschuss zu seiner privaten Kranken- und Pflegeversicherung von x € monatlich brutto.

(2) Zuzüglich zur Grundvergütung erhält der Geschäftsführer folgende Gewinntantieme:

Eine variable Tantieme in Höhe von x % des Jahresgewinnes der Gesellschaft vor Ertragssteuern, welche nach Feststellung des Jahresabschlusses durch die Gesellschafterversammlung festgesetzt und anschließend in zwölf gleichmäßigen Beträgen mit der monatlichen Vergütung ausbezahlt wird. Maximal beträgt die Tantieme 1/3 der vereinbarten Grundvergütung.

(3) Ausgangsgrundlage für die Berechnung der Gewinntantieme ist festgestellte Gewinn der Gesellschaft vor Ertragssteuern (= Bemessungsgrundlage). Ergibt der spätere Steuerbescheid der Gesellschaft einen abweichenden Gewinn, so ist dieser für die Ermittlung der Bemessungsgrundlage maßgeblich, spätere Änderungen des Steuerbescheids, z. B. im Anschluss an Außenprüfungen, lassen die Bemessungsgrundlage hingegen unverändert.

(4) Dieser Betrag (Bemessungsgrundlage) erhöht sich um:

1. den Verlust, der durch die Bildung gewinnabhängiger Rückstellungen wie der Gewinntantieme für den bzw. die Geschäftsführer entstanden ist,
2. den Verlust, der auf der Inanspruchnahme steuerrechtlicher Sonderabschreibungen und sonstiger steuerrechtlicher Präferenzen, die den Gewinn unmittelbar beeinflussen, beruht,
3. den Verlust, der durch nachteilige Geschäfte entstanden ist, die der Geschäftsführer auf Weisungsbeschluss der Gesellschafterversammlung ausführen musste, wobei der Geschäftsführer der Gesellschafterversammlung vor der Ausführung des Geschäfts anzuzeigen hat, dass er das Geschäft für nachteilig hält,
4. die im betreffenden Geschäftsjahr an ihn bzw. andere Geschäftsführer ausbezahlte(n) Gewinntantieme, soweit hierfür keine Rückstellung aufgelöst wurde.

Die Bemessungsgrundlage verringert sich um:

1. Zuschüsse oder Subventionen, die den Gewinn erhöht haben,
2. etwaige Verlustvorträge, die aus Geschäftsjahren stammen, in denen der Geschäftsführer länger als sechs Monate als Geschäftsführer beschäftigt war,
3. Gewinne, die durch die Auflösung der gewinnabhängigen Rückstellungen, steuerrechtlichen Sonderposten und sonstiger steuerrechtlicher Positionen entstanden sind,
4. Gewinne, die durch die Auflösung stiller Reserven entstanden sind.

(4) Hat das Dienstverhältnis im betreffenden Geschäftsjahr nicht während des gesamten Geschäftsjahres, sondern nur teilweise bestanden, so verringert sich die Tantieme im entsprechenden prozentualen Verhältnis, wobei angefangene Monate mitzuzählen sind. Im Falle der Beendigung des Dienstverhältnisses wird die Gewinntantieme einen Monat nach der Feststellung des Jahresgewinns, frühestens jedoch mit dem Ausscheiden des Geschäftsführers, in voller Höhe fällig. Bei Verhinderung des Geschäftsführers z. B. infolge Krankheit entfällt der Anspruch auf die Tantieme ab dem Zeitpunkt, ab dem der Anspruch auf Fortzahlung der Grundvergütung endet.

§ 9: Fortzahlung der Vergütung

Der Geschäftsführer hat einen Anspruch auf Fortzahlung der Vergütung für den Fall der unverschuldeten Krankheit oder der sonstigen unverschuldeten Verhinderung. In diesen Fällen werden die Bezüge (Grundvergütung) für die Dauer von 90 Kalendertagen nach Eintritt der Verhinderung fortbezahlt. Je Kalendertag der Verhinderung wird 1/30 der monatlichen Grundvergütung ausbezahlt. Ein Anspruch auf Auszahlung einer bereits verdienten Gewinntantieme bleibt bestehen. Etwaiges, dem Geschäftsführer gewährtes Krankengeld, Krankentagegeld oder Krankenhaustagegeld sowie vergleichbare Lohnersatzleistungen werden auf den Anspruch des Geschäftsführers auf Entgeltfortzahlung angerechnet. Der Geschäftsführer tritt ferner schon jetzt Schadensersatzansprüche gegen Dritte ab, die er wegen des Ereignisses, das zur Verhinderung führte, möglicherweise haben wird. Im Falle des Todes wird die Vergütung – ebenfalls für 90 Tage – an die unterhaltsberechtigten Hinterbliebenen (Ehegattin, minderjährige oder in der Ausbildung befindliche Kinder) fortbezahlt. Der Geschäftsführer kann durch einfache schriftliche Erklärung gegenüber der Gesellschaft bestimmen, welche Personen diese Leistungen erhalten sollen.

§ 10: Urlaub

Der Geschäftsführer hat im Kalenderjahr 30 Arbeitstage Urlaub, wobei von einer 5-Tage-Woche auszugehen ist. War der Geschäftsführer nicht während des gesamten Kalenderjahres tätig, so stehen ihm für jeden vollen Kalendermonat 2,5 Urlaubstage zu. Der Urlaub ist so zu nehmen, dass die Belange der Gesellschaft gewahrt bleiben. Nicht genommene Urlaubstage können in das nächste Kalenderjahr übertragen werden, wobei diese dann bis zum 30. September genommen werden müssen. Anschließend besteht nur noch ein Anspruch auf Urlaubsabgeltung, wobei pro Urlaubstag 1/20 der monatlichen Grundvergütung, die zum Zeitpunkt der Abgeltung vereinbart ist, zu entrichten ist. Der Geschäftsführer ist berechtigt, die Auszahlung selbst vorzunehmen, er hat jedoch der nächsten Gesellschafterversammlung eine Abrechnung vorzulegen. Bei der Beendigung des Dienstverhältnisses besteht ebenfalls ein Anspruch auf Urlaubsabgeltung in gleicher Höhe, falls die Gesellschaft nicht von der Möglichkeit der Freistellung vom Dienst gegen Verrechnung mit dem Urlaubsanspruch Gebrauch macht.

§ 11: Erfindungen/Rechte an Software

- bei Bedarf -

(1) Der Geschäftsführer hat Erfindungen, die er innerhalb oder außerhalb seiner Diensttätigkeit macht, unverzüglich der GmbH zu melden. Die GmbH darf sodann innerhalb von vier Monaten nach der Meldung entscheiden, ob und in welchem Umfang sie Rechte an der Erfindung für sich beansprucht bzw. auf sich überleitet. Der Geschäftsführer ist zu allen Maßnahmen verpflichtet, um der Gesellschaft die geltend gemachten Rechte zu verschaffen. Die weiteren Einzelheiten richten sich nach den Vorschriften des Arbeitnehmererfindungsgesetzes. Nutzt die Gesellschaft nach Beendigung des Dienstverhältnisses die Erfindung, ohne dass eine Überleitung auf die Gesellschaft gegen Vergütung stattfand, hat sie dem Geschäftsführer eine angemessene marktübliche Lizenzgebühr zu zahlen,

deren Höhe im Zweifel in das billige Ermessen der Gesellschaft gestellt ist. Sie hat auf Verlangen des Geschäftsführers die weitere Nutzung nach Beendigung des Dienstverhältnisses zu unterlassen.

(2) Für die Rechte an Computerprogrammen gilt § 69b Urhebergesetz in seiner jeweiligen Fassung. Damit erhält die Gesellschaft an sämtlichen Computerprogrammen, mit deren Erstellung bzw. Überarbeitung der Geschäftsführer betraut ist, sämtliche Urheberrechte. Der Name des Geschäftsführers wird bei der Vermarktung der Software nicht genannt.

§ 12: Sonderleistungen/Ausstattung

je nach den Bedürfnissen des Einzelfalls

Dienstwagen

Der Geschäftsführer hat Anspruch auf Benutzung eines der GmbH gehörigen bzw. von ihr geleasten oder gemieteten PKW der Mittelklasse (im Einzelfall festzulegen). Die Nutzung für private Zwecke sowie für Fahrten zwischen Wohnung und Arbeitsstätte ist gestattet, wobei die Kosten für Schmier- und Kraftstoffe auch hier die Gesellschaft trägt. Den geldwerten Vorteil hat der Geschäftsführer zu versteuern. Er trägt die hierauf entfallenden Abzugsteuern. Im Falle des Bestehens bzw. des Eintritts einer Unterbilanz oder einer Überschuldung ist die Gesellschafterversammlung durch Beschluss berechtigt, dem Geschäftsführer diese Sonderleistung mit sofortiger Wirkung ohne Ausgleich zu entziehen. Ist der betreffende Geschäftsführer selbst Gesellschafter, hat er Stimmrecht.

Der Geschäftsführer haftet für vorsätzlich von ihm verursachte Beschädigungen am Dienstwagen im vollen Umfang, bei grober Fahrlässigkeit haftet er nur, insoweit eine Selbstbeteiligung bei dem Versicherer besteht maximal bis zu einem Betrag von 500 €. Die Gesellschaft wird hierbei eine Vollkasko Versicherung für das Fahrzeug unter Einschluss der groben Fahrlässigkeit – mit Ausnahme von Trunkenheitsfahrten sowie ggf. ohne Mitversicherung der grob fahrlässigen Ermöglichung der Entwendung – unterhalten. Andernfalls ist sie verpflichtet, den Geschäftsführer so zu stellen, wie dieser bei einer entsprechenden Deckung stünde.

Mobiltelefon

Ferner erhält der Geschäftsführer ein Mobiltelefon mit Karte, das er auch privat nutzen darf (Smartphone mit Email-Funktion), wobei bei entsprechender Rechtslage der geldwerte Vorteil von ihm zu versteuern ist. Kostenpflichtige Inhalte darf er nur nach Rücksprache mit der Gesellschaft aus dem Internet herunterladen, anderenfalls hat er die Kosten zu erstatten.

Direktversicherung

Nach Ablauf der Probezeit schließt die GmbH auf das Leben des Geschäftsführers eine Direktversicherung ab (Kapitallebensversicherung mit Berufsunfähigkeitszusatzversicherung), für die Jahresprämien in Höhe von ____ €

entrichtet werden. Eine Anrechnung auf die Vergütung des Geschäftsführers erfolgt nicht. Die Versicherungssumme wird im Erlebensfall mit Vollendung des 67. Lebensjahres, ansonsten mit dem Tod des Geschäftsführers zur Zahlung fällig. Der Geschäftsführer ist mit Wirkung gegenüber der Gesellschaft und dem Versicherer berechtigt, die Bezugsberechtigung für den Fall seines Todes zu bestimmen. Im Erlebensfall ist er selbst bezugsberechtigt. Die Unverfallbarkeit der Direktversicherung richtet sich nach den Vorschriften des Betriebsrentengesetzes.

Pensionszusage
Nach Ablauf einer Dienstzeit von x Jahren verhandeln die Parteien über die Erteilung einer Pensionszusage, die in einer gesonderten Versorgungsvereinbarung festgelegt wird.

Unfallversicherung
Der Geschäftsführer wird gegen dienstliche und private Unfälle mit einer angemessenen Versicherungssumme versichert; der Arbeitgeber wird von der Möglichkeit der Pauschalversteuerung Gebrauch machen.

D & O-Police
(siehe bereits die Regelung oben bei § 6a)

Top-Manager-Rechtsschutz
Die Gesellschaft schließt für den Geschäftsführer eine Top-Manager-Recht-schutzversicherung ab, die mindestens die Bausteine „Strafrechtsschutz" sowie „Vermögensschaden-Rechtsschutz" enthält.

§ 13: Geheimhaltung

Der Geschäftsführer ist zur strikten Geheimhaltung der Betriebs- und Geschäftsgeheimnisse – auch nach seinem Ausscheiden – verpflichtet. Er wird auf die strafrechtlichen Folgen bei Verletzung des Geheimhaltungsgebots hingewiesen.

§ 14: Wettbewerbsverbot

(1) Der Geschäftsführer unterliegt während der Vertragsdauer einem Wettbewerbsverbot, das ihm verbietet, Tätigkeiten zu entfalten, durch die er sich mit dem Gesellschaftszweck und den Zielen der Gesellschaft, insbesondere mit dem tatsächlich ausgeübten Unternehmensgegenstand in Widerspruch setzen würde. Hierzu gehört jede sonstige selbstständige, aber auch unselbstständige Konkurrenztätigkeit, einschließlich des unmittelbaren oder mittelbaren Erwerbs bzw. des Haltens von Beteiligungen an Konkurrenzunternehmen.
(2) Verstößt der Geschäftsführer gegen dieses Wettbewerbsverbot und hat er den Verstoß zu vertreten, so darf die Gesellschaft die Rechte aus § 61 HGB geltend

machen. Ferner schuldet der Geschäftsführer eine Vertragsstrafe in Höhe eines Viertels der zum Zeitpunkt der Geltendmachung vereinbarten Jahres-Grundvergütung. Über die Geltendmachung der Rechte entscheidet die Gesellschafterversammlung, wobei der betreffende Geschäftsführer, sofern er Gesellschafter ist, kein Stimmrecht hat. Die Vertragsstrafen sind auf einen etwaigen Schadensersatzanspruch anzurechnen.

§ 15: Nachvertragliches Wettbewerbsverbot

- bei Bedarf –

(1) Der Geschäftsführer verpflichtet sich, in einem Zeitraum von ___ Jahren (max. 2 Jahre) nach Beendigung des Anstellungsvertrags weder in selbstständiger noch in unselbstständiger Beschäftigung im Raum _______ (*beschränken max. auf Tätigkeitsgebiet der GmbH*) eine Konkurrenztätigkeit (entscheidend ist die zum Ausscheiden tatsächlich von der Gesellschaft ausgeübte Tätigkeit) aufzunehmen. Untersagt sind auch entsprechende beratende Tätigkeiten. Untersagt ist dem Geschäftsführer hierbei insbesondere die Abwerbung von Kunden oder die Vermittlung von Kundenanfragen an die Gesellschaft an Konkurrenzunternehmen oder die Weiterleitung von Aufträgen, die der GmbH zu Gute kämen, an Konkurrenzunternehmen. Ebenso untersagt ist dem Geschäftsführer das Abwerben von Mitarbeitern (Arbeitnehmern, Vertriebspartnern, freien Mitarbeitern) der Gesellschaft zugunsten von Konkurrenzunternehmen. Nicht vom Verbot erfasst sind Tätigkeiten des Geschäftsführers selbst bei Konkurrenzunternehmen, die der Geschäftsführer bisher nicht bei GmbH ausgeübt hat, z. B. die Wahrnehmung nachgeordneten Tätigkeiten (z. B. eine Anstellung als Fahrer oder Hausmeister), wobei die Verschwiegenheitspflicht unberührt bleibt.

Ebenfalls untersagt ist mittelbare oder direkte Erwerb bzw. das Halten von Beteiligungen an Konkurrenzunternehmen, durch die dem Geschäftsführer mindestens 25 % der Stimmrechte zustehen.

(2) Als Gegenleistung für die Einhaltung des Wettbewerbsverbots zahlt die Gesellschaft dem Geschäftsführer für die Dauer des Verbots eine Entschädigung in Höhe von 50 % der Grundvergütung, wobei der Durchschnitt der drei letzten Jahres-Grundvergütungen anzusetzen ist. Diese Entschädigung wird monatlich jeweils zum 15. ausbezahlt.

(3) Auf die Entschädigung werden Einkünfte angerechnet, die durch die Verwertung der Arbeitskraft in der Zeit des Wettbewerbsverbots erzielt werden.

Ebenfalls angerechnet wird etwaiges bezogenes Arbeitslosengeld sowie sonstige Lohnersatzleistungen, wie z. B. Krankengeld, Krankentagegeld oder Krankenhaustagegeld sowie Renten und weitere Versorgungsleistungen. Unterlässt es der Geschäftsführer böswillig, seine Arbeitskraft zu verwerten, so wird die Entschädigung pauschal auf die Hälfte gekürzt. Die Gesellschaft hat die Kürzung schriftlich mitzuteilen, wobei substanziiert auszuführen ist, inwieweit der Geschäftsführer die Aufnahme einer Erwerbstätigkeit böswillig unterlassen hat.

Die Kürzung ist nur für die Zukunft möglich, eine Rückforderung bereits gezahlter Leistungen findet nicht statt.

(4) Der Geschäftsführer hat unaufgefordert unverzüglich anrechenbare Einkünfte unter Beifügung von Kopien der Bescheide bzw. Abrechnungen zu melden. Der Geschäftsführer hat ferner alle nötigen Auskünfte zu erteilen. Er bevollmächtigt die Gesellschaft schon jetzt, bei Dritten Auskünfte einzuholen.

(5) Ein Verzicht auf das nachvertragliche Wettbewerbsverbot durch die Gesellschaft ist durch einseitige Erklärung der Gesellschaft bis zur Beendigung des Anstellungsverhältnisses möglich. Die Pflicht zur Zahlung der Entschädigung endet in diesem Fall sechs Monate nach Zugang der Verzichtserklärung.

(6) Bei einer Kündigung aus wichtigem Grund darf sich der Kündigende binnen eines Monats nach Zugang der Kündigung durch einfache schriftliche Erklärung vom Wettbewerbsverbot lossagen. Unterlässt er dies, so gilt das nachvertragliche Wettbewerbsverbot.

(7) Für jeden vorsätzlichen Verstoß gegen das nachvertragliche Wettbewerbsverbot schuldet der Geschäftsführer eine Vertragsstrafe in Höhe eines Sechstels der zuletzt bezogenen Jahresgrundvergütung (brutto), bei nur fahrlässigem Verstoß halbiert sich die Vertragsstrafe. Für die Zeit des Verstoßes besteht kein Anspruch auf die Karenzentschädigung. Ansprüche auf weitergehenden Schadensersatz bleiben unberührt, der Gesellschaft stehen die Rechte aus § 61 HGB analog zu. Vertragsstrafen sind auf Schadensersatzansprüche anzurechnen.

§ 16: Kündigung und Beendigung

(1) *(sofern keine Befristung vereinbart ist)* Der Anstellungsvertrag wird auf unbestimmte Dauer geschlossen. Das Recht zur ordentlichen Kündigung besteht jederzeit mit einer Frist von sechs Wochen zum Quartalsende. Gelten zwingend längere gesetzliche Mindestkündigungsfristen, so sind diese vorrangig. Die Kündigung bedarf der Schriftform. Empfangszuständig auf Seiten der Gesellschaft ist jeder Mitgeschäftsführer. Fehlt ein solcher, so ist die Kündigung an den Gesellschafter mit der höchsten Beteiligung zu richten. Bei gleich hoher Beteiligung mehrerer Gesellschafter ist die Kündigung an einen Gesellschafter nach Wahl des Geschäftsführers zu richten. Ist der Kündigende selbst Gesellschafter, muss die Kündigung beim Fehlen eines Mitgeschäftsführers nach den vorgenannten Grundsätzen an den entsprechenden Mitgesellschafter gerichtet werden. Der Alleingesellschafter-Geschäftsführer ist selbst empfangszuständig.

Bei Bedarf Das Dienstverhältnis endet mit dem Schluss des Kalendermonates in dem der Geschäftsführer das Renteneintrittsalter der DRV-Bund erreicht, unabhängig davon ob er eine Rente aus der gesetzlichen Rentenversicherung bezieht.

(2) Im Falle der Kündigung ist die Gesellschaft – unabhängig davon, welche Seite gekündigt hat –, berechtigt, den Geschäftsführer unter Anrechnung etwaiger offener Urlaubsansprüche bis zum Ablauf der Kündigungsfrist von jeglicher

Verpflichtung zur Dienstleistung widerruflich freizustellen. Eine Tätigkeit darf der Geschäftsführer nur mit Zustimmung der Gesellschaft aufnehmen, wobei der anderweitige Verdienst auf die Vergütung angerechnet wird. Im Falle der Aufnahme einer anderweitigen von der GmbH genehmigten Tätigkeit, wird die Freistellung unwiderruflich. Ferner darf die Gesellschaft dem Geschäftsführer ein Hausverbot erteilen. [bei Bedarf:] Die Gesellschaft ist berechtigt, den Geschäftsführer nach Zugang der Kündigung bis zur Beendigung des Dienstverhältnisses nachgeordnete Tätigkeiten, die seiner Qualifikation und Ausbildung entsprechen, zu übertragen.

(3) *Bei Bedarf*: Der Widerruf der Organstellung gilt gleichzeitig als Kündigung des Anstellungsverhältnisses binnen einer Frist von vier Wochen zum Schluss eines Kalendermonats.

§ 17: Pflichten bei Beendigung

Nach Beendigung des Anstellungsvertrags oder nach erfolgter Freistellung hat der Geschäftsführer sämtliche ihm überlassene Unterlagen und Gegenstände der Gesellschaft, so auch die Schlüssel, Kreditkarten, Servicekarten, Kundenkarten, Sim-Karten, Benutzerdaten, Passwörter, Email-Accounts, Domains, Anschlüsse der Gesellschaft, Aufzeichnungen und Dokumente jeder Art, einschließlich sämtlicher Kopien, unverzüglich der Gesellschaft zu übergeben bzw. auf sie zu übertragen und auf Verlangen der Gesellschaft die Vollständigkeit schriftlich zu bestätigen. Ein Zurückbehaltungsrecht steht dem Geschäftsführer gegenüber der Gesellschaft an diesen Gegenständen nicht zu. Der Geschäftsführer darf jedoch nach seinem Ermessen Kopien von Unterlagen bzw. von Dateien oder Dokumenten zurückbehalten, die er zur Abwehr von gegen ihn gerichteten Schadenersatzansprüchen benötigt, wobei er die datenschutzrechtlichen Voraussetzungen einzuhalten hat. Im Falle seiner Inanspruchnahme seitens der Gesellschaft hat der Geschäftsführer auch nach seinem Ausscheiden ein Auskunfts- und Einsichtsrecht im Umfang von § 51a GmbHG.

§ 18: Schlussbestimmungen

Ist eine dieser Vertragsbestimmungen unwirksam oder unvollständig, so bleibt der Vertrag im Übrigen wirksam. Anstelle der unwirksamen Regelung tritt jene, die von den Parteien vereinbart worden wäre, wenn sie den Punkt bedacht hätten. Änderungen des Vertrags bedürfen der Schriftform sowie der Zustimmung durch einen Beschluss der Gesellschafterversammlung.

(Datum/Unterschriften Gesellschafter) (Datum/Unterschrift Geschäftsführer)

Vorschlag für:

Beschluss der Gesellschafter

Wir sind die vollzählig erschienenen Gesellschafter der ________________ GmbH und stimmen – unter Verzicht auf alle Formen und Fristen – dem Abschluss des oben genannten Geschäftsführer-Dienstvertrages für Herrn __________ einstimmig zu. Herr ________________ wird ermächtigt den Vertrag für die Gesellschafterversammlung zu unterzeichnen.

(Datum/Unterschriften aller Gesellschafter)

Versorgungszusage

Zwischen

der Max Makler GmbH, vertreten durch die Gesellschafterversammlung, bestehend aus den Gesellschaftern Max Makler und Paula Proviso

- im folgenden Gesellschaft genannt -

und

Herrn Karl Knecht

- im folgenden Geschäftsführer genannt -

wird in Ergänzung des Anstellungsvertrags vom [Datum] folgende Versorgungsvereinbarung geschlossen:

§ 1: Versorgungsleistungen

Der Geschäftsführer hat gegenüber der Gesellschaft einen Anspruch auf:

(1) Zahlung eines Ruhegehalts,
(2) Zahlung von Hinterbliebenenbezügen,
(3) Zahlung einer Rente im Fall der Berufsunfähigkeit.

§ 2: Ruhegehalt

(1) Das Ruhegehalt wird dem Geschäftsführer gezahlt, wenn er mit Vollendung des 67. Lebensjahres aus den Diensten der Gesellschaft ausscheidet. [*Bei Bedarf alternativ*]: wenn er mit Erreichen des regulären Renteneintrittsalters in der gesetzlichen Rentenversicherung am ____ aus den Diensten der Gesellschaft ausscheidet. _ [Anmerkung: Auf eine Kongruenz mit der Laufzeit des Dienstvertrags und dem konkreten Renteneintritt in der gesetzlichen Rentenversicherung ist zu achten, bei Geschäftsführern ab dem Geburtsjahrgang 1964 ist die Vollendung des 67 Lebensjahres das reguläre Renteneintrittsdatum]. Das Ruhegehalt beträgt 75 % der letzten Grundvergütung. Angesetzt wird die Grundvergütung, die für das letzte volle Kalenderjahr vor der Vollendung des 67. Lebensjahres vereinbart wurde.

(2) Der Geschäftsführer soll durch Einbeziehung sämtlicher Versorgungsbezüge (u. a. gesetzliche Renten, Renten aus privaten Verträgen, sonstige Betriebsrenten, Renten wegen Erwerbs- oder Berufsunfähigkeit, Unfallrenten) maximal

eine Gesamtversorgung in Höhe von 75 % des im letzten Kalenderjahres vereinbarten Grundgehalts erhalten. Auf das Ruhegehalt werden daher sämtliche sonstige Versorgungsleistungen des Geschäftsführers angerechnet, soweit eine Zusammenrechnung der Bezüge eine Versorgung von über 75 % ergibt. Der Geschäftsführer ist zur umfassenden Auskunft verpflichtet und ermächtigt die Gesellschaft schon jetzt diesbezüglich, bei Dritten Auskünfte einzuholen.

(3) Das Ruhegehalt erhöht sich jährlich um jeweils 2 %, erstmals nach Ablauf des ersten vollen Kalenderjahres des Bezugs.

Anmerkung Regelungen zum vorgezogenen Ruhegehalt bzw. zu einer Kapitalabfindung können bei Bedarf vereinbart werden – hierfür sollte Beratung in Anspruch genommen werden.

§ 3: Berufsunfähigkeitsrente

(1) Scheidet der Geschäftsführer vor dem Bezug des Ruhegehalts infolge von Berufsunfähigkeit nach mindestens 5-jähriger Geschäftsführertätigkeit aus den Diensten der Gesellschaft aus, so erhält er eine monatliche Berufsunfähigkeitsrente in Höhe von 50 % der zum Zeitpunkt seines Ausscheidens bezogenen Vergütung. Angesetzt wird die Grundvergütung, die für das letzte volle Kalenderjahr vor Eintritt der Berufsunfähigkeit vereinbart wurde. Die Zahlung der Rente beginnt mit dem 1. des Kalendermonats, der der Antragstellung folgt, frühestens jedoch ab dem 1. des Kalendermonats, in dem die Berufsunfähigkeit – ärztlich festgestellt – eingetreten ist. Eine rückwirkende ärztliche Feststellung ist nicht möglich. Das Vorliegen der Berufsunfähigkeit bestimmt sich nach den Bedingungen über die Berufsunfähigkeits-Zusatzversicherung (BUZ 90). Maßgeblich ist die Fassung, die im Kommentar von *Prölss/Martin*, VVG, 27. Auflage 2004, veröffentlicht ist. Eine Berufsunfähigkeit besteht jedoch dann nicht, wenn diese ganz oder teilweise auf Suchtkrankheiten beruht. Das Dienstverhältnis endet auflösend bedingt mit dem Schluss des Kalendermonats, der dem Kalendermonat vorgeht, in dem die Berufsunfähigkeitsrente erstmals zu entrichten ist. Oder alternativ: Das Dienstverhältnis bleibt als ruhendes Arbeitsverhältnis bis zum Erreichen der Regelaltersgrenze bestehen. Es lebt jedoch erst dann wieder auf, wenn nicht nur die Berufsunfähigkeit entfällt, sondern nur dann, wenn auch die Arbeitsfähigkeit wieder zu 100 % besteht, was durch ärztliches Attest nachzuweisen ist. Das Dienstverhältnis ist nach seinem Wiederaufleben binnen einer Frist von vier Wochen zum Schluss eines Kalendermonats beiderseits kündbar. Eine ggf. im Anstellungsvertrag vereinbarte Befristung entfällt.

(2) Im Falle der Berufsunfähigkeit wird die vereinbarte Rente lebenslang fortbezahlt. Dies gilt auch für den Zeitraum, in dem sonst das Ruhegehalt zu zahlen gewesen wäre. Ein Anspruch auf das Ruhegehalt nach § 2 besteht in diesen Fällen nicht. Die monatliche Berufsunfähigkeitsrente erhöht sich jährlich um 2 %, erstmals nach Ablauf des ersten vollen Kalenderjahres des Bezugs. Ab dem Datum, ab dem sonst

das Ruhegehalt gezahlt worden wäre, beträgt die Berufsunfähigkeitsrente mindestens 75 % der zuletzt vereinbarten Grundvergütung (vor Eintritt der Berufsunfähigkeit). Für die Anrechnung anderer Rentenleistungen gilt § 2 Abs. 2 entsprechend. Vor Erreichen des Datums, in dem sonst der Bezug des Ruhegehalts begonnen hätte, findet eine Anrechnung anderweitiger Bezüge nicht statt.

§ 4: Hinterbliebenenversorgung

(1) Verstirbt der Geschäftsführer, ohne dass er bereits ein Ruhegehalt nach § 2 bezogen hat, so werden Hinterbliebenenbezüge dann erbracht, wenn der Geschäftsführer zum Zeitpunkt seines Todes mindestens fünf Jahre als Geschäftsführer beschäftigt gewesen ist. Die GmbH ist zur Leistung an Hinterbliebene nur auf schriftlichem Antrag verpflichtet. Die GmbH ist verpflichtet, die ihr bekannten Hinterbliebenen unter Beifügung einer Kopie der Versorgungsvereinbarung zu informieren. Sofern Leistungen beantragt werden, sind auch die für die Vergangenheit entstandenen Bezüge nachzuzahlen.

(2) Die Höhe der Hinterbliebenenbezüge beträgt bei dem/der Ehepartner(in) (oder der nichtehelichen Lebenspartnerin/des Lebenspartners [Name/Geburtsdatum]) 60 % der Berufsunfähigkeitsrente, die der Geschäftsführer im Fall der Berufsunfähigkeit bezogen hätte. Die Hinterbliebenenrente wird lebenslang an die benannte Person bezahlt und zwar auch dann, wenn diese versorgungsberechtigte Person eine neue Ehe oder nichteheliche Lebensgemeinschaft bzw. Lebenspartnerschaft eingeht. *Oder bei Bedarf*: Der jeweilige namentlich zu benennende Ehe-/Lebenspartner/in/nicht ehelicher Lebensgefährte/in muss diese Eigenschaft noch beim Ausscheiden des Geschäftsführers durch Tod aus den Diensten der Gesellschaft haben. *Oder bei Bedarf*: Wenn der/die hinterbliebenen Partner als zehn Jahre jünger ist als der verstorbene Geschäftsführer, wird die Hinterbliebenenrente für jedes volle, über zehn Jahre hinausgehende Jahr des Altersunterschiedes um 5 % des nach Satz 1 errechneten Betrags gekürzt.

(3) Jedem unterhaltsberechtigten Kind des Geschäftsführers werden ferner Hinterbliebenenbezüge in Höhe von 25 % der Berufsunfähigkeitsrente, die der Geschäftsführer bei Eintritt der Berufsunfähigkeit zum Todeszeitpunkt erhalten hätte, gewährt. Die Zahlung der Hinterbliebenenbezüge an die unterhaltsberechtigten Kinder endet zum Schluss des Kalendermonats, in dem der Versorgungsberechtigte das 21. Lebensjahr vollendet. Im Falle der Ausbildung, des Wehr- oder Ersatzdienstes, was der Gesellschaft durch Vorlage entsprechender Bescheinigungen nachzuweisen ist, werden die Hinterbliebenenbezüge an die unterhaltsberechtigten Kinder maximal bis zur Vollendung des 25. Lebensjahres weiter entrichtet.

(4) Die Hinterbliebenenbezüge dürfen zusammengerechnet den Betrag nicht übersteigen, der dem Geschäftsführer als Berufsunfähigkeitsrente zugestanden hätte, wenn er zum Zeitpunkt des Todes stattdessen berufsunfähig geworden wäre. Übersteigt die Summe der Hinterbliebenenrenten diesen Betrag, so wer-

den alle Renten anteilig gekürzt. Die Kürzung bleibt auch dann erhalten, wenn einer der Hinterbliebenen nachträglich wegfällt.

(5) Stirbt der Geschäftsführer, der bereits eine Berufsunfähigkeitsrente bezog, so gelten die Absätze 1 bis 4 entsprechend, wobei sich die Hinterbliebenenbezüge nach der zuletzt bezogenen Berufsunfähigkeitsrente bestimmen. Entscheidend ist die im letzten vollen Kalendermonat vom Geschäftsführer zu beanspruchende Rente.

(6) Stirbt der Geschäftsführer, der bereits ein Ruhegehalt bezog, so gelten die Absätze 1 bis 4 entsprechend, wobei sich die Hinterbliebenenbezüge nach dem zuletzt bezogenen Ruhegehalt bestimmen. Entscheidend ist die im letzten vollen Kalendermonat vom Geschäftsführer zu beanspruchende Rente.

(7) Alle Hinterbliebenenrenten werden kalenderjährlich erstmals nach Ablauf des ersten vollen Kalenderjahres des Bezugs mit jeweils 2 % dynamisiert.

§ 5: Fälligkeit/Zahlung

Für den Monat, der auf den Monat folgt, in dem der Versorgungsfall eintritt, besteht erstmals ein Anspruch auf Zahlung der vereinbarten Versorgungsleistung. Die Versorgungsleistung ist jeweils zum Monatsende des betreffenden Monats zu erbringen. Die Gesellschaft hat nach Eintritt des Versorgungsfalls eine Frist zur Prüfung der Voraussetzungen von drei Monaten. In dieser Zeit kann kein Verzug eintreten.

§ 6: Unverfallbarkeit

(1) Ein Anspruch auf Ruhegeld-, Berufsunfähigkeits- und Hinterbliebenenversorgung bleibt bestehen, wenn die Voraussetzungen des Betriebsrentengesetzes in der jeweils zum Eintritt des Versorgungsfalls geltenden Fassung vorliegen.

(2) Für die Berechnung der unverfallbaren Anwartschaft bzw. der Leistungen im Versorgungsfall gelten die Vorschriften des Betriebsrentengesetzes in der jeweils geltenden Fassung analog.

§ 7: Insolvenzsicherung

Die Gesellschaft verpflichtet sich, die nach dieser Versorgungszusage bestehenden Ansprüche kongruent durch Abschluss einer entsprechenden Rückdeckungsversicherung zu sichern. Der Geschäftsführer verpflichtet sich, alle für den Abschluss des Versicherungsvertrags notwendigen Mitwirkungspflichten zu erfüllen. Die Gesellschaft wird die Ansprüche aus der Rückdeckungsversicherung an den Geschäftsführer bzw. dessen Hinterbliebenen verpfänden. Der Geschäftsführer soll ein umfassendes Auskunftsrecht gegenüber dem Versicherer erhalten sowie berechtigt sein, nach seiner Wahl zu verlangen, den Vertrag ggf. beitragsfrei bestehen zu lassen, den Rückkaufswert auf einem Und-Konto anzulegen oder die Übertragung auf einen Dritten zu verlangen, der die Verpflichtungen aus der Pensionszusage schuldbefreiend übernimmt (siehe § 8).

§ 8: Abfindung

Die Gesellschaft ist berechtigt, im Falle der Beendigung des Dienstverhältnisses (vorzeitig oder zu Beginn des Ruhegehalts) den Anspruch bzw. die Anwartschaft des Geschäftsführers auf Versorgungsleistungen mit dessen Zustimmung ganz oder teilweise durch eine Kapitalzahlung abzugelten, sofern die Bestimmungen des Betriebsrentengesetzes dem nicht entgegenstehen. Die Höhe der Abfindung bestimmt sich nach dem Barwert der künftigen Versorgungsleistungen im Zeitpunkt der Beendigung des Geschäftsführerdienstverhältnisses (§§ 3 II, 2 BetrAVG). Der Geschäftsführer hat das Recht bei Pfandreife bzw. bei Eintritt des Versorgungsfalles Alter statt der Versorgungsleistungen Herausgabe des Pfandes bzw. die Verwertung aller Ansprüche aus dem Pfand, einschließlich der Einziehung aller Leistungen als Abfindung bis zur Höhe des Barwerts zu verlangen. Die Ansprüche aus der Pensionszusage sind nur gemeinsam mit dem Pfand und außerhalb der Insolvenz nur mit Zustimmung der GmbH übertragbar. Der Geschäftsführer kann jedoch nach Beendigung des Dienstverhältnisses verlangen, dass die Gesellschaft die Rückdeckungsversicherung auf einen Dritten überträgt, sofern dieser schuldbefreiend alle Ansprüche aus dieser Vereinbarung übernimmt.

§ 9: Vorbehalt und Entzug der Leistungen

(1) Die Gesellschaft hat – sofern dies nicht das Betriebsrentengesetz oder sonstige Normen ausgeschlossen ist – das Recht, den Umfang der zugesagten Leistungen zu reduzieren oder zu erklären, dass sie die Leistungen ganz einstellen wird, wenn sich ihre wirtschaftlichen Verhältnisse wesentlich und dauerhaft im Vergleich zum Zeitpunkt des Vertragsschlusses geändert haben, so dass auch unter objektiver Einbeziehung der Interessen des Geschäftsführers bzw. seiner Hinterbliebenen eine Fortzahlung der Leistungen redlicherweise nicht erwartet werden kann.
(Anmerkung: Ein solcher Vorbehalt dürfte nur dann in Betracht kommen, wenn gerade keine Rückdeckungsversicherung abgeschlossen wird.)

(2) Der Geschäftsführer wird darauf hingewiesen, dass bei schwersten Verstößen ein Widerruf der Versorgungszusage in Betracht kommen kann.

§ 10: Schlussbestimmungen

Ist eine dieser Vertragsbestimmungen unwirksam oder unvollständig, so bleibt der Vertrag im Übrigen wirksam. Anstelle der unwirksamen Regelung tritt jene, die von den Parteien vereinbart worden wäre, wenn sie den Punkt bedacht hätten. Änderungen des Vertrags bedürfen der Schriftform sowie der Zustimmung durch einen Beschluss der Gesellschafterversammlung.

(Datum/Unterschriften Gesellschafter) (Datum/Unterschrift Geschäftsführer)

Verpfändungsvereinbarung

Versicherungsunternehmen:	[Name]
Versicherungsschein vom:	[Datum]
Versicherungsscheinnummer:	[Nr. ??]
GmbH/Versicherungsnehmerin/ Bezugsberechtigte:	[Name]
	- im folgenden Sicherungsgeberin genannt -
Geschäftsführer/Versicherter:	[Name]
	- im folgenden Pfandgläubiger genannt -
Hinterbliebene:	[Namen]
	- im folgenden Hinterbliebene genannt -

§ 1: Pfandgegenstand

Die Sicherungsgeberin hat am [Datum] bei der [Name] Versicherungsgesellschaft in [Ort] einen Versicherungsvertrag zur Rückdeckung der dem Pfandgläubiger erteilten Versorgungszusage abgeschlossen.

§ 2: Umfang

Sämtliche derzeitigen und künftig entstehenden Ansprüche der Sicherungsgeberin aus diesem Vertrag einschließlich der Zusatzversicherungen und künftiger Überschussbeteiligungen werden zur Sicherung aller Ansprüche des Pfandgläubigers und seiner Hinterbliebenen aus der ihm von der Sicherungsgeberin am [Datum] erteilten Versorgungszusage erstrangig an den Pfandgläubiger und nachrangig an die Hinterbliebenen verpfändet. Dieses Pfandrecht berechtigt den Pfandgläubiger bzw. die Hinterbliebenen als Gesamtgläubiger bei Pfandreife zur Einziehung sämtlicher im Versicherungsschein vereinbarter Leistungen sowie zur Ausübung sämtlicher vertraglicher Rechte, einschließlich der Kündigung und der Umwandlung in eine beitragsfreie Versicherung sowie das Recht die Person der Versicherungsnehmerin auszutauschen oder sonstige Vertragsänderungen zu vereinbaren.

§ 3: Pfandreife

Die Pfandreife liegt vor:

a. sobald die Sicherungsgeberin mit einer fälligen Versorgungsleistung aus der Versorgungszusage mit mehr als einem Monat im Verzug ist oder

b. sobald über das Vermögen der Sicherungsgeberin das Insolvenzverfahren eröffnet oder die Eröffnung desselben mangels Masse abgelehnt wurde, wobei in diesem Fall – solange kein Versorgungsfall – vorliegt, die Rechte nach § 5 geltend gemacht werden können.

(Achtung! 3 b könnte unwirksam sein, siehe 2. Teil, G IV 2 c) bb.bbb.)

§ 4: Verpfändungsanzeige

Die Sicherungsgeberin ist verpflichtet, die Verpfändung unverzüglich nach Abschluss dieser Vereinbarung unter Beifügung einer Ausfertigung dieser Verpfändungsvereinbarung dem Versicherungsunternehmen anzuzeigen. Das Versicherungsunternehmen wird gebeten, der Sicherungsgeberin und dem Pfandgläubiger den Eingang der Verpfändungsanzeige zu bestätigen sowie anzuerkennen, dass die Verpfändung akzeptiert wird. Folgt seitens des Versicherungsunternehmens binnen zwei Monaten nach Unterzeichnung dieser Vereinbarung keinerlei Reaktion, so ist der Pfandgläubiger seinerseits ermächtigt und unwiderruflich bevollmächtigt, dem Versicherungsunternehmen die Verpfändung anzuzeigen.

§ 5: Fälligkeit vor Pfandreife

Für den Fall, dass Ansprüche aus dem Versicherungsvertrag fällig werden, obwohl von dem Pfandgläubiger Versorgungsansprüche noch nicht oder nicht in der Höhe der fällig werdenden Ansprüche beansprucht werden können, wird vereinbart, dass die fälligen Versicherungsleistungen an die Sicherungsgeberin und den Pfandgläubiger gemeinschaftlich durch Zahlung auf ein Und-Konto geleistet werden. Die Beträge sind nach Möglichkeit verzinslich anzulegen. An dem hinterlegten Betrag zuzüglich Zinsen wird schon jetzt erstrangig dem Pfandgläubiger bzw. nachrangig den Hinterbliebenen ein Pfandrecht bestellt.

Für den Fall der Insolvenz der Sicherungsgeberin gemäß § 3b wird – zusätzlich zu den Rechten nach den Sätzen 1 und 2 vereinbart –, dass der Pfandgläubiger nach seiner Wahl berechtigt ist, den Versicherungsvertrag beitragsfrei stellen zu lassen, ihn zu kündigen und in Höhe des Rückkaufswert Zahlung einer Abfindung unter Verzicht aller Versorgungsansprüche maximal bis zur Höhe des Barwerts der erdienten Anwartschaft zu verlangen oder Übertragung des Versicherungsvertrages auf eine andere Sicherungsgeberin zu verlangen, die die Versorgungsansprüche schuldbefreiend übernimmt. Sofern der Wert der Anwartschaft niedriger ist als der Wert des Pfandes ist eine Ausgleichszahlung in Höhe des Differenzbetrages in die Masse zu zahlen.

Können sich die Gesellschaft bzw. der Insolvenzverwalter nicht auf den Wert der erdienten Anwartschaften einigen, hat der Pfandgläubiger statt der vorgenannten Hinterlegung das Recht von einem von der IHK Berlin benannten Schiedsgutachter den Betrag ermitteln zu lassen, der der erdienten Anwartschaft entspricht und der das

Risiko abbildet, dass die Versorgungsfälle eintreten und erfüllt werden müssen. Der Pfandgläubiger hat in Höhe dieses vom Schiedsgutachter ermittelten Betrags das Recht nach seiner Wahl den Versicherungsvertrag und etwaige weitere zu seinen Gunsten verpfändeten Sicherheiten auf sich oder einen Dritten übertragen zu lassen oder sie zu kündigen und die Rückkaufswerte/Guthaben zu verlangen, wobei der überschießende Betrag an die Insolvenzmasse abzuführen ist. In jedem Fall ist damit ein Verzicht auf alle Versorgungsansprüche, die durch die Sicherheiten gesichert sind, verbunden. Die Kosten des Schiedsrichters tragen die Gesellschaft und der Pfandgläubiger zur Hälfte, wobei der Pfandgläubiger den Auftrag erteilen und einen angeforderten Vorschuss an den Gutachter leisten darf, etwaige durch die Übertragung/Auszahlung anfallende Abgaben trägt der Pfandgläubiger.

§ 6: Auskünfte

Der Pfandgläubiger und im Fall des Todes die Hinterbliebenen sind – bereits vor Pfandreife – berechtigt, umfassend Auskünfte, die den Versicherungsvertrag betreffen, bei dem Versicherungsunternehmen einzuholen. Die Sicherungsgeberin bevollmächtigt den Pfandgläubiger, im Fall des Todes die Hinterbliebenen unwiderruflich alle Auskunftsrechte gegenüber dem Versicherer geltend zu machen.

§ 7: Schlussbestimmungen

Die Verpfändungsvereinbarung bleibt wirksam, auch wenn einzelne Bestimmungen unwirksam sein sollten. Die Lücke soll im Wege der ergänzenden Vertragsauslegung unter Berücksichtigung des hypothetischen Parteiwillens geschlossen werden. Änderungen dieser Vereinbarung bedürfen der Schriftform.

(Datum/Unterschriften)

Sicherungsgeberin	Pfandgläubiger/Hinterbliebene [bei Minderjährigen, vertreten durch ihre gesetzlichen Vertreter]

Direktversicherungszusage

Zwischen

der Max Makler GmbH, vertreten durch die Gesellschafterversammlung,
bestehend aus den Gesellschaftern Max Makler und Paula Proviso

- im folgenden Gesellschaft genannt -

und

Herrn Karl Knecht

- im folgenden Geschäftsführer genannt -

wird in Ergänzung des Anstellungsvertrags vom [Datum] folgende Direktversicherungszusage getroffen:

§ 1: Abschluss der Direktversicherung

Die Gesellschaft schließt zum Zwecke der Alters-, Berufsunfähigkeits- und Hinterbliebenenversorgung auf das Leben des Geschäftsführers eine Kapitallebensversicherung/Rentenversicherung mit einer Versicherungssumme von [Betrag]/einer Prämie in Höhe von monatlich [Betrag] ab. Die Gesellschaft verpflichtet sich für die Dauer des Anstellungsvertrags zur Zahlung der Versicherungsprämien. Eine Anrechnung auf die Vergütung des Geschäftsführers erfolgt nicht.

§ 2: Leistungen

Die Versicherungssumme/Die Rente wird im Erlebensfall mit Vollendung des 65. Lebensjahres, ansonsten mit dem Tod des Geschäftsführers zur Zahlung fällig. Der Geschäftsführer ist mit Wirkung gegenüber der Gesellschaft und dem Versicherer berechtigt, die Bezugsberechtigung für den Fall seines Todes zu bestimmen. Im Erlebensfall ist er selbst bezugsberechtigt. Nach Ablauf von drei Jahren ab Erteilung der Zusage wird das Bezugsrecht unwiderruflich. Die Gesellschaft wird dies gegenüber dem Versicherer erklären und dem Geschäftsführer nachweisen. Für den Fall der Berufsunfähigkeit verpflichtet sich die Gesellschaft, den Geschäftsführer bei der Durchsetzung seiner Ansprüche gegen den Lebensversicherer zu unterstützen, falls dieser die Erbringung der Leistung wegen aus seiner Sicht nicht bestehender Berufsunfähigkeit, wozu auch die Verweisbarkeit gehört, ablehnt. Voraussetzung für die Unterstützungspflicht der GmbH ist, dass die Arbeitsunfähigkeit des Geschäftsführers fortbesteht. In diesem Fall verpflichtet sich die Gesellschaft zur Aufbringung der Kosten, die für ein etwaiges ärztliches und ein etwaiges berufskundliches Gutachten zur Feststellung der Berufsunfähigkeit und zur gerichtlichen Durchsetzung des Anspruchs erforderlich werden. Weitere Kosten werden nicht übernommen.

§ 3: Ausscheiden

Scheidet der Geschäftsführer vor Vollendung des 67. Lebensjahres aus den Diensten der Gesellschaft aus, ohne dass eine Berufsunfähigkeit eingetreten ist, so ist die Gesellschaft auf Verlangen des Geschäftsführers verpflichtet, die Versicherung mit allen Rechten und Pflichten auf den Geschäftsführer zu übertragen, sofern der Geschäftsführer zum Zeitpunkt seines Ausscheidens eine mindestens dreijährige Dienstzeit bei der Gesellschaft erfüllt hat. Ein Anspruch auf Fortzahlung der Versicherungsprämien gegen die Gesellschaft besteht nicht.

(Datum/Unterschriften Gesellschafter) (Datum/Unterschrift Geschäftsführer)

Literatur

Baumbach/Hueck	GmbHG, Kommentar, 21. Aufl. 2017
Bork/Schäfer	GmbHG, Kommentar, 4. Aufl 2019
Fleischer/Goette	Münchener Kommentar zum Gesetz betreffend die Gesellschaften mit beschränkter Haftung: GmbHG, 3. Aufl. 2018
Hachenburg	GmbHG, Großkommentar 8. Aufl. 1992 ff.
Hennsler/Strohn	Gesellschaftsrecht, 4. Aufl 2019
Jula	Der GmbH-Gesellschafter. 3. Aufl. 2009
Jula	Der GmbH-Geschäftsführer im Arbeits- und Sozialversicherungsrecht, 2003
Lutter/Hommelhoff	GmbHG, Kommentar, 19. Aufl. 2016
Meyke	Die Haftung des GmbH-Geschäftsführes, 5. Auflage 2007
Michalski/Heidinger/ Leible/Schmidt	GmbH-Gesetz, Kommentar, 3. Aufl. 2017
Rowedder/Schmidt-Leithoff	GmbH-Gesetz, Kommentar, 6. Aufl. 2017
Roth/Altmeppen	GmbHG, Kommentar, 9. Aufl. 2019
Scholz	GmbH-Gesetz, Kommentar, 11. Aufl. 2013 ff., 12. Aufl. 2018 ff.

Stichwortverzeichnis

A
Abberufung
  einstweilige Verfügung 136
  Frist 131
  Geschäftsführer 282
  Notgeschäftsführer 22
  Überblick 124
  wichtiger Grund 128
  Zuständigkeit 126
Abfindung
  sozialversicherungsrechtliche Behandlung 279
  steuerrechtliche Behandlung 279
  Überblick 279
Abmahnung 268
Alternativverhalten, pflichtgemäßes
  Beweislast 348
  Schaden 343
Altersversorgung, betriebliche
  Überblick 231
Amtsniederlegung 138
  Auswirkungen auf Haftung für Steuerschulden 396
  in der Krise 367
  zur Unzeit 367
Anfechtung des D-&-O-Versicherungsvertrags 460
Angabe, falsche
  Haftung des Geschäftsführers 364
  Strafbarkeit des Geschäftsführers 432
Ankoppelungsgeschäft 342
Anmeldung der Gesellschaft bei Gründung 155
Annahme der Bestellung durch Geschäftsführer 17
Anstellung
  Abgrenzung zur Bestellung 173
Anstellungsvertrag
  Aufhebung 278
  Aufsichtsrat 203
  Drittanstellungfehlerhafter 207
  Form 207
  Kündigung, fristlose 266
  Kündigung, ordentliche 259
  Kündigungsfrist, fristlose Kündigung 261, 272
  rechtliche Einordnung 174
  Vertragsparteien 198
  Zuständigkeit 202
Arbeitgeberzuschuß zur Krankenversicherung 195
Arbeitnehmer
  Geschäftsführer 175
Arbeitnehmereigenschaft
  Geschäftsführer 2
Arbeitnehmerhaftung
  Geschäftsführer 345
Arbeitnehmerüberlassungsgesetz
  Geltung für Geschäftsführer 181
Arbeitslosenversicherung des Geschäftsführers 197
Arbeitsverhältnis, ruhende 188
Aufhebung
  Anstellungsvertrag
Aufsichtspflichtverletzung
  Haftung/Owi 315
Auskunfts- und Einsichtsrecht der Gesellschafter 93
Auskunftsverweigerung durch Geschäftsführer 95
Ausschluss
  Versicherungsschutz für Geschäftsführer" 452
Ausschlussklausel 352

R. Jula, *Der GmbH-Geschäftsführer*, https://doi.org/10.1007/978-3-662-59724-8

B
Bareinlage 155
Baugeld
Haftung/Strafbarkeit 311
Baustoff-Fall 299
Befristung 204, 277
Beiseiteschaffen von Vermögensständen 428
Beratungsvertrag 357
Berufs- oder Gewerbeverbot Persönliche Voraussetzungen
Bestellung, fehlerhafte 18
Bestellung des Geschäftsführers
Abgrenzung zur Anstellung 15
durch Aufsichtsrat 16
durch Dritte 17
durch Gesellschafterversammlung 17
Eintragung im Handelsregister 19
fehlerhafte Bestellung 18
Gründung 13
Überblick 12
Vollzug der Bestellung 17
Betreute
als Geschäftsführer. Persönliche Voraussetzungen)
Betriebshaftpflichtversicherung 442
Betriebsrat 182
Betriebsrentengesetz
Anwendbarkeit auf Geschäftsführer 245
Überblick 244
Betriebsübergang 191
Betrug 304
Beweislastverteilung
Innenhaftung des Geschäftsführers 346
Insolvenzverschleppung 375
Bilanzerstellung, verspätete 428
Börsen- oder Warentermingeschäft 339
Bonitätsprüfung 340
Buchführungspflicht 144, 333, 431
business-judgement-rule 337

C
claims-made-Prinzip 452
Computerprogramm
Entwicklung durch Geschäftsführer 215
Corporate Opportunity Doctrine 341
Geschäftschancenlehre109
culpa in contrahendo
besonderes persönliches Vertrauen 325
eigenes wirtschaftliches Interesse 327
Haftung des Geschäftsführers 324
Offenbarungspflicht 326

D
Delikt. unerlaubte Handlung
Dienstwagen
steuerrechtliche Behandlung 212
Direktversicherung
steuerrechtliche Behandlung 257
Überblick 256
Unverfallbarkeit 257
D & O – Police 213, 443
Drittanstellung
Abschluss des Anstellungsvertrag 199
Anwendung des Arbeitsrechts 187
Grenzen 201
Übersicht 177

E
Ehrenamt
Haftungsprivilegierung 345
Eigengeschäft 341
Entgeltumwandlung 245
Entlastung 351
Erfindung
des Geschäftführers 214
Ermessensspielraum des Geschäftsführers“ 337
Erwerb eigener Anteile 81

F
faktischer Geschäftsführer
bei unwirksamer Bestellung 19
Fehlbestand in der Kasse 341
Freistellung 122, 265

G
Gehaltsfestsetzung
Faktoren 211
Gemeinützige GmbH
Haftung des Geschäftsführers 345
Genehmigung, staatliche 157
Generalbereinigung 351, 353
Generalvollmacht
Zulässigkeit 39
Gesamtgeschäftsführungsbefugnis 34
Gesamtvertretung, gemischte 43
Gesamtvertretung, halbseitige 43
Gesamtvertretungsbefugnis 40
Geschäft
gründungsnotwendiges 358
nachteiliges 340

Geschäft, außergewöhnliches
Geschäftsführungsbefugnis 33
Geschäftschancenlehre 109
Geschäftsführer
Anwendung des Arbeitsrechts 178, 184
Arbeitnehmereigenschaft 175
ausländischer 11
ehrenamtlich 345
Sozialversicherungspflicht 192
Verbraucher 177
Geschäftsführer, faktischer 287
Geschäftsführungsbefugnis
Abgrenzung Vertretungsmacht 25
außergewöhnliche Geschäfte 33
Begriff 25
Grundlagengeschäfte 32
Zustimmungskatalog 33, 34
Geschäftsgeheimnis 435
Geschäftsunfähige als Geschäftsführer
Persönliche Voraussetzungen
Geschäftsverteilung 35
Gesellschafterleistung, eigenkapitalersetzende
in der Überschuldungsbilanz 169
Gesellschafterliste 103
bei Gründung (Inhalt) 156
Eintrag bei Erwerb 104
Haftung des Geschäftsführers 104, 157
Gesellschafterversammlung
Einberufung 84
Einberufung durch Gesellschafter 85
Einberufungsfrist 89
Formalien 87
Kenntnis 273
Teilnahme des Geschäftsführers 92
übergeordnete Geschäftsführungskompetenz 27
Gesellschafterwechsel
Aufgaben des Geschäftsführers 101
Gewinnausschüttung, verdeckte
Gewinntantieme 220
Pensionszusage 250
Überstundenvergütung 218
Umsatztantieme 220
Vergütung 216
Verstoß gegen Kapitalerhaltung 78
Wettbewerbsverbot 112
Gewinntantieme
Tantieme
Gleichbehandlungsgesetz, allgemeines
Geltung für Geschäftsführer 181
Gleichbehandlungsgrundsatz,
arbeitsrechtlicher 185
Gründerhaftung 358
Gründung
Anmeldung der Gesellschaft 155
Aufgaben des Geschäftsführers 153
Verfahren 156
Grundsatz der anteiligen Tilgung 397
Grundsatz der Gesamtverantwortung 36
Allgemeines 284
Insolvenzantrag 375
Ressortprinzip 284
schriftliche Dokumentation 285, 394
Sozialversicherungsbeiträge“ 410
Steuerrechtliche Pflichten 394
Strafbarkeit 420
Grund, wichtiger
fristlose Kündigung 268

H

Haftung der Gesellschafter
Bestellung amtsunfähiger Geschäftsführer 10
Haftung des Geschäftsführers
Außenhaftung 291
Erwerb eigener Anteile 84
faktischer Geschäftsführer 287
falsche Angaben 364
fehlerhafte Einberufung 87
Gründung 358
Handelndenhaftung 359
Innenhaftung 329
Insolvenzverschleppung 377
Krise 367
Masseschmälerung 380
Sozialversicherungsabeiträge 405
Steuerschulden 391
unerlaubte Handlungen 291
Haftung, gesamtschuldnerische
Innenhaftung der Geschäftsführer 354
Haftungsbescheid bei
Steuerschulden 392
Haftungsbeschränkung
Innenhaftung des Geschäftsführers 351
Handelndenhaftung
Ausschluß 363
Erlöschen 359
Funktionen 360
Handelnder 360
Rechtsfolgen 362
Rückgriff gegen die Gesellschafter 363
Überblick 359
Handelsregisteranmeldung
Zuständigkeit des Geschäftsführers 97
Handelsregisteranmeldungen

Handelsregisteranmeldungen (*cont.*)
Bevollmächtigung 97
Handlung, unerlaubte
Überblick 291
Handlungsbevollmächtigte
Bestellung 31

I
Inkompatibilität Unvereinbarkeit
Insichgeschäft 49
Insolvenz
Aufgaben des Geschäftsführers 161
Mitwirkungspflichten des Geschäftsführers 164
Insolvenzantrag
Frist 373
Pflicht des Geschäftsführers 372
Pflicht zur Stellung 163
Insolvenzdelikt
Verurteilung wegen. Persönliche Voraussetzungen)
Insolvenzgeld
Haftung des Geschäftsführers 318
Insolvenzgrund
Überblick 165
Insolvenzplan 165
Insolvenzrechtsreform
In-Kraft-Treten 368
Pflichten des Geschäftsführers 368
Insolvenzverfahren 164
Insolvenzverschleppung
Rechtsfolgen 376
Überblick 370
Verschulden 374
Voraussetzungen 372
Irrtumszurechnung 72

J
Jahresabschluß
Aufstellung durch Geschäftsführer 145
Feststellung durch Gesellschafterversammlung 148
Strafbarkeit bei verspäteter Erstellung 428
Jahresgrundgehalt
Vergütung

K
Kalkulationsfehler 354
Kapitalaufbringung 332, 366
Grundsatz der 74
Mindesteinzahlungen 155
Kapitalerhaltung 332, 351, 353
Aufgaben des Geschäftsführers 76
Überblick 75
Karenzentschädigung
nachvertragliches Wettbewerbsverbot 120
Pfändungsschutz 225
Klarheitsgebot 223
Konkursverschleppung
Strafbarkeit 434
Konzession 157
Kopplungsklausel 205
Kosten Insolvenzverfahren
Haftung des Geschäftsführers 369
Krankenversicherung des Geschäftsführers 195
Krankheit
Fortzahlung der Bezüge 227
Kredit an Geschäftsführer
Verstoß gegen § 30 GmbHG 77
Krise
Aufgaben des Geschäftsführers 161
Einberufung der Gesellschafterversammlung 163
Früherkennung 161
Kündigung, außerordentliche Anstellungsvertrag, fristlose
Kündigung
Anstellungsvertrag
Geschäftsführer 282

L
Ledersprayentscheidung 420
Leistung, vermögensbildende 181
Leitung durch Geschäftsführer 23
Liquiditätssicherung 24
Lohnsteuer 402
Loyalitätspflicht“ 342

M
Masseschmälerung 380
Mehrfachvertretung
Verbot des § 181 BGB
Minderjährige als Geschäftsführer persönliche Voraussetzungen
Mini-GmbH
UG 154
Mißbrauch der Vertretungsmacht 45
Voraussetzungen 47
Motivation des Geschäftsführers 209
Musterprotokoll 154

N
Nachzahlungsverbot 223
Niederlegung des Geschäftsführeramts 138
Notgeschäftsführer 20
Auswahl 21
Verfahren der Bestellung 20
Vergütung 21

O
Offenlegung
Publizität
Ordnungswidrigkeit 437
Organisationsverschulden 63

P
Patentverstöße
Haftung des
Geschäftsführers 319
Pensionskasse 232
Pensionsrückstellung 249
Pensionszusage
Anpassung 236
Inhalt 234
steuerrechtliche Behandlung 250
Überblick 232, 233
Unverfallbarkeit 236, 247
vorzeitiges Ausscheiden 248
Widerruf 248
Zuständigkeit 234
Person, arbeitnehmerähnliche
Geschäftsführer 196
Pfändungsschutz 224
Präklusion 351
Prokuristen
Bestellung 31
Prospekthaftung
Geschäftsführer 328
Prozessuales 462
Publizität
des Jahresabschlusses 148
Verstöße gegen Pflicht 149
pVV des Anstellungsvertrags 330

Q
Quotenschaden 377

R
Rechtsscheinshaftung
Überblick 321
Weglassen des GmbH-Zusatzes 321
Rechtsschutzversicherung 461
Rechtsweg 462
Rentenversicherung
des Geschäftsführers 196
Versorgungsfunktion für
Geschäftsführer 228
Rentenversicherungsbeitrag
Basis- bzw. Rürup-Rente 230
Repräsentant 444
Repräsentantenhaftung im
Versicherungsrecht 66
Ressortprinzip
Haftung für Steuerschulden 395
Haftungsentlastung 284
Ressortverteilung 35
Rückdeckungsversicherung
steuerrechtliche Behandlung 244
Verpfändung 239
Zweck und Inhalt 237
Rückgriff der Gesellschaft beim
Geschäftsführer 283

S
Sacheinlagen 155
Sachwalter
Geschäftsführer 327, 328
Sanierung 161, 165
Schädigung, vorsätzliche sittenwidrige 316
Schutzgesetz
Verletzung durch Geschäftsführer 303
Schwerbehinderte
Geschäftsführer 180
Selbstkontrahieren
Verbot des § 181 BGB
Software
Entwicklung durch Geschäftsführer 215
Sonderrecht auf Geschäftsführeramt 14
Sorgfaltsmaßstab
Innenhaftung des Geschäftsführers 345
Sorgfaltspflicht 331
Sozialversicherungsbeitrag
Haftung des Geschäftsführers 405
Sozialversicherungspflicht
Antrag auf Feststellung 194
des Geschäftsführers 192
Geschäftsführer 2
Sozialversicherungsrecht
Pflichten des Geschäftsführers 150
Spekulationsgeschäft 339
Sponsoring“ 307, 340
Steuerhinterziehung 403
Steuerrecht

Steuerrecht (*cont.*)
Einkünfte des Geschäftsführers 2
Pflichten des Geschäftsführers 149
Steuerschulden
Haftung des Geschäftsführers 391
Umfang der Haftung 401
Strafbarkeit des Geschäftsführers 419

T
Tagesordnung für Gesellschafterversammlung
Ankündigung 90
Bestimmheitserfordernis 89
Tantieme
Gewinntantieme 220
Überblick 211
Umsatztantieme 220
Teilung von Geschäftsanteilen 103
Treuepflicht des Geschäftsführers 105

U
Überschuldung 372
als Insolvenzgrund 168
bei Kapitalerhaltung 79
Überschuldungsbilanz 169
Überschuldungsstatus 168
Überstundenvergütung
steuerrechtliche Anerkennung 218
Übertragung von Anteilen
Aufgaben des Geschäftsführers 101
Übung, betriebliche 184
UG (Unternehmensgesellschaft) 154
Umlaufverfahren, schriftliches 92
Umsatzsteuer" 397
Umsatztantieme
Tantieme
Unbeschränkbarkeit der Vertretungsmacht
Grenzen 43
Unfallversicherung
gesetzliche 197
private 213
Unterbilanz
Auszahlungsverbot 76
Unterlassen
Anzeige des Verlustes des halben Stammkapitals 433
Garantenstellung 296
Konkursantrag 433
Strafbarkeit 422, 422
Unternehmergesellschaft UG
Unterschlagung 304
Unterstützungskasse 232
Untreue
Einverständnis der Gesellschafter 308
Missbrauchstatbestand 306
Strafbarkeit 424
Treuebruchtatbestand 306
Überblick 304
Zivilrechtliche Haftung 304
Unvereinbarkeit von Aufsichtsratsmandat und Geschäftsführeramt 3
Unverfallbarkeit Pensionszusage oder Direktversicherung
Urheberrechtsverletzung
Haftung des Geschäftsführers 319
Urlaub 226

V
Verbandsstrafe 438
Verbot des § 181 BGB
Abschluß des Anstellungsvertrags 56
Anwendungsbereich 51
Befreiung 53
Einpersonen-GmbH 54
Mehrfachvertretung 51
Rechtsfolgen 52
Selbstkontrahieren 50
Überblick 49
verdeckte Gewinnausschüttung 57
Zweck 50
Verbotsirrtum 423
Verbraucher
Geschäftsführer 177
Vereinbarung, haftungsausschließende
Innenhaftung des Geschäftsführers 351
Verfallklausel 352
Verfügung, einstweilige
Abberufung 136
Vergleich 353
Vergütung
beherrschender Gesellschafter-Geschäftsführer 216
Jahresgrundgehalt 210
Pfändungsschutz 224
Pflicht zur Anpassung 225
Steuerrechtliche Behandlung 216
Überblick 210
Verhaltenszurechnung 60
Verjährung
Haftung des Geschäftsführers beim Verjährenlassen von Forderungen 355
Innenhaftung des Geschäftsführers 349
Masseschmälerung 391

Verjährungsfrist
Verkürzung 352
Verkehrssicherungspflicht
Haftung 296
Vermögensauskunft
persönliche Voraussetzung 8
Vermögensschaden, kausaler 342
Vermögensschadens-Haftpflichtversicherung
213, 444
Verschulden bei Vertragsverhandlungen
culpa in contrahendo
Verschwiegenheitspflicht
Geschäftsführer 434
Versicherung, eidesstattliche
persönliche Voraussetzung 8
Versicherung, falsche
Einlagenleistung 366
Versicherung des Geschäftsführers bei
Gründung 157
Versicherungsschutz
für Geschäftsführer 442
Haftung des Geschäftsführers 355
Versorgung
Überblick 228
Versorgungszusage
Pensionszusage
Vertretung
Gründung 358
Vertretungsbefugnis
Abgrenzung
Geschäftsführungsbefugnis 25
Überblick 36
Unbeschränkbarkeit 37, 39
Verzicht 353
Vinkulierungsklausel 101
Voraussetzung, persönliche
Berufs- oder Gewerbeverbot 7
Geschäftsunfähige 4
Insolvenzdelikte 6
Minderjährige 4
Überblick 2
Vorlagepflicht
Geschäftsführungsmaßnahmen 33
Geschäftsführungsbefugnis
Vorsorge, private 230
Vortäuschen von Rechten 428

W

Wegfall eines Geschäftsführers 42
Weisung
haftungsentlastende Wirkung 351
existenzgefährdende 30
Weisungsrecht der Gesellschafterversammlung
29, 333
Werbungskosten
Haftung für Steuern 404
Haftung für SV-Beiträge 419
Wertguthaben
Haftung des Geschäftsführers 316
Wettbewerbsverbot 342
Befreiung 111
Inhalt 107
nachvertragliches 117
Rechtsfolgen 108
steuerrechtliche Auswirkungen 112
Überblick 105
Verjährung 108
Wettbewerbsverstoß
Haftung des Geschäftsführers 319
Widerruf der Geschäftsführerstellung
Abberufung
Wissensvertreter 70
Wissenszurechnung
Kenntnis des Geschäftsführers 67
Überblick 66

Z

Zahlung nach Insolvenzreife 382
Zahlungsunfähigkeit, drohende 166, 372, 430
Zahlungsunfähigkeit 166, 372
Zeugnis
Anspruch des Geschäftsführers 264
Zurechnung 58
Zustimmungsvorbehalt
Haftung des Geschäftsführers 335
Zweck, karitativer 340

MIX
Papier aus verantwortungsvollen Quellen
Paper from responsible sources
FSC® C105338

Printed by Books on Demand, Germany